Découvrez l'histoire par les archives de presse

RETRONEWS

Le site de presse de la BnF

www.retronews.fr

ANNUAIRE

DE

L'INSTITUT DES PROVINCES.

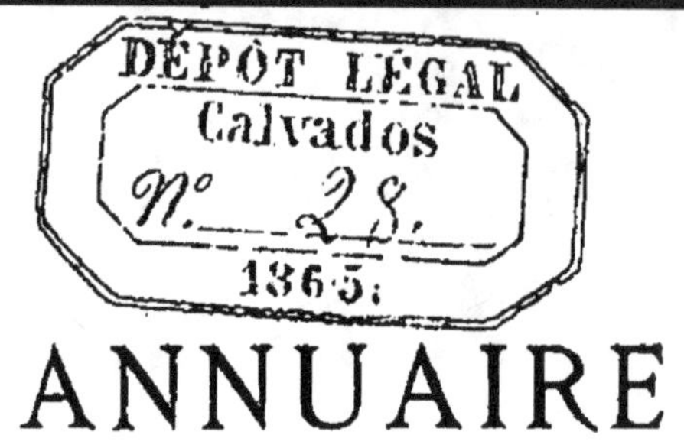

ANNUAIRE

DE

L'INSTITUT DES PROVINCES

DES SOCIÉTÉS SAVANTES

ET

DES CONGRÈS SCIENTIFIQUES

SECONDE SÉRIE.—7ᵉ VOLUME.—XVIIᵉ VOLUME DE LA COLLECTION

1865

Paraît tous les ans, du 1ᵉʳ au 15 février

PARIS, { DERACHE, RUE MONTMARTRE, 48
HACHETTE, BOULEVARD Sᵗ-GERMAIN, 77
DENTU, PALAIS-ROYAL

CAEN, F. LE BLANC-HARDEL RUE FROIDE, 2

PERSONNEL

DE L'INSTITUT DES PROVINCES

AU 1ᵉʳ JANVIER 1865.

L'Institut des provinces a perdu treize de ses membres :
MM. Jacquemoud , de Chambéry; le docteur Yung , de
Strasbourg; Tessier, d'Anduze; Pauffin, des Ardennes;
Hardel, de Caen; Reboul, de Nîmes; le docteur Billon, de
Lisieux; le marquis Costa de Beauregard, de Chambéry;
Félix de Verneilh, de Puyrazeau; Mgʳ Geissel, de Cologne;
Segrestain, de Niort; P.-M. Roux, de Marseille; l'abbé de
La Croix, curé de St-Romain-sur-Vienne.

M. le sénateur Jacquemoud, qui recevait, au mois d'août
1863, le Congrès scientifique de France à Haute-Combe, au
nom du roi de Piémont, est mort d'une fluxion de poitrine, à
Chambéry, à l'âge de 66 ans. M. Jacquemoud était depuis très-
longtemps membre étranger de l'Institut des provinces. En
1841, il avait pris part au Congrès scientifique de France, à

Lyon, et il a toujours suivi avec intérêt la marche de l'Institut des provinces et des réunions scientifiques de France. C'est pour rendre hommage au Congrès qu'il était venu le recevoir à Haute-Combe, au nom de son Souverain ; honneur que les autorités françaises n'ont jamais fait au Congrès, parce que la centralisation parisienne trouverait mauvais qu'on encourageât une institution libre, dont le but est de fortifier la vie intellectuelle en province.

M. Jacquemoud a été longtemps président de l'Association agricole du Piémont. Sénateur, grand officier de l'ordre de St-Maurice et commandeur de plusieurs autres ordres, M. Jacquemoud, au faîte des honneurs, était toujours voué aux œuvres utiles et méritantes. Il avait conservé la simplicité et la modestie que nous lui connaissions il y a vingt-cinq ans, et il était entouré de l'estime et de l'affection générales.

M. le docteur Yung, chanoine de St-Thomas, membre de la Société française d'archéologie, était professeur au séminaire protestant et conservateur de la bibliothèque publique de Strasbourg.

M. Yung a publié un grand nombre d'ouvrages dont nous ne sommes pas en mesure de donner ici l'énumération ; mais tous les membres de la Société française d'archéologie qui assistaient au Congrès qu'elle a tenu à Strasbourg, en 1859, se rappelleront le concours qu'il prêta à la réunion, ses intéressantes communications verbales et les curieux détails qu'il donna sur les richesses de la bibliothèque et du musée dont il était le conservateur.

M. Tessier, membre du Conseil général du Gard à Anduze, a publié des mémoires archéologiques estimés sur les monuments romains du Gard. Il s'occupait de numismatique. Ce fut lui qui composa la médaille commémorative de la session du Congrès scientifique de France tenue à Nîmes en 1844. Il fut nommé membre de l'Institut des provinces après cette session, à laquelle il avait pris une très-grande part.

M. Pauffin, des Ardennes, ancien magistrat, a publié des poésies et des recherches historiques ; plusieurs années il a été délégué au Congrès des Sociétés savantes par son département et par la Société française d'archéologie, dont il était membre (division du Nord). M. Pauffin avait réuni, dans des portefeuilles in-folio très-considérables reliés en plusieurs volumes, toutes les gravures anciennes et modernes qui pouvaient intéresser l'histoire de son pays ; à ces dessins étaient joints des documents manuscrits et imprimés rares et précieux, et cette collection, qui rappelait sous quelques rapports celle de Dom Le Noir pour la Normandie, parut d'un tel intérêt au Congrès des délégués, qu'elle valut à son auteur l'honneur d'être présenté comme candidat à l'INSTITUT DES PROVINCES et d'être élu quelque temps après.

M. Pauffin avait habité Paris, dans les derniers temps de sa vie. Nous espérons que la collection dont nous parlons ne sera pas perdue pour le département des Ardennes.

M. Hardel, imprimeur, membre du Conseil de la Société française d'archéologie, était né à Canisy, arrondissement de St-Lo, département de la Manche.

Après avoir dirigé l'imprimerie de M. Chalopin, M. Hardel en devint propriétaire.

Un matériel renouvelé, puis doublé, puis quadruplé, lui a permis d'augmenter le travail dans une proportion considérable, et son imprimerie est devenue une des bonnes imprimeries de province. On y a même publié des livres illustrés d'une exécution difficile, et M. Hachette, dont l'autorité était grande en pareille matière, disait, que M. Hardel avait imprimé des ouvrages qu'il n'aurait pas mieux exécutés lui-même.

Cependant, M. Hardel n'avait pu faire ce qu'il avait conçu, car l'espace lui manquait. Par un sentiment que nous ne saurions assez approuver, il ne voulait pas quitter une maison illustrée par deux cents ans de labeurs. Ce sont, en effet, de beaux titres de noblesse que ceux des Poisson et des Chalopin, imprimeurs, rue Froide, à Caen, depuis bientôt trois siècles, et que ceux des Le Roy, imprimeurs, hôtel des Monnaies depuis plusieurs générations. M. Hardel, quoiqu'il ne fît que succéder aux Chalopin, avait compris qu'il héritait de leurs traditions et que sa maison était *historique ;* il ne voulut pas la quitter.

Au moment où il venait d'acquérir un terrain voisin, qui lui permettait de réaliser ce qu'il avait longtemps rêvé, une mort imprévue est venue le surprendre !

Toutes nos Sociétés académiques savent ce qu'il a fait pour elles; elles avaient apprécié son dévouement, son zèle, son inépuisable complaisance, son désir ardent de contribuer à la gloire littéraire et scientifique du pays, en donnant ses soins à la publication de leurs travaux.

Le nom de M. Hardel tiendra une place honorable dans les fastes littéraires de la ville de Caen.

M. REBOUL est mort à Nîmes après une longue maladie. Cet homme distingué, dont les poésies ont fait la réputation et qui pratiquait la profession de boulanger, fut un des membres du bureau de la section de littérature et beaux-arts du Congrès scientifique de France, session de 1844. Il fut élu, à la même époque, membre de l'Institut des provinces. Deux fois nommé chevalier de la Légion-d'Honneur, le poète Reboul avait réfusé la décoration par modestie. La ville de Nîmes, fière à bon droit du talent et de la belle réputation de M. Reboul, a voulu se charger de ses funérailles.

M. le docteur BILLON, né à Vimoutiers (Orne), est mort à Lisieux, le 14 mai 1864. Depuis son voyage à Rome, d'où il était revenu très-fatigué, M. Billon a vu ses forces décliner de jour en jour. Il s'est éteint après avoir dicté ses dernières volontés à ses amis, entouré des soins d'une épouse dévouée. M. Billon, dont on connaît plusieurs mémoires insérés au *Bulletin monumental* et qui avait tant fait pour la conservation de nos monuments normands, avait mis la dernière main à son travail sur l'*Épigraphie campanaire*, publié en abrégé dans le

Bulletin monumental. Ses amis désolés se sont rendus en
grand nombre à Lisieux le jour de ses obsèques. M. de Caumont
a prononcé un discours sur sa tombe, au nom de la Société
française d'archéologie et de l'Institut des provinces.

M. le marquis DE COSTA DE BEAUREGARD, le secrétaire-
général de la XXX⁰ session du Congrès scientifique de France,
vient de mourir, à peine âgé de 60 ans. M. de Beauregard, un
des hommes les plus considérables et les plus instruits de notre
temps, était le bienfaiteur de son pays; il y jouissait d'une
influence considérable et d'une popularité méritée. Des publications importantes lui sont dues. Il a longtemps présidé
l'Académie de Savoie; il était, chaque année, président du
Conseil général de son département. Son immense fortune lui
avait permis de donner une grande impulsion au progrès agricole en Touraine, en Savoie, dans le Milanais. Le château de
Champigny et sa chapelle, dont les vitraux sont si remarquables, lui appartenaient. Tous ceux qui sont allés à Aix ou
à Chambéry connaissent le château princier de Lamotte.

M. de Costa, membre de l'INSTITUT DES PROVINCES et de la
Société française d'archéologie, avait assisté au Congrès archéologique de Saumur. La même année, il était élu vice-président
général du Congrès scientifique de France à St-Étienne; et
l'année suivante (1863), c'était lui qui présidait à l'organisation
de la session tenue à Chambéry. Tous se rappellent avec quel
dévouement et quel entrain il dirigea les travaux de cette session, quelle gracieuse hospitalité il offrit à plusieurs des
membres du Congrès.

M. le marquis de Costa laisse plusieurs fils, amis des arts,
qui suivront l'exemple de leur père et les nobles traditions de
leur famille.

M. Félix DE VERNEILH, à peine âgé de 43 ans, vient de
mourir au château de Puyrazeau (Dordogne), après une dou-
loureuse maladie. M. Félix de Verneilh, petit-fils d'un préfet de
l'Empire, fils d'un député, comptant parmi ses aïeux des pré-

sidents de Cours suprêmes, pouvait suivre une brillante carrière
publique ; il préféra devenir antiquaire. Bientôt il révéla au monde
artistique l'origine de l'architecture à coupoles en France ; puis
il fit de ce sujet l'objet d'une grande publication. M. de Verneilh,
qui avait visité Constantinople et une partie de l'Orient,
a laissé de beaux volumes in-4° très-appréciés en France et à
l'étranger, une dixaine d'articles dans le *Bulletin monumental*, et
divers mémoires dans les *Annales archéologiques* de M. Didron. Il
était inspecteur divisionnaire de la Société française d'archéologie
et membre de l'INSTITUT DES PROVINCES. Au Congrès scientifique
de France, qui se réunit à Cherbourg en 1860, M. de Verneilh fut
élu, à l'unanimité, président de la section d'histoire et d'archéologie. Il assistait quelquefois au Congrès des Sociétés savantes, à Paris ; il y faisait des communications pleines d'intérêt, qui attiraient en France M. Parker, d'Oxford, et d'autres
étrangers. On était certain, effectivement, d'apprendre de la
sagacité de M. de Verneilh des faits nouveaux pour l'histoire
de l'art. C'est ainsi qu'en 1863, après des voyages faits pour
étudier les émaux de l'Allemagne et de l'Angleterre, il présen-
tait des dates et des faits qui changeaient complètement les idées
sur l'histoire de l'émaillure au moyen âge.

M. F. de Verneilh laisse un grand vide, qui vraisemblablement
ne sera pas comblé d'ici à longtemps. Nous ne voyons en effet
personne, en France, qui ait poussé aussi loin et aussi con-
sciencieusement l'étude des spécialités auxquelles il s'était voué.

Mgr le cardinal GEISSEL, archevêque de Cologne, vient de
mourir à Berlin. Cet illustre prélat était un de ceux qui s'étaient
les premiers, en Allemagne, occupés de l'architecture du
moyen-âge. Aussi, quand M. de Caumont fut invité à donner
son avis, en 1837, sur les travaux entrepris pour l'achèvement
de la cathédrale de Cologne, Mgr Geissel, qui alors était évêque
de Spire, voulut bien le faire engager à s'arrêter dans sa ville à
son retour. Il le reçut avec empressement ; il se fit inscrire au
nombre des membres de la Société française d'archéologie, et
adressa, quelques jours après, à la Compagnie un mémoire sur

la cathédrale de Spire, lequel a été imprimé dans le t. III du *Bulletin monumental*. Quand l'INSTITUT DES PROVINCES fut créé en 1839, Mg^r Geissel fut nommé membre étranger de cette Compagnie. Promu de l'évêché de Spire à l'archevêché de Cologne, et fait cardinal, Mg^r Geissel a vu sa cathédrale terminée intérieurement et les musées de Cologne installés dans le beau palais qui existe aujourd'hui. Jusqu'à la fin de sa vie, Son Éminence a porté un vif intérêt aux études scientifiques et archéologiques.

M. SEGRESTAIN, architecte à Niort, inspecteur de la Société française d'archéologie pour le département des Deux-Sèvres, qui assistait, au mois de juin dernier, au Congrès archéologique à Fontenay, était depuis vingt-cinq ans membre de la Société française. En 1841 à Niort, en 1843 à Poitiers, il fut un des membres les plus actifs des Congrès qui y furent convoqués. Depuis, nous l'avons vu assister à beaucoup d'autres réunions, et toujours sa parole et son expérience avaient une grande autorité. M. Segrestain a été chargé par le Gouvernement d'un assez grand nombre de restaurations importantes, qui ont été exécutées avec talent, avec zèle et avec conscience. M. Segrestain était, en effet, un de ces rares architectes qui ont peu de souci de leurs intérêts et qui ne considèrent que ceux de l'art et des monuments. Ses restaurations, toujours sagement dirigées, n'ont jamais compromis les parties anciennes des édifices.

M. Segrestain avait été élu membre de l'INSTITUT DES PROVINCES le 5 août dernier, en récompense de ses longs services.

Il venait de terminer, à Niort, une grande église. Cette année, il se proposait d'aller passer l'hiver à Rome, où son fils occupe un poste important dans l'armée d'occupation, quand la mort l'a frappé. C'est une grande perte pour l'art, c'est une grande perte aussi pour la Société française d'archéologie et pour la ville de Niort.

M. P.-M. ROUX, sous-directeur de l'INSTITUT DES PROVINCES

et inspecteur divisionnaire de la Société française d'archéologie, après avoir servi vers la fin du premier Empire comme chirurgien des armées, se fixa à Marseille, où il fut bientôt à la tête de toutes les institutions utiles, et tint une place distinguée dans le corps médical.

Depuis 1840 jusqu'en 1864, M. Roux a constamment assisté aux sessions du Congrès scientifique de France. Il prit plusieurs fois la parole et se fit remarquer d'abord au Congrès de Lyon en 1840, et à Strasbourg en 1842. En 1846, il avait organisé, comme secrétaire-général, la XIVe session du Congrès scientifique de France à Marseille. Souvent il a été élu président de la section de médecine du Congrès et, dans cinq ou six sessions, il fut appelé à la haute fonction de vice-président général ; enfin, il avait été à Chambéry président-général de la XXXe session, dont le secrétaire-général avait été le marquis de Costa. Tous deux sont morts, à quelques semaines d'intervalle.

Depuis ving-cinq ans secrétaire de la Société de statistique de Marseille, M. Roux avait dirigé les nombreuses publications de cette laborieuse Société. Il avait présidé, à Aix, à Apt et à Avignon, des assises scientifiques au nom de l'Institut des provinces. Il avait aussi pris part à plusieurs Congrès scientifiques à l'étranger, notamment aux Congrès italiens, à Milan en 1844 et à Gênes en 1846, en Belgique et en Hollande vers 1852 ou 53. Ce fut dans un de ses voyages en Hollande, qu'ayant combattu dans les hôpitaux l'épidémie cholérique, qui régnait dans le pays, avec une expérience et un succès qui frappèrent le corps médical, il reçut la croix de commandeur de la Couronne-de-Chêne. M. Roux avait été précédemment décoré de la croix de la Légion-d'Honneur. Il reçut encore, du bey de Tunis, la croix de commandeur du Nickan. Enfin, en 1863, le roi d'Italie le nomma, après le Congrès de Chambéry qu'il avait présidé, chevalier des ordres des saints Maurice et Lazare. M. Roux était à Troyes au mois d'août dernier ; il y présidait avec un entrain remarquable la section de médecine, et sa santé paraissait excellente ; mais l'INSTITUT le perdait le 15 octobre, âgé de 74 ans. L'Institut des provinces et la Société française d'archéologie n'oublieront jamais les services qu'il leur a rendus. M. Roux était un de ces hommes dévoués et désintéressés que notre siècle ne produit plus et qu'il est impossible de remplacer.

M. l'abbé Sosthène VEYRON DE LA CROIX, chanoine honoraire de Poitiers, botaniste éminent, est mort d'une phthisie pulmonaire à Châtellerault, département de la Vienne. Depuis longtemps, la santé de M. l'abbé de La Croix donnait des inquiétudes ; mais ses amis conservaient l'espoir de le posséder longtemps encore, en le voyant depuis plusieurs années résister aux attaques de la maladie chronique dont il était atteint. M. de La Croix, dont les profondes connaissances en botanique et en physiologie étaient justement appréciées en France et à l'étranger, était depuis plusieurs années membre de notre INSTITUT DES PROVINCES. L'Institut avait publié de lui, dans le 1er volume de ses *Mémoires* (Classe des sciences physiques et naturelles), un grand travail sur la botanique du Poitou.

M. l'abbé de La Croix n'avait que 47 ans.

COMPOSITION DU BUREAU.

Directeur-général : M. DE CAUMONT ✻ O ✻ C ✻, fondateur des Congrès scientifiques de France, à Caen Calvados), et à Paris, rue Richelieu, n° 63.

Sous-directeurs régionaux :

MM. DES MOULINS, inspecteur divisionnaire des monuments, sous-directeur pour la région du Sud-Ouest, à Bordeaux.

Victor SIMON ✻, conseiller à la Cour impériale, sous-directeur pour la région du Nord-Est, à Metz.

CHALLE ✻, sous-directeur pour la région du Centre, à Auxerre.

Comte D'HÉRICOURT ✻,) sous-directeurs pour les départements
Ch. GOMART ✻,   )   du nord de la France.

DE LA BORDERIE, sous-directeur pour la Bretagne et la Mayenne, à Rennes.

L'abbé AUBER, sous-directeur pour le Poitou et la Saintonge, à Poitiers.

Secrétaires-généraux :

Pour la classe des sciences, M. EUDES-DESLONGCHAMPS ✻, doyen de la Faculté des sciences, à *Caen*, correspondant de l'Institut de France ;

Pour la classe des lettres, MM. BORDEAUX ✻, docteur en Droit, à *Évreux* ; RENAULT, inspecteur divisionnaire de l'Association normande, conseiller à la Cour impériale, à *Caen*.

Trésorier : M. GAUGAIN ✻, inspecteur de l'Association normande, rue de la Marine, à *Caen*.

LISTE

DES MEMBRES DE L'INSTITUT DES PROVINCES (1).

----- ❖ -----

S. M. NAPOLÉON III, Empereur des Français.

MM. Le vicomte DE CUSSY O ❋ C ❋, membre de plusieurs Académies à Paris, et à Vouilly (Calvados).

LAMBERT, conservateur de la Bibliothèque publique de Bayeux.

ETOC-DEMAZY, ancien secrétaire-général de l'Institut, au Mans.

L'abbé LOTTIN, ancien trésorier de l'Institut, id.

L'abbé BOUVET, ancien membre du Conseil, id.

DE MARSEUL, chef d'institution, à Paris.

AUBER, chanoine titulaire de Poitiers.

BOUILLET ❋, membre de plusieurs Sociétés savantes, à Clermont-Ferrand.

LECOCQ O ❋, secrétaire perpétuel de l'Académie, id.

Léon DE LA SICOTIÈRE, membre du Conseil général de l'Orne, à Alençon.

TAILLIAR ❋, président honoraire à la Cour impériale de Douai.

GUERRIER DE DUMAST ❋, membre de l'Académie, à Nancy.

BONNET ❋, professeur d'agriculture, à Besançon.

BUVIGNIER ❋, membre de plusieurs Académies, à Verdun.

SOYER-WILLEMET ❋, trésorier-archiviste de l'Académie, à Nancy.

WEISS O ❋, bibliothécaire, correspondant de l'Institut de France, à Besançon.

MILLET, naturaliste, à Angers.

Victor SIMON ❋, ancien secrétaire-général du Congrès, conseiller à la Cour impériale, à Metz.

HEPP ❋, professeur à la Faculté de Droit, à Strasbourg.

Mgr DONNET C ❋, cardinal-archevêque de Bordeaux.

Mgr GOUSSET ❋, cardinal-archevêque de Reims.

FERET, conservateur de la Bibliothèque, à Dieppe.

DE LA FARELLE ❋, ancien représentant du Gard, à Nîmes.

----

(1) On a suivi, dans cette liste, l'ordre chronologique des nominations.

MM. Mgr Cousseau ✳, évêque.d'Angoulême.

Marquis de Vibraye, correspondant de l'Institut, à Cheverny, près Blois.

Du Chatellier, correspondant de l'Institut de France, à Pont-l'Abbé (Finistère).

Comte de Montalembert ✳, ancien pair de France, inspecteur divisionnaire de la Société française d'archéologie, à Paris.

Reidet, conservateur des archives de la Vienne, à Poitiers.

V. Hucher ✳, membre de plusieurs Sociétés savantes, inspecteur de la Société française d'archéologie, au Mans (Sarthe).

Vicomte A. de Gourgues, membre de plusieurs Sociétés savantes, à Lanquais (Dordogne).

Valss ✳, ancien directeur de l'Observatoire, correspondant de l'Institut de France, à Marseille.

Goguel ✳, membre de plusieurs Académies, quai Shœpflin, 3, à Strasbourg.

L'abbé Voisin, membre de plusieurs Académies, au Mans.

Kuhmann O ✳, directeur de la Monnaie, membre du Conseil général du commerce, à Lille (Nord).

Baron du Taya ✳, président de la Société d'agriculture des Côtes-du-Nord, à St-Brieuc.

Desnoyers, vicaire-général d'Orléans, inspecteur des monuments du Loiret.

Malherbe ✳, président de la Société d'histoire naturelle, à Metz, conseiller à la Cour impériale.

Ballin, archiviste de l'Académie des sciences, arts et belles-lettres de Rouen.

Bally O ✳, ancien président de l'Académie de Médecine, à Villeneuve-le-Roy (Yonne).

Comte de Lochard ✳, directeur du musée d'histoire naturelle, à Orléans.

Bayle-Mouillard O ✳, membre de l'Académie de Clermont, conseiller à la Cour de cassation.

Petit-Laffitte, membre de l'Académie de Bordeaux.

L'abbé Blatairou, chanoine, professeur à la Faculté de Théologie de Bordeaux.

Barthélemy ✳, conservateur du musée d'histoire naturelle, à Marseille.

MM. Castel, agent-voyer chef, à St-Lo.

Mg^r Devoucoux ✻, évêque d'Évreux.

Niepce ✻, procureur impérial, à Rennes.

Comte Olivier de Sesmaisons, ancien directeur de l'Association bretonne, à Nantes.

Mg^r Parisis O ✻, évêque d'Arras, ancien représentant du Morbihan.

De Glanville, inspecteur des monuments de la Seine-Inférieure, ancien président de l'Académie, à Rouen.

L'abbé Le Petit, chanoine honoraire de Reims et de Bayeux, secrétaire-général de la Société française d'archéologie pour la conservation des monuments, à Tilly (Calvados).

E. de Blois, ancien représentant du Finistère, ancien président de la classe d'histoire de l'Association bretonne, à Quimper.

L'abbé Lacurie, chanoine honoraire de La Rochelle, inspecteur divisionnaire des monuments historiques, à Saintes.

Matheron (Ph.) ✻, ingénieur, membre de plusieurs Sociétés savantes, à Marseille.

De Bizonnière, secrétaire-général de la XVIIIe session du Congrès scientifique de France, membre de plusieurs Académies, à Orléans.

La Crosse C ✻✻, sénateur, ancien ministre des travaux publics, à Paris.

Godelle O ✻, membre de plusieurs Académies, conseiller d'État.

Morière, secrétaire-général de l'Association normande, professeur à la Faculté des sciences, à Caen.

Lefebvre-Duruflé C ✻, sénateur, inspecteur divisionnaire de l'Association normande, ancien ministre, à Pont-Authou.

Le Normand, ancien sous-préfet, membre de plusieurs Sociétés savantes, à Vire.

Vicomte de Falloux ✻, ancien ministre de l'Instruction publique, à Segré (Maine-et-Loire).

De Kerdrel, ancien représentant d'Ille-et-Vilaine, ancien élève de l'École des Chartes, à Rennes.

L'abbé Crosnier ✻, protonotaire apostolique du Saint-Siége, vicaire-général de Nevers, inspecteur des monuments de la Nièvre, à Nevers.

Noget Lacoudre, vicaire-général de Bayeux.

MM. Aussant ✳, membre de plusieurs Académies, professeur en médecine, à Rennes.

Tarot ✳, président de Chambre à la Cour d'appel de Rennes, secrétaire-général de la XVIᵉ session du Congrès.

Comte Louis de Kergorlay, ancien secrétaire-général de l'Association bretonne, à Fossieux (Seine-et-Oise).

A. Taslé ✳, conseiller à la Cour d'appel de Rennes.

Barré ✳, sculpteur, lauréat de l'exposition régionale de l'Ouest, à Nantes.

Baron de Girardot ✳ O ✳, membre de plusieurs Académies, sous-préfet, à Nantes.

Guéranger, ancien président de la Société académique de la Sarthe, au Mans.

L. de La Motte, membre de l'Académie, inspecteur des établissements de bienfaisance, à Bordeaux.

Maréchal ✳, ingénieur des ponts-et-chaussées, à Bourges.

Machard O ✳, ingénieur en chef, à Orléans.

Bertrand O ✳, maire de Caen, député au Corps législatif, à Caen.

Boucher-de-Perthes ✳, président de la Société d'émulation, à Abbevillle.

De La Monneraye, ancien président du Conseil général du Morbihan, à Rennes.

Pottier ✳, conservateur de la Bibliothèque publique de Rouen.

Marquis de Chennevières-Pointel ✳, membre de plusieurs Académies, inspecteur-général des musées de province, à Paris.

Guillory aîné ✳, secrétaire-général de la Xᵉ session du Congrès scientifique de France, président de la Société industrielle, à Angers.

Raymond Bordeaux ✳, docteur en Droit, membre de plusieurs Académies, à Évreux.

De Surigny, membre de l'Académie de Mâcon, à Mâcon (Saône-et-Loire).

Canat de Chizy, président de la Société académique de Châlon-sur-Saône.

Boulangé ✳, ingénieur en chef des ponts-et-chaussées, à Vannes (Morbihan).

MM. Comte DE MELLET, inspecteur divisionnaire des monuments, membre de plusieurs Académies, à Chaltrait (Marne).

Victor PETIT, membre de plusieurs Sociétés archéologiques, à Sens (Yonne).

TRAVERS, professeur honoraire de littérature latine à la Faculté des lettres de Caen, secrétaire perpétuel de l'Académie des sciences, arts et belles-lettres, à Caen.

DUPRÉ LA MAHÉRIE, docteur en Droit, secrétaire de section à la XVIᵉ session du Congrès scientifique de France, substitut du procureur-général, à Caen.

ROSTAN, inspecteur des monuments historiques, maire de St-Maximin, membre du Conseil général du Var.

DE QUATREFAGES ✻ ✻, ancien professeur d'histoire naturelle à la Faculté de Toulouse, membre de l'Institut, à Paris.

MAHUL ✻, ancien préfet, membre de plusieurs Sociétés savantes, à Carcassonne, et à Paris, rue de Las-Cases, 16.

Marquis Eugène DE MONTLAUR ✻, membre de plusieurs Académies, à Moulins (Allier).

L'abbé BOUDANT, curé de Chantelle (Allier).

LE PELLETIER-SAUTELET ✻, docteur-médecin, à Orléans.

Comte DE VIGNERAL, président du Comice agricole, membre du Conseil général de l'Orne, président de l'Académie de l'Industrie nationale, à Paris et à Ry (Orne).

Le marquis DE VOGUÉ ✻, de la Société impériale d'agriculture, à Bourges et à Paris, rue de Lille, 92.

DE BÉHAGUE O ✻, membre du Conseil général de l'agriculture, à Dampierre (Loiret), rue des Saussayes, à Paris.

LE VOT ✻, bibliothécaire de la Marine, à Brest.

L'abbé CIROT DE LAVILLE, membre de l'Académie de Bordeaux.

Comte ACHMET-D'HÉRICOURT ✻, membre de l'Académie d'Arras.

Baron DE MONTREUIL ✻, ancien député, à Gisors.

Comte DE NIEUWERKERKE G O ✻ C ✻, directeur-général des musées, à Paris.

QUANTIN ✻, archiviste du département de l'Yonne, membre de plusieurs Sociétés savantes, à Auxerre.

D'ESPAULART, président de la Société académique du Mans, adjoint au maire de la même ville.

GOMART ✻, membre de plusieurs Académies, secrétaire du Comice agricole de St-Quentin (Aisne).

MM. Baron James DE ROTHSCHILD C ✻, membre de plusieurs Académies, à Paris.

RICARD, secrétaire de la Société archéologique de Montpellier.

DU BOIS O ✻, de la Loire-Inférieure, inspecteur-général honoraire de l'Université.

Comte DE VAUBLANC ✻, membre de plusieurs Académies, à
Paris et à Munich (Bavière).

GAYOT, ancien député, secrétaire de la Société d'agriculture
sciences et arts de l'Aube, à Troyes.

L'abbé TRIDON, inspecteur des monuments de l'Aube, chanoine
honoraire, à Troyes.

ALLUAUD aîné O ✻, membre du Conseil général de l'agriculture,
président des Sociétés savantes de Limoges.

MOSSELMAN ✻, membre de plusieurs Sociétés savantes à Paris,
rue de Milan, 13.

Vicomte DU MONCEL ✻ ✻, membre de plusieurs Académies,
ingénieur électricien, à Caen.

PIFTEAU, membre de plusieurs Sociétés savantes, à Toulouse.

BOUET, membre de plusieurs Académies, à Caen.

Mgr RIVET ✻, évêque de Dijon, président de la XXIe session du
Congrès scientifique de France.

Henri BAUDOT, secrétaire-général de la même session, président
de la Commission archéologique de la Côte-d'Or.

Le marquis DE SAINT-SEINE, vice-président général de la même
session du Congrès, à Dijon.

DE LA GRÈZE ✻, chevalier de l'Étoile-Polaire de Suède et de l'Ordre
de Charles III d'Espagne, conseiller à la Cour impériale de Pau.

BESNOU ✻, pharmacien en chef de la Marine, inspecteur de l'Association normande, à Cherbourg.

Le vicomte DE JUILLAC, inspecteur divisionnaire de la Société
française d'archéologie pour la conservation des monuments,
à Toulouse.

Comte DE PONTGIBAULT, membre de plusieurs Académies, à
Fontenay (Manche).

Gustave DE LORIÈRE ✻, docteur en Droit, chevalier de l'Ordre
d'Isabelle-la-Catholique, au Mans et à Paris, rue de l'Est, 7.

CALEMARD DE LAFAYETTE ✻, membre de plusieurs Académies, au
Puy (Haute-Loire).

MM. Le comte Georges DE SOULTRAIT ✳✳✳, inspecteur des monu-
    ments, receveur des finances, à Lyon.

    MABIRE ✳, maire de Neufchâtel, inspecteur de l'Association nor-
    mande, à Neufchâtel.

    Le vicomte DE GENOUILHAC, membre de plusieurs Sociétés savantes
    à Rennes.

    Albert DE BRIVES ✳, secrétaire-général de la XXIIᵉ session du
    Congrès scientifique de France, président de la Société d'agri-
    culture, sciences et arts, au Puy.

    DUMON C ✳, ancien ministre, membre de l'Institut impérial de
    France, rue Rumfort, 8, à Paris.

    DE BOUIS, D.-M.-P., membre de plusieurs Académies, à Paris.

    Baron DOYEN ✳, membre de plusieurs Académies, sous-directeur
    de la Banque de France, à Paris, hôtel de la Banque.

    Comte DE STRATEN-PONTHOZ ✳, membre de plusieurs Académies,
    à Metz.

    D'ALBIGNY DE VILLENEUVE, ancien secrétaire-général de la Société
    académique de St-Étienne, à Soissons.

    E. DE BEAUREPAIRE, ancien élève de l'École des Chartes, substitut
    du procureur général, à Bourges.

    Mgʳ LANDRIOT ✳, évêque de La Rochelle, président général de
    la XXIIIᵉ session du Congrès scientifique de France.

    L'abbé PERSON, secrétaire-général adjoint de la XXIIIᵉ session du
    Congrès.

    JOUVIN ✳, professeur de la Marine, à Rochefort.

    NAU, architecte, inspecteur des monuments de la Loire-Inférieure,
    à Nantes.

    Valère MARTIN, inspecteur des monuments historiques de Vau-
    cluse, à Cavaillon.

    CAILLAUD ✳, conservateur du musée d'histoire naturelle, à
    Nantes.

    DE LA BORDERIE, membre de plusieurs Sociétés savantes, ancien
    élève de l'École des Chartes, membre du Conseil général d'Ille-
    et-Vilaine, à Vitré.

    SEMICHON, membre de plusieurs Académies et du Conseil général
    de la Seine-Inférieure, à Neufchâtel.

    DE LONGUEMAR ✳, membre de plusieurs Académies, ancien capi-
    taine d'état-major, à Poitiers.

MM. Ollivier ✻, ingénieur en chef des ponts-et-chaussées, à Caen.

Blavier O ✻, inspecteur divisionnaire des mines, à Paris.

Campion, chef de division à la Préfecture de Caen, membre de plusieurs Académies.

L'abbé Jouve, chanoine, inspecteur des monuments, à Valence (Drôme).

J. La Barte ✻, membre de plusieurs Académies, rue Drouot, 2, à Paris.

Albert Du Boys, secrétaire-général de la XXIVe session du Congrès scientifique de France, à Grenoble.

Le comte de Mailly O ✻✻, ancien pair de France, inspecteur divisionnaire des monuments, à Vaux (Sarthe) et à Paris, rue de l'Université, 53.

C. Maher O ✻, médecin en chef de la Marine, à Rochefort.

Auriol O ✻✻, ingénieur en chef des constructions navales, à Rochefort.

Le baron de Chapelain de Saint-Sauveur, membre de plusieurs Académies, à Mende.

Pichon-Prémêlé ✻, maire de Séez, ancien membre du Conseil général de l'Orne.

Gueymard O ✻, ingénieur en chef, directeur des mines en retraite, doyen honoraire de la Faculté des sciences de Grenoble.

Lecadre ✻, médecin en chef des Hospices, au Havre.

Leharivel-Durocher, sculpteur, à Paris.

Pillot, archiviste du département de l'Isère, à Grenoble.

Bourdaloue O ✻, O ✻, inspecteur de la Société française d'archéologie, à Bourges.

Raullin ✻, professeur de géologie à la Faculté des sciences de Bordeaux.

Le marquis Godefroy de Mesvilglaise ✻, ancien sous-préfet, membre de plusieurs Académies, à Paris et à Lille.

Le comte de Gourcy, agriculteur, membre de plusieurs Académies, à Pont-à-Mousson et à Paris, rue de Vaugirard, 58.

Paquerée, botaniste et géologue, à Castillon-sur-Dordogne (Gironde).

Léo Drouyn, professeur de peinture, inspecteur des monuments historiques, à Bordeaux.

Baudrimont ✻, professeur à la Faculté des sciences de Bordeaux.

MM. Durieu de Maisonneuve ✻, directeur du jardin des plantes de
Bordeaux.

Mgr Mellon-Joly O ✻, archevêque de Sens, président-général
de la XXVe session du Congrès scientifique de France.

Le baron Martineau des Chesnetz G O ✻, maire d'Auxerre,
vice-président général de la XXVe session du Congrès.

Bodin ✻, directeur de la ferme-école des Trois-Croix, près
Rennes.

Prétavoine, maire de Louviers, membre de plusieurs Sociétés
savantes.

Robiou de La Tréhonnais ✻, membre de plusieurs Sociétés savantes françaises et étrangères.

Le comte Alexis de Chasteigner, membre de la Société française
d'archéologie, à Preuilly (Indre-et-Loire), et à Bordeaux,
(Gironde).

René Taillandier ✻, membre de plusieurs Académies, à
Paris.

Comte de Bonneuil, inspecteur de la Société française d'archéologie pour le département de Seine-et-Marne, rue St-Guil-
laume, 39, à Paris.

Marquis de Fournès ✻, secrétaire-général du Congrès des délégués
des Sociétés savantes, au château de Vaussieu (Calvados), et
à Paris, rue de Lille, 71.

Thiac ✻✻✻, membre du Conseil général de la Charente et de
plusieurs Sociétés savantes, à Angoulême, et à Paris, rue St-
Lazare, 26.

Cotteau, juge, ancien secrétaire-général adjoint du Congrès
scientifique de France (session de 1858), à Auxerre.

Ed. de Barthélemy ✻, secrétaire de la Commission du sceau des
titres au Conseil d'État, rue Casimir-Perrier, 3, à Paris.

A. Wilbert, président de la Société d'émulation de Cambrai,
ancien secrétaire-général du Congrès archéologique de France,
à Cambrai.

Silbermann ✻, ancien secrétaire-général adjoint du Congrès
scientifique de France, membre de plusieurs Académies, imprimeur, à Strasbourg.

Edmond Le Grain, peintre, membre de plusieurs Sociétés savantes
à Vire (Calvados).

MM. BULLIOT, membre de la Société française d'archéologie, à Autun.

DE LUSTRAC, ancien officier d'artillerie, membre de plusieurs Sociétés savantes, à Rennes (Ille-et-Vilaine).

Le marquis DE CASTELNAU-D'ESSENAULT, membre de plusieurs Académies, au château de Latresne, près Bordeaux.

Le comte DE NEXON ✳, agriculteur, au château de Nexon (Haute-Vienne).

PÉRIER, D.-M.-P., botaniste à Épernay (Marne).

BÉNARD LE DUC ✳, ancien président du jury de l'Exposition régionale et de la Société d'Émulation, à Rouen.

RAUDOT, ancien magistrat et ancien député de l'Yonne, à Avallon.

L'abbé STRAUB, professeur d'archéologie à Strasbourg, secrétaire-général du Congrès archéologique, session de 1859.

L'abbé GUERBER, curé de Haguenau (Bas-Rhin), ancien professeur d'archéologie, à Strasbourg.

Le comte FOUCHER DE CAREIL ✳, membre de plusieurs Académies, à Paris.

DESTOURBET ✳, président de la *Société d'agriculture de la Côte-d'Or*, membre du Conseil général du même département, ancien secrétaire-général du Congrès scientifique de France, à Dijon.

YVOY O ✳, membre de plusieurs Sociétés savantes, etc., etc., à Bordeaux (Gironde).

COUSIN, ancien magistrat, président de la Société Dunkerquoise, à Dunkerque.

BOUCHARD-HUZARD, auteur de *L'Architecture rurale*, membre de la Société impériale d'agriculture, à Paris.

Ed. CLERC ✳, président à la Cour impériale de Besançon.

NOEL ✳, ancien maire de Cherbourg, ancien député, secrétaire-général de la XXVIIe session du Congrès scientifique de France, à Cherbourg.

L'abbé VANDRIVAL, vicaire-général, à Arras.

LE ROYER ✳, chef d'institution, membre de plusieurs Académies, à Vincennes.

DEBACQ, membre de plusieurs Académies, rue du Dragon, 10, à Paris.

DU POERIER DE PORTBAIL, inspecteur divisionnaire de l'Association normande, à Valognes.

MM. Guérin-Mesneville ✳, membre de la Société impériale d'agriculture, rue des Beaux-Arts, 4, à Paris.

Jacquot O ✳, ingénieur en chef des mines, à Bordeaux.

Loriquet, secrétaire de l'Académie impériale, à Reims.

Latrouette, ancien professeur à la Faculté des lettres, à Caen.

L'abbé Decorde, curé de Bures (Seine-Inférieure).

L'abbé Sabattier ✳, doyen de la Faculté de Théologie, à Bordeaux.

Mgr Dupanloup ✳, évêque d'Orléans.

Givelet, membre de l'Académie de Reims, secrétaire-général du Congrès archéologique de France (session de 1861), à Reims.

Lespinasse, trésorier de la XXVIIIe session du Congrès scientifique de France, à Bordeaux.

Galy ✳, secrétaire-général du Congrès de la Société française d'archéologie (session de 1858, à Périgueux), conservateur du musée épigraphique de Périgueux.

E. Sagot, architecte, à Paris.

Du Peyrat ✳, ancien ingénieur, directeur de la ferme-école des Landes, inspecteur de la Société française d'archéologie, à Beyries (Landes).

Hippolyte Minier ✳, ancien président de l'Académie impériale de Bordeaux.

Comte de Galembert, inspecteur de la Société française d'archéologie, à Tours.

De Lamariouze de Prévarin ✳, directeur de l'Enregistrement et des Domaines, à Caen.

Doré ✳, ancien professeur à l'École polytechnique, membre de plusieurs Académies, à Paris.

Le colonel du génie de Morlet C ✳, fondateur du musée épigraphique de Saverne, à Strasbourg.

L'abbé Arbellot, curé-archiprêtre de Rochechouart, secrétaire-général de la XXVIe session du Congrès scientifique de France.

L'abbé Vinas, membre du Conseil de la Société française d'archéologie, à Jonquières (Hérault).

Mgr Delalle ✳, évêque de Rodez, à Rodez.

S. Exc. M. Drouyn de Lhuys C ✳, ministre des affaires étrangères, à Paris.

Comte d'Estaintot, inspecteur de l'Association normande, à Rouen.

MM. Pouyer-Quertier ✳, député au Corps législatif, manufacturier, à Rouen.

Vicomte Le Mercier O ✳, député au Corps législatif, à Paris.

L'abbé Chamousset ✳, vicaire-général et secrétaire de l'Académie des sciences et arts à Chambéry.

Ancelon, médecin en chef de l'hospice de Dieuse (Meurthe).

J. Pautet ✳, ancien sous-préfet, sous-chef au Ministère de l'intérieur, à Paris.

Le comte de Lesseps C ✳ ✳, directeur-général des travaux du canal de l'isthme de Suez, à Paris.

Bertrand-Lachesnée, botaniste, membre de plusieurs Sociétés savantes, à Cherbourg.

Prost, inspecteur de la Société française d'archéologie, à Metz.

Verdier, ancien professeur de mathématiques, au Mans.

Victor Canet, secrétaire de la Société littéraire et scientifique, à Castres.

Marchand, pharmacien, membre de plusieurs Académies, à Fécamp.

Jacques Delorme, membre de plusieurs Académies, rue Montbernard, 7, à Lyon.

Vicomte de Meaux, de la Société française d'archéologie, à Montbrison (Loire).

Bourdon ✳, ancien député et ancien maire d'Elbeuf, à Elbeuf.

Flavigny ✳, manufacturier, id.

Comte de Galbert, membre de plusieurs Académies, à La Bouisse (Isère).

Dorlhac, ingénieur-directeur des mines, à Laval.

Martin-Daussigny, conservateur du musée, à Lyon.

Belgrand O ✳, ingén' en chef des ponts-et-chaussées, à Paris.

Delesse ✳ ✳, ingénieur des mines, id.

Duc d'Harcourt C ✳, ancien ministre plénipotentiaire, à Harcourt (Calvados).

Marquis de Tanlay O ✳, à Tanlay (Yonne), et à Paris, rue de Lille, 23.

L'abbé Roy de Pierrefitte, doyen de Belgarde (Creuse).

De Roissy, inspecteur de l'Association normande, à Caen.

D'Espinay, juge, à Saumur (Maine-et-Loire).

Prarond, secrét. de la Société d'émulation, à Abbeville (Somme).

MM. De La Roière, membre de plusieurs Académies, à Bergues (Nord).

Desvaux-Savouré, membre de plusieurs Académies, président du Comice agricole de Mondoubleau (Loir-et-Cher).

Herpin, de Metz ✳, membre d'un grand nombre d'Académies, rue Taranne, 7, à Paris.

L'abbé Azémar, professeur d'archéologie au séminaire de Rodez.

Le comte de Toulouse-Lautrec, inspecteur divisionnaire de la Société française d'archéologie, à Rabasteins (Tarn).

S. Ém. le cardinal Billiet C✳, membre de plusieurs Académies, à Chambéry.

L'abbé Valette. géologue, membre de plusieurs Académies, id.

Pillet, avocat, membre de plusieurs Académies, id.

Baron David C ✳, ancien ministre plénipotentiaire, à Paris.

Demolombe O ✳, doyen de la Faculté de Droit, à Caen.

Ad. Boisse, minéralogiste, à Rodez.

Vautier-Galle ✳, sculpteur, à Paris.

De Dion ✳, ingénieur civil, à Paris.

H. de Riancey, membre de plusieurs Académies, directeur du journal *L'Union*, à Paris.

Vignon ✳, ingénieur en chef des ponts-et-chaussées, à Paris.

Vicaire C ✳, directeur général des forêts, à Paris.

Le comte Napoléon Daru O ✳, ancien pair de France, à Paris.

Cherret, avocat, ancien membre du Conseil général de l'Yonne, à Auxerre.

Ogérien, directeur des Écoles de la Doctrine chrétienne, à Lons-le-Saulnier (Jura).

Rebour, président de la Société d'agriculture, sciences et arts du Jura, à Lons-le-Saulnier.

L'abbé Alibert, membre de plusieurs Sociétés savantes, à Rodez.

A. Vallier, numismate, membre de plusieurs Sociétés savantes, à Grenoble.

Jules Duval ✳, directeur du journal *L'Économiste français*, etc., etc., à Paris.

Cardin, ancien magistrat, membre de plusieurs Académies, à Poitiers.

Jules David ✳, membre de plusieurs Académies, à Versailles.

Le duc Pasquier-d'Audiffret O ✳, inspecteur-divisionnaire de l'Association normande, à Sassy (Orne).

MM. Trébuchet O ✳, membre de l'Académie impériale de médecine, rue Bonarparte, 44, à Paris.

O. de Rochebrune, membre du Conseil général de la Société française d'archéologie, à Fontenay.

A. de Soland, membre de plusieurs Sociétés savantes, à Angers.

Gustave Lapeyrouse ✳, ancien sous-préfet, membre du Conseil général de la Côte-d'Or, à Troyes (Aube).

Le Brun d'Albane, membre de plusieurs Académies, à Troyes.

Gergerès, conservateur de la Bibliothèque publique, à Bordeaux.

Bladé, membre de plusieurs Académies, à Lectoure.

Jules de Verneilh-Puyrazeau, inspecteur-divisionnaire de la Société française d'archéologie, à Nontron (Dordogne).

De Beaurepaire, archiviste du département de la Seine-Inférieure, à Rouen.

Pailhoux ✳, membre de plusieurs Académies, maire de St-Ambreuil (Saône-et-Loire).

Son Exc. M. Duruy, ministre de l'Instruction publique.

Membres Étrangers.

S. M. le ROI DE SAXE, président honoraire des Sociétés académiques de Dresde et du Congrès archéologique allemand.

S. A. R. Mgr le DUC DE BRABANT, à Bruxelles.

MM. Lopez C ✳, conservateur en chef du Musée, à Parme.

Marquis Paretto C ✳, à Gênes.

Marquis de Ridolfi C ✳, ancien ministre, à Florence.

Pasteur Duby ✳, à Genève.

Baron de Selis-Longchamp ✳, à Liége.

Whewhel, professeur, à Cambridge.

James Iates, à Londres.

San-Quintino ✳, conservateur honoraire du Musée, à Turin.

Warnkœnig ✳, professeur à l'Université de Tubinge.

Baer ✳, professeur à l'Université de Heidelberg.

Kupfer O ✳, professeur de physique à St-Pétersbourg.

Krieg de Hochfelden O ✳, ancien directeur des fortifications du grand-duché de Baden, à Baden.

De Brinckeru, conseiller d'État, à Brunswick.

MM. D'Homalius-d'Halloy C ✸, correspondant de l'Institut de France, à Namur.

Baron de Ruisin ✸ ✸, à Bruxelles.

Marquis de Santo-Angelo G ✸, ancien ministre de S. M. le Roi des Deux-Siciles, à Naples.

Comte de Furstemberg O ✸, chambellan de S. M. le Roi de Prusse, à Apollinarisberg, près Cologne.

Baron de Quast ✸, inspecteur-général des monuments historiques de Prusse, chevalier de l'Ordre de St-Jean de Jérusalem, à Berlin.

Roulez ✸, professeur d'archéologie à l'Université de Gand.

Sismonda ✸, professeur de géologie à l'Université de Turin, membre de l'Académie de la même ville.

Comte de Selmour, O ✸, gentilhomme de la Chambre du Roi de Sardaigne, président de l'Association agricole du Piémont.

Mgr Muller évêque de Munster.

Reichensperger ✸, conseiller à la Cour royale et membre de plusieurs Académies, à Cologne, vice-président de la Chambre législative de Berlin.

Botowski ✸✸, gouverneur provincial, à Moscou.

Comte de La Marmora G ✸, directeur de l'École de marine, à Gênes.

Donalston, secrétaire de l'Institut royal des architectes, à Londres.

Le Maistre-d'Anstaing ✸, président de la Société archéologique, à Tournay.

Quételet O ✸, secrétaire perpétuel de l'Académie royale de Belgique, à Bruxelles.

De Wilmoski, chanoine de la cathédrale de Trèves, à Trèves.

Baron de Planckrt, docteur en Droit, membre de plusieurs Académies, à Bruxelles.

Murchison, membre de la Société royale de Londres, correspondant de l'Institut de France, à Londres.

Parker, membre de la Société des antiquaires de Londres, à Oxford.

Comte Ernest de Beust C ✸, directeur-général des mines, à Berlin.

Baruffi ✸✸, professeur à l'Université de Turin.

Comte Avoyardo de Quarrgny C ✸, professeur de physique à l'Université de Turin.

Comte César Balbo C ✸, ex-président du Conseil des ministres à Turin.

MM. Cibrario C ※, sénateur du Piémont, professeur de chimie, à l'Université de Turin.

Ragozzini-Roca, secrétaire perpétuel de l'Académie royale d'agriculture de Turin.

Baron Joseph Manno C ※, président du Sénat du royaume de Sardaigne et de la Cour d'appel de Turin.

J. Morris ※, sénateur du royaume, à Turin.

Professeur Cantu ※, sénateur du royaume, à Turin.

Le comte Joseph Teleki C ※, membre de l'Académie impériale d'Autriche, à Szérach.

Joseph Arneth, directeur du Cabinet impérial des antiques, à Vienne.

Davidson, membre de la Société géologique, à Londres.

D'Olfers C ※, directeur-général des Musées, commandeur de plusieurs ordres, à Berlin.

Le Rév. Petit, membre de plusieurs Académies, à Londres.

Thomsen C ※, directeur du Cabinet des médailles, à Copenhague.

Baron Stilfrid G ※, grand-maître des cérémonies du Palais, à Berlin.

Namur, secrétaire-général de la Société archéologique du grand-duché de Luxembourg.

Kerwin de Lettenhowe ※, membre de plusieurs Académies, député, à Bruges.

Forster ※, professeur à l'Académie des Beaux-Arts de Vienne, président de la 26ᵉ classe du Jury international à l'Exposition universelle de Paris.

Le baron de Mayenfisch ※※※, chambellan de S. M. le Roi de Prusse et de S. A. R. le Prince de Hohnzoltein-Sigmaringen, à Sigmaringen.

Le Roy, professeur à l'Université de Liége,

Le docteur de Vicandt, à Wetzlar (Prusse).

Fayder G ※ ※※, procureur-général, à Bruxelles.

Mitter-Mayer ※ ※, professeur à l'Université de Heidelberg.

Ducpétiaux, O ※, inspecteur-général des prisons, à Bruxelles.

D'Otreppe de Bouvette ※※, membre de plusieurs Académies, à Liége,

Steingen O ※, officier supérieur en retraite, à Wetzlar (Prusse).

Ami Boué, membre de l'Académie impériale de Vienne;

César Cantu O ※, membre de plusieurs Académies, à Milan.

MM. Le colonel Komaroff C ❋ O ❋, ingénieur en chef des ponts-
et-chaussées, à Paris et à St-Pétersbourg.

Van der Hoeven ❋, professeur de zoologie, à Leyde.

Le comte de Mercy-Argenteau O ❋, président honoraire de la
Société libre d'Émulation de Liége, etc., à Liége.

Le chevalier *Rossi* ❋, *conservateur de la Bibliothèque du
Vatican, à Rome.*

Le comte d'Autessesses C ❋, directeur et fondateur du Musée
germanique, à Nuremberg.

Le comte de Ripalda C ❋, inspecteur-général de l'agriculture, à
Madrid.

Wikeham-Martin, président de la Société archéologique du comté
de Kent.

Nilson ❋ ❋, professeur honoraire de l'Université, à Stockholm.

Reichensperger ❋, conseiller à la Cour de cassation de Berlin.

Le colonel baron de Pellaert O ❋ ❋, à Bruxelles.

Vandenpeereboon O ❋, ministre de l'intérieur du royaume de
Belgique, à Bruxelles.

Lancia di Brolo ❋, secrétaire de l'Académie des sciences, à
Palerme.

L'abbé Barbier de Montault C ❋, membre de plusieurs Sociétés
savantes, à Rome.

Piper (Ferdinand) ❋, *docteur et professeur de théologie à*
l'Université de Berlin.

Le docteur Trompeo C ❋ O ❋ ❋ ❋, médecin du roi d'Italie,
président de la Société de médecine, à Turin.

Peeters-Wilbaux, agriculteur, à Tournay.

Dognée père ❋, avocat, à Liége.

Dognée de Villers ❋, membre de la Société française d'archéologie, à Liége.

D'Engelbronner ❋ ❋, avocat à la Haute-Cour des Pays-Bas, à
La Haye.

Commission auxiliaire de l'Institut des provinces.

MM. De Marsy, élève de l'École des chartes, à Compiègne.

Pécoul, élève de l'École des chartes, à Paris.

Le Roy-Perquien, membre de plusieurs Sociétés savantes, rue de
Fleurus, à Paris.

CONGRÈS

DES

DÉLÉGUÉS DES SOCIÉTÉS SAVANTES

DES DÉPARTEMENTS,

SOUS LA DIRECTION DE L'INSTITUT DES PROVINCES.

———o——o———

SESSION DE 1864.

———o——o———

SÉANCE GÉNÉRALE D'OUVERTURE.

Présidence de M. DE CAUMONT, directeur de l'Institut des provinces
de France.

A deux heures, M. de Caumont, directeur de l'Institut des provinces, monte au bureau et appelle à ses côtés : MM. D'OTREPPE DE BOUVETTE, délégué de la Belgique ; VICAIRE, directeur-général de l'Administration des forêts ; CONSEIL, député du Finistère ; DU CHATELLIER, de l'Académie des sciences morales et politiques, et le marquis DE FOURNÈS, l'un des secrétaires-généraux du Congrès, remplissant les fonctions de secrétaire. Il déclare la session ouverte.

Les congrès sont bien décidément entrés dans nos mœurs, dit M. de Caumont en commençant : on ne s'en lasse point, on en rassemble partout ; c'est ce qui explique l'empressement toujours croissant des Académies et des Sociétés agricoles de France et de l'étranger à répondre à l'appel de l'Institut des provinces et à envoyer des délégués à l'assemblée dont on inaugure aujourd'hui la XVIᵉ session. Les délégations de cette

1

année sont plus nombreuses et plus importantes que jamais. Des sociétés qui n'avaient pas pris part aux travaux du Congrès ont tenu cette fois-ci à s'y faire représenter.

Voici la liste des délégations reçues jusqu'ici (1) :

NORD.

Douai.—*Société impériale d'agriculture.*

MM. Bomart, inspecteur général des ponts-et-chaussées.
Liégeard, vérificateur des domaines, 42, rue Mont-Parnasse.

Dunkerque. — *Société dunkerquoise.*

Cousin, membre de l'Institut des provinces.
De La Royère, ancien maire de Bergues.
Le marquis de Queux de Saint-Hylaire.

PAS-DE-CALAIS.

Société d'agriculture et Académies d'Arras.

Le comte d'Héricourt, membre de l'Institut des provinces.
D'Héricourt fils, docteur en Droit.

St-Omer. — *Société des Antiquaires de la Morinie.*

Le marquis de Godefroy-Mesnilglaise , de l'Institut des provinces.

SOMME.

Société des Antiquaires de Picardie.

A. de Marsy, élève de l'École des chartes.
Pécoul, id.
D'Ermigny, de Péronne, de la Société française d'archéologie.

Académie des sciences, arts et belles-lettres d'Amiens.

Demoisilly, ingénieur en chef des mines.
L'abbé Corblet, historiographe du diocèse.

---

(1) La multiplication des Sociétés et Comices agricoles a décidé à classer par départements, plutôt que par sociétés, les membres du Congrès. Souvent le même membre ayant été délégué par plusieurs sociétés de son département, on eût été forcé de répéter son nom plusieurs fois.

Société d'émulation d'Abbeville.

MM. BOULLON DE MARTEL, d'Abbeville.
A. DE CAÏEU, id.
DE LIGNIÈRES, id.

AISNE.

GOMART, de l'Institut des provinces, à St-Quentin.
PRIOUX, délégué de Soissons.

CISE.

Société d'archéologie, sciences et arts et Société d'agriculture.

LABARTE, membre de l'Institut des provinces.
PEIGNÉ-DELACOUR, de la Société impériale des Antiquaires
de France, rue de Cléry, 23.
J.-B. BALLIÈRE, rue Hautefeuille, 17.
CARON, docteur-médecin, rue du Bouloy, 22.
DAMIENS, secrétaire honoraire de la Société, à Beauvais.
DESMARAIS, rue de Condé, 28, à Paris.
BOURSIER, membre de plusieurs Académies.
LE ROY, id.

SEINE.

Jules DUVAL, directeur de l'*Economiste français.*
Th. DU MONCEL, de l'Institut des provinces.
BELGRAND, id., ingénieur en chef des ponts-et-chaussées.
H. DE RIANCEY, de l'Institut des provinces.
DE SAINT-PAUL, de la Société française d'archéologie.
Le comte DE LA GUÉRONNIÈRE, de la Haute-Vienne.
DE CHÉNIER, ancien chef de division au ministère de la guerre.
BOUCHARD-HUZARD, de l'Institut des provinces.
LE ROYER, de Vincennes, id.
Le vicomte DE BONNEUIL, id.
L'abbé Valentin DUFOUR, de la Société française d'archéologie.

MM. Le HARIVEL-DUROCHER, de l'Institut des provinces.

Le comte DE POMMEREU, inspecteur de l'Association normande.

RÉCAMIER, docteur en droit.

Le chevalier AUBERT, de la Société française d'archéologie.

MOSSELMANN, de l'Institut des provinces.

Le comte FOUCHER DE CAREIL, id.

DORÉ, cité Doré, à Paris.

Le D^r DE BOUIS, id.

Le comte DE BLACAS, id.

Ernest BERTRAND, id.

Le baron DE VENDOEUVRE, id.

Henri MARTIN, id.

MALO, ingénieur civil.

Ad. DE DION, de la Société archéologique de Rambouillet.

VIOLARD, de l'Association normande, rue de Choiseul, 3.

NOIRET, docteur-médecin, filateur, 89, boulevard du Prince-Eugène.

PUGEAULT, avocat, juge de Paix, à Vincennes.

DURAS, rue d'Austerlitz, 4, délégué de la Société centrale d'arboriculture.

DORÉ fils, professeur de chimie.

Eugène PLON, imprimeur-éditeur, à Paris.

DUBOST, major de la Garde nationale, rue Neuve-Ste-Geneviève.

Henri DE DION, ingénieur civil, membre de l'Institut des provinces.

PARROT, peintre d'histoire, membre de l'Institut historique.

SEINE-ET-OISE.

Société des sciences naturelles de Versailles.

THIBERGE.

BERIGNY, D. M. P.

Richard TESSON.

SEINE-INFÉRIEURE.

Rouen. — *Société d'émulation, Société d'agriculture, Société impériale et centrale d'horticulture, Association normande, Société française d'archéologie.*

MM. L. DE GLANVILLE, de l'Institut des provinces.

De LA LONDE DU THIL, de la Société d'agriculture du Havre.

PÉRON, inspecteur de l'Association normande.

Robert D'ESTAINTOT, de la Société d'émulation.

GAIGNOEUX, id.

Le comte D'ESTAINTOT, de l'Institut des provinces.

HUET, de Gaillon, inspecteur de l'Association normande.

Gustave-Victor GRANDIN, id., à Elbeuf.

DIEPPE.

Jules DE REIZET, correspondant de l'Institut, rue Joubert, 32.

MOLET, rue Joubert, 32.

De MALARTIC, membre du Conseil général, à Tôtes.

NEUFCHATEL.

QUENOUILLE, de l'Association normande, à St-Saëns.

Dieudonné DERGNY, id., à Grandcourt, par Londinières.

L'abbé DECORDE, de l'Institut des provinces, à Bures.

De LIGNEMARE, conseiller général, à Londinières.

De CORNEILLE, conseiller d'arrondissement, à St-Saëns.

Le comte DE BOUELLE, à Bouelle, près Neufchâtel.

SEMICHON, conseiller général, à Neufchâtel.

ST-VALERY-EN-CAUX.

LESEIGNEUR, ancien député, conseiller-général.

HELLOUIN, maire de Néville.

LANNOY, maire de Cailleville.

GOURNAY.

NOEL, 17, rue Tronchet.

Le comte PAJOL, colonel des dragons de l'Impératrice, à Versailles.

BOUCAULD.

Société hâvraise d'études diverses.

MM. MILLET SAINT-PIERRE, président de la Société.

DE LAUNAY, ancien inspecteur des postes.

CALVADOS.

BAYEUX. — *Société d'agriculture.*

Le comte DU MANOIR, maire de Juaye.

Le vicomte DE CUSSY, de l'Institut des provinces, 26, rue Caumartin.

Le marquis DE BALLEROY, membre du Conseil général.

VARIN, de la Société française d'archéologie.

BATAILLARD, maire de St-Germain-du-Pert.

Le marquis DE FOURNÈS, de l'Institut des provinces.

LISIEUX. — *Société d'émulation.*

BUFFET, ancien ministre, député au Corps législatif.

D'HACQUEVILLE, membre du Conseil général.

TARGET, propriétaire, membre de l'Association normande.

Charles VASSEUR, de la Société française d'archéologie.

ST-PIERRE-SUR-DIVES. — *Association normande.*

Le commandant ROCHER, inspecteur de l'Association.

DE LIGNEROLLES, agriculteur, à St-Pierre-sur-Dives.

MESNIL, banquier, id., id.

CAEN. — *Académie des sciences, arts et belles-lettres.*

EGGER, de l'Institut.

DE BOUIS, de l'Institut des provinces.

A. HUARD, avocat à la Cour impériale de Paris.

BOULATIGNIER, conseiller d'État.

Société française d'archéologie.

CORDIER, ingénieur civil.

GAUGAIN, de l'Institut des provinces.

BERTRAND, député au Corps législatif.

MM. Le baron DE FONTETTE, ancien député.

Le prince HANDJÉRI, de Manerbe, membre de plusieurs Académies.

Société des Beaux-Arts.

Le marquis D'HARCOURT.

COUSIN, rue du Rocher, 61.

GRIMOUT, rue de Bondy, 68.

Association normande.

DESPORTES, ancien notaire, de la Société française d'archéologie.

Le baron DAVID, ancien ministre plénipotentiaire.

HÉBERT jeune, banquier, à Caen.

Charles PAULMIER, président de la Chambre de commerce de Caen.

CORNÉLIS DE WITT, de la Société française d'archéologie.

OUTARDEL, agriculteur, à Branville.

Société de Médecine.

M. RAYER, médecin de l'Empereur, membre de l'Institut.

CONDÉ-SUR-NOIREAU. — *Association normande.*

Le comte DE PONTÉCOULANT.

Ernest DU SAUSSAY.

Emile VAULOGÉ, propriétaire.

LE MASSON, docteur-médecin, à Cagny par Vassy.

HUSNOT, botaniste et agriculteur.

DE PRÉPETIT, inspecteur de l'Association.

PONT-L'ÉVÊQUE. — *Société d'agriculture.*

Léon FÉRET, vice-président de la Société.

BINETTE, maire de St-Julien,

LE PROU fils, à Manneville-la-Pipart.

Auguste LONDE, à Putot.

Le comte DE CIVILLE, au château de Bois-Héroult (Seine-Inférieure).

A. DE ROISSY père, rue de Bellechasse, 64.

Vire. .

MM. Le Normant, ancien sous-préfet, à Vire.

Bouet, peintre, à Caen.

Le Harivel-Durocher, de l'Institut des provinces.

Douvres.

Mellerio, rue Miromesnil, 19, à Paris.

Mauger, entrepreneur de travaux publics, à Caen.

Jouin, rue Ste-Anne, 51 bis, à Paris.

MANCHE.

Association normande.

De Froidefond de Florian, 8, rue St-Honoré.

Le comte de Choiseul, 200, rue de Rivoli.

Le comte Jules de Cosnac, 16, rue de l'Université.

Cherbourg. — Société d'agriculture.

Le comte de Tocqueville, président de la Société.

Lesdos, de l'Association normande.

Noel, de l'Institut des provinces.

Le comte Daru, ancien pair de France.

Valognes. — Société d'agriculture et Société d'horticulture.

Le comte de Tocqueville, rue d'Astorg, 25.

Étienne, avocat, à St-Sauveur.

Du Poerier de Portbail, inspecteur divisionnaire de l'Association normande, à Valognes.

Le comte de Pontgibault, à St-Marcouf.

Coutances.

Le marquis de Pienne, chambellan de l'Impératrice.

Le baron Du Mesnil, membre du Conseil général.

L'abbé Le Cardonnel, archiviste du diocèse, à Coutances.

Brohier de Linnetière, député, maire de Coutances.

Saint-Lo. — *Société d'agriculture.*

MM. Le comte DE KERGORLAY, ancien député, membre de la Société impériale d'agriculture de France.

Avranches. — *Société archéologique.*

Le baron TRAVOT, membre du Conseil général.
LAISNÉ, président de la Société.

ORNE.

Association normande, Comices et Société d'agriculture.

Le comte DE CHARENCEY, ancien député.
DE CHARENCEY, membre de plusieurs Académies.
Le vicomte DU MESNIL DU BUISSON, de la Société française
d'archéologie.
Léon DE LA SICOTIÈRE, membre du Conseil général
Le marquis PASQUIER D'AUDIFFRET, inspecteur divisionnaire
de l'Association normande, à Sacy.
Le baron LE GUAY, id., à Alençon.

EURE.

*Association normande, Sociétés d'agriculture, Société française
d'archéologie.*

LOUVIERS.

PRÉTAVOINE, maire de Louviers.
ANISSON DU PERRON, à St-Aubin, près le Neubourg.
Charles DANNET, manufacturier.
Le docteur AUZOUX, à Paris.
Guillaume PETIT, député.

ÉVREUX.

Raymond BORDEAUX, de l'Institut des provinces.
Louis PASSY, de la Société des Antiquaires de France.

MM. ROSSEY, ancien conseiller de préfecture.

Eugène DRAMARD.

G. L'HÔPITAL, maître des requêtes au Conseil d'État.

BERNAY.

Le comte D'ÉPREMESNIL, au château de Fontaine-la-Sorêt.

Le comte DE RUBELLES, au château de Goupillières.

Casimir ASSEGOND, à Goupillières.

Le comte DE GLATIGNY, au Breuil, près Évreux.

Gustave POWON, à St Ouen-de-Thiberville (Eure).

DE BOISFREMONT, officier d'artillerie, id., id.

Émile DESMARES, greffier du Tribunal civil.

MARGERIE, docteur en Droit.

Le prince Albert DE BROGLIE, de l'Académie française, à
Broglie.

Le baron DE MONTREUIL, ancien député.

GAILLON.

HUET, inspecteur de l'Association.

LE BLANC, maire de Gaillon.

LE NOEL, entrepreneur de travaux, id.

Gabriel DE GRAVERON, à Cailly-sur-Eure.

EURE-ET-LOIR.

Société française d'archéologie, Société archéologique de Chartres.

DENAIN.

MERLET, archiviste du département.

BELLIER DE LA CHAVIGNERIE.

DU PLESSIS.

DE LÉPINOIS.

DE MORISSURE, de la Société française d'archéologie, à
Nogent-le-Rotrou.

BARRINGER.

LOIR-ET-CHER.

BLOIS. — *Société des sciences et des lettres.*

Le marquis DE VIBRAYE, de l'Institut.

MM. DEROUET, secrétaire de la Société.

DE MARTONNE, archiviste du département.

TURPIN, propriétaire.

COUTEAU, id.

Vendôme et Montdoubleau. — *Comices agricoles.*

DESVAUX-SAVOURÉ, de l'Institut des provinces.

SAVOURÉ, propriétaire, rue de la Clef, 7, à Paris.

PILOUT, id., rue du Puits-de-l'Hermite, 21, id.

BOCHIN, rue de Provence, 58, id.

INDRE.

MAURENQ, rue de Rivoli, 9.

HERPIN DE METZ, membre de l'Institut des provinces, rue Taranne.

INDRE–ET–LOIRE.

Société française d'archéologie, Société archéologique et Société d'agriculture.

Le comte DE GALEMBERT, de l'Institut des provinces.

GRANDMAISON, archiviste du département.

PÉCARD, conservateur du musée.

NOBILEAU, rue des Cordeliers, à Tours.

BORDES, maire de Vouvray.

SARTHE.

Société française d'archéologie.

DE LA RUE, architecte du département.

DE BAGLION, de la Société française d'archéologie, près Vendôme.

Le comte DE MAILLY, ancien pair de France.

Le marquis DE NICOLAÏ, à Montfort.

Société d'agriculture, sciences et arts.

VERDIER, de l'Institut des provinces.

MM. GUÉRANGER, de l'Institut des provinces.

Le comte DE MAILLY, id.

HUCHER, inspecteur des monuments, à La Renardière, près le Mans.

Charles DE LA FERTÉ-BERNARD.

DE LESTANG, de la Société française d'archéologie.

DE HENNEZELS, ingénieur en chef des mines.

MAINE-ET-LOIRE.

SAUMUR. — *Société française d'archéologie et Comices.*

AUBEPIN, substitut, à Paris.

GIRAUD DU PLESSIS, id.

Ch. LAIR, à Paris.

TAILLANDIER, père, id.

Le vicomte DE CUMONT, de la Société française d'archéologie.

ANGERS. — *Société industrielle.*

Eugène GAYOT, ancien directeur des haras, à Paris.

LE ROYER, de l'Institut des provinces, id.

ROBINET, ancien président de l'Académie impériale de médecine, id.

Société d'agriculture.

Paul LA CHÈZE, éditeur.

Léon COSNIER, id.

Victor PAVIE, id.

BOREAU, id.

PARROT (Paul-Amand), peintre d'histoire.

LOIRE-INFÉRIEURE.

Société académique.

BOBIÈRE, chimiste, professeur, à Nantes.

Société archéologique.

DE KÉRANFLECH, de la Société française d'archéologie.

MARCHAND, architecte, rue de l'Oratoire, 64.

ILLE-ET-VILAINE.

Société d'agriculture de Rennes.

MM. HARDOUIN, secrétaire de la Société, membre du Conseil général.

BOCHIN, rue de Provence.

PITON DU GAUT, propriétaire, à Rennes.

COTES-DU-NORD.

Société d'émulation de St-Brieuc.

Anatole DE BARTHÉLEMY, ancien sous-préfet.

GAUTIER DU MOTTAY, membre du Conseil général.

GESLIN DE BOURGOGNE, membre du Conseil général, président de la Société.

FINISTÈRE.

Société académique de Brest.

DU CHATELLIER, de l'Institut des provinces.

CONSEIL, député.

MOUGEAUT DE KERJEGU, président du Tribunal de commerce.

BELLAMY, notaire, à Brest.

VENDÉE.

AUDÉ, secrétaire-général de la Préfecture, à Bourbon-Vendée.

BARON, ancien député, à Fontenay.

B. FILLON, de la Société française d'archéologie, id.

DEUX-SÈVRES.

Société de Statistique.

DAVID, député, président.

DELAVAULT, secrétaire.

MONNET, membre de plusieurs Académies.

VIENNE.

POITIERS. — *Société des Antiquaires de l'Ouest.*

DE MÉNARDIÈRE, docteur en Droit.

MM. Brouillet, membre de la Société.

Le baron de Lassus, id.

Dufaure, avocat à la Cour impériale, à Paris.

Le comte de Montalembert, de l'Académie française.

Ch. Robert, de l'Institut, directeur au ministère de la guerre.

Le comte de Rogier, 20, rue Laffitte.

HAUTE-VIENNE.

Le comte de La Guéronnière.

De Merlin, capitaine d'état-major, 11, rue de Manvieu.

H. Soury-Lavergne, id., id.

A. de Préville, à Cassel (Allier).

De Pontréaux, à St-Junien.

CHARENTE.

De Lorière, inspecteur des monuments.

Thiac, membre de l'Institut des provinces,

CHARENTE-INFÉRIEURE.

Le baron Échasseriaux, membre du Corps législatif.

Moufflet, ancien proviseur.

De La Morinière, ingénieur.

L'abbé Flandrin.

Dorbault.

Léon de Clairvaux.

Gustave Durand.

ROCHEFORT.

Roy-Bry, député au Corps législatif.

Jouvin, professeur de botanique, membre de l'Institut des provinces.

Cornay, docteur-médecin, à Paris.

GIRONDE.

Société Linnéenne.

E. Cosson, naturaliste, à Paris.

MM. J. PUEL, de la Société géologique et botanique, à Paris.
P. FISCHER, naturaliste, id.

LOT—ET—GARONNE.

Société d'agriculture, sciences et arts d'Agen.

Sylvain DUMON, ancien ministre, rue Rumfort, 8.

Le docteur LABOULBÈNE, professeur agrégé à la Faculté de médecine, rue de Lille, 35.

Le baron DE LANGSDORFF, ancien ministre plénipotentiaire, 94, rue de l'Université.

Philippe TAMISEY DE LAROQUE, rue de l'Ouest, 44.

DORDOGNE.

Société d'agriculture.

Le comte Ernest DE MALLEVILLE, à Paris.

Le comte Anatole DE LA PANOUZE, id.

Le vicomte DE GOURGUES, à Lanquais.

Le marquis DE BOURDEILLES, à Paris.

AUDE, TARN, TARN—ET—GARONNE.

Le baron Louis DE CAZES, membre du Conseil général du Tarn, au château de St-Hippolyte, par Monestier (Tarn).

L'abbé POTTIER, inspecteur de la Société française d'archéologie, à Montauban.

SOLON, juge, à Auch, id.

Élie ROSSIGNOL, à Montans, id.

L'abbé AZÉMAR, à Rodez, id.

CARAVEN, de la Société française d'archéologie, à Castres.

MAHUL, délégué de la Société des sciences et arts de Carcassonne.

Le baron Edmond DE RIVIÈRES, membre du Conseil administratif de la Société française d'archéologie.

Le comte R. DE TOULOUSE-LAUTREC, inspecteur divisionnaire de la Société française d'archéologie.

MM. Étienne DE VOISINS LAVERNIÈRE, ancien député, président
du Comice agricole de Lavaur (Tarn).

DE COMBETTES LA BOURELIE, membre du Comice agricole
de Gaillac.

Le marquis DE SAINT-LIEUX, au château de St-Lieux.

Étienne MAZAS, à Lavaur.

Le vicomte DE MARTRIN-DOUOS, au château des Bruyères
(Tarn).

L. DE COMBETTES DU LUC, rue de Grenelle-St-Germain, 89.

ALIBERT, pharmacien, membre de plusieurs Sociétés savantes, à Roquecourbe (Tarn).

POUGET, de Rodez.

CLAUZEL DE COUSSERGUES, id.

Le vicomte Bernard D'ARMAGNAC, à Cahors (Lot).

Adrien DE GÉLIS, rue de Grenelle-St-Germain, à Paris.

HÉRAULT.

*Sociétés archéologiques de Béziers et de Montpellier, Académie
et Société d'agriculture.*

Paul MEYER, ancien élève de l'École des Chartes, rue de
Constantine, à Paris.

Ch. THIRION, professeur au collége Stanislas, rue de Lille,
19, id.

DE SAUNILLE, ancien sous-préfet, place Hoche, à Versailles.

DE MARTRIN, directeur de l'École d'agriculture des Bruyères.

OLLIVIER, de la Société française d'archéologie, architecte
diocésain et départemental.

L'abbé SOULIER, professeur de philosophie au petit séminaire de Notre-Dame-des-Champs.

Armand CAMBON, peintre, élève de M. Ingres, de plusieurs
Sociétés savantes.

Louis GUIRAUD, de la Société botanique de France, interne
à l'hospice St-Louis.

Le docteur Louis DUCOM, pharmacien en chef à l'hospice
de La Riboissière.

MM. Raymond Pottier , attaché au Ministère de l'intérieur.
Capelle, conseiller à la Cour impériale.
Pagezy, député au Corps législatif.
Fabrège, élève de l'École des Chartes.
Carou, président de la Société archéologique de Béziers.

LANDES ET BASSES-PYRÉNÉES.

Léon Dufour, correspondant de l'Institut de France, à
   St-Sever (Landes).
Édouard Perris, vice-président de la Société d'agriculture
   des Landes, conseiller de préfecture, à Mont-de-Marsan!
Le comte de Dampierre, vice-président de la Société d'agri-
   culture des Landes, au château du Vignau, par Cazères
   (Landes).
De Guilloutet, député des Landes, à Paris.
Émile Tastet, négociant, 10, rue de Choiseul, id.
Du Peyrat, de l'Institut des provinces, à Mugron (Landes).

HAUTE-GARONNE.

Société des Antiquaires du Midi.

D'Aldéguier, président de la Société archéologique du midi
   de la France, à Toulouse.
Le vicomte de Juillac, inspecteur divisionnaire de la So-
   ciété française d'archéologie.
Le vicomte de La Passe , secrétaire-général de la Société.
Le comte de Sambucy, membre de la Société.
Compayré , id.

AVEYRON.

Bousquet, attaché au Ministère de l'instruction publique.
Le vicomte d'Isarn Freyssinet, 31, rue Belle-Chasse.
Vauginet, architecte, à Rodez.
Clauzel de Coussergnes , rue de Las-Cases, 1.
L'abbé Cusson de Floirac, vicaire de St-André d'Autun.

MM. L'abbé Ravailhe, vicaire à St-Thomas-d'Aquin.

Jules Duval, rue de Parme, 7.

Girou de Buzareingnes, député.

Léon Vaysse, censeur à l'institution impériale des sourds-muets.

Aiffre, peintre, à Paris.

Richard Paulin, employé à la Bibliothèque impériale.

Pouget, peintre dessinateur, boulevard Beaumarchais.

MOSELLE.

Société d'archéologie.

Victor Simon, inspecteur divisionnaire de la Société française d'archéologie.

Olivier Hallez-d'Arros, à Versailles.

Le comte de Straten Ponthoz, de l'Institut des provinces.

Uhrich, colonel en retraite, à Metz.

MEURTHE.

Ancelon, de Dieuze.

Salmon de Villiers, à Nancy.

Paté, de Nancy.

Le baron de Dumast, correspondant de l'Institut.

MEUSE.

Société philomatique de Verdun.

Le comte Dessoffy de Czernech, à Verdun.

Lefaucheux, id.

Memminge, id.

Chadenet, notaire.

Petitot, archéologue.

MARNE.

Comice agricole de Châlons.

Alexandre Aubert, curé de Juvigny.

Société d'agriculture, sciences et arts de Châlons.

MM. Le comte DE MELLET, de l'Institut des provinces.

Le baron DE CHAUBRY, membre du Conseil général, à Cougy.

L. GARINET, conseiller de préfecture honoraire.

Ch. DE BACQ, rue de Verneuil, 38, à Paris.

L'abbé BOITEL, chanoine, à Châlons.

Le baron DE PINTEVILLE-CERNON.

Ch. DE MAIZIÈRES.

Le baron CHAUDON DE ROMONT, du Comice agricole de Reims.

Académie de Reims.

MARIDOU, professeur de chimie, à Reims.

ROBILLARD, vice-président du Tribunal civil.

TARBÉ, correspondant de l'Institut.

L. PARIS, directeur du Cabinet historique.

Léon MAXE, numismate.

A. DE BARTHÉLEMY, ancien sous-préfet.

AUBE.

Le comte DU MANOIR, à Vendœuvre.

LAPÉROUSE, président de la Société académique, à Troyes.

GRÉAU, vice-président, id.

E. BERTRAND, conseiller à la Cour impériale de Paris, rue de Trévise, 30.

TRUELLE SAINT-ÉVRON, rue St-Honoré, 229.

MILLARD, ancien député, rue Bonaparte, 84.

DE COLMONT, ancien secrétaire-général des finances.

L'abbé GÉRARD, vicaire de St-Nicolas-du-Chardonnet.

L'abbé BESSE, id., id.

BAS-RHIN.

Le colonel DE MORLET, de l'Institut des provinces, à Strasbourg.

MENIOLLE, rue de Tournon, 2.

Le colonel ULRICH, à Roissy (Seine-et-Marne).

HAUT-RHIN.

Société d'histoire naturelle de Colmar, Société française d'archéologie.

MM. QUAEPFFEL , directeur des colonies, à Paris.

A. GROS , député au Corps législatif.

FAUDEL, docteur-médecin , à Colmar.

Jean HAZÉ, professeur, à Beblensheim , près Colmar.

POISAT, architecte, à Belfort.

HAUTE-SAONE.

Jules DE BUYER, inspecteur de la Société française d'archéologie, à La Chaudeau.

Le marquis DE RAINCOURT , de la Société géologique
France.

Le marquis DE SAINT-MAURIS.

Comice de Breval.

COURCELLES , banquier, à Breval.

DE BEAUSÉJOUR, avocat, id.

GEVREY, id., id.

SALLORS, docteur-médecin , id.

Le marquis D'ANDELARRE , député et président du Comice.

DOUBS.

CASTAN, de la Société française d'archéologie.

BIAL , professeur à l'école d'artillerie.

DE CHARDONNET, membre de la Société d'émulation du Doubs.

JURA.

Société d'émulation du Jura.

Frère OGÉRIEN, directeur de l'École chrétienne de Lons-le-
Saulnier.

REBOUR , président de la Société.

BENOIT, vérificateur des Douanes , à Paris.

Société de Poligny.

MM. Jules Finot, archiviste-paléographe.

SAVOIE.

Chambéry. — *Académie.*

Chamousset, de l'Institut des provinces, secrétaire de l'Académie.

Le comte Greffier de Haute-Combe, président de l'Académie.

Le marquis Costa de Beauregard, de l'Institut des provinces.

Chaperon, président du Tribunal de commerce.

Dardel, médecin des Eaux, à Aix.

Société médicale d'Aix.

Guillaud, président de la Société.

Le docteur Caffe, de Paris.

Herpin, de Metz, de l'Institut des provinces.

YONNE.

Société centrale d'agriculture, Société des sciences et Société d'Avallon.

De Damecy, à Damecy, près Avallon.

Léonce d'Assay, à Tharasseau, près Vézelay.

Raudot, ancien représentant, à Orbigny, près Avallon.

Le comte de Montalembert, de l'Académie française.

Challe, sous-directeur de l'Institut des provinces.

Textoris, de la Société française d'archéologie.

De Boutin, conseiller à la Cour impériale de Paris.

Le baron du Havelt, membre du Conseil général.

Belgrand, ingénieur en chef.

Benoit.

Blin.

Cotteau, membre de l'Institut des provinces.

Victor Petit, id.

MM. Le marquis DE CLERMONT-TONNERRE.

Le marquis DE TANLAY, de l'Institut des provinces.

HÉLIE, membre de la Société d'Avallon.

VIGNON, ingénieur en chef, membre de l'Institut des provinces.

COTE-D'OR.

Commission d'antiquités.

Le marquis DE SAINT-SEINE, président de la Commission.

Le comte DE VESVROTTES, à Dijon.

DARBAUMONT, secrétaire de la Commission.

POISOT.

DESTOURBET, de l'Institut des provinces.

Académie de Dijon.

GARNIER, archiviste.

GUIGNARD, bibliothécaire.

MIGNARD, membre titulaire.

CHER.

Société d'agriculture.

Le marquis DE VOGUÉ.

Le comte DE ROMANET.

Le comte DE BONNEVAL.

DE VILLENEUVE, ingénieur en chef des mines.

Commission historique.

BOURDALOUE, membre titulaire.

DU MOUTET, id.

DU PLAN, id.

SAONE-ET-LOIRE.

Société Éduenne d'Autun.

Ch. JACQUIER, membre titulaire de la Société.

DE FONTENAY, élève de l'École des Chartes, de la Société française d'archéologie.

ALLIER.

Société d'agriculture.

MM. Henri DE BONNAND, président de la Société.

DE LÉCLUSE, membre de la Société.

Le docteur BOUDANT, professeur à l'École de médecine de Clermont.

L'abbé MATHIAS, prédicateur.

L'abbé MORIN, curé de Brousat.

L'abbé BOUDANT, curé de Chantelle, membre de l'Institut des provinces.

SAONE-ET-LOIRE.

CHALONS. — *Société archéologique.*

Henri BATAULT, archiviste.

L'abbé BUGNIOT, de la Société française d'archéologie.

Jules GUILLERMIN, secrétaire de la Société.

ISÈRE.

Le marquis DE BÉRANGER, délégué de l'Académie delphinale, au château de Sassenage (Isère).

Gustave MALLET, ancien recteur.

G. RÉAL, secrétaire-général du chemin de fer de la Méditerranée.

Le comte DE GALBERT, de l'Institut des provinces.

G. VALLIER, de la Société française d'archéologie.

Le baron D'HUDERT, à Grenoble.

Amédée DE BOUFFLERS, id.

Alphonse DE GALBERT, à la Bouisse.

DE FONVIEILLE, membre de plusieurs Académies.

DROME.

Le marquis DE SIEYÈS, de la Société française d'archéologie.

L'abbé VINCENT, curé de La Vache.

DE COTTON, à Montélimart.

Xavier DUBOURG, agronome, à Château-Double.

GARD.

Académie du Gard.

MM. Gaston BOISSIER, professeur au lycée Charlemagne, quai
St-Michel, 27, à Paris.

Guillaume GUIZOT, boulevard Malesherbes, 53.

Ferdinand BÉCHARD, avocat, ancien député.

Léonce CURNIER, receveur-général, à Évreux.

RHONE.

Comité archéologique de Lyon.

Paul CANAT DE CHIZY.

Société française d'archéologie.

MARTIN-DAUSSIGNY, conservateur du musée.

Le comte G. DE SOULTRAIT, de l'Institut des provinces.

LOIRE.

SAINT-ÉTIENNE.

BALLAY, député au Corps législatif.

Auguste COLLET, ancien député, avenue de Neuilly, 125,
à Paris.

BOURG-ARGENTAL.

D'ALBIGNY DE VILLENEUVE, de l'Institut des provinces.

HAUTE-LOIRE.

BRIOUDE.

Le baron DE FLAGEAC, ancien président du Comice.

LE BLANC, conservateur de la Bibliothèque publique.

LOZÈRE.

Société d'agriculture de Mende.

DE ROZIÈRE, inspecteur-général des archives.

MM. Roussel, ancien représentant, membre de la Société française d'archéologie.

L'abbé Giroès, rue de l'Estrapade, 3.

CREUSE.

Le prince Auguste DE GALITZIN, rue St-Médéric, à Versailles.

Le marquis DE LA ROCHE-GUYON, agriculteur, membre du Conseil général, à Versailles, avenue de Sceaux.

Le vicomte Alfred DE CORNUDET, membre du Conseil général de la Creuse, 88, rue de Grenelle.

Louis BAUDRY DE MALÈCHE, Montoir-Roujelle.

L'abbé ROY DE PIERREFITTE, doyen de Bellegarde (Creuse), membre de l'Institut des provinces.

VAUCLUSE.

Société archéologique d'Avignon.

CAPEFIGUE, à Apt.

Jules COURTET, ancien sous-préfet, à Avignon.

DELOYE, conservateur du musée d'Avignon.

Auguste TAURON, membre de plusieurs Sociétés savantes.

L'abbé POUGNET, de la Société française d'archéologie, à Avignon.

Société française d'archéologie et Institut des provinces.

Valère MARTIN, de Cavaillon.

Société d'agriculture d'Avignon.

Le comte G. DE LA BORDE-CAUMONT.

Le marquis DE RIBIERS.

Comice d'Apt.

GUILBERT, président du Tribunal.

SEYMARD, docteur-médecin.

Société littéraire et scientifique d'Apt.

MM. BERNARD, maire d'Apt.
SEYMARD, avocat.

Société d'agriculture d'Orange.

MILLET, docteur-médecin.
BEAUCHAMP, notaire.

Comice de Carpentras.

LOUBET, juge au Tribunal.
BARRET, avocat.

PUY-DE-DOME.

BOUILLET, de l'Institut des provinces, à Clermont.
LE COCQ, professeur à la Faculté, id.

BOUCHES-DU-RHONE.

Société de statistique de Marseille.

Le marquis DE JESSÉ, rue de Ménars, 14, à Paris.
A. LEGOYT, secrétaire perpétuel de la Société de statistique
de Paris.
Ad. LUCY, membre honoraire et ancien président de la
Société.
Le comte DE VILLENEUVE, professeur à l'École des Mines.
Le docteur BOUDIN, médecin en chef de l'hôpital militaire
de Vincennes, à Paris.
A.-B. CHAMBON, correspondant de la Société, id.
CHAUMELIN, employé au ministère des finances, id.
LÉGIER DE MESTEYME, avocat à la Cour impériale de Paris.
Valère MARTIN, inspecteur de la Société française d'ar-
chéologie, à Cavaillon (Vaucluse).
VIDAL, inspecteur-général des prisons de France, à Paris.

Arles. — *Commission archéologique.*

MM. Jacquemin, de la Société française d'archéologie.

Bizalion, de plusieurs Académies.

Clair, membre du Conseil général.

VAR.

Rostan, membre de l'Institut des provinces, à St-Maximin.

Le docteur Boyer, médecin du Sénat, conseiller général du Var, au palais du Luxembourg.

Octave Tessier, membre de plusieurs Sociétés savantes, à Toulon.

Le docteur Roux, sous-directeur de l'Institut des provinces, allée des Capucines, à Marseille.

BASSES-ALPES.

Société française d'archéologie, Comices, etc., etc.

Sextius Aude, avocat, attaché au secrétariat-général de l'Institut, au palais de l'Institut.

Édouard d'Anglemont, homme de lettres, 2, rue des Dames-Batignolles.

Borel d'Hauterive, professeur et secrétaire de l'École des Chartes, 50, rue Richer.

Clappier, rédacteur au Ministère de la justice, 6, rue Casimir-Périer.

Fertiault, de la Société des gens de lettres, rue Neuve-Bréda.

Le docteur Garcin, rue de Rivoli, 74.

Garcin, avocat, rédacteur de *La France*, rue de Rivoli, 74.

Gourdon de Genouillac, de la Société des gens de lettres, 4, rue des Batignollaises.

Ernest de Gassier, avocat à la Cour de Paris.

Légier de Mesteyme, id.

Le comte de Montlausier, 44, rue Jacob.

MM. Le vicomte DE PONSON DU TERRAIL , du Comité des gens de
    lettres , rue Cadet.
    Le vicomte Albert DE SELLE , ingénieur civil , rédacteur de
    la *Gazette de France.*
    ROBERT-VICTOR , président de l'*Union des Poètes*, 71 , rue
    de Chabrol.

ALPES-MARITIMES.

NICE.—*Société centrale d'agriculture et d'acclimatation.*

LUBONIS , député au Corps législatif.
POLONOIS, membre du Conseil général.
JOURDIER , secrétaire-général du journal *La France.*

PRUSSE.

Ferdinand PIPER, professeur d'archéologie, à Berlin.
Maurice BLOCK, délégué de l'Académie de Berlin.

ANGLETERRE.

J. PARKER, de la Société royale des Antiquaires, à Oxford.

BELGIQUE.

ANVERS, LIÉGE, BRUXELLES, ETC.

Le comte DE MERCY-ARGENTEAU, membre de l'Institut des
    provinces , à Liége.
Le baron DE PELLAERT, colonel en retraite, à Bruxelles.
D'OTREPPE DE BOUVETTE, ancien directeur des mines, à
    Liége.
Le chevalier DE SCHOUTHECTE, délégué de la Société d'An-
    vers.
DE CERVARENS, à St-Nicolas (Flandres-Orientales).
DOGNÉE, de l'Institut des provinces, à Liége.

MM. Dognée de Villers, de la Société française d'archéologie,
à Liége.

Le Grand de Reulandt, secrétaire perpétuel de la Société
d'Anvers.

Coffint-Delrue, à Mons.

Gustave Hugemans, de la Société d'archéologie de Belgique.

Godefroid Umé, président de l'Union des architectes de
Liége.

Une grande partie des membres ainsi désignés viennent successivement prendre place dans la salle.

Voici maintenant les titres des ouvrages offerts au Congrès :

Archéologie.

1. *Alex. Bertrand.* Monuments primitifs de la Gaule, dits celtiques. 24 pages in-8°.

2. *Alex. Bertrand.* Les voies romaines en Gaule. 64 pages in-8°.

3. *Alf. Maury.* La Carte de la Gaule de Peutinger. 4 pages in-8° et planches.

Ces trois brochures sont extraites de la *Revue archéologique.*

4. *Colonel de Morlet.* Notices sur quelques découvertes archéologiques dans les cantons de Saar-Union et de Drulingen. In-8°, 8 pages et planches chrom. 1864.

5. *G. Hagemans.* Un cabinet d'amateur. Notices archéologiques. In-8°, 520 pages et 16 planches. 1863.

6. *M. de Caumont.* Rapport verbal fait aux séances de Bordeaux, de St-Étienne et de Caen, à la Société française d'archéologie. In-8°, 176 pages et gravures sur bois. 1863.

7. *M. de Caumont.* De Caen à Bernay, par monts et par vaux. Itinéraire pour le congrès de l'Association normande. In-8°, 60 pages et gravures sur bois. 1863. (Extrait de l'*Annuaire normand.*)

8. *Baron de Rivières.* Rapport au Congrès archéologique sur la visite à l'intérieur de la cathédrale d'Albi. In-8°, 23 pages. 1863.

9. *Baron Chaubry de Troncenord.* Rapport au Conseil gé-

néral de la Marne sur les monuments historiques. In-8°, 7 pages. 1863.

10. *Aug. Bouillier.* Lettre à MM. les Membres de la Société historique et archéologique de la Loire. In-8°, 15 pages. 1862.

11. *Ch. Des Moulins.* Les deux écoles archéologiques. In-8°, 16 pages et 1 planche. 1861.

12. *P. Canat de Chizy.* Note sur le musée céramique d'Aoste en Dauphiné. In-8°, 8 pages et planche. 1863.

Histoire.

13. *Ach. Chéreau.* Description de la Franche-Comté, par Gilbert Cousin de Nozeroy (1550). In-8°, 144 pages et gravures. 1863. (Publication de la Société d'émulation du Jura.)

14. *Ern. Prarond.* Histoire de cinq villes, etc.; St-Valery et cantons voisins. Tome II, in-8°, 495 pages. 1863.

15. *Arm. Parrot.* Histoire de la ville de Nice. In-8°, 36 pages et 3 planches. 1863.

16. *Ch. Des Moulins.* Sagondignac. In-8°, 16 pages. 1863.

17. *A. Demarsy.* Armorial des évêques de Noyon. In-8°, 20 pages et 2 planches. 1863.

18. *A. d'Otreppe de Bouvette.* Promenades en Belgique. 42e livraison; in-8°, 64 pages. 1864.

19. *Vicomte A. de Gourgues.* Forêt royale de Ligurio, mentionnée en 877. In-8°, 18 pages. 1863.

20. *A. Du Boys.* Savoie et Dauphiné, ou rivalités, etc., jusqu'en 1439. In-8°, 53 pages. 1864.

21. *P. Canat de Chizy.* Les écorcheurs dans le Lyonnais, 1436-1445. In-8°, 32 pages. 1861.

22. *A. Parrot.* Voyage de François Ier à Angers, en 1518. In-8°, 24 pages. 1858.

23. *A. Magen.* La ville d'Agen pendant l'épidémie de 1628 à 1631. In-8°, 56 pages. 1862.

24. *A.-M. Laisné.* Les agitations de la Fronde en Normandie. In-8°, 77 pages. 1863.

25. *X...* Les trois ordres de la province des Évêchés et du Clermontois. Noblesse. In-8°, 75 pages. 1864.

Biographie.

26. *A.-M. Laisné.* Notice sur l'abbé Fleurye, fondateur des maîtresses d'école, dites bonnes-sœurs, dans le diocèse d'Avranches. In-8°, 16 pages. 1858. (Extrait des *Mémoires* de la Société d'Avranches.)

27. *C. Mallet.* Mémoire sur la vie de James Beattie, philosophe écossais. In-8°, 78 pages. 1863. (Extrait du Compte-rendu de l'Académie des sciences morales.)

28. *Benj. Rampal.* Notice sur Philippe de Girard. In-8°, 40 pages. 1863.

29. *Docteur Bonnet.* Lettres aux cultivateurs du Doubs. In-8°, 12 pages. 1863.

Sciences.

MÉDECINE ET HISTOIRE NATURELLE.

30. *Trébuchet.* Rapport général sur les travaux du Conseil d'hygiène publique de la Seine. In-4° de 626 pages. 1861.

31. *Docteur Lecadre.* Histoire des invasions du choléra-morbus au Havre. In-8°, 89 pages. 1863.

32. *Docteur Trompeo.* Le XXX° Congrès scientifique à Chambéry, rapport fait à l'Académie de Turin. In-8°, 32 pages. 1863.

33. *Dorlhac.* Étude sur les filons barytiques et plombifères des environs de Brioude. In-8°, 168 pages et planches. 1862.

34. *Morière.* Note sur le grès de Ste-Opportune. In-8°, 25 pages. 1863. (Extrait des *Mémoires de l'Académie de Caen.*)

35. *Morière.* Notes sur les crustacés fossiles du Calvados. In-8°, 15 pages et 2 planches. 1863.

Agriculture et Industrie.

36. *Bidard.* Mémoire sur la marne, considérée comme engrais. In-8°, 23 pages. 1862.

37. *Léon Feret.* Note sur l'usage des Vauplates. In-4°, 8 pages. 1863.

38. *Bouchard-Huzard.* Notice sur les publications de la Société centrale d'agriculture de France. In-8°, 34 pages. 1863.

39. Opinion de la presse parisienne sur l'Exposition universelle et permanente. In-8°, 48 pages. 1863.

40. *G.-A. Leroyer.* Excursion de Paris à Chambéry. In-8°, 15 pages. 1863.

41. *Perdonnet.* Conférences faites à l'Association polytechnique. In-8°, 48 pages. 1864.

42. Association polytechnique. — Distribution des prix. In-8°, 39 pages. 1864.

Travaux des Sociétés savantes et agricoles.

43. Recueil des travaux de la Société d'agriculture, sciences et arts d'Agen. 2ᵉ série, tome Iᵉʳ, pages 296-489. 1863.

44. Bulletin de la Société nivernaise. Tome II, 128 pages et 9 planches. 1864.

45. Annales de la Société d'émulation du département des Vosges. Tome XI, 11ᵉ cahier. 1862. In-8°, 380 pages. 1863.

46. Société d'émulation des Vosges. 1ʳᵉ livraison du tome XI des *Annales.*

47. Mémoires de l'Académie impériale des sciences, arts et belles-lettres de Caen. In-8°, 505 pages. 1864.

48. Bulletin des travaux de la Société libre d'émulation, du commerce et de l'industrie de la Seine-Inférieure. In-8°, 476 pages. 1862-1863.

49. Publications de la Société archéologique de Montpellier, n° 30. In-4°. pages 163 à 275. 1863.

50. Société d'émulation de Lisieux. Concours de Mézidon. In-8°, 20 pages. 1863.

51. Société littéraire de l'Université catholique de Louvain. Choix de mémoires. Tome IX, in-8°, 442 pages. 1863.

52. Annales du Cercle archéologique du pays de Waës. 4ᵉ livraison, grand in-8° avec planches. 1862.

53. Annuaire des cinq départements de la Normandie publié par l'Association normande. In-8°, 748 pages avec planches gravées. 1864.

54. Extrait des travaux de la Société centrale d'agriculture de la Seine-Inférieure. In-8°, 5 livraisons formant 270 pages. 1862-63.

55. Journal d'agriculture publié par la Société d'agriculture d'Ille-et-Vilaine. 24 numéros. 1863.

56. Almanach des Sociétés d'agriculture et d'horticulture d'Ille-et-Vilaine. In-12, 36 pages. 1864.

Publications périodiques.

57. Revue archéologique. In-8°. Mars 1864.

58. Revue nouvelle. Tome Ier, 1er numéro. In-8°. 1864.

59. Revue du Berry. In-8°, 16 pages. Décembre 1863.

60. *Le Bélier*, journal d'agriculture pour le nord-est de la France, dirigé par M. Paté. In-folio. Décembre 1863 à mars 1864.

Parmi les mémoires envoyés au Congrès se trouve une note, de M. Outardel, *Sur les moyens de prévenir la verse des blés.* L'examen de cette note est confiée à M. Rebour, président de la Société du Jura.

M. Vicaire, directeur-général de l'Administration des forêts, a la parole et donne lecture d'une note fort remarquable et fort intéressante sur le reboisement des montagnes en 1863. M. le Directeur-général entre dans de précieux détails sur les efforts intelligents et dévoués de l'administration qu'il dirige pour arriver, sous l'empire de la loi du 27 juillet 1860, à reboiser nos régions montagneuses, principalement nos régions des Alpes, menacées par la violence des eaux torrentielles d'une dévastation presque complète.

MÉMOIRE DE M. VICAIRE.

Vous connaissez les circonstances dans lesquelles la loi du 28 juillet 1860 sur le reboisement des montagnes a pris naissance. On était encore sous l'impression de la désolation causée par les inondations de 1856. Le Gouvernement, secondé par les Sociétés savantes, cherchait le moyen de prévenir le retour du terrible fléau. Le reboisement des montagnes, si souvent discuté, fut de nouveau remis en question. Les bons esprits l'adoptèrent avec empressement ; les sceptiques, ceux qui ne croient pas volontiers aux grandes choses, le laissèrent passer, bien qu'ils n'eussent aucune confiance dans ses résultats. Mais il leur sembla que, dans une situation aussi grave, on ne pouvait refuser à l'opinion publique une satisfaction qu'elle réclamait depuis si long-temps, dût-il en coûter à l'État quelques millions. C'était, de leur part, une concession dont nous devons leur savoir gré.

Grâce à cette sorte de compromis, le projet de loi sur le reboisement des montagnes ne fut l'objet d'aucune objection. La Commission chargée de son examen, au Corps législatif, fit remarquer qu'il renfermait une lacune en ce qu'il ne comprenait pas le gazonnement. Mais, comme on était pressé de passer de la théorie à la pratique, on le vota, sauf à le compléter ultérieurement.

Après la loi, vint le décret destiné à en régler l'exécution. Ce décret, qui exigea de longues études, porte la date du 27 avril 1861. C'est seulement à partir de ce jour que l'Administration des forêts fut en mesure d'agir. Justement pénétrée de l'importance de sa mission, elle s'est mise à l'œuvre résolûment, sans se dissimuler les difficultés de toute nature qui l'attendaient, mais aussi sans en être effrayée. Il y eut, de la part de tous les agents forestiers chargés de coopérer à cette grande entreprise, un concours admirable de dévouement. La confiance dans ce succès doubla leur force, les sympathies publiques les centuplèrent. On est bien fort, en effet, Messieurs, quand on se sent encouragé, comme je le suis en ce moment, par des hommes de talent et de cœur, qui, dans leur impatience de voir de nobles efforts couronnés de succès, n'attendent pas, pour applaudir, que les travaux accomplis aient subi l'épreuve du temps.

Vôici les résultats obtenus :

En 1861, il a été reboisé facultativement 4,639 hectares ; savoir :

Terrains domaniaux. . . . . 4,402 h.

Terrains appartenant aux communes et aux particuliers. . . . . 3,237 h.

En 1862, il a été reboisé 11,416 hectares 63 ares, savoir :

Reboisements facultatifs.

Terrains domaniaux. . . . . 1,866 h. 03 a.
Terrains communaux. 5,771   58
Terrains particuliers. 1,714   15

Reboisements obligatoires.

Terrains communaux et particuliers. . . . 2,061   87

En 1863, il a été reboisé 12,834 hectares 74 ares, savoir :

Reboisements facultatifs.

Terrains domaniaux. . . . . 1,750 h. 88 a.
Terrains communaux. 7,073   24
Terrains particuliers. 2,157   05

Reboisements obligatoires.

Terrains communaux et particuliers. . . . 1,853   57

Résumé. — L'étendue totale des reboisements effectués jusqu'au 31 décembre 1863, en exécution de la loi du 28 juillet
1860, sur le reboisement des montagnes, s'élève à 28,890 hectares 37 ares.

Indépendamment de ces travaux, il a été créé 6 sécheries de
graines forestières et 411 pépinières, d'une contenance totale de
170 hectares.

Les sécheries pourront donner annuellement 20,000 kilos de
graines de diverses essences, et les pépinières plus de 100 millions de plants.

Ce n'est pas tout : il a été construit, par les soins de l'Administration des forêts, 4,340 barrages dans la partie supérieure des torrents.

D'après l'exposé des motifs qui accompagnait le projet de loi au Corps législatif, on devait reboiser 80,000 hectares en dix ans, moyennant 10 millions.

L'Administration des forêts a reboisé, en moins de trois ans, près de 29,000 hectares. La dépense, qui avait été évaluée à 180 fr. par hectare, n'a été que de 110 fr.

Un pareil résultat est assurément très-avantageux : c'est, selon moi, un des meilleurs effets de la centralisation administrative. N'est-il pas évident, Messieurs, que si l'action du Gouvernement, au lieu d'être concentrée dans une seule main, eût été confiée aux autorités locales dans chaque département, on n'aurait pas procédé avec le même ensemble, la même vigueur, le même succès ? Ne nous hâtons donc pas de condamner la centralisation.

Je comprends que, dans la gestion de la fortune privée, on cherche autant que possible à substituer l'initiative individuelle à l'action gouvernementale. Les efforts que les économistes ne cessent de faire dans ce but sont très-louables.

Je comprends également qu'on laisse aux autorités locales le soin de statuer sur des intérêts purement locaux. Mais lorsqu'il s'agit d'une grande entreprise dont le succès importe essentiellement à l'intérêt public et qui exige impérieusement l'intervention de l'État, la décentralisation serait une faute. A ceux qui conserveraient un doute à cet égard, je demanderais ce qu'a produit, dans les mains des préfets, l'exécution de la loi sur la mise en valeur des terres communales incultes.

Les reboisements obligatoires forment, sans contredit, la partie la plus importante de la loi du 28 juillet 1860. C'est aux Alpes particulièrement qu'ils s'appliquent. Le danger dans ces montagnes était immense. Il y a près d'un demi-siècle, deux préfets, dont les populations conservent la mémoire avec une respectueuse reconnaissance, M. le baron de La Doucette, à Gap, et M. Dagier, à Digne, l'ont signalé de la manière la plus énergique en indiquant le moyen de le conjurer. Pourquoi faut-il que leurs voix, si autorisées, n'aient pas été entendues ! Ce qui n'est aujourd'hui qu'une espérance serait depuis long-temps une réalité.

Fidèle à de pieux souvenirs de famille, un des membres du sénat, que l'on trouve toujours prêt à la défense des intérêts agricoles, M. de La Doucette, a manifesté la plus vive sollicitude pour une œuvre à laquelle son nom était attaché. — Le Gouvernement, voulant utiliser son dévouement en honorant la mémoire de son père, l'a chargé de présider la Commission supérieure mixte du reboisement. Cette nomination, doublement heureuse, est de bon augure pour l'avenir.

Un des successeurs de M. Dagier dans les Basses-Alpes, M. le comte de Bouville, aujourd'hui préfet de la Gironde, a plaidé la cause des Alpes avec non moins de chaleur et d'éloquence que ses devanciers.

Voici comment il s'exprimait, à la date du 17 mars 1853, dans un rapport officiel :

« Il est certain que le sol productif des Alpes diminue chaque
« jour avec une effrayante rapidité, emporté qu'il est par le
« fléau sans cesse croissant des torrents ; toutes les montagnes
« des Alpes sont aujourd'hui dénudées, en totalité ou en grande
« partie. Leur sol, brûlé par le soleil de Provence, piétiné par
« le mouton qui, ne trouvant même plus à la surface l'herbe
« nécessaire à sa subsistance, gratte la terre pour y chercher
« une racine qui le nourrisse ; ce sol est périodiquement lavé,
« entraîné par la fonte des neiges et les orages de l'été ; il roule
« avec des cailloux qui formaient son sous-sol, même avec des
« quartiers de roche ; mille petits ruisseaux se confondent, tous
« chargés d'une boue noire ou jaune, suivant la nature du
« terrain qui vient d'être emporté ; le torrent est formé, les
« affouillements commencent, les berges sont détachées et une
« masse d'eau, de boue et de pierres envahit la vallée et la
« plaine, détruisant tout sur son passage : récoltes, bestiaux,
« maisons, routes et ponts ; quelques heures après, tout est
« écoulé, mais l'œuvre de destruction est accomplie ; et si
« dans la montagne le maigre champ du laboureur est emporté,

« dans la vallée l'héritage fertile est recouvert d'une couche de
« graviers et de rochers, dont l'épaisseur dépasse souvent
« 1 mètre et croît chaque année.

« . . . . . Là où il y a dix ans on voyait encore quelques bois,
« quelques champs en culture, il n'y a plus maintenant qu'un
« vaste torrent. Il n'est pas une montagne qui n'en possède au
« moins un et, chaque jour, il s'en forme de nouveaux.

« . . . . . Si des mesures promptes, énergiques, ne sont pas
« prises, il est permis de préciser presque avec exactitude le
« moment où les Alpes françaises ne seront plus qu'un désert.
« La période de 1851 à 1856 amènera une nouvelle diminution
« dans le chiffre de la population. En 1862, le Ministère con-
« statera une nouvelle réduction continuelle et progressive dans
« le chiffre des hectares consacrés à la culture; chaque année
« aggravera le mal et, dans un demi-siècle, la France comptera
« *des ruines de plus* et *un département de moins.* »

Ce cri de détresse, qui ne pouvait manquer d'être entendu du
Gouvernement, a contribué, sans nul doute, à la loi du 28 juillet
1860 sur le reboisement des montagnes. Il est donc juste, au
moment où cette loi commence à porter ses fruits, d'inscrire le
nom de M. le comte de Bouville parmi ceux des hommes généreux à qui le pays en est redevable.

Je serais bien ingrat, Messieurs, si, dans cette revue rétro-
spective, j'oubliais de signaler à la reconnaissance publique un
savant modeste et consciencieux, qui a pris la plus large part
au reboisement des montagnes, je veux parler de l'auteur d'un
ouvrage intitulé : *Études sur les torrents des Hautes-Alpes*,
M. Surrell, ancien ingénieur à Embrun, et aujourd'hui directeur de la Compagnie des chemins de fer du Midi. Ce que l'illustre Brémontier a fait avec tant de succès dans les dunes
de Gascogne pour la fixation des sables mouvants, M. Surrell
a entrepris de le faire dans les montagnes des Alpes pour
l'extinction des torrents. Son ouvrage, malheureusement trop
peu répandu, est un véritable chef-d'œuvre, aussi bien au
point de vue littéraire qu'au point de vue économique. Il est
impossible, en effet, de peindre la nature dans un plus beau
langage et d'une manière plus saisissante.

La photographie, cette merveille de nos jours, ne repro-
duirait pas avec plus d'exactitude les lieux qu'il décrit. Sous sa
plume colorée, les Alpes, si fières autrefois de leur belle parure,
ne montrent plus à l'œil désolé qu'une affreuse nudité; les
torrents s'échappent en foule de leurs flancs décharnés : on
assiste à leur formation, on en suit les progrès; le fléau devient
chaque jour de plus en plus menaçant. Qui ne serait·ému et
effrayé à la vue de cet affligeant spectacle? Mais le cœur se sent
bientôt soulagé, lorsqu'à côté du mal M. Surrell lui montre le
remède et, remarquez-le bien, Messieurs, un remède simple,
qui exige plus de bonne volonté que d'argent et dont l'application, si elle est généralisée, aura infailliblement pour résultat,
non-seulement de préserver le pays d'une ruine certaine, mais
encore de l'enrichir en l'embellissant. De même que Brémontier,
ce n'est pas à l'art de l'ingénieur, dont il connaît si bien toutes
les ressources, que M. Surrell demande ce précieux remède,
c'est à la nature. — Entendez sa voix éloquente et convaincue :

« Combien toutes ces digues paraissent débiles à côté de ces
« grands et puissants moyens dont dispose la nature, lorsque
« l'homme cesse de la contrarier et qu'elle poursuit patiemment
« son œuvre à travers les longs intervalles des siècles ! Tous
« nos mesquins ouvrages ne sont que des défenses, ainsi que
« l'indique leur nom. Ils ne diminuent pas l'action destructive
« des eaux : ils l'empêchent seulement de s'étendre au-delà
« d'une certaine borne. Ce sont des masses passives opposées à
« des forces actives; des obstacles inertes qui se détruisent,
« opposés à des puissances vives qui attaquent toujours et ne se
« détruisent jamais. Là paraît toute la supériorité de la nature
« et le néant des artifices inventés par l'homme. »

N'oubliez pas, Messieurs, que c'est un de nos ingénieurs les
plus habiles qui parle.

« Je ne fais pas ici, ajoute M. Surrell, un rapprochement
« stérile. Je veux laisser entrevoir qu'il y a mieux à faire, pour
« briser les torrents, que d'entasser à grands frais des maçon-
« neries et des terrassements qui seront toujours, quoi qu'on
« fasse, de dispendieux palliatifs, plus propres à masquer la

« plaie qu'à l'extirper. Pourquoi donc l'homme ne demanderait-
« il pas un secours à ces puissances nouvelles, dont l'énergie
« et l'efficacité lui sont si clairement révélées? Pourquoi ne lui
« demanderait-il pas de faire encore une fois, et sous l'impulsion
« de son propre génie, ce qu'elles ont déjà fait anciennement
« sur tant de torrents éteints et par le seul mouvement de la
« nature? »

Que sont donc ces puissances nouvelles dont M. Surrell emprunte le secours à la nature, après en avoir reconnu l'efficacité?
Ce sont tout simplement, Messieurs, les éléments de résistance
et de conservation que produisent, à des degrés différents, la
végétation herbacée et la végétation ligneuse. Pour M. Surrell,
la solution de la question des inondations est tout entière dans
le gazonnement et le reboisement. Aussi se borne-t-il à recommander d'établir, pour tous travaux d'art, dans la partie supérieure des torrents, en travers des mille petits filets qui concourent à les former, des barrages d'une forme simple et rus-
tique ; puis, afin d'opposer, selon son plan, des forces vives à
l'action destructive des eaux, il conseille de soutenir les fascines
dont les barrages se composent par des pieux en saule ou en
peuplier qui, prenant facilement racine dans le sol, formeront,
avec les arbustes et les arbres que l'on aura soin de planter sur
les berges et dans les atterrissements, des barrières naturelles
dont la force s'accroîtra progressivement avec le temps. Pour se
rendre maître du fléau, il le combat à l'origine suivant la
maxime : *Principiis obsta.*

Tel est, Messieurs, le système de M. Surrell; tel est aussi
celui de l'Administration des forêts.

M. Surrell sera sans doute heureux d'apprendre que tout ce
qu'il a conseillé, d'accord avec la nature, est aujourd'hui en
voie d'exécution. Le reboisement a reçu, depuis 1861, un développement considérable. Le gazonnement fait l'objet d'un
projet de loi qui sera soumis incessamment au Corps législatif.
Quant aux barrages, il était impossible de les multiplier davantage
et de les faire avec plus de soin. J'ai pu m'en assurer par moi-
même, l'année dernière, en parcourant les Alpes et les Cévennes.

Pour ces montagnes, le reboisement est une œuvre de salut
public; pour toutes les autres, il est au moins une œuvre éminemment utile.

*Les forêts raffermissent le sol et le protégent contre les éro-
sions de toute nature;* elles exercent sur l'atmosphère une heureuse et salutaire influence; elles procurent la sécurité aux
voyageurs en opposant aux avalanches une barrière insurmon-
table; elles alimentent les sources et les rivières; elles régu-
larisent les cours d'eau, ce qui permet de les utiliser soit au
profit de l'agriculture, soit au profit de l'industrie; elles améliorent les pâturages en entretenant la fraîcheur et l'humidité;
elles donnent à des terrains presque improductifs une valeur
souvent décuple.

Ces vérités sont devenues tellement banales qu'elles n'ont pas
besoin de démonstration. On ne les conteste pas, d'ailleurs;
mais, par une inconséquence regrettable, on n'en tient pas
toujours compte.

Le régime pastoral exerce dans les montagnes un empire despotique auquel des considérations politiques, plus fortes que le
bon sens, ne sont pas étrangères. Il s'est fondé au détriment
des forêts par l'abus; c'est le résultat d'une conquête qui pouvait
avoir sa raison d'être à une certaine époque, mais qui aujour-
d'hui, avec ses limites sans bornes, est un démenti donné à la
civilisation.

L'industrie pastorale, telle qu'elle s'exerce dans les Pyrénées
et dans les Alpes, me rappelle les temps primitifs. Lorsque la
terre ne renfermait encore que de rares habitants, on ne pouvait
pas se livrer à des travaux qui exigeaient un nombre considérable de bras; c'est à peine si l'on faisait un peu d'agriculture : tout le monde était pasteur, le produit des troupeaux
subvenait aux besoins les plus impérieux de l'homme et l'on
s'en contentait; c'était le point de départ de la civilisation.
Mais aujourd'hui, Dieu merci! nous n'en sommes plus là. Ce
qu'il faut aux montagnes, comme à la plaine, c'est du travail,
et les pâturages n'en fournissent pas ! On s'étonne que les habitants des montagnes émigrent; mais comment pourrait-il en

être autrement, puisqu'ils ne trouvent pas chez eux l'emploi de
leurs bras?

Qu'on permette aux forêts de reprendre la place qui leur a
été assignée par la nature, et l'aspect des montagnes, si triste
et si désolé, deviendra bientôt riant et fertile. Avec les forêts,
les vents seront moins desséchants, les rosées plus abondantes,
les pluies plus douces et plus bienfaisantes; on aura de l'eau et,
vous le savez, Messieurs, si l'eau est l'agent de destruction le
plus énergique, c'est aussi l'agent de fertilisation le plus puissant. Avec de l'eau, on obtient tout ce que l'on veut en agriculture, la Provence en est une preuve.

Un savant ingénieur, qui est à la tête du service des ponts-
et-chaussées dans les Alpes-Maritimes, M. Conte-Grandchamps,
rend compte, de la manière suivante, des expériences qu'il a
faites dans le département de la Loire, pendant trois années
consécutives, pour établir l'influence des forêts de sapins sur le
débit des sources.

« Ces expériences nous ont démontré, dit-il, que dans les
« terrains granitiques, situés à 1,000 mètres environ au-dessus
« du niveau de la mer, le débit des sources est deux fois plus
« considérable dans les terrains boisés que dans les terrains
« déboisés, et que le reboisement, joint aux travaux de
« captage, peut augmenter de 7 mètres cubes par jour et par
« hectare reboisé le débit des sources. Nous avons constaté que
« certaines sources qui avaient cessé de couler à la suite
« des déboisements, avaient reparu avec la végétation. Nous
« avons remarqué maintes fois, au milieu des montagnes du
« Pila, que les brouillards produisaient de véritables pluies
« dans les forêts de sapins et laissaient à peine quelques traces
« d'humidité sur les terrains dénudés. »

M. Conte-Grandchamps ajoute, dans son excellent mémoire
sur le réseau général des canaux à exécuter dans le département
des Basses-Alpes : « Il est constant que les sources les plus
« abondantes de l'Ubaye et du Verdon descendent des terrains
« boisés et gazonnés. Cet effet, dit-il, s'explique facilement
« quand on observe les phénomènes qui se produisent dans les

« montagnes lors de la fonte des neiges. Sur les terrains in-
« cultes, la neige fond rapidement et en quelques jours ; dans
« les forêts, au contraire, elle séjourne beaucoup plus long-
« temps, et l'eau qui en provient s'infiltre peu à peu dans le
« sol et alimente les sources. »

M. Conte-Grandchamps cite à l'appui de son opinion les expériences faites par M. Graeff, ingénieur en chef des ponts-et-
chaussées du département de la Loire, à la suite des travaux
de captage exécutés, en 1861, dans la vallée du Furens, pour
l'alimentation des fontaines publiques de St-Étienne.

Voici, d'après M. Graeff lui-même, le résultat de ces expériences :

« Le Condurau, qui aboutit au plateau de la République, a,
« dans son aqueduc de captage, un débit très-variable : en été,
« il est descendu à 5 litres par seconde, et par les pluies acci-
« dentelles il s'élève jusqu'à 30. Au contraire, le ruisseau du
« Four, qui est tout entier dans les bois, a un débit peu
« variable qui s'élève de 40 à 60 litres par les pluies acciden-
« telles et descend à 30 litres en été. Ainsi, dans le Condurau,
« le débit varie de 1 à 6, tandis que dans le ruisseau du
« Four il ne varie que du simple au double, dans les mêmes
« circonstances. Cela démontre catégoriquement l'excellente in-
« fluence des bois. »

M. Conte-Grandchamps a calculé que les reboisements et les
gazonnements en cours d'exécution dans le bassin de la Durance
augmenteront le débit de cette rivière, à l'étiage et par seconde,
de 35 mètres 50 centimètres cubes, savoir :

Les reboisements dans les Hautes-Alpes, sur 170,000 hectares, de . . . . 11^m680^c.

Les reboisements dans les Basses-Alpes, sur 170,000
hectares, de. . . . . 19^m670^c.

Et les gazonnements dans les Basses-Alpes, sur
80,000 hectares, de . . . . 3^m700^c.

M. Conte-Grandchamps conclut de ces observations que,
grâce au reboisement, on pourra créer dans les Basses-Alpes

un réseau de canaux d'irrigation qui sera, pour ce pauvre département, une source intarissable de richesse.

Mais, ajoute-t-il :

« On m'objectera, sans doute, que le reboisement des mon-
« tagnes est une opération dont le succès est douteux. A cela
« nous répondrons par des faits.

« Le reboisement est commencé dans les Basses-Alpes depuis
« dix-huit mois, en vertu de la loi du 28 juillet 1860, et déjà
« 2,150 hectares sont plantés. Les plantations et les semis ont
« réussi. Des barrages en fascines, construits à travers les tor-
« rents, ont arrêté des éboulements considérables. Il est, de
« plus, bien démontré aujourd'hui qu'une simple mise en défends
« suffira le plus souvent pour assurer la végétation; car presque
« partout les arbres poussent spontanément sur les terrains
« dénudés abandonnés à eux-mêmes.

« L'impulsion est donnée, et si l'Administration le veut fer-
« mement, le reboisement des Alpes est assuré dans un avenir
« qui peut ne pas être éloigné. »

Voilà comment s'exprimait, en janvier 1863, un juge bien compétent. Les faits accomplis depuis cette époque n'auraient pu qu'accroître sa conviction.

Est-il possible, en présence des considérations que je viens d'exposer, de ne pas reconnaître les heureux effets du reboisement des montagnes ?

Le régime pastoral, qui le repousse, devrait au contraire l'appeler de tous ses vœux; car il sera pour lui un puissant auxiliaire. L'influence des bois sur les pâturages est, en effet, incontestable. Là où on ne pouvait élever que des moutons, on élèvera du gros bétail. Les bœufs donneront de la viande, et les vaches du lait; les fruitiers se multiplieront et ce sera pour les Alpes, comme pour le Jura, une source abondante de richesse. La régénération des montagnes contribuera donc puissamment à résoudre le problème, si important et si difficile, de la vie à bon marché.

Ne croyez pas, Messieurs, que j'aie exagéré à dessein les exigences du régime pastoral.

Pour vous mettre à même d'apprécier les difficultés qu'il suscite au reboisement des montagnes, il me suffira de vous dire que, dans les Pyrénées, une commune qui possède 12,000 hectares de vacants livrés au parcours des moutons, oppose la plus vive résistance aux travaux de plantation qu'on se disposait à effectuer sur une superficie de 280 hectares, dont le reboisement a été décrété d'utilité publique, après avis favorable du Conseil général, dans les conditions déterminées par la loi de 1860. — Ainsi, l'Administration des forêts demande à reboiser 280 hectares seulement sur 12,000, dans un intérêt public qu'on ne saurait contester, et on les lui refuse !

Détournons les yeux, Messieurs, de ce triste sujet de regrets.

J'ai énoncé plus haut que les forêts donneraient au sol une plus-value considérable. Permettez-moi de vous citer, à l'appui de cette assertion, un exemple qui pourra servir d'enseignement à plus d'un titre :

Un homme éminent, que la Société impériale et centrale d'agriculture de France s'honore de compter parmi ses membres, M. le comte de Rambuteau, avait eu l'occasion de voir, lorsqu'il était préfet à Sion, dans le Valais, des forêts de mélèzes d'une magnifique venue ; il eut l'heureuse idée d'importer cette essence dans les montagnes du Charollais, sur la terre qu'il possède à Rambuteau. Ses plantations, qui datent de 1820, s'étendirent rapidement sur une superficie de 300 hectares environ. Exécutées avec soin sur un sol granitique et sablonneux, elles prospérèrent au gré de ses désirs. D'après des expériences qui ont été faites à plusieurs reprises par trois frères dont le nom est cher à l'agriculture, MM. Puvis, les jeunes plants présentaient :

A l'âge de 18 ans :

Une circonférence moyenne de. 0ᵐ548

Une hauteur moyenne de 12ᵐ 50

Un cube moyen de. 0ᵐ180

Et à l'âge de 26 ans :

Une circonférence moyenne de. 0ᵐ637

Une hauteur moyenne de . . . . 17ᵐ »
Un cube moyen de 0ᵐ324

L'hectare renfermait, à cette époque, 800 pieds d'arbres qui valaient en moyenne 8 fr. : soit en tout 6,400 fr.

La valeur du sol nu était de 400 fr. Les frais de plantation se sont élevés de 150 à 200 fr.

D'après ces données, le terrain, qui ne valait avant la plantation que 120,000 fr., aurait valu, vingt-six ans après, 1,740,000 fr., déduction faite des frais de plantation; et aujourd'hui il vaudrait bien davantage, car la forêt n'a cessé de progresser. C'est là, vous en conviendrez, un bénéfice énorme.

Les mélèzes de Rambuteau acquirent bientôt une grande renommée dans la contrée: on vint les visiter de très-loin, et de l'admiration on passa, comme cela arrive toujours, à l'imitation. M. Ambroise Puvis, le seul survivant des trois frères en 1858, affirmait, à cette époque, que plus de 40,000 hectares avaient été repeuplés en mélèzes dans Saône-et-Loire et les départements voisins, et qu'ils étaient en prospérité sur presque tous les points. Voilà, Messieurs, ce que peut un bon exemple quand il vient de haut !

M. le comte de Rambuteau a sans doute réalisé une excellente spéculation ; mais il a fait en même temps une bonne action, et nous ne saurions assez l'en louer.

A une époque où l'on se plaint sans cesse de l'absentéisme, cette plaie de l'agriculture, il est agréable d'avoir à signaler l'exemple d'un homme qui fait de sa grande fortune un si noble usage. M. le comte de Rambuteau a toujours su allier le goût des champs aux devoirs que ses hautes fonctions lui imposaient. De tous les travaux qu'il a fait exécuter, soit comme administrateur pendant les longues années qu'il a passées à la tête de l'édilité parisienne, soit comme propriétaire, il n'en est pas assurément qui lui aient procuré plus de satisfaction que ses plantations de mélèzes. J'ai eu l'honneur de l'en entretenir tout récemment; il m'en a parlé avec amour et, chose bien naturelle, avec un certain orgueil. Il est enchanté de pouvoir les montrer ; c'est d'ailleurs, pour lui, l'occasion d'exercer l'hospitalité avec

cette courtoisie exquise dont il s'est fait une si longue habitude.
Tel est le goût, je pourrais presque dire telle est la passion de
M. le comte de Rambuteau pour les plantations, qu'une de ses
plus grandes préoccupations, malgré son âge avancé, est d'en
faire de nouvelles. Il vient d'étendre dans ce but les limites de
sa terre. Si l'Administration des forêts comptait beaucoup d'auxiliaires comme lui, sa tâche serait bien facile !

J'aurai l'honneur, Messieurs, de remettre à ceux d'entre
vous qui en exprimeront le désir, un exemplaire de mon
Rapport sur les travaux de reboisement effectués pendant l'année
1863, en exécution de la loi du 28 juillet 1860. Il ne vous pa-
raîtra peut-être pas sans intérêt de suivre pas à pas les progrès
de la vaste entreprise confiée aux soins de l'Administration des
forêts. La période des tâtonnements n'est pas encore franchie.
L'Administration cherche encore, par des essais multipliés, à
reconnaître le mode de peuplement et les essences qui con-
viennent le mieux, dans chaque localité, au sol, au climat et
à l'exposition. Lorsque les expériences seront achevées, je vous
en ferai connaître les résultats avec une scrupuleuse exactitude.
Il en ressortira, je l'espère, un grand enseignement pour tous
ceux qui voudront entrer dans la voie du reboisement.

Je ne m'attendais pas, Messieurs, il y a quelques jours, à
parler aujourd'hui devant vous ; si j'ai cédé, trop facilement
peut-être, aux instances de votre honorable Président, c'est
par reconnaissance pour les sympathies que vous avez bien
voulu m'exprimer l'année dernière à l'occasion d'une communication que j'ai eu l'honneur de vous faire sur le même sujet.

Il y a bien long-temps que tout a été dit sur la question du
reboisement des montagnes. Ne pouvant vous présenter des
observations d'un grand intérêt, je me suis attaché plus particulièrement à payer un juste tribut d'éloges aux hommes
généreux qui, en éclairant l'opinion publique par leurs écrits,
ont contribué puissamment à rendre cette grande mesure sympathique au Gouvernement et aux populations intéressées.

La tâche que je me suis imposée à cet égard serait incomplète si j'omettais de vous rappeler que l'illustre économiste qui

a eu l'honneur de vous présider l'année dernière, fut un des promoteurs les plus ardents du reboisement des montagnes.

Après avoir exposé les effets déplorables du déboisement dans son ouvrage intitulé : *Des intérêts matériels de la France*, M. Michel Chevalier ajoute :

« ..... Il y a une vingtaine d'années, le mal était à son
« comble ; alors l'Administration créa l'École forestière de Nancy
« qui fournit des agents capables, actifs et intègres. En 1837,
« le Ministre des finances a proposé de stimuler le zèle des
« agents subalternes par une augmentation de traitement qui les
« plaçât au-dessus de la misère et à l'abri de la séduction.
« Toutes ces améliorations du personnel sont louables sans
« doute, mais elles resteront peu efficaces tant qu'on n'aura pas
« inséré au Budget un chapitre en faveur de la replantation.
« Avec un million, consacré tous les ans à semer ou planter des
« essences d'arbres bien choisies sur ceux des emplacements
« jadis occupés par les forêts qui paraissent devoir être toujours
« rebelles à la culture, l'État créerait, en vingt ou trente ans,
« un immense capital réparti sur les vastes croupes des Pyrénées
« et des Alpes. »

C'était vers 1845 que M. Michel Chevalier s'exprimait ainsi. Le reboisement des montagnes a enfin trouvé place au Budget, et, sous son haut patronage, il ne peut manquer de faire son chemin. L'Administration des forêts tiendra à honneur de prouver à M. Michel Chevalier que, dans sa bienveillante appréciation de ses services, il n'a pas trop présumé d'elle.

Cette note, écoutée avec le plus grand intérêt et qui vaut à M. le Directeur des forêts les remerciments unanimes du Congrès, est suivie d'une communication de M. Cerval sur le gemmage, en réponse à la question du programme, ainsi conçue :

« En considérant le prix élevé qu'atteint à l'heure qu'il est la
« résine en Gascogne, n'y a-t-il pas avantage à extraire cette
« matière des pins de la Sologne, du Maine et des autres
« contrées où cet arbre est planté en grand ? Quels change-
« ments devraient être, en conséquence, introduits dans l'amé-

« nagement de ces bois? Le pin noir d'Autriche ou de Crimée
« ne pourrait-il pas être gemmé avec avantage ? »

NOTE SUR LE GEMMAGE.

Les arbres appartenant à la famille des Abiétinées, savoir : le
sapin , l'épicéa , le mélèze , le cèdre et le pin , renferment une
résine dont l'extraction forme la base d'un commerce important.

Sous ses différentes formes principales d'essence ou huile de
térébenthine, de brai sec, colophane ou arcanson, de poix noire,
de poix blanche ou de brai gras, la résine trouve les emplois les
plus variés dans l'industrie.

L'essence de térébenthine sert notamment de dissolvant pour
les vernis ; la colophane, la résine d'huile et la résine jaune sont
employées à l'éclairage, à la fabrication des savons, à l'encollage des papiers, aux enduits ; la marine ne saurait se passer
de goudron et de brai gras ; le barras, ou résine grossière,
traité par les alcalis, produit la graisse végétale dont l'usage est
si répandu aujourd'hui pour le graissage des machines.

L'industrie des résines a été introduite en France par Colbert,
dans la seconde moitié du XVIIe siècle.

Nous étions, avant cette époque, tributaires de la Suède pour
les produits résineux.

Préoccupé principalement des intérêts de la marine qu'il avait
recréée, Colbert encouragea puissamment la culture des pins ,
introduisit les procédés usités en Suède et favorisa de tout son
pouvoir l'essor de l'industrie nouvelle.

Cette industrie s'est développée d'une manière prodigieuse dans
ces dernières années, et notamment depuis la guerre d'Amérique.

Quelques chiffres permettront d'apprécier l'importance de ce
développement.

D'après la statistique officielle, en France, la valeur totale des
produits fabriqués de la résine était, en 1852, de 2 millions
500,000 fr.

Il résulte des tableaux de notre commerce extérieur publiés
par l'Administration des Douanes, que la valeur des résines in-

digènes exportées était, en 1861, de 6 millions 900,000 fr. ; qu'elle s'est élevée, en 1862, à 20 millions 600,000 fr. ; et en 1863, à 31 millions 700,000 fr.

Parmi les arbres susceptibles de produire de la résine, le pin maritime est celui qui est principalement exploité à ce point de vue en France où il forme, sous le nom de pignadas, des forêts considérables le long du littoral de l'Océan, et notamment dans les départements des Landes et de la Gironde.

On le trouve aussi en Sologne, dans le Maine, sur le littoral de la Méditerranée et en Corse où il s'élève, dans les régions montagneuses, jusqu'à une altitude de 1,000 mètres.

On ne s'écartera pas beaucoup de la vérité en évaluant à 430,000 hectares l'étendue totale des forêts de pin maritime en France.

Mais toutes ces forêts ne sont pas susceptibles d'un égal rendement en résine.

Le pin maritime aime le sable et la chaleur.

Aussi est-il dans sa véritable patrie dans les dunes de Gascogne, où il végète dans les conditions les plus favorables au développement des propriétés qui le caractérisent.

On va essayer de donner, avec la concision que commande l'objet de la présente note, un aperçu de la culture du pin maritime et de ses produits en Gascogne.

L'étendue des forêts de pins maritimes comprises dans les deux départements de la Gironde et des Landes peut être évaluée à 320,000 hectares, dont 150,000 dans la Gironde et 170,000 dans les Landes.

Ces bois appartiennent à l'Etat pour 70,000 hectares, aux communes pour 5,000 hectares, et aux particuliers pour 245,000 hectares.

L'Administration des forêts, chargée aujourd'hui des travaux de fixation et d'ensemencement des dunes, crée chaque année de nouvelles étendues boisées.

Il résulte du dernier exposé de la situation de l'Empire qu'il a été ensemencé 2,000 hectares en 1863.

Ces forêts sont, en grande partie, peuplées d'arbres jeunes et non encore susceptibles d'être soumis au gemmage.

L'étendue des forêts actuellement propres à ce genre d'exploitation peut être évaluée ainsi qu'il suit : 1° dans la Gironde, 8,000 hectares à l'État ; 350 hectares aux communes, 30,000 hectares aux particuliers ; en tout 38,350 hectares ; 2° dans les Landes, 2,860 hectares à l'État ; 4,600 hectares aux communes et 100,000 hectares aux particuliers ; en tout 107,460 hectares.

Le boisement en pins maritimes s'opère presque exclusivement par voie de semis, mode beaucoup plus économique que la plantation et d'un succès à peu près assuré.

Les graines sont répandues à la volée, après une préparation très-sommaire du terrain. Mais, afin de garantir le semis contre l'action du vent, il est nécessaire, dans beaucoup de cas, de couvrir la surface ensemencée de branchages ou d'ajoncs. Cette dernière opération augmente assez notablement les frais de semis, dans le cas surtout où l'on est obligé d'aller chercher au loin les branchages, les ajoncs ou les bruyères destinés aux couvertures.

La graine de pin maritime est d'un prix peu élevé : elle coûte, selon les années, de 25 à 80 centimes le kilogramme. Il faut 8 à 10 kilogrammes de graine pour ensemencer un hectare ; la préparation du terrain est presque nulle. Dans les lieux abrités où l'on n'a pas à redouter pour les semis l'action du vent, et où, par conséquent, l'emploi des couvertures est inutile, le prix de revient de l'ensemencement est très-modique : il est de 10 fr. par hectare environ.

Mais il peut aller jusqu'à 5 et 600 fr., et atteindre même un prix plus élevé encore, lorsqu'on est obligé de faire venir de lieux éloignés les branchages nécessaires pour couvrir les semis.

Dans les dunes de Gascogne, le prix de revient des ensemencements effectués par l'Administration des forêts, avec tous les soins nécessaires, peut être évalué à environ 125 fr. par hectare en moyenne.

Lorsque les plants ont atteint l'âge de six ans environ, il est nécessaire d'y pratiquer une première éclaircie afin de faire pénétrer l'air et la lumière au milieu du jeune peuplement, et d'empêcher que les plants ne s'affament réciproquement. Les produits de cette première opération sont nuls, et la dépense est d'environ 2 fr. par hectare.

A dix ans, il y a lieu d'opérer une seconde éclaircie dont les produits couvrent à peu près la dépense.

A quinze ans, troisième éclaircie qui peut s'opérer de deux manières, savoir : ou en enlevant purement et simplement les arbres surabondants, ou en les entaillant vigoureusement sur plusieurs faces, un ou deux ans avant l'abattage, pour en extraire des produits résineux. Cette troisième éclaircie peut donner un produit net d'environ 10 fr. par hectare.

On conduit ainsi le peuplement jusqu'à l'âge où l'on peut commencer à soumettre les arbres à l'opération régulière du gemmage. D'après les praticiens des dunes de Gascogne, *un pin est bon à résiner lorsqu'en enroulant le bras droit autour du tronc, à hauteur d'homme, on aperçoit le bout des doigts de l'autre côté.* Cette dimension correspond à peu près à l'âge de 25 ans.

Une pépinière en plein rapport contient, par hectare, environ 200 arbres soumis à un gemmage régulier et définitif.

Malgré l'intérêt qui s'attache aux détails de l'opération du résinage, il serait hors de propos de les décrire ici et de rappeler les procédés usités dans les différentes régions. Il suffira de mentionner les deux principaux modes d'extraction de la résine, savoir : le gemmage à vie, qui a lieu en pratiquant sur l'arbre une ou deux incisions ou quarres, et le gemmage à mort ou à pin perdu, qui consiste à inciser l'arbre sur toutes ses faces.

Par le gemmage à vie, on obtient, depuis 25 ans jusqu'à 60 ans, un rendement en résine régulier et modéré qui ménage l'existence de l'arbre.

Par le gemmage à mort, on épuise le pin de résine en deux ou trois années, après lesquelles on l'abat pour l'employer à divers usages dont il sera parlé ultérieurement.

Le terme de 60 ou 70 ans, assigné à l'existence de l'arbre, paraît le mieux choisi pour combiner le produit en résine et le rendement en bois.

Les produits bruts du gemmage sont de trois sortes : 1° la gemme ou résine molle, partie fluide recueillie dans les récipients ; 2° le galipot, partie solidifiée le long des quarres et qui se détache par morceaux non mélanges de débris d'écorce ; 3° le barras, que l'on obtient en râclant l'arbre, et qui n'est autre chose qu'un galipot impur, mêlé à des copeaux, à des fragments d'écorces et à d'autres corps étrangers.

Tous ces produits sont formés d'essence de térébenthine et de résine ou colophane ; ils ne diffèrent que par la proportion de ces deux éléments. L'industrie les épure, les manipule et les mélange pour les rendre propres à des usages variés.

Le rendement d'un hectare de pignadas peut être évalué en moyenne à 500 litres de gemme et 200 kilogrammes de barras.

En 1858 ou 1859, c'est-à-dire avant la guerre d'Amérique, la gemme se vendait aux prix suivants :

Arrondissement de Bordeaux : la barrique de 232 litres, 40 fr., soit 17 c. le litre ; arrondissement de Lesparre : la barrique de 325 litres, 60 fr., soit 18 c. le litre ; arrondissements de Dax et de Mont-de-Marsan : la barrique de 336 à 340 litres, 55 fr.

Le prix de l'unité varie suivant les localités, selon que les moyens de transport sont plus ou moins faciles et que les procédés d'extraction de la résine sont plus ou moins perfectionnés. Le procédé connu sous le nom de procédé Hughes, du nom de son inventeur, quoique très-usité déjà, ne l'est cependant pas encore partout.

Les frais du résinage sont de 20 à 25 fr. par barrique de gemme.

Le résineur partage par moitié le barras avec le propriétaire.

D'après ces données, le produit net en résine d'un hectare, à raison de 200 pins, était de 75 fr. environ, savoir :

1° 500 litres de gemme. . . . .   85 fr.

2° Barras   20

Total. . . . .   105 fr.

A déduire, pour les frais et la valeur de la part de barras du résinier.   30

Reste net. . . . .   75 fr.

Mais les circonstances ont bien changé depuis la guerre d'Amérique.

Aujourd'hui, dans la Gironde, la résine ne se vend plus guère à la barrique, mais bien au litre ou au kilogramme.

Le litre se vend 55 cent. dans l'arrondissement de Bordeaux, et 70 cent. dans l'arrondissement de Lesparre.

La barrique se vend à Mont-de-Marsan 180 fr., et 210 fr. à Dax.

Les frais restant à peu près les mêmes, le produit net en résine d'un hectare s'élève à environ 300 fr. , savoir :

    1° Pour la gemme . . . . 300 fr.
    2° Pour le barras. 45
                    Total. . . . . 345 fr.

A déduire, pour les frais et la valeur de la part de barras du résinier 45
                  Reste net. . . . . . . 300 fr.

Ce chiffre peut être considéré comme un minimum.

Outre le produit en résine, les forêts de pins maritimes fournissent du bois pour les usages secondaires de l'industrie navale ; pour la charpente ; les planches ; la fabrication des échalas, des doubles fûts et des caisses d'emballage ; pour les constructions en pilotis ; pour l'étançonnement des mines de houille en Angleterre, etc.

Le pin gemmé est considéré comme bien supérieur en durée et en résistance à celui qui n'a pas subi cette opération. Si le résinage a pour effet de réduire l'accroissement des arbres dans la proportion d'environ 30 °/₀, il détermine de l'intérieur à la surface un appel de térébenthine dont la partie la plus fluide s'épanche, en abandonnant dans les tissus de l'aubier une notable quantité de résine qui communique au bois des qualités remarquables de densité, de résistance et de conservation.

Le produit en bois des pignadas est trop variable pour qu'il soit possible d'en donner une bonne évaluation moyenne. Son importance dépend surtout de la proximité plus ou moins grande des voies de transport encore rares dans la région des landes de Gascogne, et s'accroîtra sensiblement à mesure que le réseau de ces voies de transport se complétera.

Il ne faut pas omettre de signaler, parmi les produits des pignadas, le goudron obtenu par la distillation en vases clos, des souches de pins débitées en menus morceaux.

Enfin, une combustion incomplète des détritus résineux de la fabrication fournit le noir de fumée qui s'attache à des toiles tapissant la chambre où se fait l'opération. Il suffit d'une secousse légère pour le faire tomber sur le sol où il est recueilli sans difficulté.

Les indications qui précèdent sont relatives à la culture et à l'exploitation du pin maritime en Gascogne.

Les conditions de la culture et de l'exploitation de cette essence sont moins favorables en Sologne.

L'étendue approximative des forêts de pins maritimes dans cette région est de 50,000 hectares.

Il y a environ 15 ans, on a tenté d'introduire l'industrie du gemmage dans ces forêts, qui n'avaient été jusqu'alors exploitées qu'au point de vue des produits en bois.

Les essais n'ont pas été très-heureux.

Dans le domaine impérial de la Motte-Beuvron, des essais importants ont été tentés. Tous les pins susceptibles d'être gemmés ont été soumis au résinage; mais il n'en est résulté que peu de profit pour le propriétaire, ainsi que pour l'entrepreneur. Le voisinage avait été affermé au prix très-modique de 5 centimes par arbre, avec faculté de gemmer à volonté.

Malgré la modicité du prix et la grande latitude laissée à l'adjudicataire, il n'a réalisé que de très-faibles bénéfices.

Cet insuccès tient à deux causes : la première est inhérente aux conditions climatériques dans lesquelles se trouve située la Sologne et ne saurait, par conséquent, être combattue. Dans les pins de Sologne, la circulation de la résine dans les canaux résinifères, en raison de l'insuffisance de chaleur de la température, ne s'opère pas aussi facilement ni aussi activement que dans les pins de Gascogne. Les ouvriers résiniers amenés des Landes trouvaient que la gemme coulait avec lenteur et difficulté, malgré les incisions nombreuses pratiquées sur le corps des arbres, et qu'elle était d'une qualité inférieure à la résine de Gascogne.

La seconde cause d'insuccès du gemmage en Sologne est l'aménagement des bois dans cette contrée. Pour réaliser de bonnes conditions de gemmage, il est indispensable d'éclaircir périodiquement les peuplements de manière à les amener, vers vingt-cinq ou trente ans, à une quantité d'environ 200 arbres par hectare. En Sologne, les massifs ont été maintenus partout à l'état serré.

A l'âge où les pinières de Gascogne ne renferment que deux cents arbres par hectare, celles 'de Sologne en contiennent cinq ou six cents.

Si l'on voulait donner quelque développement à l'industrie de l'extraction de la résine dans cette contrée, il faudrait donc commencer par modifier l'aménagement en introduisant le système d'éclaircies périodiques pratiqué en Gascogne.

Mais, il faut bien le dire, les essais de gemmage tentés jusqu'à ce jour n'ont pas encouragé les propriétaires, et cette industrie rencontrerait toujours l'obstacle naturel précédemment signalé.

Aujourd'hui les pinières de Sologne sont presque toutes jeunes. Dans ces dernières années, on a largement exploité de toutes parts, principalement pour le charronnage et le chauffage. C'est à peine si on peut évaluer à 6 ou 7,000 hectares l'étendue des forêts prêtes à être gemmées.

Il faudrait donc que les propriétaires eussent la confiance du maintien, pendant dix ou quinze ans au moins, des prix actuellement obtenus par les produits résineux, pour renoncer au mode d'exploitation qu'ils suivent et qui leur procure un produit moyen en bois d'environ 30 francs par hectare.

Dans de telles conditions, on pourrait sans trop d'inconvénients encourager un essai; mais peut-être ne serait-il pas prudent de conseiller la modification générale des aménagements de forêts de pins maritimes en Sologne, au point de vue de l'exploitation par le gemmage.

Les conditions de cette exploitation ne sont pas plus avantageuses dans le Maine qu'en Sologne.

On peut évaluer à 20,000 hectares environ l'étendue des forêts de pin maritime dans le Maine.

Depuis 1840, divers essais de résinage ont été faits par l'État dans la forêt domaniale de Bercé et par les particuliers dans leurs bois. On a fait venir des ouvriers résiniers de Gascogne, et le résultat a toujours été le même. A peine a-t-on pu établir la balance entre les produits et les frais, et la croissance des arbres en a été sensiblement ralentie.

On avait tout-à-fait renoncé à ces essais jusqu'en 1862, époque à laquelle quelques particuliers, tentés par l'élévation du prix de la résine, ont entrepris de nouvelles opérations de gemmage qui ne paraissent point avoir réussi.

Le sol de la contrée est favorable à la végétation du pin maritime ; mais le climat n'est pas assez chaud pour donner à la résine, dans les vaisseaux ligneux, le degré de fluidité suffisant.

L'inconvénient signalé au sujet des pins de Sologne se produit dans le Maine avec plus d'intensité encore.

Les particuliers exploitent leur bois vers trente ans, pour le convertir en petite charpente ou en chauffage. L'État, les établissements publics et quelques particuliers exploitent à soixante ans pour faire des bois d'industrie.

Il ne paraît pas qu'il y ait lieu de les encourager beaucoup à modifier leurs aménagements au point de vue de la production de la résine.

L'industrie du gemmage a lieu encore en Provence, où elle s'exerce sur le pin maritime et sur le pin d'Alep ; mais elle a eu jusqu'à ce jour peu de développements, les produits de Provence se trouvant écrasés sur les marchés par la concurrence des résines de Gascogne, dont le prix de revient pour le producteur est moins élevé, à cause de la moindre élévation des frais généraux, de l'expérience plus complète des ouvriers résiniers et de la plus grande proximité des lieux d'exportation.

En Corse, après quelques essais infructueux, l'industrie du

gemmage paraît tendre à s'établir dans de bonnes conditions ; l'Administration des forêts a affermé le droit de résinage dans diverses forêts domaniales peuplées en pin Laricio, et les adjudicataires semblent devoir exploiter ce droit avec succès.

En résumé, l'élévation actuelle du prix de la résine aura assurément pour effet de stimuler l'industrie privée. Des essais ont déjà été repris dans des contrées où le gemmage avait été abandonné. Mais peut-être n'y aurait-il pas lieu de trop encourager ces essais dans les contrées où le résinage ne s'opère pas dans des conditions naturelles favorables : on risquerait d'exposer à des mécomptes les propriétaires qui auraient compromis le rendement en bois de leurs forêts, en vue d'une production en résine susceptible de n'être plus rémunératrice, si les circonstances qui ont amené la hausse des prix venaient à cesser dans quelques années.

Après le pin maritime, le pin noir d'Autriche est, de tous les résineux, le plus apte au gemmage.

Il est exploité pour cet objet dans la Carinthie, la Styrie et toute l'Autriche inférieure où il donne des produits importants.

Dans ces contrées, le gemmage est le plus habituellement adjugé aux résiniers par les propriétaires de forêts, moyennant une redevance annuelle par arbre égale au vingtième de la valeur vénale de la résine brute.

Le prix de ce loyer a varié, dans ces dernières années, entre 0 fr. 43 c. et 0 fr. 82 c.

L'aménagement auquel les pins noirs sont soumis dans la Basse-Autriche est analogue à l'aménagement des pins maritimes dans les landes de Gascogne. Il consiste principalement dans un système d'éclaircies périodiques, qui a pour objet de permettre aux arbres de se développer en diamètre et de favoriser la production de la résine.

En Autriche comme en France, on estime que le résinage, tout en réduisant les dimensions de l'arbre, a pour effet d'accroître la qualité du bois. Les arbres sont abattus ordinairement vers soixante-dix ou quatre-vingts ans, et sont employés notamment à la charpente.

Le pin noir d'Autriche est l'arbre par excellence des lieux secs et des sols calcaires ou dolomitiques.

Naturalisé en France depuis 1834, il couvre déjà d'assez grandes étendues en Champagne, et l'Administration forestière l'emploie beaucoup dans les semis et plantations considérables qu'elle effectue depuis quelques années, en exécution de la loi sur le reboisement des montagnes.

Aucun essai de gemmage n'a encore été tenté en France sur cette essence ; en sorte qu'il est impossible de dire si les propriétés remarquables qu'elle possède à ce point de vue en Autriche ne sont point modifiées par le climat de France.

Il serait assurément très-intéressant d'encourager des essais à ce sujet.

Le pin noir d'Autriche serait destiné à prospérer sur beaucoup de points en France, et il ne peut qu'être utile de s'assurer s'il serait possible d'en tirer à la fois des produits résineux et de bons produits en bois.

Il existe en Champagne des peuplements de pins noirs d'Autriche assez âgés déjà pour être soumis à ces intéressantes expériences.

M. de Caumont adresse les remercîments de l'Assemblée à M. Vicaire et à M. Cerval. L'Assemblée a entendu avec le plus vif intérêt leurs communications, et elle désire que, chaque année, M. le Directeur général des forêts puisse la tenir au courant de ses travaux de reboisement qui sont de la plus haute importance pour l'avenir de la France.

Le Congrès espérait que M. Mathieu (de la Drôme), dont les préoccupations météorologiques de notre époque ont si justement popularisé le nom, viendrait donner lui-même une exposition complète de son système pour la prédiction des perturbations atmosphériques ; mais, retenu par le mauvais état d'une santé que des travaux incessants ont affaiblie, M. Mathieu (de la Drôme) a chargé M. Eugène Plon, son ami, de présenter pour lui au Congrès l'explication de sa théorie, basée, comme on le sait, sur l'existence de marées atmosphériques convergentes et divergentes suivant l'action variable des phases de la Lune.

MÉMOIRE DE M. MATHIEU.

MESSIEURS,

Je me serais empressé de me rendre au sein de votre Congrès, si de cruelles infirmités, le rhumatisme et la goutte, qui me tiennent de la tête aux pieds, ne s'y opposaient absolument. Depuis long-temps je lutte contre la maladie, et sans le courage que je puise dans mes travaux, je ne sais si je serais encore de ce monde. C'est la foi qui me fait vivre. Ce que j'aurais eu l'honneur de vous dire de vive voix, si j'avais pu faire le voyage de Paris, je vais essayer de le dicter à une main amie.

La foi qui me soutient est-elle fondée? Ai-je réellement fait la découverte que j'annonce? Je vous remercie, Messieurs, de vous être préoccupés de ces questions, et d'avoir inscrit l'examen de mes travaux en tête de votre programme. Il me semble que la *prédiction du temps* sort du domaine de l'utopie, du moment que vous la jugez digne de votre attention. L'étonnement, la surprise, l'incrédulité systématique commencent à faiblir. On se sent porté à admettre que les grands phénomènes atmosphériques, au lieu d'être purement accidentels, pourraient bien obéir à des lois supérieures, ayant la fixité des grandes lois de la nature. On ne croit pas encore, mais on éprouve le besoin d'examiner. On ne m'oppose plus la question préalable; on consent à discuter. Quelle douleur de ne pouvoir me rendre au milieu de vous, pour y défendre en personne le drapeau que j'ai le premier arboré! Dès 1857, je traitais, dans la *Gazette de Savoie*, la question de la prescience du temps; dès cette époque, je déclarais tenir le fil conducteur qui devait me diriger dans l'obscur labyrinthe des perturbations atmosphériques. Ma persistance a fini pas me susciter des émules, qui ont cherché dans d'autres voies la solution du problème que je m'étais posé. Puissent leurs recherches ne pas être perdues pour la science et l'humanité!

Les savants rédacteurs de votre programme se sont demandé

si les *observations* et les *expériences* étaient assez nombreuses
pour justifier les prédictions que, depuis deux ans environ, je
livre au public. Je m'expliquerai sur les observations dont je
dispose, sur les résultats auxquels elles m'ont conduit et sur les
critiques dont ces résultats ont été l'objet.

Devrai-je, ensuite, discuter les expériences auxquelles je n'ai
cessé de soumettre ma théorie, depuis la fin de juin 1862?
Devrai-je passer en revue tous les météores qui, depuis cette
époque, se sont produits sur un point ou l'autre de notre territoire, au nord, au midi, à l'est, à l'ouest? Ce sujet me con-
duirait à des développements extrêmement étendus, qui ne sauraient aboutir à une conclusion. Je n'ai pas la prétention d'enlever d'assaut l'approbation du Congrès. Je connais la prudence
des réunions savantes, et je suis le premier à y applaudir. Je
crois entrer dans vos vues, Messieurs, en vous demandant de
charger une commission du soin de comparer les phénomènes
météorologiques qui se produiront en 1864 aux *prédictions* que
j'ai livrées au public. Ce travail préliminaire me paraît indispensable pour éclairer votre religion. Il vous permettra de
vous prononcer en pleine connaissance de cause dans votre
session de 1865.

Je n'aborderai donc ici que le côté théorique de mes travaux,
après avoir fait connaître toutefois les documents qui leur servent de base, et dont le nombre s'accroît chaque jour.

Mes premières études ont porté sur les observations recueillies à Genève, depuis le 1ᵉʳ janvier 1796, c'est-à-dire sur
un journal météorologique qui embrasse aujourd'hui une période
de 66 ans. C'est une discussion approfondie des chiffres *fournis*
par ce journal qui m'a conduit à cette parfaite certitude que
les météores obéissent à des lois fixes, invariables.

Un appel adressé à MM. les météorologistes observateurs
fit arriver dans mes mains, au commencement de 1863, un certain nombre d'autres registres, tenus sur divers points du territoire français. La plupart, malheureusement peu anciens, ne
pouvaient me fournir que de rares indications. Les plus importants sont ceux d'Agde (Hérault) et de Toulouse, tenus sous la

direction de MM. Maguès père et fils, ingénieurs en chef de la Compagnie. des canaux du Midi; celui de Brignoles (Var), tenu par M. le docteur Piffard; celui d'Agen, commencé par M. Bartayrès et continué par M. Magus. Les registres d'Agde et de Toulouse embrassent au-delà d'un demi-siècle d'observations; celui de Brignoles embrasse une période de 26 années, et celui d'Agen une période de 22.

En avril 1863, je sollicitai l'autorisation de faire copier les registres de l'Observatoire de Paris. Malgré les ordres pressants de M. Duruy, ministre actuel de l'instruction publique, dont l'obligeance a été extrême, les copies des registres de Paris ne me furent remises qu'à la fin de septembre, lorsque mon Annuaire et mes Almanachs étaient composés et imprimés. Je n'ai pu encore étudier ces précieux documents.

Vous remarquerez, Messieurs, que toutes les observations un peu anciennes dont je disposais lors de mes publications intéressent le midi de la France (Genève, Toulouse, Agde, Agen et Brignoles). Ainsi s'explique l'exactitude incontestée de mes prédictions touchant le Midi, et particulièrement le littoral de la Méditerranée; exactitude qui ne se rencontre plus au même degré dans le Nord.

Enfin, depuis l'apparition de mon Annuaire et de mes Almanachs, de nombreux journaux d'observations, la plupart anciens, m'ont été annoncés. Quelques-uns sont déjà dans mes mains. Ils appartiennent aux départements de la Côte-d'Or, de l'Allier, de l'Aisne, de la Moselle, du Pas-de-Calais, du Calvados, de la Loire-Inférieure, du Gers, de la Gironde, de l'Aude et des Bouches-du-Rhône. Joints aux copies des observations de Paris, ces registres me permettront d'asseoir des pronostics applicables, à quelques exceptions près, à tout le territoire français.

Il convient de rappeler ici en peu de mots les principes qui servent de base à ma théorie des météores. L'état du temps, sur un point quelconque du globe, dépend des positions que le Soleil et la Lune occupent par rapport à ce point, durant un certain nombre de Phases Lunaires. Connaissant, par des observations antérieures, le temps que ces positions ont donné dans

le passé, je connais le temps qu'elles donneront dans l'avenir.
Mêmes causes, mêmes effets. Sans observations antérieures, les
prédictions ne sont que des inductions, trop souvent démenties
par l'événement. J'en ai fait la pénible expérience. Les positions
du Soleil et de la Lune au moment où s'accomplissent les
Phases, étant indiquées par l'heure solaire, je prends l'heure
pour guide. Je sais, par exemple, que si la Pleine Lune arrive
à minuit, notre satellite sera au méridien supérieur et le Soleil
au méridien inférieur, quand arrivera la Phase ; je sais que
les positions seront inverses, si la Pleine Lune arrive à midi.
L'heure est un double index qui me fait voir où se trouvent
les deux astres.

C'est donc la double position du Soleil et de la Lune par
rapport à une région, à des moments donnés, qui détermine
dans cette région le beau ou le mauvais temps. N'est-ce pas la
même cause qui fait que l'Océan s'élève sur certains points,
pendant qu'il s'abaisse sur d'autres? N'est-ce pas le déplacement incessant des deux mêmes astres, résultant du mouvement de rotation de la terre, qui engendre les marées, ce va-
et-vient également incessant de toute la masse de l'Océan?
Les deux astres qui agitent et déplacent les eaux de l'Océan,
qui soulèvent un poids à côté duquel celui du massif des Alpes
ne serait rien, ne doivent-ils pas exercer une action analogue
sur l'enveloppe gazeuse de notre planète? Le flux et le reflux
de l'Atlantique n'indiquent-ils pas le flux et le reflux de notre
atmosphère, auxquels ma théorie assigne une influence marquée
sur l'état du temps?

Les marées atmosphériques sont admises par la science. Mais
Laplace, dont l'opinion a été adoptée par Arago et par tous
les astronomes et les physiciens contemporains, soutient que
ces marées sont extrêmement faibles ; qu'elles n'ont, quant à
l'amplitude, aucune analogie avec celles de l'Océan ; que le
déplacement des couches d'air est très-restreint, sinon absolument nul ; d'où l'on conclut que le phénomène ne saurait
exercer une action sensible sur la climatologie de notre
globe.

Les noms de Laplace et d'Arago m'inspirent un profond respect, mais ce respect ne va pas jusqu'au fétichisme : il ne va pas jusqu'à me faire croire à l'infaillibilité des deux illustres astronomes. Le savant qui ne s'est jamais trompé n'est pas encore né. Heureux le siècle qui le possédera ! Je discuterai avec une entière liberté, suivant ma vieille habitude, l'opinion de Laplace et d'Arago. Si les marées atmosphériques, disent-ils, étaient considérables, si l'attraction du Soleil et de la Lune soulevait de grandes masses d'air, la colonne atmosphérique en s'élevant acquerrait un plus grand poids ; par cela même elle ferait monter le mercure dans le baromètre, ce qui n'a pas lieu. En effet, le baromètre n'éprouve que de légères oscillations, au moment présumé du flux et du reflux atmosphérique ; d'où l'on croit pouvoir conclure que le phénomène du déplacement dans le sens vertical n'a que de très-petites proportions.

Telle est l'objection. On m'opposera le baromètre. Je m'étonne, je l'avoue, que Laplace et Arago aient argumenté de la presque stabilité de cet instrument. L'un et l'autre sont tombés dans une erreur vraiment inconcevable chez des esprits aussi élevés. Que représente le poids d'un corps à la surface de notre globe ? Il représente la somme d'attraction que la terre exerce sur lui, diminuée ou accrue de la somme d'attraction que le Soleil et la Lune, suivant leur position, exercent sur le même corps. Un bloc de pierre pèse mille kilogrammes, quand le Soleil et la Lune sont au méridien inférieur ; il pèsera moins lorsque ces astres seront au méridien supérieur, ou la loi de l'attraction est fausse. En effet, lorsque les deux astres seront au méridien supérieur, le poids de mille kilogrammes sera amoindri d'une quantité proportionnelle à la puissance de l'attraction Lunaire et Solaire. Si je promène un aimant au-dessus et au-dessous d'un morceau de fer, le poids du métal sera plus faible quand l'aimant passera par-dessus ; il sera plus considérable, quand l'aimant passera par-dessous. Dans le premier cas, le poids sera diminué d'une quantité équivalente à l'attraction de l'aimant ; dans le second, il sera, au contraire, accru d'autant. Le poids des corps varie incessamment sous l'influence des astres, dont le déplacement est incessant. Mais une balance accusera toujours le même poids, par la raison que le contre-poids subira la même influence, étant attiré exactement de la même quantité que le corps auquel il fait équilibre.

J'ai dit, dans mon Annuaire, que l'attraction devait produire aux sommités de l'atmosphère des montagnes d'air, de même qu'elle produit à la surface de la mer des montagnes d'eau. Cette surélévation de la colonne atmosphérique n'ajoute rien à son poids, car elle est compensée par l'allégement de la colonne tout entière, provenant des mêmes forces attractives ; d'où il suit que le baromètre ne peut rien indiquer.

Je suppose un tuyau de pompe dans lequel l'eau monte naturellement à 29 pieds. A l'orifice du tuyau, j'opère une aspiration qui soulève un pied d'eau, ce qui fait monter le liquide à 30 pieds Sous l'influence de l'aspiration qui tient en suspension un pied d'eau, les 30 pieds ne pèseront pas plus au fond du tuyau que les 29 pieds primitifs. CE QUI EST ATTIRÉ EN HAUT NE PÈSE PAS EN BAS.

L'objection tirée du baromètre, contre les marées atmosphériques, n'a donc aucune espèce de fondement. Elle accuse, chez ses auteurs, une de ces étranges distractions dont les esprits les plus élevés ne sont pas exempts.

On objecte encore que les corps s'attirent en raison de la masse, d'où il suivrait que l'air, 800 fois plus léger que l'eau, devrait être infiniment moins agité par l'attraction. On oublie que si l'air est 800 fois moins attiré vers le Soleil et la Lune, il est également 800 fois moins attiré vers la terre ; qu'ainsi le rapport des attractions reste toujours le même, quelle que soit la densité des corps.

Nous avons un océan d'eau, supposons un océan de mercure, corps environ 14 fois plus pesant que l'eau. Les marées seront-elles 14 fois plus fortes ? Le flux et le reflux viendront-ils passer par-dessus les tours de Notre-Dame de Paris ? Les marées ne seront-elles pas au contraire beaucoup plus faibles, à cause de la résistance que le frottement opposera au déplacement des

molécules d'un corps 14 fois plus dense? A un océan d'eau ou
de mercure substituons un océan de sable; n'est-il pas certain
que le frottement des grains de sable les uns contre les
autres, eussent-ils le poli du verre, empêcherait tout déplacement, et que l'océan supposé ne serait pas soumis au phénomène des marées, bien que le sable soit beaucoup plus pesant
que l'eau? Ce n'est pas de la densité des corps qu'il faut ici
se préoccuper, mais de la mobilité des molécules dont les corps
se composent. Plus les molécules seront mobiles, faciles à dépla-
cer, plus l'attraction agitera la masse.

Il suffit de l'appel d'une cheminée pour déterminer dans une
chambre des courants d'air très-actifs. Je pourrais ajouter: et
très-dangereux pour les personnes sujettes, comme moi, au
rhumatisme et à la goutte). La puissance d'appel d'une cheminée,
qui serait à peu près nulle sur une masse d'eau, produit sur
l'air une agitation que j'ai maudite plus d'une fois. Qu'on juge
par là des perturbations que l'appel du Soleil et de la Lune
doit produire sur l'atmosphère. Est-il besoin de chercher une
autre explication des ouragans les plus violents, des tempêtes
les plus furieuses, des tourmentes les plus désastreuses?

Les mouvements lents ou rapides des couches inférieures de
l'air participent des mouvements des régions supérieures de leur
flux et reflux. Si l'on me demandait pourquoi ils ne suivent pas
les mêmes directions, je répondrais que de nombreux obstacles
s'y opposent. Je me borne à citer les montagnes. Les eaux
minérales de Condillac, où je dicte ce mémoire, jaillissent entre
le mont Givode au midi et le mont Appion au nord. Le vent
du midi, en frappant contre Appion, se convertit en vent d'ouest,
tandis que le vent du nord en frappant contre Givode, se convertit en vent d'est. Le ricochet, loin d'affaiblir le courant, le
rend quelquefois plus impétueux. N'ai-je pas vu des hangars
emportés, des meules de paille dispersées, des arbres renversés
et même déracinés par le remous? Les deux montagnes, qui
malheureusement ne se trouvent pas parfaitement en face l'une
de l'autre, sont plutôt un danger qu'un abri pour le vallon.
On comprend que les mouvements désordonnés des couches

inférieures de l'atmosphère doivent influer sur la direction des couches immédiatement supérieures qui charrient les nuages. Ainsi les nuages, pas plus que les vents, ne nous indiquent le flux et le reflux des régions élevées. A cet égard, la raison seule peut nous servir de guide. Nous devons juger des grandes oscillations de la masse aérienne par les oscillations de l'Atlantique; nous devons nous dire que l'attraction des astres, en s'exerçant sur un corps infiniment plus mobile, doit produire, soit dans le sens vertical, soit dans le sens horizontal, des déplacements incomparablement plus rapides et plus étendus.

Il me reste à m'expliquer sur l'action des Phases Lunaires. Je prétends, il importe de le rappeler, que l'état du temps dépend de la double position du Soleil et de la Lune, aux moments précis où arrivent plusieurs Phases consécutives. Je fais intervenir dans les phénomènes atmosphériques, non-seulement les marées, mais encore l'heure des syzygies et des quadratures. Sur ce terrain, je rencontre d'innombrables contradicteurs; un *tolle* général s'élève contre moi. Qui donc peut croire à l'influence des Phases de la Lune, à l'exception des paysans et des marins, gens illettrés, ignares et superstitieux? Voilà ce qu'on me crie de tous côtés, avec une assurance qui me confond. Eh! mon Dieu, Herschell, le plus grand astronome des temps anciens et modernes, au dire d'Arago, croyait à l'influence des Phases. N'a-t-il pas observé et n'a-t-il pas soutenu que la Lune *mangeait les nuages?* N'est-ce pas lui qui a fait cette singulière remarque, que les nuages se dissipaient sous l'influence des rayons de la Pleine Lune? Non-seulement il a constaté le phénomène, mais il a cherché à l'expliquer, en attribuant aux rayons de la Pleine Lune une somme de chaleur empruntée au Soleil durant le Premier Quartier.

Arago, aussi, croyait à l'influence des Phases, et les critiques si nombreux qui m'ont opposé l'opinion de ce savant illustre n'ont pas lu son Traité d'astronomie, ou ne l'ont pas compris. Dans ce bel ouvrage, un des monuments scientifiques de notre époque, Arago donne les résultats des discussions de chiffres auxquelles s'est livré Schübler sur vingt-huit

années d'observations météorologiques recueillies à Munich,
Stuttgard et Augsbourg, résultat que l'immortel astronome
résume ainsi : « Le maximum de jours pluvieux a lieu entre
« le Premier Quartier et la Pleine Lune, le minimum entre
le Dernier Quartier et la Nouvelle Lune. Le minimum est
« au maximum comme 100 est à 121. » Voilà qui est positif.
L'influence des Phases est révélée par un écart notable.

La discussion des observations météorologiques recueillies à
l'Observatoire de Paris conduit à des chiffres peu différents.
Arago a trouvé que, pour Paris, le nombre de jours pluvieux
entre le Dernier Quartier et la Nouvelle Lune était au nombre
des jours pluvieux entre le Premier Quartier et la Pleine
Lune, comme 100 est à 126. Ainsi, à Paris comme à Munich,
Stuttgard et Augsbourg, le nombre des jours pluvieux, arrivant entre le Premier Quartier et la Pleine Lune, est de plus
de 20 °/₀ supérieur au nombre de jours pluvieux qui arrivent
entre le Dernier Quartier et la Nouvelle Lune.

Des observations faites à Orange par M. de Gasparin, et à
Montpellier par Poitevin , ont fourni d'autres résultats; on devait
s'y attendre. Indépendamment de la différence de latitude, il y
a, pour Montpellier et Orange, l'influence du voisinage de la
Méditerranée, dont il faut tenir grand compte. La latitude et
la proximité de la mer exercent sur les météores une action qui
peut se passer de démonstration. Qui songe à comparer le
climat de la Provence et des côtes du golfe de Lyon au climat de Paris ou à celui d'Augsbourg? En annonçant les inondations des premiers jours de novembre 1862, n'avais-je pas
prévenu les populations que le fléau n'affecterait que le littoral
des trois mers de l'Europe méridionale ; que les grandes pluies
ne s'étendraient pas à plus de 200 kilomètres des côtes?

L'influence des Phases de la Lune est donc prouvée par
les résultats concordants des observations recueillies au nord
de la France, et de celles recueillies en Allemagne.

Mais cette influence, dira-t-on, ne se traduit que par une
différence en chiffres d'un peu plus de 20 °/₀, tandis que, dans
ma théorie, elle se traduit en sécheresse ou en inondation;

en brises ou en tempêtes, c'est-à-dire en une différence de tout
à rien ; ce qu'Arago était loin d'admettre. Il est très-vrai que
cet homme de génie a laissé à un obscur chercheur le soin de
résoudre un problème qu'il croyait, à tort, hérissé de difficultés
insurmontables. Du moment qu'il admettait l'influence des
Phases, n'aurait-il pas dû comprendre que l'heure où elles
s'accomplissent, c'est-à-dire la position du Soleil et de la Lune,
ne pouvait manquer de jouer un rôle prépondérant ? Si un phénomène astronomique a une action marquée sur une partie de
l'atmosphère, le méridien auquel il s'accomplit ne peut être in-
différent. Si les deux astres sont au méridien inférieur, les
effets ne seront pas les mêmes pour nous que si les deux astres
se trouvaient au méridien supérieur, et réciproquement. Nier
l'influence des positions, c'est nier l'influence avérée des Phases.
Nier l'influence des positions, ce serait dire que le Soleil doit
nous envoyer autant de chaleur la nuit que le jour, autant
à trois heures du matin qu'à trois heures du soir.

D'où vient l'influence des Phases ? Arago déclare que la science
n'en sait rien. Il constate le fait, mais il ajoute que l'explication n'en peut être donnée, dans l'état actuel de nos connaissances. C'est à peu près ce que j'ai dit dans mon Annuaire
pour 1864. Mes contradicteurs, ignorant que je ne faisais que
répéter Arago, se sont moqué d'une théorie reposant sur un
phénomène *inexpliqué*. Je voudrais bien savoir ce qu'explï-
que la science la plus avancée, quant aux causes premières
des phénomènes qui composent son domaine.

Cependant je crois que la raison peut nous rendre compte,
dans une certaine mesure, de l'influence des Phases.

Dans le phénomène des marées, la Lune, en raison de sa
proximité, agit comme 3, tandis que le Soleil, à cause de
son éloignement, agit simplement comme 1. Quand le Soleil,
la Terre et la Lune se trouvent sur la même ligne, ce qui
a lieu à la Nouvelle et à la Pleine Lune, les forces attractives des deux astres agissent dans le même sens, leur combinaison donne les fortes marées. Lorsque, au contraire, le
Soleil, la Terre et la Lune sont disposés triangulairement, ce

qui a lieu au Premier et au Dernier Quartier, les deux astres agissent en sens opposé : l'un tire à l'est et l'autre à l'ouest ; de là, des marées plus petites que les précédentes.

Donnons le nom de *convergentes* aux attractions Lunaire et Solaire, qui agissent dans le même sens; donnons le nom de *divergentes* aux attractions qui agissent en sens opposé. A mesure que la Lune se rapprochera de la ligne droite, au sortir du Premier et du Dernier Quartier, les deux attractions tendront à devenir de plus en plus convergentes, jusqu'au moment où les deux astres et la Terre se trouveront sur la même ligne, — époque des grandes marées. — A mesure que la Lune s'éloignera de la ligne droite, les deux attractions tendront, au contraire, à devenir de plus en plus divergentes, jusqu'aux quadratures, — époque des petites marées. —Chaque Phase est donc le point de départ de marées différentes, tantôt dans le sens de la convergence des forces, tantôt dans le sens de la divergence des mêmes forces. Chaque Phase marque conséquemment une transition, le commencement d'une action différente de la précédente. Cette transition, ce passage alternatif de l'union des forces à leur désunion, et réciproquement, ne doit-il pas se traduire sur la colonne atmosphérique en perturbations, en ébranlements de nature à exercer une influence réelle sur l'état du temps? Cette hypothèse n'a assurément rien d'invraisemblable. Qu'on se figure deux chevaux attelés à un même char, qui ne marche pas un instant d'accord : l'un va à droite pendant que l'autre va à gauche; puis ils reviennent l'un vers l'autre, pour s'éloigner de nouveau. A quels soubresauts, à quels accidents le char ainsi tiraillé ne sera-t-il pas exposé?

Les Phases ont encore une autre action, qui commence à se révéler par des phénomènes dignes de l'attention des météorologistes. On sait les troubles que les orages apportent dans la transmission des dépêches électriques. Les observations à cet égard sont déjà nombreuses : elles décèlent des rapports intimes entre les météores qui éclatent au sein de l'atmosphère et le magnétisme terrestre.

Un autre fait qui m'a depuis long-temps frappé, c'est la

coïncidence des tremblements de terre avec les météores d'une certaine gravité, indiqués par ma théorie.

Je cite quelques exemples :

J'avais annoncé des pluies diluviennes et des inondations au midi de l'Europe, du 28 octobre au 8 novembre 1862. — Le 28 octobre, tremblement de terre à Amélie-les-Bains, au moment où les premiers orages éclataient sur le littoral des trois mers de l'Europe méridionale.

Plus récemment, j'avais annoncé des phénomènes atmosphériques intenses dans les derniers jours de septembre ou les premiers d'octobre 1863. — Tremblement de terre à Londres.

J'avais annoncé de grandes chutes d'eau et de violents ouragans dans les neuf premiers jours de décembre. — Le 8, tremblement de terre dans le département de Vaucluse.

J'avais annoncé de nouvelles bourrasques et de nouvelles chutes d'eau à la fin de décembre et dans les premiers jours de janvier 1864. Le 29 décembre, nouveau tremblement de terre dans le département de Vaucluse. A la suite des dernières secousses, les eaux de la fontaine de Vaucluse perdirent leur ancienne limpidité ; je ne sache pas qu'elles l'aient recouvrée.

J'avais annoncé de grands vents, avec pluie ou neige, sur le littoral de la Méditerranée, notamment vers le 8 ou 9 février. — Tremblement de terre dans les Romagnes, le 10 février et les quatre jours suivants.

Je m'en tiendrai à ces cinq exemples. Ils frapperont, je n'en puis douter, les esprits sérieux. Il leur sera difficile de ne pas voir dans ces coïncidences l'indice d'un rapport quelconque entre les phénomènes atmosphériques et le magnétisme terrestre cause plus que probable des commotions auxquelles certaines parties de notre globe sont sujettes. A ceux qui attribuent les tremblements de terre à des explosions souterraines, je demanderai comment ils expliquent les tremblements qui ont lieu sur mer.

Les tremblements de terre, de même que les pluies, les orages, les tempêtes, se rattacheraient donc aux Phases de la Lune, c'est-à-dire aux transitions par lesquelles passent les deux attractions Lunaire et Solaire, pour aller de la convergence à la divergence et revenir de la divergence à la convergence. Ici, je vais donner une grande satisfaction à mes contradicteurs ; j'espère qu'ils m'en sauront gré. Les Phases sont un phénomène complexe, résultant du concours de deux astres, .des positions respectives du Soleil et de la Lune. Tous ceux qui ont lu mon Annuaire pour 1864 ont dû comprendre que la position du Soleil, au moment des Phases, était prépondérante, que la position de la Lune, par rapport à un méridien de notre globe, était loin d'avoir la même importance. Les Premiers Quartiers, les Pleines Lunes et les Derniers Quartiers qui donnent ou préparent les météores les plus graves, sont ceux qui arrivent vers minuit trente minutes environ. Viennent ensuite les Premiers Quartiers, les Pleines Lunes et les Derniers Quartiers arrivant vers midi trente minutes, peut-être vers une heure. Dans le premier cas, le Soleil est au méridien inférieur ; dans le second cas, il est au méridien supérieur ; tandis que la Lune est tantôt au couchant, tantôt au levant, tantôt à l'un ou à l'autre méridien. La position de la Lune peut varier de l'est à l'ouest, d'un hémisphère à l'autre, sans amener de différence dans les effets ; l'intensité des phénomènes atmosphériques dépend donc principalement de la position du Soleil par rapport à l'un des deux méridiens. On sait que les variations diurnes du baromètre tiennent à la même cause, puisque les hauteurs *maxima* et les hauteurs *minima* arrivent toujours aux mêmes heures. Le Soleil est donc le roi de notre globe ; la Lune est un astre subalterne, une pièce accessoire du mécanisme de notre système planétaire. Mais la détente d'une arme à feu n'est également qu'une pièce infime, et pourtant c'est elle qui fait partir le coup qui peut donner la mort.

En résumé, l'état du temps dans une région se rattache aux marées atmosphériques ; aux transitions perturbatrices que subissent les marées à chaque changement de Phase ; aux positions que le Soleil et la Lune, particulièrement le Soleil, occupent par rapport à la région ; aux moments où ces transitions ont lieu, et probablement, à une action particulière, soit des transitions, soit de la position des astres, sur le magnétisme terrestre.

M. Mathieu (de la Drôme) ayant demandé au Congrès de nommer une Commission pour examiner son mémoire, le Congrès charge MM. Debacq, du Moncel et Doré de lui présenter un rapport sur ce mémoire, dont tout le monde comprend l'actualité et l'intérêt.

M. Rebour, président de la Société d'émulation de Lons-le-Saulnier, est ensuite invité à donner des détails sur les plans en relief du département du Jura, qu'il a bien voulu exposer dans la salle.

Le plan en relief exposé sous les yeux de l'Assemblée représente un des cantons du département du Jura, aux environs de Lons-le-Saulnier. Ce genre de plans serait fort utile aux administrations communales et aux particuliers ; les tracés de routes et de chemins, par exemple, y gagneraient beaucoup en clarté et en précision. Malheureusement, jusqu'à présent, les plans en relief ont été inabordables par leur prix et d'une exécution défectueuse. On les faisait en bois sculpté, ce qui était fort cher ; en terre cuite ou en papier mâché, dont le relief se modifiait par la cuisson ou la dessiccation. Un ingénieur, M. Burdin, avait imaginé, en se servant des parallèles équidistantes qui représentent les cotes de la Carte de l'état-major, de superposer, en les collant ensemble, une série de découpures de carton ou de papier destinées à figurer les mouvements de terrain ; mais le travail était long et dispendieux, et, d'ailleurs, le retrait de la colle desséchée produisait des inexactitudes. C'est alors qu'on a eu l'idée, dans le Jura, d'étendre du plâtre à l'état de pâte molle sur une table de bois entourée d'un cadre ; de marquer, sur la surface de cette pâte, les différentes cotes de hauteur au moyen de tiges plus ou moins enfoncées comme pour la mise au point d'un bas-relief. On a donné ensuite les différentes teintes indicatives des terrains, et l'on a recouvert chaque cadre, représentant un

canton , d'un verre préservateur sur lequel on a tracé les parallèles de longitude et de latitude. Il est à remarquer que la
tranche de chacun des carrés, dont la réunion formera plus
tard le département tout entier, indique la configuration et la
nature géologique de chaque canton. Ces plans en relief seront
construits à l'échelle du *quarante-millième*, comme la Carte
d'état-major. Deux cantons sont exécutés à l'heure qu'il est,
et les frais de fabrication de ces plans économiques ont été
calculés de telle sorte qu'en comptant sur un débit de 500
exemplaires, chaque commune pourrait se procurer le plan du
canton auquel elle appartient pour la somme modeste de 30 fr.
Le Conseil général du Jura a encouragé cette ingénieuse invention ; il a été d'autant plus porté à le faire que la confection des moules pour tout le département ne dépassera
pas 7,000 fr. , c'est-à-dire le tiers de ce qu'aurait coûté un
plan en relief construit d'après le système des découpures
de M. Burdin.

M. Rebour recommande ensuite un instrument de géologie
inventé également, comme le plan en relief dont on vient de
parler, par M. Cloz, de Lons-le-Saulnier.

DÉCLIVIOMÈTRE CLOZ.

Dans les reconnaissances et les levés rapides de topographie,
en même temps qu'on apprécie les *distances*, il est souvent indispensable d'évaluer d'une manière suffisamment exacte les
pentes et les *altitudes* dans les pays accidentés. Les *distances*
peuvent se mesurer à l'œil, avec un peu d'exercice, ou mieux
encore au pas ; ce dernier mode de mesurage, par l'habitude,
peut devenir assez régulier pour donner des résultats d'une
précision étonnante. Mais, pour l'évaluation des *pentes* et des
hauteurs, le premier moyen est souvent en défaut ; il ne faut
rien demander au second. On ne peut songer non plus à recourir au moyen précis du nivellement, qui entraîne une perte
de temps considérable, un bagage assez embarrassant, le concours d'aides exercés ; il faut munir l'observateur d'un instru-

ment qui ne l'oblige presque pas à s'arrêter pour recueillir les renseignements dont il a besoin et qui lui permette de trouver seul, pour ainsi dire en marchant, les appréciations qui l'intéressent.

On a imaginé, à cet effet, un grand nombre d'instruments divers de principes et de construction. Le problème que tous ont essayé de résoudre était le suivant : avoir, dans un appareil facilement transportable, une ligne horizontale, une *ligne de foi* qui s'établisse instantanément, sans aucun tâtonnement.

On a d'abord cherché à employer le *niveau à bulle d'air*; mais cet instrument demandait à être établi sur un pied fixe, et le temps nécessaire pour centrer une bulle, même peu sensible, est toujours assez long. On n'a dû songer dès lors qu'à laisser la pesanteur mettre elle-même l'instrument en position.

C'est sur ce principe que sont fondés la *boussole géologue* et le *déclimètre Burel*, le plus usité de nos jours.

Ce dernier déclimètre se compose de deux épaisses plaquettes de verre étamé, accolées et pinçant une bandelette de toile qui soutient l'appareil et le fixe à un talon qu'on tient à la main; on a là une charnière éminemment flexible qui permet au miroir de se placer la face parfaitement d'aplomb. En tenant le talon à la main et élevant la glace à la hauteur de l'œil, lorsque l'image de l'œil est réfléchie et vue nettement, on est assuré que le rayon visuel renvoyé par la face verticale du miroir est bien horizontal; une petite encoche pratiquée sur un des côtés des plaques permet de viser en même temps les divisions d'une mire ou un point déterminé. Dans ces conditions, la hauteur de l'œil ne variant pas sensiblement pour un même opérateur, l'appareil sert à donner des lignes de niveau à une hauteur à très-peu près constante du sol. On l'a perfectionné en en faisant un véritable déclimètre. Les plaques portent une tige perpendiculaire à leurs faces, et sur cette tige peut glisser un petit contrepoids; lorsqu'on tient le talon à la main, les faces ou la tige sont plus ou moins inclinées, suivant que le contrepoids est plus ou moins éloigné, suivant que son bras de levier est plus ou moins long. Si l'on se place encore de façon que l'œil reçoive son image réfléchie par le miroir, la ligne de visée perpendiculaire à cette face sera dirigée sous une inclinaison donnée par une graduation de la tige, graduation établie expérimentalement. Pour évaluer une pente quelconque, muni de cet instrument, l'observateur fait placer, par un aide, une mire à une distance quelconque, et vise la hauteur qu'il sait correspondre à celle de son œil au-dessus du sol ; en tâtonnant la position du contrepoids, il arrivera à lire la pente cherchée sur la graduation de son appareil.

Cet instrument est donc fort simple, mais, pour donner des indications quelque peu précises, il demande une assez grande habitude de la part de celui qui l'emploie ; il demande à peine un temps d'arrêt pour l'observation, et un simple mouvement du bras suffit pour le mettre en position ; mais, dans cette pose forcée du bras soulevé, le poignet n'offre pas un point d'appui bien fixe ; il en résulte des oscillations qui nuisent beaucoup à la précision de la visée, et par suite de l'observation. On a pu se débarrasser de quelques-unes de ces causes d'erreurs dans un petit instrument dû à l'esprit ingénieux d'un habitant de notre ville, M. Cloz. Ce *décliviomètre* se compose d'une sorte de rapporteur d'assez grand rayon, dont le diamètre peut être facilement établi horizontal et le plan vertical, au moyen d'un petit fil-à-plomb, qui doit recouvrir une ligne de foi tracée perpendiculairement au diamètre. Une aiguille, partant du centre, peut parcourir toutes les divisions du limbe, portant sur toute sa longueur une fente très-étroite, à champ très-restreint, qui détermine une ligne nette, éclairée. Une patte permet de fixer l'instrument sur une simple canne dont le pommeau serait fendu d'un trait de scie pour la recevoir, et qu'on peut facilement ficher en terre ; on a ainsi une articulation très-simple, à l'aide de laquelle on peut rapidement mettre le plan du limbe vertical, son diamètre horizontal sur les indications du fil-à-plomb.

Tout cet instrument, si l'on veut relever la pente d'un monticule ou d'une colline qui se profile à l'horizon, le décliviomètre étant établi comme on vient de le dire, son plan parallèle au

profil en vue, on amène la petite fente de l'aiguille mobile sur
la ligne à l'horizon, et sur la graduation du limbe on lit la pente
cherchée. Appréciant à l'œil sur quelle longueur s'étend cette
pente, on a facilement la hauteur du point le plus haut au-
dessus du point le plus bas.

Pour avoir la pente d'une route ou d'un coteau régulier sur
equel on se trouve (qui ne se découpe pas à l'horizon), on
place son appareil dans le plan de la ligne de plus grande
pente, à une certaine distance à droite ou à gauche, plus haut
ou plus bas, un jalon ou une canne de même hauteur que
le support du décliviomètre; on vise la tête de ce signal, on lit
la pente indiquée par la flèche de l'aiguille, et on a sans calcul
l'angle ramené à l'horizon.

Cet appareil s'appliquant ainsi à la mesure de toutes les
pentes qu'on peut avoir à considérer, est d'un emploi parfaitement général; d'une simplicité extrême, cet instrument ingénieux s'emploie sans arrêt marqué et donne des indications
plus exactes que le déclimètre Burel, puisqu'il est parfaitement
fixe dans la position qui lui a été une fois donnée; il n'augmente
pas sensiblement le bagage de l'observateur, et s'établit d'une
manière presque spontanée.

Nous n'aurions qu'une bien faible modification à indiquer à
sa construction : il serait bon de substituer, à sa graduation
actuelle en degrés, une graduation exprimant la pente en fonction du mètre; il servirait ainsi directement, sans calcul, à
l'évaluation des hauteurs, élément important qu'il peut très-
souvent aider à relever.

Comme nous avons essayé de le montrer, cet instrument est
d'un usage extrêmement simple; avec lui, on mesurera des
angles de pente aussi facilement que des angles sur le papier
avec un rapporteur; il est l'analogue du *déclinatoire,* qui sert
à mesurer les angles que font des directions données avec celle
de l'aiguille aimantée; de même que, dans des plans verticaux,
notre appareil rapporte à l'horizontale des directions d'un autre
ordre.

A ces divers titres, le décliviomètre Cloz mérite d'être répandu le plus possible ; il est appelé à rendre de nombreux services. Il faut maintenant propager l'idée de M. Cloz ; comme toutes les idées bonnes et utiles, une fois entrée dans la pratique, elle ira se recommandant d'elle-même.

M. Rebour termine en entretenant le Congrès des travaux météorologiques du frère Ogérien, directeur de l'École chrétienne de Lons-le-Saulnier. Quoique appartenant à cet ordre si dévoué de religieux, qu'on s'obstine à qualifier d'ignorantins, le frère Ogérien n'en est pas moins un savant de premier ordre ; il a dressé une carte climatérique du Jura. Le Jura est formé, en quelque sorte, de trois marches d'escalier, composées de trois plateaux successifs, qui dominent la plaine de la Tresse. Le frère Ogérien a eu la patience de prendre note, depuis 1820 jusqu'en 1863, pendant un espace de 43 ans, des chiffres des dégrèvements d'impôts et d'indemnités accordés aux propriétaires pour dommages causés par la grêle. Au moyen de ces chiffres, dont le total s'élève à 11,720,000 fr., près de 180,000 fr. de dégrèvements annuels, le savant météorologiste a pu suivre, en quelque sorte, l'itinéraire de la grêle dans les contrées du Jura, et a constaté que cet itinéraire se limite, en quelque sorte, au premier plateau. Mais l'intervention la plus remarquable du frère Ogérien est que toutes les localités boisées, du côté du sud-ouest, n'ont jamais été grêlées.

M. Viçaire avait donc bien raison d'affirmer avec tant de force qu'il y a urgence à reboiser nos localités montagneuses. Il faudra, dans les contrées du Jura, commencer par le reboisement des croupes chauves du premier plateau, par le rétablissement des paragrêles naturels, qui n'avaient que trop disparu. Le frère Ogérien a fait, de plus, une remarque géologique digne en tout point de fixer l'attention des savants. Il y a, dans les plateaux du Jura, deux natures principales de terrains : les marnes du lias et les marnes irisées, ces dernières contenant, comme on sait, beaucoup plus d'eau en suspension que les marnes du lias. Or, le frère Ogérien a remarqué que, tandis que les marnes irisées étaient toujours grêlées, les marnes du lias ne l'étaient jamais. Ne pourrait-on conclure de cette ingénieuse observation quel-

ques données, quelques hypothèses sur la formation de la grêle?
Si la grêle s'abat ainsi sur les sols particulièrement humides,
n'est-on pas amené à penser qu'elle se forme, pour ainsi dire,
sur place par un échange électrique entre le sol et l'atmosphère,
et qu'on éviterait cette formation en créant ou en rétablissant
une sorte de rideau protecteur de la surface de la terre? Ceci
n'est qu'une simple hypothèse, mais il est bon de la mentionner et de la soumettre aux réflexions et aux études des
hommes compétents.

Le Congrès remercie vivement M. Rebour de ses importantes
et curieuses communications.

M. William Crawford donne lecture d'une traduction française d'un mémoire de M. Henri Melville, colon d'Australie,
sur les origines géologiques du globe basées sur l'astronomie
des Indous.

M. Du Chatellier, à la suite de cette lecture, fait observer
que le système de M. Melville s'appuie sur l'astronomie des
Indous, laquelle est empruntée aux Chinois et primitivement
aux Grecs. Les observations astronomiques des Grecs, que les
Chinois et plus tard les Indous ont adoptées, datent de Callisthène,
quatre siècles avant Jésus-Christ. M. Biot a fait justice, du
reste, des assertions de Callisthène et de ses plagiaires.

Le Secrétaire,
Marquis DE FOURNÈS.

SCIENCES PHYSIQUES, AGRICULTURE.

1re SÉANCE DU 16 MARS.

Présidence de M. le baron DE FLAGEAC, de la Haute-Loire.

Sont appelés au bureau: MM. GAYOT, ancien directeur des
haras; comte DARU, DU CHATELLIER, GUÉRANGER, de l'Institut
des provinces; baron TRAVAUX, membre du Conseil général de
la Manche.

M. DESVAUX-SAVOURÉ remplit les fonctions de secrétaire.

La discussion est ouverte sur cette question du programme :

« Quelle a été depuis trois ans, pour l'agriculture française, « l'influence de la nouvelle loi sur les céréales? Quels résultats « doit-elle produire dans l'avenir? »

La parole est accordée à M. Du Chatellier pour la lecture d'un mémoire.

MÉMOIRE DE M. DU CHATELLIER.

En trouvant inscrite à notre programme la question de savoir quelle a été depuis trois ans, pour l'agriculture française, l'influence de la nouvelle loi sur la vente et la production des céréales, tous les membres du Congrès ne peuvent manquer d'avoir remarqué à quels faits et à quels intérêts de la plus haute importance se rattache une question de cette nature.

J'ai pensé, en conséquence, que l'information à laquelle nous étions tous conviés par le programme et le questionnaire, qui nous ont été directement adressés, demandait elle-même à être dirigée vers tous les faits qui seraient propres à jeter du jour sur la question.

Le pays entier y est, en effet, intéressé par tous les côtés de son existence; et s'il s'est agi pour les uns d'avoir le pain à bon marché, il faut en même temps considérer les moyens et l'état même de la production pour savoir si la masse serrée des populations appliquées à la production agricole, tout en subissant une baisse sensible dans les prix de ses produits par l'état nouveau des tarifs, arrive à une rémunération suffisante de ses efforts et de ses peines, pour que ces populations soient encouragées à poursuivre leurs travaux au double point de vue de l'intérêt privé et de l'intérêt général, qui doivent ici, comme en toute autre branche de l'industrie nationale, tendre à une entente qui satisfasse les droits de chacun.

En me plaçant à ce point de vue, j'ai donc pensé que, pour se rendre un compte approximatif de la position faite à notre agriculture par la loi du 15 juin 1861 sur les céréales, la plus grande et la plus importante de nos productions, il fallait rechercher dans quelles conditions nouvelles, par comparaison à l'état ancien, elles peuvent être produites; — dans quelle position nouvelle, eu égard au loyer de la terre et au taux de son prix sous l'empire de la législation précédente, l'exploitation du sol et la vente de ses produits ont été placées; — puis, enfin, quelle position nouvelle les changements survenus dans la législation ont pu faire au producteur agricole comme au détenteur des fonds de terre exploités.

Je ne me dissimule pas ce que ces trois faces de la question ont en elles-mêmes d'ardu, de très-grave et de très-difficile à élucider; mais j'ai l'espoir que la bonne foi et la pleine liberté qui animent ordinairement nos discussions et qui les maintiennent toujours si fort au-dessus des petites visées de l'esprit de parti ou de localité, nous aideront à apercevoir sous leur véritable aspect les faits qui sont engagés dans la question.

Pour cela, voyons d'abord les changements survenus dans la législation et l'influence plus ou moins décisive de ces changements sur les prix de la production.

Quand le pays, divisé en plusieurs zones, suivant l'état relatif de leur production en céréales, se trouvait soumis, d'après la loi de 1832, à une variation de droits qui s'élevaient ou s'abaissaient pour chacune de ces zones, eu égard à la quotité des prix légalement constatés sur les marchés régulateurs, on put croire que la vente des produits, garantie dans une certaine mesure aux producteurs nationaux, assurerait ainsi les plus légitimes intérêts.

C'était évidemment, et vis-à-vis de l'étranger, une sorte de monopole ou une préférence tout au moins.

Depuis, au nom de la liberté et de l'extension désirable de nos relations commerciales, on a dit, d'une part, que toutes les barrières devaient être abaissées; et, de l'autre, que toute préférence, tout privilége pour le marché étaient inutiles à maintenir, parce qu'avec un outillage plus perfectionné et les ressources plus étendues de la science, nous étions en position de soutenir telle concurrence que ce fût.

La loi de 1861, après de très-vives et très-ardentes discussions, a été substituée à celle de 1832. Si bien qu'il n'y a plus de zones ; — qu'il n'y a plus de droits protecteurs ni différentiels pour quelques producteurs que ce soit, et que nos frontières, ouvertes à tout venant, moyennant 50 c. pour les blés et 1 fr. pour les farines par 100 kilogrammes, nous ont donné pour nouveaux concurrents les producteurs de tous les pays, soit de l'Amérique, soit de la Russie ou d'ailleurs.

Nous n'avons encore que trois ans de ce régime. — Qu'a-t-il déjà dit ? — Que semble-t-il annoncer ? — Voilà ce qu'il s'agit de savoir.

Consultons d'abord le chiffre des récoltes, telles que nous les donne l'Administration elle-même : — celles de 1861 et de 1862 auraient été :

La première, de . . . . 75 millions d'hectolitres.

La seconde (1), de . . . . . . 99 millions   d°.

Pour lesquelles les prix moyens de l'hectolitre auraient été :

Pour 1861, de. . . . 24 fr. 25 c.

Pour 1862, de. . . . 23   24

Quant aux importations du dehors, elles ont été, sous l'influence de cet état de choses, pour 1861, de 442 millions de francs; pour 1862, de 199 millions de francs. Il est d'ailleurs évident que les récoltes que nous mentionnons étaient au-dessous du taux ordinaire de la consommation, et que l'on a dû recourir aux importations de l'étranger.

Mais voyons ce qui avait lieu antérieurement à la loi de 1861, alors aussi que les récoltes étaient insuffisantes.

Si je m'arrête à des années de production à peu près pareilles à celles de 1861 et de 1862, je trouve qu'en 1847, pour 97 millions d'hectolitres (la même production qu'en 1862, si l'on tient compte d'une population à cette époque un peu moins forte), le prix moyen de l'hectolitre s'éleva à 29 fr. 46 c., au lieu de 23 fr. 24 c. ; — qu'en 1854, pour une même production de 97 millions d'hectolitres, il fut encore de 29 fr. 37 c. ; — que, l'année sui-

____

(1) L'Administration n'a point encore donné les chiffres de 1863.

vánte, pour quelques millions d'hectolitres de moins, il s'éleva à 30 fr. 22 c., et qu'en 1857, malgré une production sensiblement plus forte (110 millions), il se maintint à 23 fr. 83 c., c'est-à-dire plus élevé qu'en 1862, où la production s'est trouvée être de 11 millions d'hectolitres plus faible.

La conséquence directe de cet état de choses est facile à apercevoir : c'est que, sous l'empire de la nouvelle loi, les producteurs nationaux se sont vu enlever une partie notable des bénéfices de la vente sur le marché français.

Il est peut-être difficile de dire exactement ce qu'ils y ont perdu ; mais on peut au moins l'indiquer, en prenant pour base de nos calculs la différence du taux moyen de l'hectolitre de blé aux deux époques.

Nous voyons, en effet, qu'en 1847, 1854 et 1857, la moyenne de l'hectolitre s'était à peu près maintenue à 29 fr. 50 c. ; qu'en 1861 et 1862, pour des récoltes plus faibles, elle n'a guère atteint que 24 fr., différence de 5 fr. 50 au moins par hectolitre que les producteurs français ont subie, et au profit de qui ? — Au profit de l'étranger, des Russes et des Américains presque exclusivement.

Or, 5 fr. 50 en moins sur chaque hectolitre vendu par nos nationaux, et pour une récolte mauvaise, ne s'élevant pas au-delà de 97 millions d'hectolitres, c'est une perte nette et réelle de plus de 500 millions de francs, qui, au lieu d'entrer dans la poche de nos cultivateurs, se sont en partie dirigés vers l'étranger, sans que ceux-ci, comme les Russes, qui sont nos plus grands fournisseurs en blé, aient reporté ces sommes ou leurs équivalents vers nos marchés pour s'y approvisionner en objets manufacturés ou de luxe, produits directs de quelques autres branches de notre industrie nationale.

Je sais bien que, pour entrer dans l'esprit de la nouvelle loi et des nouveaux traités de 1861, il ne faut pas s'attacher à suivre le mouvement isolé d'une industrie sans rechercher celui que peuvent subir ou éprouver plusieurs autres branches de la production générale. Mais quand il s'agit d'une industrie pareille à celle de l'agriculture, et que l'on considère les vingt et quelques millions de bras engagés dans ce travail et la masse énorme de capitaux qui s'y trouvent eux-mêmes appliqués, on a bien le droit, ce me semble, de descendre jusqu'aux détails spéciaux de la production et de la vente pour savoir ce qui se passe.

Et en effet, comment oublierions-nous que tous les actes passés depuis 25 à 30 ans pour le loyer et l'exploitation du sol, l'ont été en conséquence des prix successivement acquis aux produits de la terre ? Comment oublierions-nous qu'antérieurement à 1862, et depuis plus de trente ans, les prix généraux de la production agricole, comme le taux lui-même du loyer de la terre, s'étaient élevés au moins d'un tiers sur les prix qui avaient précédé, et que c'est sur ces nouveaux prix que tous les actes et toutes les transactions qui décident du travail agricole ont été passés, sans qu'il ait été possible de faire état des changements que la nouvelle législation apporterait à l'état relatif des intérêts engagés ?

Propriétaires et fermiers tombent ici sous le coup des mêmes désastres. L'un, avec moins de valeur pour ses produits, reste soumis aux mêmes obligations. L'autre, s'il a des charges ou si ses domaines sont engagés, est sous le coup plus ou moins prochain d'une réduction inévitable de ses propres valeurs ; et si l'on s'arrête à considérer les variations rapides et surélevées de la main-d'œuvre, déterminées dans nos campagnes par le courant irrésistible qui porte vers les grands centres de population une masse de salariés que les prix de fabrique et la réduction du prix du pain, joints à d'autres avantages, ne peuvent manquer de séduire, on apercevra sans peine de quels funestes résultats notre agriculture peut être menacée.

Mais, nous dira-t-on, ce que vous perdez d'un côté, vous le gagnerez de l'autre.

Voyons bien ce qu'il en est : car, on nous a souvent dit, en effet, que, s'il nous venait quelques grains de l'étranger, il allait s'ouvrir devant nous des voies nouvelles d'exportation qui seraient une source intarissable de richesse.

Pour premier fait probable et promis, nous devions devenir le grand marché de toutes les céréales de l'ouest de l'Europe ; et si l'on importait beaucoup, on exporterait encore beaucoup plus. — Or, que s'est-il passé dans les trois années 61, 62 et 63, les seules écoulées depuis les traités?

En 1861, on a importé pour 442 millions de francs ; on a exporté pour 53 millions ;

En 1862, on a importé pour 199 millions de francs ; on a exporté pour 93 millions ;

En 1863, on a importé pour 58 millions de francs ; on a exporté pour 55 millions.

Je ne puis voir là aucune des merveilles commerciales qu'on nous avait annoncées si fastueusement, et en rapprochant ces chiffres de ceux des années qui ont précédé la nouvelle législation, je vois dans le mouvement propre des exportations plutôt un abaissement qu'une augmentation : les trois années 1860, 59 et 58 donnaient un chiffre de 311 millions de francs, tandis que les années 61, 62 et 63 ne donnaient que 201 millions de francs.

Mais, suivons le mouvement de quelques-uns des autres produits que l'étranger devait nous demander avec une ardeur si vive que nous ne saurions comment y satisfaire.

Soit d'abord les *animaux vivants*. — Je vois qu'avant les nouveaux traités, l'importation des chevaux, mulets et gros bestiaux variait entre 30, 33 et 34 millions de francs ; elle a atteint, depuis 1861, 40 ou 44 millions de francs.

C'est une heureuse augmentation ; mais l'importation, qu'a-t-elle été? C'est là qu'est l'enseignement principal. — Or, je trouve, qu'antérieurement à la réduction des droits qui eut lieu en 1853, le chiffre des importations *des bestiaux* seuls n'était que de 5 à 6 millions ; il s'est élevé, en 1861 et 1862, jusqu'à 70 et 71 millions de francs ; il a atteint 75 millions en 1863.

L'exportation des *viandes salées*, fait qui touche si directement à notre industrie agricole, a, de son côté, plutôt fléchi qu'augmenté : je la trouve de 7 à 9 millions de francs pour les années antérieures aux traités ; elle n'a été depuis, que de 5 à 6 millions (en 1855 et 1856, elle s'était élevée à 11 et 12 millions).

Quant aux *moutons*, je trouve, depuis les traités, un abaissement dans les exportations qui, de 62 à 64,000 têtes, sont tombées à 51 et 48,000, tandis que les importations de 3 à 400,000 têtes se sont élevées à 542 et 555,000 têtes.

Les mêmes changements se font remarquer dans le commerce des *porcs*, et ici encore c'est l'importation qui s'est élevée jusqu'à 73 et 95,000 têtes, quand précédemment elle n'était que de 64 et 68,000 ; et si on s'arrête au chiffre de la viande de *porc salé*, à l'importation, on trouve qu'il s'est élevé, dans ces trois dernières années, c'est-à-dire depuis les traités, de 972,000 fr. à 6 millions pour 1862, et à 13,327,000 fr. pour 1863, dernière année écoulée. Quant à l'exportation, la stagnation la plus complète : avant comme après les traités, elle est de 34 à 42,000 têtes.

Mais, nous dira-t-on, il y a d'autres menues denrées, la *volaille*, les *fromages*, les *beurres*, les *œufs*, les *fruits*, qui doivent avoir donné des résultats décisifs?—Rien de bien extraordinaire : l'exportation de la *volaille* est restée stationnaire, 13 à 1,400,000 fr. ; l'exportation des *fromages* s'élevait, dès 1855, à 12 et 1,500,000 kilog. ; elle a atteint, en 1861 et 1862, 16 à 1,800,000 kilog. Les *beurres* ont atteint 10 et 11 millions de kilogrammes et n'atteignaient précédemment que 7 à 8 millions de kilogrammes. La même observation peut être faite pour les *œufs*, dont l'exportation s'élève aujourd'hui à 13 et 14 millions de kilogrammes, tandis qu'elle n'était précédemment que de 10 à 11 millions de kilogrammes.

Mais, converties en numéraire, que peuvent présenter ces légères augmentations de quantités, je le demande? Bien peu de chose, si l'on observe que le chiffre des importations de plusieurs de ces articles, loin d'avoir fléchi, s'est constamment élevé. Il reste toutefois un article, celui des *fruits*, comprenant les fruits de table, verts, secs et confits, dont l'exportation suit une marche ascendante assez soutenue, et qui, de 12 millions de francs, est arrivée à 20 millions.

Mais, au fond, comment élever le moindre doute sur l'ensemble des faits qui dominent la situation générale de notre agriculture? Les lois et les traités qui ont modifié l'état ancien

de notre industrie agricole ont eu pour effet de nous accorder
quelques très-faibles avantages pour le placement à l'étranger
de quelques menus produits, comme fruits, œufs et beurre ;
mais en même temps de nous enlever, sur le marché national,
pour les animaux vivants et les blés, source principale de la
richesse agricole, les justes profits que tant de charges imposées
à l'agriculture établissaient comme un droit, dont tout l'exercice
tournait au développement constant et soutenu de notre science
et de notre industrie culturales ; et il ne s'agit pas là de quelques
centaines de mille francs comme pour les menues denrées dont
nous parlions il n'y a qu'un instant ; mais bel et bien de plusieurs centaines de millions qui, reportés tout-à-coup vers
l'étranger, nous laissent comme désarmés pour faire face à une
position qui s'était lentement développée sous le régime des lois
anciennes et sous le coup d'obligations résultant de contrats re-
vêtus des formes les plus impérieuses.

Rendu à ce point de l'information que le programme a ouverte, je pourrais, à la rigueur, m'en tenir aux faits d'ordre
général que je viens d'exposer ; mais, vous comme moi, venus
de départements plus ou moins éloignés des lieux où toutes les
questions se condensent et se résolvent sans qu'il soit toujours
tenu un compte suffisant des détails qui pourraient souvent les
éclairer d'un jour si inattendu, je ne saurais terminer sans vous
dire de quelle manière l'action de la législation que nous venons
d'étudier me semble s'être déjà fait sentir sur quelques régions.

L'effet le plus général et le plus incontesté de l'état ancien
avait été d'élever sensiblement le loyer de la terre, d'améliorer
la condition du cultivateur, de le pousser à des essais, à des
cultures, à des défrichements considérables, et par suite de
fixer ou de retenir aux champs les propriétaires et les hommes
le plus en mesure de faire progresser notre agriculture. C'est
ce qui avait lieu dans le Finistère, que j'habite, comme dans
plusieurs autres départements.

L'un des résultats aussi incontestés de cet état de choses avait
été, en maintenant les céréales à un prix convenablement rému-

nérateur, de soutenir et d'élever successivement les prix des
autres produits agricoles, et, par suite, de mettre dans une
position commune d'aisance la classe nombreuse des agriculteurs,
qui, dès lors, prenaient et pouvaient prendre une part active
et directe au mouvement général de l'industrie nationale par
des consommations soutenues et chaque jour plus étendues.

Mais qu'en a-t-il été et qu'en sera-t-il du régime nouveau que
nous expérimentons ?

Depuis trois ans, que les récoltes soient bonnes ou mauvaises,
les prix des blés s'en vont toujours en baissant. Y a-t-il rareté
dans les produits, comme en 1861, nous sommes inondés de
masses incalculables de blés étrangers, et nos cultivateurs, avec
de petites quantités, sont obligés de donner leurs produits à
des prix de plus en plus réduits.

Y a-t-il abondance, comme en 1863, les importations ne
cessent pas, et, dans les six premiers mois de la récolte, les
blés continuent à baisser de prix, parce qu'il y a, dans la
Méditerranée, une ville et un port ouverts à tous les arrivages,
et qu'il s'y vend, toutes les 24 heures, 10, 12 et 20,000 hectolitres de blé à des prix réduits, sans que nos produits aient
jamais leur jour de faveur.

Avec l'abaissement des blés, vous avez l'abaissement des autres
produits. Les bestiaux perdent 15, 20 et 25 pour cent; les
chevaux ne sont plus demandés ; on en prend un sur cinquante
pour le service de l'armée, et vienne une foire autrefois réputée,
c'est à peine si quelques placements se font avec avantage. La
mévente et la stagnation se font rapidement sentir ; toutes les
transactions s'arrêtent et je ne crains pas d'affirmer, quoique
cet état de choses soit encore récent, que les recettes de l'administration de l'Enregistrement doivent avoir déjà constaté un
abaissement sensible dans le mouvement général des affaires.
Pour ce qui s'est déjà accompli dans la région que j'habite, je
puis attester que le loyer de la terre a, depuis deux ans, subi
une dépréciation notable ; que les fermages s'y paient moins
facilement ; que les travaux d'amélioration et les défrichements
se sont ralentis ou arrêtés ; que le cultivateur, en général, est

inquiet de son avenir, qu'il resserre et retient ses modestes ressources ; enfin, qu'au dehors et dans les régions urbaines proprement dites, les échanges et le commerce sont moins actifs.

Et comment en serait-il autrement ? Dans le Finistère, que nous connaissons plus particulièrement, l'hectolitre de blé s'est à peine élevé cette année à 16 fr. , quoique la récolte ait été médiocre ; les 50 kil. de pommes de terre ne se sont guère vendus que 1 fr. 50 ; ils sont souvent tombés à 1 fr. 10 et 1 fr. 25, sans qu'il ait été possible, à l'aide des voies ferrées, de les faire arriver à des marchés où elles eussent acquis des prix suffisamment rémunérateurs, la valeur des ports dépassant de beaucoup la valeur de la marchandise. Je sais que, dans certaines parties de l'intérieur et du midi de la France où la récolte des céréales a été très-médiocre, les souffrances sont encore plus graves, et qu'avec des prix toujours en baisse, par suite de l'introduction des blés étrangers, beaucoup de fermiers arrivent à une situation déjà très-difficile ; et cela ne saurait s'améliorer sous l'empire d'une introduction constante de blés étrangers, qui dominent notre marché , au point que la perte récente et absolue d'une partie de nos ensemencements de l'automne dernier n'a pu relever nos prix que de quelques centimes et pour un instant seulement. Voilà sommairement, et sauf les détails que la discussion pourra ajouter, ce que nous avions à dire de l'état nouveau qui a été fait à notre agriculture par les traités de 1861. Ce n'est pas une plainte que nous formulons ; mais je voudrais que ce fût la première page d'une information que je vous crois en position de bien faire, et qui, dans ma pensée, vous incombe d'elle-même comme un devoir, parce que , restés à l'état d'institution libre et parfaitement indépendante, n'ayant à flatter ou à seconder aucun système, vous ne poursuivez qu'un but, celui de faire éclater aux yeux des uns et des autres la vérité, qui, curieusement recherchée, prodigue ses enseignements à ceux qui, comme vous l'interrogent avec une parfaite droiture d'intention.

On donne ensuite lecture de cinq mémoires adressés au Congrès.

Le premier est envoye par le Comice agricole de l'arrondissement de Lesparre (Gironde). Ce comice est d'avis que la législation nouvelle a rendu un grand service en remplaçant l'échelle mobile par un droit fixe et régulier ; mais il pense que le droit actuel de 50 c. par 100 kilog. de blé, et de 1 fr. par 100 kilog. de farine, n'est pas suffisant pour protéger l'agriculture française.

Ce droit fixe, mis sur l'entrée des blés étrangers, devrait être calculé de manière à représenter toutes les charges qui sont imposées par la loi au cultivateur français.

Le mémoire établit que l'hectolitre revient au producteur à 22 fr. 35 c. dans le bas Médoc, et à 23 fr. 21 c. dans le haut Médoc, et qu'il faudrait, pour établir le droit fixe à l'importation, tenir compte du prix moyen de revient par hectolitre de blé français.

M. Du Chatellier communique un mémoire de M. Briot, lauréat de la prime d'honneur du Finistère, ainsi qu'une note de M. Charnel, négociant à Quimper. Ce dernier, quoique partisan de la liberté du commerce, est d'avis que toutes les nouvelles mesures sont loin d'être avantageuses aux intérêts agricoles ; il pense qu'en Bretagne on ne peut produire les céréales au même prix que les pays étrangers qui nous envoient leurs blés. Le loyer de la terre labourable, déjà arrivé à 70 et 80 fr. l'hectare, la main-d'œuvre de plus en plus rare, et dont le prix s'élève jusqu'à 1 fr. 50, 1 fr. 75 et 2 fr., sont autant d'obstacles à une production à bas prix des céréales.

Ces prix, pour indemniser convenablement le producteur, doivent au moins atteindre 20 fr. l'hectolitre.

L'abondance des engrais marins au bord de la mer, en donnant au sol une fécondité soutenue, peut seule faire exception à cet état de choses. D'un autre côté, la confiance et le crédit sont deux des conditions essentielles du développement des opérations de commerce ; et pour que celui-ci arrive à donner aux productions agricoles des prix suffisamment rémunérateurs, il faut que les capitaux s'y portent facilement et sans inquiétude.

. La moitié moins de soldats sous les armes et plus dé bras adonnés au travail des champs assureraient aussi une production plus abondante.

M. Briot, au contraire, estime que le cultivateur breton peut livrer le blé à 15 fr. sans être positivement en perte, et qu'à 20 fr. il aurait du bénéfice, même avec le rendement actuel de 14 hectolitres à l'hectare; qu'en améliorant le sol on arriverait facilement à un rendement moyen de 25 hectolitres à l'hectare, et qu'alors on pourrait baisser le prix de vente de manière à défier toute concurrence étrangère.

M. Du Chatellier n'adopte pas les conclusions de M. Briot, qui a fait depuis quelques années une culture spéciale pour arriver à la prime d'honneur; il a dépensé 40,000 fr. et voudrait louer 4,000 fr. la terre qui n'était louée autrefois que 2,000 fr.; mais le fermier qui prendrait à ce prix épuiserait probablement les engrais accumulés par le propriétaire, et, au bout de neuf ans, M. Briot ne trouverait pas de cultivateur qui voulût lui donner un pareil fermage.

M. Du Chatellier cite enfin l'usage actuel d'incinérer le goëmon comme un malheur pour l'agriculture bretonne, qui trouvait dans les plantes marines une mine presque inépuisable d'excellents engrais.

Deux autres comices agricoles, celui de Lille et de Castelnaudary, ont envoyé des réponses aux questionnaires qui leur ont été adressés sur la question des céréales. — La première de ces sociétés fait observer que si les récoltes de 1861 et 1862 ont nécessité des importations de l'étranger, les minoteries du département du Nord ont converti une partie de ces blés en farines, qui se sont écoulées facilement vers l'Angleterre, tout en conservant aux céréales du pays un prix à peu près rémunérateur.

Le même fait s'est produit en 1863, et les marchés du département du Nord n'ont pas été encombrés.

Le Comice reconnaît cependant que la guerre prolongée de l'Amérique du Nord, en détournant de l'Amérique du Sud une partie des céréales qui s'y portaient ordinairement, empêche depuis quelques années les prix de s'élever, sur les marchés de l'Angleterre, au taux où ils auraient pu parvenir sans cette circonstance.

Le Comice conclut à ce que, dans toutes circonstances, la plus absolue liberté soit accordée aux exportations aussi bien qu'aux importations, sans qu'on les défende, sous le moindre prétexte, au préjudice des cultivateurs.

Le Comice de Castelnaudary (Aude) fait remarquer que l'arrondissement de Castelnaudary et la Haute-Garonne, comprenant la zone productive considérable des céréales dans le bassin du canal des deux mers, reçoit les premiers coups de la concurrence des blés étrangers débarqués à Marseille. Le Comice n'hésite pas à déclarer que la grande culture des céréales est sérieusement menacée, particulièrement dans l'ancien Lauraguais ; et dans les conditions actuelles du sol, du climat et de la propriété, elle deviendra de plus en plus difficile.

L'émigration des populations rurales vers les villes, l'élévation exceptionnelle de l'impôt foncier dans la circonscription du comice, ainsi que l'élévation rapide de la main-d'œuvre, ont déterminé ce fait caractéristique depuis la nouvelle législation : que le pays *produit plus chèrement* et que *ses produits diminuent au contraire de valeur.*

Le résultat immédiat de cet état de choses a été d'enlever aux producteurs de l'Aude le débouché naturel que leur offrait le Bas-Languedoc, Narbonne, Béziers, Montpellier, etc., etc., qui ont été envahis par les blés débarqués à Marseille. Aussi la minoterie du pays, autrefois florissante, marche-t-elle à l'anéantissement.

Le Comice établit qu'avant l'élévation rapide de la main-d'œuvre dans l'Aude, le prix rémunérateur du blé pouvait être fixé entre 21 et 22 fr. l'hectolitre. Dans les conditions actuelles, il faudrait qu'il atteignît 23 à 24 fr.

Sans prétendre revenir au système aboli de l'échelle mobile, le Comice de Castelnaudary pense que, sans fausser le principe de la liberté du commerce, il serait de bonne justice qu'une partie des charges supportées par la production nationale, comme impôts, frais de viabilité et de sûreté publique, fût mise au compte des produits étrangers qui se présentent pour profiter de notre marché.

M. Victor Borie combat les opinions précédentes ; il a confiance dans la liberté de commerce des céréales, et il est heureux de voir qu'en 1863, avec un déficit constaté de 16 millions d'hectolitres, le prix du blé ne se soit pas élevé au-dessus de 24 fr., tandis qu'il avait atteint une moyenne de 29 fr. 50 dans les trois mauvaises années de 1847, 1854, 1857.

C'est la première fois qu'il entend se plaindre qu'à la suite d'une année calamiteuse le blé se soit vendu 5 fr. 50 moins cher pour le consommateur français, et cela au profit de qui ? des Russes ou des Américains. Il est heureux de penser, que par suite de cet abaissement de prix, on a pu éviter des émeutes et des malheurs comme ceux du Buzançais, dans l'Indre, en 1847 ; et d'ailleurs, il manquait 16 millions d'hectolitres de blé pour nourrir la France en 1861-62 ; ce ne sont pas les producteurs français, mais bien les importateurs, qui ont subi cette différence de 5 fr. 50 ; et puisqu'on a cité des blés produits à 15 fr. par une culture intensive, il faut encourager les améliorations agricoles plutôt que les dépenses faites dans les villes qui absorbent des millions pour la construction de théâtres ou autres édifices publics.

M. de La Londe du Thil combat également le mémoire de M. Du Chatellier : dans le département de la Seine-Inférieure, on a eu à se louer de la loi sur la liberté des échanges. Il pense que si la protection pouvait être rétablie, elle ne devrait pas être appliquée aux céréales, mais à d'autres denrées agricoles moins encombrantes et plus chères, telles que les laines.

Depuis deux ans, les minoteries de la Seine-Inférieure et de Rouen surtout ont reçu d'Angleterre de nombreuses commandes qui leur ont permis d'acheter des blés jusqu'à 20 fr. l'hectolitre. Elles ne pouvaient pas, sous l'empire de l'échelle mobile, se livrer à des spéculations sur les farines, lorsqu'elles n'avaient pas l'assurance de pouvoir faire entrer en France des blés achetés depuis cinq ou six mois.

M. du Thil constate, en outre, le courant qui emporte en Angleterre les bestiaux gras, le beurre, les œufs, etc. Si ces denrées sont à bas prix en Bretagne, elles sont très-chères en Normandie, et le seraient encore plus sans la crise sur le coton qui a le seul avantage de maintenir le prix des laines.

Dans la Seine-Inférieure, le prix de la main-d'œuvre est élevé, les paysans sont bien nourris, les ouvriers bien payés, les terres bien cultivées, il y aurait imprudence à demander un changement.

On se plaint que le prix des céréales diminue à la récolte et ne se relève pas ensuite : cela vient simplement des facilités qu'éprouve le commerce ; dès le mois de juin, on connaît la position, on fait des commandes dans les pays qui battent de suite à la récolte pour ne rentrer que la paille, et les négociants effectuent les transports en août et septembre, avec des risques moindres qu'en hiver, sans avoir la crainte de trouver le port fermé par l'échelle mobile.

En France même, les cultivateurs peuvent battre à la machine et mettre du grain immédiatement au marché, tandis qu'autrefois tout leur temps après la moisson était employé à battre les blés de semence. Ce sont toutes ces occasions réunies qui empêchent aujourd'hui les grandes fluctuations dans le prix des grains.

M. Du Chatellier répond que, dans son mémoire, il n'est nullement question de revenir à l'échelle mobile, qu'il a seulement voulu prouver que l'influence de la nouvelle législation a été funeste à l'agriculture et qu'elle a changé la position des cultivateurs ; qu'autrefois les denrées agricoles se vendaient moins et que la différence de 5 fr. 50 par hectolitre de grain est bien une charge pour le fermier, puisqu'il aurait pu avec ce bénéfice améliorer ses cultures.

M. Du Chatellier se contente donc d'émettre le vœu qu'il soit pris des dispositions pour que le transport des denrées agricoles soit fait à des conditions moins onéreuses.

M. Raudot, après avoir constaté les regrets exprimés sur la disparition de l'échelle mobile par le précédent orateur, qui néanmoins ne la redemande pas, rappelle que l'ancienne législation, avec sa prétention de rendre uniforme le prix du blé, n'avait pu l'empêcher de monter beaucoup trop haut et de descendre très-bas, même à 14 fr., c'est-à-dire un prix moindre qu'aujourd'hui.

Dans les années désastreuses, l'échelle mobile était l'une des causes de l'augmentation : les négociants ne pouvant faire des opérations à longue échéance à cause de l'incertitude des tarifs, on arrivait à de véritables prix de famine, qui ont été évités en 1852.

L'un des grands avantages de cette loi, c'est qu'on a renoncé à un système qui a eu les plus grands inconvénients. Pendant des siècles, les gouvernements ont eu la prétention de réglementer le prix des grains. Napoléon Ier avait cette idée-là; ce qui n'a pas empêché la famine de 1812. La législation actuelle évite une cause incessante de révolutions : on avait renoncé en Angleterre à toute loi prohibitive, on admettait toutes les denrées alimentaires en franchise; la population française, privée des mêmes avantages, eût établi une comparaison qui aurait pu, dans certaines circonstances, occasionner des mécontentements. Avec la liberté, on ne doit plus craindre les grandes fluctuations. L'Angleterre consomme beaucoup et va chercher beaucoup à l'étranger : le commerce sera le régulateur des prix.

Pourra-t-on maintenant en France produire du blé à un prix rémunérateur? — Ici, *tot capita tot sensus* : chacun produit à un prix différent. Nous ne pensons pas avoir la prétention d'indiquer le prix rémunérateur.

Dans bien des localités, il n'y a pas avantage à produire du blé : il y a des terres qui ne rapportent pas ce qu'elles ont coûté en frais de culture.

Ici se présente une autre question agricole : c'est la rareté et la cherté de la main-d'œuvre. Le nombre des bras diminue et le prix des salaires augmente; il faut alors diminuer la main-d'œuvre, employer des machines et faire des prairies.

M. Baudot habite un arrondissement voisin de la Nièvre; on

y a fait des prairies d'embouche, on en fait ailleurs aussi ; car
la seule maison Vilmorin vend chaque année des quantités considérables de graines de pré de quoi ensemencer jusqu'à deux et
trois mille hectares. Cela vient de ce que les bestiaux donnent
plus de profit que le blé. Depuis vingt ans, la valeur du bétail
a doublé, et cette amélioration croissante remonte plus haut.
M. Raudot, en compulsant d'anciens livres de propriétaires de
fermes à cheptel, a trouvé qu'il y a 105 ans une vache et son
veau se vendaient 35 fr., une paire de bœufs 118 fr., un cheval
de quatre ans 104 fr. Cette augmentation de prix a eu lieu
malgré la suppression des droits d'entrée sur le bétail, malgré
le grand nombre de bestiaux entrés. Nous devons donc augmenter
le nombre des bestiaux, l'étendue des prés, et diminuer la
quantité d'hectares cultivés en céréales.

Nous sommes le peuple de l'Europe dont la population s'accroît
le moins, ainsi que la production agricole. On a introduit en
France pour 75 millions de bestiaux dans une année; nous
devons, en présence de faits semblables, être modestes, ne pas
rejeter la faute de notre pénurie sur l'échelle mobile, mais faire
progresser notre agriculture.

M. Du Chatellier accepte une partie des considérations de
M. Raudot, il ne croit pas cependant qu'on puisse tout demander
à l'amélioration des cultures. Si la culture de la vigne s'étend,
c'est à cause de l'augmentation du prix du vin, et malgré la
rareté de la main-d'œuvre, les disettes, comme celle de 1812,
pourraient reparaître à la suite d'une grande guerre : aussi est-il
bon que les cultures exceptionnelles ne soient pas trop encouragées. Il demande que le droit fixe soit plus fort que 0,50 c.,
afin de faire compensation aux impôts et charges dont la culture
est grevée. Il ne faut pas couper les bras à l'agriculture au
moment où on lui dit : Perfectionnez-vous. Dans les conditions
actuelles, on entrave les progrès des défrichements.

M. de Montreuil dit qu'il verrait avec effroi diminuer la quantité d'hectares ensemencés en blé, si la production totale devait
être moins considérable; mais bien au contraire, en créant des
prés, on augmente la production du blé. La seule chose à faire

est donc d'employer plus d'argent sur chaque hectare de céréales. En faisant des prés, vous obtiendrez plus de fumier, et vos terres vous donneront des rendements de 30 à 35 hectolitres à l'hectare, au lieu de 20.

Quant au prix rémunérateur, s'il était estimé à 20 fr. autrefois, on l'obtiendra plus facilement à 17 fr. sur des terres qui produisent davantage.

M. de Montreuil a défendu le système protecteur quand il vivait; il ne veut pas le ressusciter : il ne demande pas à revenir sur des principes qui ont disparu, il pense qu'on doit simplifier le système commercial.

La culture intensive tient à l'aide des petits capitaux et du nombre de bras, en donnant de l'extension à l'établissement des prairies, et en diminuant les surfaces cultivées en blé.

M. X....., délégué du Nord, est du même avis : il désire seulement compléter la pensée émise, en ajoutant que la culture herbacée n'est pas toujours possible; mais, dans ce cas, la culture des racines peut la remplacer; c'est de cette manière que la production du blé a augmenté du tiers dans le département du Nord.

M. le marquis d'Angerville dépose une note dans laquelle il fait observer que les droits de succession et de purge hypothécaire, déjà très-considérables et qu'il est encore question d'augmenter, doivent être regardés comme un obstacle aux progrès de l'agriculture, en privant les propriétaires de capitaux qu'ils eussent pu employer en améliorations foncières.

M. Du Chatellier a publié, en 1832, un travail (la *Statistique du Finistère*, qui a obtenu le prix Monthyon à l'Académie des sciences) dans lequel il exposait qu'à cette époque déjà les droits de succession et autres charges foncières étaient tels, qu'en dix-neuf ans on versait en impôts la valeur de la propriété.

M. Rebour, président de la Société d'émulation du Jura, communique au Congrès une note de M. Trouillat, qui rend compte d'un nouveau procédé qu'il emploie pour obtenir le bitartrate de potasse; il avait remarqué que les moyens employés jusqu'ici ne donnaient qu'une faible portion du tartre contenu dans les marcs.

7

Il comprit que, pour l'extraire, il fallait désorganiser autant que possible les matières végétales dans lesquelles les bi-tartrates sont engagés, et ensuite augmenter sensiblement leur solubilité; il obtint ce double résultat en soumettant les marcs à un lessivage prolongé d'eau bouillante, aiguisée d'acide chlorhydrique. Cet acide en s'emparant, avec l'énergie qui lui est propre, de la potasse des bi-tartrates contenus dans les marcs, aide puissamment à leur désorganisation.

Dans la pratique, M. Trouillat prend les marcs au fur et à mesure de la distillation, les met dans une cuve qui contient un double-fond, ou simplement quelques fagots, et jette dessus les vinasses bouillantes aiguisées d'acide chlorhydrique. Lorsqu'une cuve a été remplie et lessivée, on soumet le marc à la presse, on laisse refroidir les eaux-mères qui s'en écoulent, et on voit se former un précipité de bi-tartrate de potasse.

Après avoir décanté, on traite le liquide par la chaux pour obtenir, par un second précipité, l'acide tartrique libre et le reste des bi-tartrates qui étaient maintenus en dissolution.

Cette opération, très-simple, donne la plus grande quantité possible d'un produit qui se vend très-facilement en France et même à l'étranger.

Le Secrétaire,
DESVAUX–SAVOURÉ,
De l'Institut des provinces.

2ᵉ SÉANCE DU 16 MARS.

ARCHÉOLOGIE, LITTÉRATURE, BEAUX-ARTS, PHILOSOPHIE.

Présidence de M. le comte DE MONTALEMBERT.

Siégent au bureau : MM. DE CAUMONT, CHALLE, comte DE MELLET, VERGER, de la Sarthe, membres de l'Institut des provinces.

M. DOGNÉE DE VILLERS remplit les fonctions de secrétaire.

L'ordre du jour appelle la discussion sur les deux questions suivantes :

« Quelles objections peut-on faire au système nouvellement
« exposé pour la classification des monuments et des objets an-
« térieurs à la conquête de la Gaule par les Romains (âge de
« pierre, âge de bronze, âge de fer) ? »

« Les déductions tirées de la distribution actuelle des dolmens
« et des tumulus, par les membres de la Commission de la Carte
« des Gaules, peuvent-elles être acceptées sans modifications ? »

M. de Caumont expose rapidement l'état de la question et les motifs qui l'ont fait soumettre aux délibérations du Congrès. La Commission organisatrice du Congrès n'a pas voulu attaquer les travaux remarquables de la Commission de la Carte des Gaules ; mais un appel a été fait par cette Commission elle-même aux Sociétés savantes, pour réunir la plus grande somme possible de faits et d'observations propres à éclairer les nombreuses questions soulevées par l'étude des monuments primitifs de la Gaule. D'autre part, diverses Sociétés départementales ont demandé que ces questions fussent discutées au sein du Congrès, afin de rectifier certains faits allégués à l'appui des conclusions de la Commission de la Carte ; c'est donc pour répondre au désir de ces Sociétés, et de la Commission elle-même, que le Congrès va examiner des faits de nature à élucider quelques points de ces intéressantes questions.

M. de Caumont regrette vivement l'absence de l'un des membres les plus distingués de la Commission de la Carte des Gaules, M. A. Bertrand, qui a fait hommage au Congrès de ses savantes publications, et dont les recherches permettent aujourd'hui de préciser l'état de la question scientifique. M. de Caumont résume, comme suit, les principaux points de cette question.

Les monuments primitifs de la Gaule, connus sous le nom de monuments celtiques, ont été, il y a long-temps déjà, l'objet des investigations des archéologues et ensuite de l'académie qui avait pris le nom d'Académie celtique et qui est devenue la Société impériale des Antiquaires de France ; pendant plusieurs

années, cette Société a publié des recherches sur ces monuments. Lorsque la Société se transforma en élargissant le cercle
de ses études, les monuments de l'époque primitive dite *celtique*
furent un peu délaissés et les antiquités du moyen-âge devinrent
le thème favori de l'érudition. Depuis quelques années cependant, on est revenu à l'étude des monuments primitifs de la Gaule.

La Société française d'archéologie, dont les Congrès se réunissent successivement, depuis trente ans, sur des points divers
de la France, avait déjà pu, grâce aux indications recueillies
dans de nombreuses enquêtes, grouper une foule de détails précieux sur les dolmens et les tumulus, et en tirer quelques
données. Elle avait reconnu que les dolmens ne sont que le
caveau central, la crypte sépulcrale d'un tumulus dénudé ; en
outre, elle avait constaté une série de faits propres à faciliter
l'étude de ces débris antiques de la civilisation primitive de la
Gaule. Le Comité fondé au Ministère de l'Instruction publique
a recueilli d'autres faits, et ces données ont permis à la Commission de la Carte des Gaules de résumer les découvertes fournies par toutes ces recherches.

Dans un savant mémoire, M. A. Bertrand pose des principes
déduits de ces données. Il admet, comme presque tout le monde
aujourd'hui, que les dolmens n'ont jamais été des autels, mais
qu'ils sont des tombeaux. On croyait que ces monuments étaient
disséminés sur tout le sol de la France, et que si on ne les
retrouvait pas partout, c'est que le cours des siècles les avait
renversés sur divers points, ou que les habitants, manquant de
matériaux de construction, les avaient détruits pour bâtir avec
leurs débris. M. A. Bertrand affirme, au contraire, que la France
centrale a été complètement dépourvue de ces monuments ; qu'il
n'y a même de dolmens proprement dits que dans l'ouest de la
France, et que le caractère distinctif des tumulus dans cette
région est d'offrir, dans la partie centrale, le caveau funéraire
en forme de dolmen. Rapprochant ces faits des considérations
émises par M. Amédée Thierry sur les races celtiques, M. A.
Bertrand déduit, de ces prémisses, que la région où l'on éleva
des dolmens et des tumulus n'est pas celle où subsistaient les

Celtes, la race pure et primitive, mais qu'elle avait été peuplée
par une race mêlée aux tribus envahissantes du Nord. Les envahisseurs auraient importé leur mode antique de sépulture,
et il en résulterait que la dénomination de « *celtiques,* » attribuée à ces monuments, serait tout-à-fait erronée. En outre,
les tumulus de l'est de la Gaule, ne présentant pas de cavité
centrale et offrant des corps déposés sur une simple couche
d'argile, seraient la trace d'une autre race. De là, selon M.
Bertrand, deux zones : l'une à l'ouest, l'autre à l'est de la
France. Les peuplades qui sont venues élever les dolmens de
l'ouest seraient des tribus parties du Nord, où l'on retrouve
des bâtisses funéraires tout-à-fait analogues, selon les recherches
savantes de M. Worsaë et des antiquaires scandinaves et danois.
Les tumulus de l'est, au contraire, auraient été amoncelés par
des peuples d'origine germanique. Enfin, le centre de la France,
vierge de ces monuments, aurait continué à être habité par la
race celtique, restée pure de tout mélange étranger et, par suite,
n'ayant pas adopté ce mode de sépulture. — Tel est, dans un
résumé forcément écourté, le système défendu par M. A.
Bertrand, dans son mémoire couronné par l'Académie des
Inscriptions et Belles-Lettres.

Un autre fait très-intéressant est encore invoqué par M. A.
Bertrand, dont les théories ont été suivies par la Commission
de la Carte des Gaules. Le long des grands fleuves qui se
trouvaient sur le parcours de la grande voie commerciale des
Celtes, mentionnée par Strabon (le Rhône, la Saône et la
Seine), on ne retrouve ni dolmens, ni tumulus : ce serait
une nouvelle confirmation en faveur de l'opinion qui nie l'origine celtique de ces monuments.

Ces idées neuves et savamment déduites laissent cependant
subsister quelques difficultés, continue M. de Caumont. D'abord,
ces limites géographiques, assignées à la partie centrale et
purement celtique de la Gaule et aux deux zones, l'une germanique, l'autre septentrionale, sont-elles bien exactes, bien
précises dans tous les détails de leurs tracés ? En examinant
le fondement même de cette théorie, il est des faits in-

voqués à l'appui du système que contredisent des Sociétés
savantes de quelques départements. Les données sur lesquelles
M. A. Bertrand et les membres de la Commission de la
Carte des Gaules devaient baser leurs études ne pouvaient,
malgré le zèle le plus consciencieux, être fournies que par
des assertions, des traditions fidèlement recueillies, telles
qu'elles ont été transmises, mais dont l'exactitude originaire
peut être discutée ; et aujourd'hui que, grâce à de nouvelles
études, la lumière s'est faite sur ces questions, on peut les
discuter plus exactement. De là, les rectifications de faits
parvenues au Congrès, et dont l'examen peut aider à l'accomplissement du travail entrepris par les membres de la Commission
de la Carte des Gaules. Examinons donc brièvement ces critiques.

D'abord, la zone des tumulus avec loge et des dolmens a
été divisée en deux classes : les monuments où l'on n'a retrouvé
que des objets en pierre, ceux dans lesquels le bronze apparaît pour instruments, armes, etc. De là, a-t-on dit, deux
époques distinctes : l'âge de pierre et l'âge de bronze. Cette
distinction n'a pas été admise par plusieurs Sociétés, qui la
regardent comme peu fondée.

La Société polymatique du Morbihan nous a fait parvenir
des notes d'autant plus précieuses, qu'elles sont le résultat
d'observations recueillies avec le plus grand soin dans un des
départements les plus riches en antiquités celtiques.

Nous allons les reproduire textuellement :

« Si on s'attache à ne considérer que les monuments dits
celtiques du Morbihan, là où ils sont à la fois plus nombreux
et mieux conservés, c'est-à-dire sur nos côtes, en écartant
tous les faits suspects pour ne s'appuyer que sur des observations bien authentiques et sur des résultats incontestablement
acquis, on est amené à s'arrêter aux propositions suivantes :

« I. — Les monuments de l'Armorique primitive, étudiés
principalement sur les côtes du Morbihan, se présentent sous
trois formes :

« 1° Les *dolmens découverts*, avec ou sans galerie ;

« 2° Les *dolmens couverts* ou *tumulaires*, avec ou sans galerie ;

« 3° Les *menhirs.*

« En dehors de ces trois formes, les observations ne sont ni assez nombreuses, ni assez complètes, ni assez sûres pour permettre d'établir des affirmations positives sur d'autres monuments, tels que les temènes, les enceintes, les pierres branlantes, les pierres à bassins, les prétendus oppida, etc.

« II.—Les *dolmens découverts*, les *dolmens tumulaires* et les *menhirs* semblent se rapporter au système religieux d'une même race et être contemporains. Rien ne permet de supposer que l'un soit plus ancien que l'autre, ou appartienne à un peuple différent.

« La division de M. Worsaë, des monuments pré-celtiques ou de l'âge de pierre (dolmens) et des monuments celtiques ou de l'âge de bronze (tumulus), *n'est pas applicable aux monuments primitifs du Morbihan.*

« III. — Les dolmens découverts ne sont pas des autels, mais des constructions funéraires destinées à des sépultures.

« La plupart des dolmens, sinon tous, paraissent avoir été primitivement enfouis sous des tombelles.

« Les dolmens étant ainsi considérés comme des tombeaux incomplets, ou ruinés ou violés antérieurement, on conçoit qu'il faille apporter la plus grande réserve quant aux inductions à tirer des résultats obtenus par des fouilles.

« Cependant, quand les dolmens sont demeurés à peu près intacts, les objets qu'il renferment ne sont pas différents de ceux qu'on rencontre dans les *dolmens tumulaires.*—Les indices de sépulture par incinération sont les plus communs.

« IV. — Les *dolmens couverts* ou *tumulaires* (tumulus) sont des monuments funéraires comme les précédents, dont ils ne diffèrent que parce qu'ils constituent des tombeaux complets, non ruinés, et le plus ordinairement non fouillés.

« V. — Dans les *dolmens tumulaires,* les deux formes de sépulture sont indistinctement adoptées, sans qu'on soit en droit d'en rien inférer sur l'âge relatif des tombeaux.

« La sépulture par *incinération* s'est rencontrée plus fréquemment que la sépulture par *inhumation*, dont nous ne connaissons jusqu'ici qu'un exemple authentique (Tumiac).

« (Cette observation est opposée à celle de M. Bertrand, qui prétend que les chambres funéraires des tumulus de l'Ouest renferment plus souvent des corps *ensevelis* que des corps *incinérés*.)

« VI. — Dans aucun de nos *dolmens tumulaires*, vierges de fouilles antérieures, on n'a trouvé trace d'instruments ou d'ornements en bronze ou en fer. (Cette proposition, vérifiée par toutes nos fouilles de tumulus à dolmens, est en contradiction formelle avec les assertions de M. Worsaë et celles de M. Alex. Bertrand : le premier, qui range les tumulus dans l'âge de bronze ; le second, qui avance que, sous les tumulus à dolmens de l'Ouest, on rencontre en *grande majorité* des objets en bronze.)

« VII. — Deux fois seulement on a extrait des dolmens des ornements *en or :* deux *petites viroles en or*, trouvées par M. de Kéranflech sous le dolmen de Klagat (Carnac), et deux colliers ou carcans en or, découverts par M. Le Bail sous l'*allée couverte* de Plouharnel. Les viroles ayant été recueillies sous un dolmen non couvert, et les colliers sous une galerie dont les fouilles ont été aussi mal conduites que mal relatées, rien ne prouve que ces monuments étaient intacts, et partant, il est prudent de mettre un point de doute : l'urne funéraire et les colliers de Plouharnel ayant pu être surajoutés à la sépulture primitive, à laquelle le dolmen était destiné.

« VIII. — L'examen anatomique des ossements humains contenus sous les *dolmens tumulaires* démontre qu'ils appartiennent à une race dont la stature n'est pas sensiblement différente de celle des races actuelles.

« IX. — Jusqu'à preuve contraire, rien dans l'inspection de nos dolmens, rien dans les résultats des fouilles, rien dans l'étude des objets qui accompagnent la sépulture, ne révèle les sacrifices de victimes humaines, admis trop gratuitement par les partisans des dolmens-autels.

« X.—Dans aucun dolmen tumulaire on n'a rencontré d'*armes*, ni d'ustensiles en corne, en os ou en ivoire.

« Les attributs ordinaires et en quelque sorte sacramentels de la sépulture sont : des *celtæ* en jade, en trémolithe compacte, en grès ; — des lames de silex ; — des grains et des pendeloques de jaspe, d'agate, de serpentine ; — des pendeloques en schiste ; — des rondelles discoïdes, etc.

« XI. — Les menhirs comprennent :

    « 1° Les *peulvans isolés ;*

    « 2° Les *alignements ;*

    « 3° Les *cromlechs.*

« Tous ces dérivés du menhir sont probablement des monnments d'une signification non moins importante que les dolmens : comme eux, sans doute, ils dépendent d'un même système religieux.

« Jusqu'ici, les fouilles faites dans le Morbihan n'ont pas démontré que les menhirs soient effectivement des monuments funéraires.

« Tout au plus est-on en droit de considérer comme cippe funèbre le menhir qui surmonte la tombelle de Curcumy-en-Carnac.»

Telles sont les réponses habilement formulées par M. de Closmadeuc, au nom de la Société polymatique.

Les antiquaires de la Loire-Inférieure n'ont pas fait de réponse à la question et désirent l'étudier encore : un d'eux pourtant, qui est un des plus notables de ce département, trouve dans la nouvelle manière d'envisager les choses beaucoup de spéculations en dehors des données historiques; un système préconçu, auquel on fait plier les observations. Selon lui, on affirme beaucoup plus qu'on ne prouve ; on groupe assez arbitrairement ses monuments, afin d'arriver à des populations aborigènes qu'on *suppose*. Pour cela, on tranche et on décide, parmi les monuments primitifs, ceux qu'on veut reconnaître pour celtiques et ceux qu'on veut être *pré-celtiques ;* on ne donne, d'ailleurs, aucun motif suffisant de cette distinction.

Le département de la Vienne est riche en dolmens et en

tumulus, décrits dans le bel ouvrage de M. de Longuemare, sur le pays des Pictons. Cet honorable savant nous a fait parvenir une note écrite dont voici quelques passages ; elle résume les opinions de la Société des Antiquaires de l'Ouest :

« 1° Les ossements enfouis sous les dolmens, et disposés par couches superposées que séparent des lits de pierre, sont trop nombreux dans ces chambres sépulcrales si basses pour n'y avoir pas été déposés à diverses reprises, et lorsque les premières couches étaient déjà affaissées. En outre, le couloir de pierre qui donnait issue à ces chambres, au dehors de la tombelle qui les recouvrait, témoigne que les survivants s'étaient réservé la facilité de s'introduire dans ces tombes.

« Les dolmens seraient donc des sépultures de familles ou de tribus.

« L'existence du couloir facilitant toujours l'accès de ces tombeaux, il est évident, à nos yeux, qu'ils sont l'œuvre, non de colonies errantes, mais de peuplades stationnaires.

« 2° Il n'a jamais été rencontré, à notre connaissance, sous les dolmens et tumuli de la contrée, d'armes ni d'objets quelconques en métal, mais seulement en silex, en jaspe, en quartz et en os. Les principaux de ces objets sont des haches, pointes de flèches, couteaux tranchants ou barbelés en dents de scie, os affilés comme des aiguilles à faire des filets, perles percées en pierre ou articulations d'encrines (*Apiocrinites rotundus*), poteries noires grossières et mal cuites. — On ne saurait nous objecter que les dolmens ont été fouillés à plusieurs reprises ; car, d'une part, il serait bien étrange que, dans toutes nos fouilles récentes comme dans celles faites antérieurement par nos confrères, MM. Lecointre, Mauduyt, de Boismorand, etc., nous n'ayons jamais trouvé dans la terre, si prodigieusement mêlée d'ossements de nos dolmens, aucun objet en métal dont la mince valeur n'aurait pas tenté les chercheurs de trésors qui nous avaient précédés.

« D'autre part, on verra dans mon Rapport à la Société que nous avons réellement fouillé des parties intactes de dolmens, celles qui avoisinent les supports, et que leur position dans cette étroite enceinte avait préservées d'une fouille, restreinte aux parties centrales seulement. Eh bien! dans les angles et contre les supports, les crânes, les vases et les haches qui les accompagnaient étaient encore protégés par les pierres plates qui séparaient les couches de squelettes, et nous n'y avons pas trouvé de métal. La tombelle de Brioux, fouillée par M. Brouillet, n'en a pas offert, non plus que celle d'Antigny à M. de Boismorand, ni celle de Ponçay au docteur de La Tourette, ni le dolmen de la Bassetière, près Lussac, au général de L'Admirault; c'est là un fait que, pour le Poitou du moins, rien, à notre connaissance, n'est venu contredire. »

La Société archéologique de Touraine est assez disposée à admettre la distinction radicale, établie par M. Alexandre Bertrand, entre les tumulus de l'ouest et ceux de l'est de la France ; mais elle pense qu'une affirmation de cet écrivain, relative à la distribution géographique des dolmens, doit être modifiée.

M. Alexandre Bertrand dit, en effet, dans son Mémoire : « Il est à noter que la rive droite de la Loire tout entière est privée de dolmens. »

Or, sans compter ceux qui ont sans doute été détruits, nous voyons encore en Touraine, sur cette rive droite de la Loire, le dolmen ou allée couverte de St-Antoine-du-Rocher, qui est sans contredit le plus considérable et le plus beau de notre province ; nous y trouvons encore les dolmens de Beaumont-la-Ronce, de Vaujours, près Château-la-Vallière, de Restigné, de Chançay, de Bourgueil, de Neuillé-le-Lierre, de Marcilly-sur-Maulne, ainsi que les menhirs de Lez à Cangey, et de La Grange-St-Martin, près Neuillé-Pont-Pierre.

Sans doute, les monuments de ce genre sont encore plus nombreux au sud de la Loire ; mais les exemples précédents suffisent pour prouver que l'affirmation de M. Alexandre Bertrand est trop générale et trop absolue.

La Société française d'archéologie a signalé depuis long-temps de beaux dolmens qui existent entre Vendôme et Blois, à la Chapelle-Vendômoise, tout près de la grande route. Il en existe aussi dans le Pays-Chartrain ; on en a signalé dans le Loiret.

M. de La Pérouse, président de la Société de l'Aube, indiquera
tout à l'heure les dolmens dans l'Aube et dans la Côte-d'Or.

Si nous quittons le Nord pour le Midi, nous verrons les tumulus à caveau central en certain nombre dans le département
de l'Aveyron. Quelques-uns même ont offert, à l'extérieur, des
cercles de pierre qui en dessinent le contour. On cite aussi des
dolmens dans l'Aude (1) et même dans le Gard.

Nous pourrions encore fournir d'autres mentions de dolmens
dans des départements regardés par M. Bertrand comme n'en
ayant pas.

La région centrale, dans laquelle les dolmens et les tumulus
à caveau central seraient inconnus, se trouve donc restreinte,
et les limites tracées par M. Bertrand devraient être modifiées.

Beaucoup d'autres lettres du dossier que je dépose sur le bureau renferment des assertions qui confirment cette conclusion.

La Société d'émulation du Doubs a présenté, sur le système de
M. Bertrand, quelques observations que je n'ai pas à rappeler ici,
parce qu'elles ont été publiées dans le *Bulletin monumental*
où on pourra les retrouver ; mais je reçois à l'instant même une
lettre de M. le colonel de Morlet, de Strasbourg, membre de
l'Institut des provinces, qui prouve que si les tumulus de l'Est
sont, en général, dépourvus de dolmens ou de loges en pierre à
leur centre, il existe des exceptions à ce fait général. Je vais
laisser parler M. le colonel de Morlet :

« Nous venons de faire, près de Mackwiller, dit-il, une découverte bien remarquable : un tumulus renfermant au centre un
petit dolmen entouré de deux cercles de grosses pierres entre
lesquels se trouvent des tombes, disposées parallèlement et
orientées de l'est à l'ouest (Voir la planche suivante).

« Les tombes renfermaient non pas des squelettes, mais des
linéaments qui annonçaient que les ossements avaient été dé-
composés. — L'emplacement des squelettes était bien marqué
par des colliers et des bracelets en bronze, dont la plupart
étaient couverts de dessins gravés, semblables aux *torques*

____

(1) Voir le *Catalogue du musée de Narbonne*, par M. Tournal.

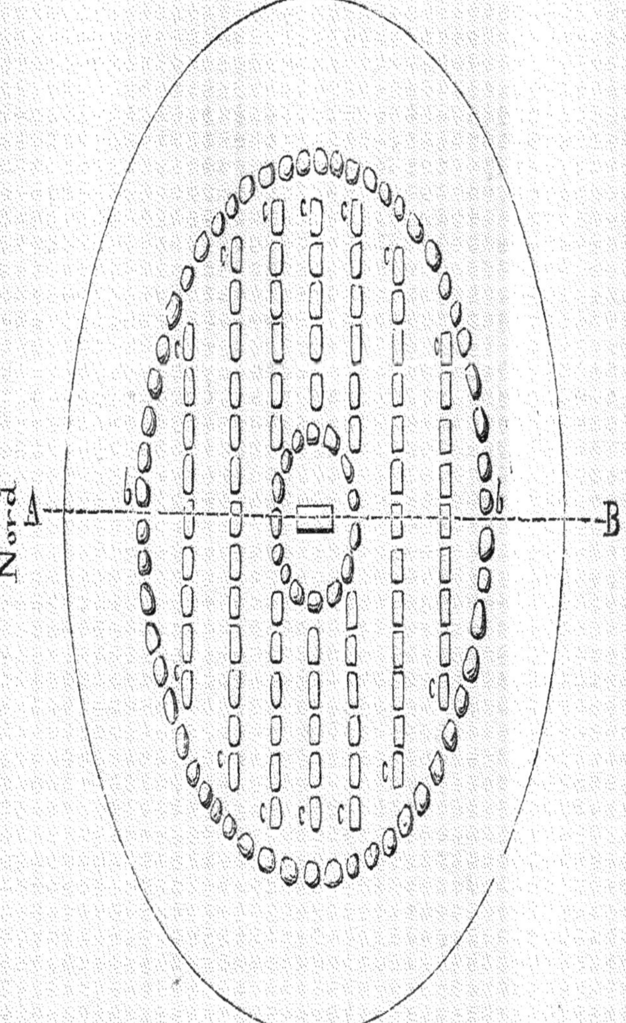

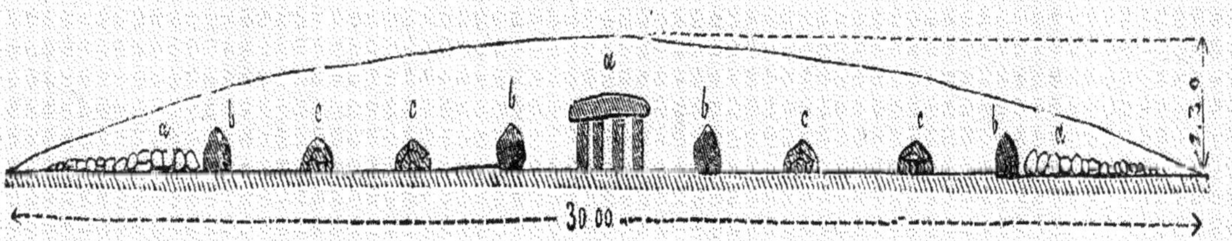

COUPE DU TUMULUS SUR A.-B.

et bracelets gaulois que l'on voit dans la plupart des musées.

« Autour du tumulus se trouvaient deux autres tumulus qui ne renfermaient ni le dolmen ni les cercles de pierre, mais seulement des tombes.

« La découverte de ces monuments est due au zèle infatigable de M. Ringel, pasteur à Diemeringen, membre de la Société française d'archéologie. »

Ici se termine mon rôle de rapporteur, dit M. de Caumont. Maintenant la discussion peut s'établir ; mais l'enquête n'est pas complète, elle sera continuée. Dès ce moment, on voit qu'il y a des modifications à apporter dans le système de la Commission de la Carte des Gaules : nous livrons ces documents aux membres qui composent cette Commission.

On donne l'analyse d'un mémoire envoyé par M. Des Moulins, de Bordeaux, un des savants de France les plus éminents, dans lequel l'auteur examine l'état des armes et instruments de silex trouvés jusque dans les monuments celtiques, et reportés parfois, selon une discussion scientifique très-célèbre, jusqu'au-delà du déluge biblique.

M. de Montalembert exprime le regret de ne pas voir la Carte des Gaules exposée dans la salle des réunions du Congrès, ce document étant de nature à faciliter la discussion.

M. de La Pérouse, président de la Société académique de l'Aube, pense que la décision à prendre sur tout ce débat réclame de nouvelles preuves, quant à la question des races résolue provisoirement par M. Bertrand. La théorie qui fixe la marche des migrations en Gaule, par la distribution géographique des dolmens et tumulus, lui semble conforme aux données générales de l'histoire, quand elle établit que les plus anciens habitants de l'occident de l'Europe y sont parvenus en suivant le littoral des mers du Nord et de l'Océan, et en remontant ensuite le cours des fleuves qui s'y jettent; mais elle ne lui semble pas sans danger dans ses applications de détail à la vieille Gaule. Pour l'admettre sans réserve, il ne suffisait pas de dire que jamais bon nombre de ces monuments n'ont pu disparaître entièrement. Les dolmens et

les menhirs, remontant à une époque où les hommes étaient
encore dépourvus des instruments propres à l'extraction et à la
taille de la pierre, il faut encore reconnaître que l'érection de
ces monuments lapidaires, toujours et nécessairement formés
de blocs qui se trouvaient sur place, à fleur de terre, tout pré-
parés par les mains de la nature, comme les blocs de grès erra-
tique, n'a pas été possible partout, et que dès lors il n'y *a rien
à induire de l'absence de ces monuments dans certaines
régions.*

L'orateur voudrait donc que, dans un travail de ce genre,
il fût bien tenu compte des circonstances géologiques. Enfin,
d'après lui, pour établir la géographie anté-historique de la
Gaule, il convient d'attendre qu'elle ait été complétée et con-
trôlée par les Sociétés savantes locales, auxquelles l'avant-projet
de la Carte des Gaules doit être soumis. Peut-être ce travail de
contrôle et de révision fera-t-il disparaître des omissions. L'une
de ces omissions va déjà disparaître, par suite des explications
échangées entre lui et M. A. Bertrand, et l'on ne pourra plus
mettre en doute l'établissement de la race contemporaine des
dolmens, au moins sur un point du cours supérieur de la
Seine. Un groupe important de dolmens et de menhirs se trouve,
en effet, dans l'arrondissement de Nogent, et présente tous les
caractères des monuments primitifs de l'ouest de la France.
Après avoir démontré cette assimilation, il ajoute que la Société
académique de l'Aube espère faire classer ces monuments parmi
les monuments historiques, et se propose d'en achever l'exploration. Il espère que les résultats de ces fouilles pourront faire
l'objet d'une communication au prochain Congrès scientifique
de France à Troyes, congrès auquel il convie cordialement
l'assemblée, au nom de la société académique qu'il représente.

M. Du Chatellier fait observer combien, au milieu de renseignements si divers, la science a encore à faire, et il considère le
classement actuel sinon comme prématuré, du moins comme très-
difficile. L'orateur rappelle que les fouilles de Carnoët, dont les
résultats sont déposés au musée de Cluny, ont donné à la fois

des colliers d'or et des pointes de flèches en silex. Citant les
fouilles que lui-même a dirigées dans le Finistère, il mentionne la trouvaille de *celtæ* de pierre auprès d'armes en fer
et de monnaies de Constantin. Une particularité de ces recherches est l'existence de cadavres recourbés, analogues à
ceux du Mexique. Enfin, un tumulus a fourni des meules
circulaires et ovoïdes ; un autre, une auge allongée, qui contenait encore la pierre usée servant à concasser le blé : témoignage évident d'une civilisation primitive. Non loin de
là, on a ramassé une figurine en béton, ayant la plus grande analogie avec les antiquités mexicaines. Pour établir qu'il faut aujourd'hui se borner à recueillir des faits certains, dont plus
tard seulement on pourra déduire des vérités indiscutables,
l'orateur cite les objets en silex rapportés par M. de Saulcy
des environs de Jérusalem, les dolmens observés près du
désert de Sahara et analogues en tous points à ceux que l'on
retrouve en Scandinavie. L'orateur conclut en pensant que les
monuments de l'âge de pierre doivent se trouver sur toute
l'étendue du territoire de la partie ouest de l'Europe à l'Asie-
Mineure, et demande que le classement de ces monuments soit
différé jusqu'à ce que.l'on ait de plus nombreux renseignements.

M. Rebour, après avoir déclaré l'absence de *dolmens* et de
menhirs dans le Jura, qui ne renferme que de nombreux tumulus,
expose le moyen employé dans la Société qu'il préside, par un de
ses membres les plus laborieux, pour découvrir les traces des
nations qui ont passé sur ce territoire. Grâce aux *lieux dits* du
cadastre, *M. Foubin* classe ces noms par ordre alphabétique et
recherche les racines celtiques, scandinaves, saxones et latines
qui s'y trouvent. Le travail ne comprend encore que les lettres
A et B, et cependant on peut déjà suivre les traces des immigrations successives de ces peuples dans la grande Séquanaise.

M. de Kéranflech prend ensuite la parole, pour décrire les
dessins exposés par lui et reproduisant des sculptures observées
sur des pierres celtiques du Morbihan.

Les érudits, depuis 1809, ont vainement cherché à expliquer ces signes où l'on a voulu successivement voir : des caractères phéniciens, des dessins hiéroglyphiques, ou des lettres d'une prétendue écriture celtique niée par César. Selon M. le comte de Kéranflech, ce ne sont que de grossiers dessins dont il détermine plus des trois quarts. Ces observations coïncident avec l'opinion des antiquaires du nord de l'Europe, qui ne croient pas à un alphabet celtique. L'état de la civilisation à cette époque reculée explique suffisamment l'absence d'écriture chez une race de chasseurs et de pêcheurs, vivant dans l'isolement, sur le littoral de la mer. Les sépultures du Morbihan se retrouvent partout où les hardis Bretons ont porté leurs pas, jusque dans les déserts de l'Afrique.

Le Secrétaire,

DOGNÉE DE VILLERS, de Liége.

TROISIÈME JOURNÉE.

1re SÉANCE DU 17 MARS.

SCIENCES PHYSIQUES, AGRICULTURE.

Présidence de M. Ch. GIRAUD, ancien ministre, membre de l'Institut, inspecteur-général des Facultés de Droit, commandeur de l'ordre impérial de la Légion-d'Honneur.

Siégent au bureau : MM. DE CAUMONT, CHALLE, sous-directeur de l'Institut des provinces; le marquis D'ANDELARRE, député; MILLET SAINT-PIERRE, délégué du Havre; DE DION, ingénieur ; DEMOLOMBE, doyen de la Faculté de Droit de Caen.

M. le comte D'HÉRICOURT remplit les fonctions de secrétaire.

Il est donné lecture du procès-verbal de la séance de la section d'agriculture tenue la veille.

M. Du Chatellier rend justice à l'exactitude avec laquelle le procès-verbal a été fait, mais il croit devoir présenter une observation en réponse à M. Raudot. Si l'agriculture était maintenue dans les conditions de la législation ancienne, elle pourrait accepter toutes les améliorations qui se réalisent dans les pays étrangers ; mais quel est le cultivateur assez téméraire pour engager des capitaux à la poursuite d'améliorations que compromet la mobilité de la législation ? M. le marquis d'Angerville a présenté un résumé des droits prélevés par l'Enregistrement : dans le département du Finistère, la position était déjà très-tendue ; les difficultés sont doublées par la nouvelle loi, qui augmentera les droits au détriment de la propriété.

Après quelques observations présentées par M. Raudot, et par M. le comte d'Estaintot, le procès-verbal est adopté.

On dépose sur le bureau les ouvrages suivants :

1° *Histoire de la ville de Nice*, par M. Armand Parrot ;

2° *Dante*, par M. Foucher de Careil ;

3° La Revue nouvelle du 15 mars.

L'ordre du jour appelle la remise de la médaille d'honneur votée à M. Demolombe.

M. Challe, d'Auxerre, prononce à cette occasion le discours suivant au nom de l'Institut des provinces :

DISCOURS DE M. CHALLE.

« L'Institut des provinces de France avait à décerner une des médailles qu'il a créées pour honorer les hommes de science, de dévouement et de progrès. L'an dernier, un grand et noble exemple de dévouement à la science a été donné par un homme auquel elle devait déjà des progrès éminents. M. Demolombe, chargé de professer le Droit civil français à la Faculté de Caen, y avait créé un enseignement dont la réputation s'étendit bientôt au loin. Les succès qu'il y obtenait lui donnèrent l'idee de publier un résumé de son cours, et, dans sa modestie, il destinait ce livre seulement à ses élèves. Mais, dès leur apparition, les premières livraisons de l'ouvrage produisirent au dehors une vive sensation, et l'éclatante estime qui les accueillait n'a cessé

depuis de grandir et de s'étendre avec les développements de
ses publications. Une incomparable clarté d'exposition, un style
d'une élégante et ferme simplicité, un savoir profond qui em-
brassait d'un coup-d'œil l'ensemble et tous les détails d'un
sujet, une précision nette qui ne laissait jamais le lecteur s'y
égarer, une haute raison, éclairée au double flambeau de la
science et de la philosophie, qui, dans les systèmes opposés,
démêlait toujours sûrement le vrai du faux et le juste du sub-
til, telles étaient les principales qualités de ce livre qui con-
densait dans son texte tous les progrès déjà réalisés, tant par la
doctrine que par la jurisprudence, et qui, devenu populaire
dans l'enseignement du droit, est tenu en grand honneur non-
seulement chez nous, mais dans tous les États où notre droit a
pénétré, en Italie comme en Suisse, en Belgique et en Hollande
comme en Allemagne. Aussi le Gouvernement, qui tient à con-
centrer à la Cour de cassation les hommes les plus éminents
dans la doctrine et dans la pratique, voulut-il y appeler M. Demolombe. Mais il fallait quitter cette docte ville de Caen, sa
patrie adoptive, qui lui est d'autant plus chère qu'elle lui doit
une partie de son éclat, et cet enseignement qui est la base et
le point de départ de sa gloire, et ses élèves chéris, toujours
avides de l'entendre, et qui lui rendent en affection et en respect
ce qu'ils en reçoivent en dévouement et en savoir. Et surtout
il fallait, dans une situation nouvelle, au sein des devoirs du
magistrat et des distractions forcées que Paris impose, com-
promettre peut-être l'achèvement de ce beau livre dont M. Demolombe peut dire déjà : *Exegi monumentum œre perennius.*
Aussi il s'est résolu à refuser le haut témoignage de confiance
qui était venu le trouver. Grâce à sa courageuse détermination,
la Faculté de Caen ne sera pas découronnée, et la province ne
subira pas encore dans la science du droit une centralisation à
laquelle, jusqu'à notre âge, elle a échappé. Au XVI⁰ siècle,
elle avait Cujas à Bourges. Elle a eu, au XVII⁰ siècle, Domat à
Clermont; au XVIII⁰, Pothier à Orléans, et le XIX⁰, qui a
commencé par Toullier à Rennes, se continuera glorieusement
par M. Demolombe, à Caen. L'Institut des provinces est heureux

d'offrir à ce noble exemple le tribut de sa gratitude et de sa haute estime, et il a voté pour M. Demolombe la médaille qui, l'année dernière, a été décernée aux éminents services, au grand caractère et au généreux dévouement de M. Ferdinand de Lesseps. Je remets cette médaille à M. le Président pour qu'il veuille bien la donner à M. Demolombe, aux yeux de qui elle aura plus de prix encore quand il l'aura reçue de la main d'un des maîtres de la science du droit. »

Ce discours est accueilli par de chaleureux applaudissements.

M. Giraud paie un juste tribut d'éloges à M. Demolombe, récompense de ses nombreux et savants travaux sur la législation et du désintéressement qu'il a apporté, l'année dernière, en refusant le siége de conseiller à la Cour de Cassation, où l'appelait la confiance de M. le Ministre. Il l'a fait pour rester dans cette ville de Caen, à laquelle l'unissent de nombreuses sympathies.

DISCOURS DE M. GIRAUD.

« Le Congrès des délégués des Sociétés savantes, qui veut bien me permettre de parler, à cette heure, en son nom, a introduit l'utile usage de décerner, à ceux de ses membres qui lui en donnent l'occasion, des souvenirs d'estime particuliers, dont le témoignage a pour eux une valeur inappréciable, parce qu'il émane d'un suffrage éminent. L'an dernier, le Congrès voulut honorer dans M. de Lesseps, cette haute intelligence, cette volonté énergique, qui, à travers tous les obstacles, poursuit une des œuvres les plus mémorables de notre temps ; cette année, le Congrès veut honorer un autre genre de mérite, aussi rare, aussi élevé : il a choisi M. Demolombe pour en faire l'objet d'une distinction signalée. M. Demolombe honore, par son enseignement et ses travaux, la Faculté de Droit d'une de nos grandes villes de France. Il y a commencé et il y continue une publication monumentale que l'estime publique entoure de sa faveur, le commentaire étendu et approfondi de nos lois civiles. Deux fois des ministres bien inspirés sont venus le chercher dans ce poste modeste pour employer son talent dans une situation plus relevée ; et deux fois, le savant jurisconsulte a préféré l'accomplissement paisible de son œuvre de science à l'honneur auquel il était appelé. En ce siècle, où tant d'ambitions s'agitent pour s'élever, il était bon de signaler à l'estime contemporaine un homme d'un si haut mérite, qui n'aspire qu'à rester au rang modeste où son savoir profond et son noble caractère l'ont placé. C'est un modèle de conduite que le Congrès a voulu proposer à l'imitation ; et il ne pouvait mieux choisir que M. Demolombe. Je suis particulièrement heureux d'être chargé de lui remettre la médaille qui lui est destinée. Mieux que personne j'ai pu apprécier, en tout temps, ce qu'il y a de distingué dans l'esprit et dans le cœur du savant doyen de la Faculté de Droit de Caen ; et je demeure pénétré de satisfaction en lui en offrant, en votre nom, aujourd'hui le témoignage éclatant. »

M. Demolombe, après avoir reçu la médaille, prononce, d'une voix émue qui trahit la reconnaissance du cœur, la modestie et l'affection pour les habitants de la Normandie et de la ville de Caen en particulier, une improvisation très-brillante que nous avons le regret de ne faire que déflorer en l'analysant. Elle est interrompue par des bravos et surtout par les témoignages de la vive sympathie qui gagne l'auditoire. Nous demandons la permission de résumer ainsi cette improvisation.

DISCOURS DE M. DEMOLOMBE.

« Je suis profondément reconnaissant de la distinction que vous venez de m'accorder, et de la bienveillance extrême avec laquelle vous m'en avez jugé digne.

« J'ai toujours pensé que la persévérance était, dans toutes les carrières et surtout dans les carrières scientifiques, la première condition du succès ; mais je n'aurais jamais osé croire qu'elle pût devenir un titre à une telle récompense.

« Ce que j'ai fait n'a pas été, d'ailleurs, seulement le résultat d'une conviction raisonnée ; c'est de cœur aussi que je suis attaché à cette grande et belle province de Normandie, où le

sentiment du droit est si populaire et si sagace, à la ville de
Caen surtout, si hospitalière, si propice aux longues et paisibles
études, où la plus grande et la meilleure partie de ma vie s'est
écoulée dans le charme des plus douces amitiés, au milieu de
mes bien-aimés collègues, de mes bien-aimés disciples.

« Aussi, *mon émotion fut-elle profonde le jour où un illustre
ministre, pour lequel ma reconnaissance sera toujours inal-
térable, proposa à l'Empereur de me confier un siége dans la
plus haute et la plus savante Cour de justice qui soit au monde!*

« J'ai cru pourtant devoir demeurer fidèle à l'œuvre à laquelle
j'ai dévoué ma vie, et à ma carrière dans l'instruction publique;
et c'est avec une satisfaction inexprimable, Messieurs, que je
reçois, dans *cette imposante assemblée, votre approbation* et
votre récompense.

« Cette médaille, la même que vous décerniez, l'an dernier, à
l'homme courageux et dévoué, qui attache aujourd'hui son nom
à l'une des plus grandes entreprises des temps modernes! cette
médaille, Messieurs, sera pour moi un titre d'honneur; et j'y
trouverai, pour l'avenir, un puissant encouragement à continuer
de plus en plus *résolûment cette œuvre à laquelle je dois les
paroles si bienveillantes que vous venez d'entendre de la part
d'un maître si éloquent et si autorisé,* et que je remercie de
tout mon cœur.

« Rien aussi ne pouvait m'être plus agréable que de recevoir
cette distinction des mains de notre éminent inspecteur général,
qui m'a toujours depuis si long-temps témoigné tant de bienveillance, et qui sait bien aussi la vieille et respectueuse affection
que je lui ai vouée.

« Et ce qui met le comble à ma gratitude, c'est que je vois
dans le promoteur de toutes ces récompenses, l'homme éminent
et excellent dont l'amitié m'est si précieuse, et que je suis heureux de pouvoir appeler mon compatriote, puisque c'est la
Normandie, ma patrie d'adoption, qui le revendique ! » (Applaudissements prolongés.)

M. le marquis d'Andelarre, en quelques paroles chaleureuses, se fait l'organe du Congrès et demande que le souvenir de cette belle fête, où tous les membres ont la même expression de gratitude pour le savant modeste dont les travaux sont si estimés et qui préfère la sympathie de ses collègues à une position élevée qui lui appartenait à tant de titres, que ce souvenir soit non-seulement inscrit dans les procès-verbaux du Congrès, mais qu'un résumé en soit communiqué à la presse.

Cette proposition est unanimement accueillie.

La séance est interrompue quelque temps et ensuite reprise sous la présidence de M. Raudot.

Il est donné lecture d'un mémoire de M. Gomart sur les semis en lignes, comparés aux semis à la volée.

L'ordre du jour appelle la discussion sur la production et la fabrication des sucres, en réponse aux questions ainsi formulées :

« Quelles sont les conditions de production du sucre de canne « et du sucre de betterave ? — Culture de la canne et de la bet- « terave. — De leur influence sur la fertilité des terres. — De « l'extension probable de ces cultures.

« Des modes de fabrication du sucre et de leur avenir. — De « l'intérêt qu'il y a à fabriquer de beau sucre au meilleur marché « possible.

« Quels principes doivent guider les législateurs dans les ré- « glements du commerce des sucres ? »

M. de Dion, ingénieur, à qui ses travaux dans la Guadeloupe et les relations qu'il y a conservées donnent une grande autorité en pareille matière, prend la parole :

En raison de l'étendue de l'important travail du savant ingénieur, nous n'en reproduirons ici que les 4e et 5e paragraphes.

MÉMOIRE DE M. DE DION.

§ 4. DE L'INFLUENCE DE LA LÉGISLATION SUR LE COMMERCE DES SUCRES.

La loi sur le régime des sucres doit satisfaire aux trois principes suivants :

1° La loi ne doit régler que la question des sucres et ne point comprendre des dispositions qui n'ont pour but que de protéger la marine française ou tout autre intérêt étranger; par conséquent, *elle ne doit point confondre l'industrie des transports avec l'industrie des sucres;*

2° La loi doit respecter les conditions naturelles de la production : elle doit donc être simple, quant à la perception de l'impôt, et ne mettre aucune entrave à la circulation de la marchandise;

3° La loi doit accorder l'intérêt du consommateur avec l'intérêt du trésor.

Examinons comment ces trois conditions capitales peuvent être remplies.

I.

La loi ne doit pas confondre l'industrie des transports avec l'industrie des sucres.

La loi présentée par le gouvernement, comme toutes les lois précédentes et beaucoup d'autres lois de commerce, comprend des dispositions pour protéger, par des surtaxes, les transports de sucre faits par la marine française.

La protection accordée à la marine est une prime calculée d'après la nature des marchandises transportées : ainsi, les tarifs de la douane fixent un grand nombre d'espèces de primes dont le but est de protéger plus ou moins suivant les provenances, le commerce de certaines marchandises. Comme le sucre est une marchandise qui donne un grand fret , naturellement les représentants des intérêts maritimes demandent une surtaxe pour son transport et attendent avec anxiété une loi sur les sucres, d'où doit découler pour eux une protection plus ou moins large.

Mais si, au lieu du système actuel, on donne directement à la marine des primes calculées sur le tonnage des navires et d'après leur provenance, c'est-à-dire sur les éléments du transport qui assurent à l'État des marins nombreux et habitués à la grande navigation, alors le gouvernement parviendra directement à son but et pourra estimer les sacrifices qui sont nécessaires pour soutenir notre force navale ; alors les colonies ne pourront plus se plaindre que, n'étant plus elles-mêmes protégées (car, dans six ans, il n'y aura plus de détaxes en leur faveur), on protége à leurs dépens la marine française. En effet, toute surtaxe sur le fret étranger est une augmentation dans le prix de revient des sucres.

La surtaxe de pavillon est de 20 fr. pour les Antilles, et de 30 fr. pour la mer des Indes. Le colon qui expédie du sucre sur navire étranger paie aux Antilles un fret de 50 fr. et, à l'arrivée en France, une surtaxe de 20 fr. S'il expédie par navire français, il paie un fret de 70 fr. ; de sorte que le prix de transport est bien augmenté du montant de la surtaxe.

La surtaxe de 20 fr. sur 60,000 tonnes, provenant de la Guadeloupe et de la Martinique, est de. . . . . 1.200.000 fr

Surtaxe de 30 fr. sur 55,000 tonnes expédiées de Bourbon. 1.650.000 fr.

Total. . . . 2.850.000 fr.

C'est une somme de 2,850,000 fr. que les colonies paient chaque année comme prime à la marine, mais personne ne s'en inquiète. Ce serait pourtant à la métropole à supporter cette dépense, qui n'a d'autre but que d'augmenter sa puissance militaire.

La marine est également protégée par le système actuel du drawback avec prime, qui coûte à l'État 4,200,000 fr. pour une exportation de 100,000 tonnes de sucre, et procure à la marine un fret d'aller et de retour qui ne s'élève pas à 15 millions. C'est une dépense énorme pour un médiocre avantage (1).

(1) Le mécanisme de la transaction est le suivant : à l'entrée, le droit se paie sur 100 kilogrammes de sucre brut ; à la sortie, on rembourse le même droit pour 76 kilogrammes de sucre raffiné ; mais le raffineur retire au moins 86 kilogrammes: donc, il reste dans la circulation 10 kilogrammes de sucre indemne et la mélasse ; le Gouvernement paie donc aux raffineurs le droit sur ces 10 kilogrammes; pour 100,000 tonnes, c'est 4,200,000 fr. A la faveur de cette situation, le raffineur a donc intérêt à faire rentrer la plus grande quantité possible de sucres étrangers, et c'est le public qui paie les bénéfices de

Avec ce système de drawback, l'impossibilité d'exporter les sucres bruts cause, sur le marché, des variations de prix très-grandes, également fâcheuses pour le producteur et pour le consommateur, et diminue le mouvement commercial.

Les primes données, soit à la marine, soit à la raffinerie, s'élèvent donc à 7,050,000 fr. Pourquoi, si on veut absolument conserver un régime de protection, la raffinerie, comme la marine, ne recevrait-elle pas une prime directe?

Ce n'est pas ici le lieu d'examiner quelles sont les conditions de transport ou de raffinage qui donneraient lieu à des primes, il nous suffit d'éliminer de la question des sucres des intérêts qui y sont étrangers, en indiquant les moyens de les sauvegarder par des primes équivalentes aux profits qui résultent des lois actuelles.

En désintéressant la marine, elle ne cherchera plus son salut dans la protection de la raffinerie et dans une réglementation arbitraire, injuste pour l'agriculteur et le fabricant, et nuisible à l'intérêt du consommateur; alors cette question si complexe des sucres se trouvera bien simplifiée.

II.

La loi doit respecter les conditions naturelles de la production; elle doit donc être simple, quant à la perception de l'impôt, et ne mettre aucune entrave à la circulation de la marchandise.

La loi admet l'égalité d'impôt pour tous les sucres, qu'ils soient français ou étrangers, produits par le travail libre ou par le travail esclave.

Il y a cependant prohibition des sucres raffinés étrangers; mais elle est nécessaire, parce que la Hollande, l'Angleterre et la Belgique paient des drawbacks si avantageux à leurs raffi-

ce commerce. Quant à la marine, les 100,000 tonnes susdites lui procurent un fret direct de 7 millions, ainsi que le fret du sucre raffiné qui est expédié par mer.

neurs, que ces derniers pourraient alimenter la France avec du sucre raffiné à un prix inférieur à la valeur réelle de la marchandise. Ces puissances font au raffineur français, actuellement primé, une redoutable concurrence sur les marchés étrangers, et cela au plus grand profit des pays qui ne produisent pas de sucre. Cette prohibition ne devra cesser que lorsque les autres pays seront revenus à des conditions normales. Mais si la loi impose également les sucres de toute provenance, doit-elle mettre le même droit sur les sucres de toute qualité ?

Jusqu'à ce jour, grâce à l'influence de la raffinerie, les droits sont moins élevés pour la marchandise de qualité inférieure, et on a établi des types.

Dans l'exposé des motifs du projet de loi présenté au Corps législatif en janvier 1864, deux raisons sont données en faveur de l'établissement des types :

La première, que « le système des types présente l'avantage d'ouvrir plus largement le marché français et de fournir à la marine des éléments de fret plus abondants. »

Le marché des sucres comprend le sucre consommé en France, 250 millions de kilogrammes, qui y viendront toujours, qu'il y ait des types ou non, et le sucre réexporté après raffinage, dont la quantité ne se monte pas à plus de 100 millions de kilogrammes. Mais si on accordait le drawback aux sucres bruts, le mouvement commercial pour le transit du sucre ne serait-il pas important, et la marine n'y trouverait-elle pas son avantage? Les faits sont là pour le prouver : depuis la loi du 23 mai 1860, il n'y a qu'un type, le n° 20, et depuis cette époque, le marché des sucres n'a jamais été si bien pourvu, et la raffinerie n'a jamais tant exporté. En outre, l'effet de cette loi a été de faire venir en France tous les beaux sucres, même ceux de Maurice, tandis que l'Angleterre, qui a plusieurs types, avec une différence de 13 fr. par 100 kilogrammes pour les deux nuances extrêmes, n'a vu arriver, de plus en plus, que des sucres de basses nuances et même les résidus de nos raffineries.

Sous ce rapport déjà, l'intérêt du consommateur est contraire aux types.

La seconde raison en faveur des types est que « les sucres bruts contiennent tous la même substance saccharine ; mais ils ne la contiennent pas en égale quantité ; et comme l'objet de l'impôt c'est le sucre, il serait injuste d'imposer le mélange brut, qui n'en contient que 85 à 86 pour 100, à l'égal de celui qui en contient de 95 à 99... »

A l'appui de ce raisonnement, on cite les liquides alcooliques qui sont imposés d'après la quantité d'alcool qu'ils contiennent.

Tout le monde admet que l'on doit prendre pour base de l'impôt un élément facile à apprécier, et qu'il ne faut tenir compte ni du cours de la marchandise ni de sa qualité, ces éléments étant éminemment variables suivant les goûts et les besoins ; ainsi on n'impose pas la qualité du vin ni du fer, ni même *la qualité* des liquides alcooliques, ce qui en fait presque toute la valeur.

On a voulu faire payer le sucre d'après sa valeur saccharine : on a essayé le saccharimètre, instrument délicat, mais auquel les raffineurs reprochaient d'indiquer la quantité absolue de sucre cristallisable et non pas la quantité de sucre blanc qu'ils pouvaient extraire par les procédés de raffinage. Ils ont insisté, en déclarant que rien n'était plus juste que de juger la valeur des sucres bruts par leur nuance, et de régler l'impôt proportionnel en conséquence ; mais lorsqu'on leur propose de prendre en charge le sucre d'après son type, alors ils répondent qu'on ne peut rien préjuger du rendement, que la nuance ne donne aucune indication sérieuse ! D'où vient cette contradiction ? De ce qu'ils ont intérêt à ce que le sucre blanc soit surtaxé, pour entraver le développement de sa fabrication ; ils veulent donc des types pour le sucre de fabrique, mais pour eux-mêmes ils les repoussent, parce qu'ils savent combien ce mode d'appréciation est inexact, met d'entraves dans le commerce et occasionne de pertes et de déceptions.

Il est donc impossible d'établir un impôt équitable sur des nuances qui n'indiquent nullement le rendement du produit en sucre blanc, et d'ailleurs les types sont une source de difficulté de toute nature et de complication dont souffre le commerce.

Mais quelle est l'opinion des intéressés sur le rétablissement des types ?

Les représentants du commerce maritime demandent les types. Pourquoi ? Autrefois ils disaient : Le sucre brun donnant plus de fret que le sucre blanc, interdisez donc aux colonies de faire du sucre terré dans l'intérêt de la marine. On a démontré ensuite que le rendement de la canne augmentait d'autant plus qu'on fabriquait du sucre plus blanc. Alors ils ont dit : Conservez les types, afin de protéger les basses nuances des colonies.

Les raffineurs disent : Conservez les types, afin de protéger l'industrie nationale de la raffinerie et les colonies.

Mais que répondent les colonies à ces défenseurs inattendus de leurs intérêts ? Nous ne voulons pas de types. Nous repoussons même votre protection, si vous nous accordez la liberté complète de notre commerce.

En effet, les colons ont toujours voulu faire du sucre blanc : dès l'origine ils raffinaient leurs sucres ; en 1698, les raffineurs ont obtenu contre eux des lois prohibitives. En 1790, la Martinique et la Guadeloupe seulement faisaient 16 millions de kilogrammes de sucres terrés ; en 1816, nouvelle surtaxe prohibitive. Les colons firent alors du sucre brut blanc ; en 1830, surtaxe prohibitive. Aujourd'hui la surtaxe n'est plus que de 4 fr. 20 c. Mais pourquoi mettre cette entrave à une industrie qui s'affirme avec tant de persistance ?

Le fabricant français qui a fait du sucre blanc ne veut pas de types. Celui qui fait du sucre roux consent à ne pas être protégé, si on lui accorde le drawback.

Et les consommateurs, ces 37 millions de Français qui mangent du sucre ? Ils demandent du sucre blanc à bon marché, se faisant concurrence à lui-même ; ils ne veulent donc pas de surtaxe sur le sucre blanc, c'est-à-dire pas de types. C'est un fait que, même sous l'ancien régime des types, le consommateur a toujours repoussé le sucre brun, et que s'il ne consommait pas de sucre blanc en poudre, c'est qu'on n'en avait toujours écrasé la fabrication par des surtaxes. Aussi, depuis 1860, la vente directe à la consommation est-elle devenue considérable.

Il n'y a donc, en réalité, de favorable aux types que la marine et la raffinerie. Or, nous avons montré comment ces industries, dont les intérêts sont tout-à-fait opposés à ceux de l'industrie sucrière et des consommateurs, peuvent être dans tous les cas désintéressées en dehors de la question des sucres.

L'agriculture française, l'agriculture coloniale, les consommateurs et le Trésor sont tous d'accord sur l'intérêt d'augmenter la production du sucre. Or, cette production s'accroîtra inévitablement si on laisse l'industrie fabriquer de beaux produits.

Le droit sur les sucres doit donc être unique, quelle que soit sa nuance.

Les droits sont payés sur tout le sucre colonial qui arrive dans les ports; ils sont également payés pour tout le sucre des fabriques exercées ; mais, comme l'exercice est une cause de gêne et de vexations justement redoutées, on a institué l'abonnement, qui, en réalité, est une prime donnée à la bonne qualité des betteraves et à la perfection du travail industriel. Il faut donc conserver l'abonnement en élevant le taux du rendement, de manière à diminuer la quantité de sucre qui arrive indemne à la consommation.

III.

Drawback ou remboursement des droits à la sortie.

La loi admet l'égalité du droit d'entrée pour les sucres de toute provenance (sauf pour le sucre raffiné à l'étranger): pourquoi le principe de la liberté commerciale, appliqué pour l'entrée, ne le serait-il pas pour la sortie? Pourquoi n'admettre au remboursement des droits que les sucres raffinés, et refuser ce remboursement aux sucres de toute nuance qui veulent sortir de France ?

La seule réponse à ces questions se trouve dans l'intérêt de la raffinerie, qui demande qu'on continue à apporter beaucoup de sucre en France et qu'on ne laisse sortir que celui qu'elle aura raffiné; de sorte que tout ce qui ne sera pas vendu directement au consommateur français, soit contraint de passer entre ses mains. N'est-ce pas là condamnation du système ?

Que disent, d'ailleurs, les autres intéressés ?

Le producteur colonial demande à pouvoir exporter hors de France le sucre qu'il y a envoyé et qui ne trouve pas d'acheteur ; le producteur indigène demande à faire sortir le sucre pour lequel il espère une vente plus avantageuse à l'étranger ; et enfin le consommateur a intérêt à ce que le commerce alimente abondamment le marché. Il ne faut pas qu'on puisse craindre d'envoyer ou de produire en France une marchandise qui n'en peut plus sortir. La liberté de circulation crée l'abondance du marché, l'abaissement et la régularité des prix. Sur ce point encore, les intérêts du Trésor sont d'accord avec la liberté commerciale.

Nous concluons en demandant que la loi accorde à tous les sucres, et poids pour poids, le remboursement des droits perçus à l'entrée.

Les raffineurs qui font entrer 115 kilogrammes de sucre brut, et font ressortir 100 kilogrammes de sucre raffiné, verraient augmenter leur frais de fabrication des droits payés sur ce déchet. Que si l'on veut leur rembourser cette diminution, pourquoi refuserait-on un avantage semblable aux fabricants raffineurs, et aussi aux colons raffineurs ? N'arrive-t-on pas alors à une confusion complète ?

Il faut donc simplement désintéresser la raffinerie en fixant, à titre transitoire, une prime représentant l'impôt du déchet.

§ 5. LA LOI DOIT ACCORDER L'INTÉRÊT DU CONSOMMATEUR AVEC CELUI DU TRÉSOR.

L'impôt actuel est énorme : il est d'environ 65 % de la valeur du produit. On conçoit combien cette exagération ajoute d'importance aux moindres prescriptions de la loi et tend à faire ressortir les vices qu'elle peut présenter. S'il était possible de réduire l'impôt à une valeur de 5 à 10 francs, par exemple, les difficultés soulevées par cette question se réduiraient à un petit nombre de points, qui n'auraient plus qu'une influence secondaire sur les conditions naturelles de l'industrie des sucres et, par conséquent, dont la solution serait très-facile.

Mais l'État ne semble pas disposé à réduire cet impôt, quoiqu'il soit certain qu'une réduction importante aurait, en peu d'années, pour résultat d'accroître la consommation de manière à produire au Trésor un revenu supérieur à celui qu'il perçoit aujourd'hui. Le fait que nous avançons est démontré par l'augmentation de la consommation pendant les deux années 1860 à 1862, qui ont joui du dégrèvement, et pendant lesquelles la consommation s'est accrue d'un cinquième. L'impôt élevé a, en outre, l'inconvénient d'encourager toutes les fraudes par l'appât d'un bénéfice considérable, de rendre la perception difficile et de pousser les divers intéressés à demander des droits différentiels, pour en profiter dans une mesure qu'il est impossible d'apprécier.

Pour conserver autant que possible la morale et l'équité, l'*impôt sur le sucre doit être peu élevé ;* et quand même le produit total serait inférieur au produit actuel, cependant l'intérêt de faciliter aux classes peu aisées l'usage du sucre devrait encore faire prévaloir une forte réduction.

En résumé, la loi qui satisfera le mieux et le plus simplement à tous les intérêts devra être uniquement basée sur les articles suivants :

Art. 1er. Les sucres de toute provenance et de toute nuance paieront un droit de 10 francs par 100 kilog.

Art. 2. Le droit sera remboursé à l'exportation à raison de 10 francs par 100 kilogrammes de sucre exporté, quelle que soit sa nuance.

Art. 3. Il sera pourvu aux intérêts des transports maritimes et de la raffinerie par des dispositions spéciales.

Nous avons la conviction que toute autre législation compromettra gravement l'industrie sucrière, soit en laissant une ou plusieurs parties intéressées dans une situation injuste et troublant ainsi les conditions naturelles de production, soit en soulevant des plaintes qui ne tarderont pas à nécessiter des remaniements de la législation et repousseront encore l'époque, si désirée par l'industrie, d'un régime stable.

La discussion s'ouvre sur les conclusions du rapport de M. de Dion, et sur les questions suivantes :

Dans quelles proportions la question du sucre est-elle favorable à l'alimentation? Sucre consommé directement, sucre dénaturé. — Quelles sont les conditions du sucre de canne et du sucre de betterave? — Culture de la canne et de la betterave. — De leur influence sur la fertilité des terres. — De l'extension probable de ces cultures. — Des modes de fabrication du sucre et de leur avenir. — De l'intérêt qu'il y a à fabriquer de beau sucre au meilleur marché possible. — Quels principes doivent guider les législateurs dans les réglements du commerce des sucres?

M. Boursier, vice-secrétaire de la Société d'agriculture de Compiègne, lit un mémoire sur les premières questions qui précèdent. D'après son expérience personnelle qu'il fait à l'aide du sucre blanc non raffiné, fabriqué à l'usine de Bresles (Oise), ce sucre peut être directement consommé aussi bien que celui de canne. C'est une denrée qui mérite au plus haut degré les ménagements du fisc, au même titre que les aliments de première nécessité dont elle se rapproche beaucoup. Dégrevée d'un impôt excessif, la consommation, qui n'est aujourd'hui que de 6 kilogrammes par tête, doublerait. Sur ce pied, la consommation totale en France serait de 468 millions, bien au-delà de la production actuelle, tant de la betterave que de la canne. Dix nouveaux départements, 1,000 fabriques indigènes, y prendraient part, au grand avantage de l'agriculture qui disposerait, outre la matière sucrée, des masses énormes de pulpes, pouvant nourrir des centaines de milliers de bœufs.— M. Boursier demande, en finissant, une législation fixe ;—égalité de droits pour les sucres de toute provenance ; — liberté d'exploitation ; — pas de types; dégrèvements de droits.

M. Millet Saint-Pierre présente des observations dans l'intérêt de la raffinerie, et en faveur du régime actuel du drawback, dont la chute entraînerait la ruine complète de nos colonies tropicales, la paralysie du commerce extérieur, et l'affaiblissement de la marine nationale. Il repousse énergiquement les conclusions du rapport.

.M. le docteur Ancelon examine dans quelle proportion la consommation du sucre est favorable à l'alimentation : c'est un simple condiment comme le sel, et dont la consommation peut croître sans danger pour l'économie animale ; mais, en France, nous sommes bien loin encore de la limite.

M. Allon-Dutilly, après avoir constaté les qualités hygiéniques du sucre, repousse l'idée émise par M. de Dion d'une prime directe de 3 à 4 millions de francs à donner à la marine, comme équivalent de ses bénéfices sur le drawback dont la suppression est demandée. Cette source de revenus n'est rien, comparée au mouvement commercial que provoque la législation actuelle. Il demande que le Congrès réserve des questions qui ne sont pas suffisamment étudiées.

M. de Dion n'évalue pas à moins de 40 kilog. par tête la consommation du sucre dans les colonies, et plus haut encore celle du Noir qui mange des cannes constamment (5 cannes contiennent 1 kilog. de sucre) pendant toute la récolte. Il maintient que la surtaxe de pavillon et le drawback actuel imposent aux colonies, dans l'intérêt de la marine, des sacrifices qui devraient être payés par le Trésor. Les colonies ne s'inquièteront pas du développement de la betterave dont elles supporteront la concurrence en fabriquant du sucre blanc, pourvu qu'elles jouissent de la liberté d'exportation à l'étranger, dans des conditions de réciprocité qui manquent aujourd'hui, et qu'aucune surtaxe ne grève leurs sucres blancs. Avec la suppression des types et du drawback avec prime, les sucres de toute nuance et de toute provenance circuleraient librement en payant un impôt unique par 100 kilog. à l'entrée, et sauf remboursement à la sortie, poids pour poids.

M. de Ligny après avoir fixé à 5 1/2, au lieu de 7 0/0, le rendement moyen de la betterave en sucre, après avoir déterminé entre 24 et 30 mille kilog. la production normale de l'hectare de betteraves, critique la prime que contient le drawback actuel, parce qu'elle porte préjudice au sucre indigène, grevé tout entier de droits énormes. Il regretterait la suppression de l'abonnement proposé par le projet de loi; c'est un stimulant puissant du perfectionnement de l'industrie par la liberté qu'il laisse aux esprits inventifs et soigneux. Par son aide, le fabricant se dégage de plus en plus de l'oppression de la raffinerie. M. de Ligny demande le retour à la loi de 1860, en faisant participer le sucre de betterave aux avantages dont jouissent les sucres étrangers, tout en supprimant la prime attachée au drawback.

M. Millet Saint-Pierre combat la pensée d'un tel retour. La loi de 1860 a été condamnée par l'expérience, puisqu'elle a dû être promptement remplacée. Il justifie le saccharimètre contre les critiques dont cet instrument a été l'objet.

M. Jules Duval est d'avis que toute réforme légale, qui prendra pour base un impôt aussi exorbitant que celui de 42 fr. les 100 kilog., proposé dans le nouveau projet de loi, est d'avance frappé de discrédit et de mort. Il est de toute impossibilité de concilier les intérêts des sucres français, tant indigène que colonial, ni entre eux, ni avec ceux de la marine ou de l'industrie, avec un tarif qui contient un vice aussi radical. Relativement au cours actuel des sucres, c'est un impôt de 65 à 80 0/0 *ad valorem*; l'an dernier où les cours étaient avilis, c'était un impôt de 100 0/0. Dans ces conditions-là, une production est frappée de mort: on ne peut vivre que par des expédients qui ne soulagent les uns qu'en grevant les autres. Dans la réforme commerciale qu'a inaugurée le traité de commerce avec l'Angleterre, et qui s'étend de proche en proche, il a été admis en principe qu'un droit de 30 0/0 *ad valorem* était le maximum dont pourraient être grevés les produits étrangers, et l'on ne craint pas de prélever 60, 80, 100 0/0 de la valeur d'un produit français! Un si violent démenti à notre régime libéral doit tout d'abord disparaître. La loi de 1860, qui imposait 30 fr. seulement par 100 kilog., avait satisfait tout le monde; il faut y revenir au plus tôt, et même descendre au-dessous, en adoptant la limite *maxima*, 30 0/0, qui ne donnerait guère aujourd'hui qu'un impôt de 18 à 20 fr. par 100 kilog. Si le Trésor a des besoins, qu'il s'adresse à toutes les branches de revenu, non à une seule, ou plutôt qu'il apprenne à faire des économies, en ramenant ses dépenses à ses recettes normales.

M. Millet Saint-Pierre revient à la défense de la raffinerie : c'est elle qui, par les transports du sucre brut et raffiné qu'elle provoque, accorde à la marine de plus sérieux encouragements que les 3 ou 4 millions qu'on demande, à titre de subsides directs.

M. Boursier voudrait, avant tout, le développement de la production par une complète liberté. Au taux d'un kilogramme de sucre par semaine pour une famille de quatre personnes, une vaste carrière reste ouverte à la production. Mais il pense que les droits ne pourront être élevés qu'au fur et à mesure de l'extension de la production.

M. Raudot, qui préside la réunion, blâme le drawback qui coûte à l'État plus qu'il ne lui rapporte : c'est une fausse dépense de plus de 10 millions et qui amène cet étrange résultat de faire vendre le sucre français à des Français plus cher qu'à des étrangers. La raffinerie n'a pas d'intérêt propre à revendiquer, puisqu'elle deviendrait inutile par la fabrication directe du sucre blanc dans les usines. Au lieu d'établir aucune lutte entre les sucres français, soit indigènes. soit coloniaux, on les mettra d'accord par une réduction de droits qui accroîtra la consommation générale. Le Trésor, en écrasant d'impôts cette précieuse branche d'agriculture, risque de tuer la poule aux œufs d'or. Que la France imite l'Angleterre qui a recherché les accroissements de revenus dans la réduction et non dans l'augmentation des droits. Elle-même a ainsi fait pour la taxe des lettres et s'en est bien trouvée.

Après quelques dernières observations de M. de Dion sur l'abonnement, le Congrès adopte les résolutions suivantes :

1° Égalité de droits entre le sucre de betterave et celui produit par les colonies ;

2° Liberté d'exportation pour les sucres indigènes et coloniaux ;

3° Suppression des types ;

4° Protection efficace à la production des sucres indigènes et coloniaux ;

5° Diminution des droits au maximum de 25 à 30 pour 100 de la valeur.

M. le marquis d'Andelarre se fait l'organe de l'Assemblée en félicitant M. de Dion d'un travail aussi précieux. Il demande l'impression des conclusions et propose, vu son importance, de renvoyer cette question à l'ordre du jour d'une prochaine séance (Adopté).

M. le comte de Mellet fait l'éloge de l'ouvrage horticole sur le Fraisier, de M. le comte L. de Lambertye, qu'il regarde comme l'un des plus importants publiés pendant l'année qui vient de s'écouler. Il ne cache pas les rapports de famille qui l'unissent à ce savant : il a donc pu, mieux qu'un autre, le suivre dans ses études. Dans la partie botanique, M. le comte de Lambertye a montré que la Fraise des Alpes était la même que celle connue sous le nom de Fraise des quatre saisons, venue elle-même du *Fragaria vesca*. Dans cette partie, l'auteur indique quarante variétés de fraises qui répondent, par leur beauté et la délicatesse de leur goût, à toutes les exigences. Quant à la partie historique, seconde du livre, l'auteur constate que la Fraise n'est pas d'origine nouvelle : elle était connue au XVI° siècle, et Olivier de Serres en parle dans ses ouvrages. M. de Lambertye suit les perfectionnements de sa culture, depuis Olivier de Serres jusqu'à nos jours.

M. le comte de Mellet ajoute que M. Gay, botaniste illustre, mort à Paris à la fin de 1863, a revu la partie botanique. Enfin, dans la partie consacrée à la culture, M. de Lambertye décrit minutieusement tous les procédés de culture de la Fraise, soit en pleine terre, soit en culture forcée. La valeur de cet ouvrage est si incontestable que le Gouvernement y a souscrit pour un certain nombre d'exemplaires.

M. de Caumont fait connaître au Congrès l'ordre du jour de la prochaine séance.

Le Secrétaire,

Comte D'HÉRICOURT.

2ᵉ SÉANCE DU 17 MARS.

ARCHÉOLOGIE, LITTÉRATURE, BEAUX-ARTS, PHILOSOPHIE.

Présidence de M. DE LAPÉROUSE.

Siégent au bureau : MM. RAUDOT, DE TOCQUEVILLE, DORÉ, PEIGNÉ-DELACOURT.

M. Eugène DOGNÉE remplit les fonctions de secrétaire.

M. Eugène Dognée, secrétaire-général, donne lecture du procès-verbal de la séance d'hier. Ce procès-verbal est adopté.

Des communications sont faites au Congrès.

M. le docteur Ferd. Piper, de Berlin, adresse au Congrès la lettre suivante :

« VIRO ILLUSTRI DOMINO DE CAUMONT S.

« Gratias tibi habeo quod pergis Ephemerides tuas archæologicas, inscriptas *Bulletin monumental,* mihi mittere. Atque grati animi testificandi causa offero tibi 50 francs, per syngrapham ad argentarium Konigswaster (60, *rue de la Chaussée-d'Antin*) directam, eo consilio, ut secundum placitum tuum in commodum Instituti provinciarum Galliæ, cujus ego sodalis sum, impendantur.

« Et cum proximis diebus Societatis archæologicæ sodales Parisiis conveniant, viris doctissimis, quæso, salutem plurimam cum summa mea in ipsos observantia dicas.

« Simul honori mihi duco tibi mittere dissertationem nuper editam (in meo *Kalendario* evangèlico hujus ànni separatim impressam) *De Roma, urbe æterna,* in qua historiam hujus nominis cum ipsius urbis historia conjunctam, deinde antiquitates urbis, præsertim christianas vetustissimi ævi, atque vestigia Patrum ecclesiasticorum ibidem conspicua exposui; additæ sunt duæ tabulæ, quæ imaginem Romæ humanam speciem præ se ferentis in palatio Barberini, et aliquot monetas urbem æternam exhibentes repræsentant.

« Denique, mihi liceat desiderium tibi exponere, pertinens ad Museum christianum nostræ Universitatis, quod curæ meæ mandatum est. In hoc museo nuper collectio instituta est imaginum photographicarum (quæ totam figuram comprehendunt) eorum virorum, qui de archæologia christiana optime meriti sunt, ut studiis nostris quasi præsentes adsint, atque eorum memoria cum ipsa figura et lineamentis posteris tradatur. Inter quos quum tu superiorem gradum teneas, magnopere mea interest, tuam ejusmodi imaginem huic collectioni inserere (aliam tui imaginem equidem habeo, quæ exstat ante excellentem librum tuum *Abécédaire,* cujus quartam editionem possideo). Et quidem desideratur subter figuram photographicam inscriptio nominis tui cum die et anno nativitatis atque, in aversa parte, notitia anni quo photographia confecta est. Itaque peto a te, ut secundum humanitatem tuam, imaginem tali modo inscriptam in commodum Musei christiani mihi mittas. Vale.

« Tui deditissimus,

« Ferd. PIPER. »

Berolini, id. xiii mart. 1864 (Schiffer-Str., 7).

M. de Caumont annonce que le trésorier du Congrès touchera le mandat généreusement offert par M. Ferdinand Piper; que des félicitations lui seront adressées pour ses savantes publications au sujet desquelles M. R. Bordeaux doit faire un rapport, et que les photographies des principaux membres de la Société française d'archéologie lui seront adressées.

M. Buisson de Mavergnier s'excuse de ne pouvoir assister aux séances du Congrès, et communique la découverte faite par la Société archéologique et historique du Limousin, des ruines d'une station sur le Mont-Jouer, où il croit avoir retrouvé la station de *Prætorium*, objet de recherches antérieures de la même Société.

M. Buisson de Mavergnier s'exprime ainsi :

« Monsieur,

« Daignez agréer mes excuses de ne pouvoir assister à votre séance du 15 mars.

« J'avais à faire à mes collègues une communication qui n'est pas sans intérêt. Chargé par la Société archéologique et historique du Limousin de diriger des recherches sur le Mont-Jouer, pour y découvrir les fondations de la station de *Prætorium*, j'ai été assez heureux pour les retrouver.

« L'année dernière, j'ai eu l'honneur de vous adresser un mémoire sur la fixation de cette station, sur laquelle les archéologues discutent depuis deux siècles. La Société historique du Limousin, appréciant les raisons que j'avais développées, vota une somme modique destinée à faire des fouilles sur la montagne de Jouer et voulut bien me charger de leur direction. Le 3 mars courant, mes ouvriers découvrirent, enfouies à 1 mètre 50 centimètres de profondeur, sous une couche de bruyère et de décombres, une quantité de larges briques romaines qui avaient dû être attachées au toit de l'édifice, des briques imbriquées ou courbes pour garantir les séparations de la pluie, des clous rouillés, des pierres d'échantillon, des traces de menu charbon : ce qui prouvait que l'édifice avait été incendié. Puis les ouvriers déterrèrent un long banc de granit, formé de pierres d'une grande longueur. Il était adossé à un mur de granit composé de pierres de petit appareil et tourné du côté de la voie qui, par un côté, allait vers Clermont, et par le nord, gagnait Argenton. Nous retrouvâmes un puits, un aqueduc, un siége colossal de granit, etc. Du point où nous fouillions, nous apercevions distinctement le Puy-de-Dôme, le groupe du Mont-d'Or, encore couvert de neige et semblable à une montagne d'argent.

« Ces fondations ne sauraient être autre chose que *Prætorium*. La distance de quatorze lieues gauloises, indiquée par la Table, semble parfaitement concorder avec la distance de Limoges où restent encore des vestiges de voie romaine.

« Enfin, une raison qui paraît avoir une incontestable valeur, c'est qu'il existe auprès de cet endroit dix-sept champs de diverse nature, qui portent sur le cadastre de St-Goussaud le nom de *Prataury*. N'est-ce pas un souvenir évident de la station de *Prætorium* ?

« La Société archéologique et historique du Limousin, dans la séance du 11 mars, a entendu la lecture d'un rapport que je lui ai lu et n'a pas hésité à accepter les conclusions de ce rapport.

« Ed. Buisson de Mavergnier. »

M. Pouyer-Quertier, député, membre de l'Institut des provinces, s'excuse, en ces termes, de ne pouvoir assister aux séances du Congrès :

« Monsieur,

« Extrêmement occupé, je crains de ne pouvoir assister à toutes les séances du Congrès, mais je ferai tous mes efforts pour discuter les deux questions du programme dont vous avez bien voulu me confier l'examen.

« Recevez, Monsieur, l'assurance de mes sentiments les plus respectueux.

« A. Pouyer-Quertier. »

Avant d'aborder l'examen des questions à l'ordre du jour, M. Auguste Pécoul demande à faire quelques observations au sujet des dessins qui ont fait l'objet de la communication de M. de Kéranflech à la séance de la veille.

Sans entrer dans la question d'interprétation de ces signes,

dit M. Pécoul, il y a cependant lieu de signaler les analogies
frappantes des dessins de la pierre de Néhul (n° 8) avec des
signes de l'alphabet phénicien reproduit par Bourgades (Toison-
d'Or de la langue phénicienne), et des caractères de l'alphabet
sinaïtique publié par Van Drival (Grammaire comparée des
langues bibliques, première partie). M. Pécoul croit donc que
des recherches nouvelles apporteront peut-être la preuve de
l'origine phénicienne de ces inscriptions semées sur le littoral.

M. Du Chatellier, rappelant au Congrès que MM. de Saulcy,
Renan et Monck s'occupent précisément des inscriptions attribuées aux Phéniciens, demande au Congrès de vouloir bien
communiquer à ces Messieurs les dessins relevés par M. de
Kéranflech.

L'ordre du jour appelle ensuite une communication de
M. Doré père sur la question ainsi conçue :
« Quel était l'état des personnes et de la propriété aux VIe et
« VIIe siècles, en France, soit que les personnes fussent d'origine
« gallo-romaine ou d'origine barbare ? »
M. Doré donne lecture d'un savant mémoire dans lequel il
examine les résultats de l'invasion des barbares dans le diocèse
dés Gaules, au point de vue de la constitution intime de la législation. Le travail divise le sujet selon un plan chronologique,
afin de suivre pas à pas les progrès des législations implantées
par les barbares sur le territoire occupé par les Gallo-Romains.
M. Doré expose, à grands traits, la transition de l'empire des lois
romaines à l'état nouveau créé par l'invasion des barbares. Il
étudie successivement la position faite aux habitants du diocèse
des Gaules, d'abord alors que les barbares ont seulement ébranlé
l'Empire, puis quand ils se sont établis sur le territoire autrefois
soumis aux Romains ; il recherche les lois qui régissaient les
Gallo-Romains à cette époque et trace les modifications qu'ap-
portèrent les lois des conquérants. La Frankia ne contenait les
Gallo-Romains que comme une sorte d'associés, les lois barbares
étaient dominantes ; seulement, ainsi que le rapporte un passage
de la Constitution générale de Chlotaire (art. 4), les relations

privées des Gallo-Romains entr'eux étaient toujours régies par
le Code Théodosien, introduit en Gaule vers la fin du Ve siècle.
M. Doré étudie l'état des personnes et de la propriété chez les
Gallo-Romains, aux termes de cette législation. Il remarque la
création de castes aristocratiques privilégiées, mais asservies au
despotisme de l'empereur. Après les diverses catégories de privi-
légiés, un classe demi-libre, des colons et des esclaves. Le colon
était dans une situation toujours précaire. Il était attaché à la
glèbe et suivait, le sol aux mains de tout possesseur. Supérieur à
l'esclave, son sort était peut-être aussi rigoureux : de là ces fuites
nombreuses de colons chez les barbares, de là enfin l'appel fait
par eux aux envahisseurs de la Gaule. Quant à l'esclave, le
droit des gens, admis par Rome, ne faisait des municipes que des
choses, et l'Évangile ne fit pas même changer encore ces idées
antiques qu'admirent les barbares. Quelques évêques se signa-
lèrent par des actes d'émancipation, mais l'esclavage restait
comme idée adoptée, système reconnu même par les pontifes des
Gaules. Le seul adoucissement à l'esclavage fut une loi de Valentinien III qui, réglant aussi bien les questions d'État que les
questions de propriété, admettait la prescription trentenaire
pour les hommes, vingtenaire pour les femmes, et proscrivait
ainsi à l'avance ces terribles servitudes suspendues sur la tête
des malheureux issus d'esclaves.

M. Raudot fait observer que le savant mémoire dont M. Doré
vient de donner lecture, par extraits, doit rectifier des jugements
erronés portés sur les barbares et les résultats de leurs conquêtes dans les Gaules. Loin d'apporter une oppression nouvelle,
ils ont fait réagir contre l'inégalité de la législation romaine les
priviléges si odieux des classes favorisées ; le servage avec ses
caractères les plus funestes, l'esclavage étaient dus aux Romains.
L'Empire, n'ayant pas d'hérédité, s'affermissait par le despotisme,
et les plus favorisés par les lois étaient les plus asservis, tandis
qu'à leur tour ils oppressaient ceux qui étaient en dessous d'eux.
C'est à cet empire trop préconisé que l'invasion des Francs a apporté une ère nouvelle et des idées d'indépendance, de dignité
personnelle jusqu'alors oubliées. Par suite de leur caractère, les

nouveaux arrivés amenèrent bien un État troublé sans cesse par
des querelles de petits États; mais leur élévation d'idées, leurs lois
plus soucieuses de la dignité et de la liberté individuelle, pré-
parèrent la société nouvelle. Trop long-temps on a vanté l'Empire
romain et ses lois; l'Angleterre a échappé à ce fétichisme, et du
sein des bouleversements peu graves dus à l'effervescence des
races barbares, est arrivée à ce système de gouvernement qui
base sa stabilité dans le respect de l'autorité individuelle. Les
ennemis français ont, au contraire, pendant deux ou trois siècles,
trop applaudi à la centralisation romaine qui détruisait les forces
énergiques de l'individu. Le travail de M. Doré servira à faire
reconnaître ces vérités historiques.

M. le Président répond à M. Raudot que déjà on est revenu du
système exagéré, autrefois admis par les historiens de l'Empire
romain; qu'on a reconnu les vices radicaux de la situation faite
aux Gallo-Romains et les bienfaits de l'invasion des barbares.
Il prie M. Doré de vouloir bien lire encore quelques extraits de
son remarquable travail, tout rédigé dans cet ordre d'idées.

M. Doré, déférant au vœu du Congrès, lit un extrait relatif aux
lois personnelles des Francs. Le caractère des lois des barbares
sortis de Germanie est un sentiment profond de personnalité. La
loi n'est plus territoriale, elle suit l'homme pour régir ses actes
et ses droits. Ce caractère, dont Montesquieu et de célèbres écrivains ont recherché l'origine, provient, selon M. Doré, de l'idée
que se faisaient les Germains de la grandeur de l'indépendance
personnelle. Chez eux on peut lire: *Salus hominis suprema lex.*

Mais ces lois étaient celles des vainqueurs, et des législations
consacrèrent l'infériorité des vaincus, rendue si évidente par les
Vengheld. De plus, des injustices complétaient cette distinction
injurieuse, presque expliquée par l'abaissement du peuple gallo-
romain. Les Francs ne pouvaient admettre sur un pied d'égalité
ces races efféminées qu'ils effrayaient de leurs habitudes turbu-
lentes. De là la formation de deux séries distinctes de communes:
les Francs près des forêts, les Gallo-Romains renfermés dans les
villes.

M. le Président remercie M. Doré au nom du Congrès et exprime le vœu de voir bientôt publier cet important travail, dont les quelques extraits ont si vivement intéressé le Congrès.

Un membre demande à M. Doré si l'idée de composition des *Vengheld* a son origine dans les législations barbares et leur est restée propre ?

M. Doré se référant à son étude sur ce sujet, répond que ce système de composition, dû aux lois barbares, a été adopté ensuite par les Gallo-Romains.

M. de Caumont règle l'ordre du jour de la séance de demain.

La parole est ensuite donnée à M. Peigné-Delacourt pour une communication au sujet des voies réputées celtiques.

M. Peigné-Delacourt expose son opinion sur l'existence d'un chemin, aujourd'hui interrompu en beaucoup d'endroits, qui aurait traversé la Gaule, de la Germanie à la frontière d'Angleterre. Ce chemin figure dans les historiens primitifs de la Gaule sous le nom d'*Herbarbaricum*, et un de ces points est encore renseigné sur la Carte de l'état-major sous le nom de « *Chemin de la Barbarie.* » — Cette route sinueuse, étroite, encaissée, présente dans son parcours deux caractères bien distincts. Parfois il est tellement étroit que M. Peigné-Delacourt a été jusqu'à croire par erreur que deux voitures ne pouvaient passer à la fois par cette *cavea* (cavée). Dans d'autres endroits, au contraire, une chaussée remplace la cavée étroite. Cette route, étudiée surtout dans le Soissonnais, passait l'Oise entre Noyon et Compiégne. M. Peigné-Delacourt a retrouvé les fragments des substructions du pont, des vestiges entre Boulogne et Verdun, et des ornières dans le Soissonnais. La différence d'écartement des ornières a présenté cette particularité que, près de Chantilly, la voie est à la fois gauloise et romaine; une troisième ornière donnant l'écartement de la voie romaine.

S'étayant sur l'état des rues de Pompéï, M. Peigné-Delacourt établit que les Romains arrivant dans les Gaules ne pouvaient faire usage de leurs voitures. Pour remplacer les voies gauloises trop étroites, ils se sont occupés, dès Auguste Agrippa, de la création de voies romaines, objet que les empereurs poursuivaient ensuite constamment. M. Peigné-Delacourt croit aussi, sans pouvoir l'affirmer, qu'il devait exister quelque loi de police défendant aux Gaulois de parcourir les voies romaines avec leurs anciens véhicules, qui auraient détérioré ces routes. De là les Gaulois auront été amenés à construire des voitures à la romaine.

M. Peigné-Delacourt examine ensuite ce qu'était la voiture romaine et l'attelage usité à cette époque. Chez les anciens, dit-il, on ne se servait pas du timon et du collier qui gênent l'allure libre des chevaux. Le timon romain, que l'on voit dans la *biga* conservée au musée du Vatican, s'élevait selon un angle de 45 degrés et s'arrêtait au niveau des reins du cheval. Le char à quatre roues est venu plus tard et a été formé par la réunion de deux voitures à deux roues, à l'aide de la cheville ouvrière.

M. Peigné-Delacourt, après avoir développé cette recherche, conclut en signalant au Congrès que l'étude des voies romaines ou gauloises peut offrir des renseignements intéressants et utiles. La rédaction de la Carte des Gaules aurait surtout pu y puiser de précieuses indications, et M. Peigné-Delacourt regrette que cet important travail n'ait pas été soumis à l'examen de tous ceux qui pouvaient en faire l'objet d'une critique judicieuse, afin d'en faire un monument durable et indiscutable.

M. de Caumont annonce, à ce sujet, la prochaine publication du savant ouvrage de M. Paul Bial, professeur à l'École d'artillerie, à Besançon. Le prospectus de ce grand ouvrage a été distribué.

M. Lapérouse annonce au Congrès que, selon les affirmations de l'un des membres les plus actifs de la Commission de la Carte des Gaules, le travail actuel n'est encore qu'un avant-projet qui sera transmis plus tard aux Sociétés savantes pour recevoir leurs observations.

La séance est levée à cinq heures.

Le Secrétaire-général,

Eugène DOGNÉE, de Liége.

QUATRIÈME JOURNÉE.

1re SÉANCE DU 18 MARS.

SCIENCES PHYSIQUES, AGRICULTURE.

Présidence de M. DE CHÉNIER.

La séance est ouverte à une heure.

Siégent au bureau : MM. DE CAUMONT, le baron DE LANGSDORF, DU CHATELLIER, GUÉRANGER et DORÉ.

En l'absence de l'un des secrétaires-généraux, M. le Président prie M. LE ROY-PERQUER de vouloir bien remplir les fonctions de secrétaire.

M. de Caumont ouvre la séance par la communication des deux lettres suivantes : l'une, par laquelle le président de la Société d'agriculture et d'horticulture de Châlons annonce l'envoi de trois délégués au Congrès des Sociétés savantes; l'autre, dans laquelle M. le comte de Mailly exprime à M. le Directeur général le regret qu'il éprouve de ne pouvoir assister aux premiers travaux de l'Assemblée, retenu qu'il est par une indisposition sérieuse.

Le Congrès entend une communication de M. le docteur Caron, membre de la Société académique de l'Ouest. Il expose à l'Assemblée ses idées sur la science d'élever les enfants, système auquel il donne le nom de *puériculture*, et dont il croit pouvoir avec sûreté apporter les résultats après une expérience de 20 années. Rejetant tout ce que l'on appelle encore l'hygiène de la première enfance, il veut, dit-il, par ses nouvelles recherches déraciner les entraînements de la routine, et se plaint de n'avoir été jusqu'à ce moment lu et compris que par quelques amis et quelques jeunes femmes. Mieux vaudrait, selon lui, pour les femmes, assister aux leçons qu'il consacre chaque semaine à développer son système : elles apprendraient au moins là à appliquer avec intelligence les grands devoirs de la maternité ; mais elles n'en ont pas le temps, et en trouvent cependant toujours assez pour étudier le piano ou se livrer à d'autres travaux plus frivoles.

Parcourant ensuite rapidement ce que l'on a fait jusqu'ici pour élever les enfants, il s'attache surtout à démontrer que tout cela repose sur des hérésies physiologiques, et le remède à tous ces inconvénients c'est la *puériculture*. Elle apprendra aux nourrices à dispenser avec mesure le lait qu'elles donnent avec prodigalité aux enfants. L'estomac de ces jeunes créatures est trop peu développé pour recevoir impunément une quantité d'aliments qui n'est plus en rapport avec son peu de volume. De là ces coliques de la première enfance, qu'on cherche à dissiper en faisant absorber à l'enfant une nouvelle quantité de lait. On amène ainsi la dépopulation en empoisonnant ces victimes qui, suivant l'expression de Bouchardat, « meurent de faim au milieu de l'abondance. »

M. Mosselman met ensuite sous les yeux de l'Assemblée des échantillons de sa chaux pralinée, et analyse à grands traits un mémoire qu'il avait préparé, mais que l'heure avancée ne lui permet pas de lire. Revenant sur une discussion de l'année précédente à laquelle avait pris part M. l'ingénieur en chef Belgrand, il reconnaît avec lui que l'emploi de la fosse mobile constitue une grande amélioration, et qu'au point de vue de l'agriculture, obtenir des matières fraîches, c'est aussi réaliser un progrès marqué, puisque de cette manière on lui fournit un engrais frais et riche, au lieu d'une matière fermentée et usée comme celle des fosses fixes.

La fosse mobile est donc un perfectionnement réel, mais il ne faut pas s'en tenir à cette amélioration. Aussi M. Mosselman s'est-il livré à des travaux à la suite desquels il a trouvé :

1° Le moyen d'utiliser immédiatement les urines et d'en faire, presque sans main-d'œuvre *et dans les maisons même*, un riche engrais qu'il nomme *chaux supersaturée* ;

2° Le moyen de rendre l'urine imputrescible.

M. Mosselman croit possible de perfectionner son système en organisant des fosses d'aisance, de manière que les matières solides et liquides tombent dans un tuyau spécial, et que l'eau qui vient ensuite pour nettoyer la cuvette s'écoule par un autre tuyau.

Revenant à la chaux supersaturée, il explique à l'Assemblée comment il l'obtient. C'est en mettant une ou plusieurs fosses mobiles, suivant le nombre d'habitants d'une maison, en communication avec la fosse qui est placée sous le tuyau de chute. On remplit ces fosses accessoires de chaux vive ou de chaux en farine. Une fosse mobile, dont la capacité est de 70 litres, contiendra 70 litres de farine de chaux et absorberait, en outre, 70 litres d'urine.

Rendue à l'usine, cette chaux, saturée d'urine dans une certaine proportion, pourra se supersaturer encore après avoir été séchée.

Quant à l'urine rendue imputrescible, il suffit pour cela de la faire passer sur un lit de chaux, et quelle que soit la hauteur de la colonne d'urine, un stationnement sur la chaux au maximum d'une heure et demie suffit pour la rendre imputrescible. Que s'est-il passé? La science l'expliquera. Toutefois, l'analyse a appris à M. Mosselman que, dans cette opération, l'urine s'est assimilé de 1 à 2 1/2 millièmes de chaux, et circonstance à noter, il n'agite ni l'urine ni la chaux et il est bien difficile de voir, à l'œil, si elle contient ou non de la chaux. Malgré ces résultats avantageux, M. Mosselman ne se dissimule pas qu'il y a encore des difficultés à vaincre, et il sollicite le concours de l'Assemblée pour surmonter deux obstacles moraux.

C'est d'abord le peu d'entrain avec lequel on traite généralement ces questions. Tel vous encourage de sa parole et de sa plume qui recule à l'idée de voir et de palper; — *pruderie* qui, selon M. Mosselman, nuit aux progrès et aux perfectionnements de cette industrie.

Une autre difficulté morale et financière le gêne encore. Il faudrait trouver le moyen d'intéresser les propriétaires, les portiers, les locataires à ne pas laisser perdre, comme ils le font, les matières fertilisantes. Il ne tient qu'à eux maintenant, avec les procédés dont on a parlé précédemment, de se faire un revenu et d'éviter les mauvaises odeurs. Un contrat en participation entre ces trois catégories d'individus ne serait-il pas chose faisable ? La vente de la chaux animalisée suit une marche ascendante: elle a commencé en 1861, et en 1864, dans la vente de printemps qui commence à peine, on a atteint un chiffre cent-quarante fois plus fort que celui de l'année primitive. L'extension de la vente sur plusieurs points du territoire et même des colonies, pour des cultures très-différentes, permettra de faire des études comparatives qui ne seront pas sans intérêt.

Sur la demande de M. Mosselman, une commission est nommée pour visiter l'usine située à Paris, rue du Dépotoir, 100. Cette commission est composée de MM. de La Londe du Thil, Paté, Doré fils et Desvaux-Savouré.

M. de La Londe du Thil, de Rouen, demande s'il ne serait pas utile de faire connaître aux villes du Havre et de Dieppe les nouveaux procédés de M. Mosselman. Ces deux villes, étant sur le point de modifier leur système de fosses, pourraient ainsi éviter de trop approfondir le sol.

M. Guéranger a la parole pour traiter, au point de vue du département de la Sarthe, la question si bien traitée déjà par M. l'Inspecteur des forêts dans une précédente séance : savoir s'il n'y a pas avantage à extraire de la résine des pins de la Sologne, du Maine et autres contrées.

NOTE DE M. ED. GUÉRANGER.

En rédigeant la note que j'ai l'honneur de soumettre au Congrès, j'ai eu l'intention de répondre, quoique dans une mesure assez restreinte, à l'une des questions du programme, ainsi conçue : « *En considérant le prix élevé qu'atteint à l'heure* « *qu'il est la résine de la Gascogne, n'y a-t-il pas avantage* « *à extraire cette matière des pins de la Sologne, du Maine*

« *et autres contrées où cet arbre est planté en grand? Quels*
« *changements devraient être en conséquence introduits dans*
« *l'aménagement de ces bois?* » Déjà, dans un mémoire fort
étendu, la question a été traitée devant vous et développée d'une
-manière générale ; je n'ai, pour mon compte, à l'aborder qu'en ce
qui concerne le Maine. Et je le fais d'autant plus volontiers en
présence des délégués des Sociétés savantes de province, que ce
que j'ai à dire est l'histoire des préoccupations de la Société
d'agriculture, sciences et arts de la Sarthe, pour cette grave
question, et que les documents que {nous possédons à ce sujet
sont dus à son initiative et consignés dans ses publications.

Le sol du département de la Sarthe présente une très-grande
variété dans sa constitution arable. Si l'on entreprend un jour la
carte agronomique de la France, ce pays sera un de ceux qui,
sous ce rapport, offriront les contrastes les plus singuliers et les
plus inattendus. Presque partout où de petits soulèvements
n'ont pas fait surgir les terrains de trafsition et ceux de l'époque
jurassique, le sol ou le sous-sol est formé par les dépôts crétacés.
Ceux-ci, souvent ravinés par de puissants courants géologiques,
ont vu leurs éléments dispersés. A côté d'un dépôt de calcaire
marneux a été déposée une couche d'argile renfermant le plus
souvent de nombreux nodules siliceux, parmi lesquels on rencontre, comme cachet d'origine, quelques fossiles de la craie.
Ces argiles reposent quelquefois sur des assises puissantes de
sables roulés. Çà et là, ces terrains ont été recouverts·d'un manteau de sable et de grès tertiaires, qui s'est étendu sur une partie
très-notable du département de la Sarthe. Cette formation, plus
récente, se trouve parfaitement figurée sur la Carte géologique
de France, de M. Élie de Beaumont, et sur celle plus locale, de
M. Triger. C'est dans ces sables, autrefois landes incultes couvertes seulement d'ajoncs et de bruyères, que l'industrie agricole du pays est venue planter le pin maritime. Grâce au succès
des premières entreprises, le pin a gagné peu à peu du terrain,
et aujourd'hui, quoiqu'il se trouve encore quelques bruyères non
défrichées, ces parcelles deviennent de plus en plus rares et finiront avec le temps par disparaître tout-à-fait.

La culture du pin maritime se trouve donc définitivement établie sur le territoire de la Sarthe et occupe une étendue relativement importante. La Société d'agriculture, sciences et arts, qui siége au chef-lieu de ce département, s'est long-temps demandé si le bois de chauffage et le bois de travail étaient les seuls produits qu'on pouvait retirer de ses nombreuses pinières ; elle s'est demandé si les produits résineux, si utilement recueillis dans les landes de Bordeaux, ne devraient pas aussi dans la Sarthe être un objet d'exploitation. En conséquence, en 1833, elle ouvrit un concours pour attirer l'attention des cultivateurs et des industriels, et provoquer au moins quelques essais. Le premier résultat de cette démarche fut une lettre adressée à la Société par M. le comte de Mailly. L'auteur de cette communication avait fait tout exprès un voyage en Gascogne. Là, il avait étudié le système de culture et les procédés industriels mis en usage pour l'extraction des produits résineux. Ce qui le frappa tout d'abord fut la différence d'aménagement qu'il remarqua entre les pignades des landes de la Gascogne et les pinières du Maine. Là, on commence à résiner les arbres à l'âge de vingt-cinq ans ; ici, c'est l'époque où ils approchent de leur maturité ; car on les abat à trente ans environ. Là, on n'élague jamais ; ici, on élague vigoureusement et à des époques périodiques et rapprochées. Là enfin, les arbres sont plantés à des distances suffisantes pour permettre aux feuilles et aux racines de puiser dans l'air et dans le sol les principes nécessaires à leur alimentation ; ici, au contraire, le plant est tellement rapproché que la cime des arbres, toute resserrée qu'elle se trouve par un élagage à outrance, se touche néanmoins dans tous les sens. Cette étude préliminaire engagea M. le comte de Mailly à faire planter sur une de ses propriétés une pinière sur le modèle de celles qu'il était venu observer, se réservant d'en extraire plus tard la résine quand les sujets auraient atteint l'âge convenable. Cette lettre de M. de Mailly est insérée dans le *Bulletin* de la Société, année 1833.

En 1840, la Société de la Sarthe publiait un nouveau concours à l'occasion duquel elle reçut des renseignements précieux de la part de M. Lefebvre des Allaix. Ce nouveau concurrent, qui était entré largement dans la voie des expérimentations ; nous tenait au courant de ses travaux par des communications successives qui furent à cette époque insérées dans notre *Bulletin.* C'est ainsi qu'il nous écrivait, à la date du 12 octobre 1840 : « Je « m'empresse de vous faire part de mes heureux résultats dans « l'extraction de la résine de nos pins, et des observations que « j'ai faites dans le département des Landes et dans les landes « d'Arcachon. Mille pins entaillés dans le Maine ce printemps « m'ont donné chaque semaine, deux et trois seaux de résine. « A la fin de la première année d'exploitation, j'en aurai obtenu « quinze à dix-huit cents livres. Les propriétaires des landes « d'Arcachon, où l'on en récolte le plus, m'ont déclaré que la « première année ils ne comptent ordinairement que sur une « livre par arbre. Cela vient de ce que j'ai un peu moins mé- « nagé mes arbres, dans la crainte de ne pas arriver à mon but. « Ils travaillent leurs pins cinq années consécutives, à l'âge de « vingt-cinq ans ; ils les laissent reposer trois ans, pour conti- « nuer ainsi pendant trente ans. Les cinq dernières années, ils « les couvrent d'entailles avant de les abattre..... L'année pro- « chaine, je ferai deux entailles, j'en aurai trois l'année suivante. « J'obtiendrai, je n'en doute pas, trois livres par arbre, lors « même que l'été serait moins chaud. J'ai remarqué que mes « récoltes les plus abondantes ont lieu pendant les dernières ge- « lées du printemps, au moment où la sève monte, et surtout « cet été à la sève d'août. Cette industrie est définitivement ac- « quise pour le département de la Sarthe, et ses produits sont « très-avantageux. Les travaux sont fort simples et peu dis- « pendieux. »

A la date du 7 décembre, M. Lefebvre des Allaix ajoutait : « Je vous ai annoncé que l'extraction de la résine des pins de la « Sarthe nous était définitivement acquise. Les récoltes posté- « rieures à ma lettre ont encore augmenté ma conviction. La der- « nière, faite le 30 octobre, m'a donné 150 livres de matière. »

Le 4 mai 1841, nous recevions la lettre suivante : « Je vous « prie d'annoncer à la Société que je continue en grand les ex- « périences que j'ai commencées l'an dernier sur l'extraction de

« la résine des pins. Les résultats sont très-satisfaisants. Mille
« pins entaillés en 1840 donnaient deux seaux de matière par
« semaine ; ils en fournissent trois et quatre cette seconde
« année. Les cinq mille nouveaux pins entaillés cette année don-
« nent', comme le premier millier, deux seaux chaque semaine
« par mille arbres. On n'en récolte pas davantage dans les landes
« de Bordeaux. La main-d'œuvre n'est que le tiers du prix des
« produits. J'établirai une usine pour séparer la résine de l'es-
« sence, ce qui est très-simple et peu dispendieux. »

· Afin de prendre une connaissance plus directe de faits qui lui
semblaient d'un haut intérêt pour le pays, la Société envoya sur
les lieux une commission qui confirma dans un rapport l'exactitude de ces communications.

Le 29 mai 1841, nous recevions de nouveaux renseignements :
« En prenant les précautions nécessaires, nous avons obtenu plus
« de 600 kil. de matière avec mille pins. La deuxième année
« et les suivantes, deux hommes peuvent traiter six à sept mille
« pins. On a un kilogramme par arbre, et même, à partir de la
« troisième année, un kilogramme et demi, si les pins sont gros
« et bien venants. Cette année, nous opérons sur six mille arbres,
« compris un mille commencé l'an dernier. Les travaux prépa-
« ratoires ont coûté 250 fr. Nous employons deux ouvriers. Leurs
« travaux journaliers ne reviendront pas à plus de 250 fr. à la fin
« de la récolte. Nous avons commencé six semaines trop tard ,
« et, malgré le défaut d'expérience, les produits obtenus nous
« donnent la certitude de ramasser au moins 300 kil., à raison
« de 0 fr. 20 c. le kil. L'année prochaine, la dépense n'excédera
« pas 300 fr., et nous devons récolter le double, c'est-à-dire un
« kilogramme par arbre, en jugeant par la proportion de ce que
« nous donne le premier millier de pins taillés l'an dernier. Dans
« trente ans , ces six mille arbres ,ʻqui jamais n'auraient été
« vendus plus de 6,000 fr., auront produit 18,000 fr., tous frais
« déduits, et leur valeur particulière sera beaucoup augmentée.
« On peut estimer à 500 fr. au plus la perte de leur émondage ;
« mais elle sera bien compensée par leur qualité supérieure et
« leur prix plus élevé. Il est bien démontré que les pins de la

« Sarthe donnent autant de résine que ceux des environs de
« Bordeaux, où cette industrie n'est établie que depuis peu de
« temps. Ceux de Mont-de-Marsan ne sont pas plus beaux que
« les nôtres ; ils n'en fournissent pas davantage. Mais il est à
« souhaiter qu'on naturalise dans notre département le grand
« pin maritime, tel qu'on le trouve près de Dax et d'Arcachon.
« Nous en ensemençons dix hectares. »

En 1842, le département de la Sarthe avait une exposition
industrielle dans laquelle figuraient les produits résineux de nos
pins du Maine. M. Lefebvre des Allaix exposait une meule de
résine, des échantillons de poix jaune, de térébenthine, de galipot,
de colophane, plus une collection d'instruments employés à l'extraction des produits résineux. Si M. Lefebvre des Allaix eût
vécu, tout porte à croire que l'industrie résinière serait natura-
lisée dans la Sarthe ; mais là devait se terminer la carrière laborieuse de cet homme dévoué aux intérêts de son pays.

La Société d'Agriculture continua néanmoins ses encouragements. Quelques propriétaires répondirent à son appel ; il se
forma même une petite société pour l'exploitation de nos pinières. On fit venir des ouvriers du pays, les produits commencèrent à abonder ; mais, comme tous les produits nouveaux, ils
inspirèrent la méfiance : on soupçonna la qualité de nos résines. La Société de la Sarthe intervint de nouveau, en offrant des
primes nombreuses à ceux des fabricants de chandelle de résine
qui auraient employé la plus forte quantité de nos produits indigènes. Ce moyen réussit, et tout le monde, fabricants et consommateurs, convint que la résine de la Sarthe valait bien celle de la
Gascogne.

Le zèle s'était ralenti par la mort de M. Lefebvre des Allaix : les
propriétaires, séduits tout d'abord par l'attrait de la nouveauté,
cessèrent bientôt leurs exploitations ; les membres qui composaient la petite société ne purent s'entendre, et l'industrie résinière, après avoir donné dans le Maine une lueur d'espérance,
disparut entièrement.

Néanmoins, il reste établi par les faits que je viens de signaler : 1° que les pins du Maine peuvent être résinés avec

autant d'avantage que ceux de la Gascogne ; 2° que la qualité des produits qu'ils fournissent n'est pas inférieure : ce qui répond à la première partie de la question insérée au programme du Congrès. En ce qui concerne la seconde partie de la même question, nous croyons que les changements à introduire dans l'aménagement de nos sapinières devrait être considérable, et nous ne sommes pas en mesure d'aborder aujourd'hui cette difficulté. Nous ne possédons pas les renseignements nécessaires pour estimer les pertes que ces modifications apporteraient sur le revenu annuel de nos pinières, ainsi que la compensation apportée par la plus-value des arbres qui auraient été conservés.

M. Du Chatellier trouve la communication intéressante ; seulement il fait observer que les pins de la Sarthe lui ont toujours paru très-chétifs. Il demande si la chaleur est nécessaire à la production de la résine ; et étendant la question, il se demande s'il ne serait pas bon aussi de développer en Bretagne l'industrie résinière ?

M. Guéranger ne croit pas la chaleur indispensable pour l'écoulement de la résine ; c'est en effet à la fin de mars, au moment où la sève commence à monter, qu'on réussit le mieux. Quand les arbres sont arrivés à leur trentième année, on commence à les gemmer. Les pinières, dans la Sarthe, aménagées suivant le système adopté dans le pays : éclaircissage, élagages fréquents, abattis complet et par conséquent réalisation des capitaux au bout de trente ans, pour ensemencer de nouveau le même terrain au bout de deux ou trois ans, rapportent autant qu'une terre à froment. Cela s'explique de la manière suivante : on a soin de semer dru, et les jeunes pins qui proviennent de ce semis étant très-nombreux, se protégent ainsi l'un par l'autre, sans qu'il faille recourir aux genêts protecteurs, comme on le fait en d'autres pays : première économie. La première éclaircie, qui vient ensuite, donne un produit qui indemnise des frais de première plantation. Plus tard, l'élagage et les éclaircissages annuels procurent de nouveaux bénéfices.

On ne peut encore savoir si le produit total donné par ces

pinières, au bout de 60 ans, serait aussi grand que celui de deux cultures successives sur le même sol.

En considérant qu'au bout de 30 ans, un pin dans la Sarthe n'a encore qu'une grosseur de 50 centimètres (soit 17 cent. de diamètre), M. Du Chatellier demande comment il se fait qu'en ce pays la culture du pin rapporte autant que du froment.

M. Guéranger répond qu'il n'a entendu exposer qu'une opinion qui a cours dans le pays, et qu'il n'est pas en mesure d'ajouter autre chose que ce qu'il a dit. Il se borne à faire remarquer qu'il faut prendre en considération une circonstance particulière à la Sarthe. Le terrain de ce département a des affleurements de terre calcaire, et les produits de l'élagage et de l'éclaircissage que donnent les pinières servent précisément à cuire cette chaux avec beaucoup d'avantage. C'est encore un élément de valeur dont il faut tenir compte.

Il peut affirmer que les documents relatifs au gemmage sont exacts, ayant été confrontés par la Société d'agriculture.

M. Doré fils lit ensuite, sur les progrès de la chimie en 1863, un mémoire que l'Assemblée écoute avec un vif intérêt.

M. Doré fils, amené par son sujet à parler des procédés de M. Mosselman, élève quelques doutes relativement aux difficultés matérielles et administratives que ces procédés suscitent, selon lui, aux propriétaires parisiens.

On lui répond que la Compagnie a un matériel nécessaire, et que c'est elle qui prend à sa charge toutes les contraventions.

Quant au prix, il est moins élevé qu'avec tous les autres systèmes jusqu'alors connus.

L'ordre du jour étant épuisé, la séance est levée à 3 heures.

Le Secrétaire,

Em. LE ROY-PERQUER.

2ᵉ SÉANCE DU 18 MARS.

ARCHÉOLOGIE, LITTÉRATURE, BEAUX-ARTS, PHILOSOPHIE.

Présidence de M. le prince Albert DE BROGLIE, de l'Académie française.

Siègent au bureau : MM. TAILLANDIER, DOGNÉE père, le marquis DE FOURNÈS, DE CAUMONT.

MM. DEMARSY et PÉCOUL remplissent les fonctions de secrétaire.

M. de Caumont, après avoir appelé l'attention du Congrès sur la *réimpression des Bollandistes*, publiée chez le libraire Palmé et dont les trois premiers volumes sont parus, rend compte d'une communication écrite de M. le marquis de Mannoury d'Hectot, relative à une découverte faite à Moisy, près Chamboy (Orne). Il s'agit de sortes de puits trouvés près d'un ancien chemin ; ils sont au nombre de trente à quarante, d'un mètre environ de diamètre et renferment de nombreux débris de poterie romaine, parmi lesquels figure un très-beau vase en terre rouge à dessins, d'un pied de diamètre, et qui, bien que brisé, a pu être complètement reconstitué. Ce mémoire, accompagné d'un plan, contient la description de tous les objets découverts sur ce point, situé près d'une voie romaine conduisant probablement vers Lisieux.

M. Dognée, l'un des secrétaires, donne lecture du procès-verbal de la précédente séance.

M. le Président donne la parole à M. Maurice Block, délégué de l'Académie de Berlin.

M. Block lit un travail en quatre parties, dans lequel il traite : 1° de la population, considérée comme base de la puissance d'un État ; 2° des rapports entre la population et les subsistances., ou du principe de population ; 3° de l'intervention du Gouvernement en matière de population, et 4° des lois du mouvement de la population.

Revenons avec lui sur chacune de ces parties. M. Block établit, avec Vauban, que c'est par le nombre des sujets que la grandeur des rois se mesure. Cette opinion est partagée par tous les hommes d'État et les grands économistes; le financier Law disait également que le nombre de la population est la plus grande des richesses.

Ce n'est pas par le territoire que se calcule la grandeur d'un État: du chiffre de la population dépend celui de l'armée. Mais il y a homme et homme. On ne peut admettre l'influence de la race, toutes partant d'un type originel.

C'est aussi la richesse qui influe considérablement sur la puissance des États ; *cette richesse ne tombe pas du ciel, elle s'acquiert par le travail*, qui est lui-même une source de bien-être. *Une population riche est, à nombre égal, plus puissante qu'une population pauvre.*

Dans la pratique, l'instruction peut beaucoup : elle peut suppléer au talent; bien souvent, savoir c'est pouvoir.

Une nation pauvre et ignorante, mais jouissant de la liberté, peut être toutefois une exception à ce principe, et lorsqu'elle réunit tous ces avantages, on doit dire d'elle qu'elle est invincible.

Il faut tenir compte aussi des circonstances physiques, dont la première est l'état sanitaire ; la multiplicité des naissances peut seule compenser les diverses influences morbides. L'enfant est une charge pour la nation. A cette considération vient s'en joindre une autre, c'est la *densité* de la population : un million d'hommes sur une vaste région sont moins forts qu'un million d'hommes réunis sur un territoire étroit. De là résulte, dit M. Block, la supériorité des villes sur les campagnes.

A la seconde partie (*du principe de population*), M. Block s'occupe des rapports de la population avec les subsistances. Ce qui arrête l'essor de la population en France est, aux yeux de l'orateur, le manque de moyens de la nourrir. Du bas prix des denrées dépend le nombre des mariages ; on voit arriver les enfants sans craindre qu'ils ne manquent de pain.

L'expérience prouve que l'homme ne peut pas augmenter sa production en raison du nombre de ses enfants; la misère ne diminue pas les naissances; la cherté des vivres impose des privations qui entraînent des maladies et engendrent les maux politiques et les guerres civiles. La population a, en outre, une tendance à s'accroître dans une proportion plus rapide que les subsistances; c'est ce que développe M. Block, en s'appuyant sur la loi de Malthus qu'il cherche toutefois à réduire à une simple approximation, n'admettant pas à la lettre ce calcul d'après lequel la population irait toujours en doublant de période en période, et au bout de deux siècles serait aux moyens de subsistance dans le rapport de 256 à 9. M. Block cite ensuite l'opinion contraire de M. Dunoyer, qui combat Malthus en exposant que l'homme est de la création, de tous les êtres, celui qui se multiplie le moins et le plus lentement.

M. Block parle ici du rôle de la Providence et arrive à indiquer les deux opinions contradictoires de M. de Lamennais, relativement aux limites de la multiplication des êtres. Il défend ensuite Malthus contre ses adversaires qui le considèrent à tort comme un ennemi de la population et le décrient comme un ami du vice, parce qu'ils confondent la constatation de la loi avec le précepte donné.

Arrivant à la troisième partie, M. Block remarque que, suivant les pays et les époques, on a considéré la population tantôt comme trop clair-semée, tantôt comme resserrée dans de trop petits espaces. Il passe en revue un certain nombre de lois apportant soit des encouragements, soit aussi des entraves au développement de la population; son opinion est que le Gouvernement n'a pas à intervenir dans ces questions.

Le temps n'a pas permis à M. Block de développer la dernière partie de son mémoire.

M. le comte Foucher de Careil, après avoir partagé l'opinion de M. Block sur la première partie, s'étonne que la seconde, sur le principe de la population, la contredise formellement. Dans la première, en effet, il est d'accord avec Vauban en ce sens que la vraie richesse, la vraie puissance de l'État, c'est l'homme; dans

la seconde, au contraire, il revient à la loi de Malthus qui a précisément pour effet de supprimer la vraie richesse des États,
c'est-à-dire l'homme. Avant d'examiner la loi de Malthus, l'orateur expose et combat une autre loi que Ricardo a cru découvrir :
« L'homme a commencé par cultiver les contrées les plus riches
et les plus fertiles, et il ne reste plus à défricher que des fonds
d'un ordre inférieur. » D'après cette théorie, on arriverait à la
misère. L'observation démontre le contraire : les premiers essais
de culture ont lieu sur les terrains à mi-côte, à cause des difficultés que présente l'établissement dans des terrains bas et humides ou sur des montagnes stériles. Ce n'est pas sur une terre
déjà vieillie que l'on peut vérifier ces expériences, on l'a fait en
Amérique, et Carett a constaté que jamais l'homme n'a occupé
en premier lieu les meilleures terres, qui sont toujours dans les
vallées et les fonds envahis par les eaux, mais s'est établi à mi-
côte. Les terrains riches où l'*humus* abonde ont été ou ne se
sont peuplés qu'après : ainsi, en Italie, l'*agro romano* et les
marais Pontins, et comme disait M. Thiers, les riches contrées
du Mexique, si absolument dépourvues d'hommes. Donc la nature
n'est pas en décadence, et nous avons encore des espaces immenses qui n'ont pas été cultivés.

Lorsqu'on a détruit la loi de Ricardo, il devient facile de réfuter Malthus. Du reste, les économistes eux-mêmes sont beaucoup moins affirmatifs. Autrefois, la loi de Malthus était un
théorème ; aujourd'hui M. Block lui-même (et M. le comte Foucher de Careil l'en remercie) ne voit plus dans la loi de Malthus
qu'une tendance. Les subsistances ne sauraient manquer à l'humanité, et la loi de la nature contredit celle de Malthus. La fécondité est toujours plus grande chez les espèces inférieures que
chez les animaux d'ordre supérieur. L'orateur rappelle les découvertes de M. Coste sur la multiplication des poissons. Il y a
encore une restriction à apporter à la loi de Malthus, c'est que
les races ont toujours péri par la dépopulation : l'Empire romain
en est un solennel exemple. M. Block a gazé la loi de Malthus,
qui n'est au fond qu'une école d'immoralité. M. le comte Foucher de Careil termine en disant que la chasteté est une vertu
chrétienne qui n'a rien à voir dans la loi de Malthus.

M. Raudot développe ce principe, que la population ne peut croître qu'en raison des subsistances ; il passe en revue la population comparée de tous les grands États et constate que, de 1816 aux derniers recensements, la population de la France n'a pas progressé en proportion de celle des autres puissances qui toutes ont augmenté d'une manière considérable, tandis que la France ne s'est accrue que d'un sixième (1).

Il ne faut pas attribuer cela au défaut de la race, puisque le Canada, peuplé d'émigrants français, compte aujourd'hui quinze fois plus d'habitants qu'il n'en avait il y a un siècle.

Revenant au principe qu'il a posé en commençant, l'orateur regarde le manque de progrès de l'agriculture, le défaut de production, d'alimentation, comme les causes de dépopulation de la France. L'importation des denrées excède l'exportation ; toutes les nations de l'Europe se suffisent (sauf l'Angleterre qui se dédommage amplement par son commerce) ; la France seule a besoin du secours d'autrui.

Il y a donc un vice capital. Ce qu'il y a de certain, c'est que la population pratique la loi de Malthus qu'elle ne connaît pas.

A ces mots, M. le comte Foucher de Careil observe que *c'est bien là le mal.*

Le nombre des enfants, reprend M. Raudot, n'est pas plus considérable en France qu'il y a quatre-vingts ans. Dans les rangs du peuple, on a suivi l'exemple des classes élevées, et une foule de familles n'ont plus qu'un enfant. Il cite de nouveau un village de l'Yonne où, sur 400 habitants, 41 ménages n'ont qu'un enfant. Le nombre des mariages augmente, tandis que celui des naissances diminue. Les idées de bien-être et *la misère du luxe* sont les causes de ce phénomène. L'attraction des populations vers les grands centres industriels, leur sortie des communes rurales sont la perte de l'humanité et la ruine de l'agriculture. La débauche fait le reste, car le mariage et la vertu peuvent seuls développer la population.

(1) Allemagne, 30 à 45,000,000 ; Russie, 35 à 59,000,000 ; Angleterre, 17 à 29,000,000 ; France, 30 à 36,000,000.

Tout notre système de gouvernement est destiné à détruire la population, il faut intéresser l'homme à la chose locale ; ce qui fait le développement de l'agriculture anglaise, c'est que, contrairement à ce qui est établi en France, l'organisation y est toute locale. Le principe français est d'avoir des fonctionnaires étrangers aux localités ; ne pouvant s'occuper d'intérêts fonciers, tous mettent leur fortune en valeurs mobilières et l'amour du clocher disparaît.

C'est quand l'antiquité a bâti des villes de palais et aggloméré des hommes pour ces travaux, qu'elle est entrée en décadence. Les grandes villes de l'antiquité ont toutes disparu ; et si Rome a échappé à ce sort commun, c'est que la religion chrétienne en a fait la capitale du monde catholique.

M. Du Chatellier, après avoir remercié M. Raudot de son zèle pour la défense de l'agriculture, croit qu'il faut commencer par accumuler des faits avant d'être amené à des conclusions générales. Il cite l'exemple du Finistère qu'il a spécialement étudié et qui, ayant aujourd'hui 600,000 habitants, après en avoir eu 440,000 seulement en 1790, trouverait dans ses seules ressources agricoles actuelles le moyen d'en nourrir 1,100,000.

Il rappelle aussi qu'il y a encore en France la valeur de dix-neuf départements à défricher.

On a publié beaucoup de travaux sur l'agriculture, mais aucun d'eux n'a été fait d'assez près ; seules, des études locales faites par des Sociétés consciencieuses, peuvent amener les résultats désirés.

M. Foucher de Careil a dit que les pays élevés étaient les premiers colonisés : M. Du Chatellier ne partage pas cette opinion, et croit que les premiers établissements ont toujours lieu le long des fleuves et dans les vallées.

M. le comte Foucher de Careil objecte qu'il n'a fait que citer Carett.

L'agriculture, reprend *M. Du Chatellier,* ne peut se faire qu'avec beaucoup de bras ; de là l'avantage de notre organisation bretonne, où les enfants travaillent avec le père comme associés.

M. Block, vu l'heure avancée, rappelle seulement que c'est à tort qu'on a trop souvent accusé Malthus, en confondant la loi et le précepte : Malthus n'a constaté que des faits. Ricardo, dans sa loi, a considéré non-seulement *les terres les plus fertiles*, mais aussi *les mieux situées ;* et Carett a mal répondu à Ricardo. La valeur d'une terre comprend un certain nombre de données, et la proximité des villes doit aussi entrer dans ce calcul. Enfin, on ne peut pas *multiplier les produits des champs à volonté.*

M. le comte Foucher de Careil fait remarquer qu'en Angleterre un hectare nourrit plus d'habitants qu'en France.

M. le Président, après avoir clos la discussion sur cette question, donne la parole à M. Peigné-Delacourt.

M. Peigné-Delacourt s'occupe des progrès que peut faire l'archéologie en France, progrès qui, à ses yeux, dépendent de la conservation et de la description des monuments. Pour faciliter les investigations, il faut dresser la topographie exacte de la France. Dans ce but, M. Peigné-Delacourt a fait exécuter, pour son diocèse, une carte photographiée sur celle de l'état-major, à l'échelle de $\frac{1}{40,000}$.

Sur cette carte se trouveront figurés, à l'aide des deux séries A, B, C et 1, 2, 3 : d'une part, les monuments religieux ; de l'autre, les curiosités archéologiques de tout genre.

Ces cartes, transportées sur pierre, commune par commune, formeront ensuite une série de fascicules dont le texte comprendra l'histoire et la description de chaque paroisse. Deux séries de dessins les accompagneront ; de grandes planches sur acier, réduites d'après les gravures du *Monasticon gallicanum*, représentent tous les établissements de l'ordre de saint Benoît, le premier et le plus savant de tous les ordres monastiques. D'autres, plus petites, gravées sur bois, donnent la reproduction fidèle de tous les monuments historiques qui sont déjà détruits ou tendent à disparaître de jour en jour.

Les Comités cantonaux de statistique, auxquels on doit de si précieux renseignements, pourraient, pense M. Peigné-Delacourt, fournir un utile concours pour cet immense travail, surtout en donnant des indications sur les lieux dits, si curieux à consulter pour l'histoire locale.

M. Peigné-Delacourt termine en offrant aux membres du Congrès la collection des vues des monuments ecclésiastiques de la province de Reims.

M. le Président, après avoir remercié et félicité M. Peigné-Delacourt et fixé l'ordre du jour de la séance du 19 mars, déclare la séance levée.

L'un des Secrétaires du Congrès,

Arthur DEMARSY,

De la Société des Antiquaires de Picardie.

CINQUIÈME JOURNÉE.

1re SÉANCE DU 19 MARS.

SCIENCES PHYSIQUES, AGRICULTURE·

Présidence de M. CHALLE.

Sont appelés au bureau : MM. BELGRAND; le marquis DE VIBRAYE; LAURENT-LASSÉRÉ, d'Auxerre; le baron TRAVAUX, membre du Conseil général de la Manche; DE CAUMONT; DU CHA-TELLIER.

M. DESVAUX-SAVOURÉ remplit les fonctions de secrétaire.

M. le marquis de Vibraye appelle l'attention de la Société sur l'exploration du sol quaternaire et du diluvium qui se fait sur tous les points de la France; il demande que chaque membre veuille bien indiquer les faits observés dans sa localité et constater avec exactitude la position des couches de terrain et la nature des objets qu'on y trouve. On connaît les discussions élevées sur l'ancienneté de la race humaine : les explorations, faites avec soin, finiront par élucider ces questions délicates.

11

On doit toujours être très-prudent avant de formuler un système qui ne doit être que la conclusion d'observations nombreuses.

M. de Vibraye donne des détails sur la collection d'objets qu'il présente au Congrès. Elle est extrêmement curieuse et renfermée dans plusieurs grands tiroirs : on y voit, entr'autres objets de l'industrie humaine des premiers temps, des instruments en os ornés de dessins au trait. M. de Vibraye reçoit les remercîments du Congrès et promet de remettre une note sur l'ensemble de ces découvertes et de ses observations.

M. Rebour, président de la Société d'émulation du Jura, présente deux cartes agronomiques de son département faites par le frère Ogérien, dont les travaux confirment entièrement l'opinion émise par M. Raudot dans une précédente séance, lorsqu'il recommandait au cultivateur de se rendre un compte bien exact du prix de revient de chaque culture, afin de ne demander à chaque nature de sol que les produits qu'on pouvait en obtenir avec bénéfice. Depuis dix ans, le frère Ogérien étudie le sol, le sous-sol et les produits du département ; il note les influences météorologiques ; et, pour constater ses observations, il a dressé trois cartes agronomiques : l'une d'elles représente, par cinq teintes différentes, les terres cultivées ; les vignes, les prés, les bois et les terres vagues ou pâtures. En marge se trouve un tableau indiquant, par canton, la surface totale de chacune des cinq sections de culture, la valeur et le produit net annuel par hectare (tiré des registres des contributions directes).

Une seconde carte indique, par six teintes, les terres argileuses calcaires, siliceuses, ferro-siliceuses, alcalines, humiques. Un premier tableau donne la longueur des routes impériales et départementales, et celle des chemins de grande communication

Un autre tableau donne les analyses de quelques terres arables.

Un autre constate la fumure moyenne annuelle par hectare de terre de chaque espèce, et le nombre d'hectares cultivés.

Un dernier tableau évalue le fumier produit par les races chevaline, bovine, porcine, caprine et ovine.

L'auteur conclut de ses recherches que la fumure nécessaire pour le département serait de . . . . 2,158,000,000 kil.
Qu'elle est de 1,842,501,750
Ce qui constitue un déficit annuel de . . 315,498,250 kil. d'engrais pour que toutes les terres cultivées du département soient convenablement fumées.

Les terrains inclinés du Jura forment trois étages au pied desquels s'étend la plaine de la Bresse. Le premier plateau est occupé par les vignes; le second par des bois et des pâturages ; le troisième par des pâturages seulement. La même fumure ne peut pas s'appliquer à tous les sols : on emploie beaucoup de cendres dans la Bresse, tandis qu'on fume les vignes avec des chiffons de laine. Toutes ces pratiques différentes sont indiquées dans un très-long mémoire qui accompagne les cartes.

Enfin, la Société d'émulation du Jura avait parfaitement compris, comme M. Raudot, l'utilité de faire comparer les frais de culture et les produits obtenus : seulement elle n'a pas cru pouvoir arriver à son but en s'adressant à des hommes de quarante ans et plus; elle a préféré agir sur les enfants des écoles par l'intermédiaire des délégués cantonaux. On engage les élèves à ouvrir un petit journal de tout ce qui se passe à la ferme paternelle.

Le petit garçon prend note des journées employées pour chaque chose, des produits obtenus dans chaque champ; compare le temps employé pour labourer un hectare avec diverses charrues. La petite fille constate la quantité de lait, de beurre ou de fromage produite par les vaches; elle fait un travail analogue pour les volailles, etc., etc.

La Société d'émulation du Jura n'est entrée dans cette voie que depuis deux ans, et les résultats obtenus sont très-satisfaisants. Les enfants commencent à comprendre la signification de ces deux mots *devoir* et *avoir*, placés en tête de chaque page d'un livre de comptabilité ; et lorsque, devenus plus âgés, ils seront appelés à diriger eux-mêmes une exploitation, ils pourront exécuter d'une manière plus fructueuse toute espèce d'entreprise agricole.

M. le comte de Mellet approuve entièrement tout ce qui vient d'être dit au sujet des jeunes enfants; il désirerait savoir s'il n'existe pas un formulaire ou manuel qu'on pût mettre entre les mains des instituteurs pour les diriger dans cette voie.

M. Rebour lui répond qu'il est impossible d'avoir un formulaire général, et que chaque Société doit rédiger une instruction spéciale pour sa circonscription.

M. l'ingénieur Belgrand trouve que les deux cartes présentées sont bien dressées, mais il regrette qu'on n'ait pas indiqué par un signe distinct les terrains imperméables ou perméables. Dans ces derniers, qui comprennent l'oolithe inférieure et moyenne, le drainage est inutile et les prairies ne peuvent exister que dans les vallées; tandis que dans les terrains imperméables du lias on peut établir des pâturages sur les coteaux.

M. Rebour répond que le frère Ogérien s'occupe en ce moment de la carte demandée par M. Belgrand, et qu'il l'aurait présentée au Congrès si elle avait été terminée.

M. Paté, professeur d'agriculture à Nancy, lit un mémoire sur la classification des sols.

MÉMOIRE DE M. PATÉ.

Depuis quelque temps, la science a fait des progrès rapides; Sou domaine s'est étendu à tel point qu'il reste peu de phénomènes qui n'aient été étudiés avec plus ou moins de succès; les faits ruraux même se sont trouvés enveloppés dans le champ de ses vastes applications, et on peut dire que c'est seulement de cette époque que date l'organisation de l'enseignement agricole. Les chimistes, les botanistes, les physiologistes, les géologues ont poussé leurs investigations jusqu'aux objets les plus matériels de la production agricole. Les plantes de la grande culture, les animaux domestiques sont entrés dans le cadre des classifications naturelles et ont profité de toutes les grandes découvertes anatomiques ou physiologiques.

Les sols seuls, qui cependant ont été sérieusement étudiés par de Gasparin, n'ont pas encore été groupés régulièrement. La confusion la plus complète règne sur cette nomenclature : c'est ce qui nous détermine à chercher une base solide et régulière pour les nommer avec clarté et précision.

. Quand deux cultivateurs d'une même localité parlent de leurs sols, il ne peut y avoir de confusion : ils les déterminent par les lieux qu'ils occupent; mais si un cultivateur du Nord se trouve en relation avec un agriculteur du Midi, il est presque impossible qu'ils se comprennent bien, s'ils n'ont pas à leur disposition des noms qui caractérisent parfaitement leurs terres.

Quand nous voulons introduire d'un pays dans un autre une plante, une machine, il faut examiner les conditions dans lesquelles se trouvent les animaux ; les plantes ou les instruments, le climat, le sol doivent être étudiés avec soin.

Pour le sol, si nous le définissons d'une manière vague ou incomplète, nous serons exposés à des mécomptes.

Pour acclimater une plante, il faut autant que possible que nous lui donnions un sol analogue à celui où elle prospère : il faut donc que nous ayons à notre disposition des mots qui représentent à notre esprit toutes les qualités d'un sol, au point de vue de sa formation, de sa composition et de ses propriétés physiques.

Une détermination exacte est tout aussi importante pour ce qui concerne l'importation des instruments aratoires.

Enfin, nous sommes tous convaincus qu'il n'y a point de carte agronomique possible, si nous n'adoptons une nomenclature naturelle, générale, applicable à tous les sols et dans toutes les circonstances si variées de notre agriculture.

Mais, direz-vous, il existe des classifications. Voyons ensemble quelles sont les principales et ce qu'elles ont de défectueux.

Varron est le premier qui ait classé les sols d'après des données minéralogiques : ainsi il divise les sols en crayeux, sableux, argileux, graveleux, ocreux, charbonneux.

Il admet ensuite des combinaisons deux à deux de ces différents sols et les subdivise en trois degrés, disant qu'ils sont fortement, médiocrement, faiblement crayeux, ocreux, etc. Rien de plus incomplet que ce classement, puisque les propriétés physiques y sont totalement omises.

Chaptal, dans sa *Chimie agricole*, divise les sols comme il suit: glaiseux, calcaire, marneux, sableux. Les sols humifères sont complètement oubliés ; il n'est pas question non plus des propriétés physiques.

Scandeshagen établit une nomenclature basée sur la fertilité ; il admet quatre classes :

1° Sols très-riches, provenant des formations calcaires en général, et surtout des terrains marneux supercrétacés de l'oolithé, du lias et des marnes irisées ;

2° Dans la deuxième division, il place les sols d'une fertilité moyenne, ceux produits par les granits, les schistes siliceux et les grès, tels que le grès houiller, le grès rouge et le grès vosgien ;

3° Dans la troisième division, formant des sols pauvres, il place ceux formés par le grès bigarré, des marnes irisées et les sols siliceux du diluvium ;

4° Enfin, dans la quatrième division il place les bords de la mer et les sables mouvants du désert.

Quoique cette classification renferme des documents précieux sur la formation des sols, elle est encore insuffisante ; puis la perméabilité, la tenacité n'y sont nullement indiquées.

D'autres auteurs ont basé leur division des sols sur les propriétés physiques.

Columelle les divisait en 8 classes :

1. Grasses, meubles, humides.

2. Grasses, fortes, humides.

3 Grasses, meubles, sèches.

4 Grasses, fortes, sèches.

5 Maigres, fortes, humides.

6 Maigres, fortes, sèches.

7 Maigres, meubles, sèches.

8 Maigres, meubles, humides.

Cette manière de classer les sols est assez complète pour ce qui concerne les propriétés physiques ; mais, quant à l'origine, à la composition, au lien géologique, elle est nulle.

Aujourd'hui, la plupart des agriculteurs français nomment encore leurs sols d'après la méthode de Columelle.

Ils disent :

Les terres fortes, légères, blanches, grises, noires, pierreuses, franches, etc.

Thaer divisa les sols d'après les plantes qui y réussissent le mieux. Il dit : les sols à blé, — à seigle, — à orge, — à luzerne, — à vigne, etc.

Il est superflu de démontrer ce que ce classement a de défectueux.

De toutes les classifications qui ont paru jusqu'à présent, celle qui nous a semblé la plus simple et la plus naturelle est celle de Gasparin.

Il divise les sols en trois grandes sections :

1re SECTION. Sols contenant du carbonate de chaux.	Limons.	Inconsistants. Meubles. Tenaces.
	Argilo-calcaires.	Argileux. Calcaires.
	Craies.	Fraîches. Sèches.
	Sables.	Meubles. Inconsistants.
2e SECTION. Sols ne contenant pas de carbonate de chaux.	Siliceux.	Secs. Frais.
	Glaiseux.	Inconsistants. Meubles. (Micacés. Schisteux. Volcanique. Sablonneux.)
	Tenaces.	

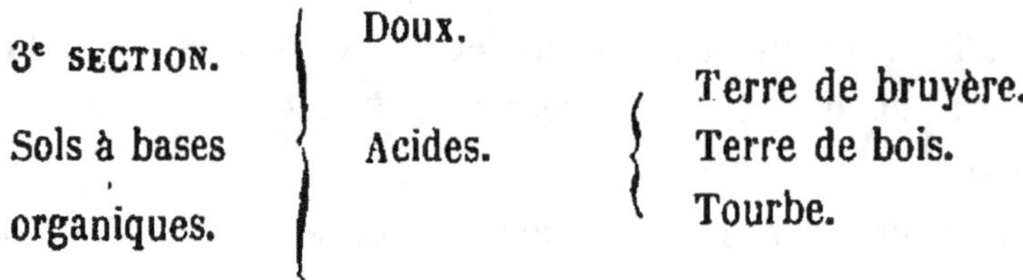

Malgré la supériorité de cette nomenclature sur celles que nous venons d'examiner, nous ne pouvons en parler sans dire qu'elle laisse beaucoup à désirer sous le rapport de la régularité. Et d'abord, quoique cette grande division en trois sections soit riche en données précieuses, nous ne pouvons admettre comme base la présence ou l'absence d'un corps, même le carbonate de chaux ; car nous savons que des sols les plus fertiles, celui de Tchernozen, en Russie, contient seulement 0,8 de carbonate de chaux, tandis qu'un des plus pauvres de la France, celui de la Champagne-Pouilleuse, en contient jusqu'à 60, 80 %.

Nous trouverions des exemples analogues dans les deux autres sections. De plus, l'origine du sol n'y est nullement indiquée.

Une bonne classification doit nous permettre d'apprécier immédiatement un sol tel qu'il est ; elle doit aussi nous faire découvrir la possibilité de production de ce sol par l'indication du lien géologique.

Ainsi, un sol peut être trop humide ou privé de calcaire : c'est un indice de mauvais augure. Si nous ajoutons que le sol humide repose sur une couche imperméable appartenant à tel ou tel terrain, nous saurons immédiatement, si le drainage ou simplement quelques tranchées à découvert peuvent l'améliorer ; de même, si notre terre privée de calcaire repose à peu de profondeur sur un terrain marneux, nous saurons aussi que le marnage peut, par des dépenses assez faibles, transformer notre terre privée de carbonate de chaux en un sol riche.

Comme nous le voyons, les données géologiques sur lesquelles de Gasparin ne s'appuie que faiblement dans sa classification, sont d'une importance majeure.

Les sols sont formés par la partie des terrains qui se trouve à découvert à la surface du globe. Y a-t-il quelque chose de plus naturel que ces sols portent le nom de leur générateur? Ils sont une partie intégrante des terrains ; ils varient quant aux lieux, à la composition, à l'état physique comme les terrains eux-mêmes: connaissons les terrains, nous connaîtrons les sols.

C'est cette fixité des terrains géologiques, ce rapport constant qu'il y a entre la partie et le tout, qui nous détermine à donner aux sols, comme nom de famille, le nom des terrains qui les forment.

Le sol n'est pas, comme ont pu le croire certains agriculteurs, une enveloppe régulière qui recouvrirait la surface de la terre comme la peau recouvre la surface d'un animal : le sol est réellement une partie du terrain, quelquefois très-légèrement modifiée par les agents atmosphériques ou la végétation.

Après l'origine, le fait qui nous paraît le plus important à signaler, c'est la nature des corps qui entrent dans la composition du sol : c'est pourquoi les noms de genre peuvent nous être fournis par les caractères chimiques. Ainsi, nous aurons les genres calcaire, siliceux, argileux, humifère, etc. ; si le calcaire l'argile et la silice se rencontrent dans un même sol : nous l'indiquerons, comme cela se fait déjà, en mettant en avant le nom du corps qui domine : un sol qui contiendrait 40 °/₀ de carbonate de chaux, 35 °/₀ d'argile et 25 °/₀ de silice, se nommerait calcaire argilo-siliceux, etc., etc.

Enfin l'examen des propriétés physiques du sol, telles que la pesanteur, la porosité, la perméabilité, la température, la ténacité, peut nous fournir les caractéristiques des espèces, et nous aurons des sols perméables, poreux, tenaces, etc., etc.

Souvent le carbonate de chaux et la silice sont agglomérés de manière à former des masses de différentes grosseurs: c'est pourquoi, pour compléter la désignation de l'état physique du sol, nous proposons de nommer *sableux* ou *grouineux*, les sols qui renfermeraient de la silice ou du calcaire sous la forme de grains de sable ; *graveleux*, ceux qui contiendraient ces corps sous la forme d'un pois ou d'une noisette ; *pierreux*, ceux qui renfermeraient de plus grosses masses de ces corps, et enfin *rocailleux*, ceux qui seraient entrecoupés de roches fixes calcaires, siliceuses ou autres.

Nous résumons ce que nous venons d'exposer :

Nous proposons de classer les sols en familles, en genres et en espèces : — de tirer des caractères géologiques le nom des familles; — d'emprunter aux caractères chimiques le nom des genres et de caractériser les espèces par les noms des propriétés physiques les plus saillantes.

Pour mieux nous faire comprendre, prenons un exemple.

FAMILLE.	GENRE.	ESPÈCE.
1. Sol du lias.	Argilo-marneux.	Imperméable. Tenace.
2. Sol du diluvium.	Argilo-siliceux.	Imperméable. Lourd et froid.

En présentant cette petite note, nous n'avons pas la prétention de donner un travail complet: notre but a été d'attirer votre attention sur cette question, afin que des hommes plus compétents puissent, s'ils le jugent convenable, traiter le sujet de manière à combler une lacune dans l'enseignement agricole.

La séance est levée.

Le Secrétaire,

DESVAUX-SAVOURÉ.

2e SÉANCE DU 19 MARS.

ARCHÉOLOGIE, LITTÉRATURE, BEAUX-ARTS, PHILOSOPHIE.

—◇—

Présidence de M. EGGER, membre de l'Institut.

M. le Président appelle au bureau : MM. le baron DAVID, PARROT, Jules DAVID, LE HARIVEL.

M. Eugène DOGNÉE remplit les fonctions de secrétaire.

M. Le Harivel fait hommage au Congrès d'un volume dû à la Société académique des Vosges.

M. de Marsy, secrétaire-adjoint, donne lecture du procès-verbal de la séance du 18. Ce procès-verbal est adopté.

M. Du Chatellier, revenant sur la discussion de la veille, affirme que, selon lui, il n'est nullement établi que le système de Malthus repose sur une base indiscutable. La loi de la proportion entre l'accroissement de la population et l'augmentation de la production peut être révoquée en doute, et notamment est contredite par la statistique de certains départements français. Des études nouvelles la réfuteraient peut-être partout. En outre, il croit, avec M. Raudot, que les lois actuelles pourraient favoriser bien davantage les progrès de l'agriculture et, par suite, l'augmentation de la production alimentaire.

M. Raudot, ne croit pas que l'agriculture ait besoin de protection directe, mais il ne veut pas qu'elle soit opprimée par des moyens indirects. Le système actuel de l'administration, en appliquant les impôts payés par les campagnes aux travaux des grandes villes, prive les communes rurales du capital et des bras qui forcément le suivent toujours. C'est ce système général qui est funeste, et vainement s'efforcerait-on de parer à ses résultats pernicieux par des lois de douanes ou d'autres mesures de protection, dont les effets seraient fâcheux pour les populations des campagnes aussi bien que pour la généralité des citoyens.

L'ordre du jour appelle ensuite la communication de M. Jules Duval, sur la fondation de la puissance coloniale aux Antilles.

M. Duval, analyse un livre très-intéressant de M. Pierre Maigry, qui depuis 20 ans étudie avec succès les origines de nos colonies. En attendant qu'il puisse donner son œuvre en entier, il en détache parfois des fragments du plus grand intérêt. Le volume actuel a pour titre : *Belin d'Esnambuc et les Normands aux Antilles, d'après des documents inédits.* M. Maigry a recherché avec succès les moindres traces de son héros : après avoir trouvé sa généalogie jusqu'ici faussée, il trace sa biographie et nous montre son œuvre de colonisation. Gentilhomme nor-

mand, cadet de famille, Belin d'Esnambuc fonda sous Louis XIII
nos premières colonies dans les Antilles. Son nom était jusqu'ici
faussement renseigné par suite de l'erreur, sans cesse recopiée,
commencée par P. Dutertre, l'Hérodote des Antilles. M. Duval
suit pas à pas le récit de la vie de Belin d'Esnambuc, et des
services immenses qu'il rendit à la France par la colonisation
des Antilles. Ce vaillant et hardi *pionnier*, comme le nomme
M. Maigry, s'en alla rejoindre Levasseur à l'île St-Christophe, et
devint le chef audacieux d'une tentative d'établissement français
que Richelieu et les plus grands noms de la Cour eurent à cœur
de protéger. Luttant contre les Anglais d'abord, les Espagnols
ensuite, il prend possession de la Martinique le 1er septembre
1635, fait, dont M. Maigry restitue l'honneur à son héros. Aussi
sage administrateur que hardi fondateur, il assure sa conquête,
et s'éteint en 1636 dans la colonie dont il a doté la France. Telle
est la substance de l'histoire de Belin d'Esnambuc, retrouvée
par les sagaces recherches de M. Maigry. Le seul reproche que
l'on puisse adresser à son savant historien, c'est, dit M. Duval,
d'avoir voulu justifier, en faveur du *pionnier*, les abus contre
le droit des gens que se permettaient les vaillants *conquisita-
dores* du Nouveau-Monde. Des considérations générales sur les
colonies françaises aux Antilles complètent le travail, et démontrent que le nom de *Nouvelle-France* est moins exact que
celui de *Normandie*. Comme curiosité généalogique, M. Maigry
signale les rapports de famille qui unissent le souverain de la
France à Belin d'Esnambuc et à de nombreuses familles de Normandie, si l'on consent à remonter jusqu'au 7e ou au 8e degré.

M. Le Goyt lit ensuite un mémoire sur la statistique du suicide. Ce travail est divisé en deux parties : l'une, composée des
études sur chaque pays d'Europe considéré isolément ; l'autre
est le résumé général des chiffres fournis et des considérations
qu'ils démontrent. M. Le Goyt croit devoir détacher de la première partie la statistique du suicide en France pour sa lecture,
puis termine en lisant au Congrès la seconde partie de son mémoire.

La justice criminelle, dit M. Le Goyt fait le relevé des suicides dans la plupart des États européens, mais les législations ne rendent pas toutes cette vérification bien exacte; des suicides sont cachés, les autres restent inconnus, et ces erreurs même ne sont pas également fréquentes dans les divers États par suite des différences d'organisation de l'état civil et de la justice répressive. Malgré toute l'inexactitude de ces données, on peut cependant. trouver des points de vue auxquels il est possible de demander des données de comparaison bien exactes entre les divers États d'Europe. M. Le Goyt montre ensuite le chiffre des suicides, rapproché de celui de la population, grandissant rapidement en France depuis 1827, date à laquelle on commença à les constater. Étudiant ces chiffres selon les sexes, il remarque une progression plus rapide chez les hommes que chez les femmes. Passant à la circonstance de l'âge, il indique un fait peu connu, c'est que le suicide ne diminue pas, ainsi qu'on le croit généralement, avec le nombre des années; au contraire, dans tous les pays, on le voit se multiplier avec l'âge avancé. La misère, l'abandon, le pénible souci de se sentir à charge, expliquent sans doute cette affirmation donnée par les chiffres. Les saisons climatériques ne sont pas non plus sans influence, et les tableaux dressés par M. Le Goyt montrent que le nombre des suicides s'accroît en raison de l'élèvement de la température. Cette remarque vient coïncider avec un fait analogue, indiqué déjà par l'auteur quant à l'aliénation mentale en France. De là peut-être la preuve que ces résultats analogues, dus à une même influence physique, démontrent une communauté d'origine; et peut-on dire, avec de nombreux moralistes, que le suicide n'est qu'un acte de folie.

Les modes divers de perpétration du suicide fournissent une répartition du plus haut intérêt, dont les tableaux étudiés successivement selon les séxes, l'âge, les causes probables rapportées par les documents officiels, etc., etc., montrent que les maladies cérébrales causant le suicide figurent, pour les femmes, presque en nombre double de celui des hommes. Spécialisant ses études aux suicides de Paris, M. Le Goyt y constate le 1/7 du

nombre total des suicides en France ; la fréquence diminue
considérablement dans les départements qui s'éloignent du
centre du pays. Enfin les tentatives de suicide, relevées dans
le département de la Seine, donnent un chiffre proportionnel
plus grand pour le sexe féminin que pour le sexe masculin. Résumant à grands traits les enseignements qui découlent de l'ensemble de son travail, M. Le Goyt conclut au fait de l'accroissement du suicide, plus rapide que le chiffre proportionnel de
l'augmentation de la population et de la mortalité générale. Ran-
geant les États selon la fréquence des suicides, il cite en tête
de sa liste la Saxe-Royale, le Danemarck, la Suède ; sont au bas
l'Angleterre et les pays catholiques : Espagne, Belgique, Autriche. La France prendrait place parmi ceux-ci, si n'était
l'énorme contingent de Paris. — Le rapport des suicides selon
les sexes est presque uniforme partout. Quant au mode de per-
prétration, la strangulation et la submersion sont les modes
qui semblent généralement préférés ; les modes se rangent
proportionellement, pour les hommes d'abord : *strangulation*, —
submersion, — *armes à feu*, — *armes tranchantes ou aiguës*,
— *poison*, — *asphyxie*, — *chute volontaire d'un lieu élevé ;*
pour les femmes, au contraire : *strangulation*, — *poison*, —
submersion, — *instruments tranchants*, — *asphyxie et divers*,
— *chute volontaire*, — *armes à feu*.

Les saisons exercent une influence sur le choix des moyens
de suicide : les suicides par immersion ont leur minimum en
hiver, leur maximum en été. L'âge guide aussi dans les modes
de perpétration : la submersion diminue quand l'âge s'accroît
et l'empoisonnement est très-rare chez les gens âgés.

Quant aux causes du suicide, il est fort difficile de les grouper
bien exactement, par suite des difficultés de constatation déjà
mentionnées. Un résultat très-frappant de cette étude montre que
les femmes cèdent plutôt aux influences morales, les hommes aux revers de fortune et aux souffrances physiques. Les
ivrognes se pendent dans une proportion énorme ; enfin, les gens
mariés sont ceux qui se suicident le moins, les veufs ceux qui
se suicident le plus. Le mariage diminue le nombre des suicides

beaucoup plus chez les femmes que chez les hommes. Des
relevés faits en Prusse, au point de vue des religions, donnent
les chiffres suivants par million d'habitants: protestants, 153 ;—
israélites, 51 ; —catholiques, 47.

Enfin les suicides, très-fréquents dans les capitales, décrois-
sent rapidement relativement au chiffre de population, en passant dans les villes, les bourgs, les villages, les campagnes.

De toute cette étude, le fait dominant est, dit M. Le Goyt l'accroissement général et rapide du suicide ; les révolutions dans les
idées religieuses, philosophiques, sociales , l'amour immodéré des
richesses , etc. , etc. , amènent sans doute cette désolante
donnée constatée par la statistique.

M. le comte Foucher de Careil demande si le travail de M. Le
Goyt va faire l'objet d'une discussion.

Après quelques paroles échangées entre MM. le Président,
Du Chatellier, Peigné-Delacourt , le Congrès, consulté, décide
vouloir entendre les observations soulevées par la lecture du
mémoire de M. Le Goyt.

M. Foucher de Careil prend ensuite la parole. La statistique
qui s'applique à des questions de morale rend, dit-il, les questions plus saisissantes encore. Cette constatation d'un mal
envahisseur et sans remède légal appelle l'attention de l'honneur
moral et religieux. L'Allemagne a, dit-on, le plus grand nombre
de suicides ; il faut s'en demander le motif. N'est-ce pas l'absence de morale, cette négation des croyances spiritualistes dans
toutes les chaires, ce détournement si brutal des idées d'immortalité de l'âme qu'on a osé y substituer, le dogme matérialiste
de la métempsycose. Les pays protestants, avec leurs universités où s'enseigne le mépris de la morale, figurent naturellement au premier rang de ceux où règne le suicide. Une littérature viciée a aussi son action délétère, et l'on a vu Werther
faire école de suicide. Là sont les causes réelles ; et si ce dra-
maturge de la morgue doit donner une haute leçon, il faut la
demander à la littérature, à la morale, et non aux saisons. On ne
se tue pas parce qu'il fait chaud ou froid, mais parce que l'âme est
morte à la vérité, ou parce que le corps, usé par une accumula-

tion de sensations factices, engendre cet état de maladie mentale
où apparaît l'acte du suicide. La triste progression constatée en
France, de 1827 à 1860, s'explique aisément par la littérature qui
a fait applaudir René, Rolla, M. Bovary. — Les causes générales,
tous les connaissent : misère, malheurs, souffrances... Mais, si
l'on voit les femmes ne céder qu'à la douleur morale et les
hommes perdre courage devant les causes matérielles, n'est-ce
pas que ceux-ci sont plus infectés du matérialisme moderne, et
que la femme est restée croyante? L'étude de ces chiffres est donc
utile, seulement si l'on veut enseigner les remèdes moraux, qui
sont les seuls efficaces et qui se résument en instruction et éducation religieuse, morale popularisée, saine littérature. C'est là
la vraie question, bien plus du domaine du moraliste que du phy-
siologue.

M. le Président regrette que l'auteur du mémoire ait quitté la
séance avant la discussion. Le travail contenait dans ses conclusions quelques développements sur les causes du suicide, et
l'auteur les a éloignées de sa lecture pour ne pas occuper trop
long-temps l'attention du Congrès.

M. Ancelon croit que le rôle de la statistique ne doit pas
aller au-delà des chiffres à grouper ; que, du reste, le mémoire
aurait dû être lu en entier, s'il avait dû s'élever une discussion
à ce sujet.

Le Congrès passe ensuite à la communication de M. Jules
David.

M. Jules David donne lecture d'un fragment d'une étude de la
poésie chez les Arabes. Après avoir constaté les investigations de
l'esprit moderne sur l'Orient, il suit dans le caractère, les mœurs
et les croyances des Arabes, le sort de l'inspiration poétique
chez ces peuples aux idées si nettes et si élevées. La contemplation de la nature, l'amour : voilà les éléments de leur poétique, dont les bardes inconnus ont ouï ces chants, qui de
génération en génération, de tribu en tribu, charment encore
les descendants de ceux qui les premiers purent applaudir ces
poésies naïves, si empreintes d'une puissante originalité. Les
Maouals, colportés par ces bardes inconnus, chantés par les

colonies d'Égypte, font surtout l'objet de l'étude de M. Jules
David. Il trace l'origine historique de cette forme poétique, née
de la complainte des Barmekides, dont la noblesse et les malheurs inspirèrent des chants aux poètes. Dédaignés par les écrivains arabes eux-mêmes, les *Maouals* sont peut-être les traces les
plus gracieuses et les plus poétiques des sentiments de l'âme des
Orientaux. Cette forme antique a été adaptée à la morale dogmatique, à l'épigramme, à l'amour surtout. Les antiques fragments
de la vieille Grèce, les chants d'Alcée, de Sapho, d'Anacréon et
de Simonide, ont fait connaître ces pensées nobles, exprimées
dans un laconisme archaïque d'une rare élégance. Les *Maouals*
de l'Orient, moins ciselés en la forme, ont plus encore de tour-
nures naïves, de grâce naturelle, de finesse sans afféterie. M. Jules
David, dans un travail éloquent dont l'élégante diction prépare
aux vers corrects qui suivent, étudie tous ces caractères et
range les *Mouals* en trois classes : les *Maouals* d'amour, les
Maouals épigrammatiques et les *Maouals* célébrant dans leur
concision quelque ville de l'Orient; il lit ensuite un certain nombre de ces poésies suaves, habilement rendues en vers français.

Cet intéressant travail, qui jette un jour nouveau sur l'une des
pages les plus curieuses et les moins connues de la poésie
orientale, devant être publié par le Congrès, nous bornons à
ces quelques mots l'analyse de la communication de M. Jules
David.

La séance est levée à six heures.

Le Secrétaire-général,

Eugène DOGNÉE.

SIXIÈME JOURNÉE.

1re SÉANCE DU 20 MARS.

SCIENCES PHYSIQUES, AGRICULTURE.

Présidence de M. Gayot, ancien inspecteur général des haras.

Siégent au bureau : MM. Cotteau, Dermigny, de Péronne ; le comte Du Manoir, de Bayeux : de Bouis.

M. le comte A. d'Héricourt remplit les fonctions de secrétaire.

Il est donné lecture du procès-verbal de la section d'agriculture du 17 mars, rédigé par M. le comte d'Héricourt, et de la séance de la même section du 18 mars par M. Desvaux ; ils sont adoptés sans observations.

M. le Directeur donne lecture d'une lettre de la Société d'histoire naturelle de Colmar qui, voulant multiplier ses relations, offre l'échange de ses travaux aux institutions scientifiques qui en feraient la demande.

M. Cotteau rend compte, en ces termes, des études géologiques faites en France en 1863.

PROGRÈS DE LA GÉOLOGIE EN 1863.

RAPPORT DE M. GUSTAVE COTTEAU.

C'est la sixième fois que nous avons l'honneur de vous présenter un rapport sur les progrès de la géologie et de la paléontologie en France. Cette année encore, le nombre des mémoires dont nous avons à vous rendre compte est considérable ; ils sont relatifs à des questions très-variées, et plusieurs offrent un grand intérêt (1).

§ I. — TERRAINS IGNÉS ET PALÉOZOÏQUES.

M. Barrande a continué ses importantes recherches sur les faunes siluriennes. Après avoir rappelé, en les résumant, tous les travaux dont le terrain silurien a été l'objet en France et en Espagne, depuis les observations faites en 1837 par M. Blavier dans la Mayenne et dans l'Orne, jusqu'aux études stratigraphiques publiées en 1861 et 1862 par M. Dalimier, l'auteur établit l'harmonie remarquable que présentent entr'eux ces divers documents, lorsqu'on les rapproche les uns des autres, et retrouve la représentation des *colonies* de la Bohême dans le bassin silurien du nord-ouest de la France et en Espagne ; là, comme ailleurs, prétend notre illustre paléontologiste, il y a eu migration et coexistence partielle de certaines espèces appartenant à des faunes qui, considérées dans leur ensemble, sont cependant successives. A la suite de ce mémoire (2), dans une des séances de la Société géologique de France, des explications in-

____

(1) Les auteurs qui publient des notes ou des mémoires géologiques sont priés de vouloir bien nous les communiquer, chaque année, ayant le 1ᵉʳ mars au plus tard, afin que nous puissions les comprendre dans notre Rapport.

(2) *Bull. Soc. géol. de France*, 2ᵉ série, t. XX, p. 489.

téressantes ont été échangées entre M. Barrande et M. Saemann, sur la théorie des *colonies* et le sens qu'on devait attacher à ce mot (1).

M. Eugène Deslongchamps a insisté sur les difficultés que présente l'étude des séries siluriennes du Calvados, et fixé les limites des trois assises dont se compose le silurien moyen dans la vallée de la Laize (2).

M. Dorlhac a publié un mémoire sur les filons plombifères et barytiques des environs de Brioude (3) ; il a relevé leur direction, fixé leur âge et leur origine et indiqué, avec beaucoup de détails, les éléments dont ils se composent. Ce mémoire, fait au double point de vue de la science et de l'industrie, contient d'utiles observations sur les accidents et les soulèvements des dépôts houillers de Brassac et de Langeac (Haute-Loire et Puy-de-Dôme) ; il est accompagné d'une carte géologique des environs de Brioude, et d'une autre carte indiquant la direction des filons de baryte sulfatée.

M. Noguès s'est livré à l'étude des sédiments inférieurs et des terrains cristallins des Pyrénées-Orientales. Les vallées du Tech et de la Tet ont été principalement l'objet de ses recherches. Il a constaté les diverses roches qui s'y rencontrent, en insistant sur les modifications que les schistes siluriens et dévoniens ont éprouvées au contact du granite. Il a reconnu comment ces terrains de sédiment ont été simultanément ou successivement transformés en schistes nacrés, en micaschistes, en grauwackes et en mélaphyres à pâte peu foncée. M. Noguès a consigné le résultat de ses explorations dans le *Bulletin de la Société géologique de France* (4) , dans les *Comptes-rendus de l'Institut* (5) , dans le *Bulletin de la Société impériale*

---

(1) *Bulletin de la Société géologique de France ,* 2ᵉ série, t. XX, p. 520 et 522.

(2) *Bull. Soc. Linn. de Normandie* , t. VIII, p. 206.

(3) *Bull. de la Soc. d'industrie minérale de St-Étienne,* t. VIII, 1862.

(4) *Bull. Soc. géol. de France,* 2ᵉ série, t. XX, p. 703.

(5) *Comptes-rendus de l'Institut,* t. LVI, p. 1122.

d'agriculture, d'histoire naturelle et des arts utiles de Lyon (1).

Nous devons encore à ce géologue une notice sur les gise-ments houillers des Pyrénées et notamment sur le terrain houiller des Corbières (2). L'auteur nous donne, sur la nature de ces dé-pôts, sur leur âge et leur origine, sur les fossiles qui les carac-térisent et les roches qui les accompagnent, des notions pleines d'intérêt et qui seront toujours consultées avec fruit.

M. Jourdan a reconnu, dans les Vosges, le terrain silurien supérieur, le terrain dévonien et le terrain carbonifère (3). Les fossiles nombreux qu'il a recueillis ne lui laissent aucun doute sur la réalité de ces trois divisions. Au-dessous de ce terrain, existent des assises plus anciennes encore, représentées, par exemple, par les schistes et les grauwackes de Plancher-Bas; mais M. Jourdan n'y a rencontré aucun fossile, et dans l'état actuel de la science, il ne saurait décider s'ils sont siluriens inférieurs ou cambriens.

M. Ébray a publié une note sur les allures que présente le ter-rain houiller de Decize, sous les terrains de recouvrement (4). L'auteur, combinant les résultats des sondages exécutés autour de Decize, avec les données de la théorie, arrive à des con-clusions dont l'utilité pratique ne saurait être contestée.

§ II. — TERRAIN JURASSIQUE.

M. Levallois nous a donné une note sur la position stratigra-phique du grès d'Hettange, qui fait partie du lias et ne saurait dans aucun cas, être confondu avec le *bone-bed* ou grès infra-

---

(1) *Soc. imp. d'agricult., d'hist. nat. et des arts utiles de Lyon,* 1862.

(2) *Ann. de la Soc. des sciences industr. de Lyon,* p. 22 et 87, 1863.

(3) *Revue des Sociétés savantes,* t. III, p. 404.

(4) **Begat, Nevers,** 1863.

liasique (1). L'éminent ingénieur rappelle les phases qu'a subies cette question si long-temps controversée, et qui lui paraît aujourd'hui trop clairement élucidée pour qu'il soit possible d'y revenir désormais.

M. Eudes-Deslongchamps vient de faire paraître son beau mémoire sur les Téléosauriens de l'époque jurassique du département du Calvados (2). L'auteur s'est livré à une comparaison minutieuse des ossements, soit avec ceux des crocodiliens vivants, soit avec ceux des différentes espèces de Téléosauriens. Ce que Cuvier fit autrefois, sous le rapport ostéologique et géologique pour les ossements des pachydermes fossiles des plateaux de Montmartre, l'illustre doyen de la Faculté de Caen l'a entrepris pour les Téléosauriens. Il a voulu faire connaître, avec tous les détails nécessaires, les innombrables et magnifiques débris qu'il a recueillis, depuis plus de quarante ans, dans les riches gisements du Calvados. Neuf planches, dessinées et lithographiées par l'auteur, accompagnent la première partie de cet important ouvrage, qui renferme l'exposé des caractères généraux des Téléosauriens comparés à ceux des Crocodiliens et la description particulière des trois espèces du lias supérieur.

M. Dumortier a signalé deux nouveaux gisements du calcaire à fucoïdes (*Chondrites scoparius*) de l'oolithe inférieure (3) : le premier, aux environs de Thouars (Deux-Sèvres) ; et le second à Metz, sur la colline St-Quentin, au-dessus d'un grès fin que caractérise l'*Ammonites opalinus*. Ainsi s'agrandit tous les jours l'horizon géologique occupé par cette curieuse végétation, dont on finira par retrouver des traces soit en Angleterre, soit en Allemagne.

M. Noguès a publié un mémoire très-complet sur le terrain jurassique des Pyrénées (4). L'auteur parcourt successivement

(1) *Bull. de la Soc. géol. de France*, 2ᵉ série, t. XX, p. 224.
(2) *Mém. de la Soc. Linn. de Normandie*, t. XIII, années 1862-63.
(3) *Bull. Soc. géol. de France*, 2ᵉ série, t. XX, p. 112.
(4) *Congrès scientifique de France*, XXXVIIIᵉ session, Bordeaux, t. III, p. 75 (publié en 1863).

les Pyrénées proprement dites , la région si intéressante des Corbières, puis les Cévennes, dans lesquelles sont compris les départements Languedociens de l'Hérault et du Gard. Dans les conclusions générales développées à la suite de ce travail, M. Noguès établit les rapports qui réunissent la contrée qu'il vient d'explorer avec les autres pays renfermant des dépôts synchroniques. Il retrouve les mêmes faunes et les mêmes horizons que dans le nord et l'est de la France : les modifications qui se présentent sont dues à des influences locales ayant porté sur les caractères chimiques des roches plutôt que sur les faunes.

Nous devons à M. Morière d'utiles renseignements sur la répartition de l'étage liasique dans le département de l'Orne et notamment sur le grès de Ste-Opportune qu'il rapporte au lias (1). Il résulte de ses observations que le massif granitique de cette dernière localité a surgi à une époque antérieure à celle du grès, dont les strates sont horizontales, et qui a nivelé en quelque sorte les inégalités de la roche granitique. Le lias du département de l'Orne s'avance vers les dépôts liasiques de Précigné, et M. Morière ne doute pas que de nouvelles recherches n'amènent la découverte de plusieurs gisements du lias reliant les formations de la Normandie à celles de la Mayenne.

M. Morière nous a donné, en outre, une note sur les crustacés fossiles du terrain jurassique du Calvados (2) et sur une agglomération considérable de moules (*Mytilus gryphoides*) trouvées dans le lias supérieur à la Caine (3).

M. Ébray, dont le nom revient si souvent dans nos rapports, est un explorateur infatigable et dévoué à la science : il a publié, cette année, quatre notices relatives au terrain jurassique ; trois d'entr'elles ont paru dans le *Bulletin de la Société géologique de France ;* la première concerne les calcaires caverneux , plus

____

(1) *Bull. Soc. Linn. de Normandie*, t. VIII, p. 151. — *Revue des Sociétés savantes,* t. III, p. 227.

(2) *Bull. Soc. Linn. de Normandie,* t. VIII, p. 89.

(3) *Id.,* p. 307.

ou moins dolomitiques, qui existent à la base du lias, autour du plateau central du Morvan (1). La bande de ces calcaires a plus de 600 mètres de développement ; elle passe par les départements de la Nièvre, du Cher, de l'Indre, du Lot, de Saône-et-Loire et du Rhône. Après avoir énuméré les opinions contradictoires dont ces calcaires dolomitiques ont été l'objet, M. Ébray cherche à fixer la place qu'ils occupent dans la série des terrains : à l'aide de coupes nombreuses, il établit que partout ils sont supérieurs aux grès de l'infrà-lias, et forment, au milieu de ces couches inférieures, une sorte de récurrence du régime qui a déposé les marnes irisées. L'auteur détermine ensuite les subdivisions à introduire dans l'infrà-lias et termine par d'importantes considérations sur la limite du lias et du trias. Dans la seconde notice, qui est une étude stratigraphique sur le terrain jurassique de la Verpillière (2), M. Ébray s'est attaché à démontrer, d'une manière rigoureuse, comment s'accomplit le passage du facies lyonnais au facies des environs de Privas. La troisième notice renferme des observations sur le terrain jurassique de la Loire et sur les dislocations des environs de St-Nizier-sur-Loire (3), et signale quelques erreurs échappées à M. Grüner dans son grand et bel ouvrage sur la géologie de la Loire, erreurs relatives aux calcaires à *Ostrea arcuata* et à la position stratigraphique des argiles à jaspes.

Nous devons encore à M. Ébray une note établissant la présence de l'étage bathonien et de l'étage bajocien à Crussol (Ardèche) (4). L'auteur discute d'abord les travaux publiés sur le terrain jurassique de l'Ardèche, puis il arrive à la description des couches qui constituent le massif de Crussol, fixe leur âge et leurs relations stratigraphiques, et démontre que l'assise ferrugineuse, considérée généralement comme représentant l'étage callovien, appartient bien certainement à la grande oolithe.

(1) *Bull. Soc. géol. de France*, t. XX, p. 161.
(2) *Id.*, p. 296.
(3) *Id.*, p. 461.
(4) Begat, Nevers, 1863.

M. Eugène Deslongchamps a fait paraître une étude comparative de la grande oolithe de Normandie avec celle de la Sarthe
et du Boulonais (1). Les recherches auxquelles il s'est livré
le conduisent à cette conclusion : que les couches les plus profondes de la grande oolithe (oolithe miliaire) sont très-sem-
blables entr'elles dans les trois régions, et qu'au contraire les
assises supérieures offrent, dans chacune d'elles, un type particulier qui a son caractère propre ; que le cornbrash peut être
considéré comme le dépôt le plus récent de ces assises supérieures, mais qu'il ne s'est développé que dans le Boulonais et
ne s'est pas étendu aux régions occidentales.

Dans ces dernières années, le terrain jurassique de la Provence a donné lieu à des travaux d'un grand intérêt. M. Coquand
y a ajouté le contingent de ses observations, en signalant, dans
les départements du Var et des Bouches-du-Rhône, l'existence
des couches à *Avicula contorta*, confondues jusqu'ici avec les
marnes irisées (2) : découverte importante qui complète, sur
cette partie du littoral, la série des couches liasiques si bien
observées par M. Hébert aux environs de Digne, et nous démontre une fois de plus l'utilité de la paléontologie dans son
application à la stratigraphie.

M. Coquand a étudié également les couches supérieures du
terrain jurassique de la Provence. Dans une seconde note, il
nous a donné le résultat de ses recherches sur les étages corallien, kimmeridgien et portlandien que l'on rapportait aux calcaires à *Chama ammonia* (3). Les coupes que M. Coquand a
dessinées, les fossiles qui ont été recueillis sur plusieurs points,
ne laissent aucun doute sur les rapprochements constatés par le
savant professeur, et établissent que la série jurassique est aussi
complète dans la Provence que dans le nord de la France. Ce
mémoire est suivi d'un tableau stratigraphique qui résume les

(1) *Bull. Soc. Linn. de Normandie,* t. VIII, p. 248.
(2) *Bull. Soc. géol. de France,* t. XX, p. 426.
(3) *Id.,* p. 553.

données positives que l'on possède aujourd'hui sur le terrain jurassique de cette région.

M. Dolfuss a fait paraître un mémoire très-remarquable sur la faune kimmeridgienne du cap la Hève (1) : cette monographie, éditée avec un grand luxe, est précédée de considérations géologiques relatives à l'ensemble des dépôts kimmeridgiens du bassin de Paris, et qui nous montrent les modifications qu'éprouve la faune de cet étage, au fur et à mesure que les couches argileuses du cap la Hève s'imprègnent d'éléments calcaires en se dirigeant vers la nord. L'auteur donne ensuite le prodrome, relevé avec soin, de tous les corps organisés fossiles rencontrés dans le gisement qui fait l'objet de son travail ; puis il discute et décrit les espèces, douteuses ou nouvelles, représentées dans une série de planches magnifiques dues à l'habile crayon de M. Humbert.

Mentionnons encore quelques travaux, plus spécialement paléontologiques :

Depuis la publication des monographies de Blainville et de Voltz, depuis les beaux travaux de d'Orbigny dans la *Paléontologie française*, le nombre des espèces de bélemnites a augmenté dans une proportion considérable. M. Mayer a entrepris la révision complète de ce genre difficile. En attendant que ce grand travail soit terminé, il nous a donné la liste, par ordre systématique, des espèces appartenant au terrain jurassique (2), et ce catalogue est suivi de la diagnose d'un certain nombre de types nouveaux. Nous ne saurions engager trop vivement M. Mayer à mener à bonne fin cette publication, dont le succès nous paraît assuré à l'avance.

M. Valencienne a présenté à l'Académie des sciences une note sur une nouvelle espèce de crocodile recueillie par M. Raynal, dans le terrain oolithique des environs de Poitiers (3). Cette espèce, que caractérisent ses dents coniques et sillonnées, son

(1) Paris, Savy, 1863.

(2) *Journal de conchyliologie,* 3ᵉ série, t. III, p. 181.

(3) *Comptes-rendus de l'Institut,* t. LVII, p. 241.

museau grêle et allongé comme celui du Gavial du Gange, les operculaires de ses mâchoires renflés en forme de boule, a paru nouvelle à M. Valencienne, qui lui a donné le nom de *Crocodilus physognatus.*

Nous trouvons, dans le *Bulletin* de la Société Linnéenne de Normandie, plusieurs notes paléontologiques de M. Eugène Deslongchamps, très-dignes de fixer votre attention : la première est relative à l'oiseau fossile de Solenhofen (1). L'auteur nous fait connaître ce type étrange, considéré d'abord comme un reptile garni de plumes, mais qui appartient bien certainement à la classe des oiseaux et constitue un genre anormal, remarquable surtout par la longueur de sa queue, composée de vingt vertèbres grêles. La planche jointe au travail de M. Deslongchamps nous donne une idée du caractère de cet oiseau, le plus ancien de tous ceux qu'on connaît, et qui rappelle un peu la physionomie des Ptérodactyles. Dans une autre notice, M. Deslongchamps étudie les *Aptychus* (2) et cherche à fixer la classe dans laquelle doivent être placés ces débris curieux, long-temps ballottés dans la série, et qu'il regarde, avec M. Quenstedt, comme une partie intégrante de l'animal des Ammonites, contrairement à l'opinion de d'Orbigny qui rangeait les *Aptychus* parmi les Cirrhipèdes pédonculés, dans le voisinage des Anatifes. M. Eugène Deslongchamps décrit ensuite quelques espèces nouvelles intéressantes de Peltarion (3), d'Oscabrion (4) et de Patelle (5), toujours très-rares à l'état fossile.

M. Noguès a signalé la découverte, dans un calcaire schisteux des environs de Seyssel (Ain), d'une mâchoire de poisson du genre *Gyrodus,* Agassiz, dont les dents ombiliquées sont allongées ou circulaires (6). L'espèce que décrit M. Noguès est nou-

(1) *Bull. Soc. Linn. de Normandie,* t. VIII, p. 170.
(2) *Id.,* p. 178.
(3) *Id.,* p. 190.
(4) *Id.,* p. 192.
(5) *Id.,* p. 196.
(6) *Comptes-rendus,* t. LVII, p. 913.

velle, et se distingue de ses congénères par le nombre, la forme et la position de ses dents.

M. Munier nous a fait connaître un nouveau genre de coquilles bivalves, provenant du kimmeridge-clay du Havre (1). Ce genre, intermédiaire entre les Isocardes et les Cyprines, a reçu le nom d'*Anisocardia* et ne comprend qu'une seule espèce, *A. elegans.*

§ III. — TERRAIN CRÉTACÉ.

M. Cornuel poursuit ses études comparatives sur les étages inférieurs du terrain crétacé. Nous lui devons, cette année, une note concernant la limite des deux étages du grès vert inférieur (2). L'auteur insiste notamment sur l'assise qui représente, dans le golfe parisien, les calcaires à Caprotines du Midi; assise qui, suivant lui, ne serait autre que la couche fluvio-lacustre à argiles panachées et à fer oolithique, supérieure aux argiles ostréennes.

M. Ebray a publié une notice assez étendue sur la stratigraphie de l'étage albien des départements de l'Yonne, de l'Aube, de la Haute-Marne, de la Meuse et des Ardennes (3). Après avoir parcouru l'étage albien sur une longueur de près de 30 myriamètres, il signale les différences que présentent, à d'aussi grandes distances, des dépôts synchroniques, et cherche à déterminer les lignes de propagation que quelques-uns des fossiles caractéristiques ont suivies dans leur développement.

M. Hébert nous a donné, dans le *Bulletin de la Société des sciences historiques et naturelles de l'Yonne*, le résultat de ses observations géologiques sur quelques points du département de l'Yonne ; nous y trouvons une coupe détaillée de l'étage albien des environs de St-Florentin (4). M. Hébert mentionne, à la partie

(1) *Journal de conchyliologie*, 3ᵉ sér., t. III, p. 288.
(2) *Bull. Soc. géol.*, 2ᵉ sér., t. XX, p. 575.
(3) *Bull. Soc. géol. de France*, 2ᵉ sér., t. XX, p. 209.
4) *Bull. Soc. des sc. hist. et nat. de l'Yonne*, t. XVII, p. 40.

supérieure de cet étage, une argile bleuâtre d'une épaisseur d'environ 12 mètres, et qui n'avait pas encore été indiquée avant lui.

Nous avons publié deux nouvelles livraisons de nos *Échinides de l'Yonne* (1) ; elles renferment la fin des Échinides néocomiens et la description des espèces de l'étage aptien. Dans une note insérée au *Bulletin de la Société géologique de France* (2), nous avons présenté quelques considérations générales sur la distribution des genres et des espèces dans les différentes assises de l'étage néocomien.

M. Jaubert a signalé à l'Académie (3) l'existence, dans le terrain néocomien de Gréoulx (Basses-Alpes), |de corps organisés fossiles en forme de cylindres, voisins des polypiers, mais bien distincts et d'autant plus intéressants qu'ils paraissent, par quelques-uns de leurs caractères, s'éloigner de tous les êtres vivants ou fossiles que nous connaissons.

M. Valencienne a décrit une tortue fossile découverte, par M. Lesnier, dans la craie du Havre (4). Cette espèce curieuse appartient à la section des tortues marines et se distingue par un caractère très-saillant, celui d'avoir neuf côtes au lieu de huit. M. Valencienne en a fait le type d'un nouveau genre, et désigne l'espèce sous le nom de *Palæochelis novem-costatus*.

M. Dolfuss a figuré, dans le *Bulletin de la Société géologique*, une Trigonie nouvelle des grès verts supérieurs du cap la Hève (5). Cette espèce fort rare a reçu de l'auteur le nom de *Trigonia Heva*, et se place dans le groupe des Trigonies carénées, non loin du *T. carinata*, Agassiz, du terrain néocomien.

' Nous devons à M. Meugy une note sur quelques terrains crétacés du Midi (6). Il résulte des observations comparatives et

(1) *Bull. Soc. des sc. hist. et nat. de l'Yonne*, t. XVII, p. 3. — Exempl. à part : Livr. 29 et 30.

(2) *Bull. Soc. géol. de France*, 2e sér., t. XX, p. 355.

(3) *Comptes-rendus de l'Institut*, t. L.

(4) *Id.*, t. LVI, p. 318.

(5) *Bull. Soc. géol. de France*, 2e sér., t. XX, p. 220.

(6) *Id.*, p. 410. — *Comptes-rendus de l'Institut*, t. LVI, p. 434.

minutieuses auxquelles il s'est livré, qu'il existe, dans l'arrondissement d'Uzès, au-dessus du terrain néocomien, un dépôt crétacé qu'on peut diviser en deux parties : l'une inférieure, principalement sableuse et fluvio-marine ; l'autre supérieure, principalement calcaire, et que ces assises sont en stratification discordante avec les roches du grès vert et du gault sur lesquelles elles reposent, et les calcaires à Hippurites qui leur succèdent, correspondant ainsi aux systèmes turonien et cénomanien d'Alcide d'Orbigny.

Nous devons, en outre, à M. Meugy la connaissance d'un nouveau gisement de craie phosphatée (1) analogue à celui de Tun. Ce gisement se trouve dans la Dordogne, au-dessus des calcaires à Rudistes, entre la zone à *Ammonites peramplus* et celle à *Spondylus truncatus*.

M. Guillier a publié une note concernant les limites des étages turonien et sénonien, qui lui semblent devoir être maintenues telles que les avait circonscrites d'Orbigny (2). Cette classification lui paraît plus naturelle que celle proposée par M. l'abbé Bourgeois, dans sa *Notice sur la craie de Loir-et-Cher*, dont nous avons rendu compte l'année dernière.

M. Harlé a cherché à déterminer le niveau stratigraphique des calcaires crétacés des environs de Sarlat (Dordogne) (3), qui sont compris, suivant lui, dans la partie inférieure du deuxième étage crétacé de M. d'Archiac.

Nous trouvons, dans les comptes-rendus du Congrès de Bordeaux, une notice intéressante de M. Noguès sur le terrain crétacé des environs de Dax (4). L'auteur décrit les différents étages qu'il a reconnus, et insiste principalement sur le gisement de Vinport qui, d'après les fossiles qu'on y a recueillis, représente le terrain néocomien supérieur.

(1) *Bull. Soc. géol. de France*, 2ᵉ sér., t. XX, p. 549. — *Comptes-rendus de l'Institut*, t. LVI, p. 770.

(2) *Bull. Soc. géol.*, 2ᵉ sér., t. XX, p. 101.

(3) *Id.*, p. 120.

(4) *Congrès scient. de France*, XXVIIIᵉ session, Bordeaux, t. III, p. 27.

Les terrains crétacés supérieurs ont été l'objet de recherches importantes, de discussions approfondies, et qui ne tarderont pas à jeter la lumière sur quelques points obscurs encore de leur classification. Parmi les géologues qui connaissent le mieux le terrain crétacé et s'en occupent le plus sérieusement, nous citerons, en première ligne, M. Hébert. Le savant professeur de la Sorbonne a publié, cette année, un travail du plus haut intérêt sur la craie blanche et la craie marneuse dans le bassin de Paris (1). Nous ne suivrons pas M. Hébert dans les détails stratigraphiques et paléontologiques qu'il nous donne sur la craie à *Belemnitella mucronata* et sur les caractères qui la séparent de la craie à *Belemnitella quadrata* qui lui est inférieure, sur les différentes subdivisions de la craie marneuse qui, suivant lui, commence avec la zone à *Inoceramus labiatus* et comprend, à sa partie supérieure, la zone à *Micraster cor-anguinum;* qu'il nous suffise de dire que cette étude résume les observations faites, depuis plusieurs années, par M. Hébert, sur la craie du bassin de Paris, et est destinée à servir de guide à ceux qui voudront diriger leurs investigations de ce côté.

M. de Mercey, adoptant les bases de la classification proposée par M. Hébert, a étudié avec un soin minutieux les caractères et les divisions de la craie supérieure dans le nord, de la France (2), et a publié, dans le *Bulletin de la Société géologique*, à la suite du mémoire de M. Hébert, le résultat de ses consciencieuses recherches.

MM. Coquand et Hébert ne sont point d'accord relativement à l'âge des dépôts crétacés supérieurs des deux Charentes et de la Dordogne. M. Coquand persiste dans l'opinion, qu'il a déjà plusieurs fois émise, que ces couches, caractérisées par l'*Ostrea vesicularis,* l'*Hemipneustes radiatus,* le *Conoclypeus Leskei* et beaucoup d'autres espèces dont il donne la liste, représentent la craie supérieure de Meudon et de Maëstricht, et ajoute que ces mêmes assises, qui manquent dans les Corbières

(1) *Bull. Soc. géol. de France*, 2ᵉ sér., t. XX, p. 605.
(2) *Id.*, p. 631.

et dans la Provence, se retrouvent en Algérie où la série crétacée se montre certainement plus complète qu'à Meudon. De son côté, M. Hébert considère non-seulement la craie de Maëstricht, mais aussi la craie de Meudon, comme supérieure à tous les dépôts crétacés qui existent dans les deux Charentes (1); il discute la liste de fossiles identiques, présentée par M. Coquand, et démontre combien la faune de Meudon est indépendante de celle à laquelle on voudrait la réunir. Comme vous le voyez, les deux éminents professeurs sont encore loin de s'entendre. Le débat qui s'agite entre eux, qu'on l'envisage au point de vue stratigraphique ou paléontologique, a une grande importance. Comme le disait M. Hébert, il aura pour résultat de l'obliger, lui et son adversaire, ainsi que tous ceux qui travaillent la craie (et le nombre s'en accroît chaque jour), à apporter dans leurs publications plus de précision, plus d'exactitude, afin de ne point fournir de nouvelles armes contre la vérité.

M. Leymerie a signalé l'existence, dans la Haute-Garonne, d'un ensemble de couches qu'il regarde comme supérieures à la craie blanche dont le type se trouve à Maëstricht, et qui cependant est inférieur au terrain éocène (2). Il croit devoir donner à ce système, dont la puissance, sur certains points, est de cinq ou six cents mètres, le nom de *système Garumnien*. La partie supérieure de ce terrain est composée d'une marne piquetée de points verts et renferme beaucoup d'espèces de mollusques et d'oursins dont plusieurs sont connues pour être crétacées, tandis que d'autres dépendent de la faune éocène. Les oursins crétacés ne se retrouvent pas ailleurs dans la craie pyrénéenne, ils semblent, ajoute M. Leymerie, être venus occuper là une place qui ne leur appartient pas et former une *colonie* analogue à celle que, depuis long-temps, M. Barrande a indiquée en Bohême, dans un terrain bien différent, mais plus caractéristique encore.

M. Hébert, que nous trouvons sur la brèche toutes les fois

(1) *Bull. Soc. géol. de France*, 2ᵉ sér., t. XX, p. 9.
(2) *Revue des Soc. savantes*, t. III, p. 305.

qu'il s'agit d'une question relative au terrain crétacé, tout en rendant hommage aux travaux importants de M. Leymerie (1), a déclaré qu'il ne pouvait pas se ranger à son opinion : que les études qu'il venait de faire lui-même ne lui démontraient nullement l'existence de la craie de Maëstricht dans les Pyrénées, et encore moins de la *colonie* qui serait venue recouvrir des assises supérieures aux calcaires à *Hemipneustes*. La cause de ces erreurs, suivant M. Hébert, provient du mauvais état des échantillons que M. Leymerie avait à sa disposition. M. Leymerie a protesté, à son tour (2), en citant plusieurs fossiles parfaitement déterminés, tout-à-fait caractéristiques, et qui, d'après lui, ne peuvent laisser aucun doute sur la présence de la craie de Maëstricht dans les Pyrénées, sur l'existence d'une *colonie* qui se trouve séparée de la craie supérieure d'Ausseing par des assises puissantes ne renfermant aucun fossile crétacé connu. Commencée à la Sorbonne, au sein du Congrès des Sociétés savantes, cette intéressante discussion a été continuée devant la Société géologique de France (3). Des débats de cette nature, entre des hommes de la valeur de MM. Leymerie et Hébert, ne peuvent que profiter à la science.

Nous devons à M. Pugaut une note sur les calcaires bréchoïdes des environs de Sompuits (Marne) (4). Ces calcaires, remarquables par leur dureté, sont traversés de lames spathiques qui leur donnent l'aspect d'une brèche à pâte tantôt mate, tantôt demi-translucide ; ils sont, en outre, quelquefois pénétrés d'oxydes de fer qui leur ont communiqué des couleurs aussi vives que variées. M. Pugaut s'est demandé si, dans de pareilles conditions, ces calcaires ne seraient pas susceptibles de prendre le poli du marbre, et les essais qu'il vient de faire ont pleinement réussi.

M. de Rochebrune a fait paraître la description de deux

(1) *Revue des Sociétés savantes,* t. III, p. 307.
(2) *Id.*, t. IV, p. 5.
(3) *Bull. Soc. géol. de France*, 2ᵉ série, t. XX, p. 352.
(4) *Revue des Soc. savantes*, t. III, p. 352.

nouvelles espèces de coquilles crétacées (1), l'une et l'autre fort
curieuses, le *Pileolus giganteus* et le *Vulsellus Deshayesi*.

§ IV. — TERRAIN TERTIAIRE.

M. Raulin a publié un mémoire sur les terrains tertiaires de
l'Aquitaine occidentale (2). Le savant professeur nous donne
d'abord un aperçu orographique de ce pays qu'il connaît si
parfaitement ; puis il décrit chacune des dix assises qui, d'après
la classification qu'il a fait connaître en 1848, composent le
terrain tertiaire dans cette région de la France. L'Aquitaine,
suivant lui, est un vaste et ancien estuaire, un des plus beaux
exemples à l'appui de la théorie des affluents de Constant
Prévost. Si, d'un côté, les dépôts marins pendant la succession
des temps gagnaient continuellement en étendue, d'un autre
côté, les formations exclusivement d'eau douce étaient refoulées
de plus en plus à l'est, vers le fond du bassin.

M. Tournouer a continué ses études sur les terrains tertiaires
moyens de l'Aquitaine ; il a présenté, cette année, à la Société
géologique une note très-détaillée sur l'existence des Nummu-
lites dans l'étage à *Natica crassatina* du bassin de l'Adour (3) ;
il insiste sur les caractères paléontologiques de cet étage qui
ne se confond ni avec l'éocène d'une part, ni avec le miocène
de l'autre, mais qui se relie cependant à tous les deux. C'est
ce caractère mixte, ajoute l'auteur, qui rend ce terrain difficile à synchroniser, mais qui en même temps lui donne de
l'intérêt, au point de vue de la transformation des espèces et
de l'évolution des faunes.

Nous devons à M. Pellat une note fort exacte sur les falaises
de Biarritz (4). Il combat l'opinion de M. Tournouer, qui tend à

(1) *Bull. Soc. géol. de France*, 2ᵉ série, t. XX, p. 587.

(2) *Congrès scientifique de Bordeaux*, XXVIIIᵉ session. t. III,
p. 43.

(3) *Bull. Soc. géol. de France*, 2ᵉ série, t. XX, p. 649.

(4) *Id.*, p. 670.

rapprocher l'étage à *Natica crassatina* des couches nummuli-
tiques, et précise les différents niveaux fossilifères de Biarritz.
M. Pellat établit deux grandes divisions qui se distinguent
aussi bien par leurs fossiles que par leurs caractères minéralogiques, et se subdivisent elles-mêmes en plusieurs zones
nettement tranchées.

M. Noulet poursuit ses intéressantes recherches sur les terrains
d'eau douce de la région pyrénéenne ; il nous a donné, cette
année, une étude sur les fossiles du terrain éocène du bassin
de l'Agout (Tarn) (1). Après avoir énuméré les mammifères,
les sauriens, les mollusques, les plantes qui ont été recueillis
dans cette couche fluvio-lacustre, et fourni de précieux renseignements sur certaines espèces nouvelles ou peu connues,
M. Noulet présente quelques déductions géologiques et paléontologiques sur ce terrain qui lui paraît, comme en 1854, correspondre à l'époque des gypses du bassin de Paris, contrairement à l'opinion des auteurs de la Carte géologique de France
qui le confondent avec le miocène sous-pyrénéen.

La découverte d'eau jaillissante dans les sables des Landes
serait d'un grand intérêt pour cette région déshéritée sous tant
de rapports. M. Jacquot, ingénieur en chef des mines à Bordeaux, a porté ses investigations de ce côté. Dans une note
publiée par la Société Linnéenne (2), il établit que, jusqu'ici,
aucune tentative sérieuse n'a été faite pour résoudre la question
de la possibilité de doter les Landes de fontaines artésiennes ;
qu'il n'y a aucune chance de rencontrer des nappes d'eau
pouvant jaillir à la surface du plateau des grandes landes,
dans le sable de ce nom, aussi bien que dans les terrains tertiaires auxquels il est superposé ; qu'au contraire, l'existence
de pareilles nappes dans les couches supérieures de la craie
est presque certaine, à la condition d'entreprendre des sondages profonds, et de se ménager la possibilité de les pousser

(1) *Mém. de l'Acad. impériale des sc., insc. et belles-lettres de
Toulouse*, 6ᵉ série, t. I, p. 181.

(2) *Actes de la Soc. Linn. de Bordeaux*, t. XXIV, p. 183, 1863.

jusqu'à 200 ou 250 mètres. Les emplacements de ces sondages, ajoute l'éminent ingénieur, devront se trouver sur le prolongement des axes de protubérance que présente la stratification onduleuse de la formation crétacée.

M. Gosselet nous a fait connaître le résultat de ses observations sur les calcaires tertiaires de Blaye (Gironde) (1), dont l'âge est encore sujet à discussion, et qu'il croit devoir rapporter, après un examen scrupuleux des fossiles, au terrain éocène supérieur.

M. Gosselet nous a donné également d'utiles renseignements sur les calcaires d'eau douce du nord-est de l'Aquitaine, qui forment deux assises bien distinctes, séparées par un banc de meulière intercalé au milieu des argiles (2).

Le terrain tertiaire des environs de Paris, si souvent exploré et toujours si intéressant à étudier, a été l'objet de nouvelles et utiles observations. Nous devons à M. Goubert : 1° la découverte d'un gisement de calcaire grossier à Mortcerf (Seine-et-Marne), sur l'embranchement du chemin de fer de Gretz à Coulommiers.(3); 2° une coupe de la nouvelle ligne de Paris à Montargis par Corbeil (4); 3° et une coupe du chemin de fer de St-Cyr à Dreux (5). Dans ce dernier travail, M. Goubert insiste sur la tranchée d'Houdan, si curieuse au point de vue stratigraphique, et qui peut être mise sur la même ligne que Grignon, quant à la richesse et à la belle conservation des fossiles qu'on y rencontre.

M. Watelet a signalé près de Jouy, dans les marnes tertiaires du Soissonnais, des ossements assez bien conservés appartenant au genre *Lophiodon*, voisin des Tapirs (6); les débris qu'il a

(1) *Bull. Soc. géol. de France*, 2ᵉ série, t. XX, p. 194. — *Revue des Soc. sav.*, t. III, p. 304.

(2) *Actes Soc. Linn. de Bordeaux*, t. XXIV, p. 177.

(3) *Bull. Soc. géol. de France*, 2ᵉ série, t. XX, p. 720.

(4) *Id.*

(5) *Id.*, p. 736.

(6) *Id.*, p. 679.

recueillis lui paraissent représenter trois espèces distinctes :
le *Lophiodon isselense*, le *L. parisiense*, et une troisième
espèce, peut-être nouvelle, qui s'éloigne de ses congénères par
sa taille très-petite.

M. l'abbé Lambert a publié une note sur le chemin de fer
de St-Gobain (1). La voie ferrée traverse, sur une longueur de
14,500 mètres, la série complète des dépôts dont se compose
le terrain tertiaire inférieur, depuis les sables blancs de Villy-
la-Montagne et les marnes à *Physa gigantea*, au pied de la
butte de Sinceny, jusqu'au calcaire grossier inférieur qui couronne le sommet de la montagne de St-Gobain, à l'endroit où
se termine le chemin de fer. L'auteur étudie avec soin chacune
des assises, et termine ce travail par une coupe théorique qui
nous montre leur succession et leur épaisseur.

M. Deshayes continue la publication de son magnifique ouvrage sur les animaux sans vertèbres du bassin de Paris (2).
Les livraisons parues en 1863 comprennent la suite des
Gastéropodes : les genres s'ajoutent aux genres, les espèces
aux espèces, sans épuiser la richesse des matériaux que notre
illustre paléontologiste a entrepris de nous faire connaître.

M. Alphonse Milne Edwards nous a donné la suite de ses recherches sur les Crustacés fossiles de l'époque tertiaire; il a
exposé ses idées sur la famille des Cancériens et décrit un
certain nombre de genres et d'espèces de la division des
Xanthiens (3).

M. Valencienne ne laisse échapper aucune occasion de faire
connaître à l'Académie les découvertes qui, chaque jour, viennent augmenter le nombre de nos animaux vertébrés fossiles.
Dans une note insérée aux comptes-rendus (4), il a appelé
l'attention sur un *sternum* de tortue provenant des collines
gypseuses de Sannois et d'Argenteuil. Ce reptile, qui fait partie

(1) *Bull. de la Soc. acad. de Laon*, t. XIII, p. 27.
(2) *Descript. des anim. invert. du bassin de Paris*, Baillière, 1863.
(3) *Ann. sc. nat.*, |4e série, 1863.
(4) *Comptes-rendus*, t. LVII, p. 853.

de la collection de l'École normale, est remarquable par sa grande taille et paraît appartenir à un émyde d'eau douce. Dans le doute, M. Valencienne préfère lui laisser une dénomination plus générale, et désigne l'espèce sous le nom de *Testudo Heberti*.

M. Gervais, dé son côté, a communiqué à l'Institut une note sur un ichthyodorulithe recueilli par M. Raulin dans le grès miocène de Léognan (Gironde) (1). Ce curieux fossile est comprimé, et son bord postérieur est muni d'un sillon médian, bordé par deux rangées de dentelures en scie qui rappellent assez bien celles de l'aiguillon dorsal des Chymères. Cependant cet ichthyodorulithe appartient à un animal bien plus grand que les Chymères actuelles, et fait partie d'un genre certainement nouveau. M. Gervais se propose d'en publier plus tard les figures et la description comparative, sous le nom de *Dipsestis chymeroides.*

M. Albert Gaudry, dont les belles découvertes ont été si souvent mentionnées dans nos rapports, poursuit la publication de son grand travail sur les animaux fossiles et la géologie de l'Attique : trois nouvelles livraisons ont paru et comprennent la description de plusieurs espèces intéressantes, notamment d'un édenté gigantesque qui constitue un genre nouveau, et d'un mastodonte inconnu avant les recherches de M. Gaudry, et qui a reçu le nom de *Mastodon Pentelici.*

Dans une note que nous trouvons au *Bulletin* de la Société géologique (2), M. Gaudry insiste sur les caractères de la dentition chez les hyènes, et établit que l'*Hyena eximia* de Pikermi, tout en constituant une espèce distincte, forme un intermédiaire remarquable entre l'hyène tachetée et l'hyène brune.

M. le marquis de Raincourt et M. Munier ont décrit, sous le nom de *Goodalliopsis*, un nouveau genre de coquille bi-

____

(1) *Comptes-rendus*, t. LVII, p. 1007.
(2) *Bull. Soc. géol. de France*, 2ᵉ série, t. XX, p. 404.

valve, voisin dés *Goodallia* (1), et provenant du calcaire
grossier inférieur de Fercourt. Le même mémoire renferme
la description de plusieurs coquilles tertiaires nouvelles, recueillies soit dans le bassin de Paris , soit à Biarritz. M. Meyer
nous a également fait connaître, dans le *Journal de conchyliologie* , quelques espèces curieuses provenant de l'étage
éocène (2).

<h3 align="center">§ V. — TERRAIN QUATERNAIRE.</h3>

Le terrain quaternaire a donné lieu à des recherches nombreuses et pleines d'intérêt : de tous côtés les observations se
multiplient, et la lumière se fait chaque jour dans cette question, si obscure encore il y a quelques années, de l'existence de l'homme à l'époque quaternaire. Nous avons tout
d'abord à vous signaler une découverte que vous connaissez
déjà, car elle a eu, non-seulement en France, mais encore à
l'étranger, en Angleterre surtout, un grand retentissement. La
presse quotidienne, le plus souvent si indifférente aux événements purement scientifiques, s'en est émue, et pendant
plusieurs semaines, la mâchoire humaine fossile de la sablière
de Moulin-Quignon, près Abbeville, a occupé l'attention publique. Il appartenait à M. Boucher de Perthes, à celui qui a
consacré tant d'années de sa vie à recueillir, dans le terrain
quaternaire, les preuves de l'existence de l'homme, de rencontrer enfin l'homme lui-même, au milieu des nombreux
vestiges de son industrie. Rappelons l'histoire de cette intéressante découverte. C'est le 20 avril 1863 qu'elle a été an-
noncée à l'Académie. Dans la note présentée à ce sujet (3),
M. Boucher de Perthes décrit avec un soin minutieux la position occupée par la mâchoire et les silex taillés qui l'accompagnaient; il insiste sur les précautions qu'il a prises pour la

(1) *Journal de conchyliologie* , 3ᵉ série , t. III , p. 194.
(2) *Id.* , p. 91.
(3) *Comptes-rendus de l'Institut* , t. LVI , p. 779.

retirer de la gangue sablonneuse ; puis il indique la nature et l'épaisseur des couches qui la recouvraient, à une profondeur de 4 mètres 70 centimètres.

A la même séance, M. de Quatrefages, auquel le précieux ossement avait été confié, et qui s'était rendu, quelques jours auparavant, à Abbeville et avait visité la sablonnière de Moulin-Quignon, en compagnie de M. Boucher de Perthes, lut à l'Académie un premier aperçu sur les caractères anatomiques et physiologiques de cette mâchoire, qui lui paraît être celle d'un individu très-probablement âgé, et en tous cas de taille petite ou moyenne (1). « Dans cette mâchoire, dit-il, « absolument rien ne vient à l'appui des idées soutenues par « quelques esprits aventureux et qui feraient descendre l'homme « du singe par voie de modifications successives. Cette mâ- « choire est plutôt faible que forte. Tout en elle rappelle « l'homme, et elle n'a rien de la physionomie *féroce*, qu'on « me pardonne l'expression, qu'offre parfois cette même partie « du squelette dans les races actuelles. »

C'est après la lecture de ces notes que des doutes s'élevèrent sur l'authenticité du fossile de Moulin-Quignon, et que M. Falconer, l'un des géologues les plus distingués de l'Angleterre, et qui avait visité la sablonnière d'Abbeville dès la première nouvelle de la découverte de M. Boucher de Perthes, dans une lettre publiée par le *Times* du 2 avril, se déclara convaincu de la fausseté du fossile de Moulin-Quignon et des silex taillés rencontrés au même niveau : le tout était de date récente, et M. Boucher de Perthes, trop confiant, avait été la dupe d'un ouvrier habile.

Dans deux notes successives, M. de Quatrefages combattit énergiquement les doutes qui commençaient à se propager (2). D'après les caractères qu'*il* relève, l'un *des silex trouvés* avec la mâchoire, et la mâchoire elle-même lui paraissent présenter toutes les garanties possibles d'authenticité. Ces mêmes objets

(1) *Comptes-rendus*, t. LVI, p. 782.
(2) *Id.*, p. 857 et 809,

ont été soumis par M. de Quatrefages à M. Delesse, juge parfaitement compétent en pareille matière, et qui n'hésite pas à affirmer que les haches en silex et surtout la mâchoire humaine sont incontestablement à l'état fossile. Leur surface, dit-il, est encroûtée par une limonite brune, magnétifère, présentant, sur certains points, l'éclat métallique : en sorte que son dépôt accuse une œuvre inimitable de la nature.

La discussion était engagée : MM. Falconer et de Quatrefages résolurent d'examiner de nouveau, en commun, les pièces du procès et de s'adjoindre, pour cette étude, quelques-uns de leurs confrères. Une sorte de Congrès scientifique eut lieu à Paris et s'ouvrit le 9 mai, au Jardin-des-Plantes. M. Falconer s'y rendit, accompagné de MM. Prestwich, Carpenter et Busk, tous membres de la Société royale de Londres ; MM. Lartet, Desnoyers et Delesse se réunirent, d'un autre côté, à M. de Quatrefages. M. Milne Edwards fut chargé de diriger les travaux de cette réunion, à laquelle prirent part MM. Hébert, Daubrée, Gaudry, l'abbé Bourgeois et plusieurs autres naturalistes français.

Après deux longues séances consacrées principalement à l'étude approfondie des haches en silex de Maubert, de Menchecourt, de St-Acheul comparées à celles de Moulin-Quignon, on procéda à l'examen minutieux de la célèbre mâchoire qui, à la demande des naturalistes anglais, fut sciée verticalement, de manière à mettre à nu le fond de l'alvéole occupée par la dent unique restée en place, et comparée ensuite à d'autres mâchoires d'un âge plus récent. Cet examen ne parvint pas à dissiper les doutes de M. Falconer et de ses amis qui, contrairement à l'opinion des naturalistes français, demeurèrent convaincus qu'il y avait eu fraude pour cet ossement comme pour les haches de la couche inférieure de Moulin-Quignon. On se rendit alors à Abbeville, afin de continuer l'enquête sur les lieux mêmes où les pièces en litige avaient été rencontrées ; l'examen de la carrière, la nature et la disposition des couches, la découverte de plusieurs haches en silex, identiques à celles dont on contestait l'origine, et recueillies évidemment en place, à une profondeur de quatre mètres, dans la couche même d'où

avait été extraite la mâchoire humaine, ne tardèrent pas à faire
disparaître les incertitudes et à convaincre les plus incrédules.
Dans un remarquable rapport présenté à l'Académie (1), M. Milne
Edwards a rendu compte de tous ces faits : « Le désir d'arriver
« à la connaissance de la vérité, dit-il, était l'unique sentiment
« dont étaient animés tous les paléontologistes qui, de Londres
« et de Paris, s'étaient rendus à Abbeville pour étudier les
« questions dont je viens d'entretenir l'Académie ; et dès que
« l'obscurité dont le sujet était d'abord entouré disparut ainsi,
« tous les membres de cette réunion d'amis adoptèrent la même
« opinion. Écartant toute idée de fraude, ils ont reconnu de la
« manière la plus franche qu'il ne leur paraissait plus y avoir
« aucune raison pour révoquer en doute l'authenticité de la
« découverte, faite par M. Boucher de Perthes, d'une mâchoire
« humaine dans la partie inférieure du grand dépôt de gravier,
« d'argile et de cailloux de la carrière de Moulin-Quignon. Ce
« n'est pas sans quelque satisfaction que j'ai vu de la sorte les
« opinions de M. de Quatrefages, de M. Lartet, de M. Des-
« noyers, de M. Delesse et des autres naturalistes français réunis
« à Moulin-Quignon, obtenir la haute sanction d'hommes dont
« l'autorité est si grande dans la science, et dont le jugement
« est d'autant plus précieux qu'il a été plus lentement formé.
« La nouvelle découverte de M. Boucher de Perthes pourra
« donc, ajoute M. Milne Edwards, sans contestation ultérieure,
« prendre place à côté de celles de Schmerling, de Tournal,
« de M. Lartet, de M. de Vibraye et des autres paléontologistes
« qui ont constaté précédemment des faits du même ordre (2). »

(1) *Comptes-rendus*, t. LVI, p. 924.

(2) De retour en Angleterre, M. Falconer se montra moins complètement convaincu que ne le pensait M. Milne Edwards. Dans une
lettre adressée au *Times* du 24 mai, il reconnaît, il est vrai, que la mâchoire d'Abbeville n'a pas été introduite frauduleusement dans la carrière
de Moulin-Quignon, et qu'elle existait préalablement dans l'endroit où
M. Boucher de Perthes l'a trouvée ; mais il réserve son opinion jusqu'à
plus ample informé, en ce qui touche l'authenticité des silex recueillis

A la suite du rapport de M. Milne Edwards, M. Élie de
Beaumont prit la parole (1), et traitant la question au point de
vue géologique, il exprima l'opinion que le terrain de transport
exploité dans la carrière de Moulin-Quignon n'appartenait pas
au diluvium proprement dit. Suivant lui, le terrain détritique,
d'apparence clysmienne, doit être rapporté aux dépôts auxquels
il a appliqué depuis long-temps la dénomination de *dépôts meubles sur les pentes*, et qui, de même époque que l'alluvion
tourbeuse, peuvent contenir, comme elle, des produits de l'industrie humaine et des ossements d'homme associés à des débris
d'animaux provenant de couches plus anciennes. « Je ne crois
« pas, affirme en terminant l'illustre géologue, que l'espèce
« humaine ait été contemporaine de l'*Elephas primigenius*, je
« continue à partager à cet égard l'opinion de Cuvier : l'opinion
« de Cuvier est une création du génie, elle n'est pas détruite. »
Ces paroles de M. Élie de Beaumont, en raison précisément de
la haute position scientifique de celui qui les prononçait, cau-
sèrent non-seulement dans le public, mais dans le monde savant,
un véritable étonnement. N'était-ce pas enlever à la mâchoire
de Moulin-Quignon la plus grande partie de l'importance qu'on
lui avait attachée?... N'était-ce pas repousser du même coup
les découvertes, si généralement acceptées, de St-Acheul, de
Menchecourt, d'Arcy-sur-Cure, de Valliers, etc., etc., et celles
plus anciennes des cavernes de Liége? Les géologues qui s'étaient
occupés du terrain diluvien du nord de la France protestèrent.
M. d'Archiac, membre de l'Institut, professeur de paléontologie
au Muséum de Paris, traitait précisément cette année du terrain
quaternaire. La découverte de la mâchoire humaine de Moulin-
Quignon venait, par une coïncidence heureuse, donner un intérêt de plus à ses savantes leçons. Celles des 12, 17 et 19 juin
ont été consacrées à l'étude du terrain quaternaire du nord de
la France, et en particulier dans les bassins de l'Oise et de la

dans la partie inférieure de la carrière et la contemporanéité du dépôt
des silex taillés avec celui de la mâchoire trouvée dans la couche noire.

(1) *Comptes-rendus*, t. LVI, p. 935.

Somme. Ces leçons ont été recueillies et publiées par M. Trutat (1).
Après avoir exposé avec détails l'état de la question , M. d'Archiac se résume ainsi : « En tenant compte de toutes les données
« acquises , nous ne pouvons guère , dans l'état actuel de nos
« connaissances, nous refuser à admettre que les silex taillés
« des environs d'Amiens et d'Abbeville se trouvent dans des
« dépôts en place essentiellement quaternaires, associés avec
« des ossements d'animaux d'espèces perdues ; et , à moins de
« circonstances particulières que rien ne fait soupçonner , la
« mâchoire humaine de Moulin-Quignon doit en être con-
« temporaine. »

Devant l'Académie , M. d'Archiac avait cru devoir s'abstenir
de prendre part au débat ; ce fut M. Hébert qui répondit à
M. Élie de Beaumont. Dans deux notes successives (2), le savant
professeur de la Sorbonne établit que le terrain de transport de
Moulin-Quignon, bien que plus récent que celui de St-Acheul
et Menchecourt, ne saurait être considéré comme un *dépôt
formé sur les pentes;* que cela résulte et de la configuration
du sol et de la nature des matériaux qui constituent ce terrain détritique ; qu'il est antérieur aux alluvions tourbeuses
et fait certainement partie de la période quaternaire. Examinant ensuite la question au point de vue plus général où l'avait
placée M. Élie de Beaumont, M. Hébert, prenant pour base le
terrain de transport de St-Acheul , déclare que ce dépôt si riche
en ossements d'*Elephas primigenius*, de *Rhinoceros tichorinus*, appartient au diluvium ancien; que les silex taillés qu'on
y trouve sont évidemment des traces de l'industrie humaine,
qu'ils se rencontrent dans les mêmes dépôts que les ossements
d'espèces perdues, et ont été enfouis en même temps. S'il en
est ainsi , ajoute M. Hébert, y a-t-il moyen d'hésiter et ne
devons-nous pas considérer l'existence de l'homme, pendant la

____

(1) *Du terrain quaternaire et de l'ancienneté de l'homme dans le
nord de la France, d'après les leçons professées au Muséum par
M. d'Archiac, publiées par M. Trutat*, Savy, Paris, 1863.

(2) *Comptes-rendus*, t. LVI, p. 1005 et 1044.

période quaternaire, comme l'un des faits aujourd'hui les mieux constatés?

Nous nous sommes étendu longuement sur la mâchoire fossile de Moulin-Quignon; ce n'est pas que cette découverte, considérée en elle-même, ait beaucoup plus d'importance que d'autres faits de même nature déjà acquis à la science, mais elle a excité à un haut point l'attention publique; elle a été l'objet de discussions approfondies, elle a eu le privilége d'amener les déclarations très-explicites de M. d'Archiac et les conclusions si nettement formulées de M. Hébert.

Mentionnons quelques autres travaux relatifs au même sujet:

M. l'abbé Bourgeois a signalé, dans la brèche osseuse de Vallières (Loir-et-Cher), la présence de silex travaillés de main d'homme, identiques à ceux qu'on a rencontrés à St-Acheul (1). La brèche osseuse de Vallières appartient à l'époque quaternaire, et les silex qu'on y a recueillis se rencontrent associés au *Rhinoceros tichorinus*, au *Bos primigenius*, à l'*Hyenca spelæa* et au *Megaceros hybernicus*. La simple inspection du terrain suffit, suivant l'auteur, pour démontrer qu'il est parfaitement vierge et que les objets travaillés n'ont pu y être introduits par une cause quelconque depuis sa formation. Nous devons à M. l'abbé Bourgeois une découverte plus intéressante encore. M. l'abbé Delaunay, M. Bouvet et lui ont rencontré, dans le terrain quaternaire des environs de Pont-le-Voy (2), soit à la surface du sol, soit à une faible profondeur, une quantité prodigieuse (plusieurs milliers) de silex taillés de main d'homme, représentant les types les plus variés, des haches lancéolées ou en forme d'amande, des couteaux plus ou moins larges, des têtes de lances, des pointes de flèches, des silex allongés et dentés comme des scies, etc. Tous ces types, d'après M. l'abbé Bourgeois, sont semblables par leur nature et leur aspect à ceux qu'on a rencontrés dans le département de la Somme.

(1) *Bull. Soc. géol. de France*, 2ᵉ série, t. XX, p. 206.
(2) *Id.*, p. 535.

M. le marquis de Vibraye, depuis plusieurs années, s'occupe avec une activité dont nous ne saurions trop le féliciter, de la recherche et de l'étude des ossements quaternaires et des silex travaillés de main d'homme. Dans une note présentée à l'Institut (1), il nous montre combien le champ des explorations, limité d'abord à Abbeville, St-Acheul et Menchecourt, s'agrandit tous les jours ; il insiste sur l'utilité de la stratigraphie appliquée aux recherches de cette nature ; puis il rappelle à son tour les découvertes récemment faites dans la brèche osseuse de Vallières.

« Je pourrais citer, dit-il, environ douze localités sur la rive gauche de la Loire où les silex ouvrés se retrouvent en abondance ; nous sommes encore au début de nos explorations en Sologne, et déjà plus de mille instruments de pierre ou leurs débris ont été recueillis à Huisseau, Fontaine, Cheverny, Pont-le-Voy, Vallières, St-Georges, etc. A Contres notamment, à 124 mètres d'altitude, on retrouve, à la surface des couches faluniennes subordonnées aux sables diluviens, sur les parties déclives d'une colline, aux expositions nord et sud, où les sables diluviens qui forment le couronnement du coteau disparaissent, un dépôt de silex ouvrés qui semble dénoter un emplacement de fabrication : on y rencontre un certain nombre de silex arrondis, portant des traces évidentes d'une percussion réitérée, entourés d'éclats de silex, analogues en tous points à ces débris qui jonchent le sol, aux abords du Cher, autour des ateliers de fabrication des pierres à fusil. C'étaient, sans contredit, les marteaux remplacés de nos jours par les instruments de fer. A Contres, un certain nombre de ces débris de silex fendillés, étonnés, craquelés comme les porcelaines de Chine ou du Japon, semblent dénoter l'emploi du feu pour essayer d'attendrir les matières siliceuses. La loupe a permis d'observer, à la surface d'un certain nombre d'échantillons, des incisions microscopiques.

Le département de l'Aisne a été exploré au même point de

(1) *Comptes-rendus de l'Inst.*, t. LVI, p. 577 ; — *Bull. Soc. géol. de France*, t. XX, p. 238.

vue. M. l'abbé Lambert a recueilli, dans le terrain diluvien de Very-Noureuil (1), à 3 mètres de profondeur, associée aux débris de l'*Elephas primigenius* et autres mammifères, une hachette en silex, remarquable par la régularité de la taille et la beauté du silex pyromatique qui a servi à la confectionner.

M. Melleville a rencontré, dans les mêmes conditions et à une profondeur encore plus considérable, différents objets de l'industrie humaine dont les analogues n'ont été signalés nulle part : trois boules en grès, évidemment taillées de main d'homme, et un fragment de vase à bords épais, également en grès (2).

L'année dernière, en parlant de la caverne de L'Herm (Ariége), nous vous avons rendu compte de deux mémoires qui arrivent à des conclusions bien différentes : l'un de M. l'abbé Pouech, l'autre de MM. Rames, Garrigou et Filhol. Cette année, MM. Garrigou et Rames ont repris la discussion. Nous trouvons, dans le *Bulletin de la Société géologique de France,* un mémoire de M. Garrigou qui résume le résultat de ses recherches dans les cavernes de l'Ariége (3). Contrairement à l'opinion de M. l'abbé Pouech, il admet que la caverne de L'Herm renferme pêle-mêle, et dans un limon particulier, l'ours, le grand chat, l'hyène, etc., avec des traces de l'industrie humaine et l'homme lui-même ; il attribue le remplissage de cette caverne à un phénomène diluvien qui a atteint des proportions considérables, et remonte probablement au commencement de l'époque quaternaire.

M. Rames a répondu, à son tour, à M. l'abbé Pouech, dans un écrit intitulé : *Encore un mot sur la caverne de L'Herm* (4). De quelque côté que soit la vérité, nous ne saurions approuver la forme ironique et désobligeante employée dans cette dernière brochure. Toute opinion sérieuse doit être discutée de même, et de pareilles attaques sont toujours regrettables.

M. Garrigou n'a pas borné ses recherches aux cavernes de

---

(1) *Bull. Soc. acad. de Laon,* t. XIII, p. 233.

(2) *Revue des Sociétés savantes,* t. IV, p. 190.

(3) *Bull. Soc. géol. de France,* 2ᵉ sér., t. XX, p. 305.

(4) **Savy, Paris, 1863.**

l'Ariége. Tout récemment, il a fait exécuter des fouilles dans la caverne de Bruniquel (Tarn-et-Garonne), en compagnie de MM. Martin et Trutat. Un plein succès est venu récompenser les efforts de nos ardents explorateurs (1). La caverne de Bruniquel est creusée dans un calcaire jurassique, et son ouverture est à 6 ou 7 mètres au-dessus du niveau actuel de l'Aveyron. Au milieu d'une argile noirâtre que recouvre une brèche osseuse de 1 mètre 48 centimètres, surmontée elle-même d'une épaisse stalagmite, M. Garrigou a rencontré, en même temps que de nombreux ossements de rennes, d'antilopes, de cerfs, de bœufs, de rhinocéros, d'oiseaux et de poissons, des silex taillés, des os brisés et travaillés en forme de poinçons et de flèches, une grande quantité de charbon disséminée à diverses hauteurs, et enfin deux fragments de mâchoire humaine. Ces fragments, étudiés avec soin, rappellent par leurs caractères le type *brachycéphale* de Moulin-Quignon, et viennent ajouter un élément de plus à la solution du problème anthropologique soulevé par la découverte de M. Boucher de Perthes; ils se rapprochent également des nombreuses mâchoires rencontrées dans les cavernes de l'Ariége.

« Trois mâchoires humaines pouvant se rapporter au type « brachycéphale, disent en terminant les auteurs, datent donc « de trois époques différentes, parfaitement séparées l'une de « l'autre : celle d'Aurignac avec laquelle a été trouvé l'*Ursus* « *spelœus*, celle de Moulin-Quignon gisant à côté de l'*Elephas* « *primigenius*, et celle de Bruniquel recueillie au milieu des « ossements de rennes. » Quoiqu'il ne soit pas permis de tirer de conclusions de cette uniformité de types de l'espèce humaine, pendant une série aussi longue de siècles, il est bon, néanmoins, d'appeler l'attention sur ce fait nouvellement établi, et qui, dans l'état actuel de la science, vient confirmer la théorie des monogénistes.

Ce n'est pas seulement au sein des couches diluviennes que des traces de l'existence de l'homme ont été constatées. Les

______

(1) *Comptes-rendus*, t. LVII, p. 1009.

observations faites par M. Desnoyers font remonter plus loin
encore son origine (1). Ce savant distingué a reconnu qu'un
grand nombre d'ossements, provenant des couches pliocènes des
environs de Chartres, et appartenant à l'*Elephas primordialis*,
au *Rhinoceros lepthorinus*, à l'*Hippopotamus major*, à plusieurs espèces de cerfs et de bœufs, portaient des traces nombreuses et incontestables d'incisions, de stries, de coupures
tout-à-fait analogues à celles que produiraient des outils de silex
tranchants, à pointe plus ou moins aiguë, à bords plus ou moins
dentelés ; il a reconnu également que quelques-uns de ces ossements présentaient d'autres stries plus fines, rectilignes, entre-
croisées, de même nature que celles qu'on a observées sur les
galets et blocs striés, burinés et polis des glaciers anciens et
modernes ; et de ces faits il conclut, avec une très-grande apparence de probabilité, que l'homme a vécu sur le sol de la France
avant la première et grande période glaciaire, en même temps
que l'*Elephas primordialis* et les autres espèces pliocènes caractéristiques du Val-d'Arno, en Toscane, et que le gisement de
St-Prest, aux environs de Chartres, serait jusqu'ici, en Europe,
l'exemple de l'âge le plus ancien, dans les temps géologiques,
de la coexistence de l'homme et de mammifères d'espèces
éteintes.

Nous ne voulons pas terminer l'examen des travaux qui tendent à établir l'antiquité de l'homme sans parler de l'ouvrage
important publié à Londres par M. Lyell. Une édition française
a paru vers la fin de 1863 (2). La première partie seule concerne
le sujet qui nous occupe : c'est un exposé scientifique complet,
détaillé, toujours intéressant, des observations faites dans l'ancien
comme dans le nouveau monde, et démontrant, au point de vue
géologique, la haute ancienneté de l'homme : tombeaux du Da-
nemark, habitations lacustres de la Suisse, cavernes avec instruments de silex et débris de mammifères éteints, alluvions quater-

(1) *Comptes-rendus de l'Institut*, t. LVI, p. 1073 et 1199.

(2) *L'ancienneté de l'homme prouvée par la géologie,* par sir Charles
Lyell, traduit par M. Chaper. Paris, Baillière, 1863.

naires de France et d'Angleterre , fossiles humains des cavernes de Liège et d'Aurignac, dépôts plus anciens encore du Mississipi, période glaciaire et ses relations chronologiques avec les plus anciens vestiges de l'homme ; tous ces faits et d'autres encore sont examinés par l'auteur, qui ne se borne pas à résumer les observations consignées par d'autres savants, mais qui le plus souvent apporte, à l'appui de son opinion, le résultat de ses propres recherches. Lyell est un des géologues les plus illustres et les plus populaires d'Angleterre. Son avis est d'un grand poids dans la question : aussi, après avoir lu son livre où les preuves surabondent, il ne nous paraît pas possible de douter que l'homme ne remonte à une grande antiquité et n'ait vécu, sur le sol même où nous habitons, associé à des animaux qui depuis long-temps ont disparu de l'animalisation du globe.

Cette opinion cependant trouve encore quelques contradicteurs qui ont appuyé de *leurs observations les principes exposés par M. Elie de Beaumont*. M. Eugène Robert, dont nous avons plus d'une fois mentionné le nom dans nos précédents rapports, est un des plus ardents antagonistes de la contemporanéité de l'homme et des animaux quaternaires. Cette année, dans une lettre adressée à M. Élie de Beaumont (1), il signale, aux environs de Nancy, certaines crevasses remplies de terre rougeâtre et de *cailloux roulés, empruntés évidemment aux petits dépôts diluviens* qui couronnent la côte de Toul. Au fond de l'une de ces crevasses, à Manneville, on aurait trouvé, dans ces derniers temps, des ossements humains accompagnés de débris d'aurochs et de cerfs gigantesques avec des haches grossièrement taillées en trapp des Vosges. Suivant M. Robert, il s'est passé, dans les crevasses de Manneville, quelque chose d'analogue à ce que *M. Élie de Beaumont a fait valoir pour expliquer la présence d'une mâchoire humaine dans la sablière de Moulin-Quignon* : remaniement de cailloux roulés et d'ossements de mammifères perdus, provenant du diluvium situé au-dessus, mélangés à des

(1, *Comptes-rendus*, t. LVII, p. 426.

débris de l'homme et à des vestiges de son industrie abandonnés
à la surface du sol.

M. Husson a exploré les alluvions anciennes des environs de
Toul qu'il subdivise en alluvions des plateaux, et en diluvium
proprement dit (1). Il déclare que les derniers dépôts ont été,
depuis vingt ans, fouillés par lui en tous sens; qu'on y a rencontré un grand nombre de dents d'éléphant et d'ossements
d'autres animaux, mais que ces couches n'ont jamais fourni le
moindre indice de l'industrie humaine. M. Husson a également
étudié les cavernes des environs de Toul (2), où abondent les
débris d'ours (*Ursus spelæus*), d'hyène, de cerf, de sanglier, et
là encore il n'a constaté l'existence d'aucun ossement humain,
d'aucun instrument de silex. M. l'abbé Chevalier a parcouru les
terrains superficiels de la Touraine (3); il a recueilli, à la surface du sol, soit à une très-médiocre profondeur, soit dans les
dépôts meubles des pentes, un grand nombre de haches en silex;
mais, suivant lui, ces débris de l'industrie humaine n'existent
jamais dans le *diluvium* proprement dit, et rien ne démontre,
en ce qui regarde la Touraine, la contemporanéité de l'homme
avec l'*Elephas primigenius.*

Dans un autre ordre d'idées, le terrain quaternaire a été
l'objet de quelques autres études que nous devons vous signaler :

M. Benoît a publié un long mémoire sur les dépôts erratiques
alpins dans l'intérieur et sur le pourtour du Jura méridional (4).
Ce travail renferme des observations nombreuses et pleines d'intérêt sur les phénomènes glaciaires dont cette région a été le
théâtre.

Nous devons à M. Mortillet une note sur les coquilles terrestres
et d'eau douce rencontrées dans les couches à *Elephas primigenius* et à silex taillés d'Abbeville (5). La plupart des espèces

(1) *Comptes-rendus,* t. LVI, p. 1227.
(2) *Id.,* t. LVII, p. 329.
(3) *Id.,* p. 427.
(4) *Bull. Soc. géol. de France,* 2ᵉ série, t. XX, p. 321.
(5) *Id.,* p. 293.

sont identiques à celles qui vivent aujourd'hui dans les mêmes contrées ; quelques-unes cependant semblent indiquer une température plus élevée que celle actuelle du pays, et qui se rapprocherait de la température de la Provence et de la Toscane.

M. Serres a reconnu chez le Glyptodon, fossile de la famille des Édentés (1), une double articulation, insolite chez les mammifères vivants, et prévue par la nature pour protéger cet animal, déjà si singulier par la vaste carapace qui le recouvre presque entièrement. Cette double articulation permettait au Glyptodon, au moment du danger, peut-être même dans le repos ou le sommeil, de fléchir le col pour ramener la tête sous la coupole de la carapace, et de se soustraire ainsi aux attaques des autres animaux.

Dans notre Rapport de l'année dernière, nous avons mentionné un travail de M. Melleville sur les terrains supérieurs du département de la Somme (2). Les opinions de M. Melleville, com-

(1) *Comptes-rendus de l'Institut*, t. LVI, p. 835.

(2) Dans le résumé que nous avons donné du mémoire de M. Melleville, nous avons involontairement commis quelques erreurs que nous nous empressons de reconnaître, en publiant les extraits suivants de la lettre que M. Melleville nous a écrite à ce sujet, en date du 16 août 1863 :

« Il est absolument contraire à mon texte et à ma pensée de me
« faire dire que les débris de l'industrie humaine n'existent que dans le
« système supérieur ; j'ai dit au contraire formellement, p. 625, en
« décrivant ce que l'on appelle si improprement le diluvium gris de
« St-Acheul : *Les hachettes façonnées de main d'homme se trouvent
« particulièrement dans le premier banc* (le plus inférieur du système) ;
« et en parlant de celui de Monthières, p. 426 : C'est aussi là (dans le
« même banc inférieur) *qu'on trouve ordinairement des hachettes et
« des ossements de grands animaux. ... Je regrette* vivement de vous
« voir passer, sans vous y arrêter, sur le point capital de mon mémoire,
« à savoir : le classement de mon premier groupe dans le pliocène,
« puisqu'il en découle une conséquence considérable en géologie, c'est-
« à-dire l'existence de l'homme à l'époque où se formaient les terrains
« tertiaires supérieurs. J'ai le droit de revendiquer et je revendique

battues alors par M. Hébert, ont été, cette année encore, l'objet
de nouvelles discussions devant la Société géologique. Dans deux
notes successives, M. Melleville, repoussant les objections qui
lui sont faites, persiste à soutenir (1) que le terrain qu'on désigne dans la Somme sous le nom de diluvium gris est une formation fluvio-lacustre particulière à cette région, parfaitement
caractérisée par ses fossiles, correspondant à une période de
tranquillité et sans analogie bien démontrée dans le bassin de
Paris, du moins dans la plaine de Grenelle.

§ VI. — Géologie générale.

M. Lory vient de faire paraître la troisième et dernière partie
de son grand ouvrage sur le Dauphiné (2). Nous trouvons
d'abord dans ce volume une description complète du Brian-
çonnais, accompagnée d'une carte géologique et d'une série de
coupes, travail considérable qui jette enfin une vive lumière sur
l'histoire géologique de cette contrée, objet de tant de discussions, et donne pleinement gain de cause aux lois de la paléontologie contre les prétendues exceptions déduites d'observations
stratigraphiques incomplètes. M. Lory décrit ensuite les plateaux tertiaires du Bas-Dauphiné, la molasse d'eau douce, la
molasse marine avec ses poudingues et ses argiles bleues à
lignites, et au-dessus de ces couches, les glaises de Chamboran et
des plateaux viennois que caractérisent les débris du *Mastodon
arvernensis.*

Il consacre un long et intéressant chapitre à l'étude des terrains de transport. « Depuis son émersion définitive et les der-
« niers soulèvements des Alpes qui en ont brisé et redressé les
« couches, dit M. Lory, le sol de nos contrées a été consi-
« dérablement modifié par des phénomènes d'*érosion*, de

« formellement cette découverte importante que les recherches de
« M. Desnoyers viennent de confirmer d'une manière si inattendue. »
(1) *Bull. Soc. géol. de France*, 2ᵉ série, t. XX, p. 545.
(2) Paris, Savy, 1864.

« *dénudation*, et par le transport d'une masse énorme de
« débris arrachés aux montagnes. Ces débris ont comblé les
« vallées, recouvert les plateaux inférieurs et envahi les plaines
« subalpines. Quand on voit l'immense quantité de blocs et de
« cailloux alpins qui se sont accumulés dans le bassin du Rhône,
« depuis les plateaux de la Bresse jusqu'aux plaines de la Crau,
« et qu'on y ajoute par la pensée la masse plus grande encore
« des débris atténués des sables et limons qui ont dû être trans-
« portés dans la mer, on comprend que nos montagnes ac-
« tuelles ne sont plus que les *ruines* de ce qu'elles ont été
« autrefois. » Les divers phénomènes qui se sont produits alors
sont exposés par l'auteur : il examine successivement les alluvions anciennes de la vallée du Drac, de l'Isère, de la Durance
et du Rhône, plus les dépôts glaciaires, les blocs erratiques
qui, dans la vallée du Rhône, atteignent jusqu'à trente-cinq
mètres cubes de volume, les dépôts boueux, les roches polies et
striées, les moraines profondes et terminales ; il insiste sur
l'extension considérable des anciens glaciers, sur l'influence
qu'ils ont exercée dans le creusement des principales vallées, et
termine par l'exposé des phénomènes qui ont suivi la retraite
des anciens glaciers et se lient, sans interruption, à ceux de
l'époque actuelle.

Avant de les présenter dans leur ensemble, M. Lory avait
déjà fait connaître, par des mémoires insérés soit dans le
Bulletin de la Société géologique de France (1), soit dans la
Revue des Sociétés savantes (2), le résultat de quelques-unes
de ses intéressantes recherches.

M. Leymerie a publié une esquisse géologique de la vallée de
l'Ariége (3). Sous ce titre, l'auteur nous a donné la description
d'une des vallées les plus importantes des Pyrénées, qui prend
naissance au pont de Cerda, à 1,477 mètres d'altitude, et se réunit
à la Garonne, après un parcours de 126 kilomètres. L'Ariége n'est

(1) *Bull. Soc. géol. de France*, t. XX, p. 233 et 263.
(2) *Revue des Soc. savantes*, t. III, p. 322.
(3) *Bull. Soc. géol. de France*, 2ᵉ série, t. XX, p. 245.

d'abord qu'un torrent rapide, qui a profité d'une fracture ouverte lors du soulèvement définitif des Pyrénées, et qui coule pendant long-temps, encaissé dans une gorge profonde, plus ou moins resserrée par des rochers abrupts. C'est seulement au pied des Pyrénées, à St-Jean-de-Verges , que l'Ariége, en élargissant son lit, ralentit son cours et devient une véritable rivière. Une vallée d'érosion remplace alors la vallée de fractures ou de montagnes. M. Leymerie passe en revue les terrains que l'Ariége traverse dans ce long parcours: c'est d'abord le granite , associé le plus souvent à des gneiss feldspathiques; ce sont des schistes cristallisés, plus ou moins pénétrés de roches éruptives et appartenant au terrain de transition , probablement au terrain dévonien ; c'est, à Lordat, un pic de 487 mètres qui ferme la vallée comme un mur, et n'est autre chose qu'un filon déchaussé, presque vertical, composé de quartz avec calcaire spathique, et dans lequel M. Leymerie , qui non-seulement est un géologue, mais encore un habile minéralogiste, a reconnu plusieurs minéraux intéressants ; c'est le massif jurassique d'Ussat, de Tarascon et de Foix, qui forme, sur certains points, des escarpements d'une hauteur prodigieuse et qui paraissent se rapporter, d'après les fossiles qu'on y a recueillis, au lias supérieur, aux étages oxfordien et corallien; ce sont les grottes de Lombrive, où abondent les ossements d'ours et d'autres espèces de l'époque quaternaire; ce sont des gypses exploités à Arignal et à Arnave, remarquables par leur couleur blanche, leur texture saccharoïde et cristalline, renfermant du mica , du talc, et dont il n'est possible, suivant M. Leymerie, d'expliquer la présence au sein du calcaire que par une action métamorphique; ce sont, aux environs de Foix, en contact avec le terrain jurassique, des couches crétacées qui rappellent, par les fossiles rares et mal conservés qui les caractérisent, les étages cénomanien et turonien ; ce sont, à Vernajoul, des grès puissants, quartzeux, friables, où l'on ne rencontre jamais d'autres débris organiques que des traces de lignite, et qui paraissent correspondre au calcaire à Orbitolites des montagnes d'Ausseing, et représentent encore un facies particulier de la craie; c'est, à St-Jean-de-Verges, le calcaire à Miliolites, dont la puissance est d'environ 500 m., et qui constitue la première assise de l'éocène pyrénéen ; ce sont ensuite, recouvertes presque partout dans la plaine par le terrain de diluvium, les couches miocènes déposées postérieurement au soulèvement des Pyrénées, et qui, en raison de leur faible consistance, ont été en partie entamées et creusées par les eaux.

M. Leymerie décrit en terminant, et ce n'est pas la partie la moins intéressante de son travail, les phénomènes diluviens dont la vallée de l'Ariége a été le théâtre ; il nous montre les caractères distincts que présentent ces phénomènes, suivant qu'ils se sont manifestés dans la montagne ou dans la plaine, dans la vallée de fracture ou dans la vallée d'érosion ; il recherche la source des eaux considérables qui, en descendant par les vallées de montagne, ont pu produire dans la plaine de si grands effets ; il attribue ces eaux à la fusion des grands amas de neige et de glace qui auraient couvert les Pyrénées, à l'époque remarquable où un refroidissement extraordinaire de la surface du globe faisait avancer les glaciers des Alpes dans les plaines de la Suisse, pour les faire monter même jusque sur le flanc du Jura.

M. Coquand a fait paraître un ouvrage important sur la géologie et la paléontologie de la province de Constantine (1). Déjà, en 1854, M. Coquand avait exploré la région septentrionale de cette contrée et publié, dans les *Mémoires de la Société géologique de France*, le résultat de ses recherches. Dans le nouveau travail qu'il vient de nous donner, le savant professeur a étudié plus directement la région sud de la province de Constantine, en grande partie inconnue jusqu'ici aux géologues ; malgré les fatigues et les dangers de ces excursions lointaines, il a suivi jusque dans le Sahara les dernières ramifications de l'Atlas qui séparent le Tell du désert. Le terrain crétacé a été plus spécialement l'objet de son attention ; l'auteur a retrouvé, en Algérie, la série complète des étages multipliés qu'il avait

____

(1) *Géologie et paléontologie de la région sud de la province de Constantine*, in-8°. Marseille, 1863.

précédemment établis pour le terrain crétacé ; il a ajouté l'étage *mornassien* que caractérisent les *Ammonites Deveriæ* et *Requieni*, et qu'il serait peut-être plus naturel de considérer tout simplement comme une zone fossilifère de l'étage turonien de d'Orbigny. Quelle que soit du reste la classification adoptée, nous ne saurions trop louer M. Coquand du soin qu'il a apporté à la description et à la reconnaissance de chacun de ces étages et des coupes nombreuses qu'il a relevées. Au point de vue paléontologique, son ouvrage présente de précieux renseignements et nous montre que, pour le nombre et la beauté des fossiles, le terrain crétacé de l'Algérie ne le cède en rien à nos localités les plus riches. Les gisements de Batna et de Tebessa sont destinés à devenir célèbres ; *la plupart des fossiles qu'on y rencontre* ont été décrits par M. Coquand, dans la seconde partie de son travail, et figurés dans l'atlas qui l'accompagne.

La vallée d'Aix, l'une des plus accidentées de la Savoie, a été l'objet d'une monographie publiée par M. Pillet (1). L'auteur commence son travail à la fin de la période jurassique ; il décrit successivement les couches de Purbeck, signalées depuis longtemps par MM. Lory et Pidancet ; le valangien avec ses puissantes assises ; le terrain néocomien, si remarquable par l'ensemble de ses fossiles caractéristiques ; le terrain urgonien qui le surmonte et n'a pas moins, dans certaines localités, de 100 mètres d'épaisseur ; quelques affleurements du terrain tertiaire sidérolithique, si largement développé lorsqu'on remonte le Jura vers le nord ; les molasses lacustres et marines, et enfin le soulèvement des Alpes qui survint après le dépôt des molasses et vint clore la période tertiaire. M. Pillet constate les effets produits par ce grand cataclysme unique, instantané, à la suite duquel se dessina le relief actuel du pays et se formèrent les dépôts quaternaires, qui ne sont point les moins curieux à étudier. Des coupes relevées avec soin, une carte géologique dressée sur une grande échelle sont jointes à cette monographie, destinée à servir de guide aux géo-

(1) *Descript. géol. des environs d'Aix* (Savoie), par M. Pillet. Chambéry, 1863.

logues qui visitent les environs si pittoresques de Chambéry.

Nous devons à M. Falson une notice sur la géologie et la minéralogie des environs d'Hyères (Var) (1). Les terrains de cristallisation, si profondément modifiés par le métamorphisme et renfermant, sur quelques points, des minéraux abondants et variés; le terrain houiller avec ses conglomérats, ses grès et ses schistes; les terrains permien et triasique, caractérisés par des fossiles empâtés dans la roche et le plus souvent difficiles à déterminer; le terrain jurassique et ses différents étages; les terrains tertiaire et moderne sont étudiés successivement par l'auteur, qui termine cette monographie par un tableau récapitulatif des terrains et une carte géologique exécutée, comme celle de M. Pillet, sur une grande échelle.

M. Delesse a fait paraître la carte agronomique des environs de Paris (2), travail remarquable et d'une utilité pratique incontestable. En présentant cette carte à la Société géologique, M. Delesse a exposé le résultat de ses observations sur la terre végétale, sa nature, son origine, sa composition minéralogique, les modifications qu'elle éprouve, suivant les points où on l'étudie (3). Il arrive à cette conclusion, que la terre végétale des environs de Paris ne s'est pas formée simplement par la désagrégation sur place des roches sous-jacentes : elle appartient au terrain de transport qu'on retrouve avec des épaisseurs variables à toutes les hauteurs, et en forme la partie supérieure; elle résulte du mélange de ce terrain avec les débris d'animaux et de végétaux qui ont vécu à sa surface.

M. Triger, l'un de nos géologues stratigraphes les plus distingués, a présenté à l'Institut le profil des chemins de fer de Paris à Rennes, de Tours au Mans, du Mans à Alençon et d'Alençon à Mézidon, transformés en coupe géologique (4).

<hr>

(1) *Soc. imp. d'agricul. et d'hist. nat. de Lyon,* 1863.

(2) Delesse, *Carte agronomique des environs de Paris,* 1863.

(3) *Bull. Soc. géol.,* 2ᵉ série, t. XX, p. 393. — *Annuaire des Soc. savantes,* p. 36, 1834.

(4) *Comptes-rendus de l'Institut,* t. LVI, p. 429.

M. Triger, en appelant l'attention de l'Académie sur ce beau et
utile travail, a insisté sur le parti qu'on peut tirer des coupes
géologiques longitudinales relevées dans les chemins de fer, lorsqu'on les accompagne de coupes transversales plus ou moins
nombreuses, suivant la nature et la disposition des terrains,
mais toujours assez rapprochées pour constituer une étude géologique continue dans toute l'étendue du parcours.

« Qu'il me soit permis d'ajouter, dit M. Triger, que l'uti-
« lité pratique de la géologie a été appréciée depuis long-temps
« par MM. les ingénieurs des ponts-et-chaussées de la Sarthe,
« et que l'utilité des profils géologiques surtout n'a pas échappé
« à MM. Capella et Thoré, qui font exécuter des travaux de ce
« genre, pour toutes les routes principales du département, par
« un conducteur intelligent qu'ils ont mis à ma disposition et
« que j'ai formé à la connaissance des terrains : de manière que
« notre département se trouve en quelque sorte doté d'un nou-
« veau service géologique. » De pareils résultats sont bons à
constater, et nous devons remercier M. Triger de la part qu'il y
a prise. N'oublions pas, du reste, que l'Institut des provinces a,
depuis long-temps, sur la proposition de M. de Caumont, son
illustre directeur, proclamé l'importance des études géologiques
exécutées à ce point de vue.

M. Lecocq, dont vous connaissez les magnifiques travaux sur
la géologie du plateau central de la France, prépare un ouvrage
d'une haute importance sur les eaux minérales de ce massif, considérées au point de vue géologique (1). Le nombre des sources
minérales dont il a constaté l'existence dépasse 500, et toutes
sont en rapport direct avec les dislocations du sol. M. Lecocq insiste principalement sur l'influence que la *géothermie*, ou
l'échauffement intérieur du sol par les sources, a exercée sur la
vie organique, lors des anciennes périodes géologiques ; à
l'époque des houilles notamment, les eaux minérales produisaient à elles seules les quatre conditions d'activité de la végétation : l'absorption et l'assimilation par leurs sels ; l'acide car-

_____

(1) *Revue des Sociétés savantes*, t. III, p. 283.

bonique dont elles excitaient la consommation ; l'arrosement des racines ; l'échauffement du sol sur de grandes étendues, accomplissant ainsi une des œuvres les plus grandioses de notre édifice terrestre. M. Lecocq examine ensuite les principes contenus dans les eaux minérales du plateau central, et fait remarquer la quantité de carbonate alcalin qu'elles versent encore, et la quantité beaucoup plus considérable qu'elles ont amenée autrefois de l'intérieur du globe ; puis, en terminant, il expose sa théorie sur la formation des gypses, des calcaires, des amas de sel gemme et de bitume, qui ne peuvent être attribués qu'à des sources allant puiser ces éléments divers, sous les terrains primitifs.

Les débris fossiles que les oiseaux ont laissés dans les couches de la terre, sans doute en raison de leur rareté, n'ont été jusqu'ici l'objet d'aucune étude sérieuse. M. Alphonse Milne Edwards vient de combler cette lacune : le mémoire qu'il a publié, sur la distribution des oiseaux fossiles, est un résumé complet de l'histoire géologique de cette classe d'animaux (1). L'auteur nous montre d'abord les empreintes bizarres constatées sur les dalles du vieux grès rouge d'Amérique, et qui, sous le nom d'Ornitichniques, ont été attribuées à des oiseaux ; rapprochement qui, suivant lui, ne sera complètement acquis à la science que lorsqu'il sera confirmé par la découverte, dans ces mêmes couches, d'ossements se rapportant aux animaux qui ont laissé leur trace sur le limon ; il nous donne ensuite de curieux renseignements sur l'oiseau rencontré récemment dans les calcaires jurassiques de Solenhofen ; il mentionne quelques débris rares et douteux dans les couches crétacées, et arrive enfin aux époques tertiaire et quaternaire, où la classe des oiseaux compte de nombreux représentants, et décrit un certain nombre d'espèces nouvelles. Étudiant ensuite les alluvions modernes de la Nouvelle-Zélande, qui ont fourni un grand nombre d'ossements d'oiseaux, M. Alphonse Milne Edwards,

(1) *Ann. Soc. nat.*, 1863 — *Comptes-rendus de l'Inst.*, t. LVI, p. 1419.

insiste sur les caractères de quelques-uns d'entre eux, appartenant au groupe des Échassiers brévipennes; il cite les *Diornis* à la taille énorme, aux membres épais et robustes, et dont l'extinction remonte à une époque relativement récente; les *Epiornis*, dont la hauteur, à en juger par les os qui ont été recueillis, devait atteindre 4 mètres, et dont les œufs ont une capacité de près de 9 litres, c'est-à-dire six fois autant que l'œuf d'autruche ; le *Dronte*, qui existait il y a quelques siècles à peine à l'île Maurice, et qui, en raison de la combinaison singulière de ses caractères, a été rapproché successivement des autruches, des gallinacées et des vautours. Si nous
« résumons rapidement, dit M. Alphonse Milne Edwards, les
« faits qui découlent de l'ensemble des recherches qui ont
« été entreprises sur les oiseaux fossiles, nous voyons que
« cette classe a présenté, à une certaine époque, des types
« étranges, dont le monde actuel ne nous donne aucune idée :
« l'*Archæopterix* de Solenhofen nous promet une série de
« découvertes d'un haut intérêt zoologique, en ce qu'elles nous
« montreront probablement un certain nombre de types anor-
« maux, dérivés de la classe des oiseaux, aujourd'hui si ho-
« mogène et si nettement limitée. Le *Gastornis parisiensis*
« et les empreintes de pas gigantesques du gypse font pres-
« sentir une population ornithologique, au moins aussi perfec-
« tionnée que celle d'aujourd'hui. Les oiseaux des terrains
« miocènes nous montrent qu'à cette période ces animaux ne
« différaient que peu de ceux de notre époque ; cependant cer-
« taines familles, telles que celle des *Phœnicopteridæ*, qui ne
« comptent aujourd'hui que peu de représentants, et qui dans
« la nature actuelle semblent déplacés, étaient nombreuses en
« espèces et en genres. Enfin, à l'époque quaternaire, toute la
« faune ornithologique actuelle s'est montrée, et les espèces
« que nous ne retrouvons plus n'ont probablement disparu
« que devant les envahissements de l'homme. »

La *Paléontologie française* (1), ce grand ouvrage qui doit

(1) *Paléontologie française,* Masson, 1863.

comprendre la description de tous les animaux invertébrés fossiles de France, continue à paraître : sept nouvelles livraisons ont été publiées en 1863. Deux de ces livraisons renferment la suite des Brachiopodes jurassiques et ont été données par M. E. Deslongchamps; deux sont dues à M. de Fromentel et contiennent la suite des Zoophytes crétacés ; les trois autres, relatives aux Oursins du terrain crétacé, ont été publiées par nous.

Nous devons à M. Pillet le catalogue des ossements fossiles trouvés en Savoie, de 1850 à 1862 (1). Ce travail, exécuté avec un grand soin, est intéressant surtout pour le musée de Chambéry, dont il montre les accroissements successifs.

Nous avons fait paraître un mémoire sur les Échinides des Pyrénées (2). Cet ouvrage renferme la description de 160 espèces : deux seulement sont jurassiques; les autres appartiennent aux terrains crétacé et tertiaire. Un des caractères les plus remarquables que présentent les Échinides des Pyrénées, c'est d'être en grande partie spéciaux à la région qui fait l'objet de notre mémoire ; la plupart des espèces se groupent dans des localités qui leur sont propres ; quelques-unes d'entre elles offrent, au point de vue zoologique, un intérêt tout particulier, et ont été figurées dans les neuf planches qui accompagnent l'ouvrage.

A la suite de ce travail, M. Raulin a donné un tableau synoptique des Échinides fossiles signalés dans le sud-ouest de la France (Aquitaine) (3) En mettant en regard les espèces que nous avons indiquées dans les Pyrénées proprement dites, celles qui se rencontrent dans le même terrain, le long du plateau central et sur les bords de la Garonne et de la Gironde, M. Raulin est arrivé à des résultats intéressants et de nature à jeter quelque jour sur les communications qui existaient, à ces époques reculées, entre les bassins du nord et ceux du midi de la France.

Nous avons publié notre sixième article sur les Échinides

(1) *Revue de l'Acad. imp. des sciences, belles-lettres et arts de Savoie,* 2ᵉ série, t. V, p. 207.

(2) *Congrès scientifique de France,* XXVIIIᵉ session. Bordeaux, t. III, p. 166.

(3) *Id.,* p. 321.

nouveaux ou peu connus (1). Parmi les espèces les plus curieuses*
décrites et figurées dans ce travail, nous citerons le *Microdia-
dema Richeriana*, qui a servi de type à un genre nouveau, et le
Diplocidaris Dumortieri, remarquable par sa grande taille.

D'un autre côté, M. Eugène Deslongchamps a fait paraître la
continuation de ses Brachiopodes nouveaux ou peu connus ; nous
y trouvons la description de plusieurs espèces nouvelles et
d'utiles documents sur quelques types jusqu'ici mal définis (2).

Deux questions très-importantes l'une et l'autre, et qui touchent aux bases mêmes de la géologie, ont été l'objet d'une note
de M. de Ferry (3) : 1° Les étages géologiques sont-ils rigoureu-
sement limités et le synchronisme de chacun d'eux est-il absolu ?
2° Existe-t-il des espèces persistantes, c'est-à-dire qui passent
dans plusieurs de ces étages, et quelles sont les variations dont
ces espèces sont susceptibles dans le temps et dans l'espace ?...

M. de Ferry a consacré à l'examen de ces questions quelques
pages éloquentes, empreintes d'une haute et saine philosophie.
Après avoir exposé les deux grandes doctrines qui divisent la
plupart des géologues et des paléontologistes : d'un côté, les
bouleversements violents et les renouvellements périodiques
des faunes ; d'un autre côté, les transformations lentes et les
passages graduels d'espèces, il pense trouver la vérité entre ces
opinions extrêmes, et tout en admettant qu'il se soit produit à
différentes époques des types nouveaux, sans qu'il y ait eu
pour eux l'obligation d'être le résultat de transformations antérieures, il reconnaît également que ces prototypes sont soumis
à des variations dont il est difficile de fixer les limites, mais
dont on doit tenir compte toutes les fois que l'occasion s'en
présentera. Sachons gré à M. de Ferry d'avoir abordé ces difficiles problèmes, mais reconnaissons avec lui que le temps n'est
pas encore venu de les résoudre.

Nous trouvons dans la *Revue chrétienne* un travail de

(1) *Rev. et mag. de zool.* (juin, juillet et avril 1863).
(2) *Bull. Soc. Linn. de Normandie*, t. VIII, p. 249.
(3) *Bull. Soc. Linn. de Normandie*, t. VIII, p. 126. 1863.

°M. Grüner, intitulé : *Dieu et la création révélés par la géologie* (1). L'auteur , qui est à la fois un homme profondément religieux et un géologue éminent, combat avec une énergie digne d'éloges les idées des panthéistes , cherchant à expliquer la création du monde par les simples lois de la matière ; il déroule rapidement les phénomènes dont la terre a été successivement le théâtre ; il nous montre combien est manifeste l'intervention divine, dans la propriété spéciale des éléments qui constituent le sol. dans l'apparition successive des êtres vivants, dans la préparation graduelle de la terre pour les besoins de l'homme, et surtout dans le plan général qui a présidé à l'enchaînement de ces divers phénomènes.

Nous terminons cette longue énumération des travaux géologiques publiés en France en 1863, en signalant à votre attention le deuxième volume de la *Revue de géologie*, de MM. Delesse et Laugel, pour l'année 1861 (2). Nous ne saurions trop insister sur les avantages que présente cette publication, indispensable à tous les géologues qui désirent se tenir au courant des progrès rapides de la géologie : ils y trouvent une analyse succincte , fidèle , méthodique des travaux si nombreux qui, en tout lieu et à tous moments, viennent enrichir la science. Ce deuxième volume de la *Revue géologique* , par l'abondance des matières, par l'ordre établi dans la classification, l'emporte encore sur le précédent volume.

Des remercîments sont adressés à M. Cotteau.

On dépose sur le bureau les recueils suivants :

1° Pétition adressée au Sénat par Mme la comtesse de Vernède de Corneillan, née Girard , nièce et héritière de M. le chevalier Philippe de Girard, inventeur de la filature mécanique du lin ;

2° *Philippe de Girard*, par M. Benjamin Rampal.

L'ordre du jour appelle la suite de la discussion sur la question suivante :

____

(1) *Revue chrétienne*, 1863.
(2) *Revue de géologie*, année 1861. Savy, 1863.

« Dans quelle proportion la consommation du sucre est-elle
« favorable à l'alimentation ? Sucre consommé directement. —
« Sucre dénaturé.

« Quelles sont les conditions du sucre de canne et du sucre
« de betterave ? Culture de la canne et de la betterave. — De
« leur influence sur la fertilité des terres. — De l'extension pro-
« bable de ces cultures.

« Des modes de fabrication du sucre et de leur avenir. — De
« l'intérêt qu'il y a à fabriquer du beau sucre au meilleur marché
« possible.

« Quels principes doivent guider les législateurs dans les ré-
« glements du commerce des sucres ? »

Comme on se le rappelle, les conclusions du Rapport de M. de
Dion étaient ainsi formulées :

1° La fabrication du sucre *brun* est devenue impossible dans
les colonies.

2° Le sucre *blanc* peut être fait au même prix, rendu à un
port français, que le sucre blanc de betterave.

3° La fabrication du sucre *brun* en France se maintiendra,
lorsqu'elle sera dans de bonnes conditions.

4° La raffinerie tend à devenir une industrie restreinte.

5° Les réglements pèsent sur les conditions naturelles de la
fabrication.

6° Dans l'intérêt des consommateurs : — Droit unique, unité
de type. — Drawback, poids pour poids. — On ne doit pas confondre l'industrie des transports avec l'industrie des sucres.

M. Boursier, vice-secrétaire de la Société d'agriculture de Compiègne, donne lecture du travail suivant :

MÉMOIRE DE M. E. BOURSIER.

Après l'excellent Rapport de M. de Dion, sur le commerce et
la fabrication du sucre, permettez-moi de traiter, en peu de
mots, trois autres questions du programme du Congrès que le
rapport n'a pas touchées.

« Dans quelle proportion la consommation du sucre est-elle
« favorable à l'alimentation? »

« Quelle est l'influence de la culture de la canne et de la bet-
« terave sur la fertilité des terres? »

« Quelle peut être l'extension probable de ces cultures? »

Avant de répondre à ces questions, j'indiquerai deux points sur
lesquels je ne suis pas d'accord avec l'honorable rapporteur.

Si j'ai bien entendu, le rapport dit que le sucre blanc des
colonies , obtenu par les appareils perfectionnés , peut entrer
directement dans la consommation sans être raffiné; mais qu'il
n'en est pas de même pour le sucre blanc indigène , obtenu par
les mêmes procédés. Je ne puis partager cet avis.

Nous consommons tous les jours, dans ma famille, des sucres
blancs en poudre cristallisés , de la fabrication courante de
l'usine de Bresle (Oise); beaucoup de personnes, à ma connaissance en emploient, et cela à tous les usages ; dans les 62 fabriques indigènes qui obtiennent des sucres blancs, une partie
des sucres est livrée directement à la consommation.

M. le rapporteur trouve qu'il est juste d'imposer fortement le
sucre, qui n'est pas un aliment de première nécessité ! Le
sucre n'a pas été un aliment de première nécessité , tant qu'il
a été difficile de se le procurer.

Avant que Parmentier propageât la culture de la pomme de
terre , celle-ci n'était pas un aliment de première nécessité.
Le blé , lui-même, n'est pas un aliment de première nécessité
pour les populations qui ne vivent que de farine d'orge, de
maïs et de sarrasin.

Est-ce que le sucre n'est pas un aliment de première nécessité
pour l'enfant privé du lait de sa mère , pour le malade, pour le
travailleur des campagnes qui, sous un soleil ardent, l'ajoute à
son eau ou à son acide boisson pour en améliorer la qualité?

Est-ce qu'il n'est pas d'une ressource immense , presque à
l'égal du sel , pour la préparation d'un grand nombre de
nos aliments, pour la conservation de nos légumes, de nos fruits,
pour l'amélioration de nos vins? Voilà les seules objections que
je crois devoir faire au rapport de M. Dion.

On consomme aujourd'hui 6 kilos 50 de sucre par habitant; cette consommation peut-elle augmenter ? Cela ne fait aucun doute pour moi. Je laisse aux savants le soin de nous dire à quelle quantité la consommation du sucre peut s'élever sans nuire à la santé. Je pose en fait que, pour un ménage de quatre personnes, la consommation qui ne dépasse pas un kilogramme de sucre par semaine est celle qui répond aux besoins les plus indispensables du ménage; il faut user de privations ou d'une grande économie pour ne pas dépasser ce chiffre.

L'économie est toujours permise ; la privation du sucre en France ne devrait pas exister.

Une consommation de 1 kilogr. par semaine, c'est 52 kilogr. pour l'année, 13 kilogr. par personne; le double de la consommation actuelle.

Sur ces bases, les 36,000,000 d'habitants de la France exigeraient une production de sucre de 468 millions de kilogr. Dans cette consommation, la part du sucre indigène serait, en suivant la proportion actuelle, de 321 millions de kilogrammes, et celle du sucre de 147 millions de kilogr.

Pour obtenir ces 321 millions de kilogrammes de sucre indigène, il faudrait récolter 11 milliards 750 millions de kilogrammes de betteraves occupant 1,000 fabriques (30,000 à l'hectare) de sucre et couvrant 390,000 hectares de terre.

Je ne parle pas des cannes à sucre, que je ne connais pas.

Il est donc incontestable que la consommation du sucre peut augmenter. Une autre question se présente ici :

« Quelle sera l'influence de l'augmentation de production sur « la fertilité des terres ? »

Jusqu'aujourd'hui nous ne voyons pas que la production de la betterave ait appauvri les pays où on la cultive ; si on peut citer quelques échecs, c'est dans les cas bien rares où cette plante a été faite dans de mauvaises conditions.

Qui ne connaît, au moins de réputation, les beaux résultats obtenus dans les cultures du Nord où cette plante se cultive en grand depuis cinquante ans ? Quand on voit les belles récoltes qui

couvrent le sol de ces riches départements ; quand on voit les
beaux animaux qui peuplent les étables, est-on inquiet sur l'avenir réservé à la fertilité de la terre?

Eh bien ! Messieurs, arriver à avoir 1,000 fabriques de sucre ,
c'est mettre dix départements sur le même pied que le Nord ,
l'Aisne, le Pas-de-Calais, la Somme ; c'est augmenter considérablement la production de viande ; c'est diminuer le prix de
revient du blé.

Produire 3 milliards 750 millions de betteraves, c'est produire
750 millions de kilogr. de pulpes engraissant 125 mille bœufs.

Produire 11 milliards 700 millions de betteraves, c'est produire
2 milliards 340 millions de kilogr. de pulpes pouvant engraisser
390 mille bœufs, et cette production de viande a bien son
utilité.

Agrandir la consommation , et par cela même la production ,
est une chose désirable : la consommation grandira par l'abondance sur les marchés ; cette abondance, on la ferait naître par
une législation stable, offrant une sécurité complète pour l'avenir
aux industriels.

De tous côtés, les cultivateurs demandent à cultiver la betterave ; les industriels seuls sont hésitants.

La betterave, les pâturages, voilà les deux choses qui doivent
en France diminuer le prix de revient du blé et de la viande, et
bien plus efficacement que les droits de douane , soi-disant protecteurs.

Je me résume, et je demande que le Congrès formule , sous
forme de vœu :

1° Une législation fixe ;

2° Égalité de droits pour les sucres de toute provenance ;

3° Liberté d'exportation ;

4° Pas de désignation de types, pouvant mettre des entraves à
la fabrication du sucre blanc ;

5° Dégrèvement des droits, à mesure de l'augmentation de
production.

M. Millet-Saint-Pierre présente les observations suivantes :

Messieurs ,

La question qui nous occupe, la question des sucres, est une
question qui fait le sujet des méditations des économistes et des
hommes d'État, depuis une trentaine d'années, mais plus particulièrement depuis 24 ans, à cause des intérêts de premier ordre
qui s'y trouvent engagés, et dont la conciliation est des plus difficiles à obtenir. Cette question met en présence les intérêts de
l'agriculture locale, les intérêts des colonies, ceux de la marine
française, ceux du commerce international et ceux de l'industrie.
Cependant, Messieurs, d'après les conclusions du rapport qui a
ouvert cette discussion, la solution de ces diverses questions serait la chose la plus simple, la plus naturelle, et il y aurait lieu
de s'étonner que tant d'hommes spéciaux, étudiant une telle
matière depuis fort longtemps, ne soient pas encore arrivés au
résultat qui vous est exposé : aussi vous a-t-on proposé immédiatement d'appuyer cette conclusion de l'autorité respectable de
vos vœux.

Je me permets, Messieurs, de penser qu'il vous convient de
montrer un peu plus de circonspection à cet égard.

Hâtons-nous de le dire, le travail de l'honorable rapporteur est
des plus remarquables, dans la première partie surtout où il a
indiqué et décrit les conditions et les rendements des deux espèces de culture, celle du sucre colonial et celle du sucre indigène. Je regrette de ne pas trouver autant de lucidité et de
profondeur dans les aperçus économiques qui ont été exprimés
et à l'aide desquels il n'y aurait plus à s'occuper ni des colonies,
ni de la marine, ni du commerce extérieur, lesquels seraient mis
hors de cause, moyennant toutefois la condamnation à mort de la
raffinerie.

On a prétendu que, pour soutenir la marine nationale, le sucre
payait 3 millions, disait-on d'abord ; 4 millions, a-t-on affirmé
plus loin, et qu'on ne voyait pas pourquoi ce produit aurait à
supporter une pareille prime. Il serait bien plus équitable et
plus rationnel, a-t-on ajouté, que le trésor public allouât ces 3 ou
4 millions à la branche maritime, puisqu'il faut faire ce sacrifice

afin d'avoir des matelots, et qu'on laissât tranquille ce pauvre sucre.

Eh bien ! Messieurs, c'est cependant le Trésor qui perd en effet les 3 ou 4 millions en question, et nullement le sucre ; car ce découvert est le résultat du drawback, c'est-à-dire du remboursement des droits qui ont été payés par le sucre entrant en état brut et sortant raffiné pour alimenter des pays étrangers : la base de ce remboursement ayant été cotée de manière à donner un avantage à l'industrie française d'abord, à la marine ensuite. Tel est le drawback.

On me répondra peut-être que, puisqu'on anéantit tout d'un coup la raffinerie, il n'y aura qu'à faire sortir les 3 ou 4 millions directement des caisses de la douane pour que la marine reçoive sa prime. Oui, sans doute, si les choses s'arrangeaient comme cela par les lois de l'économie publique ; mais il n'en est pas ainsi.

Quand on fit la législation du 24 juin, M. le rapporteur vous l'a dit lui-même, il y avait encombrement de sucre, et c'était parce que la Hollande, la Belgique et l'Angleterre, pays mieux éclairés que le nôtre sur leurs intérêts, pratiquaient le régime des drawbacks, afin de se procurer des débouchés pour leurs sucres raffinés. — Cela sautait aux yeux. — Le gouvernement français leur emprunta donc cette mesure, et l'encombrement a cessé au moyen de ce sacrifice annuel de 3 ou de 4 millions. Mais, remarquez-le bien, ils ne sont encaissés que par la raffinerie, et la marine internationale ou le commerce international ne perçoivent pas cette prime que vous leur offririez ; ils reçoivent beaucoup plus par les avantages bien plus grands de l'aliment que leur donnent les sucres bruts, puis exportés blancs ; de celui provenant du transport des marchandises françaises, en allant chercher ce sucre brut, et du transport des marchandises étrangères en retour des raffinés : ce qui fait que nos vins, nos tissus, nos soieries, nos articles de Paris, si nombreux et si variés, trouvent à se placer dans ces échanges dont le sucre, importé brut et exposé raffiné, se trouve l'élément fécond, attendu que nous n'avons ni charbon, ni coton comme les autres, c'est-à-dire ni du lourd, ni de l'encombrant pour nos navires.

A l'égard d'un pays baigné par trois mers et placé topographiquement d'une manière aussi avantageuse que nous le sommes pour devenir l'entrepôt général d'une grande partie de l'Europe, comme nous devrions l'être sans tant de fautes économiques commises traditionnellement, il est nécessaire que la marine se développe, sans parler de l'intérêt national en cas de guerre ; il est nécessaire aussi que nos produits manufacturés et agricoles trouvent des débouchés dans un commerce très-actif d'échange. Mais le système dont on vous a entretenus serait un obstacle à ce développement, qui a été progressif sous le régime du drawback ; car nous avons exporté 64 millions de kilogr. de sucre raffiné en 1862, tandis que cette exportation n'a atteint que 39 millions en 1861.

Dans le système actuellement en vigueur, le sucre indigène ne suffit pas à la consommation intérieure, c'est vrai. Sa production est de 170 millions de kilogr., tandis que nous en consommons 240, auxquels le sucre colonial, produisant 130 millions, fournit donc 70 millions et exporte 60 millions en raffiné.

On se propose de supprimer le drawback, d'imposer le sucre au moyen d'une taxe unique, attendu que les classifications par richesse saccharine, dont on ne contestera pas sans doute le principe équitable, deviennent alors inutiles, et cela pour faire produire beaucoup plus par la sucrerie indigène. Mais alors vous auriez évidemment l'encombrement que vous avez éprouvé et auquel la loi du 24 juin avait porté remède, puisque déjà, dans la situation actuelle, il nous faut exporter un excédant de 60 millions de kilogr., et que cette exportation sera devenue impossible en présence de la concurrence étrangère qui jouit du drawback, lui permettant de lutter avec avantage contre nous.

Je sais bien que le sucre indigène s'effraie peu de ce résultat, attendu qu'avec la taxe unique, ce résultat ne sera ressenti que par le sucre colonial, dont la richesse saccharine lui est inférieure et qui supporte, en outre, le fret et tant d'autres frais dont le détail a été donné dans l'enquête commerciale et qui ne s'élèvent pas à moins de 16 fr. par 100 kilogr. Les cours baissant avec l'engorgement, le sucre colonial ne trouvera plus un prix rémunérateur, tandis que la marge pourra encore être favorable au sucre indigène. Le sucre colonial sera donc écrasé ; le sucre étranger, d'un autre côté, ne viendra plus se faire raffiner chez nous : que deviendront alors les colonies, la marine et le commerce extérieur ?

Ces dommages volontairement acceptés, auxquels se joint l'anéantissement de l'industrie raffinière, seront-ils donc compensés par de grands avantages à acquérir ? — Non, Messieurs ; il s'agit seulement de quelques mille hectares de betteraves à ajouter à l'exploitation agricole actuelle; et, remarquez-le bien, ce ne sont pas des terrains inféconds à convertir en terres productives, ce sont des espaces déjà bien cultivés ; c'est seulement la substitution d'un genre de culture à un autre dont il s'agit, et pour laquelle on vous propose de formuler des vœux contraires à la prospérité de la France, puisque après l'extinction de la raffinerie, vous voteriez la ruine complète de nos colonies tropicales, la paralysie du commerce extérieur et l'affaiblissement de la marine nationale.

M. le docteur Ancelon expose dans quelle proportion la consommation du sucre est favorable à l'alimentation. — L'orateur s'exprime ainsi :

MÉMOIRE DE M. LE DOCTEUR ANCELON.

Cette question soulève un des problèmes les plus ardus de la chimie organique et de la physiologie, puisqu'il s'agit, pour la résoudre, de pénétrer dans l'intimité la plus secrète de l'animalité vivante.

La chimie organique s'est fort occupée des principes constituants de nos aliments, et la physiologie expérimentale en a poursuivi les métamorphoses jusqu'aux dernières limites des fonctions de la nutrition.

Depuis Lavoisier, Braconot, Berzélius et Liébig jusqu'à Claude

Bernard, toutes les substances alimentaires ont été divisées en deux classes. Dans la première sont rangés les aliments azotés plastiques, toujours utilisés au profit de l'assimilation ; dans la seconde, les aliments non azotés ou respiratoires et désassimilateurs, dont la combustion et les fonctions catalytiques dédoublantes s'effectuent au sein de tous les organes pénétrés par le sang artériel, mais dont les produits sont éliminés par les surfaces pulmonaire et cutanée et par les reins. Il faut ajouter encore que les résidus de l'absorption des substances non azotées, qui n'ont servi ni à la respiration ni à la reproduction de la chaleur animale, vont s'accumuler dans les aréoles du tissu adipeux pour les besoins éventuels de l'économie. Les aliments respiratoires ont donc une importance relative fort inférieure à celle des aliments azotés qui, par leur composition, peuvent répondre à toutes les exigences.

D'après ce qui précède, le sucre, oxyde à double base de carbone et d'hydrogène selon Lavoisier, dont Liébig a donné la formule suivante : carbone, 20 gr. ; hydrogène, 22 gr. ; oxyde, 11 gr., serait un aliment respiratoire. Aussi, toujours considéré plutôt comme condiment que comme matière plastique, ne l'a-t-on fait consommer directement que dans des expériences dont la Société protectionniste anglaise aurait pu s'émouvoir.

I. SUCRE DONNÉ DIRECTEMENT.

a. Magendie, qui nourrit des chiens avec du sucre exclusivement, a noté chez ces animaux l'inappétence, l'amaigrissement, un prompt dépérissement des forces, accompagné d'ulcérations de la cornée transparente, par lesquelles s'écoulaient les humeurs de l'œil, et enfin une mort pitoyable.

b. Rien de plus conforme aux observations recueillies sur l'espèce humaine. Seulement, aux données rapportées par Magendie nous ajouterons le pyrosis, les émissions de gaz et les régurgitations aigres, les douleurs épigastriques et les diarrhées acides, plus faciles à constater en médecine humaine qu'en vétérie.

Nous ne pensons pas que l'on doive, avec un observateur très-sagace d'ailleurs, M. Champouillon, rapporter uniquement à l'uniformité du régime le dégoût, les nausées, dont a été pris ce médecin en expérimentant sur lui-même; car ces sortes d'accidents se présentent également chez les personnes qui abusent du sucre, tout en l'associant à des aliments plastiques. Quel médecin n'a pas eu occasion d'observer comme une épidémie d'affections gastro-intestinales chez les enfants gorgés de substances sucrées, à Noël, au nouvel an, au Carnaval, à Pâques et aux fêtes patronales en province?

c. Mais on peut tout expliquer aisément par les propriétés particulières du sucre. Il est irritant, et bien souvent on l'a appelé au secours de la petite chirurgie, pour réprimer, comme escharrotique, des chairs fongueuses. Pris en nature, il déprave le goût, par le surcroît d'activité qu'il imprime à la surface de la cavité buccale, où il s'acidifie et acidifie les sécrétions, préparant ainsi la dissolution de l'émail et la carie des dents; arrivé au contact du suc gastrique, dans l'estomac, qu'il se transforme ou non en acide lactique (question encore litigieuse), il ne laisse pas que d'augmenter l'acidité des liquides stomacaux : de là hyperdiacrisie, hyperhémie, inflammation, ulcération de la muqueuse digestive, si l'on persiste dans son emploi; puis régurgitations acides, diarrhées provoquées par des produits dont la susceptibilité intestinale, chaque jour exaltée, est impuissante à tolérer l'agression acide, même qualité funeste de toutes les sécrétions et excrétions, dépérissement final, mort.

d. Si les estomacs sains ont tant à redouter de l'abus du sucre pris en substance, que ne doit-on pas craindre de son ingestion dans un tube digestif déjà irrité, enflammé par d'autres causes? Certes, il y a quelque chose de providentiel dans l'invincible répugnance des enfants malades pour les boissons sucrées.

e. Il résulte d'expériences tentées sur nous-même que le miel, eu égard à son action, doit être confondu avec le sucre de canne.

En conséquence de ce qui précède, une hygiène bien entendue s'opposera toujours à la consommation directe du sucre, pour en réserver l'emploi comme condiment.

II. Sucre dénaturé.

En introduisant dans la dernière partie de la question qui nous occupe les mots de *sucre dénaturé*, on a probablement voulu dire *mélangé*.

En effet, pour imiter la nature, qui a mis du sucre partout, on en ajoute à certaines préparations culinaires dont rien ne relève la saveur, aux fruits rouges (fraises, groseilles) et à ceux que l'on soumet à la cuisson, dans le double but de les conserver et d'en corriger l'âpreté.

S'il fallait prendre l'expression *dénaturé* dans la rigoureuse acception du mot, nous aurions à étudier l'acide lactique et l'alcool, et quelques autres produits qui ne sont que du sucre *dénaturé* sous l'influence de combinaisons déterminées.

a. Mais, de tous ces produits *dénaturés*, il n'est guère que l'alcool pur ou affaibli et mélangé à des essences, dont on fasse un usage général, trop souvent déplorable, et certainement criminel aux yeux de la saine raison. L'abus des boissons alcooliques est une intoxication véritable, qui bientôt en rend le besoin impérieux, irrésistible, nécessaire, et conduit à l'abrutissement, au *delirium tremens*, à la folie. On sait que l'alcoolat d'absinthe a fait plus de ravages dans notre armée d'Afrique que le fer des Arabes. D'un autre côté, les vins pris avec discrétion, pourvu qu'ils soient naturels, suffisent aux besoins de stimulation de l'économie.

b. Sans *dénaturer* le sucre, on en a utilisé les propriétés comme condiment, en l'étendant, en le délayant, en l'enveloppant dans une suffisante quantité de substances alimentaires pour le réduire aux proportions de simple et inoffensif stimulant de la muqueuse digestive. Ces substances, de particulière élection, sont les fades, les émollientes, les relâchantes, telles que les petits pois verts, les épinards, les féculents dont on fait des bouillies, le laitage, etc.; impuissantes à solliciter par elles-mêmes l'action de l'estomac, elles y séjourneraient trop longtemps, sinon sans grand danger, du moins sans profit. En les sucrant dans de justes bornes, on ne fait que préparer leur digestibilité ; dépasser certaines limites, variables d'ailleurs autant que les susceptibilités individuelles, ce serait s'exposer à tous les inconvénients, rappelés plus haut, du sucre administré seul et sans correctif.

c. Ce que nous venons de dire, à propos des aliments fades et relâchants, peut s'appliquer aux gelées, aux confitures, aux pâtes, aux conserves de fruits. Toutefois, en y regardant de près, on trouverait peut-être que le sucre de canne, après avoir été mêlé aux fruits rouges pour en corriger l'acidité, a subi un commencement de métamorphose ; qu'il s'est transformé en sucre de raisin, combinaison moins propre à l'acidification des liquides animaux que l'une ou l'autre de ces substances prise isolément, et par conséquent moins nuisible aux parois de l'estomac.

III.

Dans les siècles antérieurs au XIXe, le sucre était inconnu aux masses, et les sommités sociales en usaient médiocrement. Objet de luxe jusqu'en 1814, il ne commença à entrer véritablement dans l'alimentation que fort tard, après l'établissement de nombreuses sucreries de betteraves. La consommation s'en est élevée, de nos jours, de 4 à 6 kilogrammes et demi, maximum qu'elle ne dépassera pas tant que le prix de vente ne sera pas descendu au taux de celui du sel de cuisine.

Nous ne nous arrêterons pas à établir un parallèle entre le sucre et le sel marin, condiment reconnu indispensable de temps immémorial ; car il suffirait de faire appel aux souvenirs et à l'expérience de chacun de nous pour constater la prééminence du premier sur le dernier, et comme condiment et comme matière commerciale ; mais, pour conclure, nous nous autoriserons de l'analogie que l'on pourrait trouver entre ces deux accessoires de l'alimentation, afin de rappeler que l'usage du sucre, comme condiment, ne saurait être illimité, qu'il ne devra jamais être consommé qu'avec la prudente réserve observée à l'égard du sel de cuisine.

M. Perrot demande à M. le docteur Ancelon dans quelle proportion le sucre pourrait être poison, tandis qu'on le regarde généralement comme nutritif.

M. Ancelon répond que le sucre contient de l'alun calciné, que c'est une substance irritante ; que l'estomac sécrète déjà des sucs acides dont l'influence peut être augmentée par l'emploi du sucre pur.

M. Allon-Dutilly déclare qu'il mange du sucre et qu'il n'en souffre pas ; mais ce qu'il y a de regrettable, c'est l'abus des liqueurs fortes, qui exercent des ravages plus terribles que la mort et amène la folie. Surtout dans les climats froids, multiplions l'usage du sucre ; ayons des boissons sucrées ! Sans doute, le cidre et la bière, pris au repas, sont plutôt hygiéniques que nuisibles ; mais, si l'on répand davantage les boissons sucrées, l'usage et l'abus de l'alcool diminueront. Une autre observation doit être présentée au rapporteur : il demande que les taxes différentielles soient remplacées par des primes données à la marine. Ce projet ne saurait être sérieux. Que serait, en effet, l'importance d'une prime, si on la compare avec les frais qu'occasionnent les transports ? La marine ne peut entrer à compte et demi avec l'État ! Le Congrès ne doit donc point attaquer la législation, qui est relative aux transports et au calcul différentiel. Quel est d'ailleurs celui de ses membres qui pourrait indiquer les besoins de la marine nationale ? N'a-t-elle point à supporter l'inscription maritime ? Les navires ne sont-ils point frappés de droits pour la construction ? Quant au drawback, c'est une question que le Congrès doit réserver. Il est, en effet, difficile de bien juger cette loi. L'huile, que l'on transporte, laisse du marc ; le sucre éprouve un déchet ; le blé, dans les moulins à grains, est soumis aux mêmes influences. Comment donc venir discuter une question qui est loin d'avoir donné son dernier mot ? En rendant pleine justice au mémoire qui a été soumis au Congrès, l'orateur se résume à demander que la question relative au transport et au drawback soit réservée.

M. de Dion, qui prend ensuite la parole, a voulu se rendre

compte de la consommation du sucre dans les colonies. Ainsi, chaque personne en mange environ 40 kilogr. annuellement. Quant au Noir, employé dans la culture de la canne et à la fabrication du sucre, il suce constamment des cannes pendant la récolte ; or, il suffit de savoir que cinq cannes représentent 1 kilogr. de sucre, pour voir la quantité qu'il en absorbe, ce dont il se trouve parfaitement bien. L'orateur n'a point avancé que le sucre blanc en poudre, de betterave, n'était point propre à la consommation. Le sucre blanc, en poudre, tel qu'on l'obtient dans les fabriques perfectionnées, est au contraire un produit chimique sans odeur ni goût étranger.

On parle des intérêts du Trésor, des transports ; on y attache une trop grande importance, et ces deux points ne font que jeter le trouble dans la question. Comme rapporteur, il a cru devoir les éliminer, tout en les sauvegardant. Quant aux intérêts maritimes, ils reçoivent une prime de 3 millions payée par les colonies, à cause de la surtaxe de pavillon, et une partie de celle de 4,500,000 fr. payée à l'exportation des sucres raffinés. Si la marine est indispensable à la grandeur et à la gloire de la France, c'est à la mère-patrie à chercher les moyens de défendre ses intérêts et d'augmenter son matériel maritime, et non point aux colonies.

M. de Dion, sans avoir l'intention de discuter la manière dont la prime doit être établie, fait remarquer que l'exportation de 100 millions de kilogr. de sucres raffinés occasionne des frais d'aller et de retour de 15 millions au plus, et c'est pour donner ce travail à la marine que le Trésor paie une prime de 4,500,000 fr., ce qui est un chiffre énorme pour un faible avantage. Si on veut développer les transports maritimes, il faut que les navires puissent circuler librement dans l'étendue des mers. Ainsi, les colonies doivent exporter leur sucre et leurs principales productions ; mais elles réclament la houille d'Angleterre, les bois et le riz d'Amérique et la morue de Terre-Neuve ; ces transports seront d'autant moins chers, les droits seront moins élevés et le commerce des sucres aura plus de liberté en France.

Dans cette discussion, il faut donc s'occuper surtout de la

question des sucres et laisser de côté le transport et les intérêts
de la marine. Il faut aussi s'inquiéter de la situation du marché.
Avec le système actuel de 1862, les prix étaient très-bas ; aujourd'hui ils sont très-élevés. Ces variations proviennent de la
possibilité d'exporter les sucres bruts. Il en était de même
pour les blés, et la suppression de l'échelle mobile a régularisé
les cours.

Les colonies ne redoutent pas le développement que pourrait
prendre la betterave : elles seront toujours prêtes à soutenir
la concurrence, en fabriquant du sucre blanc à un prix de
revient assez bas. Il y a, en effet, beaucoup de perfectionnements à introduire, soit dans la culture de la canne, soit dans
la fabrication du sucre. Ainsi, les appareils perfectionnés sont
presque tous sortis de France ; ils ont été construits pour la
betterave et non pour la canne dont le jus très-pur est beaucoup plus facile à travailler. Ces appareils seront certainement
simplifiés. Mais, pour que les colonies puissent lutter, il
faut leur laisser la liberté d'échanger leurs produits avec les
puissances voisines qui les alimentent, et ne pas imposer une
surtaxe de 4 fr. 20 sur leur sucre blanc fabriqué. Pourquoi
M. de Dion n'a-t-il point demandé l'abolition des droits sur
le sucre ? C'est que cette matière lui paraît plus imposable
que les autres, car, si le sucre est nécessaire à l'alimentation,
s'il entre dans l'hygiène, on ne peut contester qu'il est moins
utile aux classes ouvrières que d'autres denrées, notamment
le sel. En abaissant les droits, on diminue considérablement
l'importance des entraves que les lois imposent au commerce
des sucres ; mais ce qu'il faut surtout, c'est enlever ces entraves
en supprimant les types et le drawback avec prime. Les sucres
de toutes nuances et de toutes provenances circuleraient librement, ils paieraient un impôt unique par 100 kilogr. à l'entrée,
et on rembourserait ce même impôt à la sortie pour le même
poids de 100 kilogr.

M. de Ligny n'a point l'intention de prononcer un discours ;
il a des intérêts dans une fabrique de sucre située près de son
domaine et qu'il visite très-fréquemment. Il relève d'abord des

chiffres avancés par les orateurs qui l'ont précédé. Le produit moyen de la fabrication indigène n'est point de 7 p. °/₀, il s'élève à peine à 5 1/2. Quant à la production, elle doit être fixée, en moyenne, à 30,000 kilogr. à l'hectare. Il arrive quelquefois qu'elle s'élève à 50,000 kilogr. ; mais le fabricant s'en plaint, car la récolte n'a été obtenue qu'au moyen d'une culture forcée et d'engrais abondants : la betterave est fibreuse et ne donne pas les résultats qu'on serait en droit d'en attendre. Les intérêts du fabricant et ceux des cultivateurs sont conciliés lorsque la betterave ne produit que 24 à 30,000 kilogr. à l'hectare. Le cultivateur a-t-il un grand intérêt à cultiver la betterave? Les frais d'engrais et de culture qu'il est obligé de s'imposer, les silos qu'il doit faire dans son champ, les charrois, tout lui occasionne des frais considérables. Mais, ici, on ne doit voir que l'intérêt général; c'est la question que l'orateur veut aborder. On a beaucoup parlé du drawback, mais cette législation est-elle bien connue? On laisse un certain poids comme déchet, mais c'est au détriment des sucres indigènes qui paient des droits énormes sur toutes les parties fabriquées. L'orateur ne voudrait pas aborder le terrain politique, mais il croit pouvoir et devoir présenter des observations sur la loi qui n'est point encore en discussion au Corps législatif : il la trouve mauvaise ; il lui reproche notamment d'établir de nouveaux types et il lui préfère celle de 1860, qui établissait un droit uniforme sur tous les sucres, et qui n'atteignait pas le type 20. La nouvelle loi, entre le n° 12 et le n° 14, met une différence de 4 fr. ; c'est donc une perte réelle pour le fabricant qui est le plus intelligent. Dans l'armée, on ne s'occupe point des traînards : on récompense ceux qui, par leur bravoure, ont contribué à la victoire. L'industrie, elle aussi, à ses invalides ; mais faut-il encourager leur ignorance et leur négligence, et leur sacrifier des hommes plus intelligents qui savent et qui font mieux qu'eux? Quant à la loi actuelle, elle ne sera encore que provisoire.

L'orateur regrette la suppression de l'abonnement : c'est la liberté dans l'usine ; le fabricant peut agir à sa guise , et donner toute carrière à son intelligence. Il cite un exemple où une perte réelle aurait été éprouvée, si le gérant avait été gêné par le fisc ; il a su parer au déficit, et une campagne malheureusement commencée a été terminée avec profits.

Y a-t-il des instruments pour établir d'une manière régulière le rendement ? Sans doute, des erreurs sont constatées, et notamment dans l'aréomètre dont on se sert actuellement il y a des défectuosités très-grandes ; mais c'est à la science et au Gouvernement à améliorer ces appareils. L'aréomètre marque 5 degrés pour chaque hectolitre, tandis que le rendement réel est de 7. L'abonnement taxe à 7 k. 420 ; vous avez du moins la liberté pour améliorer la condition de vos produits. Mais le raffineur est aussi un obstacle à ces améliorations: il n'aime point à acheter du sucre trop pur, car ces bénéfices sont moins grands. Dans la fabrique dont parlait l'orateur, on était arrivé à produire du sucre excessivement pur ; mais comme l'usage d'envoyer le sucre granelé n'existe point en France, il a fallu passer par le raffineur et éprouver une perte. Ce qu'il faut donc à l'industrie sucrière, c'est le rétablissement de l'abonnement qui permet tous les progrès, qui tend à les assurer. Le fabricant doit extraire de la betterave tout ce qu'elle contient de matière saccharifère, car le fisc préfère son droit sur le tout. Il faut demander le rétablissement de la loi de 1860, avec cette addition : que le sucre indigène jouira des mêmes avantages qui sont accordés aux sucres étrangers. On a parlé de l'encombrement qui avait eu lieu ; mais cet encombrement ne venait pas de la production indigène, il était causé par l'entrée en France des sucres étrangers. Veut-on un exemple semblable? Lorsque l'échelle mobile existait, n'a-t-on pas vu successivement des encombrements et des disettes? Depuis sa suppression , le blé a subi une proportion décroissante, et les introductions ont toujours été en rapport avec les besoins du pays. Dans l'intérêt de la fabrication indigène, il faut donc supprimer le drawback.

M. Millet-Saint-Pierre fait observer que le sucre indigène ne pourrait point suffire à la consommation de toute la France : il faut donc que la diminution des droits s'étende au sucre colonial ; mais il ne voit point pourquoi le sucre étranger ne jouirait pas des mêmes priviléges que les productions indigènes ou coloniales. Quant à la question du drawback, il est vrai qu'une remise de 4 kilogrammes par cent est accordée ; mais le législateur en connaissait l'importance, car cette loi a été empruntée à la Hollande et à la Belgique, où déjà elle était en usage. Le saccharimètre, dit-on, n'est pas juste : on est forcé de le reconnaître, car il en est ainsi de toute nouvelle découverte ; mais il sera perfectionné, et, naguère encore, M. Dumas, le savant chimiste, déclarait que la science avait résolu ce problème : établir la véritable quantité saccharifère qui était tirée des sucres. On a fait l'éloge de la législation de 1860, mais était-elle bonne ? Puisque c'est elle qui a amené en France le drawback reconnu nécessaire, si elle avait été suffisamment protectrice, si elle avait présenté des avantages sérieux, que serait-il arrivé ? C'est qu'on n'aurait pas été prendre à l'étranger une loi dont la France n'aurait pas eu besoin.

M. de Ligny interrompt l'orateur pour déclarer que le drawback a existé de tout temps.

M. Jules Duval pense qu'il faut avant tout réclamer le dégrèvement des sucres. Au taux exorbitant que propose de consacrer le projet de loi (42 francs par 100 kilogrammes), une bonne loi est absolument impossible. Ce taux représente en effet une taxe, a-t-on dit, de 65 % *ad valorem ;* suivant les cours, elle s'est trouvée de 80 et même de 100 %. A ces taux-là, l'impôt devient écrasant pour la production et pour la consommation ; il impose des expédients qui ne peuvent concilier les divers intérêts en jeu, pas même celui du Trésor. Ce taux est en opposition flagrante avec les principes du régime libéral, inauguré depuis quelques années dans nos relations de commerce. Il a été en effet admis, comme base du traité avec l'Angleterre et des traités subséquents, que les droits sur les produits étrangers ne pourraient dépasser 30 % *ad valorem* et sur un produit français, tel que le sucre de betterave et celui

de canne des colonies, le Trésor revendique du double au triple
de cette proportion ; là est le vice radical de la loi projetée
comme de la loi actuelle. Que le droit soit abaissé à 30 °/₀ de
la valeur, et le sucre, ne payant que 20 à 25 francs par 100
kilogrammes, pénétrera dans la consommation jusqu'à des
couches qu'il n'atteint pas, et dans les autres il dépassera de
beaucoup le niveau actuel. On estime que les Français consomment, par tête et par an, seulement 6 kilogrammes de sucre,
tandis que les Anglais en consomment 15 à 16, les Américains des
États-Unis bien davantage. Il est évident, quels que soient les
chiffres précis, que nous sommes bien au-dessous de la limite
des besoins et des désirs, et que l'usage est comprimé par
l'impôt excessif. Aux colonies, le sucre revient à 40 ou 50 cent.
le kilogramme ; en tenant compte des frais de transport et des
bénéfices des intermédiaires, il se vendrait 65 à 70 centimes,
moitié du prix actuel; à ce prix, on atteindrait bien vite une
moyenne de 10 kilog. par tête ; ce qui, pour les 270 millions
d'habitants de l'Europe seule, atteindrait le taux de 2 milliards
700 kilog., un tiers en sus de la production totale du sucre,
qui est évaluée entre 1,800 millions et 2 milliards. Avec
un développement pareil, producteurs, armateurs, com-
merçants, raffineurs, consommateurs, le Trésor lui-même
seraient satisfaits. Chacun puiserait largement dans la richesse
commune. Déjà la loi du 23 mai 1860, bien que l'impôt fût
encore de 30 fr., avait produit une partie de ces bienfaits, et
elle les eût tous produits si on lui en eût laissé le temps ; et le
Trésor, qui se trouva lésé par son effet immédiat, n'eût pas
tardé à retrouver ses rentes antérieures, comme on l'a vu pour
toutes les réductions analogues et notamment pour les postes.

Les législateurs traitent le sucre comme une matière de luxe,
passible d'impôts quelconques, en quoi ils commettent une
grave erreur. Ce qui est, non pas de luxe, mais de seconde
nécessité pour les consommateurs, est une denrée de première
nécessité pour les colonies : aucune autre ne peut la remplacer,
ni le café, ni le cacao, ni le coton, dans les terrains qui con-
viennent le mieux à la canne à sucre. Elle y est plus nécessaire

que le blé dans nos climats, car ici le bétail partage l'importance des céréales. Grever une telle denrée de 80 °/₀ de sa valeur, cela équivaut à frapper de 16 francs tout hectolitre de blé mis en consommation.

Le Trésor a besoin d'argent, dit-on : qu'il en demande à l'ensemble de la production et de la consommation nationale, sans en écraser une spécialement par ses exigences, et surtout qu'il apprenne à économiser sur ses dépenses !

M. Millet-Saint-Pierre aborde la question relative à la marine. Quatre millions de primes lui seraient accordés ; mais, en présence des sacrifices qu'elle serait obligée de s'imposer, ce ne serait qu'une goutte d'eau jetée dans la mer ! On regrette les encouragements donnés à la raffinerie. Mais il ne faut pas oublier que c'est elle qui, par ses produits et les transports qu'ils nécessitent, lui donne les plus sérieux encouragements.

M. de Dion prie l'honorable préopinant de chiffrer ces avantages. Une discussion assez vive s'engage, et l'on avance qu'en 1862 il y a eu pour 64 millions d'exportations, et que le remboursement a été de 32 millions.

ı M. Millet-Saint-Pierre termine en faisant remarquer que plusieurs des échanges indiqués seraient stériles, et, pour n'en citer qu'un exemple, on ne consomme pas de sucre à Terre-Neuve, où les bâtiments iraient chercher la morue.

M. Boursier demande la parole. Ce qu'il voudrait avant tout, c'est la liberté complète, le développement de la production. Il a pris des renseignements en France ; il en résulte qu'une famille composée de quatre personnes ne consomme pas plus d'un kilog. de sucre par semaine, et, encore, ce chiffre est peut-être élevé, car la production indigène ne pourrait suffire. Il faut donc demander le développement de la liberté commerciale.

M. Duval fait remarquer que le meilleur développement de l'industrie sucrière serait d'enlever les impôts onéreux qui pèsent sur elle.

M. Boursier pense que l'on ne peut, dès le début, enlever tous les droits : il se borne donc à réclamer que la diminution n'ait lieu qu'au fur et à mesure de l'extension de la production.

M. Raudot, comme président, croit, avant le résumé de la discussion, devoir présenter quelques courtes explications. Le drawback lui paraît une mauvaise mesure, car elle coûte plus à l'État qu'elle ne lui rapporte : on peut, selon lui, évaluer cette dépense à 10 millions. M. Raudot fait également remarquer que la contrebande devient plus facile. On a vu, en effet, des sucres étrangers être expédiés en France et être réexportés à l'étranger. Il ne voit pas pourquoi les producteurs qui ne seraient pas Français jouiraient d'avantages qui ne sont pas accordés aux habitants de cette nation. Comment se ferait-il, d'une manière légale, que l'Allemand mangeât du sucre français à un prix moins élevé que celui payé par l'indigène ? On veut défendre l'intérêt des raffineurs ; mais la chimie n'a point encore dit son dernier mot, et le sucre sortira de la fabrique de manière à pouvoir être livré immédiatement à la consommation. Il n'en veut pour exemple que les faits avancés par M. de Ligny : chez lui, ou pour mieux dire, dans la fabrique dans laquelle il est intéressé, on fait du sucre blanc granelé ; mais l'usage de ce sucre n'est point encore en France, et il est momentanément repoussé. Il ne peut point y avoir de lutte entre les sucres des colonies et ceux produits sur le sol de la mère-patrie ; on doit, au contraire, se réunir pour demander une diminution sur les droits ; et, moins le prix du sucre sera élevé, plus il entrera dans la consommation générale. D'ailleurs, le sucre est désiré par tous : c'est un besoin ou un luxe ; mais on le trouve chez l'enfant, de même que ce goût est développé chez le vieillard. C'est une question capitale pour la France : la betterave a pu, en effet, approfondir le sol arable ; ses détritus, sa pulpe notamment, ont donné une nourriture qui a permis d'augmenter le nombre des bestiaux ; et, comme on l'a déjà dit au Congrès, la culture de la betterave a augmenté la production des céréales. Laissez donc à l'industrie sucrière la liberté que vous avez donnée à l'agriculture, et vous reconnaîtrez bientôt l'essor qu'elle prendra. On prétend que le Trésor a des charges, qu'il a besoin d'impôts. Mais qu'il prenne garde de tuer la poule aux œufs d'or ! Qu'il diminue son armée ; n'avons-nous pas pour exemple une nation voisine et rivale de la France? L'Angleterre était le pays où la dette était la plus élevée; elle a cherché des économies, elle a augmenté les droits : il en est résulté que la dette allait toujours croissant. M. Gladstone, dans ces entrefaites, fut nommé ministre; il suivit une ligne opposée, abaissa les droits, et le Trésor vit grossir ses recettes. En France, il y avait autrefois des zones postales : les lettres étaient payées 30, 40 et 80 centimes; c'était pour l'État une ressource pour ainsi dire stérile ; on a supprimé les zones, on a mis sur chaque lettre un droit uniforme et faible, et maintenant la poste produit davantage. Pourquoi ne ferait-on pas pour le sucre ce que l'on a fait avantageusement pour les lettres ? Au contraire, la France suit une ligne de conduite opposée. Le droit, qui avait été réduit de 25 à 30 fr., au bout de dix-huit mois, et sans que l'on en ait pu constater les effets, remonte à 40 fr. Appuyons donc, comme protection de l'agriculture et l'une de ses plus riches industries, la diminution des droits. Cette résolution est soutenue par l'orateur sur les observations déjà présentées par M. Du Chatellier sur l'augmentation des charges de l'Enregistrement, qui prennent sept à huit années de revenus.

M. de Dion revient sur la question de l'abonnement qu'il ne repousse pas, mais il ne croit pas que le Congrès doive émettre aucun vœu à ce sujet, parce que cette mesure n'est qu'un mode de perception de l'impôt. Aujourd'hui, la fabrique abonnée paie le droit sur 1,425 grammes de sucre par hectolitre et par degré Beaumé, tandis qu'elle retire jusqu'à 1,500 et même 1,600 grammes. Il en résulte que le fabricant livre à la consommation du sucre qui n'a pas payé de droits. On y obviera en augmentant le chiffre de rendement, qui avait été fixé par la loi à 1,425 grammes.

Il est donné lecture des propositions faites par M. de Dion. Le Congrès ne les trouve point assez nettes et il prend les résolutions suivantes :

1° Égalité de droits entre le sucre de betterave et celui produit par les colonies ;

2° Liberté d'exportation pour les sucres indigènes et coloniaux ;

· 3° Suppression des types;

4° Protection efficace à la production des sucres indigènes et coloniaux, et diminution des droits en les réduisant à 25 ou 30 °/₀ de la valeur au plus.

M. Raudot rappelle au Congrès qu'il a entendu avec plaisir, dans sa dernière réunion, la communication de M. de Lesseps relativement au percement de l'isthme de Suez, et qu'il a visité avec le plus grand intérêt les travaux de percement du Mont-Cenis. L'orateur n'a point eu une de ces grandes·questions à étudier, mais il a voulu faire profiter son pays de ses observations. Si on étudie la ligne de Paris à Lyon, on constate avec regret qu'un détour est fait pour aller rejoindre Dijon : c'est un monopole qu'il faut faire disparaître. La ligne de Paris à Lyon et à Marseille est l'une des plus importantes, parce qu'elle met en communication la Méditerranée et la Manche. M. Raudot a donc visité et étudié les vallées ; il croit avoir réussi à trouver un chemin plus court, et demain il soumettra au Congrès les travaux qu'il a exécutés sur cette question.

L'ordre du jour étant épuisé, M. le Président déclare la séance levée.

Le Secrétaire,
Comte A. D'HÉRICOURT.

—◦✕◦—

SEPTIÈME JOURNÉE.

—◇—

SÉANCE DU 21 MARS.

ARCHÉOLOGIE, LITTÉRATURE, BEAUX-ARTS, PHILOSOPHIE.

Présidence de M. BOULATIGNIER, conseiller d'État.

M. le Président appelle au bureau MM. DE CAUMONT, DE MONTREUIL, ancien député; BERTRAND, maire de Caen; le marquis COSTA DE BEAUREGARD, de Chambéry, et Eugène DOGNÉE, secrétaire.

M. Dognée donne lecture du procès-verbal de la séance du 19. Ce procès-verbal est adopté.

M. le Président aborde ensuite l'examen de la question à l'ordre du jour, conçue dans les termes suivants :

« Dans quelle nouvelle phase sont entrées, en 1863, les « études relatives à l'enseignement professionnel ; que peut-« on espérer des résolutions qui ont été prises? »

M. le Président croit qu'il faut se borner à rechercher les faits nouveaux qui se sont produits depuis un an. Déjà l'année dernière le Congrès avait agité cette question, et lors de sa séparation, on avait constaté qu'il régnait une grande confusion dans les idées, sur la portée réelle de l'*enseignement professionnel* depuis que cette expression avait été produite dans l'amendement qui a donné naissance à la loi du 15 mars 1852. Deux interprétations principales s'étaient révélées. Selon les uns, c'est un enseignement s'adressant à une classe de la bourgeoisie qui ne veut pas aborder l'étude des langues anciennes. Selon les autres, l'enseignement professionnel doit être une préparation à l'exercice d'une profession déterminée, analogue à celui des fermes-écoles, des écoles vétérinaires, etc. , etc. Il faut, disent ces derniers, qu'à côté des notions orales, on organise un véritable apprentissage d'une profession non libérale.

Depuis ces discussions, le Gouvernement a pris un parti, et un projet de loi va être très-prochainement soumis au Corps législatif pour organiser cet enseignement.

La loi de 1833, créant l'enseignement primaire supérieur, n'avait pas reçu une application uniforme : dans quelques villes, on avait créé des écoles spéciales ; dans d'autres, on s'était borné à assurer des cours spéciaux aux lycées. Il y a aujourd'hui , en France, 120,000 élèves recevant cet enseignement. Depuis 1850, les écoles primaires supérieures ont été supprimées, en laissant exister celles qui, à cette date , étaient établies. La vanité et la faiblesse des parents faisaient délaisser ces écoles, au profit des cours spéciaux des lycées : de là , pour les parents et les villes, une augmentation notable de dépense. Le Gouvernement a pris acte de ce fait, et il se propose d'établir à côté des lycées un enseignement qu'on dit *spécial*, quoiqu'en réalité il ne soit pas plus spécialisé que l'enseignement classique. Les élèves auront généralement de 12 à 16 ans, et recevront cet enseignement dans les établissements secondaires classiques, de façon à profiter parfois des leçons des professeurs de ces établissements. — Je ne veux, continue M. le Président, qu'exposer l'état des faits sans exprimer d'opinion. Cet enseignement comprendra des matières fort étendues, consignées dans un programme inséré dans le projet de loi. Les établissements pourront adopter le programme en entier ou en partie. Du reste, le programme ne doit pas induire en erreur : les cours sont toujours bornés par le degré d'enseignement dont ils font partie bien plus que par l'appellation donnée à ces cours eux-mêmes. Les notions usuelles du Droit, par exemple, donneront lieu à des cours très-différents, selon le degré d'enseignement où le professeur les développera.

Le Gouvernement va donc créer une seconde branche d'enseignement secondaire dans les anciens établissements de cette classe. Les villes sont autorisées à faire de même, et les particuliers, porteurs du diplôme de capacité, auront aussi la faculté d'établir des cours de ce genre.

Ce nouveau programme, réduit exclusif des langues anciennes, sera-t-il aisément réalisé d'une façon utile ? Faut-il, alors que l'on encourage l'étude du zend ou du sanscrit, laissant les langues-mères de la nôtre en dehors d'une partie notable de l'enseignement ? Ce sont des questions que l'expérience résoudra, à défaut de la théorie.

On a voulu, en outre, joindre en certains domaines l'apprentissage de l'éducation théorique, et M. le Ministre des travaux publics a réclamé des écoles professionnelles analogues aux écoles spéciales déjà existantes pour certaines professions. On espère donc pouvoir développer, selon les localités, cette initiation pratique aidée de leçons, et l'appliquer à l'industrie de la contrée. Ce serait l'enseignement professionnel, laissé aux soins des villes et subventionné seulement par l'État. — Les débats qui ont occupé le Congrès l'an passé me font croire que nos collègues pensent que l'enseignement primaire, développé selon les besoins des localités, était le plus grand vide de l'enseignement en France. Il faudrait que l'apprentissage le trouvât comme base. L'enseignement des lycées ou l'enseignement professionnel ne doivent en rien entraver le développement de l'enseignement primaire. En outre, à l'enseignement primaire, il faut joindre les cours d'adultes, les classes du dimanche, pour que l'apprentissage ne vienne pas atrophier les résultats utiles de l'enseignement primaire.

Je n'ai, continue M. le Président, parlé que d'*enseignement*, pour me conformer à la dénomination officielle; pour moi, il faudrait toujours, en ces questions, traiter de l'*éducation*; car il ne peut être question d'enseignement sans envisager à la fois tout le cercle des études qui servent à former l'homme intelligent et moral. Bien qu'on s'occupe de l'intelligence de l'élève, si l'inspiration morale ne vient tout vivifier, on pourra dire des essais les plus mûris : *In vanum laboraverunt.*

M. Raudot applaudit à la liberté laissée aux particuliers de créer des écoles professionnelles et à la faculté donnée aux communes de développer leur enseignement primaire.

M. Bertrand, député du Calvados. maire de Caen, pense que ce principe ne peut que faire naître une approbation unanime, tant il consacre à la fois l'esprit de la législation et l'opinion générale.

M. de Montreuil se demande si les résultats de l'enseignement primaire ne sont pas viciés, parce que la majorité des enfants sortis des écoles, loin de poursuivre leur développement intellectuel, perdent les notions déjà acquises dès leur entrée en apprentissage. Il est partisan des écoles professionnelles, car, dit-il, l'instruction spéciale développera les aptitudes qui, devenues des forces utilisables, créeront des hommes utiles à la société, là où il n'y a souvent que des hommes prêts à la troubler. Je désirerais, poursuit l'orateur, voir développer de nombreuses institutions agricoles. Ces écoles sont du plus grand secours, d'abord pour fournir aux campagnes des travailleurs intelligents, puis pour faire, au profit de tous, les essais et expériences trop onéreux pour les particuliers isolés. L'instruction qui mène à tout ne guide à rien; l'instruction spécialisée est féconde. Mais il faut

dire, avec notre honorable président, que ce n'est pas l'instruction qui nous fait défaut en France, mais l'éducation qui, elle
cependant, donne les règles pour marcher au bien et au progrès.

M. Bertrand convient qu'en quittant l'enseignement primaire,
beaucoup d'enfants en perdent le fruit; mais n'est-ce pas parce
que très-fréquemment l'enfant doit déjà aider à subvenir aux
besoins de la famille? Il n'est pas de législation qui puisse parer
à cet inconvénient. Déjà l'instruction primaire a reçu de notables améliorations, et les lois existantes la favorisent largement. Les ministres du culte aident aux lois par leurs conseils,
en insistant auprès des parents indifférents ou coupables qui
négligent de faire profiter leurs enfants de ces écoles ouvertes à
tous. Mais quelque soin que l'on apporte à cet enseignement,
il est encore très-restreint dans les campagnes; on l'a même
limité, système que l'on a voulu aussi appliquer dans les villes,
au nom de je ne sais quel principe, mais certes pas au profit
de la moralisation. Ainsi qu'on a dit : « Un peu de philosophie
éloigne des croyances, beaucoup de philosophie y ramène ». On
pourrait affirmer que des notions imparfaites sont plus dan-
gereuses qu'une éducation primaire très-soignée. Plus l'enfant
reste à l'école, plus il a chance de réunir une bonne éducation.
Le progrès de l'éducation des enfants du peuple doit donc être
recherché, en s'efforçant de retenir les enfants près de leurs
maîtres le plus longtemps possible. — *L'enseignement professionnel* est une dénomination impropre; l'école qui donnera
l'enseignement primaire ainsi agrandi (ce que la loi de 1833
appelait enseignement primaire supérieur) ne sera pas plus
professionnelle que l'enseignement classique des lycées ou des
collèges : ils conduiront tous deux à *des professions*. Il faudrait
qu'à côté de l'école qui enseigne les professions théoriquement
on trouvât l'enseignement pratique de telle ou telle profession.
On n'aura sans cela que des connaissances générales, un autre
groupe de savoir; ce qu'il faudrait, c'est l'atelier spécial.

M. Lapérouse pense qu'on ne peut apprécier des mesures
aussi importantes sans un examen bien mûri. Ces mesures
laissent cependant un doute peser dans son esprit. La délimi-

tation des domaines de chaque enseignement semble difficile à saisir. L'ancien système d'éducation classique se préoccupait de former des hommes en développant l'intelligence ; l'enseignement professionnel devrait former des artisans. Dans ce dernier but, il suffirait, pour les idées théoriques et les notions purement intellectuelles, d'un enseignement élémentaire; or, le nouveau système en allant au-delà, ne va-t-il pas ouvrir toute une nouvelle arène, et faire délaisser l'éducation classique sans spécialiser assez ses leçons et sans y joindre l'initiation pratique ; en un mot, sans former des artisans? Ne va-t-on pas voir reparaître les inconvénients de la *bifurcation*, dont on a pu autrefois apprécier les vices condamnés par la pratique, l'opinion générale, puis l'opinion unanime ?

M. Dognée, sans vouloir soulever de nouveau l'examen théorique de la question qui a donné lieu à des aperçus si justes et si profonds, croit utile d'exposer rapidement au Congrès le récit des essais réalisés en Belgique, où tous ces systèmes, successivement préconisés, ont été tous adoptés et fonctionnent concurremment.

L'enseignement primaire, complètement libre comme tout enseignement en Belgique, est donné avec grande libéralité par les communes et les particuliers. Au sortir de ces écoles, les enfants entrent au collége ; mais le fils de l'ouvrier n'est pas réduit à perdre le fruit du bienfait qu'il a reçu. Des écoles *spéciales* industrielles, agricoles, commerciales, etc., etc., créées dans chaque localité par les communes ou l'initiative privée, s'ouvrent à ceux qui ne peuvent aborder les études classiques, et sans détourner de la profession choisie, donnent un enseignement à la fois théorique et pratique, spécialisé au développement de l'industrie locale. Presque partout l'accès de ces écoles est donné gratuitement. — C'est cet enseignement que l'on tente de modifier un peu au profit des arts industriels, qui forme, selon les aptitudes, des artisans laborieux ou parfois d'ingénieux inventeurs.

On a aussi établi auprès de l'enseignement classique des athénées ou colléges, une série de cours dits *de français* ou *section professionnelle*, que l'on avait cru de nature à former une pépinière de jeunes gens qui, sans étudier le latin et le grec, développeraient leur intelligence et deviendraient d'utiles citoyens. Le résultat n'a pas répondu à cet espoir, et ces cours, peuplés de « *fruits secs* », n'ont guère servi que de refuge à ceux qui, inhabiles aux études classiques, ne profitent cependant pas de l'enseignement si éminemment utile des écoles spéciales. De là une classe de jeunes gens désœuvrés, sans connaissances techniques, et dont le développement intellectuel, à la fois trop et trop peu poursuivi, dégénère en idées irréalisables et vient peupler les bureaux des administrations. Dans les écoles spéciales, au contraire, on a trouvé les éléments d'une population intelligente et dont le savoir modeste, condensé sagement vers un but bien marqué, donne des artisans habiles, des contre-maîtres intelligents, des artistes industriels, et parfois même des agriculteurs-propriétaires ou des fabricants. capables de faire progresser l'industrie nationale. Ces institutions spéciales ont donc produit un bien indiscutable, à côté des cours dits professionnels restés stériles dans leurs résultats.

Le seul reproche à formuler ou plutôt le seul progrès à désirer pour ces écoles industrielles, est la part trop restreinte faite à l'initiation artistique. Les écoles générales d'art, dites en Belgique « académies », faute de spécialisations suffisantes, ne peuvent suffire aux besoins actuels. De même qu'à côté de l'enseignement général des théories industrielles il faut apprendre l'industrie locale, il serait à désirer qu'on y développât l'enseignement des arts industriels indiqués par la spécialité de chaque grand centre. Alors, à côté des artisans habiles, on retrouverait parmi ces élèves ces artistes modestes qui ont fait la gloire du moyen-âge et de la Renaissance, en donnant à toute la production industrielle d'un pays le cachet du beau, qui centuple la valeur des produits sans accroître le chiffre du capital mis en œuvre. L'école spéciale, ainsi relevée, attirerait un plus grand nombre d'élèves, et le bien-être général ressentirait cette influence salutaire, en détruisant le préjugé funeste qui pousse dans les colléges une pléiade nombreuse qui, ne pouvant

faute de fortune suffisante aborder plus tard les professions libérales, constitue une véritable tribu de déclassés, grâce à une
instruction condamnée à la stérilité. L'Angleterre, après l'étude
de l'exposition de 1851, a senti ces vérités et s'est résolûment
mise à l'œuvre, en faisant appel à l'initiative de tous et des
localités : le Gouvernement ne venant concourir que pour aider
ces institutions, créées librement, alors seulement que des résultats féconds sont venus prouver leur vitalité et leur utilité.

Tel est l'état de la question en Belgique, où les résultats
parlent plus éloquemment que les théories les plus savamment
déduites.

M. le Président. Le Gouvernement français va faire d'abord
ce qu'il y a de plus aisé à réaliser. Il y a déjà, je l'ai dit,
120,000 élèves qui reçoivent cet enseignement bâtard ; on va le
régulariser. A côté de ce fait ainsi devenu principe, il va y avoir
un enseignement professionnel et un développement nouveau de
l'enseignement primaire auquel S. M. l'Empereur accorde toute
sa bienveillante attention. En France aussi, les arts industriels sont l'objet d'un enseignement très-important. Le cri
d'alarme de M. Mérimée, après l'exposition anglaise de 1851,
avait été très-exagéré : il y a des institutions pour l'ouvrier ;
Mulhouse a publié le récit de ses tentatives dignes des éloges de
tous ceux qui portent intérêt à ces questions ; Caen et bien
d'autres villes ont des écoles de dessin le soir. On se préoccupe
trop de l'étranger, qui souvent nous imite. La pensée de cours
spéciaux de dessin appliqué à l'industrie doit être sagement
modérée pour ne pas propager un mouvement factice. On a, en
un jour, réclamé de l'État 1,630,000 fr. pour établir ces cours.
Le temps n'épargne que ce qui se fait avec lui. En France, on a
trop souvent recours à l'État pour ces créations. C'est un tort.
D'autre part, la bâtisse d'un établissement de ce genre n'appelle
pas les élèves : il faut d'abord réunir un public nombreux avant
de songer à élever à l'enseignement des édifices somptueux, trop
souvent laissés déserts.

M. Lapérouse croit que la crainte exprimée tout à l'heure par
lui devient fondée, par suite des renseignements fournis sur le

sort des cours professionnels en Belgique. A côté de l'éducation
classique, il faut une instruction primaire supérieure. Elle est
donnée en France dans des écoles spéciales. Ce qu'il ne croit pas
utile et ce qu'il combat, c'est l'annexion aux lycées et colléges
d'un enseignement rétablissant la bifurcation, à la fois réprouvée
par la théorie et l'expérience.

M. Du Chatellier pense que la question si importante de
l'enseignement professionnel subit l'influence d'anciennes institutions et d'idées que les événements ont successivement fait
varier. Avant la révolution de 1789, on avait essayé l'enseignement professionnel. L'orateur cite avec éloges *Marseille, Lyon,
Rennes*. La Révolution n'a voulu faire que des Grecs et des
Romains, en rejetant le passé là même où il ne produisait que
des résultats utiles; depuis, on n'a pas voulu y revenir franchement. En résumé, il propose d'émettre le vœu : *que l'enseignement professionnel, spécialisé dans chaque commune, soit
donné aux classes ouvrières pour favoriser le développement
de l'industrie locale.*

M. Raudot demande si les cours professionnels vont être
annexés à tous les lycées et colléges de France.

M. le Président répond qu'on n'en créera guère de nouveaux,
le projet de loi ayant pour but principal de régulariser ce qui
existe aujourd'hui. On donnera une sanction à l'état de choses
créé par la vanité des parents qui voulaient avoir leurs enfants
au lycée, fût-ce dans les cours spéciaux de la section professionnelle.

M. Raudot dit que l'enseignement professionnel ne peut que
se localiser. Il faudrait en France, comme en Belgique, la liberté de bien faire pour les localités et les particuliers. Les
dépenses si considérables réclamées du Gouvernement sont
inutiles. L'espoir d'une subvention paralyse l'action des particuliers, au lieu de l'aider; si elle est accordée, on n'est plus
libre, et le subside vient détruire les effets si désirables de la
spécialisation qui n'est possible que par la direction locale. Il
est à désirer que le Gouvernement garde son argent et laisse
agir l'initiative privée ou des communes. La direction officielle,

les comptes-rendus hérissés de chiffres ne sont pas de nature à
parer aux abus de la vulgarisation.

M. Paul Leblanc fait remarquer que la Haute-Loire possède
des établissements datant de 1823, dus à l'initiative individuelle et qui ont résolu le problème en créant l'enseignement
nécessaire à la population employée pour la production industrielle du pays. Il cite les écoles du Puy, l'enseignement artistique et pratique donné aux dentellières. Tels sont les résultats auxquels les traditions de l'enseignement des corporations
religieuses, l'initiative particulière et les efforts de la ville ont
permis d'atteindre.

M. le Président. La réussite dépend surtout des procédés employés au début. C'est en appliquant aux besoins particuliers
l'initiative privée que l'on doit créer l'enseignement professionnel, en commençant modestement. — J'ai souvent vu, poursuit l'orateur, des demandes énormes de subvention pour des
écoles, dans un vain but d'ostentation, dans l'espoir de parvenir
à l'érection d'un local somptueux. La ville de Paris a trop souvent des libéralités privées qui, appliquées trop grandement à
l'origine, ont ensuite besoin des subsides de la ville pour subsister. On recherche en France beaucoup trop le *théâtral*, et
cette préoccupation a détourné des efforts utiles vers un but
sans résultat. J'ai vu la renaissance des études classiques, elle a
été féconde, et l'enseignement cependant se donnait sans pompe
et sans bâtisses somptueuses. Il faut d'abord attirer sagement les
élèves sans trop faire à l'avance, puis le professeur doit s'efforcer
de leur inspirer l'amour de l'étude. En éveillant ce goût de
l'étude, on s'assure une suite nombreuse d'élèves intelligents.
M. le Président rappelle, en terminant, combien les études archéologiques sont goûtées aujourd'hui, grâce surtout, dit-il, aux
efforts constants d'un homme dévoué, M. de Caumont, qui pour
leur assurer une pléïade de travailleurs, sans cesse renouvelée,
a su faire aimer ces patientes recherches.

M. Du Chatellier propose au Congrès d'adopter le vœu formulé
par lui, et conçu dans les termes suivants :

« Que l'enseignement professionnel, spécialisé sagement, soit

« laissé à l'initiative des particuliers et des communes, et dirigé
« vers les besoins de l'industrie locale. »

Cette proposition, appuyée par la plupart des orateurs qui ont
pris part à la discussion, est mise aux voix, et le Congrès s'y
rallie par acclamations unanimes.

La séance est levée à six heures.

Le Secrétaire-général,

Eugène DOGNÉE.

HUITIÈME JOURNÉE.

1re SÉANCE DU 22 MARS.

SCIENCES PHYSIQUES, AGRICULTURE.

Présidence de M. le vicomte DE CUSSY, membre de l'Institut des
provinces.

Siégent au bureau : MM. le baron TRAVAUX, le comte DU
MANOIR, le comte DE TOCQUEVILLE, BELGRAND, ingénieur en
chef des ponts et chaussées ; DE VILLENEUVE, ingénieur en chef
des mines.

M. LE ROY-PERQUER remplit les fonctions de secrétaire.

M. de Caumont ouvre la séance par la communication de la
lettre suivante :

« Condillac (Drôme), 20 mars 1864.

« MONSIEUR LE PRÉSIDENT,

« J'ai été touché des marques d'intérêt que le Congrès des
délégués des Sociétés savantes a daigné, dans sa séance du 15
de ce mois, accorder à mes travaux sur la prescience du temps.
Je ne saurais assez vous remercier des témoignages de bien-

veillance que vous avez personnellement chargé M. Eugène
Plon de me transmettre.

« Organe des corps savants qui font l'honneur de notre pays,
vous avez donné une grande leçon à ceux qui ont cru pouvoir
nier sans examen, ou après un examen superficiel, les résultats
de mes recherches. Il me reste à prouver l'exactitude de ma
théorie devant la Commission à laquelle vous avez renvoyé
l'examen de mon mémoire. Je ne faillirai pas aux devoirs que
m'impose l'accueil sympathique dont cette communication a été
l'objet.

« Veuillez agréer, Monsieur le Président, avec l'expression
de ma profonde reconnaissance, l'hommage de mes sentiments
les plus respectueux.

« MATHIEU (de la Drôme). »

Pour répondre aux intentions de l'honorable correspondant,
M. de Caumont remet le nouveau mémoire ci-dessus mentionné
à M. de Bac, président de la Commission nommée dans la séance
du 15 mars.

La parole est ensuite donnée à M. Belgrand, qui expose au
Congrès les résultats d'un travail considérable qu'il vient de
terminer sur les eaux de la Seine dans la ville de Paris, surtout
depuis le XVIIᵉ siècle. Les considérations auxquelles il se livre
sont accueillies par l'Assemblée avec le plus vif intérêt, et l'on
apprend surtout avec satisfaction que, grâce au zèle et aux travaux de l'édilité parisienne, il n'y a plus à redouter les fléaux
qui désolèrent Paris en 1658, 1690, 1711, 1802.

M. le Président remercie M. Belgrand de son excellente
communication, et l'Assemblée, par ses applaudissements unanimes, témoigne à son auteur la satisfaction que lui procurent
ses consciencieux travaux et sa parole toujours si claire et si
sympathique.

M. le comte du Moncel a présenté un résumé des progrès
de l'électricité en 1863. Pendant une heure il a captivé l'Assemblée et expliqué, avec une remarquable lucidité, tous les
faits qui se rattachent à cette étude importante.

Après lui M. le comte de Villeneuve, ingénieur en chef des mines, a fait une improvisation des plus curieuses sur les phénomènes qui ont signalé la *période glaciaire*. M. le Président a remercié le savant professeur de l'École des mines et M. le comte du Moncel, il les a invités à rédiger par écrit leurs intéressantes conférences. De vifs applaudissements ont salué les deux orateurs.

L'ordre du jour étant épuisé, la séance est levée à trois heures.

Le Secrétaire ,

Em. Le Roy-Perquer.

—◇—

2ᵉ SÉANCE DU 22 MARS.

ARCHÉOLOGIE, LITTÉRATURE, BEAUX-ARTS, PHILOSOPHIE.

Présidence de M. le comte Daru, membre de l'Institut.

Siégent au bureau : MM. Herpin, le baron David, J. Duval, Foucher de Careil, Taillandier, de La Peyrouse et de La Roière.

M. le comte d'Héricourt remplit les fonctions de secrétaire.

On avait déposé sur le bureau un certain nombre de travaux publiés par des Sociétés savantes de l'étranger. La Société archéologique de Pesth (Hongrie) annexe à ses publications un certain nombre de planches, ce qui permet de se rendre compte de l'architecture de ces contrées et des différences avec celle de l'ouest de l'Europe. Mais, ce qui appelait surtout l'attention, c'était un magnifique album de la Société des Beaux-Arts de Pesth, contenant de belles gravures : on admirait la pureté des dessins, le gracieux des poses, l'énergie des figures ; et ce livre, on doit l'avouer, méritait à tous égards l'attention dont il a été l'objet. Nous signalerons, parmi les autres publications :

Die geologischen verhaltnisse des sudostlichen Theiles von Unter-Steiermark, publication de la Société géognostique et montanistique de Styrie, à Gratz (Autriche).

Traités de la Société impériale et royale de zoologie et de botanique, à Vienne (Autriche), XIIe volume, avec 19 planches, 1862.

Mémoires de l'Institut impérial et royal vénitien des sciences, lettres et arts, à Venise (Vénitie), volume X (1re, 2e et 3e parties), avec de nombreuses planches, 1861 et 1862 ; et volume XI (1re partie), 1863.

Atti, etc. Actes de la Société italienne des sciences naturelles de Milan, avec cartes et planches, IIIe volume, 1861.

Atti, etc. Actes de la Société géologique de Milan, Ier volume, 1855 à 1859, avec une carte.

Bulletin de la Société impériale des naturalistes de Moscou (Russie), n° 3, 1862, avec 8 planches ; n° 1, 1863, avec 4 planches, et n° 2, 1863, avec 2 planches.

Jahrbücher des vereins fur naturkunde, etc. Rapports de la Société des sciences naturelles du duché de Nassau, avec 2 cartes, 1861.

Transactions de l'Institut philosophique de Victoria, à Melbourne (Australie), IVe volume, avec de nombreuses planches, 1860.

L'ordre du jour appelle la discussion sur cette question :

« Quel est, à l'heure qu'il est, l'état moral des populations « de la France ? L'intelligence s'est-elle développée chez elles en « raison de l'instruction reçue ? »

M. de La Roière donne lecture du rapport suivant, qui est accueilli par de chaleureux applaudissements :

MESSIEURS,

La question si savamment débattue déjà dans le Congrès de l'année dernière, sur l'état moral des populations de la France, sera encore, dans la session actuelle, l'objet de discussions dignes, sans aucun doute, du plus grand intérêt ; car il y a toujours profit à retirer des nombreux renseignements qui nous sont donnés avec tant de talent et de conviction. Soldat obscur dans votre milice savante, je viens à mon tour vous prier de vouloir bien permettre à l'un de vos membres, le moins capable de traiter cette question avec un talent égal à son importance, de vous faire observer que, si la discussion lui en paraît très-utile, parce qu'elle fournit à chacun l'occasion d'émettre son opinion sur les remèdes à employer pour combattre avec plus ou moins d'efficacité les causes qui produisent l'immoralité, la solution de la question, en ce qui concerne l'état moral actuel comparé à l'état moral antérieur, lui paraît aussi difficile à obtenir que celle du mouvement perpétuel.

Cette question, ainsi que le faisait remarquer M. de Quatrefages, n'est-elle pas trop générale, trop vaste pour être mise aux voix? La réponse à y faire ne dépendra-t-elle pas du point de vue sous lequel elle aura été envisagée? Si vous prenez pour règle cette maxime, posée autrefois dans nos chambres législatives, au nom, comme on le disait, de la logique et de la liberté de conscience : *La loi humaine doit être athée,* que sera la morale? où se trouvera sa sanction, et, sans sanction, où sera sa fixité? Si, au contraire, à l'exemple du moraliste chrétien, vous voulez pénétrer dans le secret du cœur humain pour constater sa grandeur ou sa misère à travers la lutte des passions avec la conscience, à quelle source puiserez-vous les éléments nécessaires à une saine appréciation de l'état actuel? Si les tribunaux ne sont pas appelés à réprimer toutes les immoralités, la distribution annuelle des prix Monthyon ne forme heureusement pas l'unique répertoire où se relèvent les actions morales; et aussi longtemps que la statistique ne pourra, comme dans les livres de commerce, établir exactement l'*actif* et le *passif*, comment pourrez-vous connaître la situation comparée?

M. Des Moulins, dans le savant mémoire dont il a été donné lecture l'année dernière, disait avec vérité que la statistique officielle était impuissante à tout atteindre. Constate-t-elle, en effet, que nous soyons dans un siècle où la pudeur publique a moins d'outrages à subir? où l'enfant sait honorer son père, et le père

donner à son fils l'austère exemple d'une irréprochable conduite ?
Constate-t-elle que nous soyons dans un temps de loyauté et de
franchise dans les transactions commerciales et les mutuelles
relations des hommes ? Constate-t-elle le respect dû aux droits
les plus anciens et les plus consacrés ? Constate-t-elle qu'une
stricte honnêteté préside à l'accroissement des fortunes ? Non,
Messieurs : elle se borne aux actes qui tombent sous l'empire du
Code pénal ; elle constate, hélas ! un accroissement effroyable,
depuis dix ans, dans le nombre des meurtres produits par les
passions de cupidité, et dans celui des infanticides et des suicides, produits directs des passions d'immoralité.

La recherche des causes occasionnelles de ces crimes mettrait
peut-être sur la voie des moyens à prendre pour en diminuer le
nombre ; car je ne puis me ranger à l'opinion de M. Foucher de
Careil, qui donne pour seules causes de l'immoralité la misère et
l'ignorance : les passions ne sont pas toujours l'apanage de la
misère et de l'ignorance : elles exercent leurs funestes ravages
dans tous les rangs de la société, et ce n'est certes pas dans la
classe infime qu'on rencontre le plus de partisans de la doctrine
immorale et impie de Malthus, ni dans les classes ignorantes
où l'on se livre à ces jeux frénétiques de Bourse qui engloutis-
sent non-seulement la fortune du joueur, mais bien souvent
encore celle d'autrui.

Les causes occasionnelles de l'immoralité ne surgissent-elles
pas de ces revues qui ont la prétention de s'adresser aux intelligences d'élite, et qui vous disent que l'âme est une chimère, son
immortalité un non-sens... ; que la société contemporaine est
bien mal avisée de repousser ce système, sous prétexte qu'il est
immoral et impie..., et qu'on ne craint pas d'affirmer que ce
n'est qu'après avoir fait les funérailles de ces croyances pourries
et de ces religions vermoulues, que les esprits aujourd'hui pourront trouver la sérénité et le bonheur (1) ; de ces livres mis à la
portée de tous, parmi lesquels on en voit tant qui élèvent un

_____

(1) *Revue du progrès*, citée dans le *Correspondant*, numéro de janvier, 409-410.

piédestal à l'adultère et à la débauche ; de ces pièces de théâtre
dans lesquelles on tourne en ridicule les fermes caractères, les
solides vertus et tout ce que l'on devrait respecter ; de ces œuvres
d'art qui peuvent exercer tant d'influence sur le moral des nations et qui vous représentent, comme à la dernière exposition,
des Vénus, des Bacchantes, des Sapho, dont les auteurs seraient
fort embarrassés peut-être d'avouer publiquement où ils ont été
chercher leur modèle. Si quelques-unes de ces œuvres n'étaient
presque des excitations à la débauche, elles étaient tout au moins
la *représentation de cet art profane et sensuel*, qui ne voit dans
l'homme que la vie des sens, à l'exclusion de la vie intellectuelle
et morale, et qui n'a d'autre but que de flatter les sens et de
procurer des jouissances grossières à l'homme charnel.

La statistique qui constaterait, aux deux époques comparées,
la quantité d'ouvrages obscènes offerts au public, me paraîtrait
plus concluante pour constater l'élévation ou l'abaissement de
l'état moral que celle des crimes et délits qui tombent sous l'application de la loi, parce que ces œuvres toutes voluptueuses re-
paraissent toujours avec le libertinage et la corruption des
mœurs dont ils sont l'effet. « Quand on étale, ainsi que le disait
M. Des Moulins, dans les expositions publiques, de riches collections de sommités fleuries et des grappes de fruits, les hommes
sensés n'oublient pas que tout cela a tenu à des branches, à des
tiges, à des racines. »

M. du Peyrat attribue l'abaissement moral au luxe qui s'introduit partout : c'est malheureusement une cause qui a existé
de tout temps, ainsi que le prouvent des lois somptuaires très-
anciennes : *Mieux vaut bonne renommée que ceinture dorée*,
est un proverbe qui doit son origine à l'une de ces lois et dont
la naissance remonte déjà à quelques siècles; mais jamais peut-
être le luxe n'a régné avec autant d'intensité qu'au temps actuel.
C'est bien là sans doute une cause d'immoralité : les habitudes
de dépense que le luxe entraîne empêchent bien des mariages;
et si l'on se marie, l'on a peu d'enfants ou l'on ne veut pas en
avoir, pour ne pas être tenu de pourvoir un jour à leur établissement et pouvoir continuer ces dépenses qui absorbent

quelquefois les ressources de la famille, et ne laissent le plus souvent aux enfants ou aux héritiers qu'une succession obérée, au lieu de ce patrimoine recueilli dans la succession des pères et mères et qu'une sage économie avait permis de transmettre intact à leurs descendants.

Quelle digue opposer à ce torrent qui, suivant que le faisait observer M. d'Héricourt, a débordé, déborde et débordera toujours? Ce ne sont pas des lois somptuaires : leur impuissance est démontrée jusqu'à l'évidence. Ce qui me paraîtrait le plus efficace, ce serait l'exemple venu d'en haut (1). Si les classes supérieures prenaient l'initiative de la réaction contre le luxe, je crois que cet exemple produirait plus d'effet que le sentiment religieux, obstacle qui perd d'autant plus de sa force que le mal produit par un luxe exagéré n'est constaté, la plupart du temps, que lorsqu'il y a presque impossibilité de le réparer.

L'énorme consommation des liqueurs alcooliques est signalée par M. de Blois comme la cause principale de l'abaissement moral ; c'est là encore une de ces causes qui exercent de funestes ravages depuis bien longtemps. Déjà, sous Charles-Quint, des mesures répressives avaient été prises pour prévenir l'abus des liqueurs alcooliques. Par son édit du 7 octobre 1531, il défendait de chômer les fêtes et ducasses pendant plus d'un jour ; d'inviter plus de vingt personnes aux noces, de prolonger la fête au-delà du lendemain à midi ; de grâcier pour motif d'ivresse les meurtres commis en cet état, parce que, dit l'édit, les meurtres commis pendant l'ivresse arrivaient très-fréquemment. Ce n'était certes pas la misère qui engendrait cette immoralité, puisque jamais les Flandres n'ont été plus riches : où trouver une époque et un pays ou les bourgeois aient pu dépenser, comme on le fit à Anvers pour un tir à l'oiseau, 250,000 fr. (valeur d'alors) en prix décernés aux concurrents? Ce n'était pas l'ignorance, car, au témoignage de Guiniardin, il y avait à cette époque en Flandre beaucoup de personnes *lettrées et savantes en toutes*

_____

(1)   Totus ad exemplar regis componitur orbis.

faculté et science ; la . plupart des gens parlaient plusieurs langues et presque tous, même les villageois, savaient lire et écrire. Si ces deux causes peuvent produire le mal, elles ne sont réellement pas les seules. Si aujourd'hui la classe ouvrière surtout cherche ses distractions dans le cabaret, si c'est plutôt vers cette direction que vers l'amélioration du régime domestique que se porte le salaire hebdomadaire ; si , sans aucun doute, une des causes de tous ces désordres gît dans l'affaiblissement du sentiment religieux, une autre cause n'apparaît-elle pas dans le défaut d'ordre et de soin de la part de la femme dans la direction du ménage ? L'instruction donnée à celle qui sera un jour à la tête d'un ménage d'artisan ou d'ouvrier est bien incomplète. On lui apprend à lire et à écrire : c'est très-bien, sans doute , c'est même indispensable; mais ne donne-t-on pas trop de temps aux arts d'agrément et pas assez aux arts utiles? Les travaux à l'aiguille ne sont-ils pas trop négligés lorsqu'ils ne sont pas entièrement omis? Et cependant, Messieurs, ils ont bien leur importance. Je puis vous assurer que , chaque fois que dans le cours de ma vie j'ai visité un ménage d'artisan , j'ai constaté presque toujours que le mari menait une conduite régulière et trouvait de la satisfaction au sein de sa famille, lorsque la femme y faisait régner l'ordre et la propreté, lorsqu'elle entretenait en bon état les effets du ménage, ceux du mari, les siens et ceux de ses enfants. J'y ai presque toujours vu ceux-ci élevés dans la crainte de Dieu et dans les sentiments de respect qu'ils doivent à leurs parents ; ils étaient aimés de leurs voisins et jouissaient de cette solide considération qui ne s'attache qu'à une conduite honorable. Mais lorsque tout est en désordre , que les effets du ménage comme ceux du mari et des enfants démontrent l'incurie de la femme , l'absence de ces réparations que la nécessité, lorsqu'elle est industrieuse et intelligente , sait si bien effectuer, même dans les plus pauvres ménages ; lorsque les enfants, déguenillés et honteux de leur état, perdent le respect qu'ils doivent à Dieu, à leurs parents et à eux-mêmes, le mari, rentrant à la fin d'une journée de travail et de fatigue et ne trouvant rien qui puisse rendre son intérieur agréable, perd courage, prend le goût du cabaret ; la femme, si déjà elle ne l'a fait, apprend chez l'épicier, qui dans nos provinces a le funeste droit de débiter des liqueurs alcooliques, l'usage de ces liqueurs ; alors, au lieu d'une honnête aisance, vous trouvez une hideuse misère et un ménage entier qui ne tarde pas à tomber pour toujours à la charge de la charité publique et privée.

Permettez-moi, Messieurs, de hasarder quelques indications de moyens à prendre pour combattre cet usage immodéré. Les préfets et les maires peuvent beaucoup pour réprimer les excès d'intempérance ; s'ils ne mettent peut-être pas toujours assez de discernement dans le choix des autorités, si elles ne prennent pas toujours les précautions dont on s'entourait à Athènes pour admettre aux charges publiques, il y a cependant à rendre cette justice à l'autorité préfectorale : que toujours elle seconde les mesures proposées par l'autorité locale, pour prévenir les abus résultant d'une fréquentation abusive des cabarets.

Lorsque j'avais l'honneur d'être maire de Bergues, ville d'une population de 6,000 âmes et centre du marché le plus important du département du Nord, j'ai toujours trouvé auprès de l'autorité préfectorale l'appui le plus empressé dans tout ce qui avait pour but de porter obstacle à l'intempérance.

Un arrêté pour interdire la fréquentation des cabarets aux enfants mineurs non accompagnés de leur père produisit de bons résultats ; l'interdiction des débits de boissons aux portefaix aussi longtemps qu'il y avait des sacs de grain sur le marché, a eu pour conséquence de déblayer le marché un jour ou deux plus tôt, et de permettre aux porte-faix d'emporter 10 à 12 fr. par semaine, au lieu de 1 fr. 50 à 2 fr. qui leur restaient, frais de boisson précomptés.

La réduction du nombre des cabarets, la fermeture de tous ceux situés à l'écart, l'interdiction absolue du débit de boissons chez les épiciers (car c'est généralement là que les femmes prennent des habitudes d'intempérance) ; l'interdiction aussi de l'entrée du cabaret aux enfants, qui ne se procurent que trop

, souvent par des moyens illicites l'argent nécessaire à cette dépense, me paraissent des moyens excellents pour enrayer le mal qui ne reste pas stationnaire, à en juger par le chiffre auquel s'élève la consommation annuelle.

Ces réductions, ces fermetures et ces interdictions produiraient, sans aucun doute, une perturbation dans beaucoup d'existences; mais doit-on hésiter à recourir aux moyens énergiques en présence de la gravité d'un mal dont les conséquences sont si funestes? Depuis moins d'un an, dans notre arrondissement, deux personnes se sont noyées dans le même canal, bordé cependant par des banquettes en terre, non loin de deux cabarets. A ces moyens répressifs ajoutez, pour les femmes, une instruction plus appropriée aux devoirs qu'elles auront à remplir, et il vous sera permis d'espérer que les abus, qui certes ne disparaîtront pas tous, ne s'aggraveront pas de jour en jour.

Les esprits chagrins sont, dit M. le conseiller Bertrand, portés à exagérer l'immoralité en France, qui y est beaucoup moins grande qu'on ne le pense communément. J'aurais bien de la peine à adopter cette opinion, tout en étant disposé à convenir avec lui que la majorité de la population française est saine d'esprit et de corps. Pour motiver mon dissentiment, il me suffit de recourir à la statistique et d'examiner surtout la proportion comparée de ces crimes qui sont, d'après lui, l'exagération des vices honteux, tels que le viol, l'attentat à la pudeur et l'adultère. Je constaterai ensuite le nombre des suicides, des morts-nés et des enfants naturels : tout cela constitue, indubitablement, l'un des articles du *passif* du bilan moral.

Je prends pour point d'examen mon département, celui du Nord.

Pendant l'année 1834, sur une population de 991,373 habitants, la Cour d'assises a jugé neuf affaires de viol et d'attentat à la pudeur; il y avait, accusés.   10

La police correctionnelle a jugé onze affaires pour outrage public à la pudeur et attentat aux mœurs ; il y avait, accusés.   14

Total, pour 1834.   24

Sur une population de 1,212,333 habitants, en 1858, la Cour d'assises a jugé, accusés.   18

La police correctionnelle, accusés.   101

Total, pour 1858.   119

En 1833, sur 33,499 naissances, il y avait 871 enfants naturels reconnus et 2,122 non reconnus ; ensemble. . .   2,993

En 1859, sur 44,804 naissances, 1,323 enfants naturels reconnus et 2,762 non reconnus ; ensemble.   4,085

L'augmentation est bien proportionnelle à l'augmentation des naissances, mais ne l'est pas à celle de la population, et les morts-nés n'y sont pas compris. Les suicides s'élevaient, en 1833, à 78 et, en 1838, à 118. Différence, 40 : soit plus de 50 °/₀. — Morts-nés. On n'a commencé à les signaler séparément qu'en 1839 ; le nombre, pour la France entière, s'élevait pour cette année à.   27,490

En 1860, il était de   44,298

La différence entre ces deux époques est environ de 60 °/₀   16,808

Il s'élevait en 1859, pour le département du Nord, à 2,292 ; il était, d'après l'*Annuaire* du département, augmenté sur l'année antérieure de 256 : soit près d'un huitième, augmentation portant en entier sur les enfants naturels reconnus ou non ; le nombre des morts-nés, en 1859, est aux enfants légitimes dans le rapport de 1 à 21, et aux naissances naturelles dans le rapport de 1 à 13 ; combien n'y a-t-il pas là d'infanticides que la loi ne peut atteindre ?

Cette partie du *passif* du bilan moral et les conséquences qui en découlent sont de nature à justifier ma répulsion à partager la manière de voir de l'honorable M. Bertrand sur les deux premiers points, et démontrent bien que l'immoralité est en progrès. Je ne veux pas en conclure cependant que nous valions moins que nos voisins. Les passions mauvaises sont de tous les temps et de tous les pays, et si tant de gens valent moins que leurs aïeux, c'est qu'autrefois l'existence était plus modeste. Si ces grands revirements de fortune que les révolutions, les jeux de Bourse, les spéculations éhontées que nous avons vues se produire avec tant d'audace et d'effronterie, n'avaient pas bouleversé tant d'imaginations, faussé tant de principes, ils n'auraient pas fait naître dans le cœur de tant de personnes, qui sans cela seraient arrivées avec de l'ordre et de l'économie à une position honorable et aisée, l'insatiable désir de se procurer des richesses à tout prix, même à celui de l'honneur.

Paris avait bien offert de temps en temps ce triste appât à la cupidité : on y avait vu, comme on y voit maintenant, l'immonde spectacle de ces quelques déesses du demi-monde, étalant dans de somptueux équipages le faste d'un luxe qu'elles ne doivent qu'à la débauche, pour l'expier un jour dans la boue. Mais la province avait conservé la noble habitude de révérer plutôt l'honneur, même à pied, que le vice en carrosse, et cet immense appoint moral faisait plus que rétablir l'équilibre. Si les facilités de communication n'ont pas toujours exercé une heureuse influence sur le moral des provinces, et diminué peut-être un peu l'importance de leur appoint, on ne doit pas se dissimuler que l'état moral de Paris ne s'est pas abaissé : à côté de grands crimes il y a de grandes vertus. Quand je compare, le soir, le Palais-Royal de 1820 à 23 à celui actuel, quand je vois maintenant les églises pieusement remplies et autrefois presque vides, je me dis que rien ne démontre un abaissement moral ; et si les crimes augmentent, un des éléments de comparaison, la statistique des bonnes actions qui se dérobent naturellement à toute constatation, manquera toujours pour établir la balance.

Ne désespérons donc jamais, ainsi que le disait M. d'Héricourt : les œuvres nombreuses de charité et de préservation auxquelles la ville de Paris, cette ville qui renferme tant de contrastes, a donné si souvent l'impulsion ; les associations qui s'occupent exclusivement de charité et de moralisation ; le bien qu'elles procurent malgré la malheureuse inspiration qui en a enrayé l'épanouissement ; ces sociétés de St-François Régis qui ont réhabilité déjà tant d'unions illicites, rendront toujours la France grande par sa charité, grande par sa religion comme elle est grande par sa gloire.

On entend ensuite le mémoire suivant, de M. le comte de Toulouse, sur la même question.

MÉMOIRE DE M. DE TOULOUSE.

L'enquête importante à laquelle se livre l'Institut des provinces de France demanderait de longues méditations, une connaissance approfondie des hommes et des choses, une expérience consommée. A défaut de ces qualités, j'apporte devant vous, Messieurs, une bonne foi complète, une entière sincérité dans l'exposé d'impressions personnelles, qui seront une bien petite pierre de l'édifice que vous construisez. Ce n'est pas sans crainte que je m'aventure hors du cercle habituel de mes études, — hors de ce grand et aimable apaisement qui environne les questions d'art et d'histoire, — et que je me lance sur le terrain brûlant de l'actualité. — Je vous conjure de m'accorder une indulgence qu'on peut toujours attendre d'hommes éminents tels que ceux qui siégent dans cette enceinte. Vous ne voulez pas que la moindre parcelle de travail soit perdue, et tout effort, si modeste qu'il soit, peut espérer de vous un instant d'attention.

Lointaines ou voisines de nous, des causes trop connues pour que je les énumère ont établi en France une *unité*, ou plutôt une uniformité (1), qui simplifie la tâche de ceux qui traitent

(1) Le besoin de l'unité, ou pour mieux dire de l'uniformité, ce besoin qu'ont éprouvé tous les despotismes intelligents, ne pouvait pas manquer de tourmenter l'esprit de Louis XI au milieu du chaos encore subsistant de la société féodale. Comines atteste que, dans le projet qu'il avait conçu de « mettre une grande police dans le royaume, *le Roi entendait qu'il n'y eût plus qu'une coutume, un poids et une mesure.* » Il ne demandait que cinq ou six années de vie pour accomplir cette importante réforme. — Il eût aussi profité de ce temps, ajoute l'historien, pour soulager ses sujets qu'il avait accablés de manière

devant vous l'important sujet qui nous occupe. La Révolution
a consommé l'œuvre politique ; les mœurs ont, comme d'usage,
lentement suivi l'action des lois, et la facilité des voyages, le
rapide échange des communications, ont achevé l'assimilation
sociale. Aujourd'hui, à vrai dire, dans les villes, parmi les
classes élevées il n'y a plus de différences sensibles. L'accent
provincial lui-même a été poursuivi par les intéressés, avec
une importance dont l'exagération a été parfois plaisante. Au
midi comme au nord, c'est partout le même goût de luxe,
partout la même manie de s'élever au-dessus de sa position. —
Mais faut-il voir là des défauts de notre temps? Ce n'est pas
pour nous que La Fontaine a dit :

> Tout petit prince a ses ambassadeurs ;
>   Tout marquis veut avoir des pages.

Et quant au luxe, les lois somptuaires de nos anciens rois
ne nous apprennent-elles pas qu'en des temps que nous voudrions voir plus équitablement appréciés par la société moderne
(et elle en aimerait bien des parties si elle les connaissait
mieux), en des temps auxquels nous croyons plus de virilité,
plus de foi, plus d'ardeur qu'au nôtre, le goût de la magnifi-
cence personnelle était aussi poussé jusqu'à l'extrême.

Si bien qu'en somme, sous d'autres formes, plus généralisées
si l'on veut, ce sont les mêmes défauts, et que l'homme,
dans l'ensemble, a peu changé depuis bien des siècles.

Quant aux reproches qu'on peut adresser particulièrement à
la société moderne, la soif de l'argent, l'impatience de l'autorité, l'abus de la critique et de la libre pensée, le scepticisme glacial, — aucune différence sur le sol de France. Rien
ne rappelle d'une manière caractéristique que l'idée d'indépen-

---

« à fort charger son âme. » Mais cette pensée d'alléger les souffrances
populaires n'aboutit pas plus que n'aboutirent les conceptions hardies
d'une intelligence qui devançait de trois siècles l'heure marquée par la
Providence pour les changements qu'elle méditait.

(A. Trognon, *Histoire de France*, t. II, p. 564.)

dance et de libre examen a eu son aurore dans nos contrées ; —
et les descendants des Albigeois, les arrière-neveux des races
guerroyantes du XVIᵉ siècle, ont docilement pris le moule requis
et l'ont montré, dans ces dernières années, chaque fois qu'il y a
eu lieu à faire acte de vie politique.

Lectures pernicieuses ou frivoles, oisiveté élégante, doctrines inconsistantes ; les aspirations vers Paris, l'oubli pour
la vieille province ; nous ne sommes exempts d'aucune de ces
faiblesses. — Mais nous avons aussi nos légitimes fiertés. Un
petit coin du Haut-Albigeois (1) a donné à la France tout récemment deux gloires nouvelles : l'une dans l'action, l'autre dans
la contemplation. —Dans ce déchaînement de mauvais livres qui
font, en s'enfonçant dans l'oubli, leurs ravages passagers
comme ceux de la grêle, de bons et durables écrits voient le jour.
La France a accueilli, parmi les meilleurs : les récits de voyages
de l'abbé Huc (2), missionnaire en Chine ; et le livre angélique
d'Eugénie de Guérin (3), la sœur de Maurice, le poète si richement doué. — C'est là, Messieurs, de la bonne décentralisation.

Ce n'est pas non plus un caractère inhérent au Midi qu'un
tribut que nous payons à l'esprit du siècle. Je veux dire : dans
les classes riches, un certain délaissement de la famille, un
amour de l'indépendance et de l'action isolée, plus grands
qu'autrefois. Pour bien des hommes de notre époque, la famille
n'est qu'une association plus ou moins commode ou gênante ;
mais ces liens si forts et si doux ; mais ce sentiment de la
solidarité de l'union intime, cet idéal terrestre de l'autorité et
de la soumission dans l'amour : tout cet ensemble tendre et
puissant, nous le craignons, la génération actuelle n'en goûte
pas le charme et n'en sait pas le prix comme celles qui l'ont
précédée.

S'il reste parmi nous quelque originalité, quelque caractère
tranché, il faut le chercher ailleurs, là où la fortune ne se

____

(1) L'arrondissement de Gaillac.
(2) Né à Gaillac.
(3) Née au Cayla, commune d'Andillac, canton de Gaillac.

rencontre pas avec tous ses avantages , dans les classes populaires , où semble s'être réfugié ce qui subsiste encore de
notre caractère français, avec tout son attrait et ses défauts : — empreinte fort effacée partout ailleurs par le cosmopo-
litisme du temps. Là , dans les campagnes surtout, existent
encore des différences locales. Un paysan de l'Albigeois , sans
contredit, diffère d'un paysan du Bas-Languedoc, de la
Guyenne ou du Pays-Basque. C'est donc là que nous trans-
porterons nos études et nos investigations. Nous le ferons sans
parti pris de blâme ou de louange , exposant simplement le peu
que nous savons , puisant dans les observations de chaque jour
autant que dans les archives de la statistique , science fort utile,
guide considérable. Mais la statistique ne peut tout dire : elle
atteint ce qui tombe sous l'action publique, sans pouvoir tenir
compte de ce qui échappe au contrôle officiel. En ce qui concerne
la morale, c'est dans une petite partie de la nation que se recrutent les adeptes du crime , des délits même, dont la statistique nous présente le sévère et affligeant tableau ; et ce serait
mal connaître un peuple que d'apprécier ses tendances sur ces
seules données (1).

(1) Je trouve dans l'excellent *Guide du Voyageur* dans le département du Tarn, publié, en 1852, par M. Clément Compayré, alors
chef de division à la préfecture du Tarn, les chiffres suivants :

La population s'élevait au chiffre de 363,073 habitants.

Sur ce chiffre, l'agriculture occupe. . . . . 155,735 indiv.

Et l'industrie. . . . . 36,475 —

Le nombre des rentiers et propriétaires est, dans
ce document, de . . . . 17,402 —

Vient ensuite l'énumération des professions libérales, dans laquelle
l'auteur fait figurer les ecclésiastiques pour le chiffre de 607 ; les instituteurs, 360 ; les médecins, les pharmaciens et sages-femmes, 354 ;
les avocats, officiers ministériels et agents d'affaires, 190, etc., etc.

Après cette nomenclature, sont énumérées les classes souffrantes,
nom que j'adopte d'après M. Martin Doisy (*Dictionnaire d'économie
charitable*, dans l'*Encyclopédie* de l'abbé Migne). Je relève dans cette
liste les chiffres de 1,215 individus sans moyens d'existence connus ,
543 habitants des divers hospices, 452 détenus, 76 filles publiques et

18

Rien de plus difficile qu'une appréciation synthétique de nos populations méridionales : en la restreignant même au département du Tarn, le sujet est des plus complexes. Depuis les montagnes qui nous séparent de l'Aude, de l'Hérault et de l'Aveyron, montagnes âpres et sauvages malgré leur peu d'élévation, jusqu'aux molles plaines qui se confondent avec celles de la Haute-Garonne et du Tarn-et-Garonne (1), il y a une variété infinie. Il y a bien des nuances entre les contrées où l'on voit en

1,529 mendiants. Ce dernier nombre doit avoir été atténué par l'extinction de la mendicité, mesure récente dont le succès n'a pas été égal sur tous les points du département, mais qui a grandement modifié les abus.

Je lis dans l'*Annuaire* du département du Tarn pour 1864, le travail suivant fait pour trois années et qui rentre complètement dans notre sujet :

	1858	1859	1860
Le nombre des enfants naturels, pour 100 naissances, a été en France . . .	7,70	7,90	7,24
Et dans le département du Tarn . .	3,10	3,63	2,96

Je n'ai pas sous les yeux la statistique judiciaire du département, mais je puis constater que les sessions des Cours d'assises sont de plus en plus courtes. Ainsi, celle qui s'est ouverte le 7 mars 1864 n'a que quatre affaires et durera environ trois jours.

La session du trimestre précédent n'avait pas été plus chargée. La session de septembre 1864 n'avait qu'une seule affaire et a duré quelques heures ; elle avait été précédée, dans le mois d'août, d'une session extraordinaire de trois jours. (Note ajoutée pendant l'impression du volume, octobre 1864.)

(1) C'est encore au livre intéressant de M. Cl. Compayré que je dois les chiffres suivants :

Le point le plus élevé du département est le pic du Montalet, près de Lacanne, 1,356 mètres, et le point le plus bas la jonction du Tarn avec l'Agout, à la pointe St-Sulpice. Le Tarn n'est là qu'à 130 mètres au-dessus du niveau de l'Océan.

La superficie du département est de 574,559 hectares, ainsi répartis :

Pays de montagnes.	208,670 h.
— de collines.	284,171
— de plaines et vallons . .	81,718
Total. . . .	574,559 h.

automne, au milieu des blocs de granit et des chênes au feuillage
déjà roussi, s'allonger le long des chemins les allées de houx au
feuillage métallique, aux baies d'un rouge éclatant, et celles où,
en avril, la terre est parée et l'air embaumé par les fleurs roses
des pêchers, dont les rangs pressés se confondent comme les
arbres d'un bois, entre cette rude terre, nourrissant un maigre
seigle, aux pentes noircies par les genêts, légèrement teintée
de vert pâle par les bruyères, sur laquelle s'élèvent parfois,
dans un ciel d'un bleu cru, les blanches spirales de fumée provenant des tas de genêts incendiés ou de la terre brûlée pour
l'écobuage; et les champs immenses de blé, de sainfoin ou de
luzerne qu'un souffle léger fait onduler au printemps dans les
riches vallées de l'Agout, du Dadou et du Tarn (1).

Il en est de même des habitants. Les mineurs de Carmaux,
noircis par la houille; les forestiers de la Montagne-Noire, les
vignerons d'Albi et de Gaillac, les paysans qui cultivent à grand'-
peine les plateaux ingrats dont nous avons parlé, et ceux qui
exploitent les riches plaines de Lautrec, de Lavaur, de Sorèze;
les tisseurs de Mazamet et de tout le riche et industrieux pays
Castrais; les tanneurs, les mégissiers et les chapeliers de
Graulhet, les tisserands travaillant isolément à Rabastens et à
Lisle; les chaufourniers des plateaux qui bordent le Cérou; tous
ces hommes ont des habitudes, des tendances variées par leurs
occupations et le climat dans lequel ils vivent.

Il faut aussi tenir compte d'une différence d'origine caractérisée
par d'importantes variétés dans l'idiome. Le montagnard, vêtu
de l'antique *Brisauc*, sorte de saye gauloise, avec sa haute
taille et sa chevelure blonde, ne parle pas en outre absolument
comme les habitants des plaines, bruns, petits de taille, à l'œil
vif et ardent, et plus prompts à accepter les nouveautés modernes.

Ces réserves faites, je signalerai en premier lieu un sérieux
progrès: un adoucissement marqué dans les mœurs, une élévation
positive du niveau de l'éducation. Les mots rudes et grossiers,

(1) Voir la note précédente, p. 274.

les jurements tendent à disparaître; les rixes sont moins fréquentes. Il y a quelques années, les joyeuses réunions des fêtes
patronales, *bautes* (1), se terminaient rarement sans des coups.
Il n'en est plus de même aujourd'hui. Les scènes de violence
sont à l'état d'exception.

A côté de ce progrès et comme contraste, on voit s'affaiblir
un trait charmant de nos mœurs provinciales : la cordialité, la
bonhomie. Ces mêmes hommes, qui avaient la langue et la main
un peu promptes, avaient aussi un abord ouvert et affable. Un
peu de prétention aidant, la jeunesse actuelle plus calme, plus
réservée, paraît en même temps devoir être un peu tendue et
apprêtée.

Le peuple aimable et joyeux qui se plaisait dans les danses et
les amusements au dehors, sous l'ombrage des vieux arbres et
même à l'ardeur du soleil d'été, ce peuple-là ne danse plus ; —
il a vieilli. — Il a été remplacé par un monde plus raffiné. C'est
intrà muros que s'épanche bruyamment la joie publique, et
je ne sais pas comprendre ce qu'elle a pu gagner à régner dans
une enceinte étroite où manquent l'air et l'espace, et d'où n'est
pas bannie, dit-on, l'âpre fumée du tabac! Il y avait quelque
chose de charmant dans les amusements populaires d'autrefois.
Je ne pense pas qu'on puisse en dire autant de ceux d'aujour-
d'hui.

La simplicité s'en va; — plus d'une fois dans ce travail nous
nous demanderons ce qu'elle est devenue?

L'ivrognerie est en grande décroissance; je ne dirai pas qu'elle
n'existe plus, mais il y a moins de victimes de cet ordre d'excès.
On compte les ivrognes, et leur vice, plus rare, est plus sévè-
rement stigmatisé. Mais le nombre des cafés s'est accru : ils
ont envahi les moindres villages; ils entraînent plus de dépenses, répandent le goût des boissons fortes et souvent frela-
tées, et l'un de leurs moindres inconvénients n'est pas la présence d'un journal quelconque, mal lu, mal compris, et sur
lequel on vit huit jours.

____

(1) Du mot *baut*, vœu, fêtes votives.

Le goût du bien-être s'est répandu d'une manière vraiment louable ; la propreté est devenue un besoin, et les médecins peuvent attester la disparition de plusieurs maladies cutanées et d'autres désagréments auxquels je puis à peine faire allusion. Je crois que nos braves soldats, rentrant après leurs sept années d'exil, généralement si bien remplies, ont contribué à cette heureuse amélioration. Ils reviennent fiers de leurs voyages, des pays qu'ils ont parcourus, des campagnes auxquelles ils ont pu prendre part ; ils suspendent leurs épaulettes au chevet de leur lit, sous le bénitier et le laurier bénit du dimanche des Rameaux passé pendant qu'ils étaient loin. Avant que la poussière ait flétri leurs nobles insignes, ils ont oublié jusqu'aux moindres mots du français auquel il avait fallu se plier, mais les habitudes d'ordre, de soins personnels sont restées et se propagent autour d'eux.

On ne rencontre plus par les chemins des gens, même aisés, marchant pieds nus comme autrefois. — Du reste, l'habitude datait de loin, car je lisais ces jours passés dans les Mémoires inédits de Jacques Gaches, écrivain protestant du XVIe siècle, qu'en 1577, au combat de Crez, dans les environs de Montpellier, l'action était indécise entre M. de Chatillon et le maréchal Damville. — Chatillon, qui commandait des troupes du Bas-Languedoc et des Cévennes, fit donner une petite troupe d'élite contre l'infanterie du maréchal, qui fut mise en déroute. Et comme le maréchal reprochait au chef de son infanterie d'avoir plié devant une poignée de soldats, celui-ci, le colonel Roussines, répondit: « Ce ne sont pas les Cévenols qui ont combattu votre infanterie, *aco soun lous Pes-Descaux* (1) d'Albigeois, que j'ai bien reconnus à leur chef, et que j'ai vus autrefois sous votre commandement et remarqué pour être la fleur des troupes du Languedoc. » Disons, en passant, que cette tradition ne s'est pas perdue et que l'histoire des guerres modernes prouve que notre pays n'a pas dégénéré sous ce rapport.

Mais revenons à notre sujet ; encore ici se présente le mau-

_____

(1) Ce sont les *Pieds-Déchaux* d'Albigeois.

vais côté, le défaut de mesure. — Adieu les bonnes et solides
étoffes, les formes commodes s'ajustant bien aux habitudes
énergiques d'un *corps* endurci au travail, — costumes locaux
pleins de dignité, sorte d'uniforme du paysan et de l'ouvrier
qu'on pouvait parer et embellir tout comme un autre! Aujour-
d'hui la toilette et la mode ont changé cela, — pas encore dans
nos campagnes. Pour les femmes, leur goût inné de la parure,
l'instinct de la coquetterie, quelque chose de plus délicat dans
les habitudes et les travaux, leur permettent d'aborder sans
trop de désavantage certaines formes qui leur paraissent ravis-
santes, parce qu'elles sont l'apanage de la richesse; mais pour
les hommes, je dois le dire et chacun peut s'en apercevoir,
l'innovation n'est pas heureuse.

Si je me borne à regretter l'uniformité croissante du costume
au point de vue purement pittoresque, c'est que ses funestes
effets sous le rapport moral sont tellement connus et répétés,
qu'il y aurait une sorte de banalité à les reproduire.

Nous entrons maintenant dans une partie plus profonde de
cette étude.

Dans quelques parties du Midi, on sait qu'il y a une funeste
tendance à l'émigration, soit dans les grandes villes, soit même
au-delà des mers. —Un grand délaissement des travaux agricoles
s'ensuit.

La transformation de l'agriculture en industrie n'est pas étrangère, je crois, à ce mouvement dangereux. Le mode d'exploitation par des serviteurs à gages, et l'introduction des machines
ôtent à la vie rurale un de ses caractères primordiaux. Jusqu'à
ce siècle, le travail des champs conservait quelque chose de
patriarcal, et le métayage, la culture à moitié profits et pertes,
est une combinaison qui peut présenter dans la pratique agricole
certaines entraves qu'on a signalées; mais, comme institution
sociale, il y en a peu dont l'effet puisse être plus moral et plus
élevé.

On conçoit qu'autres soient les habitudes d'un cultivateur
assujetti, moyennant un salaire fixe, au travail le plus pénible,
astreint à des heures réglées, à une constante et indispensable

surveillance, et celles d'un chef de famille ayant à compter, pour sa rémunération, sur son intelligence et ses efforts personnels ; ayant avec le propriétaire du sol sa part de projets, de combinaisons, dirigeant toute la famille vers un but commun, et tous ensemble s'attachant à cette terre qui n'est point ingrate, et qui leur rendra une part proportionnée à leurs fatigues et à leurs sueurs. Plus de liberté dans le travail avec plus d'ardeur, des rapports plus faciles entre le propriétaire et le cultivateur, donnent à cette existence un attrait dont il faut savoir tenir compte.

Ce régime existant généralement dans la contrée qui m'occupe d'une manière spéciale, y fait régner l'esprit de famille à un degré remarquable. Il me serait facile de citer des maisons où le père et la mère vivent entourés de deux ou trois fils, mariés et ayant chacun une famille ; d'autres où, les parents ayant disparu, les frères continuent l'existence en commun : je signalerai, comme exemple, une métairie où le frère aîné, veuf, chargé de sept ou huit enfants, vit avec son frère, marié aussi, la jeune femme faisant à peine une différence entre ses deux enfants et les nombreux orphelins auprès desquels elle remplace leur mère. Il arrive souvent que les cousins germains grandissent et se marient sous le même toit. C'est une très-mauvaise note pour le premier ménage qui rompt cette union. La terre finit par manquer à ces bras réunis pour la féconder ; un essaim part alors de la ruche et va se poser aussi près qu'il le peut pour fonder une colonie nouvelle et amie.

Il va sans dire qu'avec cette disposition nos populations sont très-secourables entr'elles, et que dans les villages et les petites villes l'établissement des Sociétés de secours mutuels est accueilli avec empressement. A ce sujet, je signalerai la tendance générale à *fare da se*. Peu de Sociétés, existant avant la loi qui a placé cette institution sous la direction de l'autorité, ont cherché à bénéficier des avantages que leur offrait la sollicitude du Gouvernement (1).

(1) Le département du Tarn est le 25ᵉ dans le tableau n° 2 du

L'hospitalité est une vertu de prédilection dans nos campagnes, et ce n'est pas sans un serrement de cœur que je l'ai vue menacée récemment par l'esprit de spéculation. Une lettre de M. le docteur Le Blaye, de Bordeaux, racontait ces jours passés les tribulations de plusieurs trains, arrêtés par les neiges sur la ligne du Midi dans le Bas-Languedoc, à la fin du mois de février. En rendant un juste hommage aux agents de tout grade de la Compagnie du Midi, à leur sollicitude pour les voyageurs, il signalait un inspecteur dont les efforts avaient procuré des vivres que marchandait aux voyageurs en détresse, paralysés par le froid , la cupidité de quelques paysans riverains.

Il y a plus de trente ans, un des hommes éminents de cette époque, M. le baron Charles Dupin, qui dans ces dernières années a fait entendre au Sénat de si nobles et si généreuses paroles, dressant une carte de France, au point de vue de l'instruction publique, marqua d'une teinte des plus noires le département du Tarn.

Rapport à l'Empereur sur la situation des Sociétés de secours mutuels pour l'année 1862.

Ce tableau présente la liste des départements, classés en raison du nombre de Sociétés approuvées existant au 31 décembre 1862.

Notre département compte 35 Sociétés approuvées. La ville de Castres à elle seule en compte six, dont deux protestantes, et celle de Mazamet trois, dont deux protestantes. Ce sont les grands centres manufacturiers du département.

Le chiffre total des Sociétés de secours mutuels de toutes catégories, reconnues, approuvées et privées (Tableau n° 3), est, dans le département du Tarn, de 83.

La différence, au profit des Sociétés libres, est donc de 48.

Toutes ces Sociétés réunies (Voir le même tableau n° 3) comptent :

Membres honoraires.	1,270
Membres participants (hommes). .	8,816
Id. id. (femmes). .	2,768
Total.	12,854

dont l'*avoir*, au 31 décembre 1862, était de 280,668 fr. 19 c.

Il n'en serait pas de même aujourd'hui. L'instruction primaire a fait de grands progrès. Le nombre des conscrits sachant lire et écrire est déjà sensiblement supérieur à celui des *illettrés* (1). On doit applaudir à ce résultat, mais les conséquences en sont-elles bien considérables?

Je me demande, avant tout, ce que l'on entend par l'*ignorance* d'un paysan ou d'un ouvrier; et je l'avoue, j'ai peine à le comprendre.

Un homme instruit de ses devoirs de chrétien, capable de les enseigner à ses enfants, sachant bien son métier quel qu'il soit, ou bien connaissant les mille et un rouages de l'agriculture, la nature des terres, les amendements nécessaires; possédant un certain nombre de notions premières pour les maladies des bestiaux, sachant élever les arbres, connaissant certaines plantes et leurs propriétés : cet homme rentrant chez lui le soir, ayant bien rempli sa journée, utile à tous, utile même à ce luxe qu'il alimente, à ce progrès auquel il contribue sans le savoir, comme la goutte d'eau dans la chute qui sert de moteur à une usine, cet homme a-t-il fait œuvre d'ignorance ?

Il ne sait ni lire ni écrire, j'en conviens; mais il sait, ce me semble, beaucoup de bonnes, belles et nobles choses.

Écartons donc cette ignorance prétendue.

Tout le monde en France ne peut pas viser à un fauteuil à l'Institut, et certes parmi ceux qui demandent l'instruction

(1) La classe de 1860 (Voir l'*Annuaire* du département du Tarn pour l'année 1864) avait un effectif de 3,329 inscrits.

Sous le rapport de l'instruction, les jeunes gens inscrits sur le tableau de recensement présentaient les chiffres suivants :

Ne sachant ni lire ni écrire. . . .	1,424	Sachant lire et écrire. 1,787
Dont on n'a pu vérifier l'instruction.	46	Sachant lire seulement. 72
	1,470	1,859
		1,470

En portant à la colonne des illettrés les conscrits dont on n'a pu vérifier l'instruction, il y a pour les jeunes gens ayant reçu l'instruction au premier degré un excédant de. 389

obligatoire et gratuite, plus d'un peut-être, après avoir employé les douze heures de sa journée, ne pourrait pas montrer une œuvre aussi utile, aussi complexe que celle du pauvre ignorant sur lequel il s'apitoie.

D'ailleurs, ce coup-d'œil sur *la science*, la connaissance et la formation des lettres de l'alphabet, — la lecture et l'écriture courante (on ne peut guère aller au-delà) — ajoutent-elles une grande valeur à cette somme de savoir pratique dont nous parlions?

J'ose dire que nous sommes une nation un peu *trop litté-raire* et pas assez positive. Que l'instruction primaire se développe aussi largement que possible dans la pleine liberté de chacun, mais qu'on ne la considère pas comme la panacée universelle; ne la traitons que comme une importante partie du mécanisme, qui n'a rien de plus que sa petite part d'action; elle portera ses fruits si elle entre dans l'ensemble d'une forte et solide éducation chrétienne, où le mot de *devoir* sera prononcé plus souvent que celui de *droit*. — Le second a bien moins de chances d'être oublié que le premier.

Si l'aspect moral des populations dont je parle est encore, je le dis avec confiance et bonheur, très-satisfaisant, c'est que dans toutes les classes elles sont profondément catholiques; c'est qu'elles ont conservé leurs croyances intactes, et que chez elles se réveille toujours à un moment donné cette vigueur de l'âme qui se retrempe aux sources du bien, du beau et du vrai.

Je pourrais citer à ce sujet bien des faits touchants qui se sont produits, il y a deux ans environ, dans la quête faite par un des zélés missionnaires du diocèse d'Albi, pour la reconstruction du sanctuaire de Notre-Dame-de-la-Drèche; mais je n'hésite pas à retracer ici une scène de mœurs chrétiennes, bien qu'elle se soit passée en dehors du département dont je m'occupe aujourd'hui.

Un jour de l'automne dernier, je sortais de Bagnères-de-Luchon, par un de ces temps aimables et tempérés dont les montagnes ont, dans cette saison, le monopole. Le soleil

brillait sur les feuilles jaunies ou empourprées. Devant moi
marchaient, dans l'ombre épaisse de l'allée qui se dirige vers
la vallée de Larboust, deux personnes dont j'entendais les voix
alternées, l'une forte, l'autre enfantine, et celle-ci répétait
comme un écho des paroles égales et mesurées. Je hâtai le
pas pour entendre ce qu'elles disaient ainsi d'un ton libre et
élevé. C'étaient un homme et une enfant. L'homme était un
pauvre aveugle de 25 ans environ, d'une figure douce et
bonne, irrégulière, mais touchante d'expression avec ses yeux
sans vie. — L'enfant était une petite fille contrefaite, bossue,
une de ces rares exceptions dans la belle race pyrénéenne.
Elle donnait la main à son compagnon qui lui récitait (et elle
les répétait après lui) les prières d'un Formulaire abrégé pour
entendre la Messe. Je cheminai quelques moments auprès
d'eux, réglant ma marche sur la leur; l'aveugle ne s'en aperçut
pas et la petite fille n'en fut pas intimidée et continua à répéter
les pieuses paroles.

Notre pas était lent. Nous fûmes rejoints par deux ouvriers
jeunes, grands et forts, se rendant à leur ouvrage — beaux types
de leur pays. — Ils saluèrent l'aveugle par son nom avec quelques paroles cordiales et presque respectueuses. — Moi aussi je
dis quelques mots du cœur au pauvre catéchiste, et je m'en
allai avec les deux autres (des maçons), dont le chantier n'était
pas éloigné. Ils avaient sans doute été satisfaits de ce que
j'avais dit à l'aveugle et de mon affectueuse démarche vis-à-vis
de lui; car leur visage exprimait la bienveillance la plus franche
et la plus ouverte. Ils me racontèrent que l'aveugle était né
ainsi; que jamais il n'avait vu la lumière du soleil, et que
depuis son enfance il avait si bien écouté, si bien retenu ce
qu'on lui enseignait, que maintenant il était le meilleur collaborateur de M. le curé au moment des premières commu-
nions.

J'étais très-ému de ce spectacle et de cet entretien, de la
vue de ces deux misères, de ces deux déshérités de la terre
en contemplation devant le ciel. — Que leur donnerait, à la place
de cette consolation, le progrès matérialiste ? que donnerait-il

à ces deux hommes honnêtes et laborieux dont les paroles étaient allées jusqu'au fond de mon âme ?

Je me demande parfois comment les idées démocratiques ont pu dévier comme elles l'ont fait, jusqu'au point de devenir, pour ainsi dire, une négation religieuse ? Qu'est-ce qui représente mieux l'égalité que deux hommes à genoux devant une puissance aux yeux de laquelle riche et pauvre sont une même poussière ? et qu'est-ce qui peut la blesser davantage que la vue de ces deux hommes debout, ne levant plus leur front vers le ciel, mais fixant les yeux en avant sur cette terre, où l'un a la lutte incessante en partage, et l'autre le repos ?

La société chrétienne, voilà où il faut revenir ; voilà où se trouvent et le remède au mal que nous n'avons pas dissimulé, et l'appui du bien que nous avons montré.

L'expérience de chaque jour est là. Quand on substitue l'idée philosophique pure à l'idée chrétienne, les résultats ne se font pas attendre, et les éléments de la comparaison ne tardent pas à se produire. A Auch, l'asile départemental était confié naguères à des religieuses, des sœurs de la Charité. On le leur enleva. La population les accompagna dans leur retraite par la manifestation de profonds regrets. Vinrent des infirmiers salariés, une direction laïque. Des plaintes s'élevèrent bientôt ; on pouvait les croire empreintes d'exagération, dictées par un sentiment de reconnaissance et d'attachement envers le passé, lorsqu'il n'y a pas quinze jours un fait horrible était porté devant le tribunal d'Auch : Un malade, un fou, à demi paralysé, avait été laissé sans surveillance dans un bain ; le robinet d'eau chaude avait été ouvert par mégarde, et l'infortuné avait subi là un supplice indicible. Devant la justice, les plus dignes éloges furent donnés aux Sœurs, des paroles aussi touchantes qu'élevées furent dites par le ministère public et par le défenseur, et l'infirmier négligent fut puni.

Loin de moi la pensée d'incriminer ici une administration tout entière, dont je crois les intentions excellentes ; je veux dire seulement ceci : c'est qu'il est bien des cas où le devoir strictement humain, appuyé sur une rémunération pécuniaire, est insuffisant à produire le bien, et qu'il faut au cœur humain un mobile plus élevé.

J'aurais peine à formuler une conclusion. Il n'y a peut-être pas un progrès réel, mais il y a évidemment quelques améliorations matérielles qui ont pu rejaillir d'une manière heureuse sur les intelligences. Il y a plus de bonne volonté à s'élever au-dessus de la routine ; il y a un changement. Est-il en bien d'une manière absolue ? Le mal a-t-il revêtu une autre forme ? Je n'ose le décider.

Mais le *statu quo*, tel qu'il est au moins, doit être maintenu par tous les efforts des hommes de bien, par l'exemple, par le séjour habituel parmi ces populations intelligentes, avides de bien faire. Il faut, au milieu d'elles, le continuel spectacle du bien.

Nous ne sommes pas une diffusion, un éparpillement de forces, une poussière désagrégée. Nous sommes un faisceau, une société. Il faut entre les hommes des relations bonnes, sérieuses et continues. Celui qui n'a pas besoin pour vivre d'un travail intellectuel ou manuel, doit agir moralement. Il doit compte à la société de son esprit, de son cœur, de son savoir. — Que peut-il y avoir de plus digne de tenter un homme de cœur que d'élever autour de lui, par son exemple, par sa parole, ces frères moins favorisés, ces frères aussi grands, ou pour mieux dire aussi petits, mais aussi précieux que lui devant Dieu ? Ah ! les mauvaises doctrines ont bien assez de propagateurs ; les malfaiteurs de l'âme sont partout ; les mauvais livres, les mauvais journaux spéculant sur la simplicité populaire, jettent en pâture aux mains les plus perverses les plus subversives pensées. Chacun de ceux qui se sentent le cœur blessé par ces illusions ou cette mauvaise foi, devrait être un missionnaire social.

Et puis ces envoyés volontaires ne sont pas seuls. A côté, au-dessus d'eux, il y a des hommes dévoués par leur vocation au bien de tous ceux qui peuvent se dire qu'après tout le partage des biens en ce monde est inégal, et se demander pourquoi? A ceux-là la plus haute, la plus noble, la plus belle mission.

Pourquoi les mauvais livres font-ils moins de mal dans les

campagnes que dans les villes (proportion d'instruction gardée)?
C'est que dans les campagnes on se voit, on se connaît, on vit
sous les yeux les uns des autres.

Le livre pourra mal parler du prêtre et le journal aussi, et le
paysan qui l'aura lu, qui l'aura cru peut-être, et qui tombera
malade après, verra arriver à son chevet, la nuit, dans la boue,
dans la neige, par ces rafales de vent et de pluie qui passent
l'hiver dans nos climats, un homme qui pourrait, lui aussi,
avoir sa maison tranquille et fermée, sa famille, son bien-être,
et qui n'a rien voulu à lui, et qui appartient à toute heure à
tous, à tous ceux qui souffrent surtout! et quand la santé sera
revenue et la réflexion aussi, le paysan lettré se dira que peut-
être le livre ou le journal n'avait pas raison!

Qu'importent, après tout, dans la masse des détails, des
défaillances, quelques curiosités malsaines! —Une nation comme
la France, qui trouve dans les rangs de tous ses enfants, quelle
que soit leur condition, un clergé aussi pieux et aussi instruit
que le nôtre, une armée aussi vaillante, aussi disciplinée, aussi
dévouée que celle que nous pouvons montrer à l'Europe, cette
nation n'est pas près de sa décadence.

Mais il faut veiller; il faut que cet esprit de scepticisme, cette
fièvre d'incrédulité qui a commencé à la *Réforme*, et que continue sous mille formes ce qu'on appelle génériquement la
Révolution, il faut que ce mal, qui ronge la société, en haut
comme en bas, rencontre des médecins toujours prêts à le combattre; — aux utopies, il faut opposer la réalité du bien, —
aux déclamations le calme digne et sévère de la vérité.—Il faut,
puisque la société est attaquée, qu'elle se retrempe à ces forces
vives, — qu'elle fasse acte de courage civil, qu'elle revienne
généreusement à cette foi qui lui avait donné tant de siècles de
stabilité et de grandeur.

Le sacrifice est grand, j'en conviens, mais il est possible;
Que de mystères resteraient à sonder fièrement, librement,
patiemment, quand bien même on courberait la tête et qu'on
aurait un peu d'humilité pour ceux qu'on ne pénétrera jamais !

Laissez-moi, Messieurs, finir en mettant ma parole, si peu

autorisée, sous l'égide de l'un de nos plus éloquents prélats, Mgr de La Bouillerie, évêque de Carcassonne. Voici ce qu'il dit dans son mandement de Carême pour l'année 1864 ; c'est aussi un large tableau de notre état moral :

« Si vous jetez un regard sur la foule qui vous environne, vous discernez peu de chrétiens, peu d'hommes pratiquant les devoirs que le christianisme impose, peu d'esprits et de cœurs soumis aux lois de l'Église. Quelle est la religion de cette foule? Elle n'en a pas ou bien elle professe la religion naturelle. Eh bien ! jugeons l'arbre par ses fruits.

« Ce siècle est-il donc celui des fermes caractères et des solides vertus, celui où la pudeur publique a moins d'outrages à subir, celui où l'enfant sait honorer son père, et le père donner à son fils l'austère exemple d'une irréprochable conduite? Est-ce encore le temps des respects dus aux droits les plus anciens et les plus consacrés, le temps où une stricte honnêteté préside à l'accroissement des fortunes? Je n'exagère pas, je n'assombris pas le tableau, je ne me façonne pas à moi-même un idéal mensonger. Mais cet état social qui épouvante les plus hardis, cette diminution chaque jour plus sensible de la vérité parmi les hommes, cet oubli des premières lois de l'honnête et du juste, cette dépression vraiment effrayante des caractères et des consciences, n'est-ce pas la conséquence terrible d'une religion sans dogmes, sans culte, sans préceptes ; et tous ces bruits sinistres qui retentissent à nos oreilles, ne sont-ils pas comme le craquement du fragile édifice de la religion naturelle qui s'affaisse et qui croule? Malheur à notre avenir s'il n'a d'autre asile que parmi ces ruines ! »

Je n'ai plus qu'à me taire, Messieurs, après des paroles venues de si haut, et qu'espérer avec vous, pour notre société, dans les efforts infatigables de notre épiscopat français et de ce clergé des campagnes et des villes qui marche sous sa tutélaire autorité, avec tant d'ensemble et d'union. *(Applaudissements.)*

M. l'abbé Decorde, de la Seine-Inférieure, a présenté les notes suivantes sur le même sujet.

MÉMOIRE DE M. L'ABBÉ DECORDE.

Depuis quelques années, les hommes sérieux s'occupent à bon droit de l'état moral des populations en France. Beaucoup de réflexions ont été publiées à ce sujet. Chacun a reconnu le mal ; mais tous ne l'ont pas apprécié au même point de vue, et par conséquent ont indiqué différents moyens de le faire disparaître ou au moins de s'opposer à de nouveaux progrès. Comme tous les hommes de bien, animé du vif désir de contribuer pour notre petite part au bonheur général, nous avons aussi étudié le mal dont on se plaint de tous côtés, et nous croyons pouvoir lui assigner deux causes : l'une se trouve dans l'état de la famille, l'autre dans l'administration communale.

Ce qui manque dans la famille, ce n'est pas l'instruction, c'est l'éducation, c'est le bon exemple à l'appui des bons principes. Depuis soixante-dix ans, on a en quelque sorte éloigné Dieu du foyer domestique, et, à la place qu'il occupait, on a écrit : *Progrès des lumières !!!* Comme si Dieu n'était pas le père des lumières ! Comme si Dieu était l'ennemi du progrès ! Une fois le sentiment de Dieu mis à l'écart, nécessairement le lien religieux s'est relâché. La religion n'est plus devenue qu'une vague *religiosité* sans conviction intime. De là, indifférence profonde pour toute espèce de culte public, peu importe dans quelle religion. De là, oubli du chemin de l'église ou du temple, où se distribue l'instruction religieuse. De là, ignorance des devoirs à remplir envers Dieu, envers ses semblables, envers soi-même. De là, l'exemple pernicieux donné par le père et la mère à leurs enfants. De là, le défaut d'autorité paternelle. De là, l'état déplorable d'un grand nombre de familles. De là, de grands désordres dans l'état moral des populations.

Par suite de cette indifférence en matière de religion, chacun se fait une morale à son usage ; et, comme l'a judicieusement fait remarquer M. Charles Des Moulins au Congrès des Sociétés savantes, en 1863, la faute ne semble commencer que là où le fait se change en délit prouvé : « On parle bien haut de probité, mais on la fait taire, quand il y a de l'argent à gagner ; on ne sent l'aiguillon du remords que s'il est constaté, par procès-verbal, qu'on blanchit le pain à l'aide des sulfates, et verdit les huîtres à l'aide du cuivre. On parle bien haut de moralité, mais on cherche avant tout le plaisir et le lucre. » Il est aisé de le comprendre, des enfants élevés par des parents qui se guident d'après ces principes ne peuvent devenir plus tard que de mauvais citoyens.

En général, jusqu'à l'âge de neuf à dix ans, on ne parle de religion à ces enfants que pour leur faire un épouvantail des ministres qui l'enseignent. Au lieu de les envoyer aux offices, pour recevoir des notions claires sur Dieu qui récompense les bonnes actions et punit les mauvaises, on considère comme perdu le temps consacré à l'instruction religieuse.

A l'âge de douze à treize ans, la fréquentation de l'école est considérée comme une charge par les enfants qui s'ennuient d'apprendre, et par les parents qui se fatiguent de payer la rétribution scolaire. Alors, qu'arrive-t-il ? En sortant des bancs de l'école primaire, les uns quittent la maison paternelle pour devenir machines entre les mains de maîtres qui usent les forces du corps sans s'inquiéter de la vie de l'âme ; les autres se font petits clercs de notaire ou d'huissier, et reviennent souvent, au bout d'un an ou deux, rapporter au village les principes de dépravation qu'ils ont reçus pendant leur absence.

De leur côté, les jeunes filles sont trop abandonnées à elles-mêmes. Elles ne trouvent pas le temps d'aller à l'église ; mais, en revanche, on leur laisse toute latitude pour courir *seules et sans surveillance* à toutes les fêtes du voisinage. Souvent elles ne rentrent qu'au milieu de la nuit, et, plus d'une fois, elles ramènent le déshonneur à la maison paternelle. Alors, la paix de la famille est troublée ; et, comme la crainte de Dieu a été exilée du foyer domestique, il ne reste place que pour la colère et les emportements, au lieu de sages remontrances puisées dans les principes de la doctrine chrétienne.

A notre avis, la principale cause d'immoralité se trouve donc dans le défaut de principes religieux. Nous en signalerons deux autres : le luxe chez les jeunes filles et l'ivrognerie chez les jeunes gens. « Chez les femmes de la campagne, a dit M. Bertrand, dans la réunion indiquée plus haut, le goût des parures est un véritable fléau qui entraîne fatalement avec lui la dépravation et les vices les plus honteux. » Nous ajouterons que ce goût effréné de toilette absorbe toutes les économies de la jeune fille. Quand elle se marie, souvent elle n'a pas 20 fr. pour entrer en ménage. Elle possède des bonnets, des robes, une crinoline même ; mais des chemises, elle n'en a pas une demi-douzaine ! Le mari n'est pas plus riche. Quelle perspective pour un avenir prochain, quand les enfants viendront augmenter les charges de ces pauvres jeunes gens !... La malheureuse mère n'aura pas même toujours un mouchoir pour essuyer ses larmes ; tandis que le père, continuant ses habitudes d'intempérance, ira chercher l'oubli de sa misère au cabaret voisin. Cette conduite nous amène à parler de la seconde cause que nous avons assignée aux désordres moraux des populations rurales.

Nous avons dit qu'on pouvait attribuer à l'administration communale une partie de la responsabilité du triste état de choses que nous signalons. En effet, le défaut de surveillance, touchant les réglements qui doivent être observés dans les cafés et cabarets, est la source d'un grand nombre de désordres dans les familles. Nous n'avons pas à examiner ici s'il existe trop d'établissements de ce genre : nous nous bornons à constater que la plupart sont souvent en infraction aux réglements de la police. Or, qui doit faire exécuter ces réglements ? Qui doit empêcher de donner à boire à des hommes déjà en état d'ivresse ? Qui doit veiller à ce que ces débits de boissons soient fermés pendant les offices religieux et aux heures fixées le soir ? Qui doit ordonner d'afficher les arrêtés préfectoraux dans ces lieux de réunion ? Les maires des communes. Eh bien ! que des informations exactes soient prises, et l'on reconnaîtra aisément tout le laisser-aller, toute la négligence qui existent sur ce point. Nous connaissons des maires qui, dans un moment de zèle, ont pris des arrêtés qu'ils ont soumis à l'approbation préfectorale ; puis, une fois approuvés, ces arrêtés n'ont jamais été publiés. Nous en connaissons d'autres qui tracassent, quelquefois sans motif, les cafetiers qui ne leur plaisent pas, tandis qu'ils tolèrent le désordre chez ceux qui chantent leurs louanges.

Par suite de cette indifférence et de cette partialité municipales, une partie de la population ouvrière va passer l'après-midi du dimanche au cabaret, et les maîtres de maison ne trouvent plus, le soir, que des domestiques plus ou moins surexcités par les boissons alcooliques, qui leur répondent insolemment et s'acquittent mal de leurs devoirs. Il n'est pas rare de voir ces domestiques s'éloigner furtivement de la ferme, après souper, pour aller reprendre leurs orgies un moment interrompues. Ou bien, si le cabaretier éprouve quelque crainte, à cause de l'heure avancée, il transporte le liquide à consommer dans une chambre écartée ou dans une maison voisine.

M. de Caumont annonce qu'il a reçu d'autres notes encore sur le même sujet.

Un membre répond que si on doit donner connaissance de tous les mémoires qui sont envoyés, tout le temps dont peut disposer le Congrès sera absorbé par la discussion d'une question peut-être insoluble.

M. de Caumont, après avoir fait quelques observations, déclare que, l'année prochaine, le dépouillement des mémoires relatifs à cette enquête pourra être confié à une Commission composée de trois membres.

M. Raudot croit que cette enquête, étendue à toute la France, ne peut produire que des résultats utiles. L'ignorance est encore telle que les listes de conscription constatent qu'un tiers des jeunes gens est dans l'ignorance la plus complète. Cependant, chaque année, on multiplie les écoles et tous devraient savoir lire. Si l'on examine l'état moral, c'est une question immense, sur laquelle on peut déjà consulter des monceaux de mémoires ; mais on devrait surtout s'appuyer sur les faits, et ces derniers sont tristes. Sans doute, il y a des hommes généreux et dévoués qui semblent s'élever au-dessus de l'humanité : leurs œuvres sont consolantes ; mais ne sont-elles point, pour ainsi dire, des exceptions dans cette immense quantité de faits ? L'orateur n'a point peur des passions violentes et énergiques : il y a une sève de caractère dont il ne faut point désespérer. Ce qui est le plus regrettable et qui tend à devenir chaque jour plus commun, ce sont les passions basses et honteuses. M. Legoyt a fait la statistique des suicides ; il a montré que, tandis que les crimes diminuaient, les suicides augmentaient. Les principales causes, ce sont les basses passions. Les crimes les plus communs sont ceux contre la pudeur, les infanticides, etc. Tous ces faits n'indiquent-ils pas une évidente dégradation ? Mais que l'on ne croie pas qu'on les rencontrera seulement dans les rangs les moins élevés : les classes riches, au grand regret de M. Raudot, n'en sont point préservées. Il y a des agitations perpétuelles ; on voudrait croire que chacun tient à mettre en pratique la fable de La Fontaine : *La grenouille qui veut s'égaler au bœuf* ; de là des désordres, les ruines et la suppression de la vie de famille. M. Raudot a des cheveux blancs ; il a donc le droit de dire des vérités, on en prendra ce qu'on voudra. La jeunesse est oisive et les jeunes gens ne font rien que contraints et forcés ; ses grandes occupations sont la chasse, la bonne chère et surtout le tabac. Ils ne lisent point. Il est bon d'ajouter qu'il y a peu de choses bonnes dans la littérature de nos jours. L'orateur conclut en disant que le grand malheur des jeunes gens, c'est d'être indifférents : pour s'en convaincre, il suffit d'écouter leurs conversations.

Cette improvisation est accueillie par des applaudissements.

M. le comte d'Héricourt proteste contre ces applaudissements. Il ne nie point le talent de M. Raudot, et maintes fois il a été heureux de joindre ses bravos à ceux de l'assemblée ; mais aujourd'hui, l'orateur, selon lui, a été trop loin : il a dépassé le but qu'il voulait atteindre. Il serait regrettable que la critique de la jeunesse, surtout une critique si acerbe, soit prononcée dans une assemblée aussi distinguée, sans qu'une voix ait protesté. M. d'Héricourt est père de famille ; il suit avec intérêt les travaux de son fils et de ses amis, et il le dit sans jalousie, presque avec orgueil, la génération qui nous suit vaudra mieux que celle actuelle. Qu'étions-nous à 20 ans? Nous étions seuls, sans conseils et sans guides, laissés à toutes les mauvaises inspirations de notre jeunesse; maintenant, au contraire, qu'arrive-t-il? Un grand nombre de parents viennent passer l'hiver à Paris : les jeunes gens restent sous les yeux de personnes qui savent concilier les plaisirs avec les devoirs. Mais, pour ceux venus seuls, n'a-t-on pas encore ces cercles si nombreux qui préservent le jeune homme et lui donnent une récréation aussi utile qu'agréable? Non, la jeunesse n'est point ignorante : il suffit de parcourir les salles de lecture, les bibliothèques S^{tᵉ}-Geneviève et de l'Université entr'autres, pour s'en convaincre; et cette conviction s'accroîtra encore si vous entrez dans l'un de ces cabinets de lecture si communs dans cette partie de Paris que l'on appelle le *Quartier-Latin*. Est-elle irréligieuse? Non; car elle encombre les églises au moment actuel ; c'est avec une respectueuse avidité qu'elle écoute les discours des PP. Félix et Gratry et de tant d'autres orateurs. Elle s'associe à une foule de conférences, d'associations charitables, et, de cette manière, contribue puissamment à faire le bien. Ne désespérons donc pas de la jeunesse : ayons confiance en elle, louons son goût pour l'étude, ses sentiments religieux, et, en la voyant telle qu'elle est aujourd'hui, réjouissons-nous, car l'avenir de la France lui sera remis un jour.

M. le baron de Montreuil trouve que, dans les deux opinions soutenues par les précédents orateurs, il y a peut-être un peu d'exagération d'un côté et de l'autre. La société est-elle réellement aussi triste et aussi gangrenée que l'a déclaré M. Raudot? La jeunesse donne-t-elle autant d'espérances que le pense M. d'Héricourt? C'est ce que démontrera la continuation de l'enquête. Sans doute, il y a une grande difficulté à lire de longs mémoires où les mêmes idées seront maintes fois exprimées sous une forme différente; mais qu'on nomme une Commission permanente, elle dépouillera ces travaux et présentera au Congrès un résumé qui suffira pour l'éclairer.

L'ordre du jour appelle la discussion sur cette question :

« A quelles conditions pourrait-on obtenir la décentralisation
« intellectuelle? Qu'a-t-on fait dans ce but? Que devrait-on
« faire pour obtenir des résultats utiles? »

Un certain nombre de réponses écrites ont été adressées;
quelques-unes sont modérées, d'autres un peu vives. Nous
allons citer quelques passages de ces réponses :

Selon deux notes écrites, la province se dépeuple d'hommes
dévoués et d'hommes de talent; on a pris à tâche de décourager les travailleurs attachés au sol natal : aucunes récompenses ne leur sont accordées; et quand ils ont blanchi à
l'œuvre, qu'ils ont été recommandés aux hommes qui devraient
s'enquérir des talents oubliés et reconnaître les services rendus,
ces mêmes hommes vous répondent, avec indifférence : *Nescio
vos,* je ne vous connais pas. Est-il surprenant que, dans des
conditions pareilles, il devienne absolument nécessaire de quitter
les départements pour se faire connaître de ceux qui tiennent
aux mains ce qui fait vivre, et qui ne veulent faire vivre que
ce qui respire l'air de Paris?

Et pourtant vous voyez des hommes qui ne comprennent que
la centralisation la plus despotique et la plus étroite prononcer
le mot de *décentralisation,* et proclamer qu'il faut décentraliser.
*Mensonge, ou ignorance complète des choses ; car tout ce qu'ils
font,* tout ce qu'ils ont fait ne tend qu'à centraliser de plus
en plus. On avait, pendant le premier tiers du XIXe siècle,
centralisé tout ce qui est administratif; depuis vingt-cinq ans,
on s'efforce de centraliser tout ce qui est intellectuel et qui
avait échappé aux engrenages de la machine administrative.

On a centralisé, sous prétexte de décentraliser, en créant
des bureaux chargés de faire connaître les publications de la
province. Par là on fait converger à Paris toutes les publications, sans se préoccuper des centres provinciaux ; ceux-ci
ont, par ce fait même, perdu une partie de leur activité naturelle ;
on les a *évincés de leurs droits* pour les attribuer à des hommes
choisis par le pouvoir, siégeant dans l'antichambre du ministre.
Voilà comment on a compris la décentralisation littéraire.

On a centralisé en établissant à Paris une grande usine pour la publication des documents inédits, pour la publication des *monuments de la France*, tandis qu'il était juste et naturel de confier ce travail à des *Commissions régionales* en nombre limité, mais *travaillant dans les pays* auxquels se rapportaient ces documents et ces ouvrages. Mais cette manière de procéder n'aurait pas fait l'affaire de ceux qui voulaient exploiter cette mine féconde et la confisquer à leur profit.

Par la même mesure on a centralisé, au point de vue commercial et industriel, en dépouillant les imprimeries de province de la publication de ces documents qui devait leur appartenir, et dont on a gratifié les grandes maisons qui avaient su conquérir cette *faveur*.

On a centralisé, au point de vue artistique, en confiant à des artistes parisiens, à des prix énormes, les monographies, dessins, gravures à annexer aux grands ouvrages publiés aux frais du Gouvernement.

On a stérilisé le terrain artistique en province, en forçant ainsi les artistes à quitter leurs villes pour chercher à Paris ce dont des mesures injustes les avaient dépouillés.

Voilà comment on comprend la décentralisation ; et l'on ne craint pas d'insulter, en profanant ce mot, les hommes *naïfs et probes qui se laissent leurrer par les fallacieuses promesses parisiennes !*

Dans un état de choses aussi déplorable, il faudrait réformer tout le mécanisme imaginé à grand'peine et monté au profit de Paris ; mais il faut au moins essayer quelques palliatifs, et nous allons en indiquer quelques-uns au point de vue artistique :

« Nous voudrions, dit M. A. de Rouvaire, qu'il fût établi en principe que les artistes seuls, restés fidèles au pays natal, seront conviés aux travaux de décoration, soit en peinture, soit en sculpture, de tous les monuments publics du département ou de la région provinciale à laquelle ils appartiennent. Un homme d'un talent supérieur appartient à sa province, c'est-à-dire à sa race tout entière, à toute sa nationalité partielle.

Que l'on maintienne, tant qu'on le trouvera bon, au point de vue politique, la division de la France en départements; mais, au point de vue des lettres et des arts, la délimitation départementale ne doit pas avoir plus d'importance que n'en avait autrefois celle des généralités. Quand il se présenterait à exécuter, soit un édifice, soit un tableau, soit une statue, et cela pour l'honneur de la province, les artistes résidant dans la contrée même seraient convoqués au concours, à l'exclusion de tous les autres; les fruits de ces concours seraient d'abord sans doute assez faibles, timides peut-être et sans éclat; mais, le principe une fois posé, les artistes provinciaux reprendraient confiance et orgueil; — et *orgueil* et *confiance* ne sont-ils pas souvent la moitié du génie? Puis, cette décision rappellerait immédiatement à leur pays bien des ingrats qui y rapporteraient leur science et le prestige de gens qui ont étudié au loin, et y répandraient aussitôt leur talent ou leur génie.

« Le remède à la misère artistique des provinces est donc bien simple et n'exige qu'un peu de patriotisme exclusif de la part des autorités provinciales; vertu qui nous paraît aussi facile à obtenir qu'à marcher dans le système contraire. Nous ne demanderons rien de plus qu'une organisation vigoureuse et élevée à donner aux écoles de dessin déjà instituées dans la plupart des villes qui possèdent un musée; une régularisation à assurer aux pensions et aux études de jeunes artistes, que certaines villes pourront entretenir loin d'elles aux foyers principaux des écoles anciennes; et enfin régularisation, avec publicité, à assurer aux expositions des œuvres d'artistes vivants qui sont d'une si grande importance pour le public et les artistes eux-mêmes; expositions qui offriront, à elles seules, tous les moyens de renommée, d'émulation et de richesse que les artistes de nos provinces pourront désormais poursuivre avec succès.

« Mais que la province songe bien que, pour obtenir la décentralisation des lettres, des arts et des sciences, sans lesquels toute vie est impossible, ces ressources que nous indiquons ne sont que des détails, des auxiliaires; que le grand levier ne peut être que son individualisme passionné, uni à un sérieux amour des arts. »

Ces idées sont approuvées par le Congrès.

On voit avec regret que les artistes tendent tous à se porter vers les grands centres de population ; les administrations municipales elles-mêmes développent ce mouvement. Au contraire, on devrait maintenir les artistes en province et les y fixer par des encouragements. La province, en effet, n'est pas aussi dépourvue d'artistes qu'on le pense généralement.

M. Du Chatelier veut citer un fait qui est la consécration de l'opinion avancée. La ville de Nantes possède un artiste de mérite : à l'époque où l'on éleva la statue de Latour-d'Auvergne, on fit des démarches qui n'obtinrent aucun résultat, et ce fut M. Marochetti qui fut chargé d'exécuter cette œuvre. Il est, du reste, bien difficile d'abord que, pour ses études, l'artiste ne soit pas appelé à Paris, et s'il y est domicilié, comment pourrait-il revenir en province, quitter ses habitudes et même ses amis ? Ce qu'il faut lui demander, c'est qu'habitant Paris il reste l'artiste de la province. L'un de nos bons et illustres confrères, M. Le Harivel, habite Paris ; cependant il est resté provincial, et c'est la Normandie qui s'enrichit de ses œuvres les plus précieuses.

M. de Caumont voudrait que l'on fît en province plus de publications. Que d'auteurs ont sous la main les ouvriers habiles et adroits dont les prix sont raisonnables ; et qui viennent à grands frais se faire mal imprimer à Paris ! Si l'éditeur provincial avait une clientèle assurée, il aurait des approvisionnements de papier, des ouvriers de choix.

M. de Marsy fait remarquer que, sans parler des grandes imprimeries de Lille, de Tours et d'autres villes, il y a un mouvement qui porte vers l'imprimerie provinciale. C'est ainsi qu'il peut citer un grand ouvrage qu'on imprime en province, la *Collection des cartulaires*, quoique les manuscrits soient à Paris.

Selon M. le comte Foucher de Careil, le développement de
la liberté municipale , si on l'obtient , contribuera puissamment
au développement des arts. Ils n'ont jamais été si élevés qu'à
l'époque où la Belgique et l'Italie avaient conservé toutes leurs
libertés municipales. Mais il est en .France un tyran qui a fait
le mal, et qui longtemps encore marchera dans cette voie ; ce
tyran c'est l'État, qui veut imposer à tous ses volontés et même
ses caprices.

M. de La Peyrouse est l'organe de la Commission chargée
d'organiser le Congrès scientifique, qui doit avoir lieu cette année
à Troyes. La ville réserve aux membres qui voudront bien s'y
rendre un accueil sympathique L'influence des Congrès se fait
sentir. M. de La Peyrouse passait à Chambéry quelque temps
après la session du Congrès. On parlait encore avec entraînement de cette visite, des intéressantes communications qui y
avaient été faites et des excursions dont il avait été suivi. Sans
doute, la ville de Troyes ne peut montrer les magnifiques ver-
sants des Alpes , mais elle a conservé un assez grand nombre
de monuments religieux , dignes de fixer l'attention des archéologues. Au point de vue industriel, elle mérite également d'être
étudiée, surtout dans toutes les questions qui se rattachent au
coton. M. de La Peyrouse se résume , en donnant rendez-vous
à tous les membres lors de la prochaine session du Congrès
scientifique de France à Troyes.

M. de Caumont fait connaître que la prochaine réunion des
Délégués des Sociétés savantes aura lieu, en 1865, probablement le lundi de *Quasimodo.* En outre, afin que les questions
soient mieux préparées, il y aura une Commission permanente
qui se réunira, selon les besoins, deux ou trois fois par an.
Cette Commission se compose des membres de l'Institut des
provinces domiciliés dans le département de la Seine et de
MM. de Marsy, Pécoul et Leroy-Perquier. Cette année, le
Congrès a été plus nombreux que précédemment : on y remar-
quait vingt-cinq membres en plus. L'année prochaine, cette
marche progressive continuera : c'est aux membres de l'Institut
des provinces à exciter le zèle des Sociétés et à s'assurer que

les membres désignés par elles rempliront leur mission. M. de
Caumont termine en remerciant les membres qui ont bien
voulu siéger au bureau, et les secrétaires, qui ont résumé avec
tant d'intelligence et de talent les discussions, ainsi qu'on
pourra s'en convaincre en lisant l'*Annuaire* de 1865. Il adresse
aussi ses remercîments à tous les membres du Congrès qui ont
répondu à son appel, et leur donne rendez-vous à la session de
1865. (*Applaudissements prolongés.*)

M. Eugène Dognée demande la permission de remercier M. de
Caumont. Né au-delà des frontières françaises, il assiste pour
la première fois au Congrès. Il avait souvent entendu faire
l'éloge du Directeur de l'Institut des provinces, mais il déclare
que ces éloges n'étaient point à la hauteur de la reconnaissance
qu'on doit à l'illustre archéologue, au savant naturaliste. Il se
résume en disant que M. de Caumont est un homme utile : il
s'est imposé une grande tâche, mais il réussira par son désintéressement, son dévouement et la persévérance de ses efforts.

Cette brillante improvisation est accueillie par de chaleureux
bravos.

M. le comte Daru se joint aux remercîments qui viennent
d'être si légitimement accordés à M. de Caumont. Il le prie,
en son propre nom, d'en agréer l'expression et il déclare clos
le Congrès de 1864.

Le Secrétaire,

Comte D'HÉRICOURT.

MOUVEMENT ARCHÉOLOGIQUE

PRATIQUE

PENDANT L'ANNÉE 1863.

REVUE BIBLIOGRAPHIQUE D'ARCHÉOLOGIE ET D'HISTOIRE,

PAR M. LE COMTE DE MELLET,

De l'Institut des provinces.

En archéologie pratique, Messieurs, le zèle n'a pas plus
fait défaut que les années précédentes. Les explorations ont
été continuées, le sol a été fouillé, et nos monuments de
toutes les époques ont provoqué les investigations infatigables
de nos savants. Je reviendrai, dans la seconde division de ce
compte-rendu, sur le résultat écrit des travaux relatifs à l'archéologie celtique ; mais je constate ici que, grâce aux observations
approfondies de M. de Caumont, de M. Du Chatellier et d'autres,
il est bien établi que les dolmens ne sont plus que l'ossature
ou la charpente de sépultures qui ont été visitées à des époques
plus ou moins éloignées de nous, et que par suite se trouve
renversé tout le système échafaudé sur de prétendus autels
destinés à des sacrifices humains, autels sur la table desquels
auraient été ménagées des rigoles pour l'écoulement du sang
des victimes.

Ce serait ici, Messieurs, le cas de vous entretenir des fouilles
importantes qui se font dans le Morbihan, et près du bourg
de Locmariaquer, sous les auspices de la Société polymatique
du Morbihan Un tumulus, entr'autres, a offert aux yeux de
M. Gall, chargé de cette exploration, une dalle recouverte de
signes hiéroglyphiques et dont l'interprétation n'est point encore trouvée. Cette dalle est déposée, en ce moment, à la Bi-

bliothèque du Comité des Travaux historiques du ministère de
l'Instruction publique. Une somme de 500 fr., mise par le
Ministre à la disposition de la Société philomatique, lui permet
de continuer des fouilles qui sont du plus haut intérêt, et
au sujet desquelles de nouveaux détails pourront vous être
donnés dans le Rapport de l'année prochaine.

L'époque gallo-romaine et l'époque mérovingienne ont continué à être le but de recherches et d'observations sur un
grand nombre de points du territoire. Un théâtre gallo-romain
à Areines, près Vendôme, découvert par M. Neilz, membre
de la Société d'archéologie du Vendômois, et décrit par M. Launay, secrétaire de la même Société, dans le *Bulletin monumental*; des villas aux fondations plus ou moins bien conservées, de nouveaux champs de sépulture ont récompensé les
peines des savants investigateurs. Quant à ce qui nous reste
de monuments ou portions de monuments appartenant aux
premières races de nos rois, des efforts sont toujours tentés
pour arriver à une classification régulière qui permette de les
distinguer chronologiquement; et je citerai particulièrement,
sur ce sujet, les observations de M. de Caumont et de M. Alfred
Ramé.

Pour ce qui concerne les monuments qui appartiennent au
XIe siècle et aux suivants, les travaux de restauration ou
d'entretien dont ils sont l'objet se continuent sur toute la
surface du pays; mais je me hâte, en commençant cet article, de proclamer la vive satisfaction avec laquelle les amis
de nos vieux édifices nationaux ont accueilli la mesure or-
donnée par le Gouvernement, dans les derniers mois de 1863,
pour l'évacuation de l'antique abbaye du Mont-St-Michel; évacuation par suite de laquelle ses murs bénits cesseront d'être le
séjour de nombreux repris de justice et pourront être l'objet de
restaurations consciencieuses. L'église de St-Michel de Bordeaux
continue à être le sujet de réparations bien entendues, sous la
direction de M. Abadie; il en est de même de la tour de Pey-
Berlan, qui doit être surmontée d'une statue colossale de la
Sainte-Vierge, le 9 mai 1864.

M. Bonneau a exécuté, pour la nouvelle façade de l'église de Châtellerault (XVIe siècle), des modillons dont les sujets avaient été donnés par M. l'abbé Auber. Cette excellente restauration est tout-à-fait conforme aux lois de l'esthétique religieuse.

M. Durand, architecte diocésain, a fait construire dans la paroisse des Longuevilles, canton de Mouthe (Doubs), une très-belle église en style roman.

M. Anatole Dauvergne a exécuté, en 1860, de très-belles peintures murales dans le château de la Grangefort-sur-Allier, près d'Issoire, chez M. le vicomte de Matharel, receveur général. Ne parlant que des faits accomplis en 1863, j'aurais dû ne point relater ici ces peintures, dont j'ai trouvé mention dans un article du *Bulletin monumental* de 1863, dû à la plume de M. Viane, architecte de Gannat ; mais je n'ai point voulu effacer après coup le paragraphe relatif à une restauration très-remarquable, exécutée par un archéologue-artiste d'un zèle et d'une science éprouvés depuis longtemps ; et, du reste, le travail de M. Viane appartient bien à la bibliographie de 1863.

Mg[r] de Jerphanion, archevêque d'Albi, a entrepris la restauration de sa cathédrale (Ste-Cécile) et l'a confiée à M. Daly. Cette église, commencée en 1482, ne fut achevée qu'en 1512. Les murailles et la voûte ogivale sont entièrement couvertes de magnifiques peintures à fresque sur fond bleu et rehaussées d'or. Les sujets, empruntés à l'Ancien et au Nouveau-Testament, paraissent exécutés par des artistes italiens de l'école du Pérugin : ce travail dura de 1502 à 1510. Toute la restauration de cette remarquable cathédrale est conduite avec une entente parfaite par M. Daly, dont le nom n'a pas besoin de commentaires.

Des peintures murales dans l'église de la Madeleine d'Albi, en style moderne de Renaissance, ont été exécutées avec un grand succès par M. Romain Cazes, élève de M. Ingres, auteur des peintures de la nouvelle église de Luchon, et par M. Alexandre Denuelle, habile artiste, chargé maintenant par M. le Ministre des cultes de la restauration des peintures de la cathédrale d'Albi.

Enfin, je .terminerai cette revue en mentionnant ici l'église de St-Bernard de la Chapelle de Paris, construite en style du XVe siècle avancé par M. Magne ; quoiqu'en plein exercice du culte, les ouvriers y travaillaient encore en 1863.

L'ensemble de cette église est charmant : porche élégant, clocher élancé, hérissé de nombreux crochets ; jolis détails de sculptures intérieures, statuaire, peintures exécutées dans un esprit chrétien : tout cela séduit l'œil et satisfait le goût. Il y aurait pourtant bien quelques réserves à faire sur certaines parties de l'ornementation, sur les vitraux, par exemple ; mais je ne fais point de critiques en ce moment, elles me paraîtraient légères à côté des éloges à donner.

En fait de monuments délabrés, disait l'ancien Comité historique des arts et monuments, il vaut mieux consolider que réparer, mieux réparer que restaurer, mieux restaurer qu'embellir ; en aucun cas, il ne faut supprimer. Cet axiome, fruit d'une grande sagesse de pensées, doit être médité par tous les hommes qui s'occupent, à des titres divers, de nos anciens édifices : et il est certain que quel que soit le degré de restauration qui leur soit appliqué de nos jours, cette restauration doit être conçue et exécutée avec une grande entente des styles et une grande prudence d'exécution.

Je vais maintenant m'occuper, Messieurs, de la partie bibliographique de mon Rapport. L'année 1863 a vu publier un remarquable volume, rendant compte du Congrès archéologique de Saumur et de Lyon, remarquable par la quantité des matières qu'il renferme et par leur importance : il compte 658 pages et 100 cartes ou vignettes. J'y signale plus particulièrement les communications suivantes :

Des Mémoires très-étendus de M. Godard-Faultrier, inspecteur de Maine-et-Loire, sur les voies romaines de l'Anjou et des contrées voisines ; sur la position de toutes les localités de la même région, dans lesquelles des substructions gallo-romaines ont été constatées, et sur plusieurs autres questions archéologiques se rattachant aux mêmes époques.

Exploration de tumulus dans le département du Finistère, par M. Du Chatellier ; très-remarquable travail rendant compte en détail d'une série de fouilles , et accompagné d'observations approfondies par notre savant collègue.

Des Rapports sur les fouilles de Cassel (Nord) et Wissant (Pas-de-Calais), par M. Cousin, membre de l'Institut des provinces et de la Société française d'archéologie.

Étude très-intéressante de M. le comte de Galembert, inspecteur d'Indre-et-Loire , sur les peintures et sculptures du moyen-âge dans les provinces de Touraine, Anjou et Poitou.

Rapport, par M. Félix de Verneilh , sur l'abbaye de Fontevrault, sur sa magnifique église en style Plantagenet , qui a servi de type pour les édifices religieux de l'ouest de la France. M. de Verneilh y fait de pressantes réclamations au sujet de la destination qu'a reçue depuis long-temps l'église de l'antique abbaye.

Enfin l'on trouve , dans le volume du Congrès archéologique de Saumur, une conférence faite à Saumur par M. de Caumont, sur l'architecture militaire des bords de la Loire ; une seconde, par M. Victor Petit, sur les châteaux de la Touraine et de l'Anjou , du XVe et du XVIe siècle; puis une troisième conférence, de M. Félix de Verneilh , sur les influences byzantines en Anjou.

Dans le *Bulletin monumental* de l'année 1863 , on trouve la continuation des rapports de M. l'abbé Cochet sur l'exploration, faite par lui en Normandie, de nouvelles sépultures gauloises , romaines, franques, du moyen-âge, et particulièrement sur la découverte du caveau du sanctuaire de la cathédrale de Rouen, renfermant le cœur du roi Charles V , reste vénérable retrouvé après tant d'années, le 26 mai 1862.

On y trouve aussi un mémoire sur les émaux français et les émaux étrangers par M. Félix de Verneilh ; mémoire lu par ce savant dans la séance de la Société archéologique de Limoges du 28 novembre 1862. Travail savamment élaboré et judicieusement discuté, dans lequel M. F. de Verneilh établit la filiation

artistique des émaux, qui, originaires des Iles-Britanniques,
se sont continués plutôt dans le nord que dans le sud de la
Gaule, puis à Byzance, où l'émaillerie devint un art fécond et
très-avancé ; ensuite en Allemagne, et enfin à Limoges, qui
doit céder l'antériorité à la terre allemande. Ce travail, plein
de faits et d'observations, se termine par des réflexions d'une
grande sagesse sur ce qu'il ne peut y avoir qu'une archéologie,
et sur ce qu'il ne faut point sacrifier les titres d'un pays
étranger à ceux du sien propre, quand ils paraissent l'emporter sur ceux-ci, ce qui serait une application regrettable
du sentiment patriotique.

On lit aussi dans ce volume du *Bulletin monumental* de
très-intéressantes recherches sur la céramique, sur les faïences
et les porcelaines par M. Tournal, membre de la Société
française d'archéologie, à Narbonne.

Au nombre des ouvrages publiés en 1863, je remarque encore les suivants :

Cartulaire de l'abbaye de Redon, 1 vol. in-4°, avec carte,
par M. Aurélien de Courson. Cette œuvre capitale fait partie
de la collection des documents inédits de l'Histoire de France,
et a mérité à son auteur, le savant bibliothécaire du Louvre,
le grand prix Gobert, récompense illustre, qui était déjà venue
une fois couronner la haute érudition et les grands travaux
historiques de M. de Courson.

Manuscrits à miniatures de la Bibliothèque de Laon, étudiés
au point de vue de leur illustration, par M. Édouard Fleury.
Cet ouvrage, accompagné de planches, a valu à son auteur, de
la part de l'Institut, une mention très-honorable.

Collection de dalles tumulaires de la Normandie, reproduites
par la photographie, d'après les estampages exécutés par
M. Le Métayer-Masselin ; grand in-1° de 80 pages environ de
texte, avec 7 photographies. L'auteur de ce beau travail, qui
habite Bernay, a entrepris la collection des empreintes de
toutes les dalles tumulaires de la Normandie, qu'il se propose
de publier successivement. Le dessin et le texte de la 1re livraison, dont nous rendons compte ici, sont très-remarquables,

et les estampages qui ont servi de base au dessin sont exécutés avec une rare perfection.

Recherches sur la Bibliothèque publique de Notre-Dame de Paris, par M. Alfred Franklin, de la Bibliothèque Mazarine. Volume in-8°, tiré à un petit nombre d'exemplaires, dont les plus simples sont sur papier vélin.

Les fanaux de cimetière en Limousin, par M. Le Cler, professeur au séminaire du Dorat ; ouvrage jugé avec une grande faveur par M. de Caumont.

Acta Sanctorum des Bollandistes, édition nouvelle, publiée par les soins de M. Carnandet, bibliothécaire de la ville de Chaumont. Le premier volume, in-f°, a paru. Tout le monde sait ce qu'est cet immense ouvrage, sous le rapport du travail et de la science hagiographique. Il se compose aujourd'hui de 54 volumes in-f°, qui vont du 1er janvier au 15 octobre. Deux mois et demi restent à faire. Les PP. Jésuites belges ont publié, dans ces dernières années, plusieurs volumes nouveaux sur le mois d'octobre.

Description des empreintes de sceaux du Musée sigillographique, conservées dans les Archives de l'Empire ; ouvrage publié sous la direction de M. le comte de La Borde, directeur-général des Archives de l'Empire, et par ordre de l'Empereur. Ier volume de la 1re partie. Ce volume, qui sera suivi d'un ou deux autres, est un répertoire des plus précieux pour l'érudit et pour l'amateur. Cette publication a été préparée par M. Douët-d'Arcq, sous-chef de section à l'Administration des archives. Ce premier volume contient une préface par M. le comte de La Borde, et un traité de sigillographie par M. Douët-d'Arcq. Des photographies accompagneront l'ouvrage.

Catalogue du musée d'artillerie de St-Thomas-d'Aquin, rédigé par M. l'officier supérieur d'artillerie Penguilly-Laridon, conservateur. La richesse de ce musée est prodigieuse, et son catalogue, qui contient 1,004 pages in-8°, décrit 5,699 objets dont il donne l'historique, par catégories d'armes : armes de l'âge de la pierre et de l'âge de bronze, armes grecques et étrusques, armes du sud de l'Italie, armes romaines, armes

mérovingiennes, armes des XVe et XVIe siècles, armes trouvées
sur différents champs de bataille, armures, casques, boucliers,
épées, dagues, lances, poignards, armes blanches, masses
d'armes, armes d'hast, armes de jet, et enfin armes à feu por-
tatives, et toutes les espèces d'armes à feu modernes, parmi
lesquelles une foule d'objets curieux. L'Empereur, pour sa
part, a déjà donné à ce musée plus de 1,000 pièces. On voit,
par l'exposé qui vient d'être fait de ce catalogue, qu'il appartient éminemment aux publications archéologiques, et qu'il
a un immense intérêt.

Parmi les nombreuses brochures qui ont vu le jour dans
l'année 1863, je citerai :

Etude historique sur les sculpteurs champenois, par M. le
baron Chaubry. Travail consciencieux, qui a nécessité de la
part de l'auteur de nombreuses recherches, et qui est une
couronne tressée à l'honneur d'un des côtés artistiques de
l'illustre province de Champagne.

*Notice sur quelques monuments de l'époque gallo-ro-
maine*, trouvés sur les sommités des Vosges, près de Saverne
(Bas-Rhin), par M. le colonel de Morlet, avec trois planches.
L'une est une photographie qui représente l'intérieur du musée
de Saverne; l'autre représente une nombreuse série de tombeaux,
qui couronnent les sommités des Vosges ; et enfin la troisième
donne un magnifique spécimen chromolithographique d'un
vase funéraire gallo-romain, trouvé dans le cimetière de Kempel,
près de Saverne. Cette brochure, qui est encore ornée de deux
cartes géographiques et de nombreuses gravures sur bois,
est éditée avec un luxe de caractères et de papier qui prouve
que notre savant collègue, M. de Morlet, joint aux études
scientifiques de toute sa vie un goût parfait dans la forme dont
il sait revêtir le fruit de ses patientes recherches. A cette brochure est jointe une planche sur carton de Bristol, qui représente, photographié avec un soin extrême et une exactitude
parfaite, un groupe de tombes découvert en 1862 dans le cimetière de Lorentsen (Bas-Rhin) ; le tout accompagné de
dessins donnant une petite carte du pays, et le détail des bijoux trouvés dans ces tombeaux. Cette photographie est exécutée
d'après un plan en relief de M. le pasteur Ringel.

Je termine ici, Messieurs, ce Rapport en faisant des vœux pour que l'année 1864 ne le cède à aucune de ses aînées en travaux archéologiques et historiques.

A l'exposé que vous venez d'entendre, Messieurs, j'ai ajouté dans la liste bibliographique les ouvrages suivants :

Documents inédits pour servir à l'histoire de Bourgogne, par M. Marcel Canat de Chizy, membre de l'Institut des provinces; un volume grand in-8°, de 500 pages, édité par la Société de Châlon-sur-Saône. Savant consciencieux, habile appréciateur des faits historiques et travailleur infatigable (ainsi s'exprime M. de Caumont), M. Marcel Canat a composé cet important ouvrage d'après les originaux qui forment les archives de la Chambre des Comptes du duché de Bourgogne.

Vie de saint Léonard, solitaire en Limousin, par M. l'abbé Arbellot, membre de l'Institut des provinces, etc.; ouvrage consciencieux qui doit être signalé, d'après le témoignage de M. de Caumont, comme une des plus remarquables productions de l'année 1863.

LES MAOUALS,

EXTRAIT D'UNE HISTOIRE DE LA POÉSIE ORIENTALE,

PAR M. JULES DAVID,

Membre de l'Institut des provinces.

————— ⋅✕⋅ —————

Aucune époque n'a été plus curieuse que la nôtre, n'a étendu plus loin le domaine de ses recherches. Après le Nord ossianique est venu l'extrême Orient; après l'Edda, ce sont les Védas qu'on a traduits; après les Nibelungen, le Ramayana et le Mahabharata. A peine retenons-nous le nom des poètes dont on nous a répété les chants. On avait épuisé les anciens, on s'était saturé des littératures de l'Italie, de l'Espagne, de l'Angleterre, de l'Allemagne, et de nouveaux critiques, ou plutôt des explorateurs ardents et inspirés ont demandé leurs secrets, leur charme et leur originalité native, aux poésies populaires de toute l'Europe, à ces chants naïfs des races inférieures, des nationalités à peine admises sur la carte politique, mais inscrites déjà sur le livre d'or de la poésie universelle. La Grèce moderne, le Tyrol, la Morlaquie, la Servie, la Moldavie, la saignante Pologne ont préoccupé nos pénétrants découvreurs; on a surpris la vie intime du Slave aux blonds cheveux, aussi bien que les croyances et les rêves du Saxon demi-barbare ou du rude descendant des Celtes; on a suivi dans ses pérégrinations, aux accents de sa voix, l'Arya primordial, depuis les neiges de l'Himalaya jusqu'aux landes de l'Armorique. L'Orient surtout a été étudié, pénétré, expliqué.

Pourtant on a trop négligé les premiers plans pour se perdre dans les fonds, pour s'égarer dans les lointains; en ce qui concerne les études orientales particulièrement, la poésie arabe et persane a été trop sacrifiée au sanscrit et au chinois. Il est temps d'y revenir et de la demander précisément à ces traditions populaires, à ces chansons de la tente, à ces cantiques du désert, qui charment aussi bien le *hamal* (porte-balle) après sa journée, que le *hadji* (pélerin) durant son voyage. C'est là que réside l'originalité de ce peuple, qui campe en Asie comme l'homme lui-même campe sur la terre, qui a retenu de ses anciennes origines une fierté d'allure, une netteté de pensée, une noblesse de gestes, instinctives pour ainsi dire ; qui fend l'air sur son cheval, et va à pied d'un pas grave et cadencé ; qui dort peu et rêve beaucoup, prompt à agir, lent à se résoudre. L'Arabe est toujours contemporain d'Abraham par sa vie patriarcale, fidèle à Mahomet par son culte à Dieu l'unique, compatriote d'Antar par le courage, de Lébid par l'esprit, d'Haroun-al-Raschid par le goût du merveilleux. La fatalité n'est pas pour lui un désespoir, c'est plutôt une consolation. Il se console des maux inhérents à l'humanité, en se disant : *C'était écrit ;* il les souffre avec résignation, parce qu'il s'en est laissé surprendre, sans redouter d'avance leur explosion. Il goûte le bien, le plaisir, le bonheur, avec d'autant plus de délice, qu'il ne songe ni à leur courte durée, ni à leur brusque épuisement. Sa vie matérielle étant facile, sa vie idéale est heureuse. Dans sa jeunesse, il effleure l'existence, ne lui demandant que ce qu'elle peut donner, un rêve, une fleur, un soupir : il est sobre au physique comme au moral, et sa moindre jouissance se double de la vivacité de ses sensations. Est-ce là la sagesse ? Il le sent, il le pense ainsi ; et c'est mal le comprendre que de l'accuser d'apathie et d'insouciance. Son calme, au contraire, est une qualité relative ; sa résignation une vertu. S'il n'a pas progressé, il n'a pas vieilli, et ses poésies témoignent d'une jeunesse éternelle et d'une ardeur sans lassitude.

Les poètes, en Orient, ne ressemblent pas à ceux que nous appelons ainsi en Europe. En face d'une nature si majestueusement fertile, à la lumière du plus resplendissant des soleils, à l'ombre des verdures les plus embaumées, que voulez-vous que fasse l'Oriental ? Il regarde et rêve. Et n'est-ce pas là l'emploi le plus sensé de son intelligence ? La contemplation solennelle des beautés groupées autour de lui, n'est-ce pas son hymne à Dieu la plus éloquente, la plus haute? Tout lui plaît; la moindre paillette de lumière jaillissant à travers les arbres, la façon diverse dont les ombres sont projetées sur le sol ou découpées par les feuilles, les bruits de l'air, les magnificences du ciel, tout devient aliment savoureux pour ses sens, joie prestigieuse pour son âme. Le véritable Oriental, c'est celui qui vit de soleil, de parfum et d'images ; c'est celui qu'un reflet de lumière enchante ; c'est celui à qui la vue d'un arbre, d'une fleur, suffit à des heures d'admiration, d'enthousiasme. Il ne lui faut qu'une brise à travers un bois de sycomores, une algue roulant sur sa mer dorée, des touffes d'orangers parsemés dans la plaine; moins que cela ! il ne lui faut qu'un buisson d'aloès, ou les eaux d'une source s'échappant du tronc d'un palmier, pour le faire rêver tout un jour, rêver des choses du ciel, rêver des délices de son paradis, des virginités renaissantes et des constances sans fin. Vous le voyez passer de longues heures à contempler la nature, aspect par aspect, feuille par feuille, herbe par herbe ; car c'est à s'arrêter aux moindres détails que son cœur s'emplit et s'élève ; c'est à partir peut-être d'une branche ramassée qu'il en viendra à comprendre les prodigieux développements, la structure sublime, la splendide variété de la nature, et de là à Dieu il n'y a qu'un pas. N'est-ce point Sady lui-même qui a dit *qu'aux yeux de celui qui médite, une branche verdoyante offre dans chacune de ses feuilles une page du livre d'Allah?* Et maintenant allumez l'amour dans l'âme de ce rêveur, et vous aurez un poète.

Il y a aussi en Arabie les poètes du désert, ceux qui suivent leurs tribus dans leurs pérégrinations habituelles, qui ne chantent que quand ils sont émus; qui, sous l'impression d'un sentiment exalté, d'un accident de leur destinée, ivresse passagère ou souffrance aiguë, joie ou douleur, laissent échapper de leurs lèvres des paroles harmonieuses qui viennent de leur cœur. Combien de fois dans la vie sont-ils inspirés? Nul ne le sait, ils l'ignorent eux-mêmes. Leur inspiration est fatale : ce sont des événements généraux ou particuliers qui les affectent, et ils disent, au nom de tous, ce que tous ont pensé. On ré-

pète leurs hymnes, leurs odes, leurs chansons. Elles varient
parfois en passant de bouche en bouche ; leurs œuvres deviennent des traditions, on les applaudit, on les exalte, on les
commente ; mais leurs noms sont souvent oubliés : la poésie
reste , le poète s'évanouit.

Commençons donc par rendre hommage aux dieux inconnus, à
ces chantres fortunés qui n'ont laissé que quelques vers et
pas de noms, un parfum intellectuel pour toute trace de leur
passage sur la terre, une rime à l'écho, une chanson aux
amants. Rien de mieux, du reste, pour caractériser la poésie
orientale : cette muse, descendue d'un ciel sans nuage, sur un
rayon de la lune, comme dit le Vaugelas arabe, Hariri, à
cette heure bénie où le soleil brûlant du Hedjaz, en éteignant
ses ardeurs dans la mer, ne fait souvenir que de ses bienfaits :
la limpidité de l'air, la fécondité des silos, la transparence
des nuits, le scintillement des étoiles. Rien n'est plus propre
que ces chants d'enthousiasme extatique, à donner une idée
ou plutôt à offrir une image de l'inspiration orientale, qui, la
plupart du temps, n'est qu'un soupir en amour, une ado-
ration d'Allah en philosophie, un proverbe en morale, un
sanglot dans l'infortune, un cri de joie dans la prospérité.
Il y a souvent, d'ailleurs, quelque chose, sinon de plus grand,
au moins de plus pur, dans ces odes de huit ou dix vers que
dans des poèmes de vingt mille : c'est la quintessence d'un
parterre de fleurs, c'est un collyre pour les intelligences,
comme dit encore Hariri, ce grammairien-poète, phénomène
oriental s'il en fut, qui, dans un poème intitulé : *Les délices
de la syntaxe*, traitait les mots comme des fleurs, et dont
l'œuvre étrange est une sorte de manuel de botanique, avec
classification des phrases par leurs couleurs et par leurs harmonies.

Les *Maouals* sont les inspirations vraiment fugitives de ces
improvisateurs anonymes. Ils sont principalement chantés par
les almées d'Égypte. Le soir d'un beau jour, sur la grande
place du Caire, encore échauffée par la réverbération à peine
éteinte de l'astre de feu, mais rafraîchie de plus en plus par

la brise du grand fleuve, voyez ce groupe original de jeunes gens au profil sévère, d'hommes aux membres de cuivre, de vieillards à barbe blanche : ce sont des bahrys, des fellahs et des fakirs. Quoi de plus misérable en apparence que ces mousses du Nil, les bahrys ; que ces laboureurs esclaves, les fellahs ; que ces moines mendiants, les fakirs! Et cependant regardez-les accroupis, les plus favorisés sur des nattes de jonc, les plus dépourvus, sur le seuil de la mosquée ; regardez-les suivre, avec l'attention calme des Orientaux, les pas cadencés de ces deux jeunes filles tout éclatantes de paillettes, à la robe de gaze, à la ceinture d'argent. Les jeunes filles commencent par une marche circulaire et solennelle, élevant de temps en temps les bras, les arrondissant sur leurs têtes, puis les laissant tomber en mesure. Bientôt l'une d'elles entonne un chant, à la mélodie monotone, sorte de déclamation qui permet à l'accent de se varier à l'aise, à l'expression de se nuancer à l'infini. Les yeux noirs des assistants jettent des éclairs de plus en plus intelligents ; sur ces figures, d'ordinaire impassibles, se peignent les sentiments les plus vifs et les plus fins à la fois ; la joie respire dans leur haleine pressée, le bonheur s'étale dans leurs poses nonchalantes, l'ivresse s'allume dans leurs regards de feu ; car ce sont leurs *Maouals* chéris qu'ils entendent réciter par la bouche de la jeunesse toujours et de la beauté quelquefois.

Quoique les *Maouals* soient écrits en vers arabes, leur renommée n'est pas plus africaine qu'asiatique. Comme les almées, ces danseuses nomades de l'Orient, les *maouals* se répètent aussi bien dans la ronde Bagdad aux murailles zébrées de noir et de jaune, dans Moussoul qui s'efforce en vain de se mirer dans le Tigre rapide, à Smyrne la princesse, à Constantinople la bien gardée, et sur les bords des sept rivières de Damas, et sur les flancs boisés du Liban, à l'ombrage des cèdres, ces arbres sultans, comme les appellent les Syriens. L'origine des *Maouals* est d'ailleurs plutôt mahométane qu'antéislamique. On les fait commencer sous les Barmékides, et il se trouve, entre leur sort poétique et la fortune politique des enfants de cette

famille, un rapport singulier et traditionnel. Ils sont à la fois
honnis par les orgueilleux et vantés par les simples, repoussés
par les sévères et adoptés par les indulgents, condamnés par
les uns et pardonnés par les autres. C'est, d'ailleurs, une
destinée tout orientale que celle des Barmékides ; c'est un
véritable sujet des *Mille et une Nuits* que leur histoire. Ils
forment un de ces types caractéristiques, où les inconsé-
quences les plus divergentes aboutissent pourtant à un ensemble
unique ; leur vie est de celles où tout s'enchaîne en paraissant
se disjoindre, où la versatilité la plus évidente n'est qu'un
mode de développement, où les contradictions les plus sensibles
ont leur logique fatale. Après avoir chevauché à côté du puissant khalife Haroun-al-Raschid , ils ont été traînés par les rues,
assis à rebours sur des ânes. — La faveur, comme un soleil,
les a éclairés, fécondés et brûlés. Pas de raison sérieuse de
leur élévation, pas de cause reconnue de leur chute : ils mon-
tent parce qu'on les pousse , ils tombent parce qu'on les pré-
cipite.

Selon la belle expression de l'historien arabe Fakhr-Eddyn ,
la maison des Barmékides , qui n'était rien avant le règne
d'Hescham-l'Ommyade , devint tout à coup *une aigrette au
front du khalifat*. Leur ancêtre, savant à demi , mais ambitieux complet, s'était voué au magisme ; et de cette science
improductive des astres , quand elle se borne à les classer , il
avait fait un moyen de puissance en les interprétant. Mais que
pouvait être cette industrie douteuse sans la chance, sans le
succès , sans le bonheur ? Étrange impulsion de la fortune !
Singulière prédestination , bien faite pour renforcer chez les
peuples orientaux la croyance à la fatalité ! Tandis qu'une
famille aussi nombreuse, aussi puissante , douée si longtemps
par le sort que celle des Ommeyahs, tombe dans la détresse, dans
la persécution, dans la mort ; tandis que tant d'autres familles,
toujours fidèles et dévouées, musulmanes de la première heure,
venues du Hedjaz avec les premiers conquérants, prodigues de
leur sang pour la foi mahométane , de leurs richesses pour la
gloire de l'Arabie, n'obtiennent rien plus des faveurs de la

cour, de l'attention du souverain ; tandis que l'œil du maître
les regarde sans les voir, les rencontre sans les remarquer,
une obscure famille, au contraire, émigrée par calcul, errante
par cupidité, convertie à l'islam par intérêt, venue toute
charmée, du froid et rigide Khorassan, au milieu des douceurs
d'un climat tempéré ; passée tout éblouie des mœurs rudes
et austères de sa patrie au luxe éblouissant et aux habitudes
somptueuses de la nouvelle Babylone; cette famille si fortunée
trouve encore, ramasse sur son chemin la puissance, les
grandeurs, la confiance du souverain, les confidences du vicaire de Dieu. Et pour cela que fait-elle ? acte de présence,
et voilà tout. Ses moindres services sont exaltés, ses moindres
paroles approuvées, ses moindres conseils suivis.

Le premier des Barmek Musulmans, Khaled, est un des serviteurs de Hescham-l'Ommyade, et la chute d'une dynastie ne
fait pas perdre l'équilibre à sa fortune : il ne tombe pas avec
les vaincus, il se faufile au contraire parmi les vainqueurs,
et s'y groupe derrière les clients, les courtisans, les empressés.
Sa place est obscure, mais son bonheur n'en éclate que mieux ;
et sinon lui, son fils Yayia deviendra le précepteur du second
fils du prince, enfant dont la prévoyance contemporaine ne pouvait pas alors soupçonner l'élévation au khalifat. Mais est-ce
à la fortune d'Haroun-al-Raschid, ou à la chance de Yayia le
Barmékide, que le vulgaire attribuera ce triomphe ? Est-ce donc
que le chef idolâtre de cette famille n'avait pas lu la destinée
de ses fils sur le tapis noir, aux clous dorés, de la nuit,
semblable à la couleur choisie par les Abbassides? Qu'importent dès lors la prévoyance, les préoccupations de l'avenir!
Ne fallait-il pas que les enfants de Barmek, bien sûrs de leur
bonheur, tout confiants dans leur prospérité, ne fussent ni
ménagers des biens qui leur tombaient du ciel, ni prudents
contre leur destinée ? Toujours est-il que si Yayia fut généreux,
ses fils furent prodigues ; que si le père s'en allait distribuant
des bourses de deux cents pièces d'argent à tous ceux qu'il
rencontrait sur sa route, son fils Fadhl donnait à un de ses
protégés cent mille pièces d'or pour une jeune fille, et la jeune

fille par-dessus le marché. Quant à Djafar, l'ami particulier du khalife, le compagnon préféré de ses plaisirs, l'intendant de ses palais, le dépositaire de son sceau, Djafar devait abuser plus que tout autre de sa prépotence inattendue, dépenser des sommes considérables pour se former des partisans, n'accorder qu'à ses favoris le gouvernement des provinces, créer des emplois pour en gratifier tous ses parents: vingt-cinq membres de la famille de Barmek s'étaient emparés des premières fonctions de l'État. De là, que de haines entretenues, que de jalousies accumulées! On faisait remarquer au khalife, dont le palais n'était séparé que par le Tigre de l'hôtel somptueux de son premier ministre, que les quais de l'autre rive étaient peuplés de solliciteurs dont les chevaux piaffaient d'impatience, tandis que du côté du khalife un ou deux serviteurs à peine attendaient une audience : « Qu'importe, répondait d'abord le longanime Haroun, si la nuit a besoin d'un cortége d'étoiles, le soleil suffit au jour. » Une autre fois on lui dénonçait Djafar, qui avait entravé sa justice en rendant la liberté à un de ses ennemis. Puis c'était Fadhl qui ruinait son trésor; puis c'était Yayia qui, par ses familiarités de maître à élève, attentait sans cesse au prestige de sa grandeur. On dirigeait les chasses du khalife vers les bois les plus touffus, vers les fermes les plus riches des environs de Bagdad, vers les plus verdoyantes prairies du Tigre, et quand il demandait: — A qui sont ces merveilles? — Aux Barmékides, répondait l'envie. Que dire enfin ? toutes les dénonciations des cours, toute la perfidie des rivaux, toutes les calomnies de l'ambition !

Mais, quelles que fussent les causes de cette chute célèbre, quelles que fussent les raisons, réunies six siècles plus tard par l'éloquent historien Ebn-Khaldoun pour justifier un illustre khalife, le peuple avait sa légende et n'en sortit pas. On répétait partout, on chantait dans tous les carrefours que Djafar avait été la victime de son amour pour Abbassa, sœur d'Haroun-al-Raschid; on croyait voir toujours ses os, exposés aux avanies de ses ennemis, sur le pont principal de Bagdad; on se souvenait sans cesse et de sa prospérité si prompte et de son désastre si rapide. Chacun racontait à l'envi son anecdote sur les descendants des Barmek, tour à tour favoris ou victimes de la fortune, chacun amplifiait leurs qualités, atténuait leurs défauts, estompait leur caractère, de cette façon particulièrement bienveillante qui, à la longue, achève le dessin des héros populaires. On faisait de Fadhl le type de la bravoure, de Djafar le type de l'éloquence, et des deux derniers frères, Mohammed et Mousa, deux fleuves de générosité, deux monts d'intelligence, deux puits de science. Véritable hyperbole orientale, dépassée encore par ces vers d'un poète que cite d'Herbelot : « J'ai demandé à la Rosée (symbole de « la libéralité) si elle était libre; elle m'a répondu : — Non, car « je suis l'esclave d'Yayia, père de Fadhl. Sur cette réponse, « je lui dis : — Je dois donc vous acheter de lui ; et elle me ré- « pliqua : — Cela n'est pas possible, car il me possède comme « héritage de famille. » Puis, en preuve de cette libéralité, on rappelait qu'à la fin des repas que donnaient l'un ou l'autre des frères, on plaçait devant chaque convive deux sachets de parfum dans un plat d'or, et qu'on devait s'attribuer à la fois et le contenant et le contenu. Enfin, contrairement aux générosités du vulgaire, qui peut-être ne suscitent l'ingratitude que faute d'être assez amples et assez répétées, la libéralité des Barmékides produisit le miracle de la reconnaissance. Malgré les prescriptions absolues du khalife, qui ordonnaient que nul ne prononçât les noms des proscrits ou ne rappelât leur mémoire, un certain Moundir, qui leur devait la vie et la fortune, n'en continuait pas moins à chanter leurs louanges. Haroun le fit arrêter, le menaça de la mort, et lui demandant ce qui pouvait justifier sa désobéissance. Moundir répondit par un récit si attendrissant de détresses de sa vie et des bontés de ses protecteurs, qu'il arracha des larmes au khalife. Ce dernier, tout ému, lui pardonna, et le renvoyait même avec quelques présents, lorsque Moundir, loin de remercier le khalife, s'écria : — « Voici encore une nouvelle grâce que je reçois des Barmékides! »

Tels étaient les faits et les paroles qu'amplifiait l'imagination populaire et auxquels Khondémir donna plus tard une sorte de sanction historique. Dès lors, que devint la mémoire des

Barmékides? Le mirage des ambitieux, un sujet pour les
poètes, une catastrophe pour la foule ; c'est donc une sorte
de complainte perpétuelle que le chant qu'on en répète.
Cette complainte a presque autant de couplets que de bouches
par où elle passe ; elle est variée selon le caractère, la
destinée, l'inspiration de celui qui la chante ; ici elle
pleure, là elle sourit ; ici elle s'indigne, là elle se désole ;
elle est tour à tour élégie, satire, ode ou chanson, résumant
toutes les sensations, tous les vœux, tous les désirs de la race
orientale ; cette destinée en excite aussi tous les enthousiasmes
et toutes les douleurs ; et voilà pourquoi, avec ses variétés, ses
péripéties, ses joies, ses tristesses, ses contrastes si nombreux et
si brusques, elle devint la véritable inspiration de l'improvisation poétique. Elle créa même un genre spécial et parfaitement
adapté à cette apathie asiatique, qui n'aspire la poésie que par
bouffée et ne la chante que par quatrain, octave ou dixain. Ainsi
ces sentences qui, depuis des siècles, courent l'Orient, ces
antiques proverbes, rajeunis pour la circonstance, exagérés dans
le sens fataliste, toutes ces paroles de conseil et de résignation
prirent chez l'Arabe un tour poétique, une forme métaphorique,
et se transformèrent en couplets d'une concision extrême de
pensée, mais d'une poésie aussi précise que colorée. Ce genre
perfectionné, et qui devint le *Maoual* quand il fut appliqué à
l'amour, comporte tous les sujets et en traite tous les développements. Aussi bien l'amour contient tout : le bonheur et la peine,
le partage et l'éloignement, le sourire et le dédain, le triomphe
et le supplice ; l'amour est un tyran qui fait selon son caprice
la vie bonne ou mauvaise, c'est le khalife dont le Barmékide est
le favori ou le patient.

Ce qu'il y a du reste de plus significatif dans les *Maouals*,
c'est l'unité de sentiment. Pas de contraste heurté, pas de choc
d'émotions ; rien d'ironique dans le retour sur les choses humaines, sur leur fragilité, sur leur déception, rien qui éteigne
la flamme ou la fasse vaciller. Tout, au contraire, y est homo-
gène, naïf, franc, simple : on ne raille pas l'amour pour le
moins éprouver, on ne doute pas de la passion pour la mieux

apaiser, on ne rit pas de sa folie pour la guérir. Le cœur se
prend, s'exalte, se livre ; mais il ne raisonne pas sa joie ou ne
combat pas son entraînement : il est passif, comme la rose auprès
du papillon, comme la nature en face de Dieu. C'est l'instinct
idéalisé, c'est le cœur qui bat sans résistance de l'esprit, c'est
l'âme qui s'envole sans souci de l'espace et de l'inconnu. Et
qu'on ne se hâte pas d'accuser de monotonie ces amoureuses ad-
mirations, ces antithèses, ces hyperboles, ces images, ces com-
paraisons ! Comme chez les peuples primitifs, chez l'Oriental, la
nature se confond avec l'amour, la fleur avec la femme, la beauté
avec la joie, la laideur avec le chagrin : tout se lie au sentiment
primordial et éternel, il n'y a de variété que dans les aspects : le
fond reste égal et unique, comme le ciel lumineux qui éclaire
imperturbablement les êtres et les choses.

Les *Maouals* ne sont pourtant pas d'une inspiration absolument nouvelle. On en trouverait sans doute l'origine dans ces
premières poésies arabes, dont l'haleine était courte, mais dont
le souffle était puissant. Quel que fût le sujet que traitât le poète
antéislamique, chant de gloire ou de malédiction, de guerre ou
de paix, de désolation ou de félicité, au lieu de la muse comme
les Hellènes, c'était sa bien-aimée que l'Arabe invoquait. Cette
fidélité à s'adresser à l'être mystérieux et souverain qui domi-
nait sa vie, passa de l'esprit du poète dans les mœurs de ses auditeurs ; et lorsqu'à son tour le peuple, c'est-à-dire le vulgaire
des esprits, avec une langue moins riche sinon moins expres-
sive, avec une harmonie moins savante sinon avec un sentiment
moins vif, voulut avoir ses poèmes à lui, ses chants particuliers,
sa poésie personnelle, les premiers interprètes de ses inspirations imitèrent naturellement leurs illustres devanciers ; mais
des *Moallakats* ils ne prirent que l'introduction amoureuse ;
aux satires primitives, ces sortes de déclarations de guerre entre
tribus, ils ne demandèrent que leur pointe finale ; aux descriptions pompeuses de la nature ou de l'art, ils n'empruntèrent que
leurs traits les plus caractéristiques. De là une sorte d'abrégé
des émotions orientales, fort peu estimé par certains lettrés,
méprisé par cette poésie noble et savante qui déjà, sous Haroun-

al-Raschid, tendait à remplacer l'inspiration franche, forte, hardie, mais un peu brutale et désordonnée des poètes antéislamiques. Le célèbre auteur du *Kitab-Alagâni* (livre de chansons), lequel recherche avec tant de soin, recueille avec tant de respect et commente avec tant de perspicacité les premières œuvres de l'inspiration arabe, dédaigne les produits sans art de la poésie populaire, et quoiqu'il écrive un siècle après la naissance des *Maouals*, il n'en dit pas un mot : il croirait insulter la poésie du désert en la comparant à la poésie des rues, et il ne s'aperçoit pas que ces deux poésies sont sœurs par la ressemblance des sentiments, par la physionomie, par le caractère.

Comme on le voit, les *Maouals* n'eurent ni renommée chez leurs contemporains, ni valeur pour les orgueilleux grammairiens de l'Orient ; et pour nous, malgré leurs charmes sans apprêt, malgré leurs élans chaleureux et sincères, ils n'ont pas même une originalité incontestable. Leur genre avait été comme épuisé par l'antique poésie grecque : ainsi que les auteurs inconnus des *Maouals*, Alcée, Sapho, Alcman, Anacréon et Simonide ont épanché leurs cœurs dans des coupes étroites et ciselées. D'autre part, l'*Anthologie* est pleine de ces fleurs poétiques, aussi fines que brillantes, dont le coloris a toutes les nuances du prisme et le parfum toute la suavité du printemps. Mais s'il y a plus de grâce dans le génie hellénique, il y a moins d'ardeur peut-être que dans le génie arabe L'accent est plus choisi, mais moins naïf ; le tour est plus délicat, mais moins naturel. C'est une forme souverainement tempérée, artistement élégante, variée avec goût, chaleureuse avec mesure que cette belle et véritable poésie classique, qui charme tout autant par sa pensée limpide que par son style châtié. La poésie arabe reste plus primitive, plus abrupte, plus audacieuse ; l'image l'emporte souvent sur le trait, le coloris sur le dessin ; mais si l'art en est parfois absent, la vie y afflue et y déborde. C'est à la nature que l'Oriental doit tout : sur lui la société n'a nulle influence, ou plutôt ce que nous nommons la société n'existe pas pour lui. La passion l'agite, la rêverie lui apprend à réfléchir ; et il pousse un cri poétique que la douleur lui arrache, ou versifie une pensée que la contemplation lui inspire. Rien chez lui de ces rapports continus et contradictoires des esprits entre eux : il n'émet son idée que pour en fixer les termes. Rien de ce commerce quotidien avec les femmes, qui polit les mœurs et adoucit les sentiments : en Orient, Sapho ne répond pas à Alcée ; Aspasie ne disserte pas avec Socrate. La femme n'y apparaît qu'à l'état de délice ou de tourment, et la poésie ne la détaille, comme la rose, que pour adorer sa beauté ou pour maudire ses épines.

Mais, outre l'amour et ses péripéties, le *Maoual* contient aussi la satire et son ironie, la morale et ses préceptes, et même les particularités remarquées sur tel individu, sur tel pays ou sur telle ville. Leur nombre est immense et leurs inpirations sont fort diverses ; le savant d'Herbelot, l'enthousiaste Savary en ont recueilli quelques-uns ; Agoub, cet Orientaliste si regrettable par sa mort prématurée, en transcrivit une centaine qu'il n'a eu le temps que de traduire en prose. M. Gustave Dugat n'en a publié que seize en vers, pleins de charme, de grâce, de saveur, et qui nous font regretter la trop modeste discrétion de leur excellent interprète. Quant à nous, nous ne pouvons en offrir aujourd'hui que quelques-uns, de ceux qui traitent de l'amour, ce sujet éternel, et de ceux ensuite qui sont comme la silhouette ironique d'un défaut ou l'esquisse fantaisiste d'une ville. C'est peu pour donner l'idée d'une poésie tout entière, d'un genre nouveau. Qu'importe ! Nous aurons ouvert un horizon indéfini, nous aurons apporté notre modeste pierre à l'édifice qu'on élève à la poésie populaire. Et maintenant, en place du langage rude et sans art, de la versification difficile du traducteur, mettez la langue la plus harmonieuse, les vers les plus faciles, les métaphores les plus variées, le rhythme le mieux adapté à l'inspiration, et vous comprendrez l'admiration des Orientaux pour leurs *Maouals*, ces abeilles de la poésie, comme ils disent, qui pompent le suc de tous les amours, qui aspirent le parfum de toutes les pensées.

Passons tout d'abord à ces improvisations poétiques, renfermant quelques-unes de ces pensées d'avertissement ou de résignation, qui sont, en effet, la morale ordinaire des peuples fatalistes. Je n'en citerai que deux, tant j'ai hâte d'arriver aux *maouals* d'amour, les plus originaux et les plus humains à la fois. La première de ces deux petites pièces fait allusion à cette anecdote qui rapporte que la mère d'Haroun-al-Raschid, très-attachée de cœur à l'épouse de Khaled-le-Barmékide, et ayant accouché du futur khalife presque en même temps que son amie mettait au monde son fils Djafar, les deux jeunes femmes allaitèrent tour à tour leurs enfants, dans l'espoir de leur inculquer une amitié égale à la leur :

> O nourrisson de la Fortune,
> Toi qui suces le lait de la prospérité,
> Te voilà dans l'erreur commune
> En croyant pour toujours à ta félicité ;
> Le sein, que pressent tes deux lèvres,
> Sait aussi dans ton sang infiltrer le poison,
> Et n'attend pas que tu te sèvres
> Pour te faire souffrir son âcre trahison.
> Dans tes illusions candides,
> Ne te vante pas trop d'un bonheur sans appui,
> Et souviens-toi des Barmékides,
> Hier superbes palmiers, et bois mort aujourd'hui.

———

> Que faut-il à la faible enfance?
> Une caresse, un peu de miel.
> Que demande l'adolescence?
> Un rêve heureux venu du ciel.
> L'homme, à vingt ans, dans son ivresse,
> Veut l'amour, la gloire et le bruit.
> Que reste-t-il à la vieillesse?
> L'oubli, le repos et la nuit.

—◇—

Maouals d'amour.

O pélerin, monté sur ton sobre chameau,
O berger, qui conduis ton indolent troupeau,

Si l'un dans le vallon, si l'autre dans la plaine,
Vous rencontrez jamais Leïla, l'inhumaine,
Dites-lui que je meurs pour ses beaux yeux d'azur!
Sa lèvre est savoureuse autant qu'un raisin mûr,
Son esprit sur son front brille comme une flamme,
Son regard droit au cœur comme une flèche atteint,
Un jasmin de Chiraz est moins blanc que son teint ;
Mais un djinn, à mes yeux, est moins noir que son âme.

—

Celle que j'adorais m'a laissé dans la foule,
Comme l'eau dans la main sa tendresse s'écoule :
O mes yeux insensés ! renoncez à la voir,
Mes doigts à la toucher, mon oreille à l'entendre;
Mes narines, cessez de respirer le soir
Son haleine de vierge, au parfum doux et tendre;
Ma bouche, ferme-toi, sa lèvre a des détours !
Mais toi, mon pauvre cœur, tu l'aimeras toujours !

—

Un parfum passe près de moi,
J'en ai le cœur tout en émoi;
Yeux de pervenche, teint de rose,
Aspect de marguerite éclose,
Grâce, beauté, suave odeur :
Est-ce une femme? est-ce une fleur?

—

Aladin avait une lampe,
Salomon parlait aux oiseaux,
Omar possédait une hampe
D'où pendaient de nobles lambeaux;
Haroun avait un diadème
Plus riche et plus beau que le jour ;
Pour conquérir celle que j'aime,
Moi je n'ai que mon seul amour.

—

Vois cette cavale à la croupe ronde,
Aux jarrets d'acier, aux pieds bondissans;

Sa narine aspire au loin les autans,
Son galop voudrait traverser le monde ;
L'écume blanchit sa bouche de flamme,
Son ardeur trahit son émotion :
Eh bien ! la cavale est ma passion,
Et le monde entier, pour moi, c'est ton âme !

———

Ta fuite dédaigneuse a coupé comme un glaive
  Toutes les fibres de mon cœur ;
Comme un nuage noir qui sur la moisson crève,
  Ainsi sur moi fond la douleur.
A toi de Salomon la félicité pure,
  A moi les misères de Job ;
A toi du beau Joseph la divine figure,
  A moi les rides de Jacob !

———

  Une feuille de la forêt,
  Un grain de sable du rivage,
  Une écume qui ne surnage
  Qu'un instant, et qui disparaît :
  Tel je suis pour toi, belle Almée :
  Qu'importent donc à tes attraits,
  Mes vœux, mes espoirs, mes regrets?
  Q'importe au brasier sa fumée?

———

  Dans les montagnes de l'Atlas,
  Entre deux pentes escarpées,
  Si tu rencontres sous tes pas
  Des fleurs à l'hiver échappées,
  Contemple leurs chastes appas
  Cachés sous leurs mignonnes franges ;
  Sens-les, mais ne les cueille pas :
  Elles n'appartiennent qu'aux anges.

———

Ils m'ont dit : Laisse-la !
Le puis-je, Leïla ?
Tes deux bras sont si blancs, si vermeilles tes joues,
Ta taille est si flexible, et tes yeux sont si beaux ;
Tes cheveux sont si longs, lorsque tu les dénoues,
Et que sur tes épaules ils roulent en anneaux !
Mais tu n'as pas d'amour, mais tu fuis ma présence :
Comme un sillon sans eau se dessèche mon cœur ;
Ma vie est un désert qui n'a pas une fleur ;
Aussi tous mes amis, pour guérir ma démence,
M'ont-ils dit : Laisse-la !
Le faut-il, Leïla ?

———

La tige de sa taille était un peuplier
Où, comme un pauvre fou, j'avais voulu lier
La vigne de mon cœur, si tendre et délicate ;
Mais cet arbre du Nord, à la nature ingrate,
De mes festons d'amour fut bien vite lassé,
Et repoussa le cep qui l'avait enlacé.

———

Sur la rivière vagabonde,
Le nénuphar brûlant d'amour
S'efforce en vain d'arrêter l'onde,
Qui fuit sans cesse et sans retour.
Ainsi ton œil plein de lumière,
Non moins fugace que les eaux,
Échappe aux feux de ma paupière,
Et seul me laisse avec mes maux.

———

Dans le Nil j'ai vu disparaître
A mon approche un corps charmant :
Sa nudité me semblait être
Comme un lumineux vêtement ;
Sa blancheur, semblable à la lune,
Resplendissait sans appareil ;

Sa longue chevelure brune
Était l'ombre de ce soleil.
Elle m'a brûlé la paupière,
Elle m'a consumé le cœur ;
Mon œil n'a plus d'autre lumière
Que cette céleste blancheur.

———

Le vent du désert dessèche la fleur,
Le vent du désert découronne l'arbre ;
Mais il ne peut rien, malgré sa rigueur,
Contre le granit ou contre le marbre.
Le vent du désert, c'est la passion,
La vierge est la fleur, et la femme est l'arbre ;
Prends, pour t'épargner toute affliction,
Un cœur de granit, une âme de marbre.

———

Où voles-tu, feuille flétrie ?
Où vas-tu, pauvre goutte d'eau ?
Tu suis le vent dans la prairie ;
Tu t'écoules vers le ruisseau.
Vous allez, l'une comme l'autre,
Où vous entraîne votre sort ;
Mon destin est semblable au vôtre :
Délaissé, je vais à la mort.

———

Au fond des ténébreuses mers,
Sous les vagues retentissantes,
Dans des coquillages amers
Luisent les perles scintillantes ;
Au sein des nuits, c'est la lumière ;
Parmi l'horreur, c'est la beauté :
Dans les sombres quartiers du Caire,
Brille ainsi ta virginité.

———

Je t'aime ici, je t'aime là ;
Absente, je rêve à tes charmes ;

Présente, mon cœur sans alarmes
Te chante en invoquant Allah ;
Si je te quitte, ton absence
Brise mon âme, mais en vain :
La rose peut choir de mon sein,
Mais elle y laisse son essence.

La rose a ses épines
Et le lac ses fureurs,
Tes grâces enfantines
Ont leurs charmes trompeurs.
Mais que tu sois, ma belle,
Enfer ou paradis,
Vautour ou tourterelle,
Par toi mon cœur est pris.

Fais un vœu, me disait la fée,
Qui s'intéresse à mes destins :
Veux-tu dans la guerre un trophée ?
Veux-tu l'ivresse des festins ?
Veux-tu le bonheur qui se fonde
Sur la connaissance d'Allah ?
Veux-tu les richesses du monde ?
— Je veux l'amour de Leïlah !

Zéphir dit à la Rose : « Ah ! prends-moi pour amant,
« Car je n'aime que toi ! » Mais tant de fleurs jolies
S'entr'ouvrent le matin par l'Aurore embellies,
Que Zéphir, qui les voit, les aime également ;
Et la rose, qui s'est donnée,
Se fane et meurt abandonnée.

Le ciel est bien haut pour mon rêve,
Mais Dieu me permet d'y songer :
Que la mer me jette à la grève,
Je saurai vaincre son danger.

Le désert est un vide immense,
Et je l'affronte sans faiblir :
Mais que pour un autre elle danse,
Seule Ablah me fera mourir.

———

Un besogneux qui trouve un sequin d'or,
Un vieil avare en face d'un trésor,.
Un condamné qui recevrait sa grâce,
Un naufragé que sauve le hasard,
Un courtisan, redoutant la disgrâce
Qui du sultan a conquis un regard,
Tous ces heureux n'éprouvent pas de joie
Égale à celle où ton amour me noie.

———

L'un possède un champ qui verdoie,
L'autre un cheval au pied léger ;
Tel une lame qui flamboie,
Tel un sobre chameau d'Alger ;
Pour moi, tes yeux, ma bien-aimée,
Et ton haleine parfumée,
Sont les seuls biens dont j'ai joui ;
Car je n'avais point de cavale,
Ou de chamelle sans égale,
Pour faire dire à ton père : Oui !

———

Hier, tandis que la maladie
Tordait mon cœur dans ses replis,
Quand je sentais un incendie
Dévorer mes nerfs assaillis ;
Malgré ses rigueurs si cruelles,
Elle eut pitié de mon tourment
Et demanda de mes nouvelles.....
Pourquoi suis-je mieux maintenant ?

———

Beauté voluptueuse,
A la taille d'yeuse,

Aux yeux brillants d'ardeur ;
Sultane du délire ,
Te faut-il un empire ?
Prends celui de mon cœur.

———

S'il est difficile, s'il est même presque impossible de rendre,
au moyen de notre versification, le mouvement rapide, les
images singulières, les métaphores étranges, le tour naïf de
certaines pensées, l'énergie violente de certains sentiments qui
caractérisent essentiellement la poésie populaire des Arabes, il
n'en est pas moins vrai qu'une traduction mot à mot des
Maouals aurait été peut-être encore plus infidèle qu'une imitation en vers. Aussi n'est-ce qu'un aperçu que nous avons voulu
offrir cette fois d'un genre et d'une forme de poésie d'autant
moins aisés à rendre, qu'ils s'écartent plus de nos inspirations
accoutumées et des modèles que nous ont laissés les maîtres en
cette matière. On nous pardonnera notre audace en faveur de
nos intentions. Mais ce dont il nous reste à donner une idée est
encore plus éloigné de notre forme et de notre goût que ce que
nous avons déjà essayé d'interpréter. Chaque poète arabe a sa
ville de prédilection, à laquelle il adresse sous forme d'hommage
quelques vers enthousiastes : Abd-el-Kader lui-même a chanté
Tlemcen, et le traducteur de son livre, M. Gustave Dugat, a
essayé la traduction en vers de ce dernier des *maouals* re-
nommés. A son imitation, nous en offrons quelques-uns, dont
les auteurs inconnus sont peut-être aussi illustres que le fameux
émir d'Algérie. Quant aux *maouals* satiriques, ils sont de toute
antiquité chez les Arabes ; car on se souvient que les tribus
ennemies préludaient au combat par des sortes de défis poétiques, et que Mahomet lui-même a été en butte aux sarcasmes
de ses négateurs. Nos satires seulement n'ont rien de belliqueux,
rien de cette haine de race si vivace dans le Hedjaz ; ce sont,
au contraire, de très-douces ironies sur le caractère ou les vices
communs aux hommes de tous les pays.

—◇—

Maouals descriptifs.

La rouge Damas et Bagdad la ronde
Vantent à l'envi leurs nobles aïeux ;
Mais Jérusalem est l'honneur du monde,
Et les nations y portent leurs vœux :
C'est là que Jacob monta son échelle,
David y joua de sa harpe d'or,
Et de Salomon la langue immortelle
Parmi les oiseaux s'y conserve encor.

———

Smyrne est une princesse
Couchée au bord des eaux,
Le ciel avec ivresse
Dore au loin ses vaisseaux,
Leurs mâts avec leurs voiles
Lui servent d'ornements ;
Son front par les étoiles
Est ceint de diamants.

———

Taraboulous est un jardin
Aux terrasses superposées ;
Elle a des pêches exposées
Aux premiers rayons du matin ;
Plus bas des citrons, des oranges,
Des grenades au jus divin ;
C'est avec ces fruits que les anges
Se composent leur doux festin.

———

Stamboul est la couronne
De la terre et des cieux,
La mer qui l'environne
Nous éblouit les yeux ;

A son soleil splendide
Sur ses minarets blancs,
La convoitise avide
Sèche le cœur des Francs.

———

Admirez Schiraz toute fière
De ses coteaux au jus divin,
Personne jamais sur la terre
N'a goûté plus généreux vin;
On vante ses forêts ombreuses,
Ses ruisseaux si frais à midi;
Mais de ces choses merveilleuses
Schiraz ne prise que Sâdi.

———

Je demeure aux confins des songes
Et des tristes réalités,
Derrière moi sont les mensonges
Des cultes par Dieu rejetés;
Autour de moi j'ai le prestige
Du ciel, des eaux et des forêts;
Je suis Lahore, et je m'afflige
De voir les derniers minarets.

———

Ne comparez pas à la terre
L'immensité du firmament,
A l'humble et suave fougère
La rose au royal vêtement;
Simple et gracieuse Andrinople,
En sortant des neigeux Balkans,
On t'aime comme le printemps;
On t'oublie à Constantinople.

———

Entre le Nord et le Midi,
Dotée et par l'un et par l'autre,
Le vent n'arrive qu'attiédi
Dans Samarkand, riche en épeautre.

Mais, malgré toutes nos splendeurs,
Du destin nous portons les marques :
J'étais un palais de monarques,
Je suis un khan de voyageurs.

———

Que parlez-vous de vos murailles
Et de vos remparts crénelés,
Villes aux fronts immaculés ?
Tombouctou nargue vos batailles ;
D'éclaireur le Simoun lui sert,
Les tempêtes lui sont fidèles,
Pour ceinture elle a le désert,
Et les lions pour sentinelles.

———

Vois se dessiner en montant
Alger la belle, Alger la blanche ;
Sur sa mer bleue elle se penche,
Et s'admire en s'y reflétant.
Devant elle l'Europe altière
Cache son front d'un voile épais,
Car ses joyaux sont la litière
Dont Alger remplit ses palais.

—◇—

Maouals satiriques.

Son burnous est brodé de trous,
Son turban est une guenille ;
Comme l'œil fauve des hiboux,
Dans l'ombre son regard scintille ;
Ainsi que l'eau dans le désert,
Sous sa tente l'aumône est rare ;
Seul il mange, dort et se sert :
Abdal-Kaïs est un avare.

———

Voyez cette face blafarde,
Ce front bas, ce teint bilieux ;

C'est Ibrahim qui vous regarde,
Sans que vous puissiez voir ses yeux ;
Perfide et froide est sa parole,
Méchants et traîtres sont ses vœux,
Il abhorre toute auréole :
Ibrahim est un envieux.

———

Il a la barbe parfumée,
L'air allangui, les yeux éteints ;
Il a les ongles d'une almée,
Comme un kalem taillés et teints ;
Son splendide vêtement brille
Des tons les plus harmonieux ;
Quoique garçon, il paraît fille :
Hakem est un voluptueux.

———

Un homme tombe de cheval,
Sans le secourir Amrou passe ;
Son âme froide est de métal
Devant toute humaine disgrâce ;
Pourvu qu'il n'en soit pas atteint,
Aux maux d'autrui son cœur résiste ;
Calme est son front, rose est son teint :
Tu n'es, Amrou, qu'un égoïste.

———

Quand le matin part la chamelle,
Il dort et se lève trop tard ;
Son seau paraît sur la margelle,
Quand l'eau tarit dans le puisard ;
Le jour en bâillant il sommeille,
La nuit il ronfle de son mieux ;
Sa face est épaisse et vermeille :
Ben-Hambal est un paresseux.

———

Pour lui la vie est un mensonge,
Et la mort la réalité;
Au fort du combat même il songe,
Au désert il s'est arrêté;
Il préfère au soleil l'étoile,
L'ombre au matin, la nuit au jour,
Il a devant les yeux un voile :
Tu n'es qu'un rêveur, Almansour.

———

Tout l'été chante la cigale,
Tous les jours piaille le pinson,
Et l'alouette matinale
Cent fois répète sa chanson ;
Le serin babille sans cesse,
Et la grenouille et le canard...
Mais Abd-Allah, je le confesse,
Est encore plus babillard.

RAPPORT

SUR LES

TRAVAUX DES SOCIÉTÉS SAVANTES

PENDANT L'ANNÉE 1863 ;

Par M. CHALLE ,

Sous-directeur de l'Institut des provinces de France, pour la région
du Centre.

En commençant, cette année, notre Rapport habituel sur les
travaux des Sociétés savantes de France, nous devons exprimer
notre étonnement du contraste persévérant que présentent, au
point de vue du nombre et de l'activité de leurs associations
savantes, les deux régions situées au nord et au midi de la
ligne qui serait tirée de l'est à l'ouest par le centre de la
France. Dans la première, les Sociétés se pressent et s'accu-
mulent. Il n'est pas un seul département qui n'en possède au
moins une et souvent plusieurs dans son sein. Souvent il y en a
au moins une par chaque chef-lieu d'arrondissement. Dans le
Midi, au contraire, si l'on en excepte la Savoie, le Rhône, les
Bouches-du-Rhône, la Haute-Garonne, la Gironde, les Sociétés
savantes sont clair-semées. Plusieurs départements, comme
l'Ariège, la Corrèze, la Corse, la Drôme, le Lot, les Landes,
les Basses-Pyrénées, n'en ont pas une seule. Un grand nombre
d'autres départements n'en ont qu'une et qui souvent n'a
qu'une existence purement nominale et ne publie rien. Ce n'est
pas qu'on ne trouve et en aussi grand nombre, dans le Midi
que dans le Nord, des hommes d'étude et de science. Mais ce
qui manque, c'est le lien qui devrait les réunir, c'est le
ciment qui devrait les tenir unis, c'est l'esprit, nous ne

voulons pas dire de sociabilité (la sociabilité n'y fait pas défaut
le plus souvent, quoiqu'elle soit incomparablement moins vivace
que dans le Nord), mais d'association. On y pratique trop peu
l'association qui, dans le Nord, se retrouve pour tous les
besoins sociaux et sous toutes les formes. L'individualité subsiste trop dans les mœurs et dans les habitudes du Midi : trop
souvent on vit seul, on agit seul ; cet esprit d'isolement se
trouve toujours pour neutraliser, par sa force d'inertie, les
efforts des hommes qui tentent de réunir en un faisceau scientifique tous les hommes d'étude d'une contrée, et il se retrouve
encore pour empêcher l'affiliation des associations existantes à
cette grande société, l'INSTITUT DES PROVINCES, qui n'aspire pourtant qu'à servir de lien commun et de moyen de communication
réciproque entre toutes les académies, toutes les agrégations
savantes ou studieuses de l'Empire, pour l'avantage et l'instruction de chacune d'elles. Cette année encore, la région méridionale est, comme on va le voir, celle sur laquelle nous
pouvons le moins renseigner nos lecteurs.

RÉGION DU SUD.

Nous devons à la gracieuse obligeance de M. Charles Des
Moulins les renseignements qui suivent sur le mouvement scientifique, artistique et littéraire dans la ville de Bordeaux et dans
le département du Gers :

« L'impression du Compte-rendu du Congrès scientifique de
Bordeaux, dont je vous prie toujours d'excuser l'extension insolite, mais bien due à la générosité avec laquelle les savants du
Sud-Ouest ont répondu à l'appel du Secrétariat-général, — cette
impression, dis-je, en est arrivée aux premières feuilles du
cinquième et *dernier* volume : ce n'est qu'après l'achèvement
de son tirage que les IIIe et IVe volumes seront, d'après les
arrangements pris avec M. Derache, déposés chez lui, pour la
distribution générale, conjointement avec le dernier.

Les tirages à part de plusieurs des mémoires qui entrent

dans les tomes III et IV du Congrès ont été remis, en 1863, à leurs auteurs, ce qui constitue, en fait, plusieurs publications de travaux scientifiques exécutés par des savants de notre Sud-Ouest. Les autres publications les plus remarquables de 1863 sont :

La continuation de trois splendides ouvrages, savoir : 1° *La Guienne militaire*, de M. Léo Drouyn, arrivée à sa 36ᵉ livraison ; 2° l'*Histoire des Hospitaliers de St-Jean de Jérusalem en Guienne*, par le baron Henri de Marquessac, arrivée à sa 4ᵉ livraison. Comme pour le précédent, les *dessins* et les *gravures* de cet ouvrage sont faits par l'auteur lui-même ; 3° les *Archives historiques de la Gironde*, dirigées avec un remarquable talent et un zèle infatigable par M. Jules Delpit : le Vᵉ volume est commencé. Ces trois ouvrages sont in-4°, de trois formats différents. — L'Académie et les Sociétés savantes de la localité continuent leurs publications périodiques ou semi-périodiques.

Quant à la littérature et aux beaux-arts, je suis trop loin des choses du théâtre pour vous dire au juste ce qui s'est fait dans notre ville : je sais seulement que quelques bluettes et leur musique, écloses sur notre sol, ont obtenu des succès. Mais ce que je sais mieux, parce qu'il s'agit des travaux d'un académicien, d'un de nos collègues à l'Institut des provinces, c'est que M. Hippolyte Minier, notre poète satirique, si justement célèbre, a fait représenter *à Bordeaux*, sans recourir à l'*exequatur* parisien, et avec un grand succès, deux comédies de mœurs, en plusieurs actes et en vers : *Jérôme Cassolard* et le *Legs du Colonel*. Vous voyez que la décentralisation littéraire fait ici, comme ailleurs, quelques pas en avant.

Société française d'archéologie. — Ne vous attendez pas à rencontrer sous ce titre la réalisation au moins partielle des grandes entreprises monumentales dont j'avais l'honneur, l'année dernière, à pareille époque, de vous signaler les projets. L'emprunt des dix-sept millions, il est vrai, est ouvert ; mais, en outre des délais inévitables, des

retards imprévus qui s'opposent toujours à la prompte exécution de travaux très-considérables, l'Administration municipale
de Bordeaux a, par suite du décès de M. Castéja, été renouvelée en décembre dernier. La nouvelle administration, sous
l'impulsion de M. Brochon (vice-président de la 5ᵉ section de
notre congrès de 1861), déploie une activité prodigieuse et
soumet à un nouvel examen tous les projets adoptés par celle
qui l'a précédée. Les nouveaux projets, encore en délibération,
offrent ce caractère commun, qu'ils apportent presque tous des
modifications, le plus souvent profondes, aux premiers. Il suit de
là que rien n'est encore décidé ni par conséquent commencé, et
que personne ne sait bien au juste ce qui sera fait. Je ne vous
entretiendrai donc que d'un *fait accompli*, qui donnera naissance à de futurs contingents encore indéterminés : je veux
parler de la restauration de la tour St-Michel.

Magnifiquement restaurée par M. Abadie dans ses parties anciennes, elle avait reconquis la hauteur que vous lui avez vue
en 1831, et la flèche neuve superposée à son sommet était
déjà si avancée qu'il ne manquait plus que 70 pieds environ
pour que cette aiguille hardie atteignît son amortissement. Des
mouvements se sont manifestés à la base de la tour, sans
dangers aux yeux de l'habile architecte, inquiétants, menaçants
même aux yeux du public et de l'Administration ancienne et
nouvelle. M. Abadie a été appelé : projets et plans de conso-
lidation, d'augmentation magnifique à la fois et rassurante des
parties inférieures du monument; examen, critique, contre-
projets, discussion, intervention de la Commission des monuments historiques; perspective, pour la ville, de se voir amenée
à voter 250,000 fr. de plus qu'elle ne l'avait fait en premier
lieu...... Nous en sommes là ; mais, à part les inquiétudes pour
l'avenir, ce qui est fait jusqu'à présent est incontestablement
bien beau !

Hors Bordeaux, — et en outre des restaurations et recon-
structions d'églises qui ne cessent pas et qui ne cesseront que
quand le dernier curé du diocèse aura pu dire : « J'ai une église
« neuve, ou un clocher neuf » , je dois vous signaler l'*ex hu-*

mation de la belle, importante et curieuse église de *Notre-Dame-de-Soulac* ou de *la Fin-des-Terres*. La Société française a bien voulu, par une allocation, aider au déblaiement des sables qui encombrent encore l'intérieur de la riche abside. Non loin de là, l'église de *Sagondignac*, dans le Bas-Médoc aussi, a été exhumée non *du sable*, mais du sein des terres jectisses, et elle est mieux connue et un peu plus importante que nous ne la connaissions, lorsqu'en juillet 1859 je la visitai et la décrivis, telle qu'elle paraissait alors, pour le IVᵉ volume du Congrès.

Société Linnéenne. —Cette Compagnie n'a imprimé, en 1863, que deux livraisons du XXIVᵉ volume de ses *Actes.* Sur les six mémoires que renferment ces livraisons, il en est un (*Faune conchyliologique terrestre et d'eau douce de la Nouvelle-Calédonie*, par M. Gassies) qu'accompagnent huit magnifiques planches coloriées (il a bien fallu les faire exécuter à Paris !) pour lesquelles M. Roulland, dernier ministre de l'Instruction publique, a concédé à l'auteur une allocation personnelle de 800 francs.

A l'aide de quelques remaniements intérieurs de son administration, la Société Linnéenne a pris la détermination de consacrer désormais à des planches (si nécessaires aux publications d'histoire naturelle et de géologie) une somme annuelle plus forte qu'elle ne l'avait fait depuis bien des années. Ce sera un progrès réel dans l'importance de son Recueil.

Dans le Gers, je dois signaler, comme l'une des publications les plus importantes qui se fassent en province, la *Revue de Gascogne* (ancien *Bulletin archéologique de la province ecclésiastique d'Auch*), qui vient de commencer son Vᵉ volume et qui contient les prémices des travaux immenses, — je dirais volontiers gigantesques, — que s'est imposés M. J.-F. Bladé sur son histoire religieuse, communale et civile. Cet énergique travailleur qui a pour lui, outre l'érudition acquise et une plume remarquablement exercée, la jeunesse, la force et la santé, a mis sous presse le Iᵉʳ volume de sa série d'ouvrages qu'il mènera, j'espère, à bon terme. »

Nous ajouterons à ces précieux renseignements les faits qui suivent :

Le département du Gers a une *Société d'agriculture et d'horticulture*, qui publie par les soins de son secrétaire, M. l'abbé Dupuy, une *Revue mensuelle* qu'on lit avec intérêt.

Il paraît avoir aussi un Comité d'histoire et d'archéologie de la province ecclésiastique d'Auch. Nous ne pouvons rien en dire, puisque ses travaux ne sont pas venus à notre connaissance.

L'Académie impériale des sciences et arts de Bordeaux compte, en 1863, des travaux nombreux et d'un ordre élevé. Dans les sciences physiques et naturelles il faut citer, en premier rang, un vaste travail de M. Raulin, sur les *Observations pluviométriques* faites dans le sud-ouest de la France (Aquitaine), de 1714 à 1860. La quantité d'eau qui arrive annuellement à la surface du sol sous forme de pluie, de neige ou de grêle, et sa répartition entre les différents mois et saisons, est assurément une des données météréologiques les plus importantes pour la géologie et l'agriculture. Et le mémoire de M. Raulin, qui est accompagné d'un nombre considérable de tableaux de chiffres innombrables, est digne d'une haute estime. Le mémoire de M. Baudrimont, sur la *Classification des éléments et des composés chimiques, tant naturels qu'artificiels*, est une œuvre savante, quoique d'une portée un peu abstraite.

La littérature comprend d'abord deux ingénieux et savants mémoires de M. Roux : l'un intitulé *Considérations générales sur l'histoire de la prose française*, depuis ses premiers essais jusqu'au règne de Louis XIV; l'autre est un traité des formes diverses de l'esprit satirique en France, dans la littérature du moyen-âge. Tous deux se recommandent par une érudition sûre, un style élégant et un goût exquis. *L'Histoire à notre époque* est aussi le sujet d'une dissertation critique qui peut paraître sévère dans ses appréciations, mais dont en beaucoup de points on ne peut méconnaître la justesse.

M. Minier, qui a trouvé souvent de si hautes inspirations de la poésie lyrique, en demande maintenant à la muse de la comédie. Ses deux pièces, qu'a citées ci-dessus M. Des Moulins, sont pleines de verve et d'esprit d'observation.

Il faut citer encore un discours de réception de M. Dezeimeris, qui tranche sur le fond monotone que revêt habituellement cette branche de littérature. L'auteur y a traité de la *Renaissance des lettres à Bordeaux* au XVIe siècle, et il a jeté sur ce sujet, d'ailleurs naturellement riche, des trésors d'érudition et de fine et délicate appréciation.

Nous ne pouvons non plus oublier un savant et judicieux commentaire, couronné dans un concours par l'Académie et inséré dans ses *Mémoires*, sur les récits de Froissart au sujet des campagnes du comte Derby en Guienne, de 1344 à 1346. La connaissance parfaite des lieux et un ingénieux discernement ont permis à l'auteur, M. Ribadieu, de rectifier à la fois et les erreurs topographiques du bon chanoine flamand, et les balourdises de ses commentateurs.

Nous ne quitterons pas Bordeaux sans donner un souvenir à la Société d'horticulture de la Gironde qui, outre de belles expositions, distribue des médailles d'encouragement et de récompense, et qui publie des *Annales* qui sont déjà arrivées au tome III de la deuxième série.

L'Académie impériale des sciences, inscriptions et belles-lettres de Toulouse a publié, en 1863, des travaux nombreux et de sujets multiples. On y trouve des notices biographiques remarquables sur Du Mège, par M. Baudouin; le jurisconsulte Laferrière, par M. Molinier, et Isidore Geoffroy de Saint-Hilaire, par M. Joly. M. Asta y a donné la fin de son très-intéressant travail sur l'ancienne Bourse de Toulouse; M. du Planet, une notice très-substantielle sur les usines alimentées par la Garonne; et M. Vitry, une autre notice, non moins complète, sur l'École des beaux-arts et des sciences industrielles de Toulouse. Le volume contient, en outre, un mémoire plein de verve et de netteté, de M. Joly, sur un sujet qui excède notre compétence, la question des générations spontanées, qui se débat encore, à l'heure qu'il est, avec une vivacité qu'explique

peu un sujet qui ne devrait être considéré qu'au point de vue
scientifique, sans que la philosophie et la théologie s'en mê-
lassent. On y trouve aussi deux bonnes notices, de M. Filhol,
sur les eaux thermales de St-Christau et de Barèges; puis un
savant mémoire, de M. Clos, sur la durée des plantes dans
ses rapports avec la phytographie, et une description, par
M. Noulet, des fossiles du terrain éocène supérieur du bassin de
l'Agout. En littérature, M. Baudouin a donné une esquisse sur
saint Jérôme, un peu trop rapide peut-être; un document curieux
sur la réception d'un licencié en Droit à l'Université de Montpellier, en 1370, et M. Waïsse, une biographie de Lefranc de
Pompignan. Nous devons mentionner encore, pour leur mérite
sérieux, deux mémoires algébriques, de M. Brassine; des travaux anatomiques, zoologiques et botaniques, de MM. Lavocat,
Baillet et Timbal-Lagrave.

La *Société impériale archéologique du midi de la France*
n'a rien publié en 1863. La mort de son illustre fondateur, M. Du
Mège, explique ce temps d'arrêt dans ses travaux. Elle les a
repris cependant en 1864, en faisant paraître une livraison de
ses *Mémoires*. Mais ce n'est pas cette année que nous avons à
en rendre compte.

L'*Académie du Gard* avait fait paraître, en 1863, le volume
de ses *Mémoires* de 1862. Nous en avons rendu compte dans
notre Rapport de l'an dernier; mais il ne paraît pas qu'elle ait
publié encore ses travaux de 1863 : du moins, nous ne les
avons pas reçus et aucun avis ne nous en est parvenu.

Il est permis de s'étonner qu'il n'existe à Pau aucune société
scientifique ou littéraire. Les éléments ne semblent pourtant pas
manquer pour une institution de cette nature dans une ville
où se sont naguères publiés de savants travaux. Nous pouvons,
du moins, annoncer qu'il s'y est formé l'an dernier une *Société
des Amis des arts*, destinée à propager le goût des arts et d'en
favoriser la culture et les progrès au moyen d'expositions publiques et d'acquisitions d'objets d'art choisis parmi ceux qui

auront été exposés. Ces objets doivent être partagés par la voie
du sort entre tous les sociétaires. Le nombre considérable
d'étrangers d'élite qui font de Pau leur résidence d'hiver semble
offrir aux artistes, pour le placement de leurs œuvres, des
chances très-favorables.

Nous ne connaissons des publications de la *Société archéologique de Montpellier*, en 1863, que le fascicule qu'elle a fait
paraître au mois d'août de cette année et qui porte le n° 30.
Il contient des travaux d'un sérieux intérêt. Nous placerons en
premier ordre l'*Histoire du couvent de La Merci*, par M. A.
Germain, ou, comme l'auteur l'a intitulée : l'*OEuvre de la
rédemption des captifs*, *à Montpellier*. Ce travail fait suite à
un tableau général qu'il a déjà publié, de la charité publique et
hospitalière de cette ville. Fondée au commencement du XIIIe
siècle, par saint Pierre de Nolasque, cette congrégation a sub-
sisté avec éclat jusqu'au XVIIe. Mais alors elle est peu à peu
tombée en décadence, et elle était à peu près éteinte quand
1789 est venu la supprimer comme tant d'autres qui avaient eu
leurs jours de gloire et leurs grands services, mais qui avaient
fait leur temps et n'avaient plus qu'une existence nominale.
Nous devons au même auteur une *Notice sur les priviléges et
franchises de la petite ville de Balaruc*, avec chartes et pièces
justificatives. M. Paulin Blanc a donné la description d'un précieux manuscrit liturgique du XIVe siècle, que Montpellier doit
à la munificence du pape Urbain V. Le volume se termine par
un travail assez étendu sur les étymologies des noms géographiques dans le département de l'Hérault, sujet scabreux,
comme l'auteur le remarque lui-même, par l'abus qu'on en a
fait dans les deux derniers siècles, et dont cependant il se tire
avec assez de bonheur.

La *Société archéologique et historique du Limousin* se distingue entre toutes les Sociétés savantes de province par la
spécialité de ses travaux, souvent dirigés vers l'histoire de
ces nobles arts qui sont la gloire de Limoges, l'orfévrerie

et l'émaillerie. C'est ainsi que l'on trouve dans le volume que
cette Société a publié en 1863, d'abord le mémoire si intéressant par lequel M. Félix de Verneilh, en répondant à M. de
Lasteyrie, a contesté la priorité de Limoges dans la fabrication
des émaux ; puis le Résumé dans lequel M. le comte H. de Viel-
Castel a émis son avis sur le débat agité entre les deux savants
archéologues ; ensuite, des notices de M. Maurice Ardant, sur les
Marbreaux et les Poncet, célèbres orfévres et émailleurs li-
mousins ; enfin, un autre travail du même, intitulé : *Saint
Éloi, orfévre-émailleur*. Cependant la Société ne s'emprisonne
pas exclusivement dans cette spécialité artistique : on trouve dans
son *Recueil* de 1863 une ingénieuse notice, de M. Félix de
Verneilh, sur l'*oppidum* de Courbefy ; une curieuse description des fanaux de cimetière communs en Limousin, par
M. l'abbé Rougerie, et deux savantes dissertations de M. Buisson
de Maveronnier, sur la station romaine de *Prætorium* et des
fouilles sur le mont Jouer. Les étoffes d'or fabriquées à Limoges
sont aussi le sujet d'une étude de M. de Lasteyrie, et M. Maurice Ardant a consacré des travaux spéciaux à la numismatique
des rois d'Aquitaine et aux enseignes de corporation ou de
pèlerinage, *Agnus Dei* et médailles tautéates limousines. En
somme, ces travaux doivent tenir une place éminente parmi ceux
qui ont occupé les Sociétés de province pendant l'année écoulée.

Nous avons déjà, il y a quelques années, exprimé notre
étonnement de ne trouver aucune Société savante dans le département de la Dordogne. Il nous est permis de le regretter en
lisant les opuscules qui échappent de temps en temps à la
plume savante de M. le vicomte Alexis de Gourgues. Sa notice
sur la forêt royale de Ligurio, mentionnée dans le Capitulaire
de Chiersy, en 877, peut être citée comme un spécimen remarquable d'une critique historique à la fois ingénieuse et
érudite. Comment de telles semences peuvent-elles tomber sur
le pays de Brantôme et de Montaigne sans le féconder ?

La *Société savante des Hautes-Alpes*, qui a pris le titre
d'*Académie Flosalpine*, avait assez longtemps sommeillé depuis

la mort de son fondateur, Mg^r d'Apéry. Elle s'est ranimée à la voix du successeur de ce prélat, Mg^r Bernadou. Elle a tenu, le 5 juin 1863 , une séance solennelle dans l'hôtel-de-ville d'Embrun, et des morceaux intéressants y ont été lus avec un grand succès. Nous n'en connaissons qu'un seul, qui a été publié dans le *Bulletin monumental* et dont les lecteurs de ce recueil ont pu apprécier l'érudition et le goût judicieux. C'est une notice sur le château de Tallard , par M. A.-P. Simian. Le compte-rendu de cette séance ne donne qu'une courte analyse des autres, qui sont : une notice de M. Lubin sur la curieuse histoire, déjà passée à l'état de légende, d'un maire d'une petite commune de la Haute-Montagne qui, pendant quarante ans, la gouverna en souverain absolu, créant des réglements pour la conservation des mœurs antiques, leur donnant des sanctions sévères, parfois même celle de l'exil, toujours obéi, chéri et vénéré, appelé dans le pays *le petit roi de Caillac*, et décoré à la fin de sa vie par le roi Louis-Philippe, qui voulut avoir son portrait à Versailles; un Chapitre des révolutions embrunaises au moyen-âge, par M. Chérias; une notice sur Joseph-Étienne Isoard, missionnaire en Cochinchine, en 1808, par M. l'abbé Repelin; quelques notes sur la ville de Serres, par M. l'abbé Vallon; et enfin une dissertation sur le passage d'Annibal dans les Alpes, par M. l'abbé Sauret, président de l'Académie. Des poésies de MM. Renaud et Combes animaient cette séance, qui doit bien faire augurer de l'avenir de la Société des Hautes-Alpes.

M. Armand Parrot a bien voulu nous fournir le Rapport qu'on va lire sur les travaux de la *Société d'agriculture, d'horticulture et d'acclimatation de Nice et du département des Alpes-Maritimes :*

« La Société centrale d'agriculture, d'horticulture et d'acclimatation de Nice et du département des Alpes-Maritimes a reçu la vie lorsque la France répandit sur le sol enchanteur de ce beau pays le souffle de son génie créateur. Depuis cette époque, les Niçois ont marché rapidement dans la voie du progrès tracée par la grande nation qui a reconquis les titres glorieux de leur vieille nationalité.

Placée sous le haut patronage de LL. MM. l'Empereur et l'Impératrice, la Société d'agriculture de Nice a répandu déjà d'immenses bienfaits au milieu d'une population favorisée de tous les dons de la nature.

Dans un lucide Rapport adressé par la Société à Son Exc. M. le Ministre de l'agriculture, du commerce et des travaux publics, on peut aisément apprécier l'importance de l'œuvre entreprise par ses membres et les précieux résultats qu'ils ont obtenus (1).

Sachant que les innovations ne peuvent se faire qu'à pas lents, ils se sont appliqués à améliorer ce qui existait, en tenant *compte de cette observation : que l'agriculture méridionale diffère entièrement de celle du Nord et que*, dans la presque totalité du département des Alpes-Maritimes, la configuration du sol ne lui permet pas d'être autre chose qu'une grande horticulture.

En suivant ce principe, ils se sont moins attachés à innover qu'à encourager et améliorer les cultures existantes (2), surtout celles qui, comme la vigne, l'oranger, le mûrier, l'olivier, le figuier et diverses autres espèces d'arbres fruitiers, sont ou paraissent appelées à devenir des sources de richesse pour leur pays.

Ils ont encouragé non-seulement par des cours, mais encore par des récompenses, la taille des arbres, le soufrage de la vigne et la sériciculture, cette industrie agricole si utile pour les Alpes-Maritimes. Il en a été de même de l'apiculture.

(1) Ce Rapport a été publié dans le 13e *Bulletin* des travaux de la Société.

(2) M. le baron Paul Thénard, qui a appliqué à l'agriculture les grands principes de la science, m'a souvent dit que c'était en tenant compte des observations des cultivateurs, plutôt qu'avec les théories formulées dans les cabinets des savants, qu'on obtenait des perfectionnements agricoles. La Société de Nice semble s'être inspirée des principes du célèbre chimiste, qui soutient si dignement le nom immortel de son père.

L'attention de la Société de Nice s'est spécialement portée sur la culture maraîchère, une des bases de l'alimentation publique. Généralement cette culture laissait beaucoup à désirer. Pour stimuler les jardiniers maraîchers, la Société n'a rien épargné, ni les distributions de graines, ni les récompenses pécuniaires, souvent plus précieuses que les médailles aux yeux de l'ouvrier rural.

La culture des fleurs de parfumerie qui, dans l'arrondissement de Nice et dans celui de Grasse, constitue une industrie de premier ordre, ainsi que celle des plantes d'agrément qui semble promettre un commerce d'exportation très-considérable, ont été le sujet de nombreux encouragements.

Affiliée à la Société impériale d'acclimatation de Paris, celle de Nice n'a pu faire encore que des essais, dont on ne peut maintenant apprécier le résultat. L'acclimatation végétale est celle dont elle s'est le plus particulièrement occupée. Bientôt elle sera en mesure de travailler à la culture des éponges dans la Méditerranée, et à la fécondation artificielle des poissons de mer.

Pour propager les meilleures théories et maintenir les agronomes à la hauteur du progrès, la Société de Nice a institué des conférences hebdomadaires dans lesquelles, en 1863, se sont fait entendre deux délégués du Ministère de l'agriculture, M. le docteur Guyot, pour la viticulture, et M. Chavannes de La Giraudière, pour la sériciculture.

Outre ses bulletins trimestriels, la Société publie des ouvrages populaires à l'usage des propriétaires et des cultivateurs. Tous peuvent puiser d'excellents conseils dans ces travaux éminemment pratiques, dont le but est de combattre les préjugés de l'ignorance pour faire triompher les observations dues aux savants. Parmi ces ouvrages populaires, qui ont déjà rendu d'importants services, on doit citer la *Réforme de la culture dans les Alpes-Maritimes* et le *Rapport sur les insectes rongeurs de l'olivier*, par M. le docteur Martinenq.

Au mois d'avril 1863, une brillante exposition horticole, tenue dans les jardins de la villa St-Aignan, a permis de constater les heureuses améliorations obtenues par les encouragements de la Société.

Son Exc. M. le Ministre de l'agriculture, du commerce et des travaux publics, appréciant tous les efforts des membres pour élever la culture, dans le département des Alpes-Maritimes, à la hauteur de la grande nation qui veille maintenant sur les destinées de ce beau pays et le comble de sa tendre affection, a accordé à la laborieuse Compagnie une subvention de 2,500 fr. pour l'aider dans son importante entreprise.

Si la plupart des vœux de la Société d'agriculture de Nice se sont réalisés, il en existe encore qu'elle désire ardemment voir exaucés : tels que la possession d'un jardin botanique et zoologique dans lequel elle puisse faire des expériences sur une vaste échelle.

Par ses efforts, un cercle agricole est déjà en voie de création, les instruments de culture les plus perfectionnés doivent y être réunis, et leur emploi mis en lumière dans des cours publics.

Au siége de la Société, une bibliothèque a été fondée. Dans sa munificence habituelle, le Gouvernement l'a richement dotée. Les historiens, les naturalistes, les agronomes, les économistes de l'Europe ont suivi la puissante impulsion de l'État. Mais, comme ce dépôt des sciences doit toujours être au niveau du progrès, les membres de la Société de Nice seraient heureux si les savants qui, chaque année, prennent part aux Congrès scientifiques, ces brillants tournois du génie, enrichissaient de leurs œuvres leur bibliothèque agricole.

Dans peu d'années, grâce au dévouement incessant de ses membres, la Société d'agriculture de Nice sera une des plus florissantes de France. Déjà elle a acquis des droits à la reconnaissance nationale, pour la persévérance qu'elle met à doter la patrie des productions de l'extrême Orient. »

Nous ne devons pas quitter la région du Midi sans signaler les efforts si méritoires et si fructueux *de la ville de Vienne*, pour remettre en lumière les restes si riches de l'art romain qui subsistent dans son enceinte. La restauration de son temple

romain d'Auguste et de Livie est presque terminée. Sa vaste et
splendide basilique, du IV° siècle, offre un spécimen unique en
France de ce genre d'édifices à cette date. Enfin, les objets d'art,
les antiquités et les inscriptions que le zélé conservateur du
musée, M. Teste, a déjà réunis dans cette collection, en font
un ensemble des plus riches. On va parfois bien loin en Italie
pour admirer des villes et des monuments antiques bien moins
curieux que ceux qui sont réunis, à une heure de distance de
Lyon, dans la vieille métropole du royaume de Bourgogne.

Nous empruntons à l'excellent compte-rendu de M. Ad.
Magen, secrétaire perpétuel de la *Société d'agriculture, sciences
et arts d'Agen,* les renseignements qui suivent sur les travaux
de cette Société :

« Notre Société a créé dans son sein, formé pour ainsi dire
d'une de ses côtes, une section spéciale à qui sont dévolues les
choses agricoles. Cette section juge les questions pendantes,
décide de la valeur des essais, pousse à l'application des procédés rationnels et des théories fondées sur l'observation. Cela
étant, vous comprendrez que l'agriculture ne figure que de nom
dans ce compte-rendu, où je ne donnerai pas même de place
à d'intéressantes communications sur nos races et nos familles
bovines qui se montreront, sans nul doute, avec un grand
avantage, l'an prochain, à notre concours régional.
Ce mot de concours régional, venu par hasard sous ma
plume, m'incite à vous parler d'un travail consacré par M. Petit-
Laffitte à l'origine de ces fêtes agricoles. C'est dans l'Agenais
qu'elles commencèrent et ce fut M. de Lapeyrière, ancien mous-
quetaire, résidant à Lacépède, qui les fonda, vers 1760, sous
le titre de *Fête des Vaillants.* Le jour de la St-Louis, de grand
matin, la musique des fifres et du tambour réveillait bruyamment les campagnes. Vêtus de leurs habits du dimanche, les
villageois arrivaient par bandes. On se rendait en corps à la
paroisse où le curé, la messe dite, priait Dieu de bénir les
travaux des laboureurs. Un dîner, où les viandes foisonnaient,

des chants lancés à pleine voix, des conversations assaisonnées
de gros rire, un frugal souper suivi de rondes joyeuses: tel était
le menu de la journée, toujours trop courte au gré de ces
braves gens. Une seule chose, selon Belloc de Gauxelle, alors
subdélégué de Clairac, manquait à cette institution que l'avenir
devait tant féconder: c'était un encouragement effectif, une
prime en bonnes pistoles au cultivateur le plus méritant. Qu'il
y a loin de ce modeste début à nos grandes solennités actuelles, de la pistole à la médaille d'argent, et même de la médaille d'or à la splendide coupe sculptée par Froment-Meurice !

C'est le progrès, et il est partout. Dans notre vieil Agen, où
il reste tant à faire, que de choses il a transformées, créées
comme en se jouant! Des quais monumentaux, des voies ferrées, un pont-aqueduc qui est un chef-d'œuvre de solidité et
d'élégance! J'allais oublier le canal, cet inépuisable réservoir
d'où une facile saignée peut faire descendre dans nos rues des
trésors d'eau potable, ainsi que l'a établi M. Serret dans un
Mémoire d'économie hydraulique, contrôlé par le secrétaire au
point de vue de la chimie et de l'hygiène. Votre sanction est
acquise à ce mémoire, de même qu'à celui de M. de Laffore sur
le parti à tirer du grand cours d'eau souterrain qui, coulant en
nappe parallèle à notre sol, alimente nos puits dans toute la
plaine. . . . .

. . . .

Je passe maintenant à la série des études historiques. Ici je
me trouve plus à l'aise, parce que j'ai à vous montrer un plus
riche butin. Il porte en effet sur toutes les périodes de nos annales, depuis l'ère gallo-romaine jusqu'à la Révolution française.

La première mention dans l'ordre chronologique est due à
une notice de notre confrère, M. Chaudruc de Crazannes, infatigable serviteur que la science vient de perdre et dont l'âge,
jusqu'à ce moment, n'avait pas plus obscurci l'esprit qu'il
n'avait glacé la main. Il a pour objet une inscription votive
trouvée à Aiguillon, gravée en caractères romains du haut
temps et commémorative d'un vœu fait en faveur des jours d'un
empereur, si ce n'est de l'Empire lui-même.

Nous devons à M. Moullié une dissertation en forme sur un diplôme de Pépin-le-Bref en faveur de l'abbaye de Clairac. L'original de cet acte est perdu ; mais il résulte d'une copie vidimée en 1428 qu'il se trouvait encore à cette époque dans les archives de l'abbaye. Cette copie fourmille de fautes et, ce qui est pire, d'omissions. Il n'est pas jusqu'à la date qui manque. M. Moullié, à l'aide d'un passage du quatrième continuateur de Frédégaire, est parvenu à la retrouver. C'est au 21 octobre de l'an 766 que se réfère ce curieux diplôme, le doyen de nos documents écrits. En même temps, notre collègue rectifiait une erreur topographique qui avait fait gravement suspecter l'authenticité, désormais assurée, de cette pièce. Le voyage dont il y est parlé avait pour but, non la ville d'Arles, mais celle d'Héristal, en Belgique, habituelle résidence du fondateur de la dynastie Carolingienne.

D'un diplôme injustement suspecté, passons à un de ces mots réputés historiques qui se fabriquent après coup et qu'on accepte si légèrement. C'est le mot : « Tuez-les tous! » attribué à l'abbé de Cîteaux, Arnauld, légat du pape dans la croisade albigeoise. Ce mot horrible, qui eût été, selon l'expression de Fauriel, parmi tous les scandales prodigieux de cette guerre, le scandale le plus révoltant, et qu'ont pourtant recueilli les historiens généraux et spéciaux, hostiles, indifférents ou favorables au catholicisme, M. Tamisey de Laroque en a voulu connaître l'origine. C'est dans le *Dialogus miraculorum* de Pierre Césaire qu'il l'a trouvée. Ce moine halluciné a entendu dans son monastère d'Heisterbach, à deux cents lieues du théâtre de la guerre, ce qu'ignoraient des hommes placés dans les rangs des armées belligérantes. Ni Pierre de Vaulx-Cernay, ni l'auteur anonyme de l'Histoire en langue romane de la guerre des Albigeois, ni Guillaume de Puy-Laurent, ni la Chronique de Simon de Montfort ne font allusion à cet incident. Mais cette preuve négative n'a pas suffi à notre confrère. En suivant dans tous ses détails, à travers les récits contemporains, ce triste siége de Béziers, il est arrivé à conclure que le mot déplorablement fameux auquel il lui répugnait de croire, n'avait même pu être

dit. Les Ribauds, en effet, procédèrent au massacre tout à coup
et sans consulter leur général : la soif du pillage leur ôtant naturellement l'idée de soumettre au légat du pape une sorte de
cas de conscience.

Un fanatisme non moins farouche que celui dont s'emprei-
gnirent tant d'étapes de la croisade albigeoise inspira, d'un
bout à l'autre de sa rude vie, l'âpre et sincère Montluc. Quand
on met la main par hasard sur une page marquée de sa griffe,
on la retire vivement, tant l'idée du sang est prochaine. Il nous
est pourtant apparu sous un aspect plus doux et plus sympathique dans un mémoire, jusqu'à présent inédit, que M. Tamisey de Laroque a fidèlement transcrit et savamment com-
menté. Ce mémoire est une instruction en règle sur l'ordre à
tenir au siége de La Rochelle, « afin que toutes choses aillent
par raison et grande diligence et que l'on ne perde une seule
heure de temps. » C'est l'œuvre d'un soldat qui a fait la grande
guerre et aussi la petite, d'un routier vieilli sous le harnais et
qui sait plus d'un tour. Le rôle des gardes, des gens de pied,
des gendarmes, même des colonels et des princes, ce qu'ils
auront à faire, à éviter, à prévoir : tout y est indiqué, réglé
heure par heure avec une minutie qui semblerait puérile s'il ne
s'agissait, après tout, de la vie de plusieurs milliers d'hommes
et de l'honneur du drapeau. Mais ce qui donne à ce mémoire
un intérêt véritablement nouveau, c'est que Montluc, accablé
d'ans et de gloire, y sollicite un emploi d'ordre inférieur, avec
une abnégation que j'appellerais chevaleresque, s'il n'était plus
exact de l'appeler chrétienne.

Il m'agréerait, Messieurs, pour contraste, de m'arrêter un
instant sur Mascaron, dont l'actif M. Tamisey a retrouvé l'au-
tobiographie dans la collection Baluze. Vous verriez le doux et
grand évêque parcourant son diocèse comme un simple missionnaire, visitant les plus obscures paroisses et convertissant
les huguenots avec les armes invincibles de l'éloquence et de la
charité.

Nous arrivons presque à notre temps avec un rapport de
M. Croset, sur les archives de la Gironde, où il avait dû étudier

les titres relatifs à l'intendance de Guyenne. Les dossiers, autrefois volumineux, sont réduits à quelques pièces qui ne permettent pas de jugement d'ensemble sur la valeur de cette administration centrale. Ce ne sont guère que miettes historiques; mais quel détail, si mince qu'il fût, pourrait être sans signification à la veille d'un événement qui allait tout renouveler en France? Assemblées secrètes des protestants, extinction projetée et chanceuse de la mendicité, dénonciations anonymes, expéditions nocturnes de la police contre les jeux de hasard, budget des fêtes officielles, telles qu'entrées des gouverneurs et installations des consuls, avec leurs menus détails gastronomiques et le piquant langage de leurs chiffres, n'est-ce point, au fond, toute prise dans le vif et photographiée (sauf l'anachronisme), la vie publique de nos pères? Ainsi l'a vu M. Croset, dont la spirituelle notice nous rend présente cette étrange époque.

Étrange, ai-je dit! la nôtre l'est-elle moins? Je n'en veux pour preuve que le succès fou des ouvrages et des théories spirites. Passe encore s'ils n'étaient que ridicules! Un de nos collègues a montré, dans deux dialogues relevés de sel attique, à quelles déplorables habitudes l'application de ces théories pouvait conduire. Le premier de ces dialogues a pour interlocuteurs un *medium* et l'esprit de Cartouche, un *tapis-franc* pour théâtre. L'autre s'établit dans un cénacle de lorettes et de raffinés entre un *medium* et l'esprit d'Horace. Bien différents, on le voit, sont le milieu, la culture intellectuelle, les goûts et la façon de vivre; mais — effets des mêmes principes! — voleur et poète se rencontrent dans le cynique exposé de leurs faiblesses.

Au sortir de ces ténèbres morales, élevons-nous, Messieurs, vers les sereines régions de la poésie. La muse populaire nous y convie à d'aimables surprises. Les succès dont elle est justement fière, quelques-uns les attribuaient tout bas à l'euphonique sonorité de sa langue. — « Qu'elle parle français, disaient-ils, et le charme s'évanouira. » — L'épreuve est faite : *Françonnette* a reconnu une sœur dans *Hélène*, et le charme dure encore.

Revenu, la leçon donnée, au doux idiome de la petite patrie. Jasmin s'est empressé de reprendre la série de ses nouveaux

Souvenirs. Il nous a lu quatre *pauses*, et je voudrais vous les redire, au moins vous en donner une idée ; mais peut-être les gâterais-je ? J'en vais toujours résumer deux :

« Apprenti coiffeur chez Theubet, modeste héros qui s'était battu contre les Mameluks et qui faisait vogue en parlant vieille armée ; apprenti poète aussi, avec la nature pour maître », en badinant, il tressait vers et cheveux. Un jour, on l'invite à un baptême, avec festin, suivant l'usage. On applaudit fort, au dessert, un étudiant en médecine qui jouait de la flûte comme un rossignol. A son tour, Jasmin dit quelques vers et cela était si bien tourné que, séance tenante, on le baptisa le poète d'Agen. Les deux jeunes gens se lièrent si bien qu'au jour de la St-Jacques, fête de son patron d'en haut, le coiffeur invita le médecin à dîner. Grande affaire dans la maison ! Certes, on fit du mieux qu'on put, mais la table, boiteuse de deux pieds, prenait son aplomb sur deux briques ; les fourchettes d'étain avaient laissé çà et là quelques dents, et le fil de fer du raccommodeur de casseroles avait tant bien que mal reprisé les assiettes. Les pêches, en revanche, étaient si provoquantes qu'on était tout au plaisir d'y mordre. « Elles sont de la vigne de ton oncle, dont tu m'as parlé si souvent ; allons-y, Jacques. Il fait si bon les manger sur l'arbre ! » — Par malheur, cette vigne fabuleuse était plantée sur le rocher de Pécau. — Un véritable château en Espagne ! Comment faire ? Fort à propos, un des meilleurs camarades du poète, le brave cadet de Moïse, intervient comme le dieu chargé du dénouement dans la tragédie antique. Son ingénieuse amitié sauve d'un irréparable échec l'amour-propre bien compromis du Gascon qui de la vigne de son oncle ne reparlera jamais plus.

L'autre *pause* est dédiée à M. A. Pozzy, auteur d'un Glossaire inédit de l'idiome agenais. C'est une sorte de Genèse poétique. On y assiste à l'éclosion de ces rares facultés par la grâce desquelles l'auteur de *L'Aveugle* est et restera vraiment un poète, un trouveur, un créateur. On y voit aussi revivre, dans leur grâce souriante et leur douce gravité, deux figures qui nous furent toujours chères : celles de deux de nos maîtres et collégués; Saint-Amans et Duvigneau. Jasmin né pouvait les oublier sans ingratitude. N'avaient-ils pas, les premiers, senti le poète dans le faiseur de chansons, deviné le diamant sous sa gangue (1)?

M. l'abbé Marre est un peu comme Jasmin, qui vide toujours son écrin sans s'appauvrir. Nous citerons, entre autres pièces que caractérise au même degré la sincérité de l'inspiration ; *Aube et Couchant* et *Les Paysans*. Dans la première, la Providence apparaît réalisant une touchante et gracieuse antithèse. N'est-ce pas elle qui placé le berceau du nouveau-né à côté de la tombe du vieillard, comme un nid chanteur sur un rameau de cyprès? Vous entendrez tout à l'heure la seconde, où s'accusent en vif relief les qualités de ces races énergiques qui moissonnent de la même main le blé et la gloire.

Soldats ou laboureurs, les paysans sont dans leur rôle. Pourquoi se hâtent-ils d'en sortir? Il leur semble qu'ils n'arriveront jamais à la ville. Mais l'appétit né du libre travail n'assaisonne guère le pain qu'on y gagne. Que de fois, entre ces hautes murailles où ne passe qu'un air vicié, ils se voient, comme en un doux rêve, conduisant les bœufs au labour, coupant les foins, entassant les gerbes, vendangeant par les collines vineuses! Soudain, un cri part, qui glace le sang. Une machine, en un clin-d'œil, a fait d'un homme une chose horrible où hésite à se poser le dernier baiser d'un fils ou d'une mère. — Ceci, direz-vous, n'est qu'une exception. Je le veux; mais demandez aux ouvriers de Rouen ce qu'ils pensent de la règle.— Concluons avec M. Goux, dont je traduis en humble prose un petit poème tout vibrant de sympathie, qu'il y a aux champs moins de chômage que dans les fabriques, et que le travail n'y manque pas aux hommes de bonne volonté. Ce qui manque, eh! mon Dieu, ce sont les hommes.

Si la muse de M. Goux ne se trouve à l'aise que dans le cercle des choses rurales, celle de M. Ducos aime les contrastes. S'inspire-t-elle aujourd'hui de la vie cénobitique, demain la

(1) On sait que, depuis que ce qui précède est écrit, la ville d'Agen a perdu son poète admiré et chéri.

chronique des salons lui fournira la trame d'un ingénieux récit.
C'est ainsi qu'après l'*Oiseau blanc*, qui symbolise d'une façon
saisissante l'incomparable puissance de l'extase, il nous a donné
— titre perfide ! — *Le Jugement de Salomon*, histoire d'une
querelle d'amour née en plein bal, aux pieds d'une jolie
femme, à propos d'une perle tombée de son bracelet. . . . .

Voilà notre bilan. Il m'eût été facile de le grossir, en y
faisant entrer les rapports dont les plus saillantes découvertes de
la science et de l'histoire ont fourni le sujet à nos confrères ;
mais cela m'eût mené plus loin que votre attention ne m'eût peut-
être voulu suivre. Je m'arrête donc, moitié à regret, moitié
avec ce sentiment de bien-être qui suit la tâche remplie. »

Voici les renseignements que nous devons à l'obligeance de
M. Mahul, sur les travaux de la *Société des arts et sciences de
Carcassonne (Aude)* :

« L'année 1863 a été marquée, dans les annales de la Société,
par l'installation définitive de son musée de tableaux et d'archéologie locale dans les bâtiments de l'ancien palais de justice,
acquis par la ville. La Bibliothèque publique de la ville et l'École
gratuite de dessin sont installées dans les mêmes locaux. L'édifice
est spacieux, bien éclairé et convenable au point de vue de l'aspect architectural ; ces divers établissements sont aujourd'hui
fréquentés et populaires. Ce résultat est dû au zèle intelligent et
actif des membres de la Société, bien secondé par les libéralités
du Conseil municipal.

M. Mouynès, archiviste du département, a donné à la Société
l'analyse d'un manuscrit tiré des archives de l'abbaye de Rouille ;
ce manuscrit contient de curieux renseignements sur l'abbaye
des Clarisses de Notre-Dame-des-Anges, des Casses, en Lauraguais, fondée entre 1315 et 1320, par Arnaud de Caraman et
Marguerite de l'Ile-en-Jourdain, sa femme, au moyen des dons
faits par le roi de France audit Arnaud de Caraman, en récompense de ses services militaires. —La bulle de confirmation de ce
monastère fut donnée par le pape Clément VI. La Communauté se
composait d'abord de trente religieuses obéissant à la règle de saint

Benoît. Trois religieux de l'ordre des Frères-Mineurs faisaient le service de la chapelle. Plus tard, ce nombre de religieuses s'accrut jusqu'au nombre de cinquante, et six religieux de l'ordre des Frères-Mineurs furent alors consacrés au service de cette abbaye, qui avait 108 livres tournois de revenu. Les débuts de cette Communauté ne se soutinrent pas : elle ne tarda pas à végéter et finit par disparaître obscurément en 1793, après 478 ans d'existence.

M. l'abbé Barthe, chanoine titulaire, a continué d'enrichir le médaillier de la Société et les vitrines d'une foule de médailles précieuses et autres pièces archéologiques, et son exemple a été suivi par d'autres donateurs. Nous donnons la liste de ces objets, dont l'existence est utile à signaler pour les curieux de numismatique et d'archéologie :

1° Quinaire en or de Valentinien III, trouvé à Floure, station du chemin de fer du Midi, entre Carcassonne et Narbonne : pièce assez rare, frappée à Constantinople.

2° Sceau de l'évêque de Carcassonne, Pierre de Rochefort (an 1301), bronze trouvé dans les fouilles de l'église cathédrale de la Cité, par M. Calz, inspecteur des travaux de restauration exécutés sous la direction de M. Viollet-le-Duc.

3° Deux carreaux ou dards d'arbalète, trouvés dans la cour intérieure du château de la Cité de Carcassonne, offerts par M. Ausseil, garde dudit château.

4° Un denier de la famille Cassia, donné par M. Barthe et trouvé à la Cité.

5° Plusieurs fragments de verroterie antique, offerts par M. Marty-Combes et trouvés dans sa propriété de Sauzens, près Bram (Hebromagus). En rapprochant ces fragments, on parvient à reconstituer les vases auxquels ils appartenaient et à reconnaître que ces vases, dont la forme se rapprochait de celle des calices chrétiens, avaient une base circulaire, faite au moule et consolidée par des nervures rayonnant du centre à la circonférence. La tige, de 5 à 6 millimètres de diamètre, était lisse et portait un gros nœud au milieu. La coupe, largement évasée, avait au moins 8 centimètres de diamètre. La hauteur totale des vases était de 10 centimètres environ. Le tombeau dans lequel se sont trouvés ces vases était en briques posées de champ, et recouvert de deux énormes briques creuses, de 45 centimètres de largeur et de plus de 60 centimètres de longueur.

6° Un moyen-bronze des *Longostalites*, peuplade gauloise dont on ignore le lieu de résidence et qui n'est connue que par ses monnaies, a été offert par M. l'abbé Barthe. Les légendes principales de ce bronze sont grecques, et le type du revers est analogue à celui des bronzes des *Massaliotes*. La face offre la tête de Mercure avec la légende grecque Βουχιως. La fabrication, assez grossière, est analogue à celle de *Bœterræ* (Béziers). Ce qui donne à ce bronze une valeur spéciale, c'est qu'une petite légende, composée de quatre caractères celtibériens, s'est parfaitement conservée et qu'on y lit distinctement, d'après l'alphabet de M. Lenormant : P. A. R. P. — MM. de Saulcy et de La Saussaye, qui n'avaient pu trouver de bronze où le deuxième de ces caractères fût bien distinct, avaient admis, dès 1842, cette leçon qui justifie la découverte de notre bronze. Les *Longostalites*, si l'on en juge par les indications fournies par leur monnaie, étaient donc voisins de l'Espagne, ainsi que l'indique l'emploi des caractères celtibériens ; ils étaient peu éloignés de Perpignan : la légende P. A. R. P. tend du moins à le prouver. Le type indique qu'ils n'étaient pas éloignés de Marseille, et la fabrication fait supposer qu'ils étaient assez rapprochés de Béziers. Où demeuraient-ils donc ? C'est ce que M. l'abbé Barthe n'a pu déterminer sur de simples indices.

7° Double-ducat en or de Ferdinand et Isabelle. Cette pièce, du poids de 7 grammes, offerte par M. Gamelin, peintre, porte, d'un côté, deux têtes affrontées avec la légende : *Fernandus et Elisabeth*. Le revers porte l'écu d'Espagne sur une aigle aux ailes éployées.

8° Un denier de Carcassonne, donné par M. Pech-Lestanières. Ce denier, frappé sous le règne du vicomte Bernard Atton, porte, d'un côté, le type A. T. dans un grenetis, avec la légende de Carcassonne : CIV ; de l'autre côté, une croix cantonnée de deux croissants, avec la légende : *Bernardus comes*.

9° Un sceau portant les armes de la ville de Fanjeaux (*Fanum Jovis*), offert par M. l'abbé Barthe ; il est aux armes de France, sommées de la couronne royale et entourées des cordons des ordres de St-Michel et du St-Esprit. La légende porte : *Scel de l'Hostel-de-Ville de Faniaux* ; de plus, à l'intérieur, on lit : *édit de 1696.*

Plusieurs publications littéraires, intéressantes à divers titres, signalent un heureux mouvement des esprits dans la contrée. Nous nous bornons à citer les titres :

Les *Muses du Midi*, recueil de poésies françaises et *patoises*, paraissant mensuellement, in-8°, 24 pages, formant un vol. in-8° par an. Imprimé à Carcassonne.

Recueil de Fables, par M. Jaubert, vice-président du Tribunal civil de Carcassonne, lauréat de l'Académie des Jeux-Floraux de Toulouse. Imprimé à Carcassonne.

Strophes nouvelles, par Gabriel Peyronnet, auteur de la *Muse du foyer*, collaborateur du *Midi artiste* ; in-12. Imprimé à Castelnaudary.

Fables nouvelles, par Firmin Cournac ; un vol. in-12. Imprimé à Limoux.

Catalogue des archives des hospices de Narbonne, par M. H. Faure, l'un des administrateurs ; 3 vol. in-4°. Imprimé à Narbonne. »

Ajoutons enfin ces détails, qu'a bien voulu nous fournir M. Mahul, qu'il continue avec une infatigable ardeur la publication de son savant Cartulaire du diocèse de Carcassonne, et que le tome IV de ce précieux recueil, imprimé dans cette ville, y a été publié en 1863.

RÉGION DE L'EST.

Le volume qu'a publié cette année l'*Académie impériale des sciences, belles-lettres et arts de Savoie*, est rempli en entier par la première partie de l'Histoire du Sénat de Savoie, par M. Eugène Barnier. Cette partie embrasse les annales de cette grande Compagnie judiciaire, depuis son origine (1329), sous diverses dénominations, jusqu'au premier tiers du XVIIe siècle (1630). Un grand mouvement se manifeste de nos jours pour l'étude des monuments et des traditions historiques. Partout on fouille les archives. Il faut que le passé se révèle tout entier avec ses triomphes et ses revers, ses souvenirs glorieux et ses dates néfastes. Tout concourt à faciliter les recherches des érudits. Les dépôts où gisent entassés nos vieux documents s'ouvrent aux regards profanes et n'ont plus de secrets. Mais les obligations de l'écrivain croissent en raison de la facilité qu'il acquiert de remonter aux sources. L'opinion se prononce contre tout livre de seconde main. Chaque assertion, chaque ligne doit être justifiée par un renvoi aux textes originaux. On veut avoir de l'histoire vraie et non de l'histoire de fantaisie. Remonter aux sources, telle est la règle qui doit guider les travaux des archéologues s'ils veulent s'attirer cette confiance que méritent seuls les ouvrages sérieux. L'auteur de ce livre s'est pleinement conformé à ces conditions. L'auteur a consulté les archives royales et celles de la Chambre de Turin, les archives impériales, celles de Chambéry et de Genève, et enfin les dépôts de quelques familles particulières. Mais surtout il a exploré avec un soin approfondi les archives du Sénat de Savoie, que l'on conserve au greffe de la Cour impériale; et dans la réunion de ces divers matériaux il a puisé un vaste récit où se déroulent avec clarté et profondeur toutes les annales de cette grande Compagnie, qui a été longtemps en Savoie le véritable et unique défenseur des libertés publiques. Ce beau travail fait infiniment d'honneur à son auteur, simple juge au tribunal de St-Jean-de-Maurienne; et il honore aussi l'Académie impériale des sciences, belles-lettres et arts de Savoie, qui le publie sous son patronage.

Le département de la Savoie, que quelques personnes représentent peut-être encore comme une contrée arriérée, compte dans son sein six Sociétés scientifiques. Deux autres départements seulement en ont autant : ce sont le Rhône et la Gironde. Ces Sociétés sont, avec l'Académie : la Société savoisienne d'histoire et d'archéologie, la Société d'histoire naturelle et de Savoie, la Société médicale de Chambéry, la Société centrale d'agriculture, enfin la Société d'histoire et d'archéologie de St-Jean-de-Maurienne.

Le département de la Haute-Savoie paraît n'en avoir qu'une : c'est l'Association florimontane d'Annecy, qui s'appelait autrefois l'Académie. Mais c'est la doyenne de toutes les Académies de France. Elle a été fondée en 1607, trente ans avant l'Académie française, par saint François de Sales et le président Favre, et elle compte dans son sein des hommes parfaitement capables de soutenir la gloire de cette illustre origine.

M. Guilland, président de la *Société médicale de Chambéry*, a bien voulu nous communiquer le rapport qu'on va lire sur les travaux de cette savante et utile Société :

« La *Société médicale de Chambéry* s'était empressée, dès l'annexion, de se faire représenter aux réunions des délégués des Sociétés savantes provoquées par l'Institut des provinces de France. Elle le fait cette année avec une double satisfaction après avoir pu, au dernier Congrès scientifique tenu à Chambéry, apprécier de plus près la puissance de décentralisation intellectuelle et d'encouragement pour les hommes de science de la province, qui appartient à la généreuse initiative de M. de Caumont. En même temps, elle a eu le bonheur de resserrer les liens qui l'unissaient déjà à plusieurs confrères estimables de la France et de l'étranger, et d'en nouer de nouveaux avec quelques autres.

La Société enregistre avec orgueil dans ses fastes le retentissement de quelques-unes des questions qu'elle avait proposées au *programme du XXXe Congrès.* — Elle ne saurait oublier les remarquables lectures apportées sur la question du *crétinisme*, par MM. Morel, Vingtrinier et Ancelon, etc. — Elle a dû aussi s'applaudir d'avoir mis au Questionnaire l'examen de l'organisation actuelle de l'*inspectorat médical* des établissements thermaux, lorsqu'elle a vu la motion réformatrice adoptée par le Congrès faire le tour de la presse médicale et même politique, saisir l'opinion publique, et retentir jusqu'au sein du Comité

consultatif d'hygiène et du Conseil d'État. Ainsi cette question,
à laquelle un médecin publiciste reconnaissait dans la *Gazette
des Hôpitaux* une origine *aixienne*, aura dû à sa portée dé-
centralisatrice, scientifique et libérale, d'être patronnée par le
Congrès et vulgarisée grâce à lui. — Ajoutons, puisque nous
avons été amené dès le début de ce Rapport à parler du Congrès, que plusieurs membres effectifs de notre Société ont pris
une part active à ses travaux : M. Revel père, comme tréso-
rier-général ; MM. Caret et Guilland, comme secrétaires-généraux ; MM. Michaud, Calloud et Revel fils, comme secrétaires
de la troisième section ; M. Dénarié, comme secrétaire de la
cinquième.

Durant l'année 1863, notre Société, composée de quinze
membres effectifs, dont sept furent parmi ses fondateurs, a
reçu trois nouveaux correspondants, ce qui a porté le chiffre
de ces derniers à soixante-huit, dont vingt Savoisiens, dix-huit
des autres départements, quinze Italiens, cinq Suisses et dix
d'autres nationalités.

Son Bureau, pour 1864, est composé de : MM. Guilland,
président ; Mollard, vice-président ; Dénarié, secrétaire ; Mas-
sola, archiviste ; Grand, trésorier.

Elle a échangé ses publications avec quinze autres Sociétés
médicales ou scientifiques, et encouragé par son adhésion la
création du *Bulletin médical du Dauphiné*, « organe officiel
« des Sociétés et Associations de l'Isère et de la Savoie. » Cette
alliance lui a paru concourir à favoriser la presse scientifique,
provinciale, et à augmenter son influence sur la vie intellectuelle des départements.

La Société a tenu, en 1863, onze séances, dans lesquelles
elle a pris connaissance de dix-neuf mémoires originaux manuscrits dus à ses membres, et entendu treize rapports. — De
ces diverses communications, trois avaient trait à l'*hygiène publique* (bains froids publics, crétinisme, nourrissons Lyonnais,
soit enfants trouvés envoyés en nourrissage des hospices de
Lyon en Savoie) ; — quatre concernaient l'organisation médicale (service des pauvres, à Chambéry, inspectorat thermal,

vaccinations, médecine gratuite) ; — cinq étaient chirurgicales (aiguille séjournant dans la mamelle, étranglement digita par l'enroulement d'un cheveu, diagnostic de la carie dentaire, chancre palpébral, loupe enkistée) ; — deux étaient obstétricales (opération césarienne sauvant l'enfant, version spontanée) ; — trois touchaient à l'hydrologie (analyse chimique de l'eau de La Boisse, de celle de La Bauche, étude monographique de la même) ; — cinq regardaient la pathologie interne (influence paludéenne, rhumatisme maxillaire, névralgie trifaciale, contracture idiopathique, paralysie musculaire progressive).

Sur la demande de M. Crotti de Costigliole, propriétaire d'une source ferrugineuse bicarbonatée et crétacée à Lauche (canton des Échelles, Savoie), la Société a désigné une Commission pour visiter la source ; elle a successivement adopté et fait imprimer le Rapport de cette Commission, et la monographie plus complète rédigée par l'un de ses membres, le chimiste Calloud. — Ces deux impressions portent à onze le chiffre total des publications de la Société. Elle regrette que le compte-rendu de ses travaux, durant ces dernières années, n'ait pu être livré par l'imprimeur pour cette réunion.

La Société a entendu des Revues trimestrielles, médicales et pharmaceutiques, présentées par deux de ses membies, MM. Guilland et Calloud.

Parmi les travaux imprimés qui lui ont été offerts, elle cite, à cause de leur provenance de ses membres : Compte-rendu des eaux de Bride et Salins-en-Tarentaise, par le Dr Laissus ; — De la congélation appliquée à la concentration des eaux minérales, par M. Pihon (d'Aix) ; — De la médecine cantonale dans la Haute-Savoie, par le Dr Dagaud ; — Note au Montpellier médical sur le Congrès de Chambéry, et Observations sur la Note des Inspecteurs au Conseil d'État, par le Dr Guilland ; — Eaux minérales de La Versoie, par M. Calloud.

Quelques-uns des travaux qui lui avaient été soumis ont eu les honneurs de l'insertion dans des organes importants de la presse médicale : Calloud, sur le crétinisme (*Journal du Dr Coffe*). — Guilland, sur le Questionnaire du Congrès *Journal du*

Dr *Coffe* et *Revue hippocratique*). — Dardel (*Gaz. méd. de
Lyon* et Journal médical de Florence, *Impaziale medico*, del
D^{re} Galligo).

Enfin, la Société reporte à l'Institut des provinces et à sa
session à Chambéry, sa juste reconnaissance pour une activité
qu'elle doit cette année, en bonne partie, à sa bienfaisante influence.

Lyon vous a, par l'intermédiaire de M. Paul de Chizy, présenté le tableau des derniers travaux de la *Commission archéologique ;* de nombreuses inscriptions ont été découvertes et
décrites. M. Martin-Daussigny, l'habile épigraphiste, continue,
avec le plus louable zèle et une science profonde, l'étude du
sol romain de *Lugdunum* et l'interprétation des inscriptions que
le sol fécond de cette cité fournit à la curiosité des antiquaires.
Le Rapport de M. de Chizy pourra être publié *in extenso* dans
le *Bulletin monumental* de la Société française d'archéologie.

Nous devons le rapport suivant, sur les travaux de l'*Académie
delphinale*, à Grenoble, pendant l'année 1863, à M. C. Mallet,
ancien recteur d'Académie, membre correspondant et délégué
de cette Académie :

« L'année 1863 n'a pas été signalée par des travaux d'aussi
longue haleine que ceux de MM. Fauché-Prunelle et Trépier,
qui tiennent tant de place dans notre dernier *Bulletin ;* mais
il y en a eu pourtant de fort intéressants.

Au premier rang en date, et peut-être en importance, on
doit placer la dissertation de M. Macé sur les poésies de Clotilde
de Surville et sur le degré d'authenticité qu'il convient d'attribuer à ces poésies. Il a eu des papiers de famille qui lui ont
été communiqués par les descendants de M. de Surville, condamné à mort au Puy-en-Velay, comme conspirateur royaliste,
au mois d'octobre 1798. On sait qu'on a attribué à M. de Surville, auteur de quelques poésies légères assez médiocres, les
poésies de l'illustre Clotilde de Vallon. Ces poésies ont été un
peu francisées et ont subi des altérations ; mais M. de Surville,

qui les a retouchées le dernier, a travaillé sur un fonds ancien dont l'authenticité ne peut plus être révoquée en doute. Telle est, du moins, l'opinion qu'a exprimée M. Macé (1).

M. Macé a également communiqué un plan de travail sur les frères Paris, qui ont joué un si grand rôle sous Louis XV.

M. Gustave Vallier, numismate, archéologue et littérateur, a fait trois lectures qui le présentent précisément sous cette triple face : 1° il a donné communication d'une lettre de M. de Longpérier, membre de l'Institut, sur un tiers de sol d'or mérovingien de l'atelier monétaire de Grenoble ; —2° une dissertation intitulée : *Archéologie de contrebande, à propos de Mandrin.* Cette dissertation n'a été que l'explication d'une pièce assez curieuse, déposée par lui sur le bureau, c'est-à-dire une espèce de soulier qui se rattachait et se fixait par des courroies au sabot du cheval. Sous cette espèce de soulier était cloué un fer de cheval, retourné, destiné à dépister la maréchaussée, qui était chargée de poursuivre le hardi contrebandier dauphinois. C'est ainsi que Mandrin a résolu un problème que l'hippiatrique croyait insoluble. 3° M. Vallier a encore communiqué à l'Académie des lettres inédites de J.-J. Rousseau, qui roulent principalement sur la botanique, mais où l'on trouve quelques traits qui décèlent le moraliste et l'écrivain.

M. Albert Du Boys a fait plusieurs lectures sur Talavera et sur les persécutions inouïes auxquelles ce célèbre archevêque fut en butte, de la part de l'Inquisition.

M. Du Boys a aussi commencé la lecture d'une dissertation historique, intitulée : *Rivalités de la Savoie et du Dauphiné*, jusqu'à la réunion de cette province à la France.

M. Maignien, doyen de la Faculté des lettres, a lu une dissertation sur l'*Art*, dont voici les conclusions :

« L'Art, comme expression sensible des idées, des sentiments,
« des choses, quand il remplit ses véritables conditions, est

(1) Nous ne nous étendons pas davantage sur cette analyse, le mémoire de M. Macé ayant été imprimé tout au long dans le *Journal général de l'Instruction publique*, numéros des 31 janvier, 4 février et 28 mars 1863.

« vrai d'une vérité absolument supérieure à la réalité ; il donne
« complet le drame de la vie, souvent inexplicable dans sa ma-
« nifestation réelle. »

M. Eugène Chaper a fait un rapport très-remarquable sur
l'utilité de la création d'un musée archéologique pour la ville
de Grenoble.

M. le Maire, à qui on l'a communiqué, a paru être favorable
à ce projet. »

Nous devons à M. H. de Chardonnet, ancien élève de l'École
polytechnique, le rapport suivant sur les travaux de la *Société
d'Emulation du Doubs :*

« Chargé, pour la seconde fois, de représenter la Société d'Emulation du Doubs auprès de l'Institut des provinces, je me félicite
d'avoir à vous annoncer qu'un décret impérial, en date du 22
avril dernier, l'a reconnue comme un établissement d'utilité publique. Cette décision assure son avenir, puisqu'elle lui permettra
de recevoir des dons et des legs, et de placer des capitaux. C'est
en même temps une distinction honorable, surtout pour ceux
de ses membres qui la dirigent avec un zèle si éclairé, et
pour ceux dont les travaux donnent un véritable intérêt à ses
mémoires.

Vous jugerez, je l'espère, Messieurs, que le volume de 1863
ne le cédera en rien sous ce rapport aux volumes précédents,
malgré les pertes regrettables que nous avons faites, dans ces
dernières années, par la mort ou par le changement de résidence de quelques-uns de nos confrères les plus distingués.

La Commission des fouilles d'Alaise, composée actuellement
de six membres : MM. Bial, Alphonse Delacroix, Percerot, Varai-
gne, Vuilleret et Castan, *rapporteur,* a tenu, dans l'automne
de 1863, sa sixième session de travaux. Une dizaine de *tumulus*
ont été ouverts dans l'immense champ de bataille qui avoisine
le massif d'Alaise. L'une de ces sépultures a fourni, entr'autres
ornements, un disque de bronze découpé, figurant deux cercles
concentriques reliés l'un à l'autre par quatre tirets. Cette pièce
porte à son sommet une boucle de suspension ; et, comme elle
adhérait à deux côtes humaines, il serait difficile qu'il y eût là

autre chose qu'un signe de distinction porté sur la poitrine ;
d'une façon analogue à nos décorations modernes.

La Commission a consacré la plus grande partie de ses ressources de l'année à l'étude d'un énorme amoncellement de
pierres, situé en regard d'Alaise, sur le mont Bergeret, au lieu dit
Le Châtelet. Cet édifice, en arrière duquel on trouve, taillé dans
le roc, le double fossé de la circonvallation césarienne, n'a pas
moins d'une trentaine de mètres de diamètre , sur 7 mètres de
hauteur centrale. Composé de fortes dalles empruntées au terrain
calcaire et déposées circulairement , à la façon des tuiles d'une
toiture, *Le Châtelet* conservait , dans son intérieur , les traces
d'une série de foyers distincts et superposés, dont quelques-uns
avaient été assez ardents pour réduire en chaux les pierres
qui leur servaient d'assiette.

Toutes les cavités du monument étaient remplies par des
ossements d'animaux et les débris d'une poterie offrant les
caractères de la céramique des Celtes. Aucun de ces ossements
n'appartient à l'espèce humaine ; mais, en revanche , la plupart
des animaux qui composent la faune de nos contrées y ont
fourni leur contingent. Ce sont : le sanglier, le cheval, le bœuf,
le chien, l'ours, le cerf et quelques gros volatiles. Ces ossements
ont été fracturés, et leurs cassures en esquilles ne peuvent avoir
été produites que par un instrument analogue au couperet dont
on se sert dans nos boucheries. Sur un millier d'ossements, tous
recueillis parmi des charbons et des pierres rougies par le feu,
il en est à peine une douzaine qui portent des traces de calci-
nation. Cette circonstance, jointe à la découverte, dans ce même
milieu, d'une épingle à cheveux et d'un débris de plaque en
bronze mince, objets semblables à ceux qui sortent des *tumulus*
du champ de bataille voisin , ont fait attribuer *Le Châtelet* à la
dernière période de l'indépendance des Gaules, époque de décadence religieuse, où le sacerdoce était devenu une profession, et
le sacrifice un prétexte à festin.

« La découverte du *Châtelet*, dit M. Castan, n'est d'ailleurs
pas étrangère à la question de géographie historique que nos
recherches ont pour objet d'élucider. Alesia , celle-là même qui
fut détruite par César , avait été, selon Diodore , le berceau du

Druidisme, et les Celtes ne cessèrent de la regarder comme la métropole religieuse de la nation. Retrouver sur le pourtour du massif d'Alaise des monuments du culte gaulois, de l'importance du *Châtelet*, c'est donc affermir encore l'identité d'Alaise et d'Alesia (1). »

D'autres fouilles, entreprises en 1863 par la ville de Besançon dans un simple intérêt de voirie, ont fourni aux archéologues de notre Société l'occasion de trancher enfin la question relative aux prétendues *hipposandales*, c'est-à-dire à ces objets pris si longtemps pour des espèces de chaussures en fer, que les anciens auraient attachées avec des courroies aux pieds de leurs chevaux. Comme les fouilles devaient atteindre sur une assez grande longueur le sol de deux chaussées antiques, on était certain, d'après les découvertes antérieures, d'y rencontrer un grand nombre de fers de chevaux se fixant avec des clous. M. Delacroix, dans un mémoire présenté à la Société d'Émulation, constate, en effet, qu'il en a été recueilli plus de cent, notamment dans les strates du IVe siècle, et que ces fers sont absolument semblables, quant à la disposition générale, à ceux qu'on fait aujourd'hui. Les fers antérieurs au IVe siècle ne se sont montrés que dans une chaussée en dehors des murs de la ville antique, sur un point où les fouilles ont atteint la base même des quelques mètres d'épaisseur de l'empierrement. Là, au milieu de débris qu'on put reconnaître sous leur gangue de rouille comme provenant de chars et de harnais, on trouva aussi deux de ces prétendues *hipposandales*. Elles ont été déposées au musée archéologique, où elles augmentent la collection déjà très-nombreuse de ces mêmes objets, dont la véritable destination n'est pas encore connue, mais qui affectent souvent dans leurs détails les dispositions les plus incompatibles avec le nom qu'on leur a donné. On sait, du reste, qu'ils se trouvent tous dans les chaussées antiques, à côté, au-dessus ou au-dessous des fers à clous, et des débris de chars.

(1) La Société d'Émulation du Doubs persiste toujours, comme on voit, à revendiquer pour la Franche-Comté l'*Alesia* des *Commentaires* de César. Tout en respectant ses convictions, nous devons dire qu'elles ne comptent aujourd'hui que bien peu de partisans.

Les autres découvertes mentionnées par l'éminent archéologue sont telles qu'on devait les attendre de l'antique *Vesontio* et surtout de sa Grand'Rue, qui aboutit d'une part à un pont romain conservé tout entier entre des additions modernes, d'autre part à l'Arc de Porte-Noire (*Porta Martis*), rue sous le sol de laquelle règnent encore les dalles de l'ancienne voie, et qui, sur son trajet, rencontre des lieux portant autrefois les noms de *Forum* et de *Capitolium*.

Les pièces les plus remarquables de ces fouilles ont été deux torses de jeunes Faunes, en marbre blanc et de la plus belle époque, mais profondément rongés par les roues des voitures et les fers des chevaux.

M. Sarrette, lieutenant-colonel du 86e de ligne, auteur de belles études sur les campagnes de César dans les Gaules, ayant voulu profiter du séjour de son régiment à Belfort, pour rechercher les champs de bataille d'Arioviste, et particulièrement celui où le chef germain dut céder aux armes romaines, a écrit sur ce sujet un excellent mémoire, intitulé : *Guerre d'Arioviste contre les Gaulois et contre César.*

M. Sarrette, devenu l'un des membres correspondants de notre Société, lui a présenté le résultat de ses explorations qui paraissent décisives. D'après lui, le lieu de la défaite d'Arioviste serait la plaine de Champagney, à la pointe sud-est des Vosges. *Errevet* aurait été l'emplacement du premier camp des Germains; *Rouchamps*, celui du second, tandis que les Romains auraient campé sur les collines de la rive droite du Rahin, à la *Verrerie* et à *Notre-Dame de Rouchamps.* M. Sarrette a reconnu là toutes les dispositions locales décrites dans les *Commentaires.* Je citerai, à l'appui de son opinion, deux particularités dignes de remarque.

La première, c'est que ce point stratégique est tellement exceptionnel, tellement indiqué par la nature des lieux, que, sans avoir eu aucune communication avec l'auteur du mémoire, M. Delacroix, qui apporte d'ailleurs tant de sagacité dans ses recherches, était parvenu aux mêmes conclusions relativement aux deux camps successifs d'Arioviste et de l'emplacement du

24

champ de bataille. M. J. Quicherat, le savant professeur à
l'École des Chartes, avait également regardé la plaine de Champagney comme le lieu de la défaite des Germains.

La seconde particularité, c'est qu'en 1633 une opération de
guerre, née de circonstances analogues à celles de la campagne
de César contre Arioviste, quoique dans des proportions beaucoup plus restreintes, aboutit exactement au choix de la même
localité. L'armée franc-comtoise, commandée par le marquis
de Conflans, vint prendre position au village de Rouchamps,
pour arrêter les Suédois qui étaient établis à Belfort, d'où ils
avaient déjà fait une tentative contre la ville impériale de Lure.

Ces diverses coïncidences forment par elles-mêmes un argument considérable en faveur de la localité désignée par M. Sarrette. Notre Société a fait précéder la publication du mémoire
d'un rapport dans lequel M. Delacroix expose les conjectures
auxquelles a donné lieu, à différentes époques, la recherche du
célèbre champ de bataille, et appuie par de nouvelles raisons
les conclusions du savant officier.

M. Castan, dont le zèle ne néglige aucun de nos anciens
monuments, même les plus modestes, a étudié l'inscription
funéraire d'un évêque Sylvestre, inscription encastrée dans la
muraille de l'église de St-Ferjeux (banlieue de Besançon), et
qui n'avait été qu'incomplètement lue et publiée. Deux évêques
du nom de Sylvestre ont occupé le siége de Besançon : le premier, entre les années 374 et 396 ; le second, après l'an 566.
Auquel des deux faut-il attribuer l'inscription dont il s'agit ?
M. Castan, se fondant sur la simplicité et la pureté relatives du
style du monument, puis sur la formule de datation consulaire
qui le termine, et dont il ne reste que les deux lettres F. L,
inaperçues jusqu'ici, a tranché la question en faveur du premier
Sylvestre.

Nous devons à M. Théodore d'Estocquois trois notes, dans
lesquelles il fait preuve d'autant d'érudition qu'il avait montré
de science, l'année dernière, dans son mémoire sur le coefficient
de contraction de la veine liquide.

Elles ont pour objet :

1° Un opuscule de Plutarque intitulé, dans la traduction d'Amyot : *De la face qui paraît dedans le rond de la lune.* Cet opuscule attribue des doctrines fort singulières aux habitants d'une prétendue île de Saturne, située à cinq journées de navigation à l'ouest de la Grande-Bretagne. M. d'Estocquois compare ces doctrines avec ce que les auteurs anciens nous ont appris sur les croyances des Celtes. Il avertit, du reste, que l'authenticité de l'opuscule n'est pas admise par tous les éditeurs de Plutarque ;

2° Les limites de la langue provençale, ou langue d'*oc*, qui s'est étendue longtemps jusque dans les cantons de Vaud et de Neuchâtel. Le savant auteur de la note indique les deux causes principales qui ont dû influer sur la formation de la langue d'*oc* et de la langue d'*oil*. Ces causes sont : le plus ou moins de ressemblance avec le latin, des différents dialectes primitifs, et le nombre plus ou moins grand des colonies romaines établies dans la Gaule ;

3° Trois statues chinoises envoyées de Canton à M. Weiss, par Mg^r Guillemin, vicaire apostolique. Ces trois statues ne sont pas des caricatures, comme la plupart des figures chinoises qui arrivent en Europe La plus grande représente Bouddha; les autres, ses deux principaux disciples, Pra-Mogla et Pra-Saribou. M. d'Estocquois donne quelques détails fort curieux sur ces trois personnages.

M. Grenier publie dans nos Mémoires une *Flore franc-comtoise*, qui servira de complément indispensable à l'excellente carte géologique du département du Doubs. Pour que cette carte puisse être utile à l'agriculture il faut, en effet, y joindre l'étude corrélative de la végétation dont elle est le *substratum.*

Bien peu de départements cependant possèdent ce travail complémentaire. Cela tient sans doute à la difficulté d'une pareille œuvre, qui exige la connaissance approfondie, jusque dans leurs moindres détails, de la botanique et de la géologie d'une contrée. Les études géologiques dont M. Grenier a enrichi les *Mémoires* de la Société d'émulation, et ses travaux, si estimés des botanistes, nous disent assez qu'il était, sous ce double rapport, dans d'excellentes conditions pour résoudre le problème. Son ouvrage se divise en deux parts : 1° description de toutes les espèces qui croissent dans la chaîne des monts Jura, depuis la perte du Rhône jusqu'à Bâle et à Belfort, en prenant pour limites latérales la Saône d'un côté, et, de l'autre les lacs de Genève et de Neuchâtel; 2° l'*habitat*, ou exposition des rapports de ces mêmes espèces avec la nature chimique, physique et hydrologique du sol, ainsi qu'avec les influences climatériques dépendant de l'altitude.

Cette Flore, ainsi entendue, comprendra environ dix-huit cents espèces. A l'occasion d'un certain nombre d'entre elles, M. Grenier se propose d'indiquer des corrections et additions à faire à la *Flore de France*, dont ce travail sera ainsi un premier supplément.

M. Gouillaud, aussi professeur à la Faculté des sciences de Besançon, a présenté à la Société d'émulation un mémoire ayant pour titre : *Recherches sur la distribution du magnétisme dans des barreaux d'acier, aimantés par la méthode de la touche séparée.* Les expériences rapportées dans ce mémoire démontrent : 1° que la formule $y = A \left(\mu^x - \mu^{41-x} \right)$ est exacte pour tous les barreaux, quelles que soient leurs dimensions; 2° que la distribution du magnétisme dans des tiges d'acier dépend de la force de leur trempe ; 3° que cette même distribution dépend aussi de la quantité de magnétisme que ces tiges possèdent ; 4° et enfin que, dans ces derniers cas, la distance des pôles aux extrémités est toujours proportionnelle à la racine carrée de l'intensité magnétique de ces extrémités.

L'ingénieux inventeur du *Pendule gyroscopique* et du *Polytrope*, M. Sire, docteur ès sciences et essayeur du commerce à Besançon, a écrit quatre mémoires :

1° Une note sur quelques formes cristallines de la neige. Dans ce travail, l'auteur entre dans diverses considérations sur l'état physique des particules de la vapeur d'eau et sur leur suspension dans l'atmosphère. Il conclut au rejet de la théorie des vésicules. Il montre aussi que la neige se cristallise dans l'air à peu près comme les sels dans leurs dissolutions ;

2° Description et manœuvre d'un nouvel appareil pour mettre en évidence les conditions de la pression exercée par les liquides sur le fond des vases ;

3° Une notice sur une nouvelle disposition de l'hygromètre à cheveu , pour les explorations scientifiques ; disposition qui remédie à la fragilité et aux autres inconvénients de cet instrument ;

4° Enfin , la description d'une nouvelle démonstration expérimentale du principe d'Archimède.

Je ne voudrais pas terminer ce Rapport sans vous dire quelques mots d'un musée d'horlogerie subventionné par la Société d'Émulation et dû à l'heureuse initiative de deux de ses membres, MM. Vuilleret et Victor Girod. Ce musée, qui n'existait pas en 1860, possède déjà des types de fabrication appartenant à toutes les époques, depuis les premières montres à corde de boyau du XVI.ᵉ siècle jusqu'aux pièces construites de nos jours. Il a sa place marquée à côté de l'École d'horlogerie , qui , fondée tout récemment sur des bases analogues à celles de l'École de Genève , nous semble appelée à un brillant avenir. Les élèves pourront juger par eux-mêmes des difficultés que leurs devanciers ont eu à vaincre pour amener leur art au point où il est déjà parvenu. Une telle étude ne sera peut-être pas sans influence sur la prospérité de la fabrique de Besançon ; fabrique qui, d'après les chiffres officiels, a produit l'année dernière 320,000 montres, c'est-à-dire plus des trois quarts de toutes celles qui ont été vendues en France. »

Nous avons appris avec intérêt que deux recueils littéraires étaient depuis quelque temps publiés en Franche-Comté. Le premier , ayant des tendances plus historiques, est intitulé : *Les Annales franc-comtoises.* Le second se publie sous le titre de *Revue littéraire de la Franche-Comté.* Nous ne pouvons qu'applaudir à ces essais de décentralisation. Cependant, deux publications qui se font concurrence peuvent nuire au succès. de chacune d'elles, et il semblerait plus prudent d'en fusionner les éléments dans un seul recueil.

Nous devons signaler aussi, comme l'une des plus importantes publications archéologiques de la province, l'*Histoire de la civilisation celtique*, par M. Paul Bial. — Cet ouvrage formera 2 vol. in-4° sur papier vélin, accompagné d'un atlas de vingt-quatre planches ou dessins. Il est publié par livraisons chez J. Jacquin, imprimeur à Besançon.

Cette histoire transporte d'abord le lecteur au sein des civilisations étranges des âges de la pierre, du bronze et du fer. Elle fait revivre ces civilisations au moyen de quelques souvenirs épars dans les auteurs anciens, mais surtout au moyen des révélations fournies par les fouilles exécutées depuis quelques années dans les cavernes, dans certaines couches du sol, dans les tumulus, dans les vases des tourbières et des emplacements lacustres ; fait suivre les hordes des Celtes dans leurs migrations et reconnaître le rôle qu'elles ont joué dans la formation des peuples de l'Europe antique.

Enfin les races celtiques sont entrées et fixées dans la Gaule. L'Histoire des Gaulois proprement dits commence. Le génie de leur langue, de leur littérature, de leurs arts et de leur industrie ; leur religion, leur législation, leurs institutions politiques et militaires, leurs conquêtes, leur chute sous la fortune de César, en un mot tous les traits de la civilisation propre de la Gaule trouvent là leur place.

L'historien recherche encore avec succès l'influence du génie celtique sur la législation et sur les mœurs à travers l'époque gallo-romaine. Il la voit refleurir dans les monuments écrits des bardes gallois et bretons ; il la poursuit jusque dans les origines des littératures de l'Europe moderne. En un mot, on voit naître, grandir et se marier ensemble les éléments celtique, germain, helléno-latin et chrétien, qui ont constitué la civilisation actuelle.

Nous n'avons pas de détails sur la *Société d'émulation du Jura*. Ceux qui nous avaient été promis ne nous ont pas été adressés. Nous savons seulement qu'elle publie ou patronne de très-intéressants travaux. C'est ainsi qu'elle a publié, en 1863, une traduction, par M. le docteur Achille Chéreau, de la Description de la Franche-Comté, composée en latin vers 1550 par Gilbert Cousin de Nozeroy. M. Chereau l'a accompagnée de notes et l'a fait précéder d'une excellente notice sur ce fécond écrivain d'une foule de traités et de traductions, qui était en même temps chanoine de Nozeroy, ce qui ne l'empêcha pas de mourir dans les prisons sinon de l'Inquisition, du moins de l'Officialité. Il est vrai qu'il était disciple d'Érasme ; ce qui ne contribua peut-être pas peu à faire mettre tous ses écrits à l'index par le Concile de Trente, et à le faire dénoncer par la Cour de Rome au Parlement de Dôle.

Un autre ouvrage des plus remarquables, publié sous le patronage de la Société par le frère Ogérien, directeur de l'École chrétienne de Lons-le-Saulnier, est l'Histoire naturelle du Jura et des départements voisins. Le t. III, qui a paru en 1863, volume de 570 pages avec 210 gravures, comprend toute la zoologie vivante de cette région. C'est une belle, savante et utile publication.

La *Société d'agriculture de la Haute-Saône* publie un *Recueil agronomique, industriel et scientifique*. Celui de 1863 contient, avec le compte-rendu des discussions souvent très-instructives de ses séances, plusieurs rapports très-intéressants, notamment sur les fromageries de ce département, sur la culture de l'ailante, et sur les causes morales de l'insuffisance et de la surabondance périodique de la production du blé en France.

La *Société d'émulation des Vosges* a publié, en 1863, le deuxième cahier de son tome XI°, qui ne comprend que ses travaux de 1862. Ce retard est fâcheux. Mais, tout en blâmant la Société, nous devons rendre hommage au mérite de plusieurs des morceaux que contient ce volume. Épinal en 1774 est tout simplement l'analyse des documents contenus dans un almanach de cette année. Mais c'est une analyse ingénieuse et piquante, qui, mettant en regard la ville du temps passé et celle du temps présent, sait tirer de ce rapprochement des aperçus extrêmement intéressants. La notice sur la malheureuse ville de La Motte, si énergiquement défendue contre les armées françaises par ses habitants, y compris les prêtres, les moines et les femmes, en 1634, 1642, 1643 et 1645, et qui paya alors de sa destruction complète le tort de sa situation inexpugnable et l'énergie de sa résistance, comme le fit Thérouenne en Flandre sous Charles-Quint, est un épisode extrêmement curieux de l'Histoire de la Lorraine ; et la lumière que M. Chapellier a versée à flots sur les choses et les hommes de cette héroïque petite ville donne à son histoire un grand et vif intérêt. Divers rapports, tant agricoles que littéraires, des poésies de MM. Charton et Joly, et un document historique et statistique du siècle dernier, qui a pour le pays une importance relative. l'*État de la cure de Champs*, dressé par Jean-Claude Sommier, archevêque de Césarée et administrateur de cette riche et puissante cure en 1725, complètent ce volume auquel on n'a qu'un reproche à faire, c'est d'être resté si longtemps en route.

L'*Académie de Stanislas* embrasse dans ses études tous les genres de littérature et toutes les sciences. Les matières y sont souvent traitées avec distinction et profondeur, mais l'absence de toute méthode de classement dans le volume des *Mémoires* donne un air d'incohérence à ce recueil, où tous les sujets sont jetés confusément ; ce qui ne laisse pas que d'en rendre la lecture tant soit peu fatigante. Il serait pourtant bien simple de diviser le volume en histoire et littérature d'une part, et sciences physiques, mathématiques et naturelles d'autre part ; puis, dans chacune de ces divisions, de réunir les œuvres de la même nature. Quoi qu'il en soit, nous trouvons dans le volume de 1863 d'abord quelques piquants chapitres de philosophie paradoxale de M. Duncast, intitulés : *Examen de quelques opinions reçues ;* et *Un mot sur les langues de l'Orient*, par le même, mémoire écrit il y a quarante ans, longtemps perdu, puis retrouvé, et qui n'en a pas moins un air de nouveauté et une remarquable sève de verdeur ;

Puis une dissertation sur la chanson ou poème de *Garin-le-Lœherain,* chanson de 5,600 vers, par M. Émile Chasle ;

Une biographie d'*Emmanuel Héré, architecte du roi Stanislas,* et à qui l'on doit la plupart des monuments de Lunéville,
Nancy et Commercy;

Un travail court, mais très-substantiel, de M. Henry sur la *Réforme à Reims* (1525-1585);

Deux beaux morceaux de poésie, de MM. Gomont et Leupol;

Deux mémoires de M. le docteur Godron, l'un sur l'*Hybridité
dans le règne végétal,* et l'autre sur l'*Origine hybride du Pri-
mula variabilis ;*

Divers mémoires sur des recherches chimiques, par M. Hickled:
De la recherche de l'argent au point de vue médico-légal ; —
Faits pour servir à l'histoire de l'industrie en Lorraine ; — De
l'analyse du fer et de l'acier, etc. ;

Et enfin plusieurs discours et rapports.

Le volume qu'elle a publié en 1862 et qui nous est parvenu
seulement cette année, était consacré en entier à des documents
pour servir à la description scientifique de la Lorraine.

Les divers mémoires de ce volume, quelques-uns d'une haute
portée et tous dignes d'estime, traitaient :

De la géographie botanique de la Lorraine. — M. Godron.

De son ethnographie. — Origine des populations lorraines. —
Le Même.

De sa zoologie. — Le Même.

De sa météorologie. — M. le docteur Simonin.

De sa géologie. — Constitution géologique du département de
la Meurthe. — M. Levallois.

Étude géologique sur les couches situées à la jonction des
trois départements de la Meurthe, de la Moselle et de la Meuse.
— M. Hudson.

M. le docteur Ancelon a bien voulu nous faire le rapport
suivant sur les travaux de la *Société d'archéologie lorraine
de Nancy :*

« La Société d'archéologie lorraine poursuit son œuvre de patriotique intelligence et de décentralisation scientifique avec
autant de succès que de courage.

La dernière feuille du Journal qui reproduit ses douze séances annuelles, comptant 329 pages et deux planches, avait à peine paru le 31 décembre 1863 , que le volume de ses *Mémoires* , gros de 442 pages et de cinq planches habilement dessinées et lithographiées avec soin , était édité dès les premiers jours de janvier 1864.

Si vous voulez bien me suivre dans mes pérégrinations à travers les séances de cette Société , vous verrez qu'elle ne laisse rien échapper de ce qui peut fixer quelque point litigieux en archéologie et reculer les bornes de l'horizon de l'histoire.

C'est que la présidence n'y est pas une sinécure, ni les fonctions du Bureau et du Comité de rédaction un prétexte au *far-niente*.

Sur douze séances, l'infatigable président , M. H. Lepage, nonobstant ses nombreux travaux , en a occupé six de lectures pleines d'intérêt. Dans un curieux mémoire sur une famille de sculpteurs lorrains , les Drouin, son vertueux patriotisme s'élève doucement contre les biographes dont la légèreté confond ou condamne à l'oubli l'illustration , les œuvres et parfois jusqu'au nom, des hommes les plus dignes du respect et de l'admiration de la postérité. Croirait-on que de Dom Calmet, le plus autorisé entre tous, de Chevrier, de Durival, de Lionnais jusqu'à la *Nouvelle Biographie universelle* , le genre d'inexactitudes et d'erreurs signalées par M. H. Lepage n'a fait que se multiplier avec le temps ? N'y a-t-il pas là matière à un grave enseignement ? Disons-le bien haut, la coupable rapidité avec laquelle on travaille de nos jours exclut des œuvres de l'esprit l'exactitude trop souvent, la sagesse et la profondeur toujours !

Mais revenons à M. H. Lepage. Il y a plaisir et profit à le voir fouiller dans un vieux *pouillé* du diocèse de Toul, datant de 1402, pour en tirer, dans un savant mémoire, entre autres choses de valeur, des détails inédits sur les nombreux et riches établissements des Templiers, dont la plupart de ceux qui n'avaient pas été détruits passèrent à l'ordre de St-Jean-de-Jérusalem; sur les Antonins, création du XIe siècle ; sur les maladreries et les léproseries déjà assez nombreuses au XIIe siècle, pour prouver que toutes les pestes ne nous sont pas venues d'Orient ; sur un très-petit nombre d'hôpitaux ; de maisons de Dieu , d'ermitages , etc.

Nous avons encore à féliciter M. H. Lepage d'avoir reproduit l'histoire , écrite par Dom Calmet , du prieuré de Lay-St-Christophe, créé et donné , vers le milieu du X⁴ siècle , par la princesse Ève à l'abbaye de St-Arnoult ; et enfin d'avoir mis au jour plusieurs documents , curieux à divers titres , parmi lesquels nous croyons devoir citer une *Ordonnance de police aux bouchiers et aux boulangiers de la ville de Vic*, datée du 22 du mois de novembre 1573 ; d'où il appert que Mg⁺ le roi de Pologne (Henri III, évidemment) fit son entrée en la ville de Vic le mardi suivant.

A son tour , M. Aug. Digot , le fécond historien du royaume d'Austrasie et du duché de Lorraine , dans une note intitulée : *De eunuchis Virdunensibus*, est venu rappeler que , « parmi les présents que Luitprand , ambassadeur de Béranger , offrit à l'empereur de Constantinople en 948 ; il y avait des esclaves, dont quatre étaient entièrement mutilés , sorte d'eunuques de très-grand prix ; que la ville de Verdun était alors en possession de cette branche de commerce. » Mais il n'a pu complètement innocenter la ville austrasienne de ce qu'il y a de plus odieux dans l'industrie que l'histoire lui prête. A-t-il été plus heureux en traitant, très-savamment d'ailleurs , la question de savoir quelle langue on parlait dans les Gaules au VI⁰ siècle? Dire que le *sermo pedestris* était l'idiome du peuple et que les classes privilégiées avaient conservé les traditions de la pure latinité , sans autre preuve que les monuments laissés par les clercs dans les actes publics, supposés intelligibles pour tous ; c'est, à nos yeux , prêter le flanc à bien des points d'interrogation.

A la suite de M. l'abbé Guillaume ; nous parcourons un autre ordre d'idées. La cathédrale de Toul , admirée ; peinte, dessinée, gravée , photographiée; monographiée de mille manières; attendait encore , en 1863 , son historien. Comment et par qui a-t-elle été construite ? Comment en a-t-on couvert la dépense ?

Quelle en était la disposition intérieure et quels ornements en faisaient la décoration? De quels personnages a-t-elle reçu la sépulture? De quoi se composaient les archives de son trésor? Comment son personnel était-il administré? M. l'abbé Guillaume, s'inspirant des paroles par lesquelles Ézéchiel agita les tombeaux, a répondu à toutes ces questions: *Et ingressus est in ea Spiritus, et vixerunt steteruntque super pedes suos* (Ezechiel, cap. XXXVII).

Deux autres mémoires de M. l'abbé Guillaume ont suivi de près la lecture de cet important travail: l'un, sur les peintures murales et les inscriptions découvertes dans l'ancienne église St-Epvre de Nancy, qui, grâce aux soins du Comité du musée lorrain, vont échapper à la destruction; l'autre, sur un point d'archéologie religieuse, relatif à quelques reliques de la cathédrale de Toul.

Avec M. Bretagne, nous tombons en plein paganisme. Ce savant antiquaire décrit des groupes trouvés sur les terres des Lucquois, des Mésomatriciens, des Tribocs, des Némètes, représentant chacun un cavalier barbu, qui renverse sous son cheval un autre personnage, aussi barbu, à jambes de serpents. Suivant Macrobe et Ammien-Marcellin, le cavalier serait Hercule; l'homme qui a des serpents au lieu de jambes, un des géants fils du Ciel. Toutefois, M. Bretagne n'oserait affirmer que le dernier, précisément à cause de ses attributs, n'est pas aussi Satan, selon l'Apocalypse.

Dans une Société comme la nôtre, les notices historiques ne font pas défaut. Celle qu'a lue M. Laprevotte sur Florentin Thierriat, avocat exerçant, vers la fin du XVIᵉ siècle, au bailliage de Voge, tend à en redresser d'autres antérieurement publiées. Le point en litige est le lieu de la naissance du célèbre jurisconsulte, que notre auteur place à Mirecourt. Ce qui ressort le plus clairement du travail de M. Laprevotte, c'est que F. Thierriat fut pendu pour crime de lèse-majesté divine et humaine, commis dans l'acrimonieuse Défense de ses *trois traictez de la noblesse.*

Combien plus touchante est la biographie de Claude Gelée,

par M. Ch. Hecquet, hymne éloquent, vrai, convaincu, en l'honneur de la vertu et du génie ! Le peintre inimitable qui, dit-on, ne savait pas écrire, naquit à Chamagne en 1600, vécut estimé, honoré, aimé à Rome ; s'y lia d'une étroite amitié avec le Poussin, y mourut plein de jours et de gloire, le 21 novembre 1678 ou 1682, et fut enterré dans l'église de la Trinité-du-Mont.

Une pierre tombale, échappée aux dévastations commises par les Suédois, puis par les soldats de Louis XIV, dans l'église de Fénétrange, sert de prétexte à M. Louis Benoît pour nous fournir d'intéressants documents sur la fin du XVIIe siècle, où la famille des Souart, « en se dévouant aux secrets desseins de Charles IV en faveur du fils de Mme de Cantecroix, s'aliénèrent le parti des chevaliers des Assises, et, plus tard, en soutenant la politique de Louis XIV, excitèrent la méfiance du duc Léopold. »

Après le légiste, le peintre et le politique, est venu le tour de l'homme de guerre. « Quand mes chevaux, répondait Henri de Lorraine, comte d'Harcourt, à ceux qui lui parlaient de trève, auront mangé toute l'herbe qui croît autour de Turin, et mes soldats tous leurs chevaux, je lèverai le siége. » Le même, à ces paroles du général espagnol Liganez, vaincu à Guers : « Si j'étais roi de France, je ferais couper la tête au comte d'Harcourt pour avoir hasardé une bataille contre une armée plus forte que la sienne, » ordonna de répliquer : « Si j'étais roi d'Espagne, le marquis de Liganez perdrait la tête pour avoir cédé la victoire à une armée plus faible que la sienne. » C'est, nous dit M. Morey, le tombeau de cet illustre Lorrain, chef-d'œuvre de Coysevox, qui va périr enseveli sous les débris de l'église d'Anières, qui menace ruine, si l'on ne se hâte de céder aux patriotiques sollicitations de M. le comte de Warren.

MM. X. Barbier de Montault et Pierre Lacroix ont été jusqu'à Rome nous chercher des épitaphes et des descriptions de monu-ments lorrains ; M. Olry nous a communiqué une note sur les constructions romaines découvertes aux Thermes, territoire de Crésille ; d'autres notes archéologiques et historiques sur le vil-lage de Bagneux, et des recherches archéologiques sur les en-

virons de Colombey. On a lu, de M. A. Benoît, une note sur
la ville de Lixheim pendant la guerre dite de Turenne; enfin,
nous avons eu de M. Léon Mougenot des documents sur les
hôtelleries du vieux Nancy et sur l'hôtel et cette épitaphe de
Balthazar d'Haussonville (1564) :

> Riche de biens et en honneur prospère,
> Fut sénéchal de Lorraine mon père,
> Qui en mourant, de ce monde passa
> En aage viel et jeune me laissa.
> Balthazard fuz du sang de Haussonville
> Qui pour auoir la conduicte ciuile
> Et pour au faict de la guerre pouruoir.
> Fuz estably du prince à mon deuoir
>   Mon prince aussi chief me fit estre
>   Conseil, en son hostel grand maistre.
> Ainsi en biens et honneurs élevé
> Ay le uiel temps de ma course achevé.
> Exemple à toy qui sur ma sépulture
> Uiens en passant lire cette escripture,
> Pour te monstrer qu'a tout homme ainsi court
> Son age entier, par un passaige court,
> Et que les biens, les honneurs, les prouinces,
> Le nom, la race et la faueur des princes,
> Uont à la mort s'esuanouir au poinct,
> Dieu seul est Dieu qui aux siens ne faut poinct.

Disons quelques mots, avant de terminer, d'une notice bibliographique sur les *livres peu connus*. L'auteur de cette notice,
M. Gillet, d'abord dérouté, comme tout le monde, par l'exacte
et scrupuleuse érudition de M. Beaupré, dans ses *Recherches
sur le commencement de l'imprimerie en Lorraine,* a fini
cependant par tomber sur quelques *livres viels et antiques,*
échappés au savant lotharingophile. Il y en a un intitulé :
Covstvme du Balliage (sic) de Bar, petit in-4°, imprimé en
1614; un autre, *De ratione libros cum profectv legendi li-
bellus,* petit in-12, imprimé en 1615 : « les feuillets de cet

opuscule, sorti de la main du jésuite Sacchini, ne sont pas tous *inanes paginæ*, et ils renferment d'utiles préceptes pour la jeunesse. » Le dernier, qui porte le titre : *Les merveilles de Rome*, Toul, 1616, in-8°, est une traduction de l'italien André Palladio, par Pompée de Launay. Il y est question, entre autre choses, de trente-sept librairies de Rome, dont quelques-unes créées par Auguste, Gordianus, Adrianus; on y lit, au chapitre *De la civilité qu'on enseignait aux enfants :* « Les anciens Romains... ne permettaient pas qu'ils allassent manger hors de la maison ou proférassent des paroles déshonnêtes... On ne les laissait guère sortir de la maison et jamais on ne les voyait en la place. » Le chapitre assurément le plus curieux est celui qui traite *des feux des anciens :* il semble une critique de nos « poisles qui est une invention bestiale »; de nos cheminées si pleines de dangers, et il recommande « la coustume des anciens de faire un seul feu en un fourneau, lequel d'un costé était muré hors de la maison, et par plusieurs canaux petits, moyens et grands... la chaleur desdits canaux respondait au fourneau qui était joignant au mur de la maison, et la chaleur pénétrait les chambres... » Voilà bien la description de notre moderne calorifère. *Quid sub sole novum?*

Pour clore cette rapide énumération de travaux, nous ajouterons que, grâce à l'impulsion communiquée par la Société d'archéologie aux populations lorraines, tout le monde rivalise de zèle en faveur de notre musée provincial. »

L'année 1863 a vu paraître, à Nancy, un journal spécial d'agriculture pour le nord-est de la France. Il est intitulé : *Le Bélier* et nous avons été à portée d'apprécier le savoir éclairé et judicieux qui préside à sa rédaction. C'est une entreprise dont on ne saurait trop encourager l'utilité.

L'honorable délégué de la *Société d'archéologie et d'histoire de la Moselle* a bien voulu nous communiquer le rapport suivant sur la situation et les travaux de cette Société :

« En me faisant l'honneur de me déléguer près de vous, Messieurs, la *Société d'archéologie et d'histoire de la Moselle* m'a confié le soin de vous rendre un compte sommaire de ses travaux pendant le cours de l'année qui vient de s'écouler.

Je ne puis mieux remplir cette mission qu'en soumettant ses deux volumes de publications annuelles à l'examen des esprits distingués et érudits qui savent si bien, dans la rédaction de l'*Annuaire de l'Institut des provinces*, rendre justice aux travaux des Sociétés scientifiques des départements.

Je me bornerai donc à vous entretenir quelques instants de la grande extension qu'a prise la Société qui me délègue. Fondée en 1859, elle compte aujourd'hui près de 300 membres.

En déposant ces deux volumes sur le bureau du Congrès, je me bornerai donc, Messieurs, à signaler à votre attention les travaux qui présentent incontestablement un intérêt général.

La Société d'archéologie et d'histoire de la Moselle a pris, depuis ces dernières années, beaucoup d'extension, tant par l'augmentation de son personnel que par l'importance de ses travaux et par l'influence qu'ont acquis ses avis..

Le volume de ses *Mémoires* contient des travaux importants, parmi lesquels je citerai spécialement :

Une notice pleine d'intérêt sur les antiquités des musées de Mayence et de Wiesbaden, et sur quelques autres antiquités des bords du Rhin et de ceux de la Moselle inférieure, par M. l'abbé Ledain ; — un travail fort sérieux sur les antiquités égyptiennes du cabinet de M. Victor Simon ; — des études fort approfondies sur les origines de Metz, de Toul et de Verdun, que nous devons aux savantes recherches du R. P. Bach, de la Compagnie de Jésus.

Le volume des bulletins mensuels de la Société renferme un travail sur la numismatique, intitulé : Études de monnaies hébraïques, qui ont amené d'intéressantes considérations de philologie et de paléographie sur les langues orientales, par M. Lambert, rabbin.

Nous devons à notre honorable président, M. V. Simon, d'intéressantes communications sur les poteries étrusques et sur les sépultures de l'antiquité et du moyen-âge (*Bull.*, p. 92 et 96).

Je crois devoir signaler ici que la Société d'archéologie de la Moselle n'a jamais eu qu'à se louer de ses rapports avec les Autorités administratives. Plusieurs fois déjà M. le baron Jéannin, préfet du département, a bien voulu avoir recours aux lumières de cette Assemblée, qui a été ainsi mise à même de veiller par ses avis à la conservation ou à la réparation des monuments historiques.

Afin d'être à même de répondre sans retard à l'appel qui pourrait lui être fait tant par l'Administration que par les particuliers, la Société d'archéologie et d'histoire de la Moselle a formé dans son sein un Comité consultatif, chargé d'étudier les questions soumises à la Société et d'y répondre, en son nom, dans l'intérêt de la bonne conservation des monuments auxquels se rattachent des souvenirs historiques.

Parmi les travaux les plus importants de cette Commission, je dois citer le Rapport qui fut adressé à LL. EExc. les ministres d'État et de l'Instruction publique, sur les moyens de pourvoir à la conservation des fameuses arches de Jouy, qui occupent le premier rang parmi les vestiges romains dans nos pays (*Bull.*, p. 65 et suiv.).

Un des plus puissants moyens de répandre dans les campagnes le goût de l'archéologie et le respect de ses monuments, consiste dans les promenades que la Société fait plusieurs fois par an dans les diverses parties du département. Ces promenades sont l'occasion d'études monographiques importantes : je citerai principalement celles de M. A. Durand (103).

Pour stimuler et propager le goût de l'archéologie dans le département de la Moselle, des concours furent ouverts pour la restauration la plus intelligente d'un édifice ancien, et pour les meilleures reproductions des monuments historiques. A cet effet, M. Abel dressa un état des monuments dont il serait à désirer qu'on pût conserver de fidèles croquis ou des dessins exacts. Des médailles furent consacrées comme prix de ces concours.

Plusieurs médailles furent décernées cette année par la Société à des prêtres distingués qui, par d'habiles et intelligentes restaurations, ont rendu à leurs églises leur style primitif, ou qui ont veillé à la conservation des peintures ou autres vestiges des arts anciens.

La ville de Metz a vu se former cette année dans ses murs une institution nouvelle qui, dès sa naissance, a pris une extension considérable : je veux parler de conférences publiques qui ont été ouvertes à l'Hôtel-de-Ville sous le patronage de l'Académie impériale. La littérature, la philosophie, la physique ont trouvé d'éloquents interprètes près desquels, toutes les semaines, se réunissait un nombreux auditoire dont l'affluence considérable attestait les ressources intellectuelles de notre cité. — Les sciences historiques n'ont pas été négligées dans le programme de notre Faculté libre. M. Prost, dont le talent et l'érudition sont à si juste titre appréciés par plusieurs d'entre vous, Messieurs, développa dans ses conférences l'histoire légendaire de la ville de Metz. Un sujet aussi vaste et aussi riche ne pouvait être abordé que par cet orateur, que la Société d'archéologie est fière de compter parmi ses membres, et dont les connaissances spéciales sont le résultat des plus longues études et des plus profondes recherches. Le succès de ces conférences fut tel que les grands salons de l'Hôtel-de-Ville sont devenus insuffisants pour contenir tous les auditeurs. »

La *Société pour la conservation des monuments historiques de l'Alsace*, fondée, en 1855, par M. le Préfet du Bas-Rhin, continue ses recherches et ses travaux de restauration. La dernière livraison du *Bulletin* de cette Société renferme d'intéressants détails sur plusieurs découvertes qui ont été faites dans le courant de l'année 1863, et une série de mémoires sur différents sujets d'archéologie locale.

Parmi les découvertes mentionnées dans les comptes-rendus, nous devons signaler celle d'une grande série de peintures murales du XIVe siècle, dans l'ancienne église abbatiale de Wissembourg, et celle de curieux bijoux trouvés dans des sépultures franques à Odratzheim et à Gerslheim. Voici la suite des mémoires :

Notice sur quelques découvertes archéologiques effectuées dans les cantons de Saar-Union et de Drulingen, avec gravures et une planche chromolithographiée; par M. le colonel de Morlet, membre de l'Institut des provinces.

Découverte de sépultures antiques à Obernai; par M. L. Levrault.

Mémoire sur la grande voie romaine de Brumath à Seltz, pour la portion de Weitbruch à Kaltenhausen; par M. le curé Siffer.

Argentovaria, station gallo-romaine retrouvée à Grusenheim; par M. Coste, avec une gravure et une carte lithographiée.

Notice historique sur l'hôtel-de-ville d'Obernai et sur les anciens emplacements judiciaires dits *Seelhof* et *Laube*; par M. l'abbé Gyss.

Les fortifications d'Huningue; par M. Sabourin de Nanton, avec une gravure.

Lettre de Frère Sigismond à l'abbé Barthélemy d'Andlau sur les anciennes tapisseries de l'abbaye de Murbach; par M. X. Mossmann.

Une excommunication de Mulhouse au XIIIe siècle; par M. L. Spach.

Herbitheim, par M. J. Thilloy, avec une carte lithographiée.

L'église de Walbourg, avec trois gravures; par M. l'abbé Straub, membre de l'Institut des provinces.

Notice sur la pierre aux armes de Jean Hammerer, avec une gravure; par M. le baron de Schauenburg.

Note sur les ruines de villas romaines, près d'Oberbronn; par M. le curé Siffer.

Nous devons à M. Kampmann, vice-président de la *Société d'histoire naturelle de Colmar,* société fondée il y a peu de temps, mais qui se distingue déjà par son zèle et son activité, les renseignements qui suivent sur ses développements et ses travaux:

« La Société d'histoire naturelle de Colmar s'est donné pour

but de propager le goût des sciences naturelles dans le Haut-
Rhin et d'en faciliter l'étude par la création, à Colmar, d'une
bibliothèque et d'un musée d'histoire naturelle. — Le musée,
commencé il y a trois ans, présente déjà aujourd'hui un ensemble très-satisfaisant : les séries alsaciennes sont à peu près
complètes pour tous les règnes, et les collections générales renferment tous les principaux types de genres.

La Société tient régulièrement ses réunions ou conférences
deux fois par mois : le premier et le troisième mercredi, à quatre
heures du soir ; il y a de plus, chaque année, une assemblée
générale extraordinaire dans laquelle sont présentés les comptes
de l'année, ainsi que le Rapport général sur les travaux du
dernier exercice.

La Société est subventionnée par le Conseil général du Haut-
Rhin et par la ville de Colmar; mais les cotisations des sociétaires
contribuent pour une large part à solder ses dépenses.

Elle comprend aujourd'hui 281 membres, savoir :

                Membres honoraires.   17
                —   correspondants.   34
                —   titulaires.   230
                                                    ———————
                                    Total. .   .   .   281

J'ai l'honneur de vous adresser, par le même courrier, les
trois premiers fascicules de notre *Bulletin*. Quelque modestes
que soient ces premières publications, elles présentent déjà un
certain intérêt local. Nous espérons, au bout de quelques années,
réunir les matériaux nécessaires pour une *Histoire naturelle
complète de l'Alsace.*

Les recherches locales seront toujours notre principal but : ce
n'est que par elles qu'une petite société de province peut espérer
se rendre utile et apporter sa pierre à l'édifice général.

Voici les titres des mémoires publiés jusqu'ici dans notre *Bulletin* sur l'histoire naturelle de l'Alsace :

Géologie. — Note sur le terrain glaciaire de la vallée de Gi-
romagny; par le docteur Benoît.

Entomologie. — Catalogue des Coléoptères d'Alsace ; par
M. Kampmann.

Insectes nuisibles au vignoble d'Alsace : De la Bêche ou Li-
sette; par le Même.

Catalogue des Lépidoptères d'Alsace; par M. Henri de Peye-
rinchof.

Ornithologie. — Rapport sur les oiseaux réputés nuisibles et
leur destruction dans le Haut-Rhin; par M. de Saint-Firmin. »

RÉGION DU NORD.

M. Damiens, délégué de la *Société académique de l'Oise*, a
bien voulu nous fournir les renseignements qui suivent sur les
travaux de cette Société pendant l'année 1863 :

« La Société académique d'archéologie, sciences et arts du
département de l'Oise continue de publier, chaque année, un
volume de ses *Mémoires.* Le volume publié en 1863, qui forme
la 2ᵉ section du tome V de la collection, contient d'abord une
étude sur les tableaux de la cathédrale de Beauvais, par M. l'abbé
Barraud, qui poursuit ainsi la tâche qu'il s'est imposée depuis
longtemps, de décrire tout ce qui fait l'ornement de cette basilique justement renommée.

Après l'étude de M. l'abbé Barraud vient une notice sur les
travaux de Dom Pierre Coustant, de Compiègne, religieux bénédictin de la Congrégation de St-Maur, l'un des disciples les plus
distingués de Dom Mabillon.

La notice est de M. Coustant d'Yanville, capitaine de cava-
lerie, arrière-petit-neveu du savant Bénédictin.

La troisième pièce du *Recueil* de la Société académique de
l'Oise est assurée à l'avance de toutes les sympathies de l'Institut des provinces. C'est une notice nécrologique sur M. Houbigant, l'un des auxiliaires les plus dévoués de l'œuvre conçue
et propagée avec tant de courage et de persévérance par la
Direction générale de cet Institut. Nul ne pouvait mieux retracer
le caractère essentiellement artistique et archéologique de notre
regretté confrère que son ami intime, M. Danjou, fondateur de
la Société académique de l'Oise, dont M. Houbigant a été tant

de fois le représentant zélé près de l'Institut des provinces. L'Institut apprendra sans doute avec un vif intérêt que, par un acte de ses dernières volontés, ce digne promoteur du culte des traditions historiques provinciales a légué toute sa précieuse collection d'antiquités et tous ses manuscrits historiques à la Société de l'Oise, qui conservera de ce bienfait une reconnaissance éternelle.

Après la notice sur M. Houbigant vient, dans le même volume, une esquisse de la végétation du département de l'Oise, par M. Hippolyte Rodin, qui s'honore de suivre les traces de M. Graves dans la carrière des sciences naturelles.

Le *Bulletin* se termine par un exposé des observations météorologiques faites à Beauvais pendant l'année 1862. Ces observations forment la 5ᵉ série de celles que publie depuis cinq ans, pour la même localité, M. Victor Lhuillier, autre disciple des doctrines scientifiques de M. Graves. »

Nous devons à M. le comte d'Héricourt le rapport suivant sur les travaux de la *Société centrale d'agriculture du Pas-de-Calais :*

« L'agriculture est, sans contredit, l'une des principales richesses de la France, car elle donne à l'industrie les matières premières qui, travaillées par elle, deviennent de riches étoffes, de chauds vêtements, des denrées alimentaires et même, il faut dire, quelquefois des produits qui poussent à la débauche. L'agriculture est cependant essentiellement morale. Nos ouvriers, qui se trouvent toujours en présence des œuvres de la création, sont religieux, et l'on ne voit pas, dans nos campagnes, ces regrettables séparations que l'on rencontre si fréquemment dans le grand monde. La Société centrale d'agriculture du Pas-de-Calais a contribué à cette moralisation et elle réserve ses médailles les plus sympathiques aux bergers, aux garçons et filles de cours, aux valets de charrue, en un mot, à ceux qui se sont distingués par des services prolongés dans la même exploitation. Elle s'efforce également de propager l'enseignement agricole ; donne aux instituteurs les livres qu'elle regarde

comme utiles, leur multiplie les encouragements, et quelques-
uns de ses membres font même des cours pour montrer quelle
importance la Société accorde à l'enseignement agricole.

Il y a en France plusieurs centaines de Sociétés d'agriculture
ou de Comices agricoles; nous avons étudié le programme de
leurs prix : presque partout ils sont les mêmes. Nous nous bornerons donc à signaler quelques points qui donnent à la Société
centrale d'agriculture du Pas-de-Calais une véritable et sérieuse
importance. Outre ses concours d'arrondissement, elle a des
fêtes cantonales ; car, il ne faut pas l'oublier, le cultivateur re-
doute les concours : il voudrait n'y paraître que pour obtenir
des distinctions ; il craint, en outre, de fatiguer ses animaux.
La Société que j'ai l'honneur de représenter se rend chaque
année dans deux cantons, et les concours ne sont ouverts que
pour les animaux de la circonscription. En outre, la Société,
voulant surtout encourager l'élève chez le cultivateur, établit
deux classes : les animaux nés ou élevés dans le canton concourent ensemble, tandis que ceux introduits depuis peu de
temps ont des récompenses spéciales. L'amélioration se produit
en effet de deux manières : d'abord, en introduisant dans le
pays de bons reproducteurs (et l'on ne doit point mettre hors
concours les propriétaires assez généreux pour s'imposer des
sacrifices); mais le propriétaire peut également procéder par
sélection, et le cultivateur qui n'est pas assez riche pour acquérir à grands frais un reproducteur de race flamande ou
hollandaise, n'en a pas moins droit aux encouragements de la
Société. Les concours cantonaux ont produit d'excellents résultats : je n'en veux citer qu'un exemple. Les exhibitions hip-
piques avaient rencontré une telle froideur qu'elles avaient été
supprimées ; la dernière, ouverte à Arras, pouvait, sous le
rapport du nombre et du mérite des juments, le disputer au
concours régional qui comprend sept départements. »

C'est aussi à M. le comte d'Héricourt que nous devons le
compte-rendu suivant des travaux de la *Commission des antiquités départementales du Pas-de-Calais*, à Arras :

« La Commission des antiquités départementales poursuit laborieusement le programme qu'elle s'est tracé ; mais ses ressources sont très-restreintes : elle n'a pour revenus qu'une somme de 1,000 fr. qui lui est allouée par le Conseil général , et le produit de ses souscriptions. Or, on sait avec quelle difficulté les Sociétés peuvent vendre quelques-uns de leurs travaux : ils sont, en effet, si nombreux et si multipliés qu'il faudrait d'abord une grande fortune pour se les procurer , beaucoup de temps pour les lire , et, enfin, un palais pour y placer ces nombreuses collections. Les publications de la Commission des antiquités sont de deux espèces. La *Statistique monumentale,* publication in-4°, contient un grand nombre de planches. Le premier volume est entièrement terminé ; le deuxième est au milieu de sa publication : il contient une *Notice sur l'h'tel d'Artois, à Paris* (1) ; une *notice sur Heuchin et son église,* par M. l'abbé Lequette, vicaire capitulaire ; maintenant, c'est un modeste canton de l'arrondissement de St-Pol. On prétend que, sous les Morins, c'était une ville importante qui changea son nom pour prendre celui d'Helcie, fille de Pépin et de Bertrade , qui y avait fixé sa résidence vers 760. La demeure d'Helcie devint un lieu de prière où se réunirent des jeunes filles qui établirent un monastère détruit par les Normands en 862. L'église d'Heuchin n'offre rien de remarquable ; son portail est roman , mais un peu fruste.

M. Deschamps de Pas a décrit les églises de St-Omer et de Aire-sur-la-Lys. Les Jésuites furent appelés à St-Omer en 1556, par Gérard d'Haméricourt, qui réunissait les dignités d'évêque de ces diocèses et d'abbé de St-Bertin. Ce monument ne fut terminé qu'en 1529 ; l'église d'Aire est encore un peu plus moderne. Toutefois, dans un pays où les monuments sont rares, nous croyons qu'on a bien fait de conserver par le dessin les édifices qui , soumis à toutes les catastrophes, peuvent disparaître d'un jour à l'autre. L'architecture des Jésuites, d'ailleurs,

(1) Nous devons ajouter que cette notice est due à la plume savante de M. le comte d'Héricourt. Puisse-t-elle protéger le monument que menace le marteau des démolisseurs !

conserve toujours un cachet particulier : il était bon d'en faire connaître des spécimens pris dans le nord de la France. M. Deschamps de Pas a, du reste, fait ce travail avec une grande érudition et une rigoureuse exactitude : on en jugera lorsqu'on saura que cet habile archéologue a décrit cinquante-six sujets ou sentences placés dans une corniche et une frise d'ordre dorique. Mais il y a beaucoup de monuments dont l'importance ne comporte pas l'étendue de la *statistique monumentale*. Ainsi, telle statuette qui a été découverte, telle médaille ne figureront-elles point trop grêles sur une planche in-4°?

La Commission publie un *Bulletin des antiquités monumentales*. Elle y constate tous les faits qui intéressent l'archéologie locale : par exemple , la découverte des tombes et cimetières, des objets d'art, des restaurations, etc. Parmi les découvertes les plus curieuses, nous signalerons celles sur lesquelles M. Cousin a fait un rapport spécial : la *Motte de Rouvray*. Les fouilles ne sont point encore assez avancées pour que nous puissions en constater le résultat. Dans une tranchée faite pour l'établissement du chemin de fer d'Arras à Béthune, sur le territoire de Bailleul-sire-Berthould , on a trouvé un tombeau gallo-romain contenant un grand nombre d'objets en poterie.

L'un des ingénieurs du chemin de fer se trouvait présent : les fouilles furent poussées très-prudemment, on enleva toute la terre supérieure , chaque objet fut dessiné à la place qu'il occupait. Il est impossible de trouver un tombeau plus complet ; M. l'ingénieur s'est chargé d'en faire la description, et nous nous sommes tous mis à sa disposition pour que ce travail soit aussi exact que possible.

A la limite des arrondissements d'Arras et de St-Pol, on a découvert un cimetière gallo-romain. M. le docteur Ledru a recueilli précieusement tous les objets ; malheureusement les découvertes qu'il a faites ne sont point à la hauteur des sacrifices qu'il s'est imposés, ni du dévouement qu'il a apporté. Peu d'urnes sont entières, presque toutes sont brisées. On a trouvé divers morceaux d'armures et d'autres objets, que M. le docteur Ledru a généreusement mis à la disposition du musée d'Arras.

Les découvertes du moyen-âge ont été presque nulles

La Commission des antiquités départementales, plutôt par sa force morale que par les secours qu'elle accorde, protége et conserve les édifices anciens. La belle église d'Ablain-St-Nazaire, dont la restauration avait été encouragée par les souscriptions de la Société française, est maintenant à l'abri de tout péril. La tour de Carency, de ce village qui a donné son nom à l'une des branches les plus anciennes de la maison de Bourbon, menaçait ruine ; elle vient d'être restaurée d'après le style auquel ce monument appartient.

Mais c'est surtout à Arras que le mouvement archéologique s'est le plus puissamment développé. L'Hôtel-de-Ville et le beffroi, ces gracieux témoins de la fin du XVe siècle, viennent de subir l'une des plus intelligentes restaurations que l'on doive signaler. En outre, comme les besoins de l'administration moderne sont plus compliqués que ceux d'une mairie au XVIe siècle, il a fallu augmenter les constructions ; on l'a fait dans le style de la Renaissance appliqué aux deux pignons de l'édifice ; et si l'on avait un reproche à adresser, c'est que les ornementations sont trop nombreuses et trop riches ; reproche bien rare quand il s'agit de la Renaissance. Une église se construit dans les quartiers pauvres de la ville : elle est en style de transition et elle est due à M. Grigny, architecte à Arras. On doit à ce même architecte une église élevée par les dames Ursulines. On voyait autrefois sur la place de cette ville une élégante pyramide que M. Didron, avec beaucoup de raison, proclamait un véritable cierge de pierre. La tradition rapporte qu'à l'une de ces époques malheureuses du moyen-âge où la peste sévissait, les habitants de la ville d'Arras en étaient atteints : les cadavres encombraient les rues, les cris seuls de désespoir prouvaient qu'il y avait encore dans cette malheureuse cité des êtres vivants. L'évêque Lambert, prélat aux mœurs douces et aus- tères, occupait alors le siége d'Arras ; il fit des prières publi- ques ; et enfin, touchée d'une si grande piété, la Vierge Marie le fit prévenir qu'elle lui apporterait le remède. Elle lui remit, en effet, un cierge en cire dont quelques fragments sont venus

jusqu'à nous. Ils sont conservés dans une magnifique custode
en argent niellé, qui a été décrite par MM. de Linas et Deschamps de Pas, dans les *Annales archéologiques.* La comtesse
Mahaut d'Artois fit élever, pour placer le cierge béni, l'élégante tourelle dont nous avons déjà parlé. Elle exista jusqu'à
la Révolution; la fureur impie de cette époque ne pouvait
l'épargner, et une gravure nous montre encore les démolisseurs attachés à cet édifice et accomplissant leur œuvre.

C'est cet élégant édifice que M. Grigny s'est proposé de reproduire; l'œuvre est presque entièrement achevée, et toute la
ville se presse pour saluer cette belle et riche architecture du
moyen-âge et pour rendre justice au talent de l'architecte.

Comme on le voit, la Commission des antiquités départementales du Pas-de-Calais a, cette année encore, rempli avec
succès le mandat qui lui avait été confié. »

Nous devons à M. Ch. Gomart l'analyse suivante des principaux travaux du *Comice agricole de St-Quentin,* l'une des
Sociétés agricoles les plus éclairées et les plus zélées qu'il y
ait en France :

« Les travaux les plus importants que le Comice ait accomplis
dans cette période sont :

L'ouverture d'un concours de semoirs à céréales; — la continuation des recherches sur les résultats des labours profonds;
— des concours de juments poulinières, d'étalons de trait,
d'animaux reproducteurs des espèces bovine, ovine, porcine,
etc.; — concours de moralité; — distribution de récompenses
spéciales à des agriculteurs, des constructeurs, etc., pour inventions ou perfectionnements utiles.

Nous arrêterons un instant votre attention sur les points
suivants :

Le Comice s'est proposé d'ouvrir, chaque année, un concours
spécial pour une catégorie d'instruments. Il est convaincu que
les grands concours où figurent tous les spécimens de l'outillage
agricole n'ont pas, au point de vue de l'enseignement des con-

structeurs et des cultivateurs, toute l'efficacité désirable, parce qu'il est matériellement impossible, dans ces exhibitions générales, de faire fonctionner les instruments d'une manière sérieuse.

Pour apprécier avec exactitude le mérite des inventions et des perfectionnements qui se produisent en si grand nombre depuis quelque temps, il est indispensable de procéder à des expériences minutieuses et prolongées, lesquelles ne sont pas praticables dans les limites de temps et d'espace assignées aux concours régionaux.

Guidé par ces considérations, le Comice de St-Quentin a été l'un des premiers à proclamer l'utilité de la spécialisation des concours et à poursuivre la mise en pratique de cette idée. C'est ainsi qu'il a ouvert, il y a quelques années, une série d'expériences sur les labours profonds, expériences qui ont eu du retentissement, et dont le résultat définitif ne sera connu qu'après la constatation des produits de quatre récoltes consécutives effectuées sur le terrain où ces énergiques labours ont eu lieu.

De même, le Comice a provoqué, l'an dernier, un concours spécial de semoirs auquel beaucoup de constructeurs se sont présentés, et la Commission chargée de comparer le mérite des instruments qui entraient en lutte, a reçu également mission de suivre dans toutes ses phases la végétation des parcelles ensemencées, et d'en opérer la récolte et le battage, pour ne se prononcer définitivement qu'après avoir fait toutes les constatations nécessaires.

Le prochain concours spécial indiqué par le Comice est celui des houes à cheval, après quoi les faucheuses et les moissonneuses auront leur tour.

Nous n'insisterons pas, Messieurs, sur nos concours ordinaires d'animaux reproducteurs dont vous appréciez toute l'utilité.

Nous nous bornerons à vous indiquer, en passant, que le Comice a pu consacrer cette année une somme de 1,100 francs à la distribution des primes de moralité, entre toutes les catégories d'agents de la culture.

Nous croyons également superflu d'énumérer les diverses
questions qui ont été agitées dans le sein du Comice, ainsi que
les travaux dus à la plume de plusieurs de nos collaborateurs.
La plupart de ces actes et de ces travaux sont connus de vous
et ont reçu, par la voie de notre *Bulletin mensuel*, une publicité
suffisante.

Nous croyons devoir vous signaler un autre genre d'encouragements accordés par le *Comice* aux hommes d'initiative qui
contribuent à développer le progrès dans leur circonscription. Il
a décerné des récompenses pour l'extension du drainage, pour
la construction des voies ferrées agricoles, pour l'utilisation des
vidanges, pour le perfectionnement de certaines cultures, de
certains modes d'alimentation, etc., etc. — En un mot, ses encouragements vont trouver partout ceux qui, par des tentatives
heureuses ou par la supériorité de leurs résultats pratiques, ont
mérité d'être signalés à l'attention et à la reconnaissance publiques.

L'auteur de ce rapport eût pu ajouter que le *Bulletin* des
travaux du Comice de St-Quentin, qui est dû à sa plume, et
qui, après avoir été publié mensuellement, est réuni en un
volume à la fin de l'année, peut être considéré comme un modèle à imiter par les Sociétés qui tiennent à étendre leur enseignement et leurs services. Outre l'analyse des travaux de chaque
séance, ce *Bulletin* contient parfois des mémoires étendus et
d'un grand intérêt. Ainsi, la notice que M. Gomart lui-même a
consacrée à la Sologne et qu'il a intitulée : *Une excursion à
Romorantin*, n'est pas moins instructive pour les archéologues
que pour les agriculteurs. »

Nous devons le rapport suivant sur les travaux de la *Société
des Antiquaires de Picardie*, pendant l'année 1863, à M. Arthur
Demarsy, élève de l'École impériale des Chartes, conservateur
du musée de Compiègne :

« Chargé par la Société des Antiquaires de Picardie, ainsi
que MM. Cocheris et Pécoul, de la représenter au Congrès des

Sociétés savantes , je vais essayer de retracer aussi brièvement que possible les travaux de cette Société pendant l'année qui vient de s'écouler. J'espère pouvoir vous montrer dans cet exposé que cette fille aînée de la Société française d'archéologie , comme se plaisait à la nommer un de ses derniers présidents, n'a pas démérité et a continué à tenir un des premiers rangs parmi les Sociétés provinciales.

Cette année, enfin , la Société a pu tenir sa séance publique dans le musée qu'elle a élevé dans la capitale de la province , et dont l'inauguration définitive aura lieu dans peu de mois. De toutes parts commencent à affluer les objets, les antiquités trouvées dans le pays et qui sont le fruit des fouilles exécutées à Noroy, Marieux, Domart, Thièvres, Halloy, Coigneux, Doullens et Grattepanche (1). La Société y a joint aussi l'une des collections les plus complètes de verroteries antiques qui, au mérite de sa rare conservation, réunit celui d'avoir été entièrement recueillie dans le département de la Somme. N'oublions pas, après ces objets précieux, de mentionner la donation de 10,000 fr. faite à la Société par M. et Mlle Barni , donation qu'elle n'a cru pouvoir mieux reconnaître qu'en donnant le nom de ces généreux bienfaiteurs à une des salles du musée.

Un fort curieux autel romain , trouvé à Sains et offert à la Société , nous amène à parler de suite d'une description de Sama ou Sains au IIIe siècle, dans laquelle M. l'abbé Messio a cherché à suivre pas à pas toutes les traces du passage des saints Fuscien , Victoric et Gentien.

M. Lempereur a exploré une partie du Vermandois , et c'est avec le plus grand intérêt que nous avons entendu son mémoire sur les fouilles qu'il a fait exécuter dans la petite commune d'Épehy, où il a retrouvé une bourgade romaine située près de la voie de Reims au *Portus Itius.*

M. Garnier a publié les résultats d'une découverte fort inté-

(1) Voir, au *Bulletin*, les rapports lus à la Société sur ces fouilles par MM. Corblet , Gosselin , Dusevel , Garnier et Salmon.

ressante faite à St-Acheul-lès-Amiens, en 1861. — Quelques
planches reproduisent les objets trouvés dans ce tombeau romain. Nous lui devons aussi la rédaction du *Dictionnaire géographique de la Somme*, exécuté, avec sa patience et son
érudition habituelles, conformément aux instructions de M. le
Ministre de l'Instruction publique.

M. Dufour, président de la Société, a lu dans la séance publique un discours où il entreprend de réfuter les arguments
fournis par M. Salmon dans sa *Vie de saint Firmin*, et recule
l'apostolat de ce premier évêque d'Amiens au IIIe siècle.

Un rapport sur la *Vie de saint Front*, premier évêque de Périgueux (de M. Pergot), a procuré à M. Salmon une nouvelle
occasion de traiter avec son mérite habituel une question d'ha-
giographie, en développant et complétant la partie de cet
ouvrage qui traitait de la mission de ce Saint dans le Beau-
vaisis et le Valois.

M. Peigné-Delacourt a fourni aussi son contingent à l'archéologie des premiers siècles de notre histoire, en étudiant la
situation des principaux lieux des Sylvanectes, et en ajoutant
à cette dissertation un curieux mémoire sur les chaussées gauloises et romaines. Rappelant enfin l'immense service rendu aux
sciences historiques par la publication, faite par les ordres de
l'Empereur, de la Carte des Gaules au temps du proconsulat de
César, notre honorable et savant collègue a examiné le résultat
encore incomplet de ce travail et proposé un moyen de rectifier les inexactitudes qui s'y trouvent (1).

La publication des *Cartulaires* nous fait traverser la période
du moyen-âge. M. Peigné-Delacourt termine la publication de
celui d'Ourscamp, et la Société, dans une de ses dernières
séances, a bien voulu m'autoriser à préparer celui de l'abbaye de St-Nicolas-d'Arouaise, dont je possède l'original.

La Bibliothèque d'Amiens possède un curieux manuscrit de
Froissart, dont la rédaction du premier livre diffère considéra-

____

(1) Voir, dans les procès-verbaux, la généralisation de ce travail.

blement des autres textes de cet historien. Son conservateur, M. Garnier, a bien voulu se charger de le disposer pour l'impression, et il a en même temps publié le Journal historique de Jehan Palte, bourgeois d'Amiens, qui donne les plus curieux détails sur la situation de cette ville, de 1587 à 1617 (*Mémoires*, t. XIX, p. 181-374).

M. du Freshe de Beaucourt a retracé la vie accidentée de Blanche d'Aurebouche, vicomtesse d'Acy, et de ses trois maris : Guillaume de Flavy, gouverneur de Compiègne, qu'elle fit assassiner ; Pierre de Louvain, capitaine du Puy, et enfin Pierre Puy, conseiller au Parlement (*Id.*, *Ibid.*, p. 401).

M. Dufour a découvert un poème inédit sur le *feu de meschef* arrivé à la cathédrale d'Amiens en 1527, et l'a fait précéder d'une curieuse introduction (*Id.*, *Ibid.*, p. 375).

M. l'abbé Normand a décrit et dessiné les vitraux curieux de l'église d'Agnières, près Poix, qu'il croit devoir attribuer au XIIIe siècle (*Id.*, *Ibid.*, p. 105 et 3 planches).

Étudiant aussi la cathédrale d'Amiens, M. Salmon a publié les inscriptions de ses cloches et raconté leur histoire.

M. Coet a continué ses recherches sur la ville de Roye, la compagnie d'archers et les siéges qu'elle a eus à subir pendant les guerres du XVIIe siècle.

M. de Boyer de Sainte-Suzanne a bien voulu détacher, pour la séance publique, un fragment de son *Histoire des Intendants de Picardie*, concernant le canal de Picardie, un des plus grands travaux d'art du siècle dernier, et a retracé tous les efforts qu'eurent à faire, toutes les difficultés qu'eurent à surmonter les personnes courageuses qui s'étaient mises à la tête de cette grande entreprise.

La philologie a eu aussi sa place, et le *Bulletin* renferme deux discussions, dont l'une sur l'orthographe des noms de lieux ; MM. de Senneville et Pécoul ont vivement insisté pour obtenir que les archéologues donnent l'exemple, en écrivant les noms des communes tels que les indique une saine étymologie, et qu'on ne les dénature pas ainsi que le font chaque jour des géographes et même des érudits. La Société a accepté avec empressement cette proposition et a promis de faire tous ses efforts pour arriver à la réaliser. La seconde, motivée par la publication des *Satires picardes* de Crinon, a porté sur la manière d'écrire et de prononcer le picard.

Les travaux numismatiques se résument en une fort intéressante et très-complète notice de M. Voillemier sur les monnaies de Soissons, et deux rapports : l'un de M. Garnier, *Sur les plombs historiés de pèlerinage* de M. Forgeais ; le rapporteur a relevé avec grand soin les inexactitudes que contenait ce travail sur la Picardie et a indiqué un certain nombre de pièces qui n'avaient pas été décrites ;— l'autre de M. Bazot, sur les deux derniers volumes de M. Dancoisne (*Jetons de Douai* et *Numismatique béthunoise*), dans lequel il a fait ressortir les faits généraux que renferment ces excellents ouvrages, et a promis de réunir les renseignements nécessaires pour exécuter un travail analogue sur la numismatique de la Somme.

M. de Boyer de Sainte-Suzanne, dans son *Aperçu sigillographique*, a fait passer sous nos yeux les principaux sceaux que renferment les archives de la Somme, et, s'attachant à un sceau du duc Jean de Lancastre, a montré les ressources que l'histoire pouvait tirer de ces monuments.

Les armoiries exactes des villes d'Amiens, Abbeville, Doullens, Péronne et Montdidier : tel est le problème posé par la Société industrielle pour la confection de ses jetons et résolu fort habilement par M. Dutilleux. —C'est au même membre que l'on doit une note sur les armes de la nation picarde à l'Université d'Orléans, qui vient compléter les travaux, sur ce point, de MM. Dufour et Vallet de Viriville.

Sur ma proposition, la Société a examiné les moyens de recueillir et de publier toutes les inscriptions de la province.

Enfin, avant de terminer, rappelons les rapports de M. l'abbé Corblet sur la réunion de la Sorbonne de 1863, au point de vue picard ; ceux de M. Garnier sur les travaux de la Société en 1862 et 1863, et les discours de MM. Hardouin et Boulhors sur le musée et l'intérêt de clocher.

La Société a perdu trois de ses membres auxquels nous

devons payer le juste tribut de nos regrets : MM. de Betz, Houbigant et Chabaille.

Dans sa séance publique, elle a décerné ses prix : à MM. Del-
gove, pour l'*Histoire de Doullens* ; Gosselin, pour celle de St-
Fursy, de Péronne, et à l'un de vos plus anciens collègues,
M. Gomart, pour ses études sur la ville de Ham, et a mis au
concours, *pour les années prochaines*, les travaux suivants :
1865. Histoire générale de la Ligue en Picardie, prix : 500 fr.;
— Mémoire manuscrit sur un sujet relatif à l'archéologie de la
Picardie, laissé au choix des concurrents, 500 fr. ; — Statistique
historique et archéologique du canton d'Oisemont, 300 fr. —
1866. Histoire d'une abbaye de Picardie, de fondation royale,
500 fr. »

L'*Académie d'Arras* a continué à accorder la plus large part
aux études historiques, et principalement à celles qui ont trait à
la contrée de son ressort. Le plus important des travaux de ce
genre, depuis un an, est sans contredit l'étude comparée, par
M. Robitaille, des recherches de M. de Saulcy, membre de
l'Institut, et de M. Haigneré, archiviste de la ville de Boulogne,
sur le *Portus Itius* de Jules-César. Le problème de l'emplacement de ce port fameux, où s'est embarqué le conquérant des
Gaules, a, depuis trois siècles, préoccupé un grand nombre
d'écrivains distingués. Lorsque l'on aurait pu croire que la
science avait dit son dernier mot sur cette intéressante question,
deux mémoires parurent : l'un de M. de Saulcy, qui plaide la
cause de Wissant; l'autre de M. Haigneré, qui se prononce
pour Boulogne. M. Robitaille, après un examen approfondi,
donne la *préférence à la thèse soutenue en faveur de Boulogne.*
Il a envisagé les questions relatives à l'étymologie du mot
Wissant, à la topographie des lieux qui étaient le théâtre de la
discussion, et au résultat des fouilles qui y ont été faites à diverses
époques. Selon lui, d'après les aveux de Du Cange et de M. de
Saulcy, on ne peut tirer aucun argument, en faveur de Wissant,
de l'étymologie de son nom : l'existence d'un camp romain dans
cette localité ne repose sur aucun fondement, ainsi que l'at-

testent les études des hommes les plus compétents, et les résultats négatifs des recherches effectuées tout récemment sur le territoire de Wissant. Boulogne se trouve dans de bien meilleures conditions : outre les constructions romaines qu'on y rencontre, on y a découvert une quantité d'objets qui démontrent la présence d'une armée romaine, et la possibilité d'un immense camp autour de l'antique *Gessoriacum* ne saurait être contestée. La Liane pouvait empêcher l'ensablement du chenal ; les forêts dont la ville de Boulogne était environnée expliqueraient la rapidité avec laquelle Labienus a réparé les désastres de la flotte de César ; enfin, les routes militaires et les grandes voies qui sillonnaient la Morinie aboutissaient à Boulogne quelques années après l'expédition de César.

M. Robitaille s'arrête ensuite à la signification du mot *Portus,* que tous les auteurs ont entendu d'un port véritable et non d'une anse ou d'un littoral quelconque, et aussi à la distance indiquée par César entre le port où il s'est embarqué et les côtes d'Angleterre. Puis, parcourant rapidement les *Commentaires* sous le rapport de l'hydrographie, il se prononce en faveur de Boulogne, parce que, à ses yeux, il y a dans ce système, sinon une certitude historique, au moins des vraisemblances et des probabilités par lesquelles tout s'explique, tout s'enchaîne, et répond aux difficultés des adversaires de la manière la plus satisfaisante.

On est loin d'être unanime, même dans l'Académie d'Arras, sur cette question qui, depuis quelques années, occupe beaucoup les savants du nord de la France : MM. Harbaville et Van Drival, se reportant eux-mêmes aux faits historiques, examinant un à un les principaux arguments de leur honorable collègue, se sont déclarés pour Wissant. M. Maurice Collin, de son côté, a repoussé à la fois Boulogne et Wissant comme ports d'embarquement de César : la raison qu'il en a donnée et qui lui a paru péremptoire, c'est que la flotte du général romain aperçut l'Angleterre à sa gauche, à la pointe du jour, après la chute du vent du nord, sous lequel elle s'était embarquée ; ce qui prouve, selon lui, qu'elle serait partie des environs de Sangatte ou de Calais.

Un autre travail qui se recommande par des recherches approfondies est un mémoire de M. Lecesne, sur les *Justices seigneuriales*, où l'auteur examine l'organisation de la basse, de la moyenne et de la haute-justice en Artois. Il constate que, d'après les coutumes, la juridiction de la basse-justice était fort étendue au civil et presque nulle au criminel ; que celle de la moyenne-justice était à peu près égale sous ce double rapport et que, dans la haute-justice, le criminel l'emportait de beaucoup sur le civil. La moyenne-justice avait d'ailleurs des attributions qui, de nos jours, sont le partage exclusif de l'administration : elle était notamment préposée à la police rurale et à l'entretien des chemins vicinaux. La haute-justice avait le droit de faire des édits. Cette organisation, qui déjà avait presque disparu au moment de la Révolution, a eu ses jours de splendeur et a rendu de véritables services aux populations, dans le chaos du moyen-âge.

Un second travail du même auteur est relatif à la sorcellerie en Artois. La peine la plus ordinaire infligée à ceux qui se livraient à ces pratiques, plus ridicules que criminelles, était le feu. Cependant on devait procéder avec la plus grande circonspection et, selon Desmazure, il fallait que « l'accusé fût « convaincu d'avoir eu part avecq le diable par une négation « de la foi et relligion chrestienne, luy faisant hommage et « révérence et promettant fidélité ; d'avoir adsisté aux sacri- « fices nocturnes avec les autres sorciers du diable et y faict « des vilenies qui s'y pratiquent. »

La sorcellerie paraît avoir été particulièrement en honneur dans ce pays, ainsi que le prouvent le procès fameux de Robert d'Artois, en 1351, dans lequel furent révélés de nombreux faits de cette nature, et celui de 1459, où il fut *constaté* qu'un grand nombre d'habitants d'Arras avaient l'habitude de se transporter de nuit au sabbat, et de s'y abandonner à toutes sortes de débordements ! Le mal était si grand que l'archiduc Albert fut obligé, en 1606, de recourir aux lumières de célèbres jurisconsultes pour qu'ils rédigeassent un réglement relatif aux sorciers, et que le Conseil d'Artois eut aussi à s'occuper spécialement de cette matière.

M. l'abbé Proyart a produit devant l'Académie plusieurs notices, dont l'une d'un grand intérêt : c'est l'histoire des institutions de charité d'aujourd'hui dans la ville d'Arras. Il donne sur toutes d'amples détails, et sur quelques-unes des révélations d'un grand intérêt.

On doit à M. Laroche, entr'autres travaux remarquables, un récit de la transformation de l'ancienne province d'Artois en département. Il a terminé dans l'année écoulée cette curieuse histoire, qu'il avait commencée précédemment. Mais, comme sujets d'un intérêt plus général, il faut citer les savantes et curieuses recherches de M. de Linas sur les chaussures liturgiques dans l'antiquité et chez les premiers peuples chrétiens ; sur les chaussures impériales et royales en Occident, et enfin sur les chaussures et bas au moyen-âge ; le vaste travail de M. Van Drival (qui ne sera publié que l'an prochain) sur les tapisseries d'Arras ; le mémoire de M. Billiet sur la mise en valeur des biens communaux ; et enfin une étude pleine d'intérêt, de M. Deschamps de Pas, sur une enquête faite au XVII⁰ siècle concernant les fabriques de draps dans les Pays-Bas.

M. Liégard, membre correspondant de la *Société impériale d'agriculture., sciences et arts de Douai, centrale du département du Nord*, a bien voulu nous lire le compte-rendu qui suit sur les travaux de cette Société pendant les années 1862 et 1863. Quoiqu'un peu étendu, ce travail ne sera pas sans intérêt pour les amis de la science :

« Le tome VI de la 2⁰ série des *Mémoires* de la Société comprend les travaux de 1859 à 1861. Les travaux des années 1862 et 1863 formeront le tome VII, qui est actuellement sous presse.

C'est le résumé de cette dernière période que je vais avoir l'honneur de vous présenter.

Vous savez, Messieurs, quel degré de splendeur ont atteint dans le département du Nord et l'industrie et l'agriculture ; si la nature du sol, le climat et le travail intelligent des habitants ont concouru à cet essor, il faut encore en attribuer une large part à l'influence des Comices et des Sociétés savantes du département, dont la plus ancienne est la Société centrale de Douai. Elle existe depuis plus d'un demi-siècle.

Les bulletins agricoles de cette Société renferment des documents trop nombreux et trop importants pour qu'une sèche analyse puisse les faire apprécier. Je mentionnerai donc seulement quelques-uns des travaux les plus étendus.

M. Maurice, dans un rapport sur un travail de M. Gleizes, a discuté le remède que ce dernier croyait avoir trouvé pour rendre les crises alimentaires impossibles. Des greniers de réserve établis dans toutes les communes de France, et qui se rempliraient au moment de l'avilissement des prix, pour se vider au contraire lorsque ces prix deviennent trop onéreux : telle est, en deux mots, la solution proposée par M. Gleizes. M. Maurice a fait ressortir avec autant de force que de clarté les innombrables inconvénients de ce projet que l'on peut, je crois, taxer de chimérique; il a fait comprendre que c'est au commerce seul et à l'initiative personnelle des citoyens qu'il faut demander le remède aux crises alimentaires.

M. le docteur Maugin a présenté plusieurs extraits du *Journal d'agriculture pratique* et une dissertation sur la valeur des engrais.

M. Penin a fait une proposition relative à la création d'un musée agricole, où viendraient peu à peu prendre place les modèles, réduits à une échelle convenable, des instruments de tout genre qu'enfante chaque jour le besoin de mieux faire. Ce musée, dont l'installation ne coûterait, selon M. Penin, qu'une somme minime, ne pourrait incontestablement produire que d'excellents résultats.

M. Vasse a donné lecture d'un intéressant mémoire, ayant pour titre : *La Flandre agricole au temps d'Arthur Young*, *en* 1787. Le tableau de ce qu'était notre agriculture il y a près d'un siècle, les nombreux détails empruntés à un homme aussi compétent que l'était Arthur Young, les questions de rendement, de capital employé, de main-d'œuvre, passées en revue par M. Vasse, forment les bases d'une comparaison qui pourra devenir des plus intéressantes lorsqu'une nouvelle lecture aura fait connaître les résultats de l'époque actuelle.

M. Fiévet a lu un mémoire concernant la vaste exploitation qu'il dirige avec tant de succès à Masny. En lisant cet exposé précis et fidèle de ce que peut devenir une exploitation rurale entre des mains fermes et intelligentes, en contemplant le merveilleux tableau des résultats que produit l'application raisonnée des progrès indiqués par la science moderne, on n'est nullement surpris que le jury ait décerné à M. Fiévet la grande prime d'honneur.

Dans le sein de la Commission des sciences exactes et naturelles, la plupart des membres ont continué à tenir leurs collègues au courant du mouvement scientifique actuel par des rapports sur les ouvrages renvoyés à leur examen ; rapports auxquels ils ont su mêler cette critique éclairée qui transforme leurs communications en de véritables travaux originaux.

Quelques-uns d'entre eux ont fait part des fruits de leurs observations personnelles, dans des communications écrites ou verbales dont la brièveté n'a point exclu l'intérêt. Parmi ces communications, je signalerai : de M. Maugin, des observations sur les causes probables de l'épidémie de fièvre scarlatine qui a sévi à Douai, parmi les enfants, vers la fin de l'année 1862 ; — des réflexions à propos d'une brochure du docteur Niobey, relative à une épidémie de choléra observée dans la petite ville de Gy. M. Maugin a su développer en termes saisissants cette thèse : que l'isolement systématique adopté par certaines villes qui se tiennent pour ainsi dire à l'écart du grand courant de la civilisation, les place dans une sorte d'état morbide éminemment apte à les rendre la proie de ces fléaux terribles dont la cause est inconnue, et dont la présence ne se manifeste que par leurs effets foudroyants.

M. Ricour a communiqué à la même Commission deux observations : l'une relative à un bolide qu'il a aperçu dans la soirée du 4 mars 1863 ; l'autre à un cas, très-nouveau et jusqu'ici complètement inexpliqué, d'altération du verre qui recouvrait les photographies transportées de France au Sénégal.

Enfin, la Commission des sciences exactes et naturelles a examiné avec intérêt un mémoire dû à l'un de ses membres

les plus vénérables, M. Plazanet, et ayant pour titre : *Descrip-*
tion d'un nouveau mécanisme relatif au développement de
la force atmosphérique.

La Commission des sciences morales et historiques ne cesse
de se faire remarquer par l'abondance et l'importance de ses
travaux.

C'est d'abord une étude de M. Foucques, intitulée : *Rapports*
des Médicis avec l'Asie. Ce remarquable travail, rédigé d'après
des documents inédits que M. Foucques a pu se procurer à
Florence, et dont la liste accompagne le mémoire lui-même,
comprend la période de 1580 à 1620. Le double but que se
proposaient les Médicis, et principalement Ferdinand Ier, en
cherchant à nouer des relations avec les contrées de l'extrème
Orient, la Chine, le Japon, la Perse, à peine connus à cette
époque par le récit des missionnaires, le double objet que les
Médicis avaient en vue ressort clairement de la lecture du
mémoire de M. Foucques. C'était, d'une part, le triomphe et
le développement de la religion catholique ; de l'autre, la
possession de matériaux précieux, tels que marbres, pierres
dures, à l'aide desquels se confectionnaient ces mosaïques dites
de Florence, les plus riches et les plus durables qui existent.

M. Foucques a été conduit à entreprendre ce travail en
découvrant une correspondance des Médicis avec le P. Trigault,
jésuite douaisien, célèbre par ses voyages en Chine, et dont
M. Dehaisne avait déjà raconté la biographie.

M. le conseiller Tailliar a entretenu, à différentes reprises, la
section des sciences morales et historiques de divers sujets
dont je ne puis mentionner que les principaux. C'est d'abord
la communication de découvertes archéologiques assez curieuses
faites à la ferme de Mizy, près de Port-à-Binson (vallée de,
la Marne) ; c'est ensuite un premier exposé de recherches
entreprises sur les idiomes du pays ; — plus tard, dans une
autre séance, un rapide aperçu historique sur les peuples qui
ont habité le midi de la Gaule dès avant la conquête romaine
jusqu'à l'époque des rois gallo-francs ; c'est enfin le projet
d'une proposition à soumettre à M. le Ministre de l'instruction

publique, et qui consisterait à diviser la France en cinq grandes zones pour chacune desquelles il y aurait, tous les cinq ans, une réunion générale de Sociétés savantes, dans laquelle on discuterait des questions historiques ou autres relatives à la zone.

Une autre proposition, due également à l'initiative de M. Tailliar, ne pourrait que contribuer, si elle était agréée, à augmenter l'éclat dont brille à Douai tout ce qui est du domaine de l'intelligence. La ville de Douai a possédé autrefois une Université dont la prospérité était des plus remarquables. La création de la Faculté des lettres lui a rendu sous ce rapport une partie de son ancienne splendeur; mais il en serait tout autrement si cette cité obtenait en outre une Faculté de Droit, ou du moins une école préparatoire analogue, par sa constitution, aux écoles secondaires de médecine.

C'est toujours dans le même esprit qu'a été conçue une autre proposition de M. le conseiller Cahier, à l'époque où l'on s'occupait beaucoup de la création de colléges internationaux. Convaincu que Douai est dans les conditions les plus satisfaisantes pour obtenir un de ces établissements, M. Cahier voudrait que cette ville devînt le siége du collége destiné à recevoir en France les élèves anglais et allemands. Il existe aussi à Douai, depuis un très-grand nombre d'années, un séminaire anglais.

M. l'abbé Dehaisne, laborieux et infatigable savant, a continué d'entretenir la Société du fruit de ses recherches incessantes. L'œuvre la plus importante qu'il ait présentée pendant les deux dernières années, est une histoire de l'origine et de la création de l'Université de Douai. M. Dehaisne a raconté dans tous leurs détails les nombreuses démarches tentées près de Charles-Quint, à partir de 1531, par le magistrat de Douai. Ni les refus subis par la ville de Tournay, qui avait tenté une démarche analogue en 1530, ni la sourde opposition de la ville de Louvain, qui voyait dans l'Université nouvelle une rivale de la sienne, ni la lenteur avec laquelle s'accomplirent les enquêtes et démarches décrétées par Charles-Quint, rien ne rebuta les Douaisiens. Cependant, c'est seulement en 1560, sous le règne de Philippe II, qu'ils obtinrent enfin une réponse favorable à leurs demandes sans cesse formulées depuis trente ans. — Ici s'arrête en ce moment l'œuvre encore incomplète de M. Dehaisne, qui bientôt, sans doute, communiquera la suite de ses laborieuses et patientes investigations.

Au risque d'être accusé de profanation, M. Dehaisne a mis au jour une pièce relative à l'origine encore douteuse de Gayant, si cher aux patriotes Douaisiens. Elle indique le don d'une somme de 8 livres faite par la ville à la corporation des *Cagereurs* et *Manneliers*, pour les aider à confectionner un personnage en forme de Gayant, devant servir aux histoires de la procession solennelle qui avait lieu le 18 juin de chaque année. C'est en 1530 que cette allocation de 8 livres est accordée pour la première fois, et c'est aussi le 18 juin de cette même année que le Gayant (altération évidente de géant) s'est d'abord produit dans la splendide procession, qui ne comptait pas moins de trente-huit histoires, vingt environ de plus qu'à l'entrée de Charles-Quint à Douai. Ainsi, cette simple pièce ferait déchoir Gayant du rôle mystérieux et légendaire que lui attribue la chronique du pays, pour le réduire à ne plus être que le spécimen gigantesque de l'industrie des manneliers. Cependant rien n'empêche encore de croire qu'en construisant leur statue colossale, les manneliers aient seulement voulu personnifier un héros des légendes populaires de l'époque.

A diverses reprises, M. Preux fils a fait à la Commission des sciences morales et historiques des communications verbales du plus haut intérêt local. Tels sont des détails sur les archives municipales de Lillers et sur quelques-unes des chartes importantes qu'il y a rencontrées ; telle encore la description sommaire du musée formé à Bois-Bernard par M. Terninck, et dans lequel cet ardent amateur a réuni la plupart des antiquités gallo-romaines découvertes dans les communes des environs ; tels enfin des documents inédits sur Jacques de Blondel, seigneur de Cuincy, officier général dans les armées de Louis XIV, sur l'abbé de Cysoing et sa correspondance avec

Mathias de Mailly, religieux du même monastère ; enfin sur un récit du siége de Douai en 1710.

M. Ricour a traduit un poème écrit en flamand par M. Van Bers, en l'honneur de Jacques Van Maerland, poète du XIIIᵉ siècle, le premier qui en Flandre ait écrit en langue vulgaire, et auquel la ville de Damme vient d'élever une statue. En faisant parler le vieux poète, M. Van Bers lui a emprunté, sur les hommes et les choses de son temps, des peintures saisissantes par leur énergie et leur indépendance. Jacques Van Maerland apparaît comme une sorte de libre-penseur, qui donne une idée curieuse du mouvement des esprits et des tendances des masses à l'époque où il vivait.

Sous le titre de : *Histoire de l'Irlande depuis la mort d'O'Connell, en 1847, jusqu'en 1863*, M. le proviseur Fleury a retracé le lamentable tableau des souffrances que subissent encore de nos jours les malheureux habitants de cette contrée. Les bases du travail de M. Fleury ont été empruntées en grande partie à un ouvrage du P. Perraux, qui, voulant éviter pour lui-même le reproche de partialité, a puisé tous ses renseignements dans des documents officiels incontestables, émanant d'auteurs protestants. La prétendue égalité qui règne entre les diverses parties de la Grande-Bretagne n'est plus qu'un vain mot, lorsqu'il s'agit de l'Irlande. Inégalité criante dans la répartition des emplois publics, de la représentation nationale, du droit de vote; absence d'impartialité dans l'administration de la justice, grâce aux jurys falsifiés, grâce au choix exclusif des juges de paix parmi les grands propriétaires du sol, c'est-à-dire parmi les protestants ; suspension presque permanente de toutes les libertés si chères aux Anglais, au moyen de bills spéciaux qui ont placé l'Irlande, trente-quatre fois en soixante-deux ans, sous une sorte d'état de siége; enfin une constitution de propriété foncière tellement étrange, qu'un propriétaire protestant peut refuser à un village catholique une église ou une école, qu'il peut évincer en masse tous ses tenanciers pour substituer l'élève en grand du bétail à la culture de la mince parcelle de terre qui les empêchait de mourir de faim :

par-dessus tout cela, l'implacable misère aggravée par une famine presque périodique... : tels sont les principaux traits du sombre tableau que M. Fleury a tracé, dans ce style exact et attrayant qui a placé son *Histoire d'Angleterre* au rang des ouvrages classiques.

MM. Asselin, Cahier, Courtin, Léon Maurice ont lu, dans le sein de la Commission des sciences morales et historiques, d'autres rapports également remplis d'intérêt et d'érudition.

Il reste à parler des travaux présentés à la Commission des Arts.

Dans le courant de l'année 1862, une découverte due à M. Wouters, archiviste à Bruxelles, vint émouvoir profondément le monde artistique. Une pièce complètement inédite fit connaître, à M. Wouters, l'auteur du célèbre tableau polyptique légué par le docteur Escalier à l'église Notre-Dame de Douai. Ce tableau, attribué en général à Memling, était l'œuvre d'un artiste douaisien jusque-là presque inconnu, Jehan Bellegambe. A peine cette nouvelle était-elle connue que M. Preux fils se mettait à l'œuvre et apportait, au bout de quelques jours, une notice sur Jehan Bellegambe. Dans cette notice, M. Preux a recherché quelles sont les œuvres d'art, conservées dans les musées ou les églises, qui pourraient être attribuées à l'artiste douaisien ; il a donné sur ce dernier, sur sa famille, des détails biographiques tirés des archives municipales, et a terminé par l'énumération de cinq artistes du même nom, qui ont également exercé la peinture à Douai au XVIe et au XVIIe siècle.

C'est également de Bellegambe que se sont occupés MM. Asselin et Dehaisne, dans un important ouvrage relatif aux arts et aux artistes à Douai, du XIVe au XVIe siècle. Ils continuent leurs patientes recherches ; et, en attendant qu'on puisse apprécier l'ensemble de leur œuvre, ils ont bien voulu en détacher quelques fragments du plus vif intérêt. Dans une première lecture, M. Asselin a rassemblé un grand nombre d'extraits recueillis dans les comptes de la ville de Douai, les registres aux bourgeois, les chirographes, les testaments ; et c'est à l'aide de ces matériaux épars qu'il a pu donner une

idée des goûts artistiques, si développés, de la cité douaisienne,
du XIVᵉ au XVIᵉ siècle , et fait connaître les noms de trois à
quatre cents artistes vivant dans ses murs à une époque où
jusqu'ici on n'en connaissait que quinze à peine. Dans une
lecture suivante, M. Asselin a communiqué un passage spécialement relatif à Jehan Bellegambe. Des documents inédits,
pour la plupart, lui ont permis de suivre Bellegambe pendant
toute la durée de son séjour à Douai , et de retracer en quelque
sorte la vie privée de l'habile peintre. Puis il a étudié l'artiste,
en donnant, avec une description savante de ses œuvres,
l'appréciation de son talent. Dans une autre séance, M. Dehaisne a fait part de quelques détails sur Martin Bellegambe,
fils du célèbre auteur du rétable d'Anchin , et qui semble aussi
avoir cultivé la peinture avec succès.

Ces divers travaux ont été lus, en partie, à la réunion générale des Sociétés savantes qui s'est tenue à la Sorbonne au
mois d'avril 1863.

Mais là ne s'arrêtent pas les communications des membres
de la Commission des Arts. A côté des Bellegambe, dont le
nom, encore oublié il y a quelques mois , brille déjà d'un si
vif éclat, vivaient dans Douai une foule d'artistes d'un mérite
incontestable, et dont la mémoire s'est peu à peu effacée.
M. Preux fils a entrepris la noble tâche de les remettre en
lumière. Ainsi, il a successivement fait connaître divers documents recueillis par lui sur Anthoine Serrurier, Pierre Ru-
cholle , Théry de Gricourt, religieux de Cysoing , et Guillaume
Du Mortier, tous graveurs douaisiens ; sur M. Thibaut, procureur au Parlement de Flandre , collectionneur et en même
temps auteur de quelques gravures d'armoiries ; sur Pierre
Flament et Wacheux, maîtres sculpteurs de la ville de Douai, etc.

M. Robaut a reproduit un ancien plan de Douai, dit plan de
Sansonius, qui peut donner des indications précieuses pour
l'histoire de la ville.

Enfin on doit à M. Brassart, l'infatigable archiviste de la
Société, l'énumération et la description d'objets réunis par ses
soins dans la salle des Archives des hospices de Douai , et

dans la salle des délibérations de la Commission administrative. Ces objets rappellent le souvenir d'anciens bienfaiteurs des hôpitaux, de cette ville et consistent, pour la plupart, en plaques de cuivre gravées et en pierres portant diverses inscriptions. Ils ont appartenu à des chapelles, à des établissements qui aujourd'hui n'existent plus, et l'on doit savoir gré à M. Brassart d'avoir sauvé, pour ainsi dire, d'un éternel oubli des noms que la charité a rendus recommandables.

On jugera par cet aperçu si la vieille *Société douaisienne* n'a pas apporté un contingent digne de fixer l'attention des autres Sociétés savantes de la province. »

M. Cousin, délégué habituel de la *Société Dunkerquoise*, s'est acquitté encore cette année de la mission de nous fair, connaître les travaux de cette Société en 1863. Voici le texte de son intéressant rapport :

« Délégué par la Société Dunkerquoise avec deux de ses plus honorables correspondants, M. de La Roière, ancien maire de Bergues, et M. le marquis Dequeux de Saint-Hilaire, je viens vous rendre compte de ses travaux depuis votre dernière réunion.

M. Alard, son trésorier, a traduit, de l'anglais en français, un mémoire de M. Wyckeham-Martin, vice-président de la Société archéologique du comté de Kent; mémoire relatif aux châteaux et maisons du moyen-âge en Angleterre. On y trouve de curieux renseignements qui permettent de comparer ces châteaux avec ceux de la France, qui ont été si bien décrits par notre illustre directeur. Je n'ai pas besoin de vous rappeler que son honorable auteur, ancien membre du Parlement anglais, a assisté, comme président de la députation des archéologues du comté de Kent, au Congrès archéologique de France, tenu à Dunkerque en août 1860. Vous savez qu'après y avoir pris une part active, il a été nommé membre de l'Institut des provinces, et c'est un motif de plus (1) pour que j'appelle l'attention sur son

(1) M. Wickeham Martin est aussi membre honora're de la Société Dunkerquoise.

intéressant travail. Quant à moi, j'ai lu deux rapports que j'avais rédigés, l'un, sur les travaux de l'année qui a précédé votre dernière réunion; l'autre, sur deux volumes de l'Académie d'Arras et, en outre, la dernière partie de mon second mémoire sur l'emplacement de Quentowic, où je fais connaître de nouvelles raisons de penser que cette ville était sur le territoire d'Étaples.

M. Derode qui, à la satisfaction générale des membres de la Société et par un vote unanime, a été réélu son secrétaire perpétuel, a montré en 1863 une grande activité; car il a remis cinq manuscrits à la Société Dunkerquoise, trois au Comité flamand, dont il est vice-président, et un dont l'impression a formé deux volumes in-12, à un journal de Dunkerque. Voici la liste des manuscrits offerts à notre Compagnie :

1° La charité, à Lille;

2° L'agriculture dans la Flandre maritime;

3° Ode à la Pologne;

4° Compte-rendu annuel des travaux de la Société Dunkerquoise;

5° L'Exposition régionale du nord de la France.

Sa savante étude pour la monographie de la Flandre maritime et son second article sur les rôles de la maison de Bourgogne, découverts par lui si heureusement à Dunkerque, ont été publiés dans les Annales du Comité flamand, dont le *Bulletin* a compris ses observations sur la grammaire Quichée, par M. l'abbé Brasseur, de Bourbourg, qui vient d'avoir l'honneur d'être nommé membre de la Commission scientifique du Mexique. L'ouvrage imprimé dans le feuilleton d'un journal de Dunkerque est un roman historique plein d'intérêt; il est intitulé : *Les Orphelines de Wisschermoere,* esquisse des choses dunkerquoises au XVIe siècle.

La Société Dunkerquoise a tenu en 1863, comme les années précédentes, une séance publique et solennelle où, après d'intéressants rapports de MM. Zandyck, Güthlin et Everaere, elle a décerné des médailles, tant en or qu'en vermeil et en argent, aux lauréats du concours qu'elle avait ouvert sur des sujets scientifiques, littéraires et artistiques. A l'ouverture de cette séance, M. le président Gojard avait lu un remarquable discours sur l'utilité de l'application des sciences à l'industrie et aux arts.

On doit à M. Hubert un fort bon compte-rendu du VIe volume des *Mémoires* de la Société impériale des sciences et arts de Douai, et à M. Quiquet un précieux travail sur la nécessité d'un enseignement spécial et professionnel à Dunkerque.

M. Terquem a prononcé tout récemment un discours, qui a été très-applaudi, à l'occasion de son installation comme président de la Société; il est sur le point de terminer, pour le IXe volume de nos *Mémoires,* dont l'impression est commencée, une instruction théorique et pratique pour servir aux observations faites avec le théodolite magnétique du docteur Lamerel, de Munich.

M. le docteur Zandyck, indépendamment du rapport dont j'ai parlé, a résumé en dix-sept tableaux ses observations météorologiques pour 1861, et il y a ajouté un travail synoptique où la météorologie est comparée avec celle des années antérieures : il faut du dévouement, de la patience et de l'exactitude pour une pareille œuvre, et en la continuant aussi bien, on rend un véritable service qui mérite la reconnaissance de la société.

Je ne puis oublier ici ni une lecture de M. Rupert Lebeau, membre titulaire non résidant, sur l'inauguration de Louis XI à Avesnes-sur-l'Helpe comme roi de France, ni un excellent compte-rendu, de M. de La Roière, membre correspondant demeurant à Bergues, du précédent Congrès des délégués des Sociétés savantes. Il me reste maintenant à parler des travaux ayant reçu une autre destination que la Société Dunkerquoise et qui, émanés de ses membres, ont été imprimés ou terminés pendant la même année.

En première ligne, je cite une publication d'une haute importance, dont l'auteur est M. Blocq, ingénieur en chef des ponts-et-chaussées à Dunkerque; elle a pour titre : *Étude des courants et de la marche des alluvions aux abords du détroit de Douvres et du Pas-de-Calais, sur les côtes de France et d'Angleterre.*

Cette étude est accompagnée de sept cartes indiquant, en détail, les divers points qui y sont traités; elle a été faite sur la demande de S. Exc. le Ministre du commerce et des travaux publics, qui avait nommé une commission afin d'examiner une proposition dont l'objet était la création d'un port entre Calais et Gravelines, avec canal maritime de Calais à Dunkerque; et c'est pourquoi le manuscrit n'a pas été remis à la Société Dunkerquoise, ce qui me paraît bien regrettable; car un aussi bon et aussi beau travail aurait enrichi ses *Mémoires*; de même que celui d'un autre savant ingénieur, M. Pigault de Beaupré, qui, publié dans notre VIᵉ volume, est considéré comme le meilleur de ceux imprimés sur le même sujet.

J'ai déjà mentionné les œuvres de M. le Secrétaire perpétuel, publiées par le Comité flamand de France. Je n'ai donc pas besoin d'en parler ici de nouveau; mais je dois dire que le VIIᵉ volume de ce Comité (volume en ce moment sous presse) comprendra un travail sur l'épigraphie des Flamands de France, dont l'auteur, M. Bonvarlet fils, continue à recueillir pour la Société Dunkerquoise, avec un zèle bien méritoire, les matériaux d'un armorial et d'une bibliographie de la ville de Dunkerque.

J'ajoute, en terminant, que, peu de temps avant sa mort, M. Raymond de Bertrand avait publié une notice historique sur l'hôtel de la sous-préfecture de Dunkerque, et qu'il venait de réviser son Histoire du commerce de cette ville au XVIIIᵉ siècle, histoire dont le manuscrit a été remis hier par sa respectable veuve à la Société Dunkerquoise, qui a décidé immédiatement l'impression, dans ses *Mémoires*, de cette œuvre des dernières années de notre excellent et si regretté collègue; œuvre d'un grand intérêt local et qui prouve tout son attachement pour sa ville natale. »

M. de La Roière, un des membres les plus éminents et les plus zélés du *Comité flamand*, nous a fourni l'intéressant rapport qui suit sur la constitution et les travaux de cette Association :

« Le Comité des Flamands de France, à Dunkerque, continue de se livrer avec zèle aux travaux qui font partie de son programme : sciences, histoire, lettres et arts, droit féodal, juridictions seigneuriales, coutumes anciennes, institutions littéraires, chambres de rhétorique, confréries théâtrales, etc. Fondé en avril 1853, il a déjà fait paraître six volumes ; le septième est sous presse. Indépendamment de ces volumes, il fait paraître depuis janvier 1857 un *Bulletin* bi-mensuel contenant les procès-verbaux des séances, des communications de ses membres et des notices sur tout ce qui peut offrir de l'intérêt à la Compagnie.

Le volume sous presse contiendra une notice sur Steenvoorde, par M. Dufeutrel ; une autre sur les apanages de Robert de Cassel, par M. de Smyttère ; des recherches sur les fabulistes flamands et hollandais, par M. le marquis Dequeux de Saint-Hilaire ;

Une étude sur le cahier des doléances remis, en 1789, par la Flandre maritime à ses députés aux États-Généraux, par M. E. de Coussemaker ; Épigraphie des Flamands de France (Suite), par M. A. Bonvarlet ; Rôle des dépenses des ducs de Bourgogne, par M. V. Derode ; Étude sur les chansonniers flamands, par M. l'abbé Caruel ;

Mon opuscule sur la nécessité d'enseigner la langue flamande dans les écoles primaires des arrondissements de Dunkerque et Hazebrouck. Je m'étais proposé de lire ce travail au dernier Congrès des délégués ; je m'estimerais très-heureux si la docte Assemblée voulait l'approuver ; ce serait là un puissant moyen pour en propager les idées et les faire adopter par l'Autorité supérieure. J'en dépose sur le bureau quelques exemplaires.

Je signale encore un travail sur le séjour de saint Thomas de Cantorbéry en Flandre, par M. J.-J. Carlier ; Des remaniements qu'a subis la province belge des Carmes durant les guerres de Louis XIV ; Notes pour servir à l'histoire des couvents d'Ypres, de Ronsbrugghe et de Steenvoorde, par M. Desplanque, archiviste du département ; Vieilles coutumes de Cassel (1276 à 1326), avec traduction et notes, par M. de Coussemaker,

Les Bulletins de 1863 , indépendamment dès procès-verbaux des séances qui offrent assez généralement de l'intérêt, contiennent : une notice de M. l'abbé Caruel, sur les poètes flamands de la Décadence ; une lettre de M. Carlier au sujet d'un soldat du guet « qui avoit féru un Flamand à Senlis, en 1383. » Il s'y trouve copie de la lettre du roi Charles VI, donnée à Paris le 20 juin 1383 , qui amnistia le soldat auquel on avait déjà coupé le poing ;

Une notice biographique sur Mg' Pintafleur , évêque de Tournay , sacré à Courtrai le 17 octobre 1575 , et sur Jean Waels, de la Compagnie de Jésus , né à Hazebrouck en 1567 , par le R. P. Possoz ;

Une notice sur les Vierscharen, d'abord princières , puis impériales et en dernier lieu royales, de la·châtellenie de Cassel , par M. C. David ;

Une note sur une gravure du XVIIᵉ siècle, représentant les vingt-trois martyrs du Japon récemment canonisés , par M. de Bertrand ;

Une notice sur les œuvres des artistes flamands , exposées au Salon de peinture en 1863 , par M. J. Carlier ;

Un article de bibliographie flamande , par M. l'abbé Beuvre ;

Un discours de M. de Coussemaker , le président à la réunion du 7 juillet dernier à Cassel ;

Une notice sur un scel des seigneurs de Millane et Sinneghem, par M. A. Bonvarlet ;

Des notes sur l'ancien diocèse d'Ypres, par M. l'abbé Caruel ;

Analogies de la langue Guichée (Guatimala , Amérique centrale) et du flamand , objet d'un très-remarquable rapport de M. Derode , au sujet des travaux linguistiques de l'abbé Brasseur , de Bourbourg ;

Quelques documents autographes, par M. J.-J. Carlier, entre autres une quittance du 31 mai 1690 , signée par un bourreau de Dunkerque ;

Notice biographique de Remy Driutius II , évêque de Bruges en 1569 , par le R. P. Possoz ;

Analectes historiques sur la Flandre maritime (Suite), par M. de F. Coussemaker ;

Une lettre de M. de Bertrand sur les archives d'Hondtschoote;

Des articles nécrologiques sur le docteur Le Glay, Jacob Grimm et le chanoine Carton, membres du Comité, par l'abbé Caruel;

Notice sur les ouvrages de P.-J. Théry, par M. Ricour;

Notes sur l'église d'Hondtschoote, ses tableaux, ses sculptures et ses autels, avec une vue lithographiée de l'église et de sa belle tour, par M. A. Dezitter.

Depuis son origine, le Comité a pris à tâche de sauver de la destruction des documents relatifs à l'histoire et à la littérature flamandes. A l'aide des nombreuses sympathies qu'il a su se concilier en France et à l'étranger, il a vu affluer dans sa bibliothèque et ses archives une foule de documents manuscrits et imprimés, dont le nombre s'élève à plusieurs milliers. On y trouve les renseignements les plus précieux sur le véritable caractère des institutions religieuses, féodales, juridiques et littéraires de la Flandre. Le Comité, fidèle à sa devise: *Moeder-tael et vaderland* (Langue maternelle et patrie), a déjà mis au jour des documents prouvant d'une manière incontestable que notre Flandre a un passé historique dont elle a le droit d'être fière; que l'instruction y était répandue peut-être plus que partout ailleurs; que déjà dans les XVe et XVIe siècles il y avait, ainsi que le témoigne Guicciardin, beaucoup de personnes *lettrées et savantes en toutes facultés et sciences ;* que la plupart des gens avaient *quelques commencements de grammaire*, et que presque tous, même les villageois, savaient lire et écrire. Et malgré tant de titres, son langage est officiellement proscrit, l'enseignement en est prohibé dans les écoles: on le traite à l'égal d'un patois, comme si ses lexiques, ses grammaires, ses poètes et ses prosateurs ne prouvaient pas jusqu'à l'évidence que ce rameau, encore vigoureux, détaché de la langue primitive de nos pères communs, les Germains, est un dialecte, qu'il en a tous les caractères; et quoiqu'il ne vive dans nos deux arrondissements de Dunkerque et Hazebrouck qu'au sein des familles, c'est la langue commune, c'est celle de nos ancêtres, c'est celle de nos voisins; elle est parlée par plus de six millions de personnes. Nos titres de famille, les chartes de nos anciennes franchises et de nos libertés communales sont écrits dans cette même langue : ne sont-ce pas là les plus puissants motifs qui militent en faveur de la culture simultanée des langues flamande et française? »

Maintenant franchissons les frontières qui nous séparent de la Belgique. Nous aurons, cette année, d'amples renseignements scientifiques sur les travaux de ce royaume. Voici d'abord le rapport que nous devons à la sollicitude toujours active et vigilante de M. Alb. d'Otreppe de Bouvette :

« En me retrouvant, peut-être pour la dernière fois, dans cette enceinte, à ce congrès de la France savante, sous la direction d'un illustre antiquaire, de M. de Caumont (congrès qui résume les travaux du passé, qui ouvre de nouveaux horizons à la science, qui prépare et annonce les progrès de l'avenir dans le champ vaste, riche et si varié des arts d'application et des lettres utiles), je ne viens pas, vieillard presque octogénaire, représenter la jeune et vigoureuse Belgique où de nombreuses écoles répandent partout la lumière; où les beaux-arts (peinture, sculpture, statuaire) jettent un brillant éclat; où s'élaborent les œuvres sérieuses de la pensée, de l'histoire et des sciences agronomiques. Non, Messieurs, je n'ai pas cette prétention qui conviendrait à de savants collègues de nos universités et de nos académies; non, encore une fois. Ma tâche, moins retentissante, plus modeste, est seulement de vous apporter le tribut de nos vives et sincères sympathies pour vos intéressants travaux, et de vous donner la simple annonce de ce qui s'accomplit par de hautes capacités, par des intelligences supérieures, dans notre heureuse Belgique en possession de toutes les libertés de la pensée, dominée par l'amour du progrès et placée sous les inspirations du beau, du bien et de l'utile. — Ainsi, en jetant un regard rapide sur l'ensemble de nos travaux et de nos œuvres, je nommerai, cette fois, les hommes d'élite qui les accomplissent. Je commencerai par le relief du sol et les progrès de notre agriculture.

I. *Relief du sol et de ses produits.* — M. le professeur Moke, trop tôt enlevé aux lettres, a décrit avec un charme infini, dans la *Belgique monumentale*, les campagnes riches et fertiles des Flandres, en opposition avec les sables arides de la Campine, les sites riants des bords de la Sambre et de la Meuse, les beautés pittoresques du Condroz, et les aspects sévères de nos Ardennes. Ces différences, ces contrastes dans le relief du sol se retrouvent également dans les formations et les éléments constitutifs du fonds, et permettent dès lors les cultures les plus diverses, celles de toutes les espèces de céréales, d'arbres fruitiers et même de la vigne sur nos riants coteaux de la Meuse.

Toutes ces différentes cultures et leurs produits annuels, y compris nos plantes potagères et nos jardins qu'embellissent et parfument les plus belles fleurs ; tout cet ensemble de richesses et de beautés du sol a été admirablement décrit dans l'*Essai sur l'économie rurale de la Belgique* par un jeune professeur de notre savante Université de Liége, M. de Laveleye, et analysé, avec un merveilleux talent, par M. de Lavergne dans un rapport à l'Institut de France.

Mais le relief du sol et ses produits ne suffisent pas à la science : il fallait pénétrer le fond et creuser les entrailles de la terre pour en étudier les formations et en retirer les substances utiles, telles que les houilles et les différents minerais, le plomb, le fer, la calamine.

De là, les beaux travaux et les cartes dressées par des savants tels que MM. d'Omalius-d'Halloy, Dumont, Dewalque, etc., pour la géologie ; MM. Schmerling, de Koninck, Spring, etc., etc., pour la paléontologie ; MM. Devaux, Gernaers, etc., pour les substances minérales que fondent les nombreux haut-fourneaux des environs de Charleroi et de Liége, et qu'élaborent nos nombreuses fabriques, notamment les machines à vapeur et les belles armes de Liége.

II. *De l'archéologie.* — La science des sources historiques et des antiquités trouve de nombreux adeptes en Belgique. Sur le terrain du passé, notre savant Schayes a tracé de profonds

sillons dont les traces ont été suivies avec succès par les Roulez,
les Borgnet, les Grandgagnage. Après l'examen des origines et
des races, les vieilles chartes, les anciens documents couverts
de la poussière des siècles ont été exhumés et mis au jour; les
débris des âges mis également en lumière, et enfin le sol
creusé pour en faire sortir de vieilles monnaies, de curieuses
médailles qui ont servi à l'érudition, à éclairer d'obscurs problèmes et à reconstituer des époques historiques. Ces découvertes de la science sont consignées dans des *Bulletins*, œuvres
patientes et sagaces de nos nombreuses Sociétés archéologiques.

Mais ce n'était pas encore assez : il fallait à ces ardents investigateurs du passé, à ces ingénieux pionniers dans les ar-
canes historiques, il fallait des musées d'antiquités pour recueillir et conserver tous ces curieux débris des âges. Ces
nécropoles de la science du passé se sont élevées dans chacune
de nos neuf provinces. On conçoit que Bruxelles, la capitale du
royaume, les domine toutes par le choix et l'importance de ses
collections. Liége, qui possède un splendide local au vieux
palais de ses Princes-Évêques, ne pourrait lui disputer cette
suprématie ; mais Namur s'en rapproche et offre à son musée
créé par MM. del Marmol, Borgnet, Béquet, Hauzeur, Siret,
Cajot, Limelette, etc., les magnifiques produits de ses fouilles.
De nombreux cimetières gallo-romains et francs, découverts sur
son territoire et fouillés avec soin, lui ont donné des vases,
des armes, des bijoux, dont le nombre et souvent la beauté
des formes sont vraiment merveilleux. Aussi ce musée, par ses
richesses comme par le classement des objets, a-t-il été signalé
comme modèle par deux des membres de la Commission française pour la Carte des Gaules, MM. le général Creuly et
Bertrand.

Les annales que publient chacune de nos Sociétés d'archéologie peuvent éveiller la curiosité et répandre la lumière dans
les hautes régions du monde intelligent, mais ne sauraient descendre jusqu'aux masses ignorantes des travailleurs. Il faut donc,
pour les instruire, *l'enseignement oral*: ce qui se fait dans nos
principales écoles, surtout par des chaires officielles créées dans

nos académies des beaux-arts, aux petits-séminaires de nos évêques, comme aux Universités de l'État. En enseignant le respect pour les choses du passé, on préviendra le retour de ces actes de vandalisme qui, naguères encore, brisait les vases antiques et détruisait les monuments.

Ainsi, musées, annales, enseignement, tout concourt à répandre le goût de l'archéologie. De plus, nous avons pour les classes éclairées d'excellents ouvrages qui ne cessent de paraître, et, parmi ceux-ci, je citerai les savantes dissertations de MM. Roulez, Ch. Grandgagnage, Châlon, Renard, Hauzeur, Driessen, et spécialement le *Cabinet d'un amateur*, par M. Hagemans, ainsi que les recherches curieuses de M. Schuermans sur les nombreux *tumuli* qui couvrent nos grandes plaines de la Herbaye.

Après cet aperçu rapide et très-incomplet, voyons quel actif et puissant secours vient nous apporter la Commission royale des monuments.

III. *Des monuments.*—Les monuments civils ou religieux qui s'élèvent dans nos grandes cités ; les tableaux, les nombreuses et belles sculptures qui décorent nos églises, les statues érigées sur nos places publiques, font de notre pays presque une terre classique des beaux-arts. Un soin religieux est apporté à leur conservation, et cette tâche délicate et patriotique est dévolue à une Commission royale des monuments. Cette Commission, qui siége à Bruxelles, est composée de savants archéologues, les de Roisin, les Batat, etc. ; d'illustres artistes, les Simonis pour la statuaire, les Leys, etc., pour la grande peinture, et bien d'autres sommités dont la liste se trouve dans tous les recueils.

Ainsi associés, ces hommes de talent, de haute capacité pratique et de haute intelligence dans les lettres et les arts, se réunissent et délibèrent, après examen des édifices et des plans, sur la restauration d'anciens monuments et de nouveaux édifices à élever. Par cette intervention vigoureuse et incessante, des déviations malheureuses dans les règles du goût et du beau ne peuvent plus se produire.

Cette Commission centrale s'éclaire des investigations et des travaux de sous-commissions dont chacune de nos neuf provinces est dotée, en sorte que, tenue en éveil, avertie, son regard plonge jusque dans les plus obscurs hameaux et prévient la vente ou la destruction des objets d'art.

Pour mieux en assurer la conservation, elle provoque à un inventaire général, et déjà cette œuvre importante est presque accomplie par le clergé pour les monuments religieux ; ce travail se prépare pour les hôtels-de-ville, les hospices, et pour l'intérieur de tous les édifices qui relèvent du Domaine public.

Lorsque ces inventaires seront réunis et coordonnés, nous pourrons avoir le tableau général de toutes nos richesses artistiques.

Indépendamment des *Bulletins* qui se publient mensuellement et qui relatent les recherches, les découvertes et les résolutions prises, les membres de la Commission, y compris les correspondants provinciaux, se réunissent chaque année à Bruxelles, dans une sorte de congrès, pour se communiquer mutuellement leurs observations, discuter des questions d'art, arrêter certaines mesures conservatrices et chercher à ouvrir de nouvelles voies au progrès des arts dans la patrie des Van-Dyck, des Rubens, des Carlier, des Varin dans le passé ; et aujourd'hui des Gallait, des Slyngeneïer, des Wiertz, des Geefs, des Fraikin, des Verboeckhaven et de tant d'autres dont la célébrité et la renommée proclament les noms et portent même au loin les œuvres immortelles.

IV. *Instruction publique. Bibliothèque populaire. Conférences.* — Ce qu'on a dit du soleil : qu'il répandait ses rayons bienfaisants, qu'il lançait ses feux partout, sur les plages arides, sur les landes agrestes comme sur la cîme neigeuse des monts et des vallées parfumées, ne pourrait-il pas se dire, par métaphore et à titre de comparaison, *du rayonnement de l'instruction*, de la diffusion des lumières par l'*enseignement*, enseignement répandu partout et descendant parmi le peuple des travailleurs jusque dans les bas-fonds de la société, pour arriver aux intelligences les plus déshéritées, aux esprits les plus incultes ?

L'enseignement doit donc rayonner à tous ses degrés ; l'enseignement qui prend l'enfant au berceau discipline l'adulte, instruit et moralise le jeune âge ; l'enseignement doit s'étendre partout et n'être plus comme jadis le privilége du riche, le partage exclusif de la classe aisée. Non, loin de là : aujourd'hui l'enseignement *gratuit* doit être offert, prodigué même aux déshérités de la fortune, aux parias du sort ; ce qui a lieu dans notre Belgique, libre, sage, morale, progressive, en effet, partout et jusqu'aux plus obscurs, aux plus pauvres de nos hameaux.

L'enseignement organisé avec soin, surveillé avec sollicitude, répand ses fruits bienfaisants partout ; il instruit, il relève la dignité des masses, distribue, comme le *pain de l'intelligence* par des leçons pour un savoir utile, une morale pratique religieuse, l'attachement au pays et la soumission au devoir.

Mais les écoles ouvertes à l'enfance, à la jeunesse, sont fermées à l'âge mûr aujourd'hui avide d'instruction. Comment satisfaire à ce besoin nouveau qui se manifeste chez l'artisan, chez l'ouvrier, chez le paysan ? — Comment ?... par des *bibliothèques populaires.* Nous les avons obtenues. Ouvertes à tous, elles prêtent des livres et donnent, au moins à Liége, un local chauffé qui permet, aux longues soirées d'hiver, d'y faire des lectures et par là de sauver de l'oisiveté et surtout de détourner des habitudes funestes des boissons et des tavernes.

De plus, ces livres on les emprunte, on les prête à domicile ; il faut seulement aller les chercher. Mais si le temps manque ou si la paresse retient, eh bien ! alors l'enseignement vient vous trouver par le *Journal du Dimanche* ou celui de la *Semaine ;* le premier distribué par la générosité de M. Neuville, ancien bourgmestre de Liége, à domicile, aux travailleurs et aux ménages pauvres.

Enfin, outre les moyens de donner l'instruction et de répandre les lumières, la curiosité et l'attrait du plaisir : on obtient cet avantage par de *nombreuses conférences populaires ;* les entretiens familiers sur les sciences, les lettres, les arts sont avidement recherchés et toujours chaleureusement applaudis.

Ils ont encore un autre avantage : c'est de fournir à de jeunes talents l'occasion de se produire, de se faire connaître et d'être utiles.

Tels sont, en résumé, les bienfaits de l'enseignement au profit des classes indigentes et de celles si nombreuses et si intéressantes des travailleurs.

Quant aux sommités sociales, à l'opulence oisive comme à la fortune éclairée, l'instruction est largement offerte chez nous par bien des moyens dont j'indique les plus goûtés.

I. *Les conférences du soir*. — Elles attirent la foule et le succès en est toujours assuré si, à l'intérêt du sujet, au mérite du fond, au choix des idées se joignent l'élégance de la diction, le charme de la forme, comme toujours savent le faire la plupart des orateurs entendus, notamment MM. les professeurs Stecher, Morren, etc., à la *salle académique de notre Université ;* MM. Jules Simon, Deschanel, Van Bemmel, etc., à notre *salle d'Émulation ;* M. Eugène Dognée, etc., au *Cercle artistique et littéraire*. Membre de l'*Institut archéologique liégeois*, M. E. Dognée, à l'éloquente parole, à l'imagination ardente, nous a retracé, en termes émouvants, la grande éruption vésuvienne du 23 août 79, et décrit les ruines si curieuses de Pompéï, ce qui lui a valu les plus chaleureux applaudissements.

II. *Des expositions* annuelles ou périodiques de fleurs, de fruits, de tableaux, d'objets d'art et d'industrie, ouvrent une autre source de plaisirs et d'instruction.

III. Des concerts donnés par notre Conservatoire royal de musique, ainsi que par la Société d'Émulation et d'autres associations musicales liégeoises, dont le nombre peut être porté à plus de vingt, où toujours le chant et les grandes harmonies se font applaudir par la foule passionnée pour l'art dont Grétry, enfant du sol, est proclamé un des grands maîtres, et dont d'illustres artistes, nos Soubre, nos Léonard, nos Vieuxtemps, etc., sont parfois les éloquents interprètes.

IV. A toutes ces voies ouvertes pour les émotions de l'âme et les plaisirs de l'esprit, nous allons joindre un moyen nouveau de récréation et d'étude : c'est un *jardin d'acclimatation*.

Journellement visité, il saura éveiller la curiosité et inspirer le goût des études de la nature, études si pleines de charme, plaisirs de tous les âges, ressource des vieillards, et auxquelles on peut se livrer avec délices et sans fatigue ; de même qu'en visitant les nombreuses et belles serres de nos châteaux, et plus spécialement encore nos beaux *jardins zoologiques* de Bruxelles, d'Anvers et de Gand. — Désormais, par tous ces moyens réunis de plaisir et d'instruction, l'engourdissement moral, la somnolence des intelligences ne sera bientôt plus qu'une rare exception. Désormais encore, les rangs seront assignés, non arbitrairement, mais suivant les degrés de mérite, l'utilité des œuvres et l'éclat des succès ; mais succès seulement et toujours dans le cercle *du bien, du bon et du beau* ; seulement et toujours dans *l'ordre des sentiments moraux et du progrès social.* »

A la suite de cette communication, le Congrès a entendu, de M. de Bouvette, des détails pleins d'intérêt sur la Société royale des sciences de Liége ; sur la Société des sciences, des arts et des lettres du Hainaut ; sur la Société des bibliophiles belges de Mons ; sur les travaux de M. Borgnet, le savant auteur de *l'Histoire des Belges à la fin du XVIIIe siècle* ; de M. Édouard Morren, le botaniste horticulteur ; de M. de Laveleye, dont la *Revue des Deux-Mondes* a popularisé les études agronomiques, et enfin de MM. Lacordaire et Dervalque.

Nous devons à M. Godefroi Umé, président de *l'Union des artistes liégeois,* le rapport suivant sur les travaux de cette Société pendant l'année 1863 :

« La Société l'Union des artistes liégeois s'est efforcée, pendant l'année 1863, de poursuivre activement le but de sa fondation : stimuler les efforts des artistes par des rapports constants, tendre à fusionner l'art et l'industrie. Elle a vu le nombre de ses membres effectifs et honoraires s'augmenter ; un local approprié aux besoins de la Société a été choisi pour servir de lieu d'exposition pour diverses œuvres dues à ses membres, et fournir un nouvel élément aux réunions fréquentes de tous ceux qui se sont associés pour s'entr'aider dans leurs efforts pour le culte de l'art.

La Société a organisé une exposition d'œuvres d'art et d'arts industriels, exclusivement réservée aux membres de l'Union des artistes liégeois. Cette exposition, ouverte au foyer du Théâtre royal, a eu un plein succès. Le salon, sans cesse visité, a prouvé les résultats utiles que donnaient les rapports des artistes entr'eux, en stimulant leurs recherches et en permettant aux artistes industriels de s'éclairer par des relations suivies avec les peintres, les architectes, les sculpteurs, etc.... — Jugés très-favorablement par un public nombreux et la presse belge, les objets envoyés au salon ont fait l'objet de nombreux achats, et la ville de Liége, en accordant le plus grand concours à la Société, a fait constater dans un document officiel les services importants que la Société est appelée à rendre, et dont déjà elle s'efforce d'accomplir le mandat.

Non contente d'appeler à visiter le salon tous ceux qui peuvent y trouver quelqu'inspiration utile à leurs labeurs, en y admettant gratuitement les élèves de notre Académie, de notre école industrielle, etc., etc., etc., la Société a voulu populariser le plus possible la culture du beau et les études artistiques, elle a organisé de nombreuses conférences sur des sujets d'esthétique et d'histoire de l'art, et elle a eu le plaisir de voir un public nombreux assister à ses leçons et applaudir chaleureusement les paroles de ses orateurs, tous membres de l'Union des artistes liégeois.

Enfin, pour répondre aux encouragements que lui accordaient les Sociétés savantes de Belgique et de l'étranger, et pour nouer des relations durables et suivies avec ces corps savants, la Société a publié le tome Ier de ses *Annales* où l'on remarque les articles suivants :

Discours de M. Renier sur la vie et les œuvres de feu M. Vielvoye, directeur de l'Académie des beaux-arts de la ville de Liége.

Ce pieux hommage, rendu à la mémoire d'un maître vénéré, est complété par une juste étude de ses tableaux et des principes de son enseignement.

Étude sur l'avenir de l'architecture, par M. Émile Lhoest.

Cette dissertation, contenant des idées fort neuves, s'occupe surtout de la question si souvent agitée, savoir : Le XIXe siècle trouvera-t-il de nouvelles formes architectoniques et pourra-t-il ainsi avoir une architecture qui se sépare franchement des pastiches du passé ?

De l'application de l'art à l'industrie, par M. Eugène Dognée.

Envisageant sous toutes ses faces ce grave problème, l'auteur recherche dans les institutions du passé les causes de splendeur des arts industriels et indique les voies qui, selon lui, doivent ramener cette union intime de l'art et de l'industrie.

Les tendances artistiques en Allemagne, par M. Emmanuel Pasquet.

Cette excursion aux pays d'Outre-Rhin sert à la fois à établir le thème philosophique de l'esthétique des maîtres allemands contemporains, et à passer rapidement en revue leurs œuvres principales pour en déduire les principes artistiques aujourd'hui en faveur.

Rapport sur l'exposition organisée par la Société, par M. Eugène Dognée.

Après la revue rapide des œuvres exposées, le rapport constate les résultats principaux de cette première exposition, et les garanties qu'elle assure pour le succès des salons périodiques que la Société compte organiser.

Outre la publication de ses *Annales*, la Société s'est encore occupée de préparer, pour 1864, des concours d'arts industriels, et les études préparatoires pour l'organisation de ces joûtes pacifiques complètent le cadre de ses travaux pendant l'année 1863, trop brièvement résumés dans ce court rapport. »

M. Eugène Dognée, l'un des secrétaires-généraux du Congrès, a bien voulu nous communiquer le rapport suivant, sur les travaux de l'*Académie d'archéologie de Belgique:*

« L'Académie d'archéologie de Belgique a continué, pendant l'année 1863, ses recherches et ses travaux. Les réunions régulières de ses membres ont eu lieu à des époqués fixes et ont permis de discuter de nombreuses et importantes questions. Un grand nombre de mémoires, concernant des points d'histoire et d'archéologie, ont été communiqués à ces séances et ont fait l'objet de savantes dissertations. L'Académie a, en outre, continué à entretenir des relations suivies avec les Sociétés belges ou étrangères qui poursuivent le même but scientifique.

Pendant l'année qui vient de s'écouler, l'Académie a aussi publié le tome XX de ses *Annales*. Ce volume contient, entr'autres, les travaux suivants : •

Recherches sur la vie et les œuvres de Jacques de Gouy, *chanoine d'Embrun* (musicien du XVII° siècle), par M. Edmond van der Stratten, membre correspondant, à Bruxelles.

Ce travail, qui intéresse plus encore la France que la Belgique, a été très-favorablement jugé. Divers organes de la presse française l'ont signalé en termes fort élogieux.

Notice sur l'amie d'Antoine Van-Dyck (le célèbre peintre flamand), *à Saventhem* (village des environs de Bruxelles). C'est dans ce village que Van-Dyck s'arrêta quelque temps, sous l'empire de l'amour que lui inspira une jeune fille bourgeoise de la localité. Il y peignit le célèbre tableau représentant « saint Martin, partageant son manteau, » dont il fit don à l'église du village, où on l'admire encore. Cet intéressant épisode de la biographie de l'une de nos plus grandes gloires nationales est resté très-populaire en Belgique. L'étude qui s'y rattache est le fruit des recherches inédites de M. Louis Galescoot, membre correspondant, à Bruxelles, archiviste de la Commission royale pour la publication des anciennes lois et ordonnances du royaume.

Notice sur saint Lambert, par M. Alexandre Schaepkens, membre correspondant, à Maestricht, président de la Société archéologique de Limbourg-Néerlandais.

Description des cartes de la province et des plans de la ville d'Anvers, par M. A. Dejardin, capitaine du génie, membre correspondant, à Anvers.

La Chirurgie de maître Jehan Yperman, médecin belge des
XIII° et XIV° siècles, avec une introduction de M. C. Broeckx,
membre titulaire.

Le manuscrit de ce traité a été découvert, il y a peu d'années,
dans les archives du collége de St-Jean-Baptiste, à Cambridge,
où l'Académie a pu en obtenir une copie.

Ce travail est un véritable monument, intéressant au plus
haut degré la philologie et l'histoire de la médecine. C'est peut-
être le seul traité complet où l'on trouve exposé, d'une manière
claire et méthodique, l'état de la science chirurgicale au XIV°
siècle, et aussi qui donne exactement les dessins des instruments
employés par la science à cette époque. Le nombre des vignettes
insérées dans le texte est de 71.

*Organisation des États de Flandre, depuis l'ordonnance du
5 juillet 1754 jusqu'à la réunion des provinces belges à la
France* (1794), notice par M. Le Grand de Reulandt, secrétaire
perpétuel de l'Académie. — Ce travail fait connaître des détails
très-intéressants sur l'organisation provinciale en Belgique, et
fait en quelque sorte suite à un travail antérieur publié par
M. Le Grand, dans le V° volume des *Annales de l'Académie*,
sous le titre : Organisation des États de Flandre avant l'ordonnance du 5 juillet 1754. La presse belge s'est prononcée
d'une manière très-favorable sur la notice du Secrétaire perpétuel de l'Académie.

Miscellanées artistiques, par M. Amand Schaepkens, membre
correspondant, à Bruxelles. Cette notice donne quelques indications sur la vie et les œuvres d'artistes belges décédés.

Mémoire sur la ville de Ghistelles et ses seigneurs, par
M. P. Lansens, membre correspondant, à Couckelaire. — Ce
travail donne des détails intéressants sur l'histoire de cette
localité depuis le XVI° siècle.

L'Académie s'occupe activement de préparer de nouvelles publications. Dans ces réunions fréquentes, de savantes dissertations lui ont déjà été soumises, et elle compte reprendre
bientôt la publication de ses travaux, auxquels elle s'efforce de
donner une impulsion nouvelle. »

M. le chevalier de Schoutheete de Tervarent avait à nous faire connaître les premiers travaux d'une Société récemment formée, la *Commission centrale de publication des inscriptions funéraires et monumentales de la Flandre orientale*. Son rapport, qui débute par une proposition propre à faciliter et vulgariser les échanges internationaux des productions des Sociétés savantes, sera sans doute lu dans son entier avec un grand intérêt :

« Je ne viens pas, en ce moment, faire un rapport ni prononcer un discours. Si j'ai demandé à l'honorable président de l'Institut des provinces l'autorisation de prendre une seconde fois la parole en ce Congrès, c'est uniquement, Messieurs, pour vous dire un seul mot au sujet d'une question portée au programme, et faire une proposition qui s'y rattache.

En effet, Messieurs, je lis sous la rubrique *Statistique académique* la question suivante :

« Quels seraient les moyens de mettre en relation les Sociétés « savantes de la France avec celles de l'étranger, de favoriser « les échanges entre ces Sociétés ? »

Cette question, Messieurs, me semble très-simple et très-facile à trancher, d'autant plus que l'Institut des provinces de France, en invitant quelques Sociétés savantes de l'étranger à se faire représenter au Congrès par des délégués, et en priant ceux-ci de faire des rapports sur les Compagnies scientifiques auxquelles ils appartiennent, a déjà résolu implicitement le premier membre de la question posée. Que si les Sociétés étrangères représentées ici ne sont pas plus nombreuses encore, il suffira, sans doute, de faire un chiffre plus considérable d'invitations pour voir grandir le nombre de ces délégations.

Cette première partie de la question n'en est donc plus une à mes yeux : la poser c'est la résoudre, puisque les grands moyens de relation, c'est-à-dire les réunions internationales et les congrès, sont tout-à-fait dans les habitudes de l'Institut des provinces et d'autres Sociétés scientifiques de France.

Mais, Messieurs, quant au moyen de favoriser ou de faciliter

les échanges entre les Sociétés savantes, ne suffirait-il pas
d'établir à Paris une agence de renseignements dans ce but,
une espèce de *bureau d'échanges international,* où chaque
Société soit française, soit étrangère, déposerait ses *Bulletins*
ou ses *Annales* à l'inspection de toutes les autres Sociétés s'occupant d'un genre d'études analogue ?

La personne qui voudrait bien se charger de ces négociations
recevrait les dépôts, les offres, les renseignements et les intentions de chaque Compagnie, au sujet des échanges de publications
qu'elle voudrait obtenir après l'inspection des productions périodiques déposées, et elle servirait ainsi d'intermédiaire et de
trait-d'union entre toutes les Académiés ou Sociétés qui comprennent que c'est du choc des opinions et de l'échange libre
des idées que jaillit la vérité et la lumière.

Tout le problème se résumerait donc à trouver à Paris un
homme complaisant, dévoué et actif qui voulût prendre sur soi
une semblable mission; et je suis intimement persuadé que,
parmi les membres de l'Institut des provinces habitant la capitale, il doit se trouver plusieurs de ces hommes de cœur et
de dévouement scientifique, qui accepteraient avec empressement
les embarras de ce dépôt et les fatigues de cette correspondance,
parce que cette mission porterait des fruits éminemment utiles.

En attendant que cette idée pratique se réalise, j'ai vu avec
un vrai plaisir l'Institut des provinces porter cette question à
son programme; car, par là même, il comprend le vœu de sa
réalisation complète dans un avenir très-rapproché.

Mais, Messieurs, avant que cet entrepôt d'échanges internationaux scientifiques soit définitivement créé, je viens vous
demander la permission de vous signaler une Société Gantoise,
dont je suis membre correspondant pour l'arrondissement de
St-Nicolas, et qui, par une lettre que j'ai reçue il y a deux jours,
me prie de signaler ses publications aux hommes d'étude et aux
Académies historiques ou archéologiques représentées au Congrès.

Cette Société n'est autre, Messieurs, que le *Comité central
de publication des inscriptions funéraires et momumentales*

de la Flandre orientale , se composant de MM. le baron Jules de Saint-Genois et Philippe Blommaert, tous deux membres de l'Académie royale de Belgique; Kerwyn de Volkaersbeke, membre de la Chambre des représentants de Belgique; Serrure, professeur d'histoire à l'Université de Gand et numismate distingué; le baron Henri Surmont; Arthur Surmont; Vandamme-Bernier, ancien conseiller provincial, et Émile Schoorman de Kerchove, secrétaire du Comité, à Gand, à qui les correspondances doivent être adressées.

Le recueil publié par ce Comité se recommande de lui-même par son but éminemment utile, et embrasse toute la province de la Flandre orientale. Un semblable Comité existe depuis plusieurs années déjà à Anvers, et la Flandre occidentale, dont Bruges est l'intéressant et antique chef-lieu, vient de suivre le même exemple.

Ce recueil des inscriptions funéraires et monumentales de la Flandre orientale, exécuté avec non moins de soin que celui de la province d'Anvers, est orné de belles planches gravées sur pierre, et paraît par livraisons de 24 pages grand in-4° sur papier vélin. Le Comité publie de six à dix livraisons par an. Ces livraisons reviennent à 1 fr. 50 pour la Belgique et à 2 fr. pour l'étranger. Trente-six livraisons ont déjà paru ; elles comprennent :

1° Les églises paroissiales de St-Martin, St-Sauveur, St-Étienne et St-Michel, toutes à Gand ;

2° L'église conventuelle des Dominicains, à Gand, laquelle vient d'être démolie ;

3° Les églises des communes rurales d'Afsné, Bottelaere, St-Amand, St-Denis-Westrem, Destelbergen, Desteldonc et Vinderhante, toutes dans l'arrondissement de Gand.

Les inscriptions de l'église et de la célèbre abbaye de Tronchiennes et celles d'Evergem sont sous presse.

Enfin, Messieurs, la mission du Comité dont j'ai l'honneur de vous entretenir ne sera accomplie que lorsque toutes les inscriptions, tant monumentales et historiques que funéraires, de la Flandre orientale auront été reproduites par lui.

Le Comité s'aide de manuscrits et de papiers originaux et anciens des familles, chaque fois que les églises ont été détruites ou que les inscriptions sont devenues illisibles par l'action du temps.

Le recueil ainsi publié, Messieurs, passe à bon droit pour un des ouvrages les plus utiles, les plus exacts et les plus luxueux qui se publient en ce moment en Belgique

Il est inutile, je pense, à une époque où, malgré les soins et les protestations des archéologues et des Commissions pour la conservation des monuments anciens, tant de souvenirs s'effacent, tant d'églises se rebâtissent, tant de pavements se renouvellent, de faire ressortir devant vous l'immense utilité d'un travail aussi complet et aussi précieux pour l'histoire d'un pays et celle de ses familles. Du reste, les noms des membres du Comité que je vous ai cités vous disent assez avec quel soin scrupuleux se fait cette belle publication. Aussi il est à souhaiter que chaque province de Belgique, et j'ajouterai chaque région de la France, poussée par cet exemple, vienne un jour à le suivre. Il faut pour ce genre de travail du courage, de la persévérance, de l'exactitude : or, Messieurs, ces qualités-là ne vous ont jamais fait défaut.

La Belgique, ce pays si heureux aujourd'hui de son indépendance et de son autonomie, mais qui dans son passé s'est trouvé réuni tantôt à l'Autriche, tantôt à la Néerlande, tantôt à l'Espagne, tantôt à la France, a conservé bien des souvenirs, bien des alliances avec les peuples de ces divers pays, mais surtout avec les familles françaises : il n'est donc pas douteux, Messieurs, qu'une publication qui retrace, sur des données authentiques, l'histoire abrégée des familles flamandes ou belges, ne doive être accueillie avec faveur par vous, surtout par ceux d'entre vous qui s'occupent plus spécialement d'histoire et de travaux généalogiques. J'ai donc cru bien faire, au nom de ce Comité d'inscriptions qui m'en a chargé, d'attirer votre attention sur cette publication historique, de la recommander à l'accueil sympathique du Congrès et à votre imitation, et enfin, Messieurs, d'en offrir l'échange, contre leurs propres productions, aux

Sociétés ici représentées qui s'occupent de travaux d'histoire et d'archéologie. »

Le même délégué a bien voulu nous apporter l'intéressant rapport qu'on va lire sur une Société qui, pour la première fois, entrait en rapport avec nous, le *Cercle archéologique du Pays de Waes* (*Belgique*) :

« Je viens, en vous soumettant le rapport sur les travaux du Cercle archéologique du Pays de Waes, dont le siége est à St-Nicolas (Flandre-Orientale, Belgique), l'une des deux Sociétés scientifiques qui ont daigné me confier l'honorable mission de les représenter parmi vous, vous faire faire une nouvelle connaissance.

En effet, Messieurs, cette congrégation historique n'a été fondée que depuis trois ans.

Ce jeune arbre a eu le bonheur de pousser ses racines dans un terrain vierge et fertile, et, si ses branches n'ont pas encore pu prendre une majesté qui est le privilége seul du temps, je crois pouvoir affirmer néanmoins que la sève qui l'anime est pleine de santé et de vie, et qu'à ses premières fleurs ont déjà succédé des fruits.

Je n'ai pas l'intention, Messieurs, d'enfreindre les sages prescriptions du programme de ce Congrès en sortant des limites qui me sont tracées par lui ; mais, comme il s'agit ici d'une plante qui est d'importation nouvelle, vous m'autoriserez, j'en ai la conviction, à vous retracer, en très-peu de mots, la route qu'elle a suivie avant de monter jusqu'à vous.

L'idée de la création d'un Cercle archéologique au Pays de Waes est due surtout à MM. Adolphe Siret, membre de l'Académie royale de Belgique et commissaire d'arrondissement à St-Nicolas, et Henri Raepsaet, juge de paix à Lockeren, deux de ces hommes utiles et heureux qui ont l'intelligence de trouver le délassement des fatigues administratives ou judiciaires dans l'étude si douce et si rémunératrice de la science, des arts et des lettres.

Pour donner un corps à leur pensée commune, ils s'adjoignirent quelques hommes d'action et de bonne volonté. On me fit l'honneur de me mettre de ce nombre.

Quelques jours plus tard nous étions huit, et nous nous décernâmes le nom de *Comité provisoire*.

Une Assemblée générale fut convoquée à St-Nicolas, chef-lieu de l'arrondissement, et tenue le 16 mai 1861. Elle fut nombreuse et animée; les statuts de l'Association y furent discutés et adoptés; le Comité provisoire, avec l'adjonction d'un membre, fut déclaré *Commission administrative*, et nous pûmes dès ce jour considérer l'avenir de l'enfant qui venait de naître d'un œil plein de confiance.

Je ne vous détaillerai pas, Messieurs, les bases de notre Société nouvelle. Le but historique et archéologique qui a présidé à sa fondation est le même que celui que vous poursuivez tous, dans les diverses provinces de la France et pays de l'Europe; et comme moyen efficace de réalisation de ce but, nous décidâmes la création d'un musée d'antiquités, déjà remarquable aujourd'hui, et la publication d'*Annales* qui paraissent régulièrement et dont plusieurs Sociétés anciennes et renommées, telles que l'Académie royale de Belgique, la Commission royale d'histoire, etc., ont accueilli l'échange avec faveur ou empressement.

Pour concourir à cet esprit de propagande qui est si utile à toute institution naissante, surtout dans les campagnes, le Cercle archéologique du Pays de Waes nomme dans chaque commune de son ressort un ou plusieurs délégués. Ces personnes, éminemment dévouées à l'œuvre, recrutent des membres et rassemblent des objets rares ou anciens qui viennent bientôt enrichir les collections du Cabinet et qui, sans ce soin, seraient souvent perdus par négligence ou passeraient en des mains indifférentes ou étrangères.

Chaque année, au mois de juin, a lieu une assemblée générale. On y expose l'état financier, discute les propositions introduites et renouvelle le tiers des commissaires.

En l'année sociale 1862-63 (et ici, Messieurs, je rentre strictement dans les conditions du programme), le Cercle ar-

chéologique du Pays de Waes comptait 112 membres, — nombre
qui s'élève actuellement à 140 , — et avait déjà publié deux
tomes d'*Annales* et deux volumes de publications extraordinaires.
Le troisième tome d'*Annales* vient de paraître.

Ces productions s'écrivent indifféremment, au choix des auteurs, dans l'une ou l'autre des deux langues qui sont en honneur
en Belgique. Elles forment environ 500 pages grand in-8° et
sont ornées de gravures et de chromolithographies.

Le quatrième tome d'*Annales* est en ce moment sous presse.

Si l'on peut tirer un argument du nombre des membres d'une
Société (et je crois devoir le faire ici, puisque les adhérents du
Cercle dont je vous entretiens sont des *membres payants*), vous
conviendrez, Messieurs, que les sympathies qui l'entourent sont
nombreuses ; c'est-à-dire aussi que cette institution a répondu à
un vrai besoin, à une aspiration générale.

En l'année 1862-63 , le Cercle avait pu disposer, pour achats,
frais d'impressions et autres objets utiles, d'un revenu de
1,524 fr. 87 c. et avait dépensé 1,519 fr. 06 c. Dans le chiffre
des recettes est compris le prix d'abonnement des membres, à
raison de 10 francs par personne, et un subside de 100 francs
que la ville de St-Nicolas a inscrit à son budget pour témoigner
son sympathique appui.

Je ne puis omettre de rappeler, en même temps, que le local
affecté au musée est mis à la disposition du Cercle par le même
Conseil de régence du chef-lieu du Pays de Waes ; mais j'ajouterai que cette salle devient insuffisante, par la raison toute
heureuse que les collections croissent à vue d'œil.

Vous entretenant, Messieurs, de l'efficace appui de la ville
de St-Nicolas , je me souviens aussi des encouragements que le
Gouvernement belge accorde à notre Société, en prenant chaque
année un certain nombre d'exemplaires de ses *Annales*, et
surtout du concours qu'il nous prêta dans une circonstance
spéciale et solennelle.

Sur la proposition d'un de ses commissaires les plus actifs et
les plus dévoués, M. le docteur Jean Van Raemdonck, de
St-Nicolas, notre Cercle archéologique avait décidé de réhabiliter

et de glorifier la mémoire d'un Waesien d'un grand mérite qui,
sorti des rangs les plus infimes de la société, s'était élevé aux
premiers degrés de la science ; d'un homme que le génie avait
couvert de son aile protectrice à son berceau, et que la persévérance et le courage conduisirent à la renommée.

Philippe Verheyen vit le jour dans la modeste paroisse de
Verrebroeck, aux confins du Pays de Vaes et près de la frontière
Zélandaise, le 23 avril 1648. Son père était un pauvre ouvrier
de campagne. Le pasteur du village, qui avait vu luire dans le
regard de l'enfant les éclairs d'une belle intelligence, se fit son
précepteur, et le chétif vacher de Verrebroeck fut, en 1675,
couronné *primus* à l'Université de Louvain.

Docteur en philosophie et en médecine, Philippe Verheyen
devint bientôt professeur, puis recteur de cette même Université.
Ses ouvrages furent, dès son vivant, appelés des *livres d'or* et
la science anatomique, qu'il enrichit et illustra de son magnifique talent, le place immédiatement à côté de l'immortel André
Vésale.

Cependant, le savant et humble Verheyen qui à sa mort,
arrivée à Louvain le 28 janvier 1710, n'avait exprimé qu'un
vœu, celui d'être inhumé au milieu des pauvres, n'avait pas
même dans son village natal une pierre qui rappelât son nom à
la postérité.

Cet oubli coupable devait être réparé : le Cercle archéologique
se chargea de cette mission. L'auteur de la proposition écrivit
la biographie de Verheyen, qui fut éditée par les soins du
Cercle, et une souscription publique fut ouverte pour lui ériger
un monument.

Le roi des Belges, qui est autant le Mécène que le père de
son peuple, le duc de Brabant et le comte de Flandre, ses
dignes fils, s'inscrivirent en tête de la liste ; le Gouvernement
et le Conseil provincial de la Flandre orientale accordèrent des
subsides ; l'Académie de médecine, la Commission médicale
provinciale, les Universités de Louvain et de Gand et toutes les
communes du Pays de Waes suivirent l'impulsion donnée.

Le monument en marbre de Philippe Verheyen, surmonté

d'un beau buste en bronze, dû au ciseau du sculpteur Van
Havermael, fut solennellement inaugurée à Verrebroeck, au
milieu d'une fête splendide, le 24 août 1862, en présence du
ministre de l'intérieur, du gouverneur de la province, des
recteurs des Universités de Gand et de Louvain, et d'une foule
de notabilités de Belgique.

. Le souvenir consacré à la mémoire du célèbre anatomiste avait
coûté une somme importante. Cependant ne croyez pas, Messieurs,
que la caisse du Cercle en eût à souffrir : je pourrais même
affirmer que ce fut le contraire qui arriva, car la Société avait
grandi avec son œuvre, et de nouvelles sympathies s'éveillèrent
partout autour d'elle et firent grossir le nombre de ses adhérents.

Un semblable succès dès son début est, sans doute, bien propre
à encourager les efforts de la Commission directrice. Aussi, Messieurs, elle ne s'arrêtera pas en si bonne voie et songe déjà activement à rendre un hommage identique à un autre grand Waesien,
au célèbre géographe Gérard Mercator, né à Rupelmonde en
1512, et dont le nom et la réputation ont pu faire le tour de
l'Univers, après que lui-même en eut indiqué et tracé les circuits.

J'ai eu l'honneur de déposer hier, en hommage au Congrès,
les publications du Cercle archéologique du Pays de Waes. On
y rencontrera plusieurs travaux dignes d'attention, soit par leur
sujet, soit par la manière dont ils sont élaborés. Voici le titre
de ces mémoires :

1° Le Pays de Waes considéré au point de vue de l'histoire,
de l'archéologie et des beaux-arts ;

2° Sépultures anciennes à St-Gilles-Waes, par M. Siret,
président du Cercle ;

3° Étude sur la tour de l'église de Beveren, par MM. Siret
et Edmond Serrure ;

4° Étude étymologique sur les noms de Waes, Lockeren et
Dacknam ;

5° Mélanges et documents anciens pour servir à l'histoire
générale du Pays de Waes, par M. Raepsaet, vice-président ;

6° Anciens fiefs flamands au Pays de Waes ;

7° Liste des mayeurs et échevins de St-Nicolas au XIVᵉ,

XV⁰ et XVIᵉ siècles, par M. Auguste de Maere-Limnander, échevin de Gand;

8⁰ Étude sur la Keure et les libertés communales de l'ancienne cité de Rupelmonde, par M. le docteur Van Raemdonck, conservateur du musée du Cercle;

9⁰ Voyage du prince Charles de Lorraine, gouverneur-général des Pays-Bas au Pays de Waes, en l'année 1759, par M. Hoornaert, secrétaire de notre Société archéologique.

Enfin, Messieurs, puisqu'en qualité de rapporteur je dois être complet, j'ajouterai que la direction de notre Cercle a bien voulu accueillir de ma part dans ses *Annales* les opuscules suivants :

1⁰ Note concernant la maison Ysebrant;

2⁰ Recherches nouvelles sur le monument et la famille de Jean Ysebrant, avec reliefs et dénombrements des seigneuries de la Moere, Walbourg et autres;

3⁰ Notice historique et généalogique sur la noble maison *de* ou *van Gameren*, originaire de Hollande;

· 4⁰ Documents relatifs à trois excursions de princes souverains au Pays de Waes, au XVIIIᵉ siècle.

Vous voyez par cette liste, Messieurs, que le Cercle Waesien attache, et de raison, une grande importance à la publication comme au choix de ses mémoires. Il prend aussi le soin d'insérer dans ses *Annales* les pièces officielles et rapports annuels de la Direction, qui formeront plus tard l'histoire de ses commencements et de ses progrès.

A l'exemple d'autres Académies et Sociétés savantes, notre Cercle archéologique a cru devoir entrer dans la voie des encouragements historiques. Il vient de lancer le programme d'un concours dont le sujet est l'étude complète de l'ancienne seigneurie de Beveren, l'une des plus importantes du Pays de Waes et de la Flandre. Le terme, pour la remise des mémoires, a été fixé à deux ans, et nous devons attendre patiemment le résultat de notre premier essai en ce genre.

Voilà en raccourci, Messieurs, les origines, les espérances et les travaux du Cercle archéologique du Pays de Waes. La jeunesse n'a pas le droit de se ceindre le front de lauriers, mais il lui est permis de s'étayer sur l'avenir quand ses tuteurs naturels la soutiennent de leurs lumières, de leurs encouragements et de leurs exemples entraînants.

Qu'il soit permis à son représentant parmi vous, Messieurs, en vous remerciant de votre bienveillante attention, de croire aussi à votre indulgence. »

RÉGION DE L'OUEST.

M. de Caumont a rendu compte ainsi des travaux de l'Association normande :

« L'*Association normande* a tenu, l'année dernière, une brillante session à Bernay (Eure). L'*Annuaire* que je présente a publié le compte-rendu des lectures, des discussions, des concours agricoles.

Jamais l'Association n'avait été mieux accueillie. Une magnifique exposition artistique avait été organisée.

Les séances ordinaires de l'Association ont été, comme les années précédentes, consacrées à l'audition des mémoires et communications. Elle a, le 20 décembre, approuvé le compte du trésorier, et la caisse renfermait, toutes dépenses payées, 3,000 fr.

L'Association normande a demandé des rapports sur l'état des bibliothèques rurales, dont une cinquantaine ont été fondées par elle il y a déjà longtemps. L'Association continue d'organiser l'enseignement primaire agricole dans les écoles communales ; elle aura, cette année, des récompenses bien méritées à décerner aux instituteurs du Calvados et de la Manche.

Dans l'Eure et l'Orne l'organisation se poursuit, et une séance de l'Association sera tenue à Argentan dans le cours du mois de mai, et une autre à Évreux, dans le but de presser cette organisation dans les deux départements précités.

L'Association normande tiendra, en 1865, son Congrès provincial à Coutances.

L'initiative prise il y a longtemps par l'Association normande, pour introduire l'enseignement agricole élémentaire dans nos campagnes, porte chaque année de nouveaux fruits, et les obstacles opposés par la routine, la paresse, l'indifférence ou le mauvais vouloir cèdent partout devant les efforts des hommes désintéressés.

L'Association a vu, cette année, cet enseignement introduit par ses conseils, ses distributions de livres et l'impulsion de ses inspecteurs, dans le département de l'Eure, dans l'arrondissement de Bernay, notamment, où elle tenait sa réunion générale.

Elle a entendu le rapport de M. de Portbail sur les progrès de cet enseignement dans la Manche, et M. de Caumont a donné, dans une séance spéciale tenue à Caen au mois d'avril, un aperçu de l'état de l'enseignement organisé dans les six arrondissements du Calvados par l'initiative de l'Association normande.

Les *Sociétés d'arrondissement ont compris, et en cela elles ont répondu au vœu plusieurs fois exprimé par l'Association,* qu'il était temps de donner, chacune dans leur circonscription, des récompenses aux instituteurs qui avaient le mieux fait. A Mézidon, la Société de Lisieux a, pour la première fois, rempli cette tâche avec joie ; et, quelques jours après, la Société d'agriculture et d'industrie de Falaise décernait, aussi pour la première fois, plusieurs médailles et des mentions à dix instituteurs de l'arrondissement. La Société et son président, M. Saint-Jean, ont eu la bonne pensée de donner aussi des récompenses aux élèves qui ont montré le plus d'intelligence et le mieux répondu aux questions qui leur ont été faites C'est un excellent moyen de stimuler l'émulation. »

Nous devons à M. le comte d'Estaintot les rapports si substantiels qu'on va lire sur les travaux de la *Société libre d'émulation, du commerce et d'industrie de la Seine-Inférieure,* de la *Société centrale d'agriculture* de ce département, et enfin de la *Société impériale et centrale d'horticulture :*

« La Société libre d'émulation, du commerce et de l'industrie

a fourni une ample moisson de travaux. Son vice-président,
M. le docteur E. Dumesnil, dans un rapport général sur les
cours publics que professent les membres de cette Compagnie,
s'exprime ainsi :

« Si les résultats que nous obtenons par ce moyen ne sont
pas de ceux qui peuvent se traduire aux yeux et d'une manière
palpable, ils n'en sont pas moins appréciés et encouragés par les
classes sérieuses et intelligentes de notre grande cité. Grâce aux
forces de cette nature, les populations se transforment, les conditions intellectuelles et même morales des hommes s'améliorent,
et des routes s'ouvrent chaque jour plus accessibles, conduisant
parfois à la fortune et le plus souvent à l'aisance, cette douce
situation enfin que les gens de cœur voudraient voir être le partage du plus grand nombre. Nous n'avons qu'à nous louer de
l'assiduité des élèves qui suivent nos cours de Droit commercial,
de chimie appliquée à certains arts et surtout à la teinture,
d'anglais, de chaleur appliquée aux arts, de comptabilité commerciale. »

Encourager les travailleurs intelligents, récompenser le progrès réalisé, le triomphe du génie sur la matière, est depuis près
d'un siècle le but que se propose la Société d'Émulation. En
raison du nouveau régime qui nous régit, plus que jamais l'industrie a besoin du bras qui travaille, de la tête qui dirige, du
génie qui découvre. Aussi, *M. Gosse*, fabricant de porcelaine à
Bayeux, a reçu une médaille de vermeil de la Société d'Émulation, pour avoir su utiliser les produits de sa localité et des environs, tant pour la pâte de porcelaine que pour la couverte ou
vernis. La dépense énorme en combustible, qui tient la porcelaine à un prix élevé, s'est trouvée modifiée par cet industriel
qui chauffe à la houille ; la renommée de sa manufacture est
acquise pour ses appareils de chimie ; sa fabrication peut lutter
avec les produits similaires de Limoges, d'Orchamps, de Berlin,
de Florence, car aux qualités exceptionnelles se joint encore la
modicité du prix.

M. Lenormand, teinturier en grand-teint, industriel distingué, est parvenu aussi à obtenir deux appareils répondant aux

besoins de son usine : le premier est destiné à laver le coton en pente, le deuxième à le passer au gras ; les machines qu'il emploie sont simples et fort ingénieuses. — Nous citerons encore M. *Nos-Dargens*, qui a soumis une brosse électrique destinée à remplacer les appareils à commotion pour l'emploi médical. Cet appareil, peu coûteux, doit rendre de véritables services à la médecine et paraît répondre à tous les besoins de l'électrothérapie.

Des prix, chaque année, sont aussi décernés aux meilleurs mémoires présentés sur des questions mises au concours.

M. *Sukfüll*, mécanicien à Déville-lès-Rouen, a offert un appareil destiné à empêcher ou à faire disparaître les incrustations des générateurs. L'appareil qu'il présente est peu compliqué, les organes peu nombreux ; son jeu est simple et facile ; dans un grand nombre de cas, il peut rendre des services à l'industrie.

M. *Tougard*, de Bapaume-lès-Rouen, inspiré par la même idée, a construit un condensateur par surfaces, d'une forme nouvelle et intéressante ; ce condensateur présente des avantages, en permettant de recueillir la vapeur d'eau condensée, isolée de l'eau condensante, et de s'en servir pour l'alimentation du générateur : on évite ainsi la suppression complète des incrustations. L'inconvénient qu'il présenterait, pour être utilisable par la marine, serait peut-être le trop grand espace qu'il occupe.

M. *Blin*, ancien constructeur de chaudières, auteur d'un perfectionnement de la chaudière ordinaire à bouilleurs, est arrivé à diminuer de 22 °/₀ la consommation du combustible. Une médaille d'or lui a été décernée.

M. *Auguste Lévy* a communiqué un mémoire sur les appareils inventés par M. *Dubosq, pour régulariser les effets lumineux de l'électricité.* Si nous éprouvons le vif regret d'imposer à notre plume la plus grande sobriété sur ce remarquable travail, non moins savamment qu'élégamment présenté, nous devons faire connaître cependant les bases de cette découverte pour en constater le succès.

Ainsi s'exprime le lucide et compétent rapporteur :

« Vous savez que si l'on attache deux fils métalliques aux
pôles d'une pile électrique assez intense et que l'on termine les
bouts libres de ces fils par deux baguettes minces en charbon
compacte, des cornues à gaz ou en graphite, au moment où l'on
porte en contact les deux charbons, on voit une étincelle assez
vive jaillir entre les deux points les plus rapprochés. Si les deux
baguettes restent en contact, elles s'échauffent graduellement
jusqu'à devenir rouges, puis une partie du charbon s'enflamme,
brûle et disparaît ; une autre partie se volatilise, et peu à peu les
deux extrémités, qui se touchaient d'abord, s'éloignent par suite
de la destruction de la matière solide, sans que cependant le
courant électrique cesse de circuler dans la pile, dans les fils et
dans les cônes de charbon. La portion de ces derniers qui a disparu se trouve alors remplacée par un jet lumineux pourpre,
dans lequel bouillonne sans cesse une fumée incandescente de
particules charbonneuses que le pôle négatif semble soutirer au
pôle positif, ou que celui-ci lance vers le premier. Il y a, pour
chaque intensité de courant, une limite de distance entre les
deux pointes de charbon, au-delà de laquelle la lumière pourprée
s'éteint, le jet incandescent cesse et le courant se trouve interrompu. »

Afin d'éviter ces inconvénients, très-graves pour la régularité
de l'éclairage et la fixité du point lumineux, M. Foucault, en
France, et M. Pétrie, en Angleterre, eurent en même temps
la pensée d'employer le courant électrique lui-même pour régulariser la marche des charbons ; le succès couronna leurs efforts.

Si la régularité de la lumière a une haute importance pour
l'éclairage, la fixité du point incandescent est indispensable
quand la lumière artificielle doit remplacer celle du soleil dans
les principales expériences d'optique.

M. Dubosc, gendre et successeur d'un homme qui semblait
en quelque sorte prédestiné par son nom à s'occuper des questions relatives à la lumière, M. Soleil, est parvenu par son
régulateur à réaliser la belle idée de MM. Pétrie et Foucault,
rendant ainsi un immense service aux physiciens pour l'exposition des phénomènes lumineux.

Une médaille de vermeil a été offerte à M. Dubosc, comme un souvenir sympathique que la Société est heureuse de lui manifester pour la haute distinction qu'il a méritée du Pouvoir et si honorablement obtenue.

Nous avons sous les yeux une pièce de vers de M. Léon Vivet, intitulée : *L'Habit râpé*. Citer cent cinquante vers pour un compte-rendu serait de l'audace, et les analyser un tour de force dont je ne me sens pas l'énergie ; contentons-nous de dire que la pièce a été écoutée avec le plus vif intérêt: l'esprit y pétillait, la verve un seul instant ne s'est point lassée dans ses aperçus moraux et satiriques. De chauds applaudissements sont venus acclamer l'impression flatteuse qu'en avait éprouvée l'auditoire nombreux qui l'avait écoutée.

Les prix que décernent certaines Sociétés aux actes de haute moralité n'échappent pas à la critique frondeuse : le respectable M. Dumanoir, membre de cette Compagnie, ne s'en préoccupa point; car, par son testament, il a légué à cette Société une somme de vingt mille francs dont l'intérêt devait chaque année revertir aux actes qui pourraient, dans les classes laborieuses, déceler un noble et charitable cœur.

Doivent-elles être regardées comme inutiles, ces médailles, ces distinctions, à qui l'on reproche de ne tirer la vertu de l'obscurité que pour lui faire perdre l'un de ses mérites les plus précieux, son parfum de réserve et d'exquise modestie?

M. le vicomte Robert d'Estaintot, rapporteur des deux lauréats presque octogénaires, *Pierre-Désiré Grenet* et *Marie-Catherine-Marguerite Blondel*, dont le mérite et le dévouement appelaient ces touchantes distinctions, dit à ce sujet :

« Sans doute, il est des sacrifices intimes, des abnégations héroïques que Dieu seul connaît et que lui seul récompense. C'est un secret à débattre entre la conscience humaine et la justice divine, et nul œil humain ne peut le sonder. Pour ceux-là, pas de récompense, ou plutôt si la pensée religieuse la féconde, une récompense bien au-delà de notre sphère !

« Mais si dans les actes de la vie journalière il se rencontre des hommes qui, pénétrés de ce feu sacré de l'amour du prochain, se sacrifient pour les autres ; s'il en est encore que, dans les relations quotidiennes de leur humble existence, distinguent leurs vertus civiles ; ceux-là, certes, la société a le droit de les prendre par la main et de les donner pour exemple à la foule, en lui disant : Voilà ce qu'a fait l'un des tiens, pourquoi ne ferais-tu pas comme lui ?..... N'est-ce pas faire appel à l'un des ressorts les plus actifs des actions humaines, l'émulation, pour fondre dans une majestueuse harmonie ces rapports journaliers entre les hommes qui font l'unité et la grandeur de la société civile ?— A ce point de vue, les prix que nous distribuons ont leur raison d'être, ils concourent à la moralisation des masses.

M. Gaigneux, en traduisant à la Société ses impressions sur l'exposition de Londres, voudrait soustraire le palais destiné à recevoir nos produits au blâme presque universel dont il a été généralement l'objet. Il se plaint que les industriels de la Seine-Inférieure se soient abstenus d'exposer : à peine l'industrie cotonnière était-elle représentée ; la construction des machines, la céramique, la fabrique d'horlogerie n'y figurent pas. Elbeuf, par son exposition collective, y avait seulement apporté des produits restés sans rivaux sérieux.

Serait-il vrai qu'en fait de bon goût et d'élégance nos produits l'emportent de beaucoup sur les produits étrangers ? L'honorable excursionniste semble en douter, car il ne fait pas constituer l'industrie d'une grande nation dans les modes, les objets de toilette, les bois sculptés et la bimbeloterie parisienne.

Dût-il soulever les réclamations de bons patriotes, qui se laissent trop éblouir par l'amour du pays, il ne craint point de dire qu'en beaucoup de points l'Angleterre nous précède. En France, nous sacrifions tout au brillant, à l'éclat, à la forme : c'est ce que nous convenons d'appeler le *bon goût* ; en Angleterre, tout est sacrifié au confortable ; la légèreté du meuble est un vice ; la forme élégante, mais incommode, ne sera jamais acceptée.

En céramique, nous n'égalons point les poteries communes ni les faïences et les porcelaines anglaises, qui l'emportent sur les nôtres.

Les vitrines d'Elkington et Cie, Hancocq et beaucoup d'autres, paraîtraient supérieures à celles où sont déposés nos objets d'orfévrerie, et la richesse et la splendeur de l'orfévrerie anglaise surpasse la nôtre.

En terminant ces aperçus, M. Gaigneux en maintient la justesse, quoiqu'ils puissent parfois paraître sévères : « Il faut, avant tout, mettre les industriels français en garde contre l'opinion, trop accréditée parmi nous, de leur supériorité, comme l'a dit M. de Laborde, comme l'ont répété tous les économistes avec lui ; ils s'endorment dans leur gloire, mais ce temps d'arrêt pourrait leur être funeste. »

M. Fauchon aîné, de Rouen, appelle l'attention de la Société sur un nouveau mode d'encollage de son invention, pour les fils de coton, lin, laine et soie, employés comme chaînes dans le tissage à la main. On employait autrefois une colle extraite des rognures de pain moisi, en les faisant bouillir dans l'eau : son grand défaut était de répandre une odeur désagréable, de ternir plus ou moins la vivacité des couleurs, et surtout de ne pas pénétrer assez intimement les fils pour que l'ouvrier, venant à tisser, ne fût pas obligé de parer (1). Il y avait pour lui perte de temps, difficulté plus grande de bien faire, et pour le fabricant, danger de ne recevoir que des marchandises inférieures en qualité et en façon ; parfois il arrivait aussi qu'elles se piquaient en magasin ; c'est surtout sur ce point que le procédé de M. Fauchon méritait d'être étudié.

Les fabricants et les ouvriers lui ont reconnu une supériorité marquée sur l'encollage habituellement employé.

Mais, nous dit *M. Manchon*, l'honorable rapporteur auquel nous empruntons la description de cette invention, « il serait désirable qu'on en abaissât le prix de vente pour que l'usage s'en généralise. »

M. le docteur Louis Dumesnil donne communication d'un mémoire de M. R.-H. Scott, professeur de minéralogie à la Faculté royale de Dublin, sur la réduction du minerai de fer par la tourbe. Il dit qu'il en résulte « que la tourbe est employée en

____

(1) C'est-à-dire de donner un nouvel encollage aux fils de sa chaîne à l'aide de brosses.

Suède pour la fabrication du fer, et que dans le compte-rendu du Jury anglais sur la dernière exposition de Londres, à propos des fers étrangers, on a affirmé que la supériorité du métal suédois tient à ce qu'il est obtenu à l'aide de la tourbe. »

M. le docteur Louis Dumesnil fait aussi part à la Société d'émulation d'un mémoire sur l'opium indigène, présenté par M. Lepage, pharmacien à Gisors.

M. Lepage a introduit dans l'Eure la culture du pavot pourpre dont il retire l'opium. Cet essai a réussi. On obtient un produit de bonne qualité et d'une meilleure composition que celui qui nous vient d'Orient. Cette industrie, en prenant un plus grand développement, serait très-utile à la pharmacie.

Dans le bulletin où nous puisons nos indications, on pourra trouver des renseignements intéressants sur la méthode qu'il a suivie pour cultiver le pavot.

M. le docteur *Louis Dumesnil* a fait des études sérieuses sur la mortalité dans la ville de Rouen en général, et spécialement dans les divers éléments de la population.

La Société a entendu ce travail avec un vif intérêt. Les recherches sur lesquelles il s'appuie comprennent une période de dix années, de 1850 à 1860.

« Les essais de ma statistique, dit-il, sont des morts, abstraction faite de toute considération relative aux causes qui ont pu amener la mort ; des morts dans l'acception la plus compréhensive du mot, par conséquent des unités parfaitement semblables et sur la nature desquelles il ne peut s'établir aucune contestation.

Durée moyenne de la vie, à Rouen.

Le total des décès en dix ans a été de 28,936. — Le chiffre total des années des individus décédés est de 987,606. — Durée moyenne : 34 ans, 45 jours.

En séparant les deux sexes, on trouve, pour les hommes, 13,776. — Vie moyenne : 31 ans, 9 mois, 24 jours ;

Pour les femmes : décès, 15,160. — Vie moyenne : 36 ans, 2 mois, 13 jours.

La durée moyenne de la vie des femmes dépasse donc de près de cinq ans celle de la vie des hommes.

Proportion des décès avec les naissances, de 1851 à 1860 :

Naissances. . . 31,785
Décès. 35,235

La différence est donc de 3,450 en faveur des décès : c'est-à-dire que, chaque année, le chiffre des décès dépasse de 345 celui des naissances.

Nous devons à la plume facile de *M. Auguste Lévy* une nouvelle étude scientifique et archéologique sur les rives de la Seine et les côtes de la Manche.

L'auteur, persistant à suivre la tâche sérieuse qu'il s'était imposée, n'a pas voulu laisser incomplet un travail précédent, dans lequel il établissait « qu'il avait existé à l'embouchure de « la Seine un archipel, entre les îles duquel les eaux gênées « dans leur écoulement venaient couvrir, à l'époque romaine « et au moyen-âge, de vastes étendues d'un territoire aujour- « d'hui conquis par le fleuve. »

Cette nouvelle étude s'appuie sur des autorités sérieuses qui ont dû exiger de l'auteur de nombreuses investigations qui font honneur à sa persévérance, tant il est difficile d'abandonner une idée qu'on croit fondée.

Si nous éprouvons un regret, c'est qu'il nous soit impossible à notre tour de présenter, de la part des érudits, la moindre controverse qui vienne contrôler les faits sur lesquels s'appuie M. A. Lévy pour démontrer qu'un lien réunissait les deux territoires, aujourd'hui séparés, de la France et de l'Angleterre.

« N'est-il pas naturel maintenant de se demander comment « les races gallique et kymrique, dont l'histoire a enregistré les « migrations à travers les Gaules jusque dans la Grande-Bre- « tagne, auraient pu traverser un large détroit, alors qu'une « marine primitive, composée seulement de barques d'osier « couvertes d'un cuir de bœuf, permettait tout au plus à « quelques navigateurs audacieux d'affronter, non sans danger, « l'Océan et de braver les tempêtes ? »

Nous regrettons plus que jamais de n'être ni géologue ni naturaliste pour suivre l'auteur dans son système, qui s'appuie sur des données scientifiques dont l'ensemble, s'il n'était que vraisemblable, serait fort ingénieusement présenté et avec beaucoup d'érudition; car M. Aug. Lévy passe en revue les phases géologiques qui ont dû changer le niveau des eaux de la mer; il pense que les cailloux roulés qu'on rencontre sur le sol arable, aux environs d'Arques, indiquent que la mer s'étendait autrefois jusque-là; qu'en outre le Pas-de-Calais était fermé par une digue naturelle, et que la Manche devait être une mer intérieure recevant la Seine et la déversant dans l'Océan en cascade: ce qui nécessiterait un niveau d'eau plus élevé que celui qui existe actuellement. L'action corrosive des eaux aura fait depuis disparaître ces digues et abaisser le niveau d'eau.

Ces considérations ont conduit l'auteur à supposer que la Méditerranée devait aussi être fermée au détroit de Gibraltar, et qu'il en était de même de la mer Noire; car, sans un étroit passage, comment expliquer les migrations des peuples?

M. de La Quérière, antiquaire émérite, aux instantes recherches duquel pas un monument de notre ville n'a échappé, a fait une communication fort intéressante sur l'ancien hôtel-de-ville de Rouen, le beffroi et la fontaine de la Grosse-Horloge. Il nous a donné l'origine de la cloche d'argent, le couvre-feu du moyen-âge, qui date du XIIe siècle.

M. le docteur Vingtrinier, dont la plume ne se repose jamais, a fait un rapport sur deux brochures de M. le docteur Rigaut, de Paris. Dans la première, l'auteur démontre le paradoxe émis par un journal de Paris, voulant prouver que cette capitale de l'Empire était plus salubre en 1760 qu'en 1860. La seconde traite de la boulangerie de Paris, qu'il considère dans les modifications successives qu'elle a subies depuis l'antiquité jusqu'à nos jours. Ce travail sérieux a paru assez important pour qu'un exemplaire fût adressé au ministère, avec copie du rapport qui signalait l'importance de ses aperçus.

La *Société centrale d'agriculture de la Seine-Inférieure* remet à notre analyse cinq *Bulletins :*

Nous y lisons un rapport de M. Bidard donnant la description d'un ingénieux appareil de M. Masuré, professeur de physique à Orléans. Si le rôle de la terre a été depuis longtemps défini dans l'acte de la végétation, les éléments minéraux dont elle se compose passaient inaperçus et pouvaient, en agriculture, conduire à bien des mécomptes. Il devenait donc nécessaire de pouvoir connaître la puissance fertilisante du sol. La chimie, dans son laboratoire, a des moyens puissants à l'aide desquels elle vous dira que votre terre contient telle quantité de chaux, d'acide carbonique, de silice, d'alumine. Pour le praticien peu versé dans la science, il faut quelque chose de plus positif. Pour lui, ce qu'il y a de plus clair, c'est de lui parler argile, sable, craie, et surtout de lui fournir un appareil qui soit assez simple pour qu'il puisse s'en servir. M. Masure a compris l'importance qu'il y avait à simplifier l'analyse des terres : son système consiste dans un simple lavage, qui permet à l'homme le moins expérimenté de connaître en vingt minutes la quantité des éléments qui composent la terre ; il permet surtout de suivre la proportion de carbonate de chaux sans lequel, dit M. Bidard, il n'y a pas de végétation possible, de même qu'il n'y a pas de blé possible sans phosphate de chaux, et de vie animale possible sans os.

M. Houzeau, rapporteur d'une Commission chargée d'examiner la question administrative de l'emploi du sel en agriculture, émet les conclusions suivantes :

1° Que la dénaturation des sels, c'est-à-dire leur mélange avec diverses substances, s'opère sous la surveillance de l'administration, dans la ferme du cultivateur, et non sur le lieu d'extraction comme l'exigent les réglements actuels ;

2° Que la franchise accordée aux sels immondes soit étendue aux sels neufs destinés à l'amendement des terres, à cause de la difficulté de se procurer des sels immondes en dehors des ports de mer ;

3° Que les mélanges rendus obligatoires jusqu'à ce jour soient remplacés par des agents de fertilité des plus répandus, que le fermier choisirait à son gré parmi ceux connus. Il serait trop long d'en transcrire l'énumération : nous devons passer outre et vous entretenir de M. Isidore Pierre, de Caen, qui s'est appliqué à étudier le moyen de prévenir la dégénérescence des prairies artificielles, et de nous faire, en même temps, connaître les causes qui contribuent à la diminution de leurs produits. Il dit, avec raison, que rien ne vient de rien, et qu'un champ est comme une armoire : on n'en peut retirer ce qu'on n'y a pas mis. Le trèfle, le sainfoin et la luzerne, par exemple, sont des plantes qui, pour se constituer, se nourrir, ont besoin de matières organiques, de substances minérales, qu'elles ne peuvent trouver dans l'air qui n'en contient aucune trace, mais qu'elles rencontrent seulement dans le sol quand on les y a déposées.

Si l'on a répété à satiété que les plantes qui forment la base de nos prairies artificielles vivent exclusivement aux dépens de l'atmosphère ; que loin d'épuiser le sol elles le reposent et l'enrichissent, cette théorie n'est plus admissible devant les analyses qui démontrent le contraire : n'admet-on pas, dans l'état actuel de la science chimique et agronomique, que l'atmosphère n'apporte aux récoltes, par hectare, que la quantité de 25 à 27 kilogrammes d'azote ?

Pour éviter l'épuisement du sol par les plantes fourragères, M. Isidore Pierre n'indique qu'un moyen, coûteux, il est vrai : c'est l'emploi de fumières abondantes. Quant aux amendements, il ne faut pas y songer : comment parviendraient-ils à une profondeur de 1 mètre à 1 mètre 50 ?—De ce mémoire, le cultivateur peut encore tirer cette leçon : qu'il lui importe de se rendre compte, avant tout, de la composition du sol et du sous-sol qu'il cultive ; et, proclamons-le, malheureusement la plupart des cultivateurs paraîtraient n'y avoir jamais songé. Ici se place une question qui a son importance :

La marne doit-elle être considérée comme engrais ?

Cette question, mise à l'ordre du jour par M. Bidard au sein de la Société d'agriculture, les considérations savamment déduites qu'il a présentées ont provoqué une controverse dont les conclusions ne sont pas encore tirées, malgré l'appui de l'autorité du nom de M. Dumas (1).

En soulevant cette thèse, l'auteur dit avec franchise que son but est d'appeler la critique, de fixer l'attention des chimistes et des agronomes sur une question si fatalement abandonnée à la routine. Suivant son opinion, on ne peut donner le nom de marne qu'au produit fourni en proportions variables d'argile et de carbonate de chaux, puisque la marne, dans ces conditions, est reconnue comme une substance éminemment fertilisante, c'est-à-dire que, dans l'acte de la végétation, l'argile et le carbonate de chaux sont indispensables : isolées, ces deux substances n'ont aucune action sur la végétation ; mélangées, il en est différemment. — Que se passe-t-il alors ? C'est que, au contact de l'air et de l'eau, la marne se délite et se transforme en deux composés bien définis : le *silicate de chaux* et le *bi-carbonate de chaux*. L'origine de la marne étant connue, nous trouvons un troisième produit, le *phosphate de chaux*.

Nous ne suivrons pas l'auteur démontrant la manière dont ces substances s'introduisent dans la plante ; seulement, la première partie de son mémoire se résume comme il suit :

« Pour accomplir toutes les phases de sa végétation, une
« plante a besoin de carbone, d'oxygène, d'hydrogène, de sili-
« cate de chaux, de phosphate de chaux ; tous ces éléments
« peuvent être fournis par la marne, que l'on doit considérer
« comme *un engrais et non comme un amendement.* »

(1) M. Dumas, remplissant les fonctions de secrétaire perpétuel, signale, parmi les pièces imprimées de la correspondance, un mémoire de M. Bidard « *Sur la marne, considérée comme engrais.* »

C'est en effet comme engrais, et non comme amendement, que l'on doit considérer la marne dans laquelle le végétal peut trouver, pour accomplir toutes les phases de sa végétation, les divers éléments dont il a besoin : le carbonate, l'hydrogène, l'oxygène, le phosphate de chaux, le silicate de chaux. Ces deux derniers éléments doivent surtout être pris en considération, et les proportions différentes où ils se trouvent dans les marnes de diverses provenances en rendent l'emploi plus avantageux pour telle nature du sol que pour telle autre.

M. de Pillon de Saint-Philbert, dans des observations critiques, prétend que les assertions de M. Bidard sur le rôle et la respiration des plantes, sur la transformation que subit la marne lorsqu'elle se dessèche à l'air libre, enfin sur la vertu désinfectante qu'aurait l'argile, seraient en flagrante contradiction avec ce que l'on a pensé jusqu'ici sur ces diverses questions. Lorsque deux savants discutent, à l'élève d'écouter ; à l'an prochain la solution, si le dissentiment qui s'élève ne laisse plus de motif au doute.

Dans un rapport de M. Verrier, vétérinaire départemental, sur les épizooties qui ont régné dans la Seine-Inférieure, la *cocotte* s'est montrée dans toutes les communes du département, et les vaches, les moutons et les porcs en ont été sérieusement atteints. Les conséquences de cette maladie se traduisent toujours par un préjudice énorme au détriment de l'agriculteur.

L'*anémie* et l'*hydronémie* sont deux sœurs qui se rencontrent fréquemment dans notre pays sur l'espèce ovine; l'espèce bovine a éprouvé aussi les atteintes de cette maladie : les pertes qu'en a ressenties l'agriculture ont été énormes en 1861 dans l'arrondissement d'Yvetot: tant en agneaux qu'en brebis, elle a fait mourir 40,000 têtes de bétail. Dans le seul bourg d'Yerville, il est entré chez les marchands de peaux, de décembre 1860 à mai 1861, *douze mille* dépouilles d'animaux qui ont succombé à cette maladie.

La péripneumonie bovine, depuis vingt-cinq ans qu'elle règne en France, a laissé encore des traces dans notre département; le *diabète* a causé aussi des pertes énormes : le développement de cette épizootie est dû à la mauvaise qualité des aliments.

Depuis longtemps la Société d'agriculture demandait qu'il fût mis un frein à la vente faite des engrais, afin d'astreindre les marchands à un contrôle qui mît le consommateur à l'abri de la fraude.

M. le Maire de Rouen vient de prendre un arrêté intitulé : *Police du commerce des engrais.* Quel terrible siècle que le nôtre, où la probité ne peut s'obtenir qu'avec la crainte de la pénalité !

M. Fauchet, président, dans un discours public, retrace toutes les conquêtes obtenues dans nos produits agricoles ; en même temps, il fait ressortir qu'il serait désirable que tous les cultivateurs se pénétrassent de la nécessité de se dégager des étreintes d'une routine aveugle, pour entrer résolûment dans la voie du progrès, sans lequel on luttera en vain pour réaliser tous les bénéfices qu'on doit tirer d'une bonne culture et des animaux producteurs. Banalités passées, présentes et futures, dirons-nous, toujours à l'ordre du jour, et tous les discours s'émousseront contre l'ignorance, qui continuera à amortir les coups les plusvigoureux qu'on lui porte, tant qu'on n'acceptera pas dans nos écoles primaires l'enseignement élémentaire agricole et horticole.

Point de véritable agriculteur, dans l'acception du terme, s'il n'est initié aux premiers principes de la science et de l'art agricoles ; point de métier sans en faire l'apprentissage : aux Sociétés savantes d'insister sur ce point ; car jusqu'alors les récompenses qui sont décernées au cultivateur peuvent l'engager à engraisser un bœuf, à se servir d'un instrument nouveau ; mais interrogez-le sur l'hygiène des animaux ou sur leur alimentation : il n'en sait pas les premiers préceptes. Sera-t-il plus savant sur l'influence de la température sur les végétaux ? Les actes de la végétation lui seront-ils connus ? Non, assurément : toutes ces choses, il les ignore profondément.

Société impériale et centrale d'horticulture du département de la Seine-Inférieure.

Toute Société qui se préoccupe de développer le savoir et l'intelligence des masses a droit d'être comptée dans cette savante réunion de l'Institut des provinces : une place lui est donc réservée.

Par son organisation, la Société d'horticulture présente des avantages immenses, car ses membres se groupent selon les spécialités auxquelles ils donnent la préférence. Ici ce sont les maraîchers, là les floriculteurs, les arboriculteurs ; les pomologistes ont aussi leur section, et celle des sciences accessoires comprend toutes les connaissances qui touchent à la physiologie végétale, à la chimie, à la physique... N'est-ce pas offrir à toutes les aptitudes une occasion de travailler et profiter des lumières de chacun ?

M. Lemartarel, de Louviers, a présenté un mémoire sur les soins à apporter aux arbres fruitiers. M. Malbranche en a fait une consciencieuse analyse :

« Que de personnes considèrent la taille des arbres comme
« un ensemble de procédés sans lien et sans lois, qui se
« transmet de génération en génération à l'œil et à la main de
« l'ouvrier, sans effleurer même son intelligence ! C'est un de-
« voir, pour le praticien, de détruire ces préjugés en faisant
« connaître le fruit de son expérience et de son travail. La
« taille des arbres n'a-t-elle pas pour but d'obtenir des fruits
« plus beaux et plus savoureux et d'en régler la fructification
« chaque année ? »

Les *plantes à feuillage ornemental* ont suggéré à M. E. Pinel une remarquable dissertation dans laquelle il énumère sommairement les végétaux propres à la composition des corbeilles ou à être isolés, sans répudier les plantes vivaces, variées, cultivées en massifs ou en bordures le long des groupes d'arbres ou d'arbustes ; beaucoup même, entremêlés avec les arbrisseaux, égaient la vue par leurs fleurs variées et rompent la monotonie que présentent les tiges des végétaux ligneux. — Sur le plus ou moins heureux agencement des végétaux il y a beaucoup à faire ; l'expérience sur ce sujet est le grand maître ; mais, disons-le hautement, notre contrée n'est pas restée en arrière.

A la Commission de floriculture, M. Pinel a présenté le *Cephalotus follicularis*, curieuse petite plante de la famille des Renonculacées. Sa feuille, en forme d'urne, fermée par un opercule, est d'une remarquable singularité. Les conseils donnés aux propriétaires, pour avoir dans leurs jardins de jolies corbeilles de fleurs, n'ont pas moins fixé notre attention.

M. le docteur Apvrill, président de la section d'arboriculture, en prenant place au fauteuil, a prononcé un discours profond par les pensées et d'un style qui fera des envieux.

Il prend à cœur de faire connaître ces travailleurs encore oubliés, « qui, depuis un quart de siècle, ont pris à tâche de fonder chez nous l'arboriculture et y ont si pleinement réussi ! Croyez-vous que leurs arbres vous aient attendu pour faire l'admiration de tous ceux qui les ont vus, connaisseurs ou non ? Prenez garde que, par une illusion d'amour-propre trop commune, une chose que vous ignorez vous paraisse ignorée de tous ; qu'une chose que vous commencez à comprendre ne vous paraisse incomprise par les autres. Autour du char qui gravit la côte et déjà touche à la plaine, ne bourdonnez pas : souvenez-vous de la mouche du coche, et gare à son nom ! »

Comprendre un tel danger, c'est l'éviter ; et s'il ne s'agissait ici que d'encourager les travailleurs par la musique monotone d'un bourdonnement ridicule, je laisserais bien vite cette tâche à toutes les mouches de ce monde. Vous êtes connus, mais pas comme vous devriez l'être ! Non certainement, car vous seriez plus généralement imités : la France entière devrait être couverte d'arbres conduits d'après les principes savants que vous mettez en pratique.....

Passant à l'éloge de MM. Dubreuil et de M. Prevost, et s'inspirant de leur conduite, il ajoute : Ils savaient écouter et profiter, à l'occasion, de l'expérience des autres. Nous ne laisserons pas tomber cet exemple, cette facilité d'accès ne peut nous perdre : une idée fausse, eût-elle pour cortége toutes les illusions de l'amour-propre le plus exalté, ne va pas loin. Elle ne possède ni ailes pour soutenir son vol, ni pieds pour appuyer sa marche. Elle reste, pour ainsi dire, flottante entre ciel et terre ; elle cherche son équilibre et ne le trouve pas ; ses raisons d'être ; elle ne les trouve pas. La vérité, d'un léger souffle, la chasse dans le vague de l'air, où elle se perd ; on la pousse du doigt sur le sol, elle y reste sans puissance et sans vie.

Point d'idée radicalement fausse : *Il n'y a pas d'erreur, dit Bossuet, qui n'ait un fond de vérité.* Gardons-nous de fermer la porte aux erreurs. Sous ces cendres froides sommeille une étincelle : remuez ces cendres, et elle brille ! Ce fumier, c'est celui d'Ennius : il cache des perles ! Ce nuage, il vous voile une étoile du ciel ! Écartez ce fumier, dissipez ce brouillard : votre récompense est au bout de vos peines ! Votre tolérance vous vaut une vérité ! Votre charité vous vaut un frère ! Que chacun cultive à sa manière..... Attendons les vendanges pour juger les travailleurs.

La *culture potagère et maraîchère* n'a point ses aperçus historiques : M. Grainville, son président, en trace l'historique, à Rouen, dans un discours qui reçoit l'entière approbation de ses collègues.

Dans un discours de séance solennelle, M. le sénateur-préfet Leroy fait ressortir que « l'horticulture n'est pas seulement un « art, mais une science qui, se mariant à bien d'autres, a le « privilége de produire à la fois ce qui charme les sens, ce qui « sert au bien-être et concourt puissamment à l'alimentation. « C'est une sorte de culte qui, sous la protection de Dieu, a « pour lui rendre hommage le monde entier, et pour le servir « les bras les plus vigoureux, les mains les plus habiles, les « soins les plus délicats..... Quelle force vive du travail voit, « plus que l'horticulture, se grouper autour d'elle la sollicitude « et l'intérêt ? »

M. le comte d'Estaintot, président, prend ensuite la parole ; dans son discours, il fait ressortir la nécessité de l'enseignement horticole et agricole ; car dans sa pensée ces deux mots n'en font qu'un : « Si donc des cours multiples, ouverts à « l'ouvrier de nos cités, éclairent son intelligence et y versent à « flots abondants l'instruction et la lumière ; pour les popula- « tions rurales, bien supérieures en nombre, qu'a-t-on fait « jusqu'à ce jour ? Une vieille routine guide encore l'agricul- « teur dans l'ornière tant de fois rebattue. Son ignorance, ses « préjugés sont presque ceux du siècle dernier ; les essais mal « dirigés n'obtiennent de notre sol si riche que le strict né- « cessaire : est-il donc étonnant qu'il cherche à quitter une « profession ingrate et dédaignée ? Voulez-vous le fixer dans « ses foyers : faites pour ce laborieux artisan, à qui nous de- « vons le pain de chaque jour, ce que vous accordez à tant

« d'arts séduisants dont le moindre tort serait d'être inutiles.
« Formez des écoles et constituez enfin l'enseignement sur des
« bases permanentes.

« Ouvrez des cours, ne craignant pas qu'ils manquent d'au-
« diteurs... : l'École normale deviendra une pépinière féconde
« de jeunes missionnaires qui, une fois initiés aux mystères
« de notre art, iront porter dans chaque village un enseigne-
« ment impatiemment attendu. »

Dans un *Rapport sur les récompenses à décerner pour
l'enseignement et l'instruction horticoles*, M. Malbranche fait
ressortir que, « quand toutes les professions avancent de perfection
« en perfection, l'horticulture ne peut rester en dehors du
« mouvement scientifique, s'isoler de la voie du raisonnement
« et de la logique, et marcher aux lueurs incertaines de la
« routine. Tout praticien doit savoir ce qu'il fait faire et pour-
« quoi on le fait. »

M. Debonne, dans un *Aperçu général de l'exposition de la
Société impériale et centrale d'horticulture*, fait ressortir,
dans un style attrayant et fleuri, tout ce qui en faisait le charme.

Nous trouvons, de M. le comte d'Estaintot, président, un travail sérieux et fort étendu sur l'*Enseignement horticole et agricole dans les chaires publiques, dans les séminaires, les écoles
normales et primaires, ses débuts et ses progrès*, portant pour
épigraphe : « L'Empereur ne s'est jamais laissé devancer par
personne dans les voies des réformes utiles. »

Quatorze pages à analyser, lorsque notre plume glisse au pas
de course sur notre papier ; nous préférons, si l'envie prenait
au lecteur de connaître ce travail, de le renvoyer au *Bulletin* de
la Société, p. 363, année 1863.

M. Pinel, sur les arbres pyramidaux, a donné un article qui
dénote de profondes connaissances, « il trace le rôle que ces
« arbres doivent jouer par rapport aux constructions, recom-
« mandant que, dans nos parcs, leur place soit choisie avec
« intelligence. »

M. le docteur Nicolle communique un savant article sur l'hybridation. Si l'hybride, par ses caractères étranges, échappe aux
diagnoses posées par la science puisée dans la nature, elle con-

fond les limites des espèces: elle tient quelque chose de son père, dit M. Morren, elle ressemble à sa mère.

« On ne saurait la confondre avec la variété. L'horticulteur a le plus grand intérêt à rechercher les lois des croisements naturels et artificiels entre les végétaux, à connaître les procédés à suivre dans ces' opérations. Pour posséder la solution de ce problème, il lui faut l'observation attentive des faits dont la nature le rend témoin, et de nombreuses expériences tentées dans le but d'arriver à des transformations identiques à celles qu'elle produit. »

« Camerarius, au XVIIe siècle, paraît avoir le premier pres-
« senti l'existence des hybrides. En 1726, Richard Bradley con-
« seille le transport du pollen d'une plante sur le stigmate d'une
« autre appartenant à une espèce différente, pour produire de
« nouvelles variétés. Viennent Linnée, Adamson ; mais c'est avec
« Kœlrenter, en 1761, que la doctrine de l'hybridation entra
« véritablement dans la voie expérimentale. »

M. Malbranche a présenté une analyse de quelques articles concernant les sciences accessoires de l'horticulture. Il parle de la *fructification du lis blanc*, des *fleurs lumineuses*, de l'*acclimatation des plantes*, d'*observations thermométriques* fort intéressantes, du *thermomètre électrique*.

Les Restitutions. Sous ce titre original, mais exact, M. Lanjoulet démasque beaucoup de prétendues nouveautés qui ne sont que des vieilleries oubliées. Il rend justice à nos aïeux ; il leur restitue la science qu'on leur a prise, sans le dire, et qu'on a ignorée, faute de les étudier.

M. le comte d'Estaintot, président, communique un article sur l'emploi du sel en horticulture : « Nous savons tous quelles déceptions nous attendent lorsque l'engrais manque à nos cultures. Les égouts qui se creusent dans nos villes vont bientôt recevoir toutes les richesses des boues que nous mettions à profit pour nos jardins, il faut songer à suppléer à cet utile auxiliaire. »

Un tableau indique la quantité de sel à employer par hectare, selon la nature des plantes.

M. Pinel présente un mémoire sur *les différentes espèces de serres :* « Si j'ai écrit ces quelques lignes, dit-il, c'est pour éviter les désagréments qu'éprouve l'horticulteur en recevant des plantes de serre tempérée qu'il place en serre froide, et qui bientôt périssent ou poussent mal. Celles de serre tempérée, placées en serre chaude, ne réussissent pas mieux : ayant trop de chaleur et pas assez d'air, elles s'étiolent et ne fleurissent pas. »

M. Malbranche donne, du jardin de Solférino, une description fort élégamment tracée.

M. Pinel fait connaître la floraison de l'Agave *Yuccæ folio*, et la description botanique qu'en donne M. Gautier nous a paru fort intéressante. Nous devons encore à M. Gautier la description des *Nymphœacées* et des instructions sur leur culture.

M. Malbranche a lu un rapport plein de charme sur le Congrès de l'Association normande à Bernay, du 2 au 5 juillet 1863.

Nous nous trouvons encore aux prises avec de nombreuses pages concernant les travaux des Commissions ; à notre grand regret, il nous faut les passer sous silence, ainsi qu'un article de M. le comte d'Estaintot sur la longévité des plantes ; nous espérons qu'il ne nous en conservera pas rancune.

Car il nous reste, comme bouquet, à vous entretenir du Congrès Pomologique de France, qui a tenu sa huitième session à Rouen, du 30 septembre au 4 octobre 1863.

Ce fut à Lyon que naquit ce Congrès, sous le patronage de la Société pratique du Rhône ; M. le sénateur Reveil en fut le président ; ses travaux furent spécialement consacrés à la science pomologique : c'est dire qu'en Normandie le plus gracieux accueil lui était et lui fut accordé.

M. le comte d'Estaintot, président de la Société d'horticulture de Rouen, en fut élu président par acclamation. Quatre jours furent consacrés à ses travaux. Dans une séance publique toute spéciale, on décerna des récompenses aux exposants les plus méritants qui, de tous les points de la France, avaient apporté leurs produits, qui avaient été exposés dans la salle des Consuls.

M. Namuroy, secrétaire-général de la Préfecture, a prononcé un discours qui a été accueilli avec la plus grande faveur :

l'élégance du style répondait à la profondeur du sujet, qui rappelait les services que l'arboriculture avait rendus au monde entier ; car, de nos jours, les meilleures espèces de fruits sont répandus, et le monde entier peut en déguster la saveur.

M. le comte d'Estaintot a dû prendre la parole et remercier les hôtes étrangers qui s'étaient rendus dans la capitale de la vieille Neustrie, de l'honneur qu'elle a eu de les recevoir et de la vive sympathie qu'ils avaient inspirée à leurs collaborateurs pendant la durée des assises de ce Congrès, qui ne laissait qu'un regret, celui de la séparation. « Mais tout nous fait espérer, ajoute-t-il, que cet adieu ne sera pas définitif : c'est au revoir qu'il faut dire ; car, l'an prochain, il nous sera réservé de nous serrer cordialement la main.

Nous allons laisser notre tâche inachevée, Messieurs : il nous resterait encore beaucoup trop de travaux à analyser. Ce serait, d'ailleurs, prendre une place que, par courtoisie, la Normandie doit laisser à ses sœurs provinciales, et une certaine rougeur monte au front lorsqu'il faut aussi longtemps parler de soi.

Il nous sera pardonné, nous le pensons, car nous n'avions qu'un but, celui de prouver qu'aucune des Sociétés de la Seine-Inférieure n'avait démérité près des honorables membres de l'Institut, qui les avaient appelées à leur rendre un compte fidèle de l'emploi de leur temps.

Messieurs, vous êtes pour nous cette lumière dont les rayons viennent jeter un brillant éclat sur nos humbles mais consciencieuses études, qui doivent retourner au foyer où elles ont pris naissance, avec une reconnaissance, que nous nous efforçons de mériter. »

Voici la notice qui nous a été communiquée sur les travaux de la *Société havraise d'études diverses*, pendant l'année 1863, par M. Millet de Saint-Pierre, son vice-président :

« Il convient de commencer l'exposé des travaux accomplis par la Société havraise d'études diverses, en vous parlant des cours gratuits qu'elle a fondés. — Lorsque j'eus l'avantage de vous présenter le résumé de l'année 1861, il y a deux ans, le président de cette section du Congrès, l'honorable M. Challe, qui occupe encore le fauteuil aujourd'hui, voulut bien, au sujet de cette initiative, adresser quelques éloges à la Société havraise et engager les autres Sociétés à adopter cette manière de se rendre utile aux populations. Depuis peu, S. Exc. M. le Ministre de l'instruction publique a fait la même recommandation d'une façon officielle : il nous est donc permis de nous applaudir d'une idée qui a obtenu de pareils suffrages.

La session des *Cours,* qui ont commencé en 1863, se compose de la *cosmographie*, professée par M. Rispal, agrégé de l'Université ; de la suite des leçons sur l'*histoire naturelle*, données par M. le docteur Derosne ; du *droit économique*, dont s'est chargé M. Aldrick Caumont, avocat ; de la *géométrie élémentaire*, consacrée plus spécialement à la classe ouvrière, enseignée encore par M. Rispal ; et de la *géologie*, confiée à M. Lennier, conservateur de notre musée d'histoire naturelle.

Les encouragements du public continuent à répondre au zèle si désintéressé de ces professeurs.

Dans une localité maritime comme la nôtre, les travaux scientifiques se rapportent assez souvent à la navigation. M. E. Lahure nous a entretenus des règles de construction des *embarcations insubmersibles*. L'expérience dont il avait donné des preuves en inventant un bateau de sauvetage justement apprécié, apportait de l'autorité à ses doctrines.

Le même membre nous a fait part de ses conjectures sur les causes du funeste *événement de Cherbourg*. On se rappelle que la chaloupe d'un navire de guerre se perdit, avec son équipage et le lieutenant de vaisseau qui la commandait, en portant secours à un bâtiment du commerce.

M. Derosne a rendu compte d'une remarquable brochure de M. du Broca, chef des mouvements maritimes de notre port, écrite sur les *huîtrières et l'industrie de la pêche aux États-Unis*.

Ce collègue a fait aussi une communication sur un *animal à écailles* assez curieux.

M. Rispal a exposé avec éloge le *système du capitaine Lan-*

zeray pour prendre les hauteurs et effectuer les calculs nautiques.

Des coquilles d'huîtres fort antiques, mises à découvert par des fouilles exécutées à Lillebonne, ont été décrites par M. Lennier. Il a remarqué qu'elles ne ressemblent pas aux huîtres qui se pêchent actuellement sur la rade du Havre, et qu'elles ont de l'analogie avec celles du littoral opposé.

M. Lennier a fait aussi le résumé de la discussion qui s'est élevée à propos de la *mâchoire fossile* trouvée par M. Boucher de Perthes.

Ces derniers sujets, ainsi qu'un travail de M. l'abbé Lecomte pour combattre l'opinion de ceux qui prétendent que la science ne peut reconnaître la possibilité d'un *déluge* réellement universel, se rapportent aux temps antiques et par conséquent presque à l'*archéologie*. Il importe de le faire remarquer, puisqu'on a reproché à notre Société de négliger cette dernière science (1) ; mais la Société puise sa justification, à cet égard, dans la moderne fondation de la ville du Havre et dans ses transformations successives qui en ont fait une cité toute nouvelle, où il n'existe pas de vieilles archives à dépouiller, d'anciens vestiges à étudier.

D'un autre côté, la numismatique, sœur de l'archéologie, a trouvé son organe dans le rapport de M. Villeroi sur un mémoire de M. le comte de Mahuys, traitant des *monnaies et médailles frappées en Hollande pendant l'occupation française.*

Plusieurs questions médicales ont été abordées au sujet du *Journal de médecine et de chirurgie pratiques*, dont M. Lecadre nous a parlé différentes fois.

M. Béziers nous a fait connaître comment M. Charma a envisagé une *classification des sciences.*

M. Rispal nous a donné des aperçus sur la *manière d'étudier les langues.*

(1) Rapport de M. Chabouillet au Comité d'archéologie près le Ministère de l'instruction publique. (Voir la *Revue des Sociétés savantes des départements*, d'octobre 1863.)

Enfin, M. Granson a pris soin de recueillir les *observations sur les procédés agricoles* qui sont éparses dans les publications envoyées par les honorables Sociétés correspondantes, et en a composé un compte-rendu succinct qu'il se propose de continuer annuellement.

Un fait extrêmement remarquable et honorable pour nous a été une communication de M. Viel, maire de la ville, et à ce titre président d'honneur de la Société. M. Viel, ayant bien voulu prendre au sérieux la qualité de membre qui en résulte, nous a soumis un mémoire très-étendu *Sur le présent et l'avenir du Havre*, non-seulement sous le rapport de l'édilité, mais relativement aussi aux intérêts commerciaux. La Société s'est empressée de nommer une Commission pour examiner l'œuvre de M. le Maire ; cette Commission a exposé, dans un consciencieux rapport fait par M. Fréd. de Koninck, des opinions qui ne sont pas toujours approbatives de celles qui avaient été exprimées, et l'on a imprimé et répandu les deux écrits, témoignage d'une confiance réciproque entre le chef de la municipalité et une réunion sans caractère officiel, mais étant censée renfermer quelques lumières dans son sein.

M. Ald. Caumont entrait presque dans une question locale en développant l'idée d'appliquer à la *propriété des navires le système des warrants*, dont le commerce se félicite de faire l'essai depuis peu d'années pour les marchandises. Il serait à désirer que le Gouvernement prît en considération cette proposition, qui tend à fournir un nouvel essor aux affaires maritimes.

Les sujets philosophiques ont été abordés par M. le docteur Maire, dans un travail intitulé *Anomalies sociales*, mais dont il n'a donné que la première partie. L'auteur a décrit la pluralité de connaissances, ainsi que le dévouement, l'abnégation même exigés pour la profession médicale, et s'est plaint de ce que ceux qui la pratiquent ne rencontrent pas dans le monde, la position à laquelle leur mérite leur donnerait des droits. Si M. Maire n'eût parlé que des ingratitudes individuelles si fréquentes à l'égard des médecins, on l'eût entièrement approuvé ;

mais chacun n'a pas trouvé, comme lui, que les hautes fonctions sociales fissent défaut aux gens de cette profession, quand
les exigences de celle-ci ne leur interdisent pas d'y prétendre.

M. Lecadre nous avait dit quelques mots de la *Société de secours mutuels*, instituée pour les médecins de toute la France,
ainsi que de la *Société de médecine du Havre*, petite académie
spéciale, utile à la science et entretenant la bonne harmonie
parmi ses membres.

A propos du ballon monstre de Nadar, le même collègue a
rappelé les malheurs et la triste fin d'un ancien habitant du
Havre, *le docteur Berryer*, qui croyait avoir trouvé le moyen
de diriger les aérostats.

Un autre médecin, correspondant de la Société, M. Desbois,
ayant publié un procédé pour cet objet, consistant à employer
des *aigles guidés par un appareil électrique*, n'a pas été entièrement applaudi par M. Rispal, chargé du rapport sur ce
sujet.

La plus importante communication que nous ayons reçue de
nos membres correspondants est un manuscrit inédit de M. de
Launay, ancien inspecteur des Postes, sur le *cardinal de Retz*.
Cet ouvrage, où l'on rencontre élégance et profondeur, a été
l'occasion d'une autre production ; car nous avons considéré
comme telle l'habile examen qui en a été fait par M. Bailliard.
Le Rapporteur s'est trouvé quelquefois d'un autre avis que l'auteur, surtout à l'égard de ses appréciations sur Machiavel.

M. Dousseau, voyageur infatigable et perpétuel, bien qu'il se
promette, chaque année, de se reposer, nous a présenté une
*Description pittoresque, géographique et philosophique de
la Savoie* qu'il voit avec bonheur annexée à la nation française.

Enfin, M. Émile Duboc a recherché d'où provient la *décadence de l'art dramatique*. Cette décadence ne peut être mise
en doute, mais on doit croire qu'elle est due à des causes très-
nombreuses. Comme le décret pour la liberté des théâtres n'avait
pas paru lorsque notre jeune confrère nous lisait son travail, ce
dernier a perdu un peu d'actualité.

Je ne dois pas omettre, parmi les productions de 1863, le

Résumé des travaux de l'année 1862, dont le même M. Duboc fut chargé par ses collègues, et qui figure en tête de notre dernière publication.

Quelques œuvres poétiques ont émaillé nos séances de leur colorante harmonie.

M. Frogier a lu *une fable* renfermant une allusion à son admission parmi nous, puis une élégie intitulée : *Les Cyprès du cimetière*, et une ode adressée au *cap la Hève*. Trois pièces de style différent et également réussies.

M. Paul Chéreau a envoyé *Le Sansonnet*, fable.

M. Fleury a tiré de son portefeuille un chant lugubre, âgé de plus de trente ans, mais que des événements récents ont rajeuni et qui porte pour titre : *Le quatrième régiment polonais*. On comprend quelles sympathies cette lecture a réveillées.

Tels sont, Messieurs, les travaux qui ont eu lieu au sein de la Société havraise d'études diverses, et vous me permettrez de consigner ici que cette Société, grâce à un travail de statistique météorologique de M. Eug. Marchand, vient d'obtenir une distinction qui figure parmi les récompenses accordées par S. Exc. M. le Ministre de l'instruction publique. »

L'Académie des sciences, arts et belles-lettres de Caen a publié, comme d'habitude, un volume de ses *Mémoires*; mais ce volume ne donne qu'une idée incomplète de ses travaux. Pour les apprécier dans leur ensemble, il faut lire dans ce volume le rapport si intéressant et si complet de son secrétaire, M. Julien Travers, et l'on ne pourra qu'avoir une idée élevée de l'activité de cette docte Compagnie. Après le Rapport, le morceau capital est le récit si étendu, si piquant et si curieux du procès de Mirabeau en Provence. Ce travail de M. Joly, composé en partie d'après des documents inédits et en partie d'après des traditions recueillies à Aix, révèle une foule de détails nouveaux, en éclaircit d'autres qui étaient obscurs, et restitue d'ailleurs, avec infiniment de finesse et de sagacité, à chacun des personnages intéressés dans ces démêlés et surtout à la figure principale, leur véritable physionomie et la mesure exacte de leurs qualités ou de leurs défauts, de leurs griefs et de leurs torts. Le dernier volume des *Mémoires de l'Académie* contenait la première partie d'une dissertation de M. le premier président Sorbier, intitulée : *Pensées et réflexions morales.* Nous trouvons dans celui-ci la suite de ce beau travail, avec la même élévation de pensée, la même profondeur de philosophie qui nous avait charmé dans la première partie. La base même du droit criminel, le droit de punir, est l'objet d'un mémoire dans lequel M. Bertauld, pour la seconde fois, à l'occasion d'une publication de M. Franck (il l'avait déjà fait en 1850), examine la grave question de savoir, en vertu de quels principes la société inflige des peines, et il le fait avec un savoir profond et une rare lucidité. Le volume comprend encore d'autres travaux philosophiques de MM. Charma et Büchner. MM. Morière, Is. Pierre et Morin y ont apporté leur contingent de science positive : le premier, dans une note sur le grès de Ste-Opportune et le lias de l'arrondissement d'Argentan ; le second, dans deux notes sur le rôle du fer dans les êtres vivants et sur la feuille de Colza malade ; et le troisième, par deux notes sur la sophistication du café et le poison de la nicotine. On y trouve ensuite deux notices biographiques sur MM. Février et Blanchard, par MM. Des Essarts et Cauvet ; une piquante revue des licences poétiques de Virgile, par M. Théry, qui, de compte fait, n'en passe pas moins de 187 en revue ; et de charmantes pièces de poésie d MM. Bigot et Julien Travers et de Mme Lucie Coueffin.

La ville de Coutances a une *Société agricole* qui dirige chaque année un concours, mais ses séances paraissent être rares et peu suivies. L'Association normande tiendra dans cette ville, en 1865, son Congrès provincial, qui ne peut manquer d'y exercer une heureuse influence. Dès à présent, elle va recevoir une importante création que nous a fait connaître le rapport suivant de M. l'abbé Le Cardonnel, archiviste du diocèse :

« Je ne dois l'honneur de figurer ici parmi les délégués de l'Association normande, pour l'arrondissement de Coutances, qu'à ma nouvelle position. Notre bien-aimé et bien vénéré pontife, Mgr l'Évêque de Coutances a, dans sa haute intelligence, conçu le projet de créer pour son évêché un dépôt d'archives diocésaines, et a daigné jeter les yeux sur moi pour le seconder dans son entreprise, dont mieux que moi vous comprenez l'importance et les difficultés. Je ne viens donc point ici vous faire hommage de renseignements utiles à la science, à l'agriculture et aux arts, mais j'y viens uniquement dans le but de m'instruire, de profiter de vos conseils et de vos lumières pour me diriger et m'éclairer dans la tâche au-dessus de mes forces que je devrai essayer d'entreprendre, et soumettre à votre appréciation comment je comprends l'objet et l'importance du dépôt d'archives qu'il s'agit de créer.

Ce dépôt consisterait :

1° Dans la riche et volumineuse collection d'archives existantes au chartrier de l'évêché ;

2° Dans les anciens titres des églises du diocèse, ceux seulement inutiles aux fabriques, sous le rapport matériel, mais toujours utiles, sinon importants, pour l'histoire locale et quelquefois même pour l'histoire du diocèse et l'histoire générale; et, dans le cas où le dépôt de ces titres à l'évêché offrirait quelques difficultés, en prendre communication pour en faire le dépouillement substantiel, et même tirer copies ou extraits des titres plus importants;

3° Dans les annotations, comme ci-dessus, des titres concernant des rentes encore servies et dont les fabriques ne peuvent se dépouiller, mais qui pourraient être communiqués sur récépissé délivré par l'autorité diocésaine;

4° Autant que la chose serait possible, dans les extraits et notes des anciens registres de catholicité déposés aux mairies des communes;

5° Dans les copies ou calques des anciennes inscriptions des églises, cimetières, etc.

Ce projet de dépôt d'archives diocésaines, exécuté d'après ce programme, sur un diocèse comprenant plus de 700 paroisses d'après les anciennes circonscriptions, tout en supposant l'actif et bienveillant concours du clergé, exigerait un travail assidu de plusieurs années; mais, si on parvient à le réaliser, il offrira de nombreux et précieux documents pour l'histoire religieuse et même civile.

Les titres, maintenant épars dans les coffres des fabriques, sinon relégués dans les greniers des presbytères, considérés isolément, peuvent bien, pour la plupart, n'avoir qu'une minime importance ; mais, centralisés, ils offriraient un intérêt réel, coordonnés dans leur ensemble. Les archives de l'évêché, cartulaires, livres blanc et noir, actes de l'officialité, visites épiscopales et archidiaconales, etc., etc., viendraient compléter les archives locales, et réciproquement, il en serait de même des archives locales coordonnées entr'elles. Il dut y avoir, et il y eut, par le fait, un regrettable éparpillement d'archives, lorsqu'après la Révolution, les titres, entassés aux chefs-lieux des districts, furent rendus aux églises.

Les inscriptions offrent elles-mêmes un complément précieux aux archives diverses, et outre les renseignements qu'elles donnent sur les fondations et les familles, elles peuvent aider l'archéologue dans ses appréciations sur l'époque des réparations ou constructions importantes faites aux églises du diocèse.

Citons quelques exemples, que nous pourrions multiplier.

Église d'Aubigny, canton de Périers. —Sur une des colonnes de l'arcade du chœur, vers le midi, on lit :

MESTRE : JOHAN : DE : MVREAUT :

1390.   FIST : FAIRE : CESTE : CANCEL :

LAN : M : CCC : XC :

Cette arcade correspond, ce me semble, à cette époque :

Église de Laulne, canton de Lessay, mur nord du chœur. —Il y a quelques années, après avoir péniblement fait disparaître une épaisse couche de badigeon, en un endroit où je soupçonnais l'existence d'une inscription, je pus relever celle-ci :

1491.   LAN DE GRACE MIL CCCC IIII^{xx}
XI. LE VIIe J^{or} DE NOVEBRE M.....
BOURDON PB^{re} CURE DE CEANS FIST DEDIER
CESTE EGLISE. DIEU LUY FACE PARDON.. AMEN.

Dans ce travail, je délivrais tout simplement ce que j'appellerais l'acte de baptême de cette église.

Église de Carentan. — Sur le chapiteau d'une des colonnes, vers le midi, on lit :

(1446)   M.CCCC.XLVI EN AVRIL.

Et sous la clef de voûte de la travée, au nord du maître-autel :

(1466)   M : CCCC :
LX : ET : VI
SES : FONDEMENTS
FURENT : ASSIS :

En rapprochant ces deux inscriptions du compte de l'année 1470, on voit que Mg^r l'évêque d'Innopollis (*sic*) bénit le nouveau cimetière et dédia cette église. On a donc, autant que la chose est possible, au moyen de ces trois documents, l'époque et la durée des travaux de restauration, pour ne pas dire de reconstruction d'une des plus importantes églises du diocèse de Coutances (1).

Nous avions eu la pensée de recueillir, dans nos notes d'archives d'églises particulières, quelques extraits pouvant offrir un certain intérêt comme renseignement... guerre des Anglais, guerres civiles de la Réforme, mouvement des troupes, famines (2),

____

(1) Dans le compte de l'année 1572, on voit : « qu'il n'y avait plus « dorgues a ladicte eglise et quelles avaient esté combustez et brulez « durant les guerres civiles..... »

(2) Un militaire, prisonnier de guerre à Nogent-le-Roi, dans une lettre portant la date du 1er mars 1421, écrivait à sa famille : « Mis en « vile prison jay este telx trois jours voire quatre sans boire et mangier « et me doubte que ne soie encore pier En verité il y a grant famine « par decha et meurent les gens de faim..... » (Cartulaire de Carentan, n° 70.

mortalités , défrichements de terrains incultes, anciennes familles et seigneuries (1) , érection de foires (2) , établissements de colléges, écoles, catéchismes, soit pour les enfants, soit pour les prisons ; droit de patronage , anciennes confréries, prieurés et abbayes, anciennes chapelles, assistance des pauvres (3); fondations piquantes d'intérêt, nous initiant aux usages et à l'esprit de foi qui animait nos pères; mais ces détails nous entraineraient trop loin, le temps, d'ailleurs, nous manque pour faire cette recherche-là.

Quoi qu'il en soit, à en juger par ce que nous avons pu observer dans les titres d'un certain nombre d'églises, nous nous croirions autorisé à conclure que l'ensemble des archives diocésaines, par la variété des documents qu'elles renferment, l'emporte de beaucoup en importance sur le chartrier actuel de l'évêché; leur centralisation avec ce dernier offrirait l'un des plus précieux dépôts dans le genre; et, si l'on peut parvenir à créer ce dépôt, il y aurait lieu d'entreprendre ce que j'appellerais le rêve de ma vie, ou si l'on veut une utopie impossible à réaliser : un ouvrage monumental contenant les notes, extraits ou copies des titres les plus importants des archives diocésaines.

Une table coordonnerait les documents.

Pour une pareille entreprise, le concours actif du clergé serait nécessaire, et plusieurs archivistes mourraient successivement à la tâche ; mais tous auraient contribué à une œuvre utile au diocèse, intéressante pour les savants et surtout agréable à nos humbles populations, qui aiment qu'on s'occupe de leur clocher et à connaître ce qui s'y rattache, ainsi qu'à leur famille et à leurs devanciers.

(1) Je possède en propriété le chartrier de Garnetot, que M. de Gerville eût désiré pouvoir explorer.

(2) Foires des Morts et de St-Laurent de Rauville-la-Place, dont la coutume devait être employée à subvenir aux besoins de la Léproserie de St-Jacques, audit Rauville-la-Place.

(3) Établissement d'une Direction de charité à Carquebut, près Carentan. Ce document mériterait d'être publié.

En effet, ces anciens titres des églises, complètement ignorés, sont cependant l'unique histoire existante des paroisses qu'ils concernent : une fois explorés, tout se vivifie, tout ce qui environne l'habitant du hameau s'entoure d'anciens souvenirs toujours précieux pour lui : l'église où il aime à prier et à venir chercher des conseils et des consolations, le cimetière où reposent ses pères et ses devanciers dont les noms cessent d'être complètement ignorés, la maison qu'il habite, les champs qu'il cultive ; il connaîtra l'origine des noms de lieu qu'il avait tant de fois cités sans en comprendre le sens. Par exemple, cette ancienne route s'appelle la rue de la Débile, parce qu'il y a 3 ou 400 ans qu'elle fut « donnée et aumosnée pour payer la redevance due à l'évêque du diocèse (1). » Cette pièce s'appelle la pièce du Patronage, parce qu'elle a été aliénée avec le droit du patronage de l'église par Henri III, qui, pendant les guerres de religion, « pour subvenir aux frais de l'Église catholique, apostolique et romaine », s'était emparé d'une grande partie des revenus de l'abbaye de St-Étienne de Caen, à qui jadis appartenait ce patronage (2).

Il est pénible de penser que ces titres diocésains, si importants pour l'histoire locale et les familles, disparaissent chaque jour, exposés à mille et une causes de destruction. C'est surtout le désir d'aviser aux moyens d'assurer la conservation des titres encore existants, qui a porté Mg^r l'évêque de Coutances à créer une fonction d'archiviste pour son diocèse. C'est là un but louable, et qui, nous en avons la confiance, sera accueilli de vos vives et honorables sympathies.

(1) Arch. de St-Jores.

(2) Dans les lettres-patentes de Henri, roi de France et de Pologne, pour l'érection (22 juin 1576) d'un fief noble à Vindefontaine, canton de la Haye-du-Puits, on lit : « ... Item une pièce de terre appelée la « terre du Patronage, acquise par ledit Grillote (Thomas) avec le pa- « tronage de Vindefontaine, en faisant aliénation d'aucune portion du « temporel des ecclesiastiques en l'evesche de Bayeux mesmes des ab- « bayes et religieux de St-Étienne de Caen pour subvenir aux frais de « lEglise catholique, apostolique et romaine..... »

Rappelons, en terminant, cette idée tant de fois émise : les archives dont il s'agit sont l'unique histoire locale existante ; ces titres une fois détruits, tout souvenir disparaît.

L'homme, le roi de la création, ne doit pas être condamné à un insultant oubli : son sort, après sa mort, doit être différent de celui de ces vils troupeaux qui ne laissent aucune trace de leur passage sur le sol qui les nourrit ; l'homme, créé à l'image de Dieu, a droit à ce que son nom, écrit dans le ciel, se trouve quelque part sur la terre, et le souvenir de ses vertus doit passer à la postérité pour l'édifier et la stimuler dans la pratique du bien : *Memoria justorum non peribit.* »

Un membre de la *Société d'archéologie, de littérature, sciences et arts d'Avranches,* a bien voulu nous présenter le compte-rendu qu'on va lire sur les travaux qu'elle a accomplis depuis le mois de mars 1863 :

« M. Sauvage, le patient et savant annaliste de l'arrondissement de Mortain, nous a donné une notice sur un évêque du Mans, du nom d'Arnault, originaire du diocèse d'Avranches ; il nous a plus tard envoyé quelques notes recueillies par lui et relatives à l'histoire du Mont-St-Michel.

M. l'abbé Deschamps du Manoir a rédigé une notice sur l'archipel de Chausey ; nous y avons remarqué d'intéressants détails, entièrement inédits, sur la tentative que fit au siècle dernier le baron de Rullecourt sur l'île de Jersey, et sur la part qu'y eut M. Regnier, de Granville. M. l'abbé Deschamps a puisé ces documents dans des papiers conservés par des membres de sa famille.

M. Charles Lebreton, professeur au lycée impérial de Vendôme, membre correspondant, recueille avec intelligence ce qui peut jeter quelque lumière sur le passé de son pays natal. Nous lui devons une histoire complète de la commune et du château de St-Jean-le-Thomas, au canton de Sartilly.

M. Louis de Tesson rédige un album moral dont il a détaché deux chapitres qu'il a intitulés, l'un : *Cynisme ;* et l'autre, *Hypocrisie.*

La biographie de l'évêque Robert Cenau a été écrite par
M. Laisné, avec un soin remarquable et avec tous les détails
propres à mettre en lumière le mérite de ce savant prélat.
M. Laisné a encore mis en ordre et soumis à une judicieuse
critique d'intéressants renseignements sur les villes et les voies
romaines du département de la Manche. M. l'abbé Émile Pigeon
nous a donné communication d'un travail, par lui composé, sur
les voies romaines et particulièrement sur celles du pays
d'Avranches.

M. Laisné est venu donner de nouvelles bases à l'opinion
qui assigne Villedieu comme lieu de naissance au grammairien,
connu dans l'histoire sous le nom d'Alexandre de Villedieu,
dont le *Doctrinale* fut composé pour l'instruction des neveux
de l'évêque de Dol.

Le secrétaire a lu, pour M. Eugène de Beaurepaire, un mémoire
sur quelques pièces jouées au collége d'Avranches pendant le
XVII⁰ et le XVIII⁰ siècles, dans les solennités de distribution
de prix.

Un document hollandais relatif au Mont-St-Michel, recueilli
par M. Marquet, le dernier directeur de la maison centrale, a
été traduit et lu dans l'une de nos séances par M. Charles Phil-
bert, chancelier près le consul général de France, à Amsterdam.

M. Léon Besnou a émis et développé, relativement à l'état
actuel du commerce des farines de la boulangerie, des idées
dont l'utilité pratique a été immédiatement appréciée de ceux
qui ont pu entendre ce savant expérimentateur.

Plusieurs fois, nos séances ont été variées par des poésies de
caractères divers. M. Halley, professeur de philosophie au collége
d'Avranches, nous a lu la traduction de plusieurs odes d'Horace
et deux charmants récits, tirés de la Bible, qu'il adressait à ses
petits enfants ;—M. Doutelleau, professeur de troisième, un petit
conte, d'intérêt local, qu'il intitulait: *Grannonine et Abrincetta ;*
—enfin, M. Lacorne, conservateur honoraire du Musée, nous a
donné un morceau d'un ordre plus élevé : *La Voix de Dieu ou
les Destinées de l'Homme.*

Je dois mentionner, en terminant, de nombreux rapports, faits

par divers membres, sur les ouvrages et publications de tout
genre que reçoit la Société, à des titres divers. »

Voici la note que nous tenons de M. de La Chapelle, secrétaire
de la *Société impériale académique de Cherbourg* , sur les
travaux de cette Société :

« *Sciences.* — Dans la séance du 2 janvier 1863 , M. Besnou
a présenté des observations orales sur la peinture , au moyen du
minium, des plaques de fer des bâtiments de la flotte. Il a fait
observer que le minium exerce sur le fer une action énergique,
qu'il en hâte l'oxydation, surtout avec le concours de l'eau
de mer.

Le même membre a lu, dans plusieurs séances, des notes résumant les observations recueillies par lui et M. Bertrand-Lachênée,
dans des excursions botaniques faites aux environs de Valognes.
Ces deux botanistes ont continué, pour l'arrondissement de
Valognes, le travail qu'ils ont fait précédemment pour l'arrondissement de Cherbourg. Ils se proposent, dans cet ordre de
recherches, de fixer avec la plus grande précision l'*habitat* d'un
grand nombre de plantes, et de saisir ainsi les rapports qui se
rencontrent entre les divers genres et espèces de plantes et la
nature du sol qui semble leur avoir été plus spécialement assigné:
la détermination de ces rapports sera le résultat d'un nombre
multiple d'observations. Dans la séance du 15 janvier 1864,
M. Jouan a lu un mémoire sur Jean Moquet, voyageur français,
au XVIIe siècle. L'auteur de ce mémoire a recueilli, dans les
voyages de Moquet, ouvrage peu connu, une multitude de faits
et de renseignements propres à jeter du jour sur l'état de la
navigation et sur les mœurs nautiques de cette époque.

M. Deslandes (séance du 5 février 1864), a communiqué, de la
part de M. Quénault, sous-préfet de Coutances, une carte de la
presqu'île du Cotentin au temps de l'occupation romaine par
Jules César. Cette carte est une copie prise en 1744 sur une carte
de 1406, copie elle-même d'une carte plus ancienne. Il résulte
de ce document précieux, qu'au temps où l'original a été dressé,

les côtes de la presqu'île du Cotentin se prolongeaient plus loin à l'ouest qu'au temps présent, et que les îles de Jersey et d'Aurigny étaient adhérentes au continent. L'envahissement des côtes par les flots de la mer, vers le Mont-Saint-Michel, a dû être déterminé par une dépression du sol. Le même phénomène paraît s'être produit dans la plaine du Cotentin. M. Deslandes a développé ces observations, qui sont ici incomplètement analysées.

Histoire et Archéologie. — M. de Pontaumont, qu'une longue indisposition a empêché de suivre exactement nos séances, a cependant donné des notes, des mémoires et fait des communications d'un sérieux intérêt. Nous regrettons de ne pouvoir insérer ici que les titres de plusieurs travaux, essentiellement condensés, et qui devront se retrouver dans le prochain volume des *Mémoires* de la Société :

Fragments d'un mémoire sur des affaires du Roy dans la généralité de Caen, pour l'année 1689, par M. de Gourgues, intendant de cette généralité;

Note sur trois cloches qui existaient à Barfleur avant 1789 ;

Note paléographique sur Barfleur.

M. l'abbé Leroy (séance du 1er mai 1863) lit un fragment de notes et extraits du registre de l'église Sainte-Trinité de Cherbourg. Parmi les faits qui résultent de ces recherches, le défaut d'espace nous oblige à ne citer que les suivants :

Pendant les quarante années, comprises de 1628 à la fin de 1667, la moyenne des décès, à Cherbourg, fut de 126 ;

Celle des personnes inhumées dans l'église, 91. — Le cimetière extérieur, réservé aux classes pauvres, ne recevait guère que le quart de la population.

La moyenne des naissances, pendant la même durée, est de 156. M. l'abbé Leroy, d'après ces données, évalue la population de Cherbourg, en 1650, de 4,368 à 4,992 habitants.

Le même membre (séance du 5 juin) continue la communication de ses recherches sur l'état civil de Cherbourg. Ne pouvant reproduire ici ce travail analytique, nous notons seulement un des faits intéressants qui y sont constatés :

A Cherbourg, de 1630 à 1660, les naissances surpassent les décès de 1/6.

De 1730 à 1760, les naissances surpassent les décès de 1/5.

De 1830 à 1860 , les décès surpassent les naissances de 1/14.

M. V. Lesens prouve qu'en 1657-1659 , la population de Cherbourg (*intra muros*) était de 1,500 à 1,600 habitants.

M. l'abbé Leroy (séance du 6 novembre) communique un acte important, tiré de l'ancien obituaire de l'église Sainte-Trinité de Cherbourg, sur lequel il se trouve, comme copie d'un original passé devant les tabellions au siége de Cherbourg, en 1505. Voici l'analyse d'un acte qui a pour objet de constituer l'administration civile de Cherbourg :

Sept bourgeois de Cherbourg, choisis dans la grande, la moyenne et la petite échelle, pour porter le fort et le faible, auront, avec les trésoriers et échevins qui seront alors en charge, la garde et l'administration de toute la ville : ils y feront la police en toutes choses; ils mettront tels impôts qu'ils jugeront nécessaires pour l'utilité générale; ils choisiront pour collecteurs de deniers telles personnes qu'ils voudront et leur feront rendre compte des recettes. Ils seront élus en même temps que les trésoriers de l'église, auxquels ils feront, aussi rendre leurs comptes et seront, comme eux, trois ans en fonctions. Après ces trois années d'exercice, sept autres bourgeois seront élus par les sept membres sortants et par leurs trésoriers et échevins du temps passé, pour administrer la ville de la même manière et pour le même temps que leurs prédécesseurs.

Cette constitution a pour auteurs les trésoriers de l'église, un échevin de la Confrérie de Notre-Dame, plusieurs bourgeois de Cherbourg représentant tous les autres, élus par un Conseil composé du curé, de prêtres et bourgeois de Cherbourg, pour faire une constitution pour le temps présent, à venir et à jamais.

A l'occasion de cette communication, M. Lesens a fait observer que Cherbourg était constitué en commune avant 1550.

Dans une séance suivante, M. l'abbé Leroy a continué le cours de ses recherches sur l'ancien état de la bourgeoisie de Cherbourg.

Il a lu un mémoire sur la Confrérie de Notre-Dame *Montis*, établie dans la paroisse Ste-Trinité aux temps anciens.

M. de Rostaing a adressé (séance du 6 mars 1863) une lettre relative à la question déjà traitée par lui, de la position de *Coriallum*. M. de Rostaing insiste sur les conclusions par lui posées, et s'efforce de prouver que la pointe de la Hague est bien le lieu occupé autrefois par le *pagus* de *Coriallum*. M. V. Lesens, à cette occasion, développe de nouveau et résume son opinion sur cette question, à savoir que l'emplacement actuel de Cherbourg est certainement celui de l'ancien *Coriallum*. Il se fonde spécialement sur l'analogie entre les mots *Corial* et *Chicrisburgh*, lesquels signifient, l'un et l'autre, *rochers fortifiés près de deux rivières*, désignation qui s'applique parfaitement à l'ancien château de Cherbourg, situé sur la rivière la Divette et très-rapproché du confluent de cette rivière avec le Trottebecq.

M. Noël, directeur (séance du 17 avril), lit un fragment de son travail historique sur l'administration municipale de la ville de Cherbourg (1814-1815). Cette lecture fait vivement désirer que M. Noël achève cette histoire d'une ville en progrès constant depuis trois quarts de siècle, progrès auquel M. Noël, comme administrateur, a contribué d'une manière remarquable et pour une part importante. Après avoir rendu justice à ses prédécesseurs, M. Noël ne doit pas garder sur ce qu'il a fait un silence qui serait injuste.

L'histoire locale doit enregistrer, non-seulement les faits qui attestent la prospérité des villes, mais aussi les événements qui laissent dans la mémoire des hommes un souvenir douloureux, surtout quand à ce souvenir se rattache un glorieux exemple. A ce titre, nous devons rappeler ici une note de M. Barmon (séance du 15 janvier 1864) sur la perte de la chaloupe de la frégate *la Couronne* (2 décembre 1863). Le nom de M. de Beauplan doit rester dans nos annales avec les noms des hommes courageux qui se sont associés à son dévouement et ont partagé son sort.

Littérature, études diverses. — M. Jardin a lu (séance du 7 août) le récit d'une excursion aux sources du Niagara. Cette lecture fait désirer que M. Jardin, riche d'observations et de souvenirs recueillis dans le cours de ses campagnes, continue à en faire part à la Société.

Mme Lecorps, née Marie Ravenel, a adressé deux pièces de vers, dans lesquelles la sensibilité et la fraîcheur de l'imagination brillent, comme dans les meilleures de ses poésies déjà publiées : l'une, adressée à M. Besnou, a pour titre : *Le Jardin botanique ;* l'autre, *Rêves.*

M. Piédagnel, qui est aussi au nombre de nos correspondants, a adressé à la Société (15 janvier 1864) une charmante pièce sous ce titre : *Les Anges gardiens.*

M. Bertin nous a aussi adressé des pièces de vers, écrites avec une facile élégance.

M. de La Chapelle a lu un fragment d'un mémoire sur la Comédie..

Le même membre a lu un fragment d'un mémoire sur l'organisation de la famille (ordre des successions). La pensée qui ressort de ce travail est qu'il importe de conserver intact le principe de l'égalité des partages, consacré par le Code Napoléon et fondé sur la justice. »

Le compte-rendu des travaux de la *Société d'agriculture, sciences et arts de la Sarthe* pendant l'année 1863 a été dressé par M. Vallée, secrétaire de cette Compagnie, et nous a été communiqué par M. de Lestang, délégué de cette Société :

« Depuis quatre ans, la Société s'efforce d'activer, par des concours, les progrès de l'agriculture dans le département. Les principales exploitations rurales de chacun des quatre arrondissements ont été ainsi successivement et comparativement explorés par une Commission dont les comptes-rendus, insérés au *Bulletin,* constatent des efforts souvent heureux. Ces rapports, très-développés, présentent le tableau aussi complet que possible de l'agriculture de la Sarthe dans son état actuel.

Des conférences publiques ont été, comme par le passé, consacrées à l'agriculture. Les discussions y ont porté notamment sur les irrigations, l'engraissement des animaux de boucherie, la destruction des hannetons et les assolements considérés au point de vue de l'intérêt agricole du pays et des modifications auxquelles ils peuvent donner lieu dans les conditions des baux.

Une distinction flatteuse est venue récompenser un consciencieux travail exécuté au nom de la Société. La collection des produits agricoles du département, réunie par l'un de ses membres, M. Guéranger, et accompagnée d'un catalogue descriptif, a figuré à l'exposition internationale de Londres en 1862. Le Jury l'a jugée assez complète et assez intéressante pour lui attribuer une médaille de bronze de grand module, dont la remise a été faite cette année à la Société.

Parmi les travaux relatifs à l'agriculture qui ont été publiés dans le *Bulletin* trimestriel, il y a lieu de signaler encore une note sur les moyens curatifs de la maladie de la vigne, par M. David ; — des études sur le chêne et sur ses auxiliaires, par M. Béraud ; — des observations sur la race bovine bretonne, par M. Letronne ; — des notes de MM. Guéranger et Laigle des Masures sur les engrais, etc.

M. Bonhomet a continué de remplir la mission qui lui a été confiée, en consignant jour par jour et mois par mois ses observations sur l'état météorologique de la ville du Mans. Les travaux scientifiques fournis en 1863 comprennent encore un Essai sur la visibilité des comètes et des considérations sur les agents physiques dits fluides incoercibles, par M. Verdier ; — la topographie du département de la Sarthe aux divers âges géologiques, par M. Ricour. L'histoire naturelle a été l'objet d'une notice sur un héron crabier, de passage accidentel dans le Maine, par M. Manceau ; — de l'énumération de quelques plantes intéressantes pour la flore de la Sarthe, par M. Guéranger, — et d'une notice de M. Le Bèle sur le Pin pleureur de l'Himalaya. MM. les docteurs Le Bèle et Lizé ont présenté, en outre, des études de botanique médicale et diverses considérations sur le cancer buccal des fumeurs et l'abus du tabac à notre époque.

L'histoire locale a donné lieu à un certain nombre de travaux, parmi lesquels il faut citer deux études historiques de M. David : l'une sur la commune, le bourg et l'ancienne abbaye de Vivoin ; l'autre, sur la commune de Domfront, en Champagne, — et le 6ᵉ volume de la remarquable *Histoire de l'église du Mans*, par Dom

Piolin. Plusieurs membres ont appliqué leurs recherches aux monuments les plus anciens de notre histoire : M. Hucher, aux médailles des Gaulois; M. l'abbé Voisin, aux origines et aux noms des cités, et spécialement de la cité du Mans avant César De curieuses lettres inédites de Henri IV et de Mme de Maintenon, découvertes par M. Jousset, ont ajouté de nouveaux traits à des biographies qui sont l'objet d'actives investigations. M. Saint-Martin a fourni une étude sur les Caisses d'épargnes, et l'honorable président, M. Houdbert, a su mêler à propos la verve spirituelle de ses rimes aux sérieuses communications reçues par la Société.

Fidèle à la règle qu'elle s'est imposée, d'organiser des séances générales et publiques tous les deux ans, la Société prépare en ce moment ses assises scientifiques qui réunissent les hommes d'étude du pays, fournissent un champ aux discussions et stimulent l'ardeur des travaux de l'intelligence. »

Voici les renseignements sur la *Société académique de Maine-et-Loire* que nous tenons de M. Armand Parrot, l'un de ses membres :

« La Société académique de Maine-et-Loire, présidée par le vénérable savant M. Adville, a publié, en 1863, dans les tomes XIII et XIV de sa collection, plusieurs mémoires intéressants parmi lesquels nous citerons :

Histoire. — Jean Olivier, évêque d'Angers de 1532 à 1540, poète de la Renaissance, auteur d'un poème intitulé *Pandora.*— Études de mœurs du XVIe siècle, par M. le docteur Dumont.

L'Homme, par M. le docteur Ridard.

Antiquités des environs de Craon, par M. de Bodard.

Observations sur une explication nouvelle de la révolution de 987, par M. Ernest Mourin.

Les Francs-Maçons au moyen-âge, par M. Biéchy.

Eloge du professeur Durocher, par M. Malaguti.

Sciences.— Notice sur les herbiers et la bibliothèque du jardin des plantes, par M. Boreau.

Excursions botaniques et entomologiques dans les Pyrenées-Orientales, par M. Legrand.

Observations sur la collection de *Rubus* de l'herbier de T. Bastard, par M. Gaston Génevier.

Notes extraites d'un catalogue inédit des plantes phanérogames du département du Cher, par M. Alfred Déséglise.

Etudes relatives au terrain quaternaire de Maine-et-Loire, par M. Charles Ménières.

Tous ces travaux se distinguent par l'élégance du style, la profondeur des idées, l'utilité des recherches et un sentiment libéral particulier à la Société académique de Maine-et-Loire. »

M. Leroyer, délégué de la *Société industrielle d'Angers et du département de Maine-et-Loire*, nous a communiqué le rapport suivant sur les travaux de cette Société en 1863 :

« Jusqu'en 1862, c'est-à-dire pendant une période de quinze ans environ, écoulée depuis l'apparition de l'*oïdium*, l'Anjou avait échappé aux atteintes de ce fléau. Pendant que la plupart des vignobles de France étaient ravagés par ce dangereux parasite, nos vignes de l'Anjou n'offraient que quelques traces passagères et partielles de sa présence. — Mais, en 1862, les choses changent de face. Il semble que, chassé du Midi et du Bordelais, le fléau soit venu chercher un refuge dans nos contrées. Cette année a été désastreuse. Mais ne croyez pas qu'on lui ait laissé la paisible possession de nos ceps, se bornant à faire entendre de stériles gémissements ! Là aussi, on s'est mis résolûment à combattre le mal, et la Société industrielle n'a pas été la dernière sur le champ de bataille, son général en tête, M. Guillory aîné. Je dirai même que, si l'on est arrivé à quelques résultats heureux, c'est à la Société industrielle qu'on les doit. L'oïdium n'est pas le seul ennemi de nos vignobles dans l'Anjou, il trouve de puissants auxiliaires dans le *brime* et la *coulure*. Depuis quelques années, nos vignes étaient sous l'influence de ces deux fléaux et se trouvaient ainsi fort affaiblies, lorsque l'*oïdium* parut. Le *brime*, maladie particulière due à l'action d'un soleil vif sur les organes des feuilles naissantes, lorsqu'ils sont recouverts de rosée ou de brouillard, affectait particulièrement certains plants comme les *carmenets* qu'il détruisait. La *coulure* tombait, au contraire, sur le *liverdun*, le *malain*, le *petit varenne* ; de sorte que tous nos plants se trouvaient ainsi dans un état maladif et prédisposés à l'invasion de l'*oïdium*.

M. Guillory qui, dès 1845, avait employé le *lait de chaux* et en avait obtenu de bons résultats dans le traitement des arbres fruitiers, eut d'abord la pensée d'essayer de ce même remède pour la vigne. Mais l'opération du chaulage, très-favorable au développement de la végétation, n'est qu'un faible palliatif contre l'oïdium.

Il était beaucoup plus simple de profiter des expériences déjà faites dans d'autres parties de la France. Aussi, sur la proposition de son président, la Société industrielle décida qu'on ferait appel au dévouement de M. le comte de La Vergne, l'*apôtre du soufrage* dans le Midi. Sur la demande de la Société, M. le préfet, appréciant la gravité de la situation, voulut bien solliciter le concours de M. de La Vergne, qui consentit à venir en Anjou pour initier nos propriétaires et nos vignerons à la pratique du soufrage, dont il avait su retirer de si grands avantages dans le Midi et dans le Bordelais.

M. le comte de La Vergne consacra ainsi six jours au département de Maine-et-Loire : les 19 et 20 avril à Angers, les deux jours suivants à Saumur, puis un jour à Chalonnes, et enfin un jour à Thouarcé. Dans toutes ces excursions, la Société industrielle était représentée par une Commission chargée d'accompagner le savant professeur. Cette initiative de la Société dans cette circonstance désastreuse est, sans contredit, son plus beau titre de gloire pour ses travaux en 1863. Aussitôt après le départ de M. le comte de La Vergne, tout le monde se mit à l'œuvre, et il y a tout lieu d'espérer que le fléau, attaqué dès son début avec une telle énergie, ne tardera pas à disparaître.

La Société vient de faire paraître son *Bulletin* annuel pour la *trente-quatrième fois*.

Après avoir signalé ces travaux d'ensemble, dont la Société

tout entière peut revendiquer le mérite, examinons sommairement les travaux de ses membres en particulier, en commençant par son infatigable président.

1° On trouve d'abord, page 17 du *Bulletin,* un article intitulé :
Étude sur les accidents et la maladie de la vigne (la chaux et
le soufre considérés comme remède), par M. Guillory aîné,
président de la Société ; travail plein de détails intéressants au
point de vue de la viticulture et de l'arboriculture ;

2° Un *Rapport sur la mission et les conférences de M. le
comte de La Vergne pour vulgariser le soufrage de la vigne ;*

3° *De la nécessité d'ébourgeonner la vigne avant d'en commencer le soufrage.*

C'est une pratique qui n'a pas sa raison d'être dans les vignes
basses comme celles du Médoc ; mais, dans nos vignes élevées,
cela est d'une grande importance au point de vue de l'économie ;

4° *Catalogue des journaux et recueils périodiques anciens
et rares,* offerts à la Société par M. Guillory.

Tous ces articles sont de M. Guillory.

La Société industrielle avait mis au concours, pour le prix à
décerner en 1862, au nom du Conseil général, une question
pleine d'intérêt pour le département. Il s'agissait d'étudier, sous
les points de vue les plus intéressants la grande industrie ardoi-
sière ; il fallait en tracer l'histoire, en décrire les méthodes
techniques et économiques, en exposer la situation industrielle
et commerciale depuis son origine jusqu'à l'époque actuelle.

Malgré tout l'intérêt que devait présenter cette question,
M. Blavier, membre de la Société industrielle, est le seul qui l'ait
entreprise. Son mémoire, qui contient *cent cinquante-trois
pages,* est un travail fort remarquable, aussi complet dans son
ensemble que dans ses détails, et qui a dû exiger de son auteur
de nombreuses et patientes recherches.

Le travail est divisé en quatre parties :

La première est consacrée à la géologie et aux méthodes
d'exploitation ;

La seconde, à l'étude des ardoisières, au point de vue de
la classe ouvrière ;

La troisième, à la partie économique et commerciale.

Dans la quatrième, enfin, l'auteur trace en quelques traits l'avenir réservé à cette industrie et les derniers progrès à réaliser par les exploitants des carrières d'Angers. M. Blavier a bien mérité le prix proposé par la Société industrielle, comme le conclut M. Brossard de Corbigny, membre de la Société, dans son excellent rapport sur le concours et sur ce travail en particulier. Je signalerai un second rapport, de M. Brossard de Corbigny, *Sur les tentatives faites depuis quelque temps pour introduire l'éclairage électrique dans l'intérieur des carrières.*

C'est au moyen d'un courant d'induction que l'on arrive à ce résultat, qui paraît être très-satisfaisant.

Une petite machine à vapeur de la force d'un ou deux chevaux communique, au moyen d'une courroie, un mouvement de rotation à un axe horizontal. Tout autour de cet axe, et sur une longueur de 2 mètres environ, sont disposées des bobines formées d'un barreau en fer doux, autour duquel s'enroule en spirale un fil métallique. Autour de l'axe tournant sont disposés un grand nombre d'aimants en fer-à-cheval, de manière que leurs pôles soient en regard des extrémités des barreaux des bobines. Pendant les révolutions de l'axe qui les porte, les bobines, passant rapidement devant les pôles des aimants, l'aimentation des barreaux qui les portent s'opère, le courant d'induction se trouve ainsi développé dans les fils métalliques et il n'y a plus qu'à le conduire au point où il doit se transformer en lumière.

Le cadre de ce travail ne me permettant pas de m'étendre davantage, je bornerai là cette description, qui se trouve d'ailleurs clairement établie dans le rapport de M. Brossard de Corbigny. — Le *Bulletin* contient, en outre, un *Rapport sur un Album du trait pratique* de M. Merly, maître charpentier à Angers, par M. Launay-Pian, membre de la Société;

Un *Rapport sur le niveau graphomètre-équerre* de M. Leroyer, membre honoraire de la Société, par M. Launay-Pian;

Une *Note sur la population d'Angers*, en 1862, par M. Delalonde, membre de la Société;

Un *Rapport sur l'ouvrage de M. Blatin*, intitulé: *De la rage chez les chiens et des mesures préservatives*, par M. le docteur Damicourt;

Une *Notice sur le marquis de Turbilly*, par M. Doniol;

Excursion de Paris à Chambéry, à l'occasion du Congrès scientifique, en 1863, par M. G.-A. Leroyer ;

Un *Rapport sur un Mémoire de M. Trouessart* (Causes et effets préservatifs des gelées printanières), par M. E. Gripon, secrétaire-général de la Société ;

Une *Note sur les archives civiles du département de Maine-et-Loire antérieures à* 1790, par M. Célestin Port, archiviste du département;

Une *Note*, de M. J. Bodin, *sur la réhabilitation de l'avoine.*

La Société a tenu régulièrement ses séances mensuelles ; elle a présidé à l'organisation de sept comices agricoles et aux distributions de récompenses accordées à la suite de ces concours ; elle s'est occupée également du concours départemental d'animaux domestiques ; et, enfin, elle a décidé qu'une exposition industrielle, agricole et artistique, aurait lieu à Angers en 1864. Cette exposition ouvrira le 16 mai 1864 et durera un mois.

Je ne terminerai pas cet exposé sans appeler l'attention sur les travaux persévérants de M. Auguste Menière qui, depuis trente-cinq ans, poursuit ses observations météorologiques pour chaque jour de l'année, comme nous les trouvons soigneusement consignées dans le *Bulletin* de la Société industrielle, dont il est le bibliothécaire.

Tel est, Messieurs, le contingent sommaire que vous fournit, pour l'année 1863, la Société dont j'ai l'honneur d'être le représentant, pour servir d'élément à l'excellent rapport que nous trouvons, chaque année, dans l'*Annuaire* de l'Institut des provinces. »

Voici, sur le département du Finistère, des renseignements que nous devons à l'obligeance de M. Du Chatellier :

« La *Société académique de Brest*, la *Société d'agriculture* de la même ville et les hommes d'étude du Finistère, en général, continuent à diriger leurs travaux et leurs investigations vers les sujets les plus intéressants de l'histoire et de l'économie agricole du pays.

Outre les communications faites à ces deux Sociétés sur les matières qui les intéressent plus spécialement, nous sommes en mesure de signaler plusieurs travaux importants, publiés dans le cours de l'année précédente ou en voie d'exécution. La Société d'agriculture, en particulier, a attaché son nom par des médailles mises au concours sur la durée des baux à ferme usités dans le pays, et sur quelques-uns des modes d'exploitation le plus généralement suivis. D'importants mémoires sur les franchises municipales des anciennes communautés politiques, sur des fouilles archéologiques et sur des monnaies romaines ou du moyen-âge trouvées récemment, ont été l'objet plus particulier des investigations de la Société académique de Brest.

Mais nous devons signaler exceptionnellement la belle et grande *Histoire de Brest*, par l'honorable M. Le Vot, président de la Société académique. Ce savant travail, qui formera deux volumes compactes au moins, est au moment de paraître et contient, outre l'histoire générale de notre grand port militaire, des monographies nombreuses sur les églises des *Sept-Saints* et de *St-Sauveur*, sur les anciens ordres religieux du pays, sur les franchises municipales et l'installation des anciens maires. Les documents mis en œuvre par l'auteur, et puisés par lui aux sources les plus sûres et les plus rares, formeront une des plus belles études qui aient été faites sur l'un des plus grands établissements de la France.

Un autre ouvrage qui, pour l'importance et le mérite des recherches, ne le cède en rien à celui du savant président de la Société académique de Brest, est le livre encore incomplet, mais presque achevé, du docteur Halléguen, sur les *Origines historiques de la Bretagne*, composé de différents mémoires sur les commencements de l'Armorique bretonne ; — sur l'époque gallo-romaine ;—sur l'émigration bretonne des Ve et VIe siècles ; — sur l'évangélisation de l'Armorique et sur la constitution définitive de la Petite-Bretagne. Ce livre, plein d'un intérêt tout nouveau par l'abondance des faits et des documents cités, nous paraît à tous égards destiné à modifier bien des opinions professées sans un examen suffisant des textes anciens, et à renverser de fond en comble plus d'un système, péniblement édifié, sur les origines et les révolutions des premières populations de la Bretagne-Armorique. Les sources et les textes les plus inconnus, étudiés avec un soin minutieux par le docteur Halléguen, lui ont fourni l'occasion de jeter un jour tout nouveau sur les actes principaux de la vie agitée des populations que la conquête, le paganisme et l'Évangile, tour à tour, avaient placées dans des conditions si différentes et si opposées.

Un troisième ouvrage, dont l'impression est entreprise au compte de la ville de Quimper, doit paraître prochainement sous le titre d'*Histoire du collége de Quimper*. M. Fierville, professeur de philosophie à cet établissement et auteur de ce livre, n'a rien négligé pour lui donner toute la valeur dont il était susceptible. C'est à la fois l'histoire de toutes les phases de création et de développement d'un grand établissement d'enseignement public, dû aux Jésuites et à la bourgeoisie d'une ville de province qui subit de bonne heure l'impérieux besoin d'avoir, au centre des populations de la Cornouaille, une forte institution capable d'initier au mouvement des siècles nouveaux les jeunes générations que l'aisance et le travail de leurs pères appelaient au maniement des affaires. L'ordre et le caractère des études successivement poursuivies dans cet établissement, les changements et les souvenirs qu'ont déterminés les événements plus ou moins notables de l'histoire générale et privée du pays, ont fourni à l'auteur des détails pleins d'intérêt sur les mœurs, sur les hommes et les habitudes d'un pays qui, pour avoir longtemps résisté aux agitations du dehors, n'en a pas moins subi presque toutes les influences. »

La *Société archéologique d'Ille-et-Vilaine* n'a pas encore publié le *Bulletin* de ses travaux de 1863, ni ne nous a transmis aucun rapport à ce sujet. Mais elle nous a fait passer le volume qu'elle a publié en 1863 et qui contient ses travaux de 1862. Nous l'avons lu avec un véritable intérêt, et nous voulons déroger en sa faveur à la règle qui nous prescrit de n'analyser que les travaux de la dernière année. Tout d'abord, nous ex-

primons notre étonnement du petit nombre de membres qui se
sont groupés autour des vingt-trois membres fondateurs. Est-ce
l'indice d'un esprit trop exclusif chez ces derniers, ou d'une
inexplicable indifférence dans le public pour des travaux qni ont
pour objet l'histoire de la contrée et de ses monuments? Ce petit
nombre, quoi qu'il en soit, explique la faiblesse des ressources
financières de la Société et par suite le retard de ses publications. Cependant, le Conseil général du département est entré,
il y a deux ans, dans la voie des encouragements. Une subvention de 500 fr. est assurément peu de chose. Il y a beaucoup de départements où l'on se montre plus libéral. Mais c'est
déjà un bon symptôme et une aide morale d'un caractère sérieux. Les travaux de la Société la méritent certainement et
beaucoup mieux encore. La statistique des monuments celtiques
de l'arrondissement de Fougères, qui ouvre le volume, est un travail complet et consciencieux de M. Danjou de La Garenne. Il
n'a pas la prétention de tout expliquer dans ces monuments, qui
n'ont pas encore dit leur dernier mot à la science. Mais il décrit tout, il relate toutes les explications émises jusqu'à ce jour
et il prépare ainsi les matériaux d'un jugement éclairé de
l'avenir. Les textes qu'il a recueillis à la fin de ce travail pour
montrer la persistance des pratiques du vieux culte idolâtrique et
les prohibitions qui furent édictées contre lui, depuis le Ve siècle
jusqu'au IXe, sont très-curieux à étudier. C'est au culte des
arbres, des bois sacrés, des fontaines et des pierres que s'en
prennent principalement ces décrets et ces capitulaires. Les
vieilles croyances ont été plus fortes. Ils ont pu cependant réussir,
en ce qui concerne les arbres et les bois, en les arrachant. Mais
les rochers et les fontaines n'ont pu disparaître, et après dix-
huit siècles, ils sont encore, non-seulement en Bretagne, mais
dans le centre de la France, l'objet des mêmes vœux, des mêmes
pèlerinages et au fond du même culte qu'avant l'invasion des
Romains. La population qui habite la Bretagne depuis les temps
historiques appartient-elle à une seule race ou à deux races distinctes, l'une venue du Nord et l'autre du Midi ? Quelle est la
plus ancienne des deux ? Quelle est celle qui y est en majorité ?

Les dénominations de Kymriques et de Gaëls sont-elles exactes
en tout point ? Ces questions si difficiles et d'autres encore sont
le sujet d'un grand travail de M. E. Morin, sous le titre *Les
Britanni*, essai d'ethnographie. On peut n'être pas, sur tous les
points, de l'avis de l'auteur ; mais il est impossible de ne pas
rendre hommage à la profondeur de son savoir et à la sagacité
ingénieuse de ses aperçus. Le même auteur jette un grand jour
sur les origines de l'architecture byzantine par la mise au jour
d'une lettre de saint Grégoire de Nysse, qui donne en détail le
plan d'un oratoire qu'il veut faire bâtir vers l'an 380. On peut
le comparer à St-Vital de Ravenne, bâti deux siècles au moins
après. C'est le même plan de basilique octogone. On trouve
dans le même volume de curieuses recherches de M. de La Bigne
de Villeneuve sur la date du mariage, par procureur, de Maxi-
milien d'Autriche avec Anne de Bretagne, sur les anciennes stalles
de la cathédrale de Rennes et le privilége singulier concédé par
le Chapitre au sire d'Épinay, qui avait fourni dans ses antiques
futaies le bois nécessaire à leur confection. Ce sont des documents très-précieux et d'un grand intérêt que ceux que publie,
dans ce volume, M. Audrieu de Kerdrel sur la Ligue en Bretagne.
Il fait justement remarquer que, dans cette province, la Ligue
ne fut pas un soulèvement de masses indisciplinées, sans frein
ni loi, mais bien quelque chose de considérable et de grand, qui
eut une organisation puissante et créa un véritable gouvernement, avec ses institutions civiles, son armée, son Université, ses
finances et ses réglements. Le réglement sur les droits de douane
offre des renseignements intéressants pour le commerce de la
province à cette époque. Les comptes fournissent des révélations
curieuses sur les forces militaires des différentes villes, aussi
bien que les rôles de répartition de l'impôt font connaître au
vrai leur richesse respective. Les lettres inédites du duc de
Mercœur et des rois Henri III et Henri IV, que publie dans
ce même volume M. Pijon, jettent aussi beaucoup de lumière
sur les événements de cette époque. Nous devons citer enfin,
comme un mémoire très-remarquable et très-judicieux, les observations de M. de La Borderie sur l'état des forces romaines

dans la péninsule armoricaine, d'après la *Notice des dignités de l'Empire.*

MM. Hardouin et Bochin, délégués de la *Société départementale d'agriculture d'Ille-et-Vilaine,* ont bien voulu nous remettre le rapport suivant sur les travaux de cette Société si éclairée et si active :

« Nous avons l'honneur de vous remettre le journal publié, comme par le passé, par la Société départementale d'agriculture d'Ille-et-Vilaine, en 1863 ; nous y joignons un petit *Almanach populaire,* livré au prix de 10 cent., que cette Société publie également, chaque année, en commun avec la Société d'horticulture centrale, à Rennes, pour la propagation des notions agricoles et horticoles les plus pratiques et les plus élémentaires.

Dans son journal, la Société a publié, cette année, au commencement de chaque mois, les notions agricoles et horticoles qu'elle a réunies dans cet almanach ; — elle a continué la publication, autant que possible, des leçons de M. Malaguti à la Faculté des sciences, et reproduit, notamment, des indications fort importantes sur la *production artificielle des nitrates.* — M. Bodin a continué la publication des notions agricoles que nous venons de rappeler et qui lui est due en entier.

La Société a dû s'occuper surtout, cette année, du *Concours régional* qui a eu lieu à Rennes ; et, quoi qu'on ait pu y apporter de haute bienveillance dans les hautes régions de l'administration agricole, on a pu regretter que le département d'Ille-et-Vilaine n'y occupât pas, en raison de l'importance réelle de ses produits spéciaux, le rang qui lui appartenait.

Toutefois, un grand résultat a donné une bien légitime satisfaction pour tous ceux qui, dans ce département, depuis plus de trente années, s'occupent assidûment de ses intérêts agricoles. Ici, propriétaires et fermiers ont fait preuve d'un grand progrès, et l'attribution du grand prix d'honneur à M. *B. Gilbert,* fermier, ancien élève de l'École des Trois-Croix, a honoré également et l'habile directeur de cette école, et la Société d'agriculture

qui a pris une si grande part à la fondation, à tous ses développements successifs, et s'est toujours proposé surtout   la
propagation des connaissances les plus pratiques parmi les
cultivateurs.

L'un d'eux, M. Renais, était d'autre part un heureux exemple
d'une carrière agricole bien accomplie, et des profits qu'on peut
retirer d'une agriculture bien dirigée ; la Société s'est félicitée
de pouvoir signaler ses travaux.

Une question, toujours du plus haut intérêt pour le département d'Ille-et-Vilaine, a occupé essentiellement la Société
dans cette dernière année : celle des races bovines, de la production du lait et du beurre.

La Société a reçu à cet égard des communications fort intéressantes, de la part de M. J. Rieffel et de M. Robiou de La
Tréhonnais, qu'elle a reproduites. — La production du beurre
étant bien certainement, à quelques exceptions près, de l'intérêt
général et essentiel du département, la Société s'est arrêtée à
primer les races laitières exclusivement, et a opté, parmi celles-ci,
pour les races bretonnes d'Ayr, de Jersey et leurs croisements avec
la vache dite de *Rennes*, bien entendus, comme les plus en rapport
avec le bétail du pays, l'état de culture et de production naturelle
du sol.

Au commencement de 1864, la Société s'est félicitée de pouvoir
signaler un nouveau succès de M. Bodin : son fils, M. Jules Bodin,
a organisé, sous ses auspices, un labourage à la vapeur qui a parfaitement réussi. »

La *Société académique de Nantes* est divisée en plusieurs
sections. Les travaux de chacune d'elles, à l'exception de ceux
de la section médicale, sont publiés dans les Annales de la
Société, qui paraissent en deux semestres. Les travaux de 1863
sont analysés avec une grande netteté dans un rapport du
secrétaire, M. le docteur Calloch, qui se trouve dans le volume
du second semestre de cette année. Leur série s'ouvre par un
discours du président, M. Ménard, lu en séance publique, et
qui a pour titre : *La conscience dans les œuvres littéraires* ;

sujet de circonstance et d'opportunité assurément dans un temps
où la littérature et la science sont si souvent traitées comme un
pur métier et une œuvre d'argent, par une triste spéculation
que l'auteur stigmatise avec autant d'énergie que de talent. La
section médicale, entre autres travaux curieux, a produit des
mémoires de M. Pihan-Dufaillay fils, d'après le médecin anglais
Little, sur l'influence de la mort apparente et de l'asphyxie des
nouveaux-nés, sur l'état mental et la production de certaines
difformités permanentes de l'enfance et de l'âge adulte; de
M. Aubinais, sur la ponction de l'utérus dans un cas de para-
centèse; de M. Joüon, sur le traitement des caractères lamel-
laires et une observation de thorocentèse suivie de guérison ;
de M. Hélie, sur une observation d'atrophie musculaire progressive ; de M. Letenneur, sur une plaie pénétrante du cœur ;
enfin, de M. Malherbe, sur un cas d'invagination intestinale
guérie après l'expulsion de 50 centimètres d'intestin grêle.
La botanique a fourni plusieurs sujets de notices à MM. Dufour,
Lepeltier, Renou, Viaud-Grandmarais, Bourgault-Ducoudray,
Lloyd, Édouard Bureau et Beuchet. La zoologie est traitée dans
plusieurs mémoires de MM. Eudes, Moriceau, Bonjour, Viaud-
Grandmarais, qui a décrit les mœurs de la torpille, commune
à Noirmoutiers, où elle est vendue sur le marché comme les
autres raies, et M. Grosleau qui a fait part de ses recherches
sur l'odorat des insectes, dont il place le siége dans les antennes.
Dans les sciences historiques, il faut citer d'abord une étude de
M. Renou père qui, continuant son histoire des quartiers de la
ville de Nantes, dans les deux derniers siècles, s'occupe cette
fois du Port-Maillard ; puis, les considérations sur la guerre et
la paix de M. le colonel de Rozières. La philosophie de la Cour
d'assises, livre de M. le conseiller Eugène Lambert, est le sujet
d'une critique approfondie de M. Rousse, qui traite la grave question de la peine de mort. Un autre ouvrage, vivement critiqué à
son apparition, de M. Dubois, sur le siècle d'Auguste, est l'objet
d'une sérieuse appréciation par M. Fontaine. L'économie politique
est représentée, dans ces travaux, par un docte et consciencieux
traité de M. Gaulté, sur le prêt à intérêt. Enfin, M. Eudes a

donné le récit d'un voyage à l'île de la Réunion, et M. l'abbé
Fournier a raconté en penseur et en artiste son voyage à Rome.
Le volume des Annales, outre la plupart des travaux ci-dessus
indiqués, contient un excellent catalogue des oiseaux observés
dans le département de la Loire-Inférieure, par M. Blandin ; et
surtout la suite de la curieuse et très-intéressante correspondance
de Louis XIV avec le marquis Ancelot, son ambassadeur en Portugal, publiée par M. le baron de Girardot. On y trouve aussi
deux morceaux de poésie, de M. Chérot, qui méritent tous les
éloges que leur a donnés le secrétaire dans son Rapport.

M. le comte de Kéranflech a bien voulu nous communiquer
le rapport suivant, dressé par M. de La Nicollière, secrétaire de
la *Société archéologique de Nantes et de la Loire-Inférieure* :

« La Société archéologique de Nantes, humble et modeste, à
peine connue au-delà des limites du département, poursuit avec
persévérance et succès la mission qu'elle s'est imposée d'accroître
et de développer le Musée, dû en grande partie à l'initiative et
au zèle éclairé de ses membres. Si la place de cet établissement
est loin encore d'être marquée parmi les belles et importantes
collections de certaines villes de province, du moins renferme-
t-il aujourd'hui des objets curieux, importants et rares qui
assurent son existence et le préservent d'une dispersion désormais impossible.

Une série variée d'environ 90 pièces (statues, bustes, bas-
reliefs, vases grecs, etc.), choisie avec beaucoup de soin par
M. de Longpérier lui-même entre les doubles du musée Cam-
pana, est venue s'ajouter à la collection naissante que nous pos-
sédions déjà. Des outils en silex, dons de MM. le major Schwab,
l'abbé Bourgeois, etc., des haches en pierre de différentes sortes,
offertes par la famille de M. le baron Bertrand-Geslin ; une belle
suite de lampes gauloises, un laraire gallo-romain avec ses
statues, trouvé à Rezé ; une inscription gallo-romaine au dieu
Mars-Mogon, un admirable chapiteau en marbre mérovingien,

un canon du XIVe siècle, des vases, adressés par M. Forgeais, l'habile explorateur des plombs historiés de la Seine; l'inscription rimée de l'église de Bourgneuf (1457) , ainsi que divers autres échantillons épigraphiques, ont trouvé asile cette année dans le Musée. Mais l'un des objets les plus remarquables recueillis par la Société est , sans contredit , la serrure monumentale du duc François II, spécimen hors ligne de la haute serrurerie du XVe siècle, véritable bijou en fer , avec ses triples clefs et son verrou, portant les armes pleines de Bretagne, timbrées de la couronne ducale et les deux lions pour supports.

Cependant, la Société ne se borne pas à recueillir les objets dignes de son attention et à les préserver de la destruction. Les mémoires et les travaux de ses membres servent à former un *Bulletin* trimestriel où prennent place les documents inédits et intéressants pour l'histoire locale. Une seule réunion mensuelle était devenue insuffisante pour traiter les questions portées à l'ordre du jour : aussi , depuis le mois de décembre dernier, deux assemblées par mois, fort suivies et très-bien remplies, annoncent que les études archéologiques continuent à être en faveur et que le nombre de ceux qui s'en occupent tend à s'augmenter.

Dans le tome II (1862) , quatrième année de ce recueil , citons tout d'abord l'important travail intitulé : *Essai sur les monnaies des Nannètes,* par M. Fortuné Parenteau. Jusqu'alors aucune monnaie n'avait été attribuée à la peuplade celtique qui a légué son nom à notre territoire. A l'aide d'un signe, sorte de lettre monétaire, *le génie debout,* l'érudit et laborieux conservateur du musée a su déterminer les pièces sorties de l'atelier des Nannètes avant la conquête, et combler la lacune qui existait, à notre détriment, dans la série armoricaine. Trois planches gravées avec talent reproduisent une trentaine de types inédits de la numismatique de l'ouest de la Gaule, parmi lesquels deux statères au cavalier, nᵒˢ 5 et 6 de la pl. I, révèlent un art fougueux et énergique, moins correct, il est vrai, que l'art grec. mais plus sauvage et plus mouvementé ; et les nᵒˢ 6 et 7 de la pl. II, marqués d'un Σ (sigma) et pour ce motif semblant appartenir aux colonies *Samnites*, établies sur les bords de la Loire.

2° Indiquons également les dernières pages du travail de M. Bizeul : *Les Nannètes aux époques celtique et romaine*, étude de longue haleine, pleine de recherches savantes, de rapprochements ingénieux, de faits et de renseignements précieux sur le pays ; œuvre malheureusement inachevée, que la mort empêcha son auteur, le doyen des archéologues bretons, de revoir et de terminer.

3° *La monographie de l'église royale et collégiale de Notre-Dame de Nantes*, par M. de La Nicollière, notice consciencieuse sur ce vieux monument dont les derniers vestiges vont bientôt disparaître. ·

4° *Les chartes inédites du prieuré de Pont-Château*, par M. E. de Brehier ; publication des plus utiles au point de vue des mœurs, des usages et des coutumes du moyen-âge.

5° *Les notes d'excursions archéologiques dans le canton de Vertou*, par M. Ch. Marionneau ; description instructive, pleine d'humour et d'entrain, des monuments celtiques de cette partie du département.

6° Divers documents inédits, publiés par MM. P. Marchegay, de Kersabiec, etc., etc.

Tel est, en somme, le contingent fourni à l'archéologie pendant l'année qui vient de s'écouler. Si minime qu'il soit, il est suffisant pour démontrer qu'au milieu des graves préoccupations de son immense commerce et des intérêts multiples de son industrie prospère et florissante, la métropole des contrées de l'Ouest sait trouver quelques instants de loisir pour s'associer au grand mouvement intellectuel et scientifique qui signale l'époque contemporaine. »

Nous extrayons du rapport, plein d'intérêt, présenté à la *Société des Antiquaires de l'Ouest*, par M. Ménard, son secrétaire, sur les travaux qu'elle a produits en 1863, les passages suivants :

« M. Martineau nous a lu une portion de ses recherches sur Richelieu. Il y a traité de ses études théologiques, de sa nomination à l'évêché de Luçon, de la manière active, zélée et tolérante à la fois dont, malgré sa jeunesse, il s'acquitta de ses fonctions.

Nous venons d'entendre tout récemment, avec un vif intérêt, les deux notices que M. de La Marsonnière a consacrées à deux vaillants guerriers du XVe au XVIe siècle, Carle et Antoine, appartenant tous deux à la famille François des Courtis, originaire du comté de Tende, sur notre frontière d'Italie, mais établie depuis lors sur les confins de la Touraine et du Poitou.

La belle plaque en marbre noir que nous a donnée M. Alphonse Robert de La Motte, et qui porte en lettres d'or l'épitaphe de Nicolas de Brilhac, conseiller au Parlement de Paris, mort en 1685, avait auparavant fourni à M. de Gennes le sujet d'une notice sur la personne de ce magistrat et sur sa famille, qui appartient aussi à notre province.

Précédemment encore, nous avions reçu de M. de La Boutetière une notice sur la famille Boussiron de Grand-Ry, dont un membre portait à la bataille d'Ivry la cornette *qui*, selon un témoignage contemporain, *la première rallia l'armée, après avoir enfoncé l'ennemi, et se trouva à la poursuite de la victoire.*

D'autre part, M. Babinet de Rencogne nous avait envoyé d'Angoulême la liste des quatre cents gentilshommes du Poitou que Louis XIV appela, en 1703, à la défense de nos côtes; liste où nous trouvons beaucoup de noms encore honorablement portés parmi nous.

Vous avez pu, Messieurs, il n'y a qu'un instant, faire plusieurs fois la même remarque, en entendant les détails que vient de nous donner M. de Gennes sur la série d'éminents magistrats qui pendant trois cents ans ont rempli avec tant de capacité et de vertu les hautes fonctions d'avocat du roi près le présidial de Poitiers; et tout à l'heure, M. Beaussire va appeler votre attention sur un personnage maintenant peu connu, le bénédictin Dom Deschamps, en relation pourtant, au dernier siècle, avec de bien notables personnages, et auteur d'un fort singulier système philosophique, dont vous allez juger.

De ces travaux relatifs aux personnes, passons maintenant à d'autres de natures bien diverses.

Rappelons, à propos d'épigraphie, que l'inscription sur plaque d'argent trouvée à Poitiers, dans la maison de M. le président Bonnet, et publiée par M. de Longuemar dans notre premier *Bulletin* de 1859, continue à exercer la sagacité des savants de France, d'Angleterre, d'Allemagne, qui la regardent toujours comme le monument le plus considérable qu'on ait de la langue de nos ancêtres gaulois.

A leur époque se rapportent aussi les notes et documents que nous a fournis M. Beauchet-Filleau sur les limites-frontières de quelques peuplades du Poitou, sur les mottes du Tuffau, de Marconnay ou de l'Épine.

Plus près de nous se placent les recherches de M. Ardillaux sur la portion de voie romaine comprise entre la Vienne et la Gartempe ; le grand mémoire, dont M. l'abbé Auber nous a lu le commencement, sur l'histoire de notre antique et célèbre abbaye de Charroux, sujet déjà traité en 1835 par M. de Chergé, dans le premier volume de nos *Mémoires*, et sur lequel M. Auber donne de nouveaux détails ; enfin, la notice très-détaillée que M. Pallu, vice-président honoraire au Mans, nous a envoyée sur la commune de St-Martin-Lars (Vienne), et qu'il a extraite d'une géographie où chaque commune de ce département doit être l'objet d'un travail analogue, où l'histoire locale et la statistique monumentale tiendront une place importante.

Rechercher, distinguer, mettre en lumière les traces du passé, avant que le temps et les hommes les fassent disparaître, tel est en effet, Messieurs, l'esprit qui anime la grande école historique moderne ; tel est celui qui a dirigé les investigations auxquelles, plus que jamais, notre Société s'est livrée cette année sur et sous le sol du Poitou.

D'après les indications et sous la conduite de M. Raimbault, le président et le secrétaire ont reconnu, au-delà de Vivonne, une portion de la voie romaine de Poitiers à Saintes.

Avec le même guide, MM. de Gennes, de Longuemar et Brouillet ont visité l'établissement gallo-romain de Roumagboux, puis ils ont exploré et fouillé pendant deux jours lés sépultures antiques de Château-Larcher et de Villaigre. M. de Longuemar a déposé dans le musée de la Société trois grandes feuilles de carton, sur lesquelles il a fixé et étiqueté les nombreux débris d'armes, de vases, d'ossements qu'ont produits les fouilles.

Précédemment, M. de Longuemar avait résumé, dans notre premier *Bulletin* de 1863, les découvertes faites par M. Phelippot dans l'île de Ré, par M. Jouain dans la commune d'Epargnes (Charente-Inférieure), par M. Ledain, à Gourgé (Deux-Sèvres). Il y avait, en outre, consigné le résultat des fouilles opérées à Chincé (commune de Jaulnay, Vienne) par une commission dont il faisait partie avec MM. de Gennes, Bardy, des Courtis et Alexandre Jolly, qui avait signalé les sépultures à explorer, et qui en a fourni le plan.

Depuis lors, MM. de Longuemar et Brouillet ont porté leurs observations sur les grottes, les sépultures antiques et le dolmen de la Buissière (commune de Gouex), enfin sur le remarquable dolmen de Loubressac.

Plus récemment encore, M. Brouillet et M. Meillet ont visité et fouillé la curieuse grotte du Chaffaud, sur les bords de la Charente, entre Civray et Charroux, et M. Meillet a placé sous nos yeux onze séries des objets divers que la terre leur a livrés.

Mais à quelle époque, à quelle race attribuer ces sépultures explorées par MM. de Longuemar, de Gennes, Brouillet, Meillet et Beauchet ; sépultures dont les analogues se retrouvent partout en Europe, et même par milliers dans l'Algérie ? Quel peuple à demi sauvage a laissé ces os robustes, ces crânes épais, a façonné ces poteries à peine cuites, ces armes, ces outils en os, en pierres diverses, silex, jade, basalte, porphyre, pierres dont, suivant une remarque de M. Meillet, certaines espèces ne se trouvent qu'au centre de l'Asie? Jusqu'ici, Messieurs, on a appelé cette race celtique ou gauloise ; mais on commence à croire que ces premiers habitants connus de notre Occident appartenaient à une race bien antérieure encore, et dont la barbarie a été postérieurement adoucie par de grandes immigrations venues de l'Orient.

C'est ce que semble prouver le bel ouvrage (2 vol. grand in-8°) que M. Pictet, notre savant correspondant de Genève, nous a offert sous ce titre : *Les Origines indo-européennes ou les Aryas primitifs.* Depuis un demi-siècle, la philologie comparée a fait découvrir des rapports si multiples entre les langues anciennes de l'Asie centrale et celles des peuples grecs, latins, celtes, germains, lithuano-slaves, qu'on en est venu à conclure leur communauté d'origine. Or, la race qui parlait le sanscrit, tige à laquelle se rattachent comme des rameaux toutes ces langues diverses, habitait, selon M. Pictet, la Bactriane, entre l'Oxus et la chaîne du Parapomisus.

Cette·race qu'il faudrait appeler, non arienne, comme on le fait, mais aryane, puisqu'elle se donnait elle-même le nom d'*Arya* (vénérable), cette race était déjà assez civilisée plus de vingt-quatre siècles avant l'ère chrétienne pour avoir fourni des observations astronomiques *basées sur neuf éléments différents*, et dont les plus grands astronomes de nos jours ont reconnu l'exactitude. C'est elle qui semble avoir transmis à ses branches occidentales le génie constant du progrès ; car, selon la remarque de M. Pictet, tandis que partout ailleurs d'antiques civilisations se sont arrêtées ou éteintes, chez les races aryanes, à côté de défaillances partielles, on voit une puissance de vie qui se révèle par des rénovations successives et des développements incessants. Honneur donc à de tels ancêtres ! »

Voici les renseignements que nous avons reçus sur la *Société de statistique des Deux-Sèvres :*

« Dans l'année qui vient de s'écouler, la Société de statistique des Deux-Sèvres a clos sa première série de mémoires. La publication de sa seconde série a été commencée par un mémoire très-remarquable de M. Gouget, archiviste du département, sur le commerce de Niort, du XIIIe au XVIIIe siècle. Plusieurs travaux lus dans l'année viendront s'y ajouter, à savoir : un mémoire sur les voies romaines du Poitou, par M. Charles Arnauld ; une notice sur la commanderie de la

Grande-Lande, par M. l'abbé Rousseau, curé de Verruyes
rapport et le mémoire de Colbert de Croissy, maître des requêtes,
commissaire du roi en Poitou, par M. Dugast-Matifeux, de Montaigu (Vendée), œuvre de la plus haute importance et inédite
pour les trois quarts ; un premier travail de MM. Sauzé et
Maillart sur la flore des Deux-Sèvres ; enfin un journal très-
intéressant d'un notaire de Parthenay pendant les années 1567
à 1574 ; ouvrage retrouvé, annoté et donné par M. Ledain, de
Parthenay.

La Société a continué avec moins de succès que l'année précédente les fouilles de Gourgé, qui ont fourni un certain nombre
de vases et d'objets. Elle a, en cours d'éxécution, diverses autres
fouilles qui promettent d'abondants résultats. Elle songe à fonder
un bulletin trimestriel et a voté un prix de 400 fr. pour être
donné au concours, à la fin de cette année, au meilleur mémoire
historique ou archéologique intéressant le Poitou, la Saintonge
ou l'Aunis. Elle fait, en un mot, tout son possible pour réparer
les pertes si cruelles qu'elle a éprouvées dans la personne de
M. Baugier, son géologue, et de M. Beaulieu, son regrettable
président. »

La *Commission des arts et monuments de la Charente-
Inférieure* ne compte encore que trois ans d'existence, et elle
a déjà conquis une place honorable parmi les institutions du
même genre. Son organisation, ses travaux et les résultats
qu'elle a obtenus la signalent à l'attention des amis de la science
et de l'art.

Par son organisation, où se révèle un esprit pratique initié à
tous les besoins de l'œuvre, la Commission a pris possession de
tout le département. Par ses inspecteurs d'arrondissement, par
ses sous-inspecteurs de canton, elle a l'œil sur tous les travaux, sur les recherches et les découvertes qui peuvent l'intéresser. Enfin, la considération dont elle jouit dans le pays, la
confiance que l'administration préfectorale veut bien lui témoigner et la sanction qu'elle accorde toujours à ses délibérations,
permettent à la Commission d'étendre une protection efficace
sur tous les monuments historiques du département.

Dans le *Recueil* de ses actes, la Commission publie, tous les six mois, les rapports qui lui sont présentés et les discussions qu'ils soulèvent. Le nombre et l'importance de ces communications sont une preuve du zèle et de l'intérêt que tous les membres y apportent. Son savant président, M. l'abbé Lacurie, a fait paraître, dans ce *Recueil,* une monographie monumentale de la ville de Saintes, comprenant deux parties, l'une historique et l'autre archéologique. Ce travail, fruit de longues et patientes recherches, est rempli de documents du plus grand intérêt. Il sera suivi de la statistique monumentale de tout le département.

Afin d'entretenir et de développer le goût des études archéologiques, l'infatigable président de la Commission des arts et monuments a fondé des *conférences* auxquelles l'élite de la jeunesse se porte avec le plus louable empressement.

Tous ces efforts ne sont pas restés stériles. Grâce à l'intervention de la Commission et au bienveillant appui de l'administration départementale, le Conseil général a ouvert un crédit pour l'acquisition des ruines de l'ancien amphithéâtre de Saintes, perdu depuis tant de siècles sous les envahissements de la propriété particulière. M. le baron Eschassériaux, député de Saintes et président d'honneur de la Commission, a bien voulu s'engager à couvrir l'excédant des dépenses. Grâce à ce concours généreux des hommes éclairés du département, ces ruines imposantes seront désormais à l'abri du vandalisme qui les menaçait. — Un autre résultat non moins heureux, au triple point de vue de l'histoire, de l'art et de la religion, c'est la restauration de l'antique *abbatiale du couvent de Ste-Marie de Saintes.* Le Conseil municipal, sur la demande de la Commission, a voté une somme importante pour isoler cette église de la caserne, dont elle était devenue une des dépendances. Grâce à ces mesures, ce remarquable monument, que le savant abbé Lacurie appelle un des plus beaux fleurons de la ville de Saintes, après de longs jours de profanation et de deuil, sera enfin rendu à sa pieuse destination.

Ces importants résultats ne sont pas les seuls que l'on doive à l'initiative de la Commission : elle poursuit partout son œuvre avec persévérance. Partout elle dresse la liste des monuments historiques dont le sol est couvert, en fait la description, en retrace l'histoire et prend les moyens qui doivent les préserver de la destruction ou d'inintelligentes restaurations; enfin, par ses soins, le musée de Saintes s'enrichit tous les jours de nouveaux trésors aussi abondants que précieux.

Voilà, en deux ans, l'œuvre de la Commission des arts et monuments de la Charente-Inférieure. Son habile organisation, le zèle actif et éclairé de ses membres, l'inépuisable richesse archéologique de la Saintonge et la protection d'une administration libérale, promettent à cette institution naissante un long et brillant avenir.

Voici une Société nouvelle. Elle s'est fondée en 1863. C'est la *Société historique et scientifique de St-Jean-d'Angely*. Elle vient de publier le premier volume de son *Bulletin*. Nous apprenons par lui que la Société a commencé la double création d'un musée et d'une bibliothèque, et qu'elle publie exactement le compte-rendu de ses séances dans le journal de la ville. C'est une excellente mesure, que nous recommandons comme un exemple à suivre. Beaucoup de Sociétés, même les plus éminentes et les plus actives, se trouveraient bien de ce moyen qui initie le public aux choses de la science, tout en l'intéressant aux travaux et aux progrès de la Société. Des excursions qui sont à la fois botaniques, géologiques et archéologiques, ont été organisées par la Société de St-Jean-d'Angely, et le *Bulletin* rend un compte détaillé et instructif de leurs incidents et de leurs résultats. Il contient, en outre, quelques notices historiques et biographiques de divers auteurs, et surtout une étude très-approfondie de M. le docteur Gyoux, secrétaire de la Société, sur la terrible maladie de la rage, avec l'analyse des travaux qui en ont été l'objet jusqu'à ce jour. Ce petit volume se fait lire d'un bout à l'autre avec un grand intérêt. Nous voudrions qu'il pénétrât dans toutes celles de nos villes, si nombreuses dans le Midi, qui ne possèdent point encore de Société scientifique, pour leur montrer comment le zèle de quelques hommes de cœur et

de science peut procurer ce bienfait à leur pays, et quel charme,
en même temps que quelle utilité on répand par là sur les relations de la vie de province!

RÉGION DU CENTRE.

Nous n'avons pas été mis à portée de connaître les travaux
accomplis en 1863 par la Société du Berry, ni ceux de la Commission historique du Cher, et nous craignons qu'ils n'aient été
ni nombreux ni actifs. Nous avons été dédommagés de leur silence par le premier *numéro d'une revue qui paraît se publier*
à Bourges, sous le titre de *Revue du Cher*. L'introduction, à laquelle est consacrée cette première livraison, expose avec un
bon sens exquis et dans un excellent style, *les conditions selon*
lesquelles peut s'opérer, modestement et sans fracas, mais résolûment et avec efficacité, la décentralisation intellectuelle. Les
Congrès provinciaux ont commencé à la faire surgir, en réunis-
sant dans chaque localité les amis de la science et des lettres,
pour leur faire comprendre et leur inspirer à la fois et le charme
de l'étude et le goût de l'exploration des choses passées et
présentes de leur pays, et l'utilité de l'association, dans ce but,
des hommes d'intelligence et d'activité, et la confiance en leurs
propres forces pour continuer l'œuvre ébauchée dans les rapides
séances du Congrès, et défricher à fond le champ encore si peu
exploré de l'histoire locale et des diverses branches de l'histoire
naturelle qui se rapportent au pays. Ce n'est point en acceptant
l'offre qu'ont faite des journaux de Paris, de se vouer exclusivement à la publication des productions de la province, que l'on
complétera l'œuvre de la décentralisation. Une telle adhésion ne
serait qu'un *contre-sens, uniquement propre à assurer la centra-*
lisation sous une autre forme. La seule manière de déraciner
cette centralisation funeste, c'est d'écrire et de publier dans
chaque province, pour la province elle-même; mais la condition
nécessaire du succès, c'est de faire de bons livres et d'être intéressant. Le sujet qui en tous lieux est le plus intéressant, c'est

ce qui nous entoure et que nous voyons chaque jour, notre berceau, notre clocher, notre horizon. Nous en voyons l'aspect présent; mais son histoire, ses vicissitudes dans le temps passé, ses prospérités et ses désastres, ses splendeurs et ses ruines, les générations qui se sont succédé sur ce coin de terre, leurs actions et leurs mœurs, leurs crimes ou leurs vertus, leurs créations, leurs annales et leurs légendes ; puis la connaissance plus approfondie du sol natal, sa constitution intérieure et les révolutions successives qui l'ont formé tel qu'il est, les ressources cachées qu'il recèle, ses productions, les diverses races d'êtres organisés qu'il nourrit, enfin son histoire naturelle tout entière : quelle mine à exploiter pour l'écrivain ! quelle source d'un profond intérêt pour la population dont les diverses classes connaissent jusqu'à présent si peu la contrée qu'ils habitent, et quel service rendre au pays que d'initier ses enfants à la science et à l'amour de leur propre histoire, et de leur rendre par là leur pays plus cher en le leur faisant mieux connaître !

Nous ne doutons pas que les écrivains qui ont si bien esquissé dans leur introduction une partie de ce programme, celle qui concerne l'histoire locale, ne réalisent les espérances que leur projet fait concevoir.

La *Société Nivernaise des sciences, lettres et arts* n'a publié, en 1863, qu'un petit volume, en partie rempli par les rapports sur les expositions qui ont accompagné le concours régional tenu à Nevers, mais qui contient aussi de fort intéressants travaux. Que l'on nous pardonne de donner d'abord le pas à la poésie. *L'Exil de l'Art* est un morceau d'une élévation de pensée et d'une facture vraiment exquises, d'un jeune auteur appelé Achille Millien, dont l'Académie française vient de couronner les œuvres qui, pour la plupart, ont vu le jour pour la première fois dans le *Bulletin* de la Société Nivernaise. Sa manière vigoureuse, énergique, inspirée, offre de grands rapports avec celle d'un autre poète, dont la ville de Bordeaux est justement fière, M. H. Minier. Tous deux semblent les fils jumeaux de la même Muse, et il nous souvient d'avoir entendu le même sujet traité par ce dernier avec le même bonheur. Viennent ensuite divers mémoires archéologiques. A l'occasion de différents objets d'art produits à l'exposition, et qui provenaient de fouilles faites à Alise-Sainte-Reine, M. Charleuf résume le débat élevé entre la Franche-Comté et la Bourgogne, au sujet de l'*Alesia* des *Commentaires de César*, et fortifie de nouvelles démonstrations la solution aujourd'hui acceptée en faveur d'Alise-Sainte-Reine par tous les hommes de science, moins pourtant quelques obstinés de Besançon qui se cramponnent à la vieille devise : *Etiamsi omnes, ego non.* C'est un curieux et ingénieux travail que celui de M. Bornet qui, prenant successivement dans le poème des *Travaux et des jours* et dans celui des *Géorgiques* la description de la charrue, recompose jusque dans le moindre détail ce double araire d'Hésiode et de Virgile, donne le dessin de chacun de ces instruments, et montre l'araire de Virgile dans la vieille charrue nivernaise que la Dombasle n'a pas encore partout détrônée. Enfin, le même volume contient un travail fort savant et plein d'intérêt de M. l'abbé Crosnier, sur la monographie de la Croix, au triple point de vue historique, iconographique et symbolique. On en peut juger par les divisions de cette dissertation : 1° La croix avant Jésus-Christ ; 2° Les différentes pièces de la croix ; 3° La croix dans les Catacombes ; 4° La croix depuis Constantin jusqu'à la fin du VIe siècle ; 5° Le crucifix ; 6° Personnages complétant les tableaux du Crucifiement ; 7° Symboles et caractères accessoires.

La *Société archéologique de l'Orléanais* a publié, en 1863, le tome VI de ses *Mémoires*, qui est en grande partie rempli par une suite que donne M. Eug. Bimbenet aux travaux qu'il avait déjà commencé à publier sur les *justices ecclésiastiques* de la ville d'Orléans. Elle comprend la justice temporelle de l'évêque à cause de la tour de la Fauconnerie, et celles du Chapitre de Ste-Croix, de l'abbaye de St-Mesmin et la commanderie de St-Macaire. C'est un travail d'une grande science et qui tient plus que son titre ne promet ; car l'auteur traite nonseulement de l'exercice du pouvoir judiciaire que le droit seigneurial avait attribué à un établissement, mais de tous les droits qui étaient attachés à cette seigneurie ; de l'origine de ces droits, des vicissitudes qu'ont subies et ces droits et les établissements eux-mêmes. De tous les droits attachés à l'évêché d'Orléans, il n'y en avait pas de plus étrange que celui qu'avait l'évêque d'être porté, le jour de sa prise de possession, sur les épaules de quatre barons du diocèse, depuis la porte de Bourgogne jusqu'à l'entrée du cloître de la cathédrale. Ce droit de portage, qu'on retrouve dans quelques autres diocèses, à Chartres, à Paris, à Meaux, à Nevers, à Auxerre, à Périgueux, etc., était, selon le savant Polluche, un droit féodal réservé par l'évêque lorsqu'il avait donné les baronnies en fief. M. Bimbenet veut le faire remonter plus haut que le régime féodal : il y voit une institution mérovingienne, l'élévation sur le pavois, pour constater la libre élection du prélat. Nous avons peine à admettre cette explication et même celle de Polluche. Aucun historien, aucune charte n'ont signalé pour les évêques ce mode d'intronisation, revenant par la coutume germanique aux rois seuls. A Orléans, on voit le fait du portage apparaître pour la première fois en 1364. Le plus curieux exemple qu'on en connaisse ailleurs est dans l'église d'Auxerre. Il ne date que du XIIe siècle, et c'était visiblement la première fois un acte de déférence purement volontaire envers un saint évêque, et la seconde fois une usurpation, fondée sur la possession du premier fait et consacrée comme un droit possessoire par une sentence arbitrale de saint Bernard. Cette critique spéciale n'ôte rien au mérite du savant travail de M. Eug. Bimbenet.

On trouve, dans le même volume, une notice pleine d'intérêt, de M. Léon de Buzonnière, sur la seigneurie et le château de Cornus ; une notice historique fort remarquable, de M. A. de Martonne, sur l'ancien prieuré de Blois et sa chapelle ; un document curieux annoté par M. Gaston Vignat. C'est le testament par lequel un évêque d'Orléans, appelé Grosparmi, distribua, en 1360, une fortune considérable entre un nombre étonnant d'églises, d'abbayes et de maladreries, sans oublier pourtant ses parents, ses amis et ses serviteurs ; et enfin un mémoire de

M. l'abbé Baudry, sur des fosses sépulcrales en forme de puits qu'il a découvertes à Troussepoil, en Vendée, comme M. de Pibrac en avait trouvé en 1857, à Beaugency, et comme M. Parenteau en a fouillé à Rezé. M. Baudry décrit les nombreux objets des époques celtique et gallo-romaine qu'il a trouvés dans les diverses couches de la terre dont étaient remplies ces étranges sépultures, sur lesquelles la science n'a pu encore formuler une opinion générale.

Il est peu de sociétés aussi laborieuses et aussi actives que la *Société des sciences historiques et naturelles de l'Yonne*. Le volume de ses travaux de 1863 ne comprend pas moins de 800 pages, et il abonde en travaux sérieux. On y trouve, dans l'ordre des sciences naturelles :

La suite des Études si connues de M. Cotteau sur les Échinides fossiles de l'Yonne (étages néocomien et albien). La première partie a valu à l'auteur une grande médaille au concours de M. le Ministre de l'Instruction publique ;

Un supplément, de M. le colonel Goureau, à son ouvrage sur les insectes nuisibles aux arbres, aux plantes et aux céréales ; ouvrage qui a été également couronné cette année par le Ministre ;

Des observations géologiques sur quelques points du département de l'Yonne, par M. Hébert, professeur à la Faculté des sciences ;

Une note sur la théorie de la grêle et des trombes, par M. Dondenne ;

Divers travaux sur la botanique de l'Yonne, par MM. Guérin, Guinot, Lasnier et Ravin.

Et, en ce qui concerne l'archéologie et l'histoire :

Une étude de M. Mondot de Lagorce, ancien ingénieur en chef, d'après le grand ouvrage de M. Vignon, sur l'administration des voies publiques en France dans les derniers siècles ;

Un mémoire de M. l'abbé Barranger sur le culte des pierres dans les temps antiques, et spécialement chez les Celtes ;

Des recherches de M. Dormois sur les marques d'ouvriers et les signatures du XVI⁰ siècle ;

Une consultation historique donnée par la Société, à la demande
de l'archevêché de Sens, sur l'authenticité de reliques supposées .
être de saint Germain, évêque d'Auxerre ;

Et enfin, la première partie d'une Histoire des guerres du
Calvinisme et de la Ligue dans les contrées qui forment aujourd'hui le département de l'Yonne ; ouvrage que la Société
française d'archéologie a honoré d'une de ses grandes médailles. Nous n'avons rien à dire, et pour cause, de ce travail, si
ce n'est pour répondre à ceux qui ont demandé comment le
département de l'Yonne pouvait avoir une histoire spéciale des
guerres religieuses. C'est que, comme tous les chefs de partis
dans ces guerres si funestes, le cardinal de Lorraine et ses
neveux les cardinaux et le commandeur de Guise, le maréchal
de Saint-André , le prince de Condé , le cardinal de Châtillon ,
l'amiral de Coligny, Dandelot, frère de ce dernier, possédaient
des établissements et des résidences dans cette contrée , c'est
là que commençaient d'ordinaire les prises d'armes et que se
livraient les premiers combats. Et, comme les passions violentes
de ces ardents rivaux échauffaient autour d'eux toutes les classes
de la population qui leur était subordonnée, nulle part les divisions ne furent plus violentes, les fureurs plus acharnées, les
massacres plus nombreux et plus féroces, les dévastations et le
vandalisme plus frénétiques, et la ruine du peuple plus profonde
que dans cette contrée, connue jusque-là pour la douceur de ses
mœurs et son humeur inoffensive. Il y avait donc là les éléments
d'une histoire locale, et on y pouvait, plus que partout ailleurs,
étudier l'état des esprits pendant cette sanglante période , et
l'influence de ces tristes dissensions sur les mœurs et la condition
de toutes les classes de la société.

La *Société centrale d'agriculture de l'Yonne* poursuit ses
travaux avec zèle et activité. Ses concours d'arrondissement ont
beaucoup d'éclat, et les primes qu'elle y distribue sont nombreuses et considérables. Elle agite et discute, dans ses séances,
toutes les questions agricoles ou économiques qui intéressent la
contrée. On trouve dans son *Bulletin* de 1863 des mémoires et

des rapports fort remarquables sur le vinage, sur la réforme du cadastre, sur la Caisse des retraites de la vieillesse et les moyens d'en ouvrir l'accès aux ouvriers agricoles ; sur les labours profonds, sur l'emploi des râteliers mobiles *pour consommer sur place les fourrages verts*; sur l'élevage du bétail, sur le soufrage de la vigne, etc. Mais le morceau capital de ce *Bulletin* est un travail de M. Gimel, sur la division de la propriété foncière dans le département de l'Yonne, depuis l'origine du cadastre jusqu'en 1863. Le morcellement de la propriété est un des champs de bataille sur lesquels se donnent le plus volontiers rendez-vous les champions, non-seulement des écoles économiques, mais encore des partis politiques. Les uns y voient l'une des plus fructueuses conquêtes, et les autres *l'une des plus déplorables* conséquences de la grande réforme de 1789. On n'est pas plus d'accord sur le véritable état des choses dans le morcellement. Les uns prétendent qu'il marche avec une effrayante rapidité, les autres qu'il s'arrête, et d'autres enfin qu'il va maintenant en diminuant. Les moyens d'information auxquels on a eu recours jusqu'à présent pour connaître la vérité sur ce dernier point sont des plus défectueux et insuffisants. Il y a bien eu, en 1816, 1826, 1835 et 1842, des relevés des cotes foncières faits par *ordre de l'administration ; mais, d'abord, celui de 1815 a été* fautif. Les matrices des rôles de l'impôt foncier étaient alors divisées en matrices de propriété non bâties et en matrices de propriétés bâties. Or, en 1815, on a, dans certains départements, relevé les articles contenus dans l'une des deux matrices seulement, et, dans les autres, on a fait les relevés sur les deux. En 1822, on avait fusionné les registres des deux genres de propriété, et, dans le relevé que l'on fit alors pour établir le nombre des propriétaires, on additionna avec les articles de la propriété *non bâtie* ceux de la *propriété bâtie*, ce qui faisait un double emploi. Puis, de 1835 à 1842, l'impôt foncier, par l'addition du centime affecté aux chemins vicinaux, s'est accru de vingt millions, ce qui, à la vérité, n'a pas créé une seule cote nouvelle, mais ce qui a fait passer beaucoup de petites cotes dans la catégorie des cotes moyennes.

Enfin, pour négliger plusieurs autres raisons, ce mode de calcul restait nécessairement vicieux. Un nombre très-considérable de propriétaires possèdent des biens dans plusieurs communes à la fois. Ils y ont donc deux ou plusieurs cotes de contributions. Le morcellement progressif de la propriété accroît beaucoup cette situation pour les petits propriétaires, beaucoup d'entre eux étant forcés de se rejeter sur une commune contiguë pour trouver de la terre à acheter. L'accroissement du nombre des cotes peut donc ne pas impliquer toujours une réduction dans la part de propriété possédée en moyenne par chaque contribuable.

Pour apporter la lumière dans ces ténèbres, il fallait compter, non le nombre des cotes, mais la contenance possédée à deux époques distinctes et séparées par tous les contribuables inscrits au rôle. Mais c'était là un travail gigantesque et qui semblait dépasser les forces d'un homme. M. Gimel, qui était alors directeur des contributions dans l'Yonne, l'a cependant entrepris. Il a relevé, à deux époques, savoir : au moment de la confection du cadastre, puis, en 1863, dans chacune des communes de ce département, les contenances possédées par chaque contribuable. Il a divisé ensuite ces articles de contenance en neuf catégories, dont la première est au-dessous d'un hectare et la dernière au-dessus de cent hectares, et dont les cinq premières représentent la petite propriété, et les quatre dernières la grande. Il a développé dans une longue série de tableaux ces diverses catégories, d'abord par communes, puis par cantons, et enfin il les a réunies en un seul tableau pour le département entier. Et comparant les résultats de la première époque à ceux de l'époque actuelle, il est arrivé, avec une évidence qui ne laisse pas place à la moindre équivoque, à ce résultat inattendu : que, si pendant les 35 ans qui, en moyenne, séparent la première époque de la seconde, le nombre des articles du rôle foncier a augmenté de 25 pour cent ; en réalité, la moyenne des articles des contenances n'a diminué que de 4,07 seulement, c'est-à-dire d'un vingt-et-unième, et que la portion qui a passé de la grande propriété dans la petite ne représente que quatre et

demi pour cent, ce qui équivaut à un millième seulement
par année.

Ce travail a été publié *in extenso*, avec tous ses tableaux, dans
le *Bulletin* de la Société centrale d'agriculture de l'Yonne. Il a
produit dans la contrée une grande sensation, et le Conseil général de ce département, en accordant à l'auteur les plus grands
éloges, a demandé à M. le Ministre des finances de vouloir bien
ordonner l'exécution d'un travail semblable dans chacun des
départements de l'Empire.

La *Société d'études d'Avallon* a consacré une partie de son
Bulletin à la publication des documents qui, selon elle,
devaient faire attribuer à cette ville la statue du maréchal
Davout, laquelle, sur l'initiative de la Société des sciences historiques et naturelles de l'Yonne, va être érigée à Auxerre. Cette
émulation entre deux Sociétés historiques, pour honorer leur
résidence respective de l'effigie d'un grand homme de guerre qui
est une des plus grandes illustrations de la contrée, fait honneur
à toutes deux. On trouve dans le *Bulletin*, à côté de ces documents, une étude ingénieuse et savante de M. le colonel Goureau
sur quelques noms de localités de ce pays. Ce genre d'études
est parfois hasardeux, mais sous la plume érudite de l'auteur,
très-versé dans la connaissance des idiomes antiques qui sont
encore parlés dans la Basse-Bretagne et le pays de Galles, les
interprétations indiquées ont un grand caractère de vraisemblance et d'exactitude. Un autre morceau intéressant est un
mémoire écrit au commencement du siècle dernier par le chanoine Forestier, sur la naissance et la fondation de l'église
collégiale d'Avallon. M. Anatole de Charmasse a retrouvé, dans
les manuscrits de la *Bibliothèque impériale*, ce travail qui fournit
de précieuses révélations sur cet important édifice de style
roman, dont les spécimens sont bien rares maintenant. L'héritier
du nom illustre de Chastellux est un jeune homme qui ne peut
parler que de la plume et entendre que des yeux. Il n'en a pas
moins fait des études classiques très-complètes et il signe, avec
un légitime orgueil de son titre scolaire, licencié ès-lettres.

Il publie dans le *Bulletin* une notice historique sur le château que, depuis sept à huit siècles, possèdent ses ancêtres, l'une des plus grandioses résidences de la Bourgogne, et que, dans les quarante dernières années, son grand-père et son père ont restaurée avec un goût plein de savoir et de discernement. Ce travail atteste, chez son auteur, un sens historique d'une grande justesse et un sentiment élevé de l'art architectural. Avec la description, par M. Bardin, de la statuette antique d'une de ces déesses (faut-il dire *maires, majores*, ou *mères, matres*) dont, depuis quelques années, on a retrouvé tant d'échantillons en terre blanche, soit cuite, soit séchée au soleil, le volume est complété par un excellent travail de M. l'abbé Henry, sur la commune de St-Germain-des-Champs, véritable modèle d'érudition et d'exactitude savante appliquée à l'histoire d'un modeste village, où l'archéologue trouve souvent, dans des ruines informes et dans de vagues légendes, de grands souvenirs à remettre en lumière et d'importants événements à raconter.

Il y a aussi dans l'*Yonne* une *Société médicale* qui publie chaque année un *Bulletin*. Celui de 1863 analyse des travaux importants sur les eaux potables de la contrée ; des études de M. le docteur Duché sur la vie moyenne comparée dans les 482 communes du département, sur le mouvement de la population dans l'Yonne, et sur l'aptitude au service militaire dans ses 37 cantons, déduite d'un relevé des exemptions pour infirmités pendant la dernière période trentenaire ; une remarquable étude de M. le docteur de Renaudin sur les signes extérieurs dans le diagnostic de la folie, et enfin un nombre important de communications sur diverses matières d'hygiène, de pathologie, de thérapeutique et d'opérations chirurgicales.

Voici, selon une note dont nous avons reçu communication, les principaux travaux de la *Société académique de l'Aube*, pendant l'année 1863 :

« Le volume qui contient ces travaux s'ouvre dignement par les paroles d'adieu, par l'éloge le plus vrai, le mieux senti, le plus touchant, prononcé par M. Gayot, alors vice-président de la Société, sur la tombe de M. Vandé, le doyen des membres de la Compagnie, dont il fut, pendant plus de quarante ans, une des lumières, un des soutiens.

Dans deux notes qui suivent : la première sur le régime des eaux souterraines des environs de Vendeuvre, et la seconde sur la source de Bouilly, appelée *Crot de la Doux*, M. Boutiot se montre géologue instruit et hydroscope expérimenté. Il révèle aux quatre villages de Magny-Fouchard, de la Maison-des-Champs, de Nuisement et de Montmartin, assis sur le plateau qui domine Vendeuvre, la véritable cause de l'absence de sources dans la contrée, et leur indique les moyens, sinon d'obtenir des eaux abondantes, du moins d'améliorer la situation. Dans les puits qu'ils creusent, ils doivent avant tout s'abstenir de traverser les terrains imperméables qui couvrent les assises jurassiques, pour ne pas perdre le peu d'eau que peuvent réunir les couches supérieures ; puis, au moyen de drainages pratiqués autour des villages et dans les terrains argileux qui les environnent, recueillir et maintenir l'eau à l'aide de régulateurs, soit dans un réservoir principal, soit dans plusieurs bassins isolés, de manière à la ménager pour les jours de besoin. Un autre moyen consiste, non pas à percer des puits à proximité des habitations, mais dans les lieux qui présentent le plus de chances favorables, dans le calcaire jurassique, aux endroits où une dépression de sol réunit une surface assez étendue pour promettre une alimentation constante.

Quant à ce qui concerne le *Crot de la Doux*, après avoir expliqué comment cette source peut jaillir d'une montagne dans un endroit où le sol excède d'au moins 35 mètres le fond d'un vallon voisin, M. Boutiot expose ce qu'on a déjà fait pour dégager cette eau, et ce qui reste à faire pour achever l'œuvre et conduire la source à Bouilly.

Vient ensuite un compte-rendu clair et précis de la première session du Congrès international de pomologie ouvert à Namur, le 12 octobre 1862, où figuraient non-seulement les nombreuses délégations de la France, de l'Angleterre, de la Hollande et de

la Belgique, mais encore les collections globales de fruits offrant
le plus haut intérêt. Dans ce rapport, remarquable à tous égards,
M. Charles Ballet, délégué de la Société académique de l'Aube,
et un des trois jurés de France choisis par la Société Namuroise,
expose le but de l'Association, c'est-à-dire la division sévère
des nomenclatures carpologiques, l'examen attentif des individus
et des espèces, et la mise en commun des gains obtenus. La
France n'aura qu'à gagner à cette expansion naturelle des
produits et des idées ; et, pour ne citer que deux faits qui le
prouvent, c'est que, tandis que nous connaissons à peine 50
pêches et brugnons, l'Allemagne en cultive 500 et n'a pas moins
de 7 à 800 variétés de bonnes pommes.

Les deux cents pages qui suivent contiennent une *étude sur la
théorie de la grêle et des trombes*, suivie de considérations
sur la nature des taches du soleil, par M. Henry, docteur en
médecine, membre associé. Dans ce savant travail, l'auteur
rattache ces deux phénomènes à une même théorie. Il démontre
que la grêle est produite par une trombe entre deux courants
de nuages ; et, pour arriver à cette démonstration, il étudie les
trombes telles qu'on les observe généralement et recherche si
leurs caractères principaux se retrouvent dans des orages de
grêle. Ces recherches sont considérables et fort curieuses. Les
physiciens sont partagés d'opinion sur l'origine des trombes :
les uns les attribuent à des courants d'air ; les autres leur accor-
dent une origine électrique. L'auteur embrasse ce dernier sentiment, par la raison que l'action du vent ne peut expliquer ni la
multiplicité des trombes voisines, ni leur réunion, ni leur
division successive, ni les phénomènes lumineux qu'on y
remarque, ni les globes de feu qui en sortent. L'électricité seule
peut rendre compte de toutes les parties, de toutes les circonstances du météore, quelle que soit la variété de ses formes
et de ses effets, sans avoir recours à aucune création hypo-
thétique.

Son œuvre sera complète lorsque, dans un travail subséquent
qu'il promet, l'auteur aura exposé et discuté les moyens divers
qui ont été proposés pour prévenir la formation ou arrêter le
développement de ces deux phénomènes.

Le volume se termine par un autre grand travail scientifique :
la statistique du canton de Méry-sur-Seine, par M. Hariot, pharmacien à Méry, membre associé. La statistique, en effet, telle
qu'elle est ici, n'a pas seulement pour objet une vaine curiosité :
c'est une science réelle qui entre dans des détails infinis et
touche à toutes les questions d'histoire politique, agricole, industrielle, naturelle, littéraire, archéologique, morale et philosophique ; c'est une œuvre, en un mot, qu'on ne peut mener à
bonne fin qu'autant qu'on réunit à un savoir profond et varié un
courage à toute épreuve. Nous félicitons donc sincèrement l'auteur et de l'entreprise et du succès. »

Le volume des *Mémoires* de la *Société d'agriculture, sciences
et arts de la Marne* est principalement consacré, cette année, à
des travaux sur l'histoire naturelle dans ses rapports avec la
contrée et sur la statistique du département. On y remarque
d'abord une description géologique du département de la Marne,
par M. Drouet, comprenant, peut-être avec une concision trop
modeste, l'orographie, l'hydrographie et enfin la géologie proprement dite. On trouve ensuite une statistique des naissances
et des décès, des institutions de secours et de prévoyance, des
produits agricoles et des animaux domestiques dans le département, par M. Mohen ; la faune du département, par M. le docteur
Salles, comprenant les vertébrés, les mollusques, les crustacés et
les insectes. Après ces travaux et quelques gracieuses poésies de
M. Charbonnier, on peut citer un rapport sur les concours ouverts par la Société, où nous avons trouvé, entre autres choses, des
médailles décernées à celles des communes qui entretiennent le
mieux leurs chemins vicinaux. Il paraît que l'on se trouve
bien de l'émulation que ces récompenses suscitent dans les communes rurales. Il faut ajouter que le volume s'ouvre par un discours dans lequel étaient préconisés les systèmes de culture qui
ont valu, l'an dernier, la croix d'honneur à M. Daniel Hooïbrenk.
Mais il est à craindre que cette apologie ait été un peu précipitée,
car l'arcure des ceps de vigne, dont l'efficacité a d'ailleurs été
contestée, sinon pour l'abondance, du moins pour le mérite,

paraît avoir été purement et simplement copiée sur les vignobles de la rive droite du Rhin, et les fécondations artificielles des céréales et des arbres, qui avaient été déjà pratiquées ailleurs, ne semblent pas avoir offert aux Commissions qui étaient chargées de les vérifier, un avantage tant soit peu sérieux.

Nous serions injuste de ne pas mentionner un travail plein d'intérêt qui est publié par un membre de cette Société, mais en dehors du *Bulletin* : c'est le rapport fait au Conseil général de la Marne, par M. le baron Chaubry de Troncenord, sur la situation des monuments historiques du département. L'auteur y met en relief la charmante petite église de Rieux, le meilleur type peut-être, au dire de M. Viollet-le-Duc, de l'architecture champenoise du commencement du XIIIe siècle, et cette ravissante merveille de Notre-Dame-de-l'Épine, qui appelle des réparations urgentes, et l'antique basilique de Notre-Dame de Châlons, à laquelle est lié irrévocablement le nom de M. l'abbé Champenois, son zélé et intelligent restaurateur.

Nous terminerons ce travail par l'analyse suivante des principaux travaux publiés en 1863 par l'*Institut historique de France*. Nous devons cette analyse à M. Armand Parrot, membre de l'Institut des provinces et de la Société française d'archéologie :

« Les travaux de l'Institut historique de France sont trop universellement appréciés pour qu'il soit utile d'en faire ici l'éloge. Cette savante Compagnie, qui compte parmi ses membres un grand nombre de souverains et la plupart des gloires littéraires et scientifiques des deux mondes, a continué pendant l'année 1863 sa laborieuse mission, dont le but est de détruire les ténèbres de l'oubli et d'arracher du sépulcre des siècles les mânes des grands hommes. OEuvre immense, dont l'horizon sans bornes grandit incessamment et semble se perdre dans l'infini.

Guidés par leurs devanciers, les Michaud, les Cuvier, les Châteaubriand, les La Rochefoucauld, les Alexandre Lenoir, les

Augustin Thierry, les Martinez de La Rosa, plusieurs membres
de l'Institut historique de France ont enrichi, en 1863, le trentième volume de leur journal, *L'Investigateur*, de mémoires
aussi précieux par les charmes du style que par la profondeur
de l'érudition.

Un explorateur distingué, M. Polydore de Labadie, a recherché
dans la première Narbonnaise les traces de l'occupation du
grand peuple romain dans cette partie des Gaules. La voie qui
conduisait de *Tolosa* à *Lugdunum Convenarum* a fixé principalement son attention. Des villes opulentes, de charmantes
villas, des temples élégants, de somptueux amphithéâtres et de
gigantesques naumachies occupaient son parcours. De leurs
ruines ont été extraits des autels votifs, des cippes, des urnes
cinéraires, des bas-reliefs, des statues, dont le musée de Toulouse s'est enrichi.

Dans une brillante et lucide analyse de l'ouvrage de M. Qui-
querez-Porentruy, sur *Le Mont-Terrible et les établissements
des Romains dans le Jura bernois*, M. Kohler a su attirer sur
ce travail l'attention qu'il mérite : « Si, grâce, dit-il, à Jules
Thurmann, le Mont-Terrible est actuellement une localité classique en géologie, les découvertes récentes sont destinées à lui
accorder le même honneur dans le domaine archéologique. En
effet, les fouilles pratiquées par M. Quiquerez, en 1861 et 1862,
dépassent tout ce que l'on pouvait attendre. Les chiffres suivants donneront une idée de la richesse de cette station. En
moins de dix-huit mois, notre compatriote a recueilli plus de
1,300 pièces de monnaie, depuis l'époque celtique jusqu'à
Valens; 29 pièces appartiennent à cette première période; 3 à
ce dernier prince ou à Julien; un millier sont de Constantin et
ses fils ; 136 Magnence et Décence ont été trouvés en 1862 seulement. Le catalogue des antiquités découvertes par M. Quiquerez n'offre pas un moindre intérêt. Des haches en siénite, en
serpentine, des flèches en jaspe et en silex, des morceaux de
corne de cerf ayant servi de manche à des outils de pierre, etc.,
appartiennent évidemment à une époque très-reculée, pendant que
d'autres objets en bronze, en fer, en verre et en terre nous

conduisent jusqu'aux derniers temps de l'occupation romaine. De l'ensemble de ces faits, M. Quiquerez conclut que le plateau du Mont-Terrible a renfermé un établissement contemporain de ceux des habitations lacustres ; ce qu'il a observé, du reste, en d'autres parties du Jura. Cette station fut importante à l'époque romaine ; et si, lors de l'invasion des barbares, ce camp a été détruit, on peut conjecturer, par des pièces du IX⁰ et du XI⁰ siècle qui y furent découvertes, que peut-être au moyen-âge cette position militaire a été occupée à certaines époques.

Avant que l'empereur Napoléon III ait fait appel aux connaissances des archéologues et des historiens pour répandre sur les *Commentaires de César* la lumière dont certains passages sont *privés*, les historiographes de l'Alsace, de la Franche-Comté et de l'évêché de Bâle se disputaient depuis longtemps la possession du champ de bataille où l'immortel dictateur défit Arioviste. Sous la puissante impulsion du royal auteur de la *Vie de César*, un grand nombre d'érudits sont entrés en lice, et, parmi eux, M. Quiquerez qui, de plus, a minutieusement recherché l'emplacement d'*Alesia*, ce dernier rempart de la liberté gauloise, et prétend l'avoir trouvé dans la plaine de Porentruy (Suisse). « Nul écrivain, selon M. Kohler, n'a encore traité la matière si à fond, en parfait stratégiste et en archéologue tout à la fois. Cependant, ajoute-t-il, avons-nous le dernier mot dans la question, et sommes-nous bien sûrs que cette fois toutes les difficultés qu'elle présente sont tranchées ? Nous n'oserions l'affirmer, déclinant notre incompétence en pareil cas, mais impatient de connaître le jugement que portera, dans le procès en litige, la Commission de la Carte des Gaules qui, sous la présidence de M. de Saulcy, s'occupe de fixer les points illustrés par la brillante valeur de César. »

Sous ce titre : *Delle case ove abitarono in Siena uomini illustri, memoria della Commissione a ciò elletta*, M. le comte Tolomei, gonfalonnier de Sienne, a fait connaître à ses collègues de l'Institut historique de France le résultat de la commission qu'il avait composée pour rechercher dans Sienne les maisons qui avaient été habitées par des personnages célèbres, afin d'y

placer des inscriptions commémoratives. Cette intéressante
enquête a doté l'archéologie d'un grand nombre de monuments
historiques, pour la plupart inconnus jusqu'alors. Le plus important est le beau palais de Pandolfo Petrucci-le-Magnifique,
auquel Sienne, dans le XVᵉ siècle, dut à la fois sa gloire, sa
puissance et la perte de sa liberté. Les autres habitations célèbres, quoique plus modestes, sont celles des jurisconsultes
Bartolommeo et Mariano Soccini, Girolamo, Scipione et Celso
Bargagli, des savants Uberto Benvoglienti, Pietro Maria, Ga-
brielli et Paolo Mascagni, du peintre Domenico Beccafumi, de
l'improvisateur, du poeta estemporaneo Bernadino Perfetti, qui,
couronné au Capitole, au milieu du siècle dernier, est aujour-
d'hui presque retombé dans l'oubli. Une gloire plus durable
attache un souvenir à la maison Gori Gandelmi, habitée, en
1777, par Alfieri, qui y écrivit la *Congiusra de Pazzi* et son
livre sur la *Tyrannie*. Parmi les habitations historiques, celles
qui menacent le plus de disparaître sont : le palais qu'occupa
au XIIIᵉ siècle le pape Alexandre III et la petite maison de
Francesco di Giorgio Martini, à la fois peintre, architecte et
écrivain, le Cecco di Giorgio, l'une des gloires Siennoises du
XVᵉ siècle.

Sienne renferme bien d'autres demeures historiques, telles
que la maison des Belmoni, qui fut abaissée lorsque cette
famille se révolta en 1280 ; la maison du teinturier, père de
sainte Catherine, qui fut transformée en oratoire ; le palais Piccolomini, berceau de la noble famille qui donna à l'Église deux
papes : Pie II (Enea-Silvio Piccolomini), et son neveu Pie III
(Francesco Todeschini) ; les palais de la Roccabruna, Chigi, où
est né Alexandre VII, Gianelli, Tomasi, Sergandi, etc. Mais ces
habitations, depuis longtemps connues, se trouvaient naturellement exclues du programme de recherches tracé à la Commission.

On ne saurait trop applaudir à la noble initiative de la municipalité de Sienne, qui semble avoir entendu l'appel, fait depuis
longtemps à toutes les villes par la *Société française d'archéologie*, de consacrer par des inscriptions la demeure des célébrités
dont les génies ou les vertus les ont illustrées.

De l'Italie, cette terre des merveilles où les arts ont prodigué leurs riches trésors, ont été adressés à l'Institut historique de France maints autres curieux documents, comme le *Testament de Boccace*, le sublime auteur du *Décameron*, que possède actuellement la famille Bichi-Borghesi, et que M. Ernest Breton a le premier traduit en français. De son côté, M. Francesco Passerini a ajouté quelques nouvelles pages à la biographie de Raphaël qui, selon lui, fut aussi éminent sculpteur que peintre divin. Un autre italien, le savant auteur de l'*Histoire universelle*, M. César Cantu, a rajeuni, dans une étude sur Érasme et la Réforme en Italie, la satirique physionomie du grand philosophe de Rotterdam. M. le chevalier Muoni, cet infatigable numismatiste et collecteur d'autographes, a publié une lettre de Charles IX au pape Pie IV (Giannangelo de Medici), dans laquelle le roi de France excuse un de ses sujets, Hubert Lefèvre, conseiller à la Cour des comptes de Paris, « d'avoir « espousé en secondes nopces la sœur de sa première femme « sans aucune permission ou dispense apostolique. » Malheureusement, ce « dévot fils » de l'odieuse Catherine de Médicis ne fut pas toujours aussi scrupuleux, surtout lorsqu'il assassina son peuple.

La vive passion de Pierre d'Amboise, évêque de Poitiers, pour la belle Catherine de Genoillac, fut, comme on le sait, l'origine de la grande fortune de la célèbre maison de Richelieu. René de Genoillac, apothicaire à Angle, près de Poitiers, avait eu de son épouse, Marguerite du Val, plusieurs enfants. L'évêque Pierre d'Amboise s'étant vivement épris des charmes de la jeune Catherine, donna à René de Genoillac, pour qu'il lui sacrifiât l'honneur de sa fille, les seigneuries du Plessis, des Breux et du Bordage de Richelieu qui relevaient de l'église de Poitiers. Depuis cette époque, les de Genoillac quittèrent leur nom patronymique pour prendre celui de du Plessis. Les amours de l'évêque avec la belle Catherine ne furent point stériles : il en eut Antoine, dit de Chambord, qui devint lieutenant de la vénerie du roi, et René, dit de Chambord, qui fut abbé de St-Cyprien de Poitiers.

Cette maison de Genoillac, dont André du Chesne fut le trop complaisant généalogiste, a été pour M. Alix le sujet d'intéressants parallèles. Sous ce titre : *Les trois Richelieu*, il a tracé largement le caractère du cardinal Armand-Jean du Plessis, premier duc de Richelieu ; les exploits d'amour et de guerre du maréchal de France, Louis-François-Armand du Plessis, duc de Richelieu ; et les luttes politiques du ministre d'État de Louis XVIII , Armand-Emmanuel-Sophie-Septimanie du Plessis, dernier duc de Richelieu, hommes diversement remarquables, dont l'influence a été profonde sur les destinées de la France.

Dans une étude historique sur le maréchal de Saxe, M. Léon Hilaire a peint avec talent la séduisante figure de l'illustre bâtard de Frédéric-Auguste, électeur de Saxe, et de la comtesse Aurore de Kœnigsmark ; cet invincible guerrier dont le grand Frédéric écrivait à Voltaire : « Je l'ai vu ici, le héros de la France, ce Saxon, ce Turenne du siècle de Louis XV ; je me suis instruit par ses discours dans l'art de la guerre. »

Comme les invincibles compagnons de gloire d'Annibal, de César et de Napoléon, s'élancèrent dans les Alpes, vers ces monts voisins des cieux, qu'une neige éternelle couvre de son blanc linceul, l'armée de Macdonald franchit, au milieu de l'hiver 1800, le passage du Splugen. Rien de plus grandiose et de plus affreux à la fois que cette terrible ascension, exécutée par des milliers de soldats au travers des glaciers du Cardinel et du Splugen, sous des avalanches de neiges, roulant dans les précipices, disparaissant au fond des gouffres, mourant de faim et de froid, puis triomphant des obstacles de la nature et de la fureur des éléments. M. Cénac-Moncaut a voulu rendre un nouvel hommage d'admiration à ce fait glorieux de nos annales militaires, en retraçant ces différentes péripéties.

Un chapitre de l'*Histoire d'Espagne* (1807-1808) a permis à M. Barbier, président de chambre à la Cour impériale de Paris, de montrer jusqu'à quel degré une monarchie usée pouvait s'abaisser.

Les importantes recherches de la Députation royale pour

l'Histoire nationale des États Sardes, publiées sous le titre de : *Monumenta Historiæ Patriæ edita jussu regis Caroli Alberti* et le *Dizionario biografico degli uomini illustri della Sardegna*, de M. le chevalier Tola, ont été pour M. Depoisier des mines abondantes dans lesquelles il a puisé les documents de deux excellents rapports.

Une excursion dans le domaine de la philosophie et de l'histoire a inspiré à M. Valat ses réflexions sur l'*Imitation*, considérée au point de vue historique et moral.

M. Fabri Scarpellini, assistant à l'Observatoire astronomique de l'Université de Rome, pour lequel la nuit n'a point de sombres voiles, a, du sommet du Capitole, jeté un coup-d'œil sur la découverte du compagnon de Sirius, de cet astre immense, de ce soleil splendide dont la marche est encore entourée de profonds mystères.

L'*Histoire de la marine de tous les peuples, depuis les temps les plus reculés jusqu'à nos jours*, par M. Du Sein, professeur à l'École impériale navale de Brest, a fourni à M. le docteur Martin de Moussy le sujet d'une longue analyse, où il s'est plu à suivre pas à pas, tantôt sur la mer mugissante et terrible, d'autres fois sur l'onde calme et transparente des beaux lacs, des fleuves à la vague d'azur, le chétif esquif, le radeau, la pirogue qui, semblables à l'intelligence humaine, en se développant, sont devenus les puissants agents du progrès et de la civilisation.

Dans une étude sur l'administration des cultes, M. Nigon de Berty a soulevé, en zélé catholique, un des coins du rideau qui cache les ressorts de cette administration.

M. Hardouin a fait deux excellents rapports: l'un sur la législation forestière de M. le comte de Gori ; l'autre sur la vie de Grotius, ou le droit naturel et le droit international, de M. Aldrick Caumont.

D'autres rapports ont été faits par M. Royer-Collard, sur le *Manuel des assurances*, de M. Émile Agnel ; par M. de Bellecombe, sur des *Études critiques sur l'Angleterre*, de M. Mahon de Managhan; par M. Gauthier La Chapelle, sur des *Souvenirs de voyage en Chine*, de M. Armand Lucy ; par M. Breton, sur la *Carte archéologique, ecclésiastique et nobiliaire de la Belgique*, de M. Vander-Maelen ; par M. Valat, sur les *Mémoires de l'Académie royale des sciences de Lisbonne* ; par M. Masson, docteur en Doit, sur l'*Annuaire de l'Institut des provinces et les Congrès scientifiques* (XXVIIIe session), ainsi que sur l'Académie de Stanislas de Nancy ; la Société havraise d'études diverses; la Société libre d'émulation, du commerce et de l'industrie de la Seine-Inférieure ; l'Académie des sciences de Dijon, etc.

Une feuille détachée, par M. Ernest Breton, de son journal de voyage et ayant pour titre : *Un Dimanche à Constantinople*, a permis de suivre le savant archéologue dans ses pérégrinations de Péra, à Ok-Meidan, sur les rives enchanteresses du Bosphore et dans les rues de l'antique Byzance.

L'élévation de M. Ingres à la dignité de sénateur a été consignée sur le livre d'or de l'Institut historique de France, par M. Armand Parrot qui, dans cette circonstance, a été l'interprète des sentiments d'admiration que les membres de la docte Compagnie professent pour l'un de leurs plus illustres collègues,

> L'artiste plein d'amour, de grâce et de puissance,
> Dont l'œil noir, de bonne heure attaché sur le ciel,
> Y chercha du vrai beau la divine substance.

Tout en rendant hommage à la gloire et aux talents de ses membres vivants, l'Institut n'oublie point ceux que la mort lui a ravis. M. Depoisier a recueilli les souvenirs précieux qui se rattachent à la mémoire de l'illustre César Saluce (Cesare Saluzzo), chevalier de l'ordre suprême de l'Annonciade et du Mérite de Savoie, grand'croix de St-Maurice et de St-Lazare de Sardaigne, et de St-Étienne de Hongrie, gouverneur des princes de Piémont-Savoie-Carignan, grand-maître de l'artillerie, grand-écuyer du roi Charles-Albert. — M. Ernest Breton a finement dessiné la touchante existence du marquis François-Joseph-Antoine Cuneo d'Ornano, chez lequel les vertus civiles et guerrières, comme les talents littéraires, étaient un héritage de famille. Le même auteur a couvert de fleurs les mânes vénérées du savant Edme-François Jomard, le compagnon d'immortalité,

en Égypte, des Bonaparte, des Monge, des Conté, dont les travaux vivront autant que le monde. — Dans un bref panégyrique,
M. Passerini a résumé toutes les phases de la vie scientifique
du célèbre Fabrice-Octavien Mossotti, professeur de mathématiques et de mécanique céleste dans l'Université royale de
Pise, sénateur du royaume d'Italie, chevalier du Mérite, de
Saint-Joseph et commandeur de Saint-Maurice et de Saint-Lazare.
M. Masson a honoré la mémoire de l'excellent Jarry de Mancy,
professeur à l'École impériale des Beaux-Arts de Paris, d'un
touchant témoignage de regrets et d'estime. M. de Montaigu
a fait l'éloge du marquis Antoine de Brignole-Sale, ancien
ministre d'État, sénateur et ambassadeur du roi de Sardaigne,
chevalier de l'Ordre suprême de l'Annonciade, grand'croix de
plusieurs ordres, président honoraire de l'Institut historique,
décédé dans son palais à Gênes, le 14 octobre 1863. Cet illustre
et vénérable savant était un enfant gâté de la Fortune, selon
l'expression de M. de Montaigu ; car il fut l'un des plus beaux
hommes de son temps et portait, dans son âge mûr, la tête la
plus majestueuse qu'il soit possible de voir. Mais ces dons
naturels n'étaient pas ceux qui le distinguaient le plus : aux
charmes de son esprit, il savait allier encore les plus brillantes qualités, les plus solides vertus. Possesseur d'une
immense fortune, il en faisait le plus noble usage, encourageant
magnifiquement les arts et les lettres. — Enfin, M. Renzi a
rendu un brillant hommage d'amitié et d'admiration au génie
de Denis Foyatier, le célèbre sculpteur du *Spartacus*, de la
Siesta, de l'*Athlète Alcidamas* et de la *Jeanne-d'Arc* d'Orléans.

Si l'Institut historique de France a éprouvé, en 1863, des
pertes bien cruelles, il a eu la consolation de voir les vides produits dans ses rangs se remplir par de nouveaux soldats qui
continuent la conquête glorieuse entreprise par leurs devanciers.

RÉPONSE

PAR M. CHARLES DES MOULINS,

Sous-directeur de l'Institut des provinces pour le sud-ouest de la France,

A LA QUESTION DU PROGRAMME AINSI CONÇUE :

Quelles objections peut-on faire au système nouvellement exposé pour la classification des monuments et des objets antérieurs à la conquête de la Gaule par les Romains (Age de pierre, âge de bronze, âge de fer)?

J'ai eu connaissance de cette question du programme au moment où je venais d'écrire, au commencement de cet hiver, un mémoire intitulé : « *Le bassin hydrographique du Couzeau* (département de la Dordogne), *dans ses rapports avec la vallée de la Dordogne, la question diluviale et les silex ouvrés.* » Ce travail, principalement géologique, va être imprimé dans le 25ᵉ volume des *Actes de la Société Linnéenne* de Bordeaux, et avant la publication du compte-rendu du Congrès des délégués.

Muni du consentement donné par la Société Linnéenne, dans sa séance du 27 janvier dernier, je fais hommage au Congrès de la copie du chapitre dans lequel j'ai traité précisément l'une des faces de cette question de son programme, et prévoyant que le temps ne permettra pas à l'assemblée d'en aborder l'étude, je désigne le *résumé final* comme pouvant être inséré dans l'*Annuaire* de l'an prochain, en remplacement de la communication qui n'aura pu être lue en séance.

Je demeure seul responsable de la rédaction dudit chapitre; mais je suis heureux de déclarer que, quant à sa substance, il est le résultat d'un travail fait en commun avec M. le vicomte Alexis de Gourgues, membre de l'Institut des provinces, en présence de la très-riche collection qu'il possède, et que nous avons formée ensemble, de *silex ouvrés* du Périgord.

L'analyse qu'on va lire est très-contractée et réduite à une forme pour ainsi dire synoptique, et c'est pour atteindre ce but que je me suis écarté de l'ordre adopté pour l'exposition des matières.

Résumé.

En 1847, sous l'initiative de M. de Perthes, qui réunit le *déluge* historique au *diluvium* géologique, on a essayé de diviser les silex ouvrés en *antédiluviens* et en *postdiluviens* ou *celtiques*.

Cette division ne repose ni sur la forme, ni sur le travail, mais principalement sur le gisement des silex dans deux dépôts dont l'un est superposé à l'autre, et secondairement sur l'altération qui se montre à la surface de ces silex ; on nomme cette altération *patine*.

Il existe deux sortes d'altération de ces surfaces : l'une, *purement extérieure* (*vernis* ou patine *superficielle*) ; l'autre, *à la fois extérieure et intérieure* (patine *pénétrante*).

Si la patine avait pour cause son antiquité *antédiluvienne*, on la retrouverait identique sur tous les silex dits *antédiluviens* (sur ceux du moins *de même qualité*), et on ne la retrouverait pas sur les silex *postdiluviens*. Or, il n'en est pas ainsi : la patine manque ou existe indifféremment sur les deux *classes* de silex ouvrés et aussi sur les cassures qui ne sont pas dues à la taille, mais accidentelles ; et cela, selon que la qualité des silex le permet.

Quand bien même on se refuserait à admettre les preuves ci-dessus, tirées des silex en eux-mêmes, il serait impossible d'échapper à celle-ci, tirée de l'ordre *historique*, à savoir que la patine *pénétrante* existe dans une hache POLIE et, par conséquent, *celtique*, *postdiluvienne* de l'aveu de tous.

Toutes les *qualités* ou *natures* de silex ne sont pas susceptibles d'être affectées de patine, et, comme M. de Perthes l'a fort bien reconnu lui-même, elle est souvent soumise à l'influence de la gangue qui l'a enveloppée.

Donc, la distinction entre les silex taillés *antédiluviens* et *postdiluviens*, sous le rapport de la patine, ne repose sur aucun fondement solide.

Il n'est nullement *prouvé* qu'elle en ait davantage sous le rapport de la superposition des deux dépôts où l'on trouve les silex, puisque ces deux dépôts sont également rapportés à l'époque *postdiluvienne* (purement *alluviale*) par plusieurs géologues et, entre autres, par M. Elie de Beaumont.

Après avoir ainsi résumé cette discussion, longuement développée, et m'appuyant sur l'étude *géologique* du pays qui fait le sujet de mes quatre premiers chapitres, j'ai proposé, dans un *appendice*, l'attribution de l'une de nos *alluvions anciennes* (celle qui remplit le fond du 2ᵉ lit de la Dordogne) au *déluge historique* (mosaïque).

Abstraction faite de tous autres points de vue, le déluge historique, attesté par la tradition universelle des peuples, ᴇꜱᴛ ᴜɴ ꜰᴀɪᴛ que les règles de la critique historique commandent *à la science* d'accepter comme tel. La science n'a donc plus qu'à faire choix, pour l'attribuer *à ce fait*, de l'une des alluvions anciennes dont le dépôt a suivi celui du diluvium.

En outre de sa position géognostique et chronologique, l'alluvion ancienne qui remplit le 2ᵉ lit (2ᵉ étage de la vallée) de la Dordogne, offre pour caractère essentiel et distinctif la présence de cailloux roulés, *provenant des roches volcaniques d'Auvergne*, — cailloux qui n'existent pas dans le *diluvium*. C'est donc cette alluvion que, par des raisons exclusivement *scientifiques*, je présente comme les restes du dépôt laissé par le déluge historique dans la vallée de la Dordogne.

Tel est le résumé sommaire de *l'appendice*, duquel il résulte que, disciple fidèle du grand Cuvier et de notre illustre Elie de Beaumont, je regarde le *diluvium* comme antérieur à l'apparition de l'homme sur la terre.

Les découvertes récentes semblent démontrer que les grands mammifères éteints aujourd'hui n'ont pas été définitivement détruits, comme on l'avait cru jusqu'alors, *par le diluvium*. Ce serait là le seul fait acquis par la science moderne, et la constatation de ce fait ne *vieillit* pas d'un jour l'espèce humaine.

LES CONGRÈS EN 1864.

CONGRÈS SCIENTIFIQUE DE FRANCE.

La XXXI⁰ session du Congrès scientifique de France s'est tenue à Troyes (Aube), du 1ᵉʳ au 10 août ; elle peut être regardée comme une des meilleures, non-seulement à cause du grand nombre de bonnes communications qui ont été faites dans les diverses sections ; mais encore par l'excellente direction donnée par les bureaux de ces sections.

On a dit, il y a longtemps, que du chef dépend le succès. Or, le secrétaire-général, qui est toujours le véritable chef d'un Congrès, était un homme de mérite, véritable organisateur, M. Gayot, membre de l'Institut des provinces, ancien constituant, qui a tenu la plume avec un rare talent, il y a quelques années, au Congrès de l'Institut des provinces, à Paris, rue Bonaparte, 44. Le Secrétaire-général du Congrès a été secondé par tous les secrétaires des sections. Le bureau général se composait de M. *Baruffy*, de Turin, président ; de MM. *Challe*, d'Auxerre ; l'abbé *Le Petit*, *Taillandier*, membres de l'Institut des provinces, et de M. *de La Peyrouse*, président de la Société de l'Aube, auxquels on a adjoint, comme présidents d'honneur : M. *Salles*, préfet ; Mgʳ *Ravinet*, évêque de Troyes ; M. le Maire de Troyes et M. *de Caumont*, directeur de l'Institut des provinces.

Les membres de l'Institut des provinces dont les noms suivent ont été appelés à faire partie des bureaux des sections :

MM. *Cotteau*, d'Auxerre (1ʳᵉ section) ; le comte *d'Estaintot*, de Rouen ; l'abbé *Decorde*, de Bures (2ᵉ section) ; *Roux*, de Marseille ; *Ancelon*, de Dieuse (3ᵉ section) ; *Tailliar*, de Douai ; l'abbé *Coffinet*, de Troyes ; l'abbé *Tridon*, id. (4ᵉ section).

Le nombre des membres inscrits s'est élevé à 500.

Les séances générales ont été très-suivies : la belle salle de l'Hôtel-de-Ville était toujours pleine et les dames s'y trouvaient en grand nombre.

[L'ouverture du Congrès a été imposante.

A 9 heures 1/2, deux cents membres du Congrès, ayant en tête M. Gayot, secrétaire-général, M. le Préfet, M. le Maire et M. de Caumont, directeur de l'Institut des provinces, ont quitté l'Hôtel-de-Ville pour se rendre à la cathédrale. Le doyen du Chapitre, entouré de quatre chanoines, attendait le Congrès à la porte et a adressé aux membres quelques paroles bien senties, auxquelles M. de Caumont a répondu au nom de ses confrères. Toutes les cloches sonnaient à grande volée. La cathédrale était pleine ; les plus riches toilettes donnaient à l'assistance un éclat inaccoutumé.

Le Congrès a été introduit dans le chœur aux sons d'un orgue magnifique qui a appartenu à l'abbaye de St-Bernard (Clairvaux).

Mgr l'Évêque a célébré la messe. Des chœurs ont exécuté divers morceaux.

M. l'abbé Duquesnay, curé de Paris, est monté en chaire, et, prenant pour texte ces paroles de Bacon : *Un peu de science éloigne de la religion, beaucoup de science y ramène,* il a fait un magnifique discours qui aurait souvent provoqué les applaudissements du Congrès, si la sainteté du lieu l'avait permis. L'orateur a bien voulu promettre d'écrire ce beau discours, afin qu'il puisse être imprimé dans les *Actes* du Congrès.

Monseigneur a terminé la messe, et à peine avait-il prononcé les paroles sacramentelles et donné la bénédiction, que la grande toile qui depuis vingt-deux ans séparait le chœur de la nef, par suite des réparations considérables qu'on a faites dans le chœur, est tombée : et ce beau chœur restauré, avec ses brillants vitraux peints, a paru dans tout son lustre aux yeux des fidèles qui remplissaient la vaste basilique. Ce changement à vue a été du plus bel effet.

Monseigneur alors est allé au-devant des membres du Congrès, les invitant à visiter les restaurations, et M. l'abbé Tridon, de l'Institut des provinces, a indiqué les dates des diverses parties de l'édifice.

Monseigneur a conduit ensuite le Congrès à l'exposition des châsses, émaux, ornements, qu'il a organisée au palais épiscopal.

M. l'abbé Coffinet a fait la démonstration de toutes les raretés et
chefs-d'œuvre d'art réunis dans cette galerie.

Il ne nous appartient pas de faire connaître les discussions
élevées dans le sein des sections du Congrès : toutes ont fonc-
tionné avec une remarquable activité. M. Cotteau, dans la
section d'histoire naturelle ; M. Challe, dans la section d'agriculture ; M. Lebrun-d'Albane, dans la section des beaux-arts,
et plus de vingt membres ont fait des lectures ou des communications orales d'un haut intérêt. La section de médecine a été
nombreuse et très-animée. Dans la 4e section, toutes les questions
inscrites au programme ont été traitées; quelques communications
en dehors du programme ont été entendues. Ainsi M. R. Bordeaux, dans une revue des plus intéressantes, a indiqué les principales observations qu'il a faites à Troyes, au sujet des constructions en bois, dont il a fait, selon son expression très-juste,
l'*anatomie comparée* en indiquant ce qui les distingue des
constructions de même nature qui existent à Rouen, à Lisieux
et dans d'autres villes. Un grand nombre d'observations *ecclé-
siologiques*, faites à Troyes par notre confrère, et qui n'avaient
pas encore préoccupé les archéologues, ont paru intéresser
particulièrement l'Assemblée.

Une de ces observations est relative aux anneaux des portes
de l'église St-Urbain, au centre de la ville ; M. Bordeaux a cru y
reconnaître des anneaux qui assuraient le droit d'asile ou l'impu-
nité aux condamnés, qui pouvaient s'échapper et parvenir à les
saisir avec la main. Personne ne savait si le privilége du droit
d'asile avait été concédé par le pape Urbain IV à l'église qu'il
avait fondée à Troyes, sur l'emplacement de la maison de son
père, qui était cordonnier. Mais, le lendemain, l'idée de M. Bordeaux paraissait probable ; car on se rappelait que l'abbesse de
Notre-Dame-aux-Nonnains avait vu avec déplaisir fonder une
église près de son abbaye et sur un terrain qui en dépendait.

La tradition rapporte même qu'elle ne se contenta pas de
faire des remontrances au légat du pape quand il posa la
première pierre de l'église, mais qu'elle lui appliqua deux
soufflets.

L'abbesse exerçait la haute-justice, et les instruments destinés aux corrections étaient sur une place voisine : il se peut donc que, pour prendre sa revanche des mauvais procédés de l'abbesse envers son légat, le pape Urbain IV ait accordé le droit d'asile à son église, et favorisé de cette manière l'absolution des prévenus de la justice de l'abbesse. D'autres suppositions très-probables viennent à l'appui des idées de M. R. Bordeaux. Des recherches approfondies seront faites, sur ce sujet, par M. l'abbé Coffinet.

Dans la séance tenue le 4 août par la Société française d'archéologie, M. Demarsy remplissait les fonctions de secrétaire ; M. l'abbé Tridon présidait. D'intéressants mémoires ont été entendus ; une allocation a été faite pour contribuer à l'érection d'un monument sur l'emplacement de la bataille de Cassel (Nord).

Troyes a bien changé depuis dix ans, mais les embellissements qu'elle a reçus ont fait disparaître bien des monuments anciens. *La plupart des maisons en bois ont été défigurées ou reconstruites.* Les puits avec armatures en fer (Voir la page suivante), ont disparu en grande partie ; il en reste quelques-uns pourtant, et deux des plus intéressants ont été transportés dans la cour du musée.

Une chose que l'on ne saurait trop regretter, c'est la démolition de l'intéressante portion du palais des comtes de Champagne, dont la Société française d'archéologie avait obtenu la conservation en 1852, et sur laquelle une inscription avait été placée aux frais de la Compagnie (Voir la page 538).

Mais rien n'est plus incertain que les promesses, même quand elles sont obtenues dans l'intérêt de ceux qui les font et qui ne devraient pas y manquer. Les voix de quelques membres *du Conseil municipal peuvent, sans réflexion, renverser les délibérations antérieures les plus logiques et les mieux inspirées ;* c'est ce qui a eu lieu.

. Le Congrès s'est transporté le 8 août à Nogent-sur-Seine, et de là dans un canton où existent encore une dixaine de dolmens.

M. Gréau a fait un rapport intéressant sur le résultat de cette course.

DEUX DES ANCIENS PUITS DE TROYES.

Dans la séance publique du 9, qui a été remarquable, M. Gayot a présenté un tableau rapide et très-bien fait des travaux du Congrès. M. de Caumont, au nom de l'Institut des provinces, a annoncé que la ville de *Rouen* avait été choisie pour siége de la session de 1865. Enfin, M. le président Baruffy a prononcé un discours de clôture, dont la péroraison a produit le plus grand effet sur l'Assemblée.

ENTRÉE DU PALAIS DES COMTES DE CHAMPAGNE, A TROYES.

CONGRÈS ARCHÉOLOGIQUE DE FRANCE.

La réunion du Congrès de la Société à Fontenay, du 12 au 20 juin, a présenté des discussions intéressantes.

Le Congrès s'est ouvert le 12 juin, à midi, dans la salle d'audience du Tribunal de 1re instance : 240 membres étaient présents.

Sur l'invitation de M. de Caumont, M. le Préfet de la Vendée a présidé la séance, ayant à sa droite Mg^r l'Évêque de Luçon ; à sa gauche, M. l'abbé Le Petit, M. l'abbé Lacurie, de Saintes ; le Président du tribunal et le Maire de Fontenay.

MM. de Caumont, Fillon (de Fontenay), Ledain (de Parthenay) et Gaugain siégeaient au bureau.

M. le Préfet a prononcé un discours oral qui a été vivement applaudi, et auquel M. de Caumont a répondu par un discours écrit.

Le Congrès archéologique a excité pendant toute sa durée, à Fontenay, l'intérêt et la curiosité. La salle des séances a toujours été comble.

Excursions.—Plusieurs excursions ont été faites; celle de Maillezais a surtout offert un grand attrait. Cent personnes, dans une vingtaine de voitures, sont parties de Fontenay et ont fait une première halte à Nieul, où une belle église romane, restaurée par M. Segrestain, de Niort, méritait à tous égards la visite du Congrès. M. le maire de la commune, M. de Pongerville, fils du membre de l'Académie ; M. et Mme Martineau, propriétaires de l'ancienne abbaye, remarquable par un beau cloître conservé avec soin, ont reçu le Congrès avec un gracieux empressement.

L'église de Nieul doit être du XIIe siècle ; elle appartient au roman poitevin et saintongeois; des appareils d'ornement intéressants garnissent la façade, dans laquelle on remarque aussi une frise d'un grand effet.

Les voûtes de la grande nef portent sur deux colonnes ac-

MAISONS DU MARCHÉ AUX PORCHES.

Bonet del. ARCADES DE L'ÉGLISE DE NIEUL.

CLOÎTRE DE L'ANCIEN PRIEURÉ DE NIEUL.

couplées, qui s'élèvent dans les murs latéraux jusqu'à l'extrados des grandes arcades qui mettent cette nef en communication avec les bas-côtés ; elles annoncent, aussi bien que le reste de l'église, le XII° siècle comme date de la construction.

Les arcs du cloître sont portés sur des piliers garnis de demi-colonnes à chapiteaux de transition ; ces chapiteaux et ces colonnes reçoivent les arceaux de la voûte , qui tous affectent la forme ogivale (Voir la page précédente).

Quelques pierres tombales ont été dessinées par les secré-taires du Congrès, dans le cloître très-bien conservé par le propriétaire.

A Maillezais , éloigné de deux lieues de Nieul, le Congrès a trouvé dans l'église paroissiale un autre spécimen très-curieux du *roman saintongeois* et *poitevin*, si différent du roman du Nord.

M. Poëy-d'Avant avait invité le Congrès tout entier à dîner à l'abbaye de Maillezais, dont il est propriétaire. Là, dans l'ancien dortoir des moines, orné de guirlandes, six tables ont reçu cent membres du Congrès. Il serait difficile de peindre la gaîté franche qui a régné dans ce banquet ; les toasts ont été nom-breux, et l'ombre de Rabelais, qui a été moine de Maillezais, a été évoquée. M. l'abbé Baudry a lu , au dessert, une note sur les célébrités de cette abbaye, transformée en évêché au XIV° siècle.

Visite à Vouvent, à Mervent et à Foussais.—Un autre jour, le Congrès visitait Vouvent, dont le portail roman est si remar-quable et le château si pittoresque (V. la page suiv.), puis l'église de Foussais. M. Bouet a dessiné plusieurs vues de ces édifices.

Le 18 , le Congrès a tenu une séance publique, dans laquelle il a distribué des médailles d'argent et de bronze.

Voici les noms des lauréats :

M. de Longuemar, de Poitiers, une médaille de 1°° classe pour son ouvrage intitulé : *Recherches archéologiques sur une partie de l'ancien pays des Pictons*, publié à Poitiers en 1863.

M. Challe, d'Auxerre, une médaille de 1°° classe pour son

VUE DU CHATEAU ET DU DONJON DE VOUVENT.

Histoire des guerres de religion dans l'Auxerrois, 1 vol. in-8°.

M. Cherest, avocat, membre de l'Institut des provinces, à Auxerre, une médaille de 1re classe pour son volume intitulé : *Vézelay*, étude historique, publié à Auxerre en 1863.

M. l'abbé Auguste Aillery, une médaille pour son Pouillé du diocèse de Luçon, remontant à 1327.

M. Poëy-d'Avant, une médaille pour son grand ouvrage sur la *Numismatique féodale*.

M. Rossignol, de Gaillac, une médaille pour le 1er vol. de son ouvrage sur la statistique monumentale du département du Tarn.

MM. Fillon et de Rochebrune, à chacun une médaille pour leurs travaux sur les monuments de la Vendée.

M. Doré, médaille pour son volume sur l'Histoire de France, du Ve au IXe siècle, publié à Paris à la fin de 1862.

M. l'abbé Arbellot, curé-archidiacre de Rochechouart,

membre de l'Institut des provinces, une médaille pour son *Histoire de saint Léonard*, publiée en 1863.

M. l'abbé Lacurie, de Saintes, une médaille pour services rendus à l'archéologie.

M. Segrestain, de Niort, une médaille pour ses restaurations des monuments du Poitou.

M. l'abbé Baudry, curé du Bernard, une médaille de bronze pour ses recherches archéologiques et historiques.

M. Piet, de Noirmoutier, une médaille de bronze pour ses recherches sur l'histoire de Noirmoutier.

M. Robuchon, photographe, une médaille de bronze pour la bonne exécution de ses photographies des monuments historiques du pays.

Le Congrès a voté 3,500 fr. pour des réparations d'églises, des fouilles et des moulages.

M. Ch. Vasseur, de Lisieux, a été nommé secrétaire-adjoint de la Société française d'archéologie, sur la présentation de M. de Caumont, directeur, et de M. l'abbé Le Petit, secrétaire-général.

M. Ballereau, architecte à Luçon, a été nommé membre du Conseil général administratif, pour le département de la Vendée.

M. de Campagnolles a été nommé membre du même Conseil, pour les arrondissements de Vire et de Mortain.

L'an prochain, le Congrès archéologique aura lieu à Cahors et à Montauban.

M. l'abbé Pottier, inspecteur des monuments de Tarn-et-Garonne, a été nommé secrétaire-général de cette session.

MM. le baron de Rivières, Devals et de Roumejoux ont été nommés secrétaires-généraux adjoints.

Après la clôture du Congrès, le Bureau de la Société française est revenu par Niort où il a été reçu par M. Ch. Arnault, secrétaire-général de la Préfecture, et par MM. Segrestain, de l'Institut des provinces, inspecteur des monuments des Deux-Sèvres; David, député, et plusieurs membres de la Société de Statistique, qui lui ont fait les honneurs du musée archéologique très-intéressant qui existe dans cette ville, et dont la classification est l'œuvre de la Société de Statistique des Deux-Sèvres.

MM. de Caumont, Le Petit et Gaugain ont vu avec intérêt la céramique gallo-romaine de ce musée.

CONGRÈS PROVINCIAL DE L'ASSOCIATION NORMANDE.

(SESSION DE 1864.)

Les quatre jours passés à Falaise par l'Association normande, du 14 au 17 juillet 1864, ont offert une suite de fêtes extrêmement brillantes, et le dimanche 17 juillet, 25,000 personnes du dehors étaient venues s'ajouter à la population normale de la ville, qui est d'environ 10,000 habitants.

Les rues étaient, comme à Bernay l'année précédente, tapissées de verdure : M. Le Guay, maire de Falaise, avait voulu que ces fêtes fussent plus brillantes que toutes celles qui avaient précédé, et il a complètement réussi. Les séances de l'Association, présidées successivement par M. Le Guay, M. le duc Pasquier-d'Audiffret et M. Mabire, maire de Neufchâtel, ont été intéressantes et bien remplies. Des excursions ont eu lieu à la Brèche-au-Diable et à Versainville, comme l'avait prévu le programme, et une visite a été faite à Mᵐᵉ la baronne de La Fresnaye, qui a bien voulu faire les honneurs du château de La Fresnaye et des magnifiques collections zoologiques qu'avait formées le baron F. de La Fresnaye. Le concours de bestiaux a été un des plus beaux des dernières années : 150 bêtes à cornes, presque toutes remarquables, y ont figuré. Le Congrès s'est terminé par un banquet splendide, dans les bâtiments du Collége, et par une illumination qui ne le cédait pas aux illuminations de Paris. Il est vrai que la centralisation n'a rien oublié ; car, en fait d'exploitation, elle exploite jusqu'aux lampions ! Tous les appareils employés à Falaise étaient venus de Paris !!!

Deux expositions avaient été organisées et attiraient, à juste titre, l'attention : la première, l'exposition artistique, à l'Hôtel-de-Ville ; la deuxième, l'exposition industrielle, dans les bâtiments de la Salle d'asile. La première avait été organisée par une Commission dont faisaient partie MM. de Brébisson, de Clock et Choisy ; la seconde avait été formée par les soins de la Chambre de commerce : elles sont restées ouvertes l'une et l'autre pendant un mois environ. Il y avait aussi une belle exposition d'hor-

LE CHATEAU DE FALAISE, VU DE LA VALLÉE DE NORON.

ticulture. La Société française d'archéologie s'est réunie une fois sous la présidence de M. de Glanville; M. Charles Vasseur remplissait les fonctions de secrétaire.

Indépendamment des séances, qui ont été bien remplies, et

des conférences qui avaient lieu le soir, on a fait le matin des excursions *très-intéressantes*, notamment à la Brèche-au-Diable (V. page suiv.), dont les roches (grès de Caradoc) montrent leur stratification et leurs accidents pittoresques ; puis au château de Versainville et dans quelques autres localités voisines de la ville.

Le vieux donjon est trop intéressant pour n'avoir pas été attentivement examiné par tous les membres de cette nombreuse réunion (V. la page précédente).

C'est à Coutances (Manche) que se réunira l'Association normande en juillet 1865.

Voici le programme :

Jeudi 13 *juillet.*—Ouverture du Congrès provincial de l'Association normande, à midi précis.—Enquête agricole et industrielle jusqu'à 5 heures.

14 *juillet.* — A 5 heures du matin, excursion aux parcs de Regnéville et visite de l'établissement d'ostréiculture créé dans cette commune. Retour à midi. — Séance générale à 1 heure.

15 *juillet.* — A 7 heures, Concours provincial de bestiaux, d'instruments aratoires, produits, etc., etc. — Opérations du Jury, de 9 heures à 11 heures. — Séance générale à 1 heure. — Enquête morale, artistique et archéologique.

A 7 heures du soir, des conférences publiques sur différents sujets pourront être faites chaque jour.

16 *juillet.* — Séance générale administrative à 8 heures du matin. — Réception de M. le Préfet de la Manche à midi. — Distribution solennelle des récompenses à 3 heures.

Une exposition artistique et industrielle sera organisée, dans les magnifiques locaux du séminaire, par la Commission nommée à cet effet par l'Association normande, dans la séance du 10 novembre.

La Société d'horticulture de Coutances se propose de faire une exposition de fleurs, de fruits et de légumes au Jardin public.

Le 17 juillet, après la clôture du Congrès, plusieurs

VUE DE LA BRÈCHE-AU-DIABLE.

Victor Petit del.

VUE DU CHATEAU DE VERSAINVILLE.

membres de l'Association comptent faire une excursion à Jersey et tenir, à St-Hélier, une séance anglo-normande.

M. du Poërier de Portbail espère, d'ici à cette époque, propager dans le département de la Manche l'enseignement *primaire agricole qui*, grâce à son impulsion et à ses efforts, a été organisé dans les arrondissements de Cherbourg et de Valognes. Une Commission nommée par l'Association normande, le 10 novembre 1864, a été spécialement chargée de compléter l'organisation de cet enseignement dans l'arrondissement de Coutances avant le 1er juillet 1865. Elle a choisi pour son président M. Le Loup, juge au Tribunal de 1re instance.

CONVOCATION DU CONGRÈS SCIENTIFIQUE DE FRANCE,

SESSION DE 1865, A ROUEN.

La XXXIIe session du Congrès scientifique de France s'ouvrira à Rouen, le 5 août. MM. Pouyer-Quertier, député ; le comte d'Estaintot, de l'Institut des provinces, et Cordier, secrétaire de la Chambre de commerce de Rouen, ont été nommés secrétaires-généraux. Les mémoires et lettres relatifs au Congrès peuvent être adressés à M. le comte d'Estaintot, rue de la Cigogne, à Rouen.

CONVOCATION DU CONGRÈS ARCHÉOLOGIQUE DE FRANCE,

SESSION DE 1865 A MONTAUBAN ET A CAHORS.

Le Congrès archéologique de France s'ouvrira, le 7 juin, à Montauban ; le 12, le Congrès se rendra à Cahors pour y continuer sa session. Les mémoires doivent être adressés à Montauban, à M. l'abbé Pottier, secrétaire-général de la session.

NOTICES

SUR

LES MEMBRES DE L'INSTITUT DES PROVINCES

Nous continuons la publication des notices biographiques des membres de l'Institut des provinces, regrettant que l'étendue des matières qui composent l'*Annuaire* de 1864 ne permette pas d'en publier un plus grand nombre.

(*Note du Bureau de l'Institut.*)

M. CLAUDE-LOUIS-HENRI BAUDOT.

M. Henri Baudot, issu d'une famille qui compte parmi ses membres un bon nombre de magistrats distingués, soit dans l'ancien Parlement de Bourgogne, soit dans la magistrature civile, est né en 1799. Il fit ses études au Lycée de Dijon avec Henri Lacordaire, dont il était le condisciple et dont il fut toujours l'ami. Séparés pendant leurs études de Droit, ils se retrouvèrent à Paris, logés l'un près de l'autre ; ils se virent fréquemment jusqu'au moment où Lacordaire, qui débutait brillamment dans la carrière d'avocat, prit tout à coup la résolution d'entrer au séminaire de St-Sulpice.

Sans négliger les devoirs et les premières luttes du barreau que lui imposait son inscription au tableau des avocats stagiaires de la Cour royale de Paris, M. H. Baudot profitait de son séjour dans la capitale pour se perfectionner dans la culture des beaux-arts. Les bibliothèques, les musées fournissaient un nouvel aliment à ses études de prédilection. Il voyait fréquemment des artistes bourguignons devenus célèbres après avoir été ses condisciples à l'École des Beaux-Arts de Dijon. Il entendait parler littérature dans les salons de M. de Marchangy, jurisprudence dans ceux de M. Jacquinot, deux frères originaires

de Dijon, dont l'un remplissait les fonctions de procureur du
roi, et l'autre celles de conseiller à la Cour.

Son stage d'avocat terminé, M. H. Baudot revint à Dijon, où
le réclamaient ses parents restés seuls par suite du mariage de
ses sœurs et par l'éloignement de son frère aîné, retenu au
dehors par ses fonctions de magistrat. Son père, magistrat lui-
même, le destinait à suivre la même carrière, encouragé par
les dispositions que montrait le jeune avocat et par la bienveillance de la Cour royale de Dijon qui le présenta, à trois
reprises différentes, pour des places de conseiller-auditeur. Des
compétiteurs, mieux appuyés que lui près des ministres d'alors,
l'emportèrent et il renonça à cette carrière, malgré les offres qui
lui furent faites dans le ressort même de la Cour de Dijon, ne
voulant pas abandonner ses parents déjà avancés en âge.

Son goût prononcé pour les études historiques et les beaux-
arts, qu'il cultivait avec succès, occupaient ses loisirs ; ce goût,
qui s'était développé à l'École des Beaux-Arts de Dijon, où il
avait remporté les premiers prix de dessin et de peinture,
s'était encore fortifié pendant son séjour à Paris ; il conservait
des relations suivies avec cette capitale. Ces souvenirs entre-
tenaient chez lui le feu sacré et un voyage en Italie devait être
le complément de son éducation artistique.

Il décida deux de ses amis à l'accompagner et ils parcoururent
ensemble la Suisse et l'Italie, prolongeant leur séjour dans les
principales villes, telles que Milan, Venise, Florence, Rome,
Naples ; faisant des excursions dans les environs de ces villes
renommées, dessinant, étudiant les chefs-d'œuvre de la nature
et des arts qui se rencontrent à chaque pas dans ce pays
privilégié. Il rapporta de son voyage des notes intéressantes,
un album de dessins faits par lui et des objets d'art et d'antiquités, précieux souvenirs des lieux célèbres qu'il avait
parcourus. Un heureux mariage l'attendait à son retour.

Les traditions de famille lui fournissaient des modèles à suivre
dans la littérature et l'archéologie : son aïeul, Jérôme Baudot,
substitut du procureur général au Parlement de Bourgogne,
quoique mort jeune encore, avait laissé des recueils de notes

très-estimées sur la littérature et la jurisprudence ; son père, travailleur infatigable, consacrait tous les loisirs que lui laissaient ses fonctions de magistrat à des travaux d'archéologie ; il avait publié, en 1808, un volume in-8° sur les antiquités et les monuments anciens de la ville de Dijon (1).

Ce goût héréditaire ne pouvait que s'accroître et se développer chez M. H. Baudot, qui passait sa vie au milieu *des collections des plus précieux monuments de l'antiquité*, réunis par son père, d'une bibliothèque riche en chartes, manuscrits, livres rares et précieux, ayant trait particulièrement à l'histoire du pays.

La promulgation de la loi qui soumettait à la patente la profession d'avocat fut considérée, par M. H. Baudot, comme une humiliation que la République de 1848 faisait subir au barreau ; il ne voulut pas s'y soumettre, sa position de fortune, tout-à-fait indépendante, lui permit de borner l'exercice de sa profession à donner des conseils, absolument gratuits, aux habitants du pays où il passait une partie de la belle saison, et qui le choisissaient souvent pour arbitre de leurs différends.

(1) Il a laissé plus de 30 volumes in-4° manuscrits, tous écrits de sa main, contenant des dissertations et des notes sur des sujets biographiques et archéologiques concernant particulièrement la Bourgogne. Son éloge, par M. Frantin, est inséré dans les *Mémoires* de l'Académie de Dijon, année 1833-1834. Il est mort vice-président de cette compagnie.

Son frère, Pierre-Louis Baudot, a également laissé de nombreux manuscrits et publié 2 volumes in-8° de dissertations sur des sujets historiques et archéologiques. Il avait déjà donné au public une nouvelle édition de la *Vie* de l'antiquaire Foi-Vaillant, que Claude de Lafeuille, son grand-oncle, prieur de Chatenai et Sauviat, avait composé en latin et fait imprimer à Venise, en 1745 ; il l'enrichit d'un avertissement et de notes, également en latin. En remontant plus haut, on trouve François Baudot, ancien maire de Dijon, auteur de lettres en forme de dissertation sur l'ancienneté de la ville d'Autun et sur l'origine de celle de Dijon, 1 volume in-12, orné de gravures, publié en 1710, et fort recherché encore aujourd'hui.

Il put alors se livrer à ses goûts, sans réserve : sa vie devint tout académique et artistique.

En 1837, M. de Saint-Mémin, le savant conservateur du musée de Dijon, créa une société des amis des arts, dont la première idée avait pris naissance dans le sein de la Commission archéologique. Il en fut nommé président et M. Baudot secrétaire. La première exposition des beaux-arts, à laquelle on joignit celle de l'industrie, eut un succès complet, grâce aux soins de ces Messieurs et à la confiance qu'ils inspiraient. M. Baudot fut chargé de rédiger le compte-rendu de cette exposition pour la partie concernant les beaux-arts. L'auteur y fait ressortir, avec une grande justesse d'appréciation, les qualités des ouvrages qui motivèrent les récompenses décernées par le jury d'examen. Ce compte-rendu fut imprimé et vendu au profit de la Société.

Les expositions suivantes n'eurent pas moins de succès. Celle qui eut lieu en 1849, dans le but de venir en aide aux artistes bourguignons que la Révolution avait mis dans la gêne, fut presque improvisée ; les artistes n'avaient guère eu le temps de s'y préparer. M. Baudot, auquel M. de Saint-Mémin, fort âgé alors, avait cédé la présidence (confirmé à l'unanimité par les souscripteurs réunis en assemblée générale), eut l'idée de faire appel à tous les amateurs possédant des œuvres remarquables d'artistes connus, pour compléter l'exposition et exciter l'intérêt du public par un genre d'exhibition tout-à-fait nouveau alors. Chacun s'empressa de répondre à cet appel : de véritables trésors tout-à-fait ignorés, cachés qu'ils étaient dans des collections particulières, se manifestèrent au public dont la curiosité fut doublement satisfaite. D'abondantes souscriptions permirent de faire une large part aux artistes, qui témoignèrent à M. Baudot leur reconnaissance ; l'un deux voulut même lui faire accepter, au nom de ses confrères, un beau groupe en terre cuite, de sa composition : on le voit aujourd'hui dans la galerie de M. Baudot, qui fut vivement touché de ce témoignage de gratitude.

La Commission archéologique de la Côte-d'Or, créée en 1831, confia à M. Baudot, qu'elle nomma secrétaire, en 1835, la rédaction de ses procès-verbaux et le chargea de rédiger l'exposé de ses travaux, depuis son origine. Ces comptes-rendus, publiés annuellement depuis cette époque, en tête des *Mémoires* de la Compagnie, forment un exposé complet des travaux de la Société. Appelé à la présidence, en 1842, M. Baudot s'est voué à la direction de cette société savante et, depuis plus de vingt ans, n'a pas cessé de la présider par suite d'élections successives.

Il est, en outre, membre de la Commission des archives de la Côte-d'Or, — du Comité des bâtiments civils, — conservateur des médailles et antiquités de l'Académie des sciences, arts et belles-lettres de Dijon, dont il est membre titulaire depuis 1836. — Il a été secrétaire général de la XIXe session du Congrès archéologique de France, ouverte à Dijon le 1er juillet 1852 ; le volume du compte-rendu de cette session contient, de lui, plusieurs notices et rapports. — Il fut également secrétaire-général et trésorier de la XXIe session du Congrès scientifique de France, ouverte à Dijon le 10 août 1854. — La même année, il fut nommé MEMBRE DE L'INSTITUT DES PROVINCES.—M. Baudot est membre honoraire et correspondant d'un grand nombre d'académies et sociétés savantes françaises et étrangères.

C'est lui qui a créé et organisé le musée archéologique de la Commission des antiquités de la Côte-d'Or. Cette Société possédait de nombreux et intéressants monuments lapidaires, provenant des murs du *castrum Divionense*, des fouilles du temple élevé jadis aux sources de la Seine, d'autres fouilles exécutées dans l'emplacement de l'antique cité de Vertault, et d'autres monuments antiques et du moyen-âge, recueillis dans le département de la Côte-d'Or. Ces objets étaient en partie réunis sous l'escalier de l'hôtel des archives et emmagasinés, en attendant que la Commission fût pourvue d'un local convenable pour les produire aux yeux du public et en former un musée. Pendant quinze ans, M. Baudot sollicita un local pour établir ce musée, et, à force de démarches et de sollicitations, il obtint du Conseil municipal de Dijon (grâce à l'appui de M. le président de Lacuisine, qui présenta lui-même cette demande au Conseil, trois pièces contiguës dans le rez-de-chaussée de l'aile orientale de l'ancien palais des États de Bourgogne ; malgré

des oppositions et des obstacles sans cesse renaissants, M. Baudot
y classa méthodiquement, et avec un goût particulier, la précieuse collection dont l'arrangement lui avait été confié. Ce
travail était terminé, le musée archéologique allait être ouvert
au public, au mois de novembre 1862, lorsque l'Administration
du chemin de fer exigea la cession de l'une des salles pour y
établir son bureau d'omnibus. Nouvelle tribulation ! il fallut
déménager cette salle, et Dieu sait quand la nouvelle salle,
cédée à la place de celle-ci, sera appropriée et prête à recevoir
les armoires et les collections qui ont été déplacées. Mais nous
pouvons être assurés que le laborieux et persévérant organisateur
ne se laissera pas décourager par ce nouveau contre-temps, et
qu'il saura mener à bonne fin l'œuvre qu'il a si courageusement
entreprise.

M. Baudot a publié :

En 1832, un Rapport sur les premières découvertes des sépultures de Charnay, inséré dans le 1er vol. in-8° des *Mémoires*
de la Commission archéologique ;

En 1835, une Monographie de la chapelle de l'ancien château
de Pagny, in-8° avec planches ;

En 1842, une Notice sur la découverte d'un tumulus à Fonce-
Grive (Côte-d'Or), inséré dans les *Mémoires* de l'Académie des
sciences, arts et belles-lettres de Dijon, in-8° ;

En 1842, une deuxième édition de la Description de la chapelle de l'ancien château de Pagny, précédée de détails historiques sur ce château et les seigneurs qui l'ont possédé. Cette
édition in-4° revue, augmentée, est accompagnée de dix planches
gravées et lithographiées d'après les dessins de l'auteur ;

En 1843, la Commission archéologique fit graver, d'après les
dessins de M. Baudot, le rétable d'autel de ladite chapelle,
dans tous ses détails, en deux feuilles grand in-f° ;

En 1845, un Rapport sur les découvertes archéologiques
faites sous sa direction, par ordre de la Commission des antiquités aux sources de la Seine ; in-4°, avec un plan du temple
et des sources, dressé par l'auteur, et dix-sept planches gravées,
représentant les ex-voto et autres objets découverts ;

En 1847, un Éloge historique de Bénigne Gagnereaux, Dijonnais, premier peintre de S. M. le Roi de Suède, lu à la séance publique de l'Académie des sciences, arts et belles-lettres de Dijon, et inséré dans les *Mémoires* de cette académie, année 1847-1848, in-8° ;

En 1852, un Rapport sur la colonne de Cussy, monographie complète du monument, accompagnée de quatre planches in-4°;

En 1854, une Notice sur M. de Saint-Mémin, ancien conservateur du musée de Dijon, membre correspondant de l'Institut, etc., etc., insérée dans le Compte-rendu des travaux de la Commission archéologique, tome IV, in-4° ;

En 1860, un Mémoire sur les sépultures des barbares de l'époque mérovingienne, découvertes en Bourgogne et particulièrement à Charnay, 1 vol. in-4°, accompagné de trente planches en chromolithographie, exécutées d'après les dessins de l'auteur, et une centaine de gravures sur bois répandues dans le texte ; ces bois dessinés par l'auteur ;

En 1863, un Rapport sur la découverte des peintures murales de l'église de Bagnot, accompagné d'une planche grand in-f°, représentant l'ensemble de ces curieuses peintures du XVe siècle.

M. Baudot a publié, en outre, dans des revues et des journaux de Paris et des départements, un grand nombre d'articles sur les beaux-arts et l'archéologie, des comptes-rendus de différentes expositions, etc., etc.

M. Baudot possède une bibliothèque nombreuse et choisie en livres rares et en manuscrits qui intéressent particulièrement l'histoire de la Bourgogne ; une galerie de tableaux et un cabinet de curiosités où l'on remarque la collection la plus complète qui existe en Europe, d'objets d'antiquités de l'époque mérovingienne : armes, ustensiles, ornements, bijoux, vases en bronze, en verre, en terre, etc., qu'il a découverts lui-même, pour la plupart, dans les fouilles exécutées à différentes reprises dans sa propriété de Charnay.

M. CÉLESTE-ÉTIENNE DAVID.

M. C.-E. David, ancien ministre plénipotentiaire et consul
général de France, commandeur de la Légion-d'Honneur et des
ordres d'Isabelle-la-Catholique, de Charles III d'Espagne, de
Léopold de Belgique, de la Conception de Portugal, de Constanti-.
nien de Naples, des SS. Maurice et Lazare de Sardaigne, de St-
Joseph de Toscane, de St-Sylvestre, etc., né à Paris, est fils
de l'ancien consul général à Smyrne, M. P. David, qui en 1821,
rendit de si grands services aux Grecs et fut depuis membre de
la Chambre des Députés, où il se fit remarquer par la sagesse
de ses opinions et sa profonde connaissance des affaires d'Orient.

Après de bonnes études classiques, M. C.-E. David embrassa,
comme son digne père, la carrière consulaire et diplomatique
qu'il devait parcourir avec un succès marqué.

Entré dans les consulats en 1822, il fut assez heureux, au
début de sa carrière, pour sauver tout le clergé catholique et
trois cents malheureux Sciotes, sur les ruines encore fumantes
de leur ville, détruite de fond en comble par les Turcs !

Envoyé en Espagne en 1826, il y géra le consulat de Cadix,
dans des circonstances difficiles, et sut se concilier l'estime des
différents partis qui divisaient alors la Péninsule.

En 1828, il traversa pour la première fois l'Atlantique, arriva
à Mexico peu de temps après la révolution de *la Acordada*,
et sauva un grand nombre de familles espagnoles de la fureur
du peuple mexicain, exaspéré au dernier point par l'expédition
du général Barradas.

En 1831, M. C.-E. David fut nommé consul à l'île de Cuba,
où il rendit d'importants services au commerce français et eut
là satisfaction de préserver cette belle colonie d'un grand désastre, lors du fâcheux conflit entre les généraux Lorenzo et
Tacon. Il reçut, à cette occasion, la croix de commandeur
de l'ordre d'Isabelle-la-Catholique ; quelque temps auparavant,
il avait été décoré de l'ordre impérial de la Légion-d'Honneur.

Envoyé, en 1837, à la Nouvelle-Orléans, en qualité de consul

de 1re classe , il y fit preuve en 1839 , avant et après la prise
de San-Juan d'Uloa (dans le golfe du Mexique), d'un zèle et d'un
dévouement qui furent remarqués par le Gouvernement français
et signalés spécialement par le brave amiral Baudin , avec lequel
il fut toujours dans les meilleurs termes.

En 1841, nommé consul général et chargé d'affaires de France
au Vénézuela, il y conclut le premier traité de commerce et de
navigation, qui a établi de si bons rapports entre la France et
cette jeune république, et fut promu à cette occasion au grade
d'officier de la Légion-d'Honneur. Là, comme en Orient et au
Mexique, il sauva, pendant une de ces révolutions si fréquentes
dans les nouveaux États de l'Amérique du Sud, plus de 400
personnes appartenant aux premières familles de *Caracas*.

Consul général à la Havane en 1848, et un an après nommé
en la même qualité à Gênes , M. C.-E. David, après deux
années de bons et loyaux services, appréciés par le Gouvernement piémontais lui-même qui lui conféra la croix de commandeur des SS. Maurice et Lazare, fut élevé au rang de ministre
plénipotentiaire et appelé en France, pour y présider la
conférence sanitaire internationale qui se réunit à Paris, en
1851, et où figurèrent des délégués des douze principales
puissances de l'Europe. Nommé , après cette conférence,
commandeur de la Légion-d'Honneur, M. C.-E. David fut,
au *commencement* de 1852, envoyé en mission à Vienne et
à Turin. De retour en France , à la fin de la même année,
il y continua pendant quelque temps encore l'œuvre de la conférence qu'il avait présidée et finit par faire *régler ses droits*
à la retraite, après plus de trente ans de services actifs et
souvent utiles à son pays, auquel il est prêt encore à donner
des preuves de son dévouement.

M. C.-E. David, comme on l'a vu plus haut, a reçu de
plusieurs souverains de l'Europe des distinctions pour services
rendus spontanément à leurs sujets ou marins exposés dans
des événements plus ou moins désastreux.

Diplomate distingué, actif et humain, défenseur zélé des
ntérêts nationaux et d'un dévouement à toute épreuve dans

les moments critiques, chargé de missions délicates, il s'en est acquitté avec honneur et succès. Aussi M. C.-E. David s'est-il placé en première ligne dans l'estime générale et a-t-il laissé les meilleurs souvenirs au ministère des affaires étrangères.

M. C.-E. David, membre de plusieurs Sociétés savantes, l'était déjà aussi de la Société française d'archéologie pour la conservation des monuments, quand il fut nommé MEMBRE DE L'INSTITUT DES PROVINCES au Congrès scientifique de Chambéry, dont il partagea les travaux avec une grande distinction.

S. EM. LE CARDINAL BILLIET.

Son Em. le cardinal Alexis Billiet est né le 28 février 1783, aux Chapelles, dans les plus hautes montagnes de la Savoie. En 1792, il n'avait pas encore commencé ses études, lorsque la tempête révolutionnaire vint fondre sur sa patrie. Il resta simple berger dans sa famille, lisant avec avidité les ouvrages que lui prêtait un digne prêtre, qui avait reconnu en lui une vocation pour l'état ecclésiastique et des talents supérieurs.

En 1805, il vint se présenter au grand-séminaire ouvert à Chambéry, demandant à être examiné pour savoir en quelle classe il pourrait être admis. Dès les premières questions, les examinateurs eurent reconnu une intelligence d'élite, qui avait tout vu, tout compris, tout retenu. Ils le reçurent d'abord comme élève en théologie, et quinze jours après il était professeur suppléant de dogme, puis professeur titulaire de physique.

Il enseigna successivement la théologie dogmatique, la morale ; fut chargé de la direction du grand-séminaire, fut nommé vicaire-général, puis évêque de Maurienne, lorsque cet évêché fut rétabli en 1825. Il y resta jusqu'à l'année 1840, où il fut appelé au siége archiépiscopal de Chambéry, qu'il

36

occupe encore. C'est en 1861 qu'il a été revêtu de la pourpre romaine, juste récompense des vertus du prélat et des travaux du savant.

Nous n'avons à apprécier ici que l'œuvre du savant, et la tâche serait encore trop lourde s'il fallait donner une analyse de chacun des travaux de Mg' Billiet. Il a embrassé presque toutes les branches de la science, et les a cultivées avec un égal succès. Il s'adonna, dès sa jeunesse, à la botanique et dans les montagnes si riches et si peu connues encore des Alpes, recueillit un magnifique herbier. Plusieurs plantes nouvelles qu'il y a découvertes portent son nom. C'est la lichénographie qu'il cultiva surtout avec succès. Il est à regretter qu'il n'ait rien publié sur ces études objet de ses prédilections.

Sur la physique et la météorologie, il a publié dans les *Mémoires* de l'Académie de Savoie :

1° Résumé des observations météorologiques faites à Chambéry, en 1822, 1823, 1824, 1825 (vol. I et II, 1re série).

2° Des brises périodiques dans les vallées des Alpes (vol. XI).

3° Mémoire sur les tremblements de terre ressentis en Savoie (vol. XIII, *Id.*).

Il fut des premiers à s'occuper de géologie à Chambéry, et sans guide il en esquissa les principaux traits dans ses *Aperçus géologiques sur les environs de Chambéry* (vol. I, *Id.*). En 1844, au congrès de la Société géologique de France à Chambéry, il traça avec plus de précision encore le tableau des divers terrains de cette contrée (vol. XII, *Id.*).

C'est à la géologie encore que nous pouvons rapporter un travail qui se rattache à la fois à la médecine et à la statistique : *Observations sur le recensement des personnes atteintes de goître et de crétinisme dans les diocèses de Chambéry et de Maurienne* (vol. I, 2e série, *Id.*). Dans ce travail, en effet, Mg' Billiet attribue ces infirmités à l'action pernicieuse des eaux potables. Il les considère ainsi comme fatalement inhérentes à certaines vallées, à certains terrains géologiques.

Sur la statistique, il a publié: 1° un *Mémoire sur le mou-*

vement de la population dans le diocèse de Maurienne, de
1810 à 1830 (vol. V, *Id.*). Prenant la question de plus haut,
il compara la population du même diocèse, dans les années
1650 et 1829 dans un autre mémoire, intitulé : *Mouvement
de la population dans le diocèse de Maurienne* (vol. XII, *Id.*).

En même temps il traitait *de l'Instruction primaire
dans le duché de Savoie* (vol. XII, *Id.*) ; et plus tard il publiait
le *Recensement des aliénés existant en Savoie* en 1850
(vol. II, 2ᵉ série, *Id.*).

L'histoire et l'archéologie lui ont fourni également le sujet
de travaux intéressants, tous imprimés dans les *Mémoires* de
l'Académie de Savoie, ce sont :

1° Lettre de Mgʳ Billiet, au sujet des tombeaux et des monuments découverts en 1827 au col de la Madeleine, en Maurienne (vol. III, *Id.*).

2° Notice sur le village de Brios, où mourut Charles-le-
Chauve (vol. VII, *Id.*).

3° Observations sur quelques anciens titres conservés dans
les archives des communes de la province de Maurienne (vol.
VIII, *Id.*).

4° Notice sur la peste qui a affligé le diocèse de Maurienne
en 1630 (vol. VIII, *Id.*).

5° Notice historique sur quelques inondations qui ont eu
lieu en Savoie (2ᵉ série, vol. III, *Id.*).

6° Mémoires sur les premiers évêques du diocèse de Maurienne (2ᵉ série, vol. IV, *Id.*).

7° Notice biographique sur Philibert Simors (2ᵉ série, vol. V,
Id.).

8° Chartes du diocèse de Maurienne (IIᵉ vol. de documents,
Id.).

Le cardinal Billiet fut, dès 1820, l'un des fondateurs de
l'Académie de Savoie ; par l'énumération des mémoires qu'il
lui a communiqués, on voit qu'il en est resté un des plus fidèles
et des plus utiles collaborateurs. Il appartient en même temps
à un grand nombre de sociétés savantes et de commissions
supérieures.

Le Gouvernement sarde l'avait nommé chevalier grand-croix décoré du grand cordon de l'Ordre des saints Maurice et Lazare ; le Gouvernement français l'a créé commandeur de la Légion-d'Honneur et sénateur de l'Empire.

Il était arrivé ainsi au faîte des honneurs, et s'était élevé par son seul mérite et ses travaux à la pourpre romaine et aux premières dignités de l'Empire, lorsque l'INSTITUT DES PROVINCES lui a ouvert ses rangs en 1863, au Congrès de Chambéry, dont il a bien voulu accepter la présidence d'honneur.

M. CHARLES-GABRIEL DE MORLET.

M. de Morlet (Charles-Gabriel) est né à Paris, le 8 octobre 1796, d'une famille originaire de la Champagne.

L'un de ses ancêtres, Noël Beaudet de Morlet, né à Reims, en 1651, était conseiller-secrétaire du roi Louis XIV et directeur général des parcs et pépinières de la Couronne.

Son père, Michel-François de Morlet, né en 1750, entra dans le corps du Génie, et après avoir rempli, comme officier supérieur, un emploi important au ministère de la guerre sous le Directoire, il fit les campagnes de l'armée du Rhin, alors commandée par Moreau ; puis, nommé colonel, directeur des fortifications à Strasbourg, il fut chargé de missions importantes par Napoléon Ier, qui lui conféra le titre de chevalier de l'Empire avec une dotation.

M. de Morlet fit ses études au lycée de Strasbourg, et fut admis, en 1813, à l'École polytechnique ; il prit part, avec les élèves de cette école, à la défense de Paris en 1814 et 1815. Vers la fin de cette dernière année, il entra à l'École d'application du Génie. A ce moment, outre son père, colonel directeur à Strasbourg, il comptait dans le corps du Génie deux cousins-germains, Louis et Hippolyte de Morlet, tous les deux bien connus dans l'armée : le premier par la défense d'Alméïda, le second aux siéges de Saragosse et d'Anvers.

M. de Morlet, étant sorti de l'École de Metz en 1817, fut attaché aux 1er et 3e régiments du Génie, devint aide-de-camp du général Sabatier, et fut ensuite employé dans les places de Metz, Béfort, Strasbourg et Brest.

Nommé capitaine en 1823, il commanda le Génie à Corté (île de Corse). Pour rétablir sa santé, gravement altérée par le climat de la Corse, il obtint un congé de plusieurs mois, qu'il employa à visiter l'Italie. Ce fut de ce voyage qu'il rapporta un goût très-vif pour les beaux-arts et pour l'étude des monuments anciens.

M. de Morlet, de retour en France, fut chargé de la rédaction de projets de fortifications d'une grande importance, dans le but de renforcer notre frontière du nord-est, rendue si vulnérable par la perte des places de Saarlouis et de Landau, ravies à la France par les traités de 1815. Après avoir terminé les études de la place de Weissenbourg et des lignes de la Hauter et de la Moder, il fit la reconnaissance détaillée de la place de Guermenheim, nouvellement construite par la Confédération-Germanique.

M. de Morlet fut fait chevalier de la Légion-d'Honneur en 1837. Promu au grade de chef de bataillon en 1841, il fut peu de temps après nommé chef du génie à Strasbourg, où il fit exécuter des travaux considérables : il y reçut, en 1848, le grade de lieutenant-colonel et, en 1850, la croix d'officier de la Légion-d'Honneur. En 1851, devenu colonel, il fut nommé directeur à Besançon. Après avoir occupé, pendant trois ans, cette importante direction où s'élevaient les places de Langres et des Rousses, il demanda et obtint la direction de Strasbourg, que son père, Michel-François de Morlet, avait si honorablement gouvernée sous l'empereur Napoléon 1er.

Décoré de la croix de commandeur de la Légion-d'Honneur, le colonel de Morlet atteignit l'âge de la retraite à la fin de 1856. Entraîné par ses recherches des anciennes fortifications de Strasbourg et par les souvenirs de son voyage en Italie, vers les études archéologiques, il profita des loisirs de la retraite pour s'y livrer avec ardeur. C'est à lui qu'est due la fondation du musée épigraphique de Saverne, qu'il a composé de tout ce qu'ont produit les fouilles qu'il a fait pratiquer dans la contrée. On lui doit aussi la publication de plusieurs notices, dont suit l'indication :

1° Notice sur l'enceinte romaine de Strasbourg ; — 2° Notice sur les anciens aqueducs de la même ville ; — 3° Notice sur les monuments gallo-romains trouvés sur le sommet des Vosges, près de Saverne ; — 4° Notice sur les tombes franques de Lorentzen (Lorraine allemande) ; — 5° Notice sur les cimetières germaniques et gaulois des environs de Strasbourg ; — 6° Notice sur le cromlech de Mackwiller (Lorraine allemande).

Le colonel de Morlet a retrouvé, au sein des Sociétés savantes les mêmes sympathies affectueuses dont il avait été entouré dans le corps du Génie, où ses longs et distingués services lui conservent d'honorables souvenirs. Ce fut en sa qualité de membre de la *Société française d'archéologie pour la conservation des monuments historiques* qu'il assista aux Congrès de Strasbourg et de Reims, où il prit une part active. Peu de temps après, il fut appelé à faire partie de l'INSTITUT DES PROVINCES DE FRANCE, dont il est un des membres les plus dévoués aux progrès de tout ce qui concerne la science de l'histoire.

Mgr JEAN-BAPTISTE LANDRIOT.

Mgr Jean-Baptiste Landriot, évêque de La Rochelle et de Saintes, est né à Conche-les-Mines, département de Saône-et-Loire, le 9 janvier 1816, d'une famille profondément chrétienne.

Dans la prévision qu'il serait un jour digne du ministère sacerdotal, sa pieuse mère voulut qu'il fût élevé au petit séminaire d'Autun, et elle l'y fit entrer dès l'âge de dix ans ; il en

passa six dans cet établissement, où il se distingua par de
brillantes études. Le petit séminaire d'Autun élevait alors une
pépinière de jeunes gens dont plusieurs devaient, un jour,
exercer les charges les plus importantes dans la société. Parmi
les condisciples du jeune Landriot, il en est un auquel il voua
une prédilection toute spéciale, peut-être en raison des mêmes
goûts pour les fortes études et des projets d'avenir qu'ils mé-
ditaient déjà dans la solitude ; ce condisciple était le jeune
Pitra, le célèbre Bénédictin de Solesmes, aujourd'hui cardinal.

Le jeune Landriot n'avait pas encore atteint sa dix-septième
année, et déjà il avait terminé sa rhétorique. A peine eut-il commencé ses études théologiques que sa santé, atteinte par un travail
trop assidu, l'obligea de suspendre ses cours et d'accorder à
son esprit fatigué un repos réparateur.

Pour mettre à profit les promenades qui lui étaient ordonnées,
il eut l'idée de s'adonner aux sciences naturelles. Mais cette
étude, qui ne devait être dans l'origine qu'une distraction
passagère, ne tarda pas à devenir pour lui l'objet d'un goût
sérieux. L'enseignement du Grand-Séminaire, où ces sciences
avaient aussi leur place, et l'habile direction d'hommes déjà
connus par d'utiles travaux dans leurs diverses branches, étendirent rapidement le cercle de ses connaissances. Les montagnes du Mâconnais, qui offrent de si abondantes ressources
aux investigations du botaniste et du géologue, lui fournirent
d'inépuisables sujets d'observation ; il y recueillit les premiers
échantillons de la magnifique collection de minéraux qu'il a
partagée entre deux grands établissements d'éducation de
son diocèse. Il visita ensuite plusieurs contrées et notamment
la Suisse. Bientôt, d'intéressantes découvertes récompensèrent
ses efforts et commencèrent sa réputation. Divers travaux,
composés pour des congrès scientifiques et publiés dans les
Mémoires de la Société Éduenne, le mirent en rapport avec
plusieurs savants de l'Europe, et plus particulièrement avec
M. Adolphe Brongniart, qu'il aida au classement des grandes
collections du Jardin-des-Plantes. Mais Mg^r Landriot ne perdait
pas de vue le but qu'il s'était proposé. Au lieu de rencontrer

dans ses nouvelles études, pour lesquelles d'ailleurs il était loin d'avoir délaissé les sciences divines, des sujets d'incertitude et de doute, il y avait trouvé la pleine confirmation de sa foi. Chaque page du livre de la nature lui montrait la main de son auteur, et dans les monuments de l'histoire du globe, il retrouvait, avec Cuvier, les pièces justificatives du récit de la Genèse.

Cependant, le jeune abbé reprend et achève son cours de théologie, avec de brillants succès. En mai 1839, il est ordonné prêtre par Mgr d'Héricourt. Il passe quelque temps dans la maison des Missions, fondée pour le développement des hautes études ecclésiastiques ; puis, il est attaché en qualité de vicaire à la paroisse de la cathédrale ; enfin, il est nommé supérieur du Petit-Séminaire d'Autun à l'âge de 26 ans (1842). Sous sa direction, les études prirent, dans cette maison, un développement en rapport avec la lutte qui s'était engagée entre l'Université et le clergé. Les sept années que Mgr Landriot passa à diriger le séminaire feront époque dans les fastes de ce glorieux établissement. Supérieur, professeurs, élèves ne formèrent qu'un cœur et qu'une âme pour donner l'exemple de la discipline, du travail et de la vertu. Avec son infatigable activité, M. l'abbé Landriot faisait marcher de front l'anglais, l'allemand et l'italien, se perfectionnait dans le grec, étudiait les Livres saints sur le texte hébreu, continuait ses observations sur la géologie et les sciences naturelles, et enfin publiait, sur l'étude des belles-lettres et des sciences humaines, deux volumes de *Conférences*.

Peu de temps après la publication de cet ouvrage, Mgr d'Héricourt, voulant récompenser une vie aussi active, nomma M. l'abbé Landriot chanoine titulaire de sa cathédrale. Un voyage qu'il fit en Italie et en Sicile, en 1850, raviva ses premières impressions sur les gloires de l'antiquité et de la primitive Église et resserra les liens qui l'ont toujours étroitement attaché au Saint-Siége.

C'est à cette époque que M. Landriot entra dans les querelles des *classiques*. Il fut un des plus ardents champions des chefs-d'œuvre de l'antiquité, tout en proclamant quelle autorité puissante donne à la pensée la connaissance approfondie des Pères de l'Église, et quelle ressource infinie elle offre à celui qui sait en exploiter les trésors.

Mg^r d'Héricourt avait voulu récompenser le dévouement du supérieur du Petit-Séminaire en le nommant chanoine titulaire ; Mg^r de Marguerye suivit l'exemple de son prédécesseur, en nommant le victorieux champion vicaire-général honoraire.

Vers cette époque, Mg^r Landriot, unissant ses lumières à celles d'un de ses savants confrères, M. l'abbé Rochet, publiait une excellente traduction d'Eumène.

Mais l'œuvre de prédilection à laquelle sa vie s'était vouée était la prédication. Ses longues et fortes études l'avaient prédisposé à cette sainte mission.

Orléans, à deux années de distance, entendit sa parole ; Paris n'a pas oublié l'Avent de 1855, qu'il prêcha dans l'église de St-Vincent-de-Paul.

Ce fut à la suite de cette dernière station que l'évêché de La Rochelle et de Saintes lui fut proposé et que, malgré ses craintes et ses scrupules, il lui fallut accepter.

Nommé à ce poste éminent le 7 avril 1856, préconisé le 16 juin de la même année, Mg^r de La Rochelle fut sacré, le 20 juillet, dans la cathédrale d'Autun, par Son Em. le cardinal de Bonald, archevêque de Lyon, assisté de Mg^r Fransoni, archevêque de Turin, alors exilé à Lyon, et de Mg^r de Marguerye, évêque d'Autun.

Mg^r Landriot prit possession de son siège le 12 août 1856. Depuis son installation à La Rochelle, il a su consoler une église veuve d'un de ses plus illustres prélats, Son Em. le cardinal Villecourt. Dispensateur de la parole évangélique, il ne laisse échapper aucune occasion de remplir la devise qui lui est si chère et à laquelle il a voué sa vie : *Parare viam Domini.*

Le Congrès scientifique de France avait été fixé, en 1856, à La Rochelle et y tint ses séances depuis le 1er jusqu'au 10 de septembre ; Mg^r Landriot en fut nommé président général, prononça les discours d'ouverture et de clôture de ces grandes assises de la science, au milieu d'une nombreuse réunion d'hommes distingués par leur savoir, et qui tous applaudirent aux sentiments élevés et aux charmes d'expression de l'orateur.

Mgr Landriot, à la suite de ce Congrès dont il avait activement partagé et encouragé les travaux, fut nommé MEMBRE DE L'INSTITUT DES PROVINCES DE FRANCE et n'a cessé de conserver avec ce corps savant, ainsi qu'avec la Société française d'archéologie pour la conservation des monuments historiques, dont il fait aussi partie, les rapports les plus dévoués et les plus bienveillants.

Mgr Landriot a publié trois volumes de *Discours* et *Instructions pastorales*, plus deux autres volumes, intitulés: *La Prière* et *La Femme forte*.

M. GUSTAVE MARIE D'ESPINAY.

M. Gustave-Marie d'Espinay est né à Saumur, le 4 juin 1829. Il a fait ses études en Droit à la Faculté de Poitiers, et il a été reçu docteur au mois d'août 1852, après avoir soutenu une thèse sur la *Jouissance et la privation des droits civils*. Cette thèse a eu les honneurs du dépôt à la bibliothèque de la Faculté. Au mois de novembre suivant, M. d'Espinay a obtenu le prix de doctorat pour un mémoire sur les *modifications introduites dans le 1er livre du Code civil, depuis sa promulgation*, sujet mis au concours par la même Faculté. Ce travail n'a point été imprimé.

M. d'Espinay a été nommé substitut à Segré en 1855, puis substitut à Saumur, puis juge, et enfin juge d'instruction au même siége. Il a présenté à l'Académie de législation de Toulouse deux mémoires sur des sujets mis au concours.

Le premier, qui a pour objet l'*Influence du droit canonique sur la législation française*, a été couronné par l'Académie de législation, au mois d'août 1855. Le second, *sur la féodalité*

et le droit civil français, a obtenu aussi la première médaille
à Toulouse, en 1858. Ces deux ouvrages ont été publiés.

M. d'Espinay a fait paraître, en 1858 un opuscule sur les
Formules angevines (étude sur le droit mérovingien en Anjou).
Ce petit ouvrage a été fondu depuis par l'auteur dans un
travail plus considérable sur les *cartulaires angevins*. Ce dernier livre a été couronné par la Société d'agriculture, sciences
et arts d'Angers, en 1862 ; il n'a point encore été livré à la
publicité. M. d'Espinay, ayant été couronné deux fois par
l'Académie de législation de Toulouse, est devenu de plein droit
membre de cette Société savante, aux termes de son réglement.

Le Congrès archéologique de France, siégeant à Saumur en
1863, remarqua les hautes capacités et la science solide de
M. d'Espinay, et le désigna à L'INSTITUT DES PROVINCES comme
candidat à l'une des places vacantes dans son sein. Après le
rapport qui fut présenté par M. de Caumont, M. d'Espinay fut
élu en février 1863.

M. CHARLES-LOUIS-BENOIT DE LAROIÈRE.

M. de Laroière (Charles-Louis-Benoît), président de la Commission administrative des moëres françaises, est né le 7 mars
1797, à Hondschoote, petite ville de l'arrondissement de Dunkerque (département du Nord). Après de bonnes études à
St-Omer, il fit son stage et devint, en 1825, notaire à la résidence de Bergues. Les membres de sa Compagnie l'appelèrent
plusieurs fois à les présider ; il fut nommé notaire honoraire,
par un décret du 22 décembre 1849, après avoir donné sa démission en faveur de son neveu. M. de Laroière avait fait partie
du Conseil municipal de Bergues et du Conseil d'arrondissement
de Dunkerque ; il fut secrétaire de ce Conseil pendant quinze
années consécutives, et président durant trois autres années,
prenant une part active aux délibérations. En 1838, on dut à

son travail, concernant la sous-répartition de l'impôt foncier entre les divers arrondissements, un important dégrèvement qui s'éleva :

Pour l'arrondissement de Dunkerque, à 79,070 fr. ;

Et pour celui d'Hazebrouck,   à 128,650 fr.

Nommé, en 1852, maire de la ville de Bergues, en l'absence du titulaire, l'honorable M. de Staplande, député de l'arrondissement à l'Assemblée constituante, il s'occupa avec sollicitude des affaires de cette ville ; il en défendit tous les intérêts avec intelligence et dévouement. Son administration fut aussi habile que sage, et elle eut de bien précieux résultats pour Bergues. Bornons-nous à citer ici l'établissement d'un *Collège libre*, sous la direction des excellents professeurs de St-Bertin, et la réorganisation de l'École communale de filles, qui fut alors confiée à des religieuses.

M. de Laroière, qui avait été maintenu, par un décret impérial du 14 juin 1855, dans ses fonctions de maire, crut devoir donner sa démission au mois d'octobre suivant. Ses deux adjoints, MM. Mouvau et Pluvier, en firent autant. Nous ignorons le motif qui les détermina, mais nous savons quels regrets cette démission causa. Le Conseil municipal s'en rendit l'interprète, par sa délibération du 19 novembre, et, quelques jours après, M. le préfet du Nord, après avoir exprimé à M. de Laroière les *mêmes regrets*, ajoutait : « Votre caractère honorable, votre amour du bien, « ont rendu nos rapports trop agréables pour que je ne vous « témoigne pas, Monsieur, mes remercîments pour le concours « que vous m'avez prêté depuis cinq ans. »

Après avoir quitté ainsi l'administration communale, M. de Laroière, qui avait trop l'habitude du travail pour rester dans l'oisiveté, consacra ses loisirs aux affaires des moëres françaises, dont la présidence lui fut confiée.

On sait qu'il y avait anciennement, près de Dunkerque, deux lacs, dont l'un contenait environ 3,000 hectares et l'autre la seizième partie. Depuis qu'ils ont été desséchés, ils sont connus sous le nom de moëres. Grâce aux grands travaux qui y ont été exécutés, on y voit maintenant des terres fertiles, de belles récoltes, un joli village de plus de 800 âmes ; mais les terres, étant de beaucoup au-dessous du niveau de la haute mer, seraient inondées à la suite de grandes pluies ou de la fonte des neiges, si l'on n'avait pas établi des moulins pour déverser les eaux dans un canal creusé tout autour et qui les conduit à la mer par Dunkerque. Ces moulins, qui sont à vis et à aubes, sont mus par le vent. Quand il y a du vent, leur emploi suffit ; mais, dans le cas contraire, le désastre de l'inondation restait imminent; pour le prévenir, il fallait une force motrice dont on pût faire usage en tout temps. M. de Laroière a fait placer une machine à vapeur assez puissante pour donner toute sécurité. Sous sa direction éclairée et pleine de vigilance, les moëres prospèrent de plus en plus.

En ce qui concerne ses études historiques, on peut les apprécier par les divers travaux émanés de lui et qui ont été publiés successivement. En voici la nomenclature :

1° Le droit d'issue ; 2° Un ordre du duc d'Albe ; 3° Une lettre du comte d'Egmont ; 4° Notice sur la fabrication des serges, à Bergues ; 5° Recherches sur la limite de la Flandre et de l'Artois; 6° Histoire des troubles religieux, au XVIe siècle, dans le nord de la France ; 7° De l'influence de la religion chrétienne sur la législation pénale des peuples ; 8° De la nécessité de l'enseignement de la langue flamande dans les arrondissements de Dunkerque et d'Hazebrouck ; 9° De l'influence de l'art sur l'intelligence et le moral des nations.

L'*Histoire des troubles religieux du XVIe siècle* est assurément le travail le plus important: il forme un beau volume grand in-8°, de 558 pages, dont 70 renferment les pièces justificatives puisées dans les archives ou les bibliothèques du pays. Envoyé au concours de la Société Dunkerquoise de l'année 1859, ce remarquable travail y a obtenu la médaille d'or. On y trouve beaucoup de faits et de documents jusque-là restés inconnus et qui jettent un nouveau jour sur le sombre tableau d'une malheureuse époque. Ces diverses publications étaient de nature à appeler l'attention des Compagnies savantes. Aussi M. de Laroière fait-il partie (soit comme titulaire, soit comme correspondanl) de la Société dunkerquoise pour l'encouragement des sciences, des lettres et des arts, de la Société des antiquaires de la Morinie de St-Omer, de la Société française d'archéologie pour la conservation des monuments historiques, de la Société d'agriculture, sciences et arts de Douai, du Comité flamand de France, qui se réunit tantôt à Lille, tantôt à Dunkerque, et de la Commission historique du département du Nord.

Si toutes ces nominations lui ont été agréables, aucune ne lui a autant fait plaisir que celle de MEMBRE DE L'INSTITUT DES PROVINCES, qui a eu lieu, le 11 juin 1863, à Alby, pendant la session du Congrès archéologique de France (1).

(1) Cette nomination a eu lieu après le rapport écrit, qui fut présenté par M. Cousin, de Dunkerque, sur les travaux de M. de Laroière.

ERRATA.

Quelques erreurs se sont produites dans le procès-verbal d'une des séances de l'année dernière, dans laquelle on a entendu une *intéressante* improvisation de notre illustre confrère, M. le comte de Montalembert (V. p. 337 et suiv.).

Ce n'est point à *Konisghiller*, mais à *Guodlinburg*, que se trouve la tapisserie qui porte le nom de *Tapis de l'abbesse Agnès*.

M. de Montalembert n'a pas dit que la cat!.édrale de Cologne offrait *moins d'intérêt* depuis sa restauration, mais bien qu'elle *paraissait moins imposante depuis son achèvement* qu'autrefois, lorsque le chœur était séparé de la façade occidentale inachevée.

M. de Montalembert n'a point blâmé l'*isolement* des cathédrales anglaises, car elles ne sont PAS ISOLÉES, et ont toutes conservé les cloîtres, les salles capitulaires, ou les palais épiscopaux et demeures canoniales dont elles étaient primitivement entourées.

Enfin, il n'a pas été dit que les protestants avaient *laissé réparer* l'intérieur des églises de Lübeck, Nürnberg, etc., mais qu'ils ne les avaient PAS DÉVASTÉES, et qu'ils avaient religieusement *conservé* l'ornementation intérieure telle qu'elle existait avant la Réforme.

TABLE DES MATIÈRES.

CONGRÈS

DES DÉLÉGUÉS DES SOCIÉTÉS SAVANTES DES DÉPARTEMENTS,

Sous la direction de l'Institut des provinces (session de 1864).

SCIENCES PHYSIQUES ET NATURELLES, AGRICULTURE, ETC.

SÉANCE GÉNÉRALE D'OUVERTURE.

Présidence de M. DE CAUMONT.

SCIENCES PHYSIQUES, AGRICULTURE.

1re SÉANCE DU 16 MARS.

Présidence de M. le baron de Flageac, de Brioude.

SCIENCES PHYSIQUES, AGRICULTURE.

—

1re SÉANCE DU 17 MARS.

Présidence de M. Ch. Giraud, ancien ministre.

—

ARCHÉOLOGIE, LITTÉRATURE, BEAUX-ARTS, PHILOSOPHIE.

—

2ᵉ SÉANCE DU 17 MARS.

Présidence de M. de La Peyrouse, de l'Aube.

—

SCIENCES PHYSIQUES, AGRICULTURE.

—

1ʳᵉ SÉANCE DU 18 MARS.

Présidence de M. de Chénier.

ARCHÉOLOGIE, LITTÉRATURE, BEAUX-ARTS, PHILOSOPHIE

2ᵉ SÉANCE DU 18 MARS.

Présidence de M. le prince Albert de Broglie.

SCIENCES PHYSIQUES, AGRICULTURE.

—

1re SÉANCE DU 19 MARS.

Présidence de M. Challe.

—

ARCHÉOLOGIE, LITTÉRATURE, BEAUX-ARTS, PHILOSOPHIE.

—

2e SÉANCE DU 19 MARS.

Présidence de M. Egger, membre de l'Institut.

—

SCIENCES PHYSIQUES, AGRICULTURE.

—

1re SÉANCE DU 20 MARS.

Présidence de M. Gayot, ancien directeur des haras.

ARCHÉOLOGIE, LITTÉRATURE, BEAUX-ARTS, PHILOSOPHIE.

—

SÉANCE DU 21 MARS.

Présidence de M. Boulatignier.

—

SCIENCES PHYSIQUES, AGRICULTURE.

—

1re SÉANCE DU 22 MARS.

—

ARCHÉOLOGIE, LITTÉRATURE, BEAUX-ARTS, PHILOSOPHIE.

2e SÉANCE DU 22 MARS.

—

RAPPORT SUR LES TRAVAUX DES SOCIÉTÉS SAVANTES,
PENDANT L'ANNÉE 1863.

Par le président, M. Challe, sous-directeur de l'Institut des provinces.

LES CONGRÈS EN 1864.

—

LES CONGRÈS EN 1865.

—

NOTICES SUR LES MEMBRES DE L'INSTITUT DES PROVINCES.

Caen, typ. F. Le Blanc-Hardel.